国家出版基金项目
“十四五”国家重点出版物出版规划项目

信息融合技术丛书

何友　陆军　丛书主编　　熊伟　丛书执行主编

多源信息目标定位与跟踪

兰剑　著

電子工業出版社
Publishing House of Electronics Industry
北京 • BEIJING

内 容 简 介

本书系统地讲述了多源信息目标定位与跟踪的数理统计基础、基本原理、基础理论、关键技术、研究进展及典型应用等内容。

全书共有 11 章。第 1 章介绍了多源信息目标定位与跟踪的基本概念。第 2 章讲述了常用的目标运动模型和传感器量测模型。第 3 章阐述了目标定位与跟踪涉及的估计与滤波技术。第 4 章介绍了常用的目标定位方法。第 5 章深入分析了信息转换滤波及其在目标跟踪中的应用。第 6 章至第 10 章讲述了多目标跟踪、机动目标跟踪、扩展目标跟踪、被动目标跟踪等各类目标跟踪的前沿理论和技术。第 11 章介绍了相关性能评估方法和进展。

本书可作为自动控制、航空航天、计算机和电子技术等相关学科专业本科生及研究生的教材，也可用作相关领域科研技术人员的应用技术手册和参考书。

图书在版编目（CIP）数据

多源信息目标定位与跟踪 / 兰剑著. —北京：电子工业出版社，2024.3
（信息融合技术丛书）
ISBN 978-7-121-47402-6

Ⅰ. ①多…　Ⅱ. ①兰…　Ⅲ. ①目标跟踪－研究　Ⅳ. ①TN953

中国国家版本馆 CIP 数据核字（2024）第 049081 号

责任编辑：张正梅
印　　刷：天津画中画印刷有限公司
装　　订：天津画中画印刷有限公司
出版发行：电子工业出版社
　　　　　北京市海淀区万寿路 173 信箱　邮编：100036
开　　本：720×1000　1/16　印张：23　字数：463 千字
版　　次：2024 年 3 月第 1 版
印　　次：2024 年 3 月第 1 次印刷
定　　价：116.00 元

凡所购买电子工业出版社图书有缺损问题，请向购买书店调换。若书店售缺，请与本社发行部联系，联系及邮购电话：（010）88254888，88258888。

质量投诉请发邮件至 zlts@phei.com.cn，盗版侵权举报请发邮件至 dbqq@phei.com.cn。

本书咨询联系方式：zhangzm@phei.com.cn。

作者简介

兰剑

2010 年毕业于清华大学，获控制科学与工程工学博士学位，现为西安交通大学教授，获国家级和省级多类人才称号，第十三届中华全国青年联合会委员。主要研究领域为多源信息融合及目标信息处理，包括目标检测、识别、定位与跟踪等。担任 *IEEE Transactions on Aerospace and Electronic Systems*、《系统工程与电子技术》等期刊编委。主持国家自然科学基金重点项目 2 项、面上项目 2 项，空军装备“十四五”专项 1 项，173 重点项目课题 2 项，“十三五”装备预研共用技术项目 1 项等。在 IEEE 汇刊等发表论文 90 余篇，出版专著 3 部。获国家教学成果奖一等奖 1 项、二等奖 2 项，牵头获中国自动化学会自然科学奖一等奖、陕西青年科技奖、陕西省科学技术奖等。

电子邮箱：lanjian@mail.xjtu.edu.cn

“信息融合技术丛书”
编委会名单

主　　编：何　友　陆　军

执行主编：熊　伟

副 主 编（按姓氏笔画排序）：

王子玲　刘　俊　刘　瑜　李国军　杨　峰
杨风暴　金学波　周共健　徐从安　郭云飞
崔亚奇　董　凯　韩德强　潘新龙

编　　委（按姓氏笔画排序）：

王小旭　王国宏　王晓玲　方发明　兰　剑
朱伟强　任煜海　刘准钆　苏智慧　李新德
何佳洲　陈哨东　范红旗　郑庆华　谢维信
简湘瑞　熊朝华　潘　泉　薛安克

丛书序

信息融合是一门新兴的交叉领域技术，其本质是模拟人类认识事物的信息处理过程，现已成为各类信息系统的关键技术，广泛应用于无人系统、工业制造、自动控制、无人驾驶、智慧城市、医疗诊断、导航定位、预警探测、指挥控制、作战决策等领域。在当今的信息社会中，“信息融合”无处不在。

信息融合技术始于 20 世纪 70 年代，早期来自军事需求，也被称为数据融合，其目的是进行多传感器数据的融合，以便及时、准确地获得运动目标的状态估计，完成对运动目标的连续跟踪。随着人工智能及大数据时代的到来，数据的来源和表现形式都发生了很大变化，不再局限于传统的雷达、声呐等传感器，数据呈现出多源、异构、自治、多样、复杂、快速演化等特性，信息表示形式的多样性、海量信息处理的困难性、数据关联的复杂性都是前所未有的，这就需要更加有效且可靠的推理和决策方法来提高融合能力，消除多源信息之间可能存在的冗余和矛盾。

我国的信息融合技术经过几十年的发展，已经被各行各业广泛应用，理论方法与实践的广度、深度均取得了较大进展，具备了归纳提炼丛书的基础。在中国航空学会信息融合分会的大力支持下，组织国内二十几位信息融合领域专家和知名学者联合撰写“信息融合技术丛书”，系统总结了我国信息融合技术发展的研究成果及经过实践检验的应用，同时紧紧把握信息融合技术发展前沿。本丛书按照检测、定位、跟踪、识别、高层融合等方向分册，各分册之间既具有较好的衔接性，又保持了独立性，读者可按需阅读其中一册或数册。希望本丛书能对信息融合领域的设计人员、开发人员、研制人员、管理人员和使用人员，以及高校相关专业的师生有所帮助，能进一步推动信息融合技术在各行各业的普及和应用。

“信息融合技术丛书”是从事信息融合技术领域各项工作的专家们集体智慧的结晶，是他们长期工作成果的总结与展示。专家们既要完成繁重的科研任务，又要在百忙中抽出时间保质保量地完成书稿，工作十分辛苦，在此，我代表丛书编委会向各分册作者和审稿专家表示深深的敬意！

本丛书的出版，得到了电子工业出版社领导和参与编辑们的积极推动，得到了丛书编委会各位同志的热情帮助，借此机会，一并表示衷心的感谢！

何友

中国工程院院士

2023 年 7 月

前言

信息化和智能化系统与客观世界进行交互的前提，在于感知和认识感兴趣的对象，并精准推断这些对象（即目标）的具体信息，获取各类目标的状态和形态，包括个数、航迹、位置、速度、加速度、大小、形状、朝向等。多源信息目标定位与跟踪是利用雷达和视觉等多传感器量测数据，有机结合目标、环境和传感器的先验知识等信息，综合利用现代信息处理技术进行信息融合，精确估计目标状态和形态的理论与技术。作为概率论、统计学、系统论、信息论、控制论等多学科交叉的前沿技术，多源信息目标定位与跟踪提供了复杂环境中各类目标的精确信息，在监测预警、态势感知、导航制导、防空反导、自动驾驶、智慧城市、智慧工厂、智能家居等领域发挥着关键作用，具有重要的研究和应用价值。

目标定位与跟踪的发展迄今已有 80 余年，催生了大量经典的现代信息处理理论与技术，其作为信息融合领域的发端方向之一，一直得到高等学校、科研院所、行业企业的高度关注。随着信息化和智能化时代的到来，陆、海、空、天各类目标的性能以及现代传感器技术得到了长足的发展，新的定位与跟踪问题大量涌现，从而对更精准、更稳定的目标定位与跟踪理论和技术提出了迫切需求。为此，各个国家和地区的学者针对目标定位与跟踪涉及的基础理论和前沿技术持续研究，并在各类军民场景开展了大量应用，主要包括非线性估计与滤波、目标定位、机动目标跟踪、扩展目标跟踪及多目标跟踪理论与技术等。为系统地介绍多源信息目标定位与跟踪涉及的目标信息推断理论与技术，并为该领域的学习、研究和应用提供相对完整的参考，亟需出版一本兼具广度和深度且知识结构相对完整的科技书籍。基于这一背景，作者在多年从事目标定位与跟踪研究的基础上，汇聚本领域国内科技前沿和作者团队的有关成果编撰成书。本书包含目标定位与跟踪的数理统计基础、基本原理、基础理论、关键技术、研究进展及典型应用等内容，可作为自动控制、航空航天、计算机和电子技术等相关学科专业本科生及研究生的教材，也可用作相关领域科研技术人员的应用技术手册和参考书。

全书共 11 章。第 1 章介绍多源信息目标定位与跟踪的基本概念，着重分析目标定位与跟踪涉及的典型问题与发展现状，以引导读者快速了解本领域。第 2 章介绍多源信息目标定位与跟踪中常用的目标运动模型和传感器量测模型，用数学语言描述定位和跟踪问题，是深入了解和学习本书后续章节内容的基础。第 3 章介绍目标定位与跟踪涉及的估计与滤波技术，主要包括概率与统计基础、参数估计、状态估计、线性结构估计器、非线性结构估计器和混合结构估计器基础，并对线性结构估计器进行深入分析和仿真验证。第 4 章介绍多源联合目标定位问题中常用的目标定位方法。第 5 章针对信息转换滤波及其在目标跟踪中的应用展开深入探讨与分析。第 6 章针对多目标跟踪问题进行阐述，并介绍常用的多目标跟踪技术。第 7 章介绍并分析多源信息机动目标跟踪技术及其发展和应用。第 8 章介绍扩展目标跟踪问题，阐述针对多散射点量测基于随机矩阵法的扩展目标跟踪理论。第 9 章介绍针对多散射点量测复杂扩展目标跟踪技术，以及目标距离像下扩展目标的建模、状态估计的相关理论与技术。第 10 章针对目标跟踪中具有挑战性的难题——被动目标跟踪问题进行分析，并介绍相关前沿理论和技术。第 11 章介绍目标定位与跟踪性能评估的典型方法和最新进展。

本书得到了国家自然科学基金（U23B2035、62273269、U1809202、61573020、61203120、62103320）的资助，并且得到了国家出版基金项目的支持，在此特向国家自然科学基金委员会和国家出版基金管理委员会表示感谢。

借此书出版之际，作者诚挚感谢参与相关项目研究和本书编校工作的多位老师和研究生，包括张乐老师、曹晓萌老师，博士生郗瑞卿、张潇潇、郭晓晓、刘爽、吴生盛、危渊、王伟韬、刘文庆、冯磊、李铭楷等。

在本书的出版过程中，电子工业出版社负责本书编校工作的全体人员付出了大量辛勤劳动，他们认真细致、一丝不苟的工作保证了本书的出版质量，作者在此一并表示衷心的感谢！

限于作者水平，书中难免存在疏漏和不足之处，请广大读者批评指正并提出宝贵意见，我们深表感谢！

兰剑

2023 年 12 月

目录

第 1 章

导　论

1.1 多源信息目标定位与跟踪的基本概念

什么是目标？什么是定位？什么是跟踪？什么是多源信息？它们如何定义？它们又有什么作用？……

本节将初探以上一系列问题的答案。

1.1.1 概述

“请问你在什么位置？”

“我在十字路口往北 100 米处。”

“接下来怎么走？”

“跟上前面蓝色的汽车。”

上述对话时常发生在乘车过程中。而在如此平常的场景里，包含了目标定位和目标跟踪两大科学问题。从司机的视角来看，他想尽快接到乘客，就得快速确定乘客所处的位置，即对他当前最感兴趣的人、他的目标——乘客进行定位。从司机和乘客的视角来看，要确定接下来怎么走，就得知道他们最关注的物体、他们的目标——蓝色汽车如何实时运动，即跟踪它。

实际上，目标定位和目标跟踪两大问题广泛存在于军用和民用的众多领域。例如，播报敌方航母所处的位置依赖目标定位技术，绘制航母的运动轨迹则依赖目标跟踪技术。

在军用领域，天上的卫星、地上的坦克、水下的潜艇所处何地、如何运动，是现代化战场中最关键的情报信息。知己知彼，方能百战不殆。若连敌人在哪儿都不能准确知晓，则只能一败涂地。

在民用领域，无人驾驶汽车如果不能精准地确定周边车辆的位置和运动轨迹，就只能像无头苍蝇一般横冲直撞，酿成灾祸；海上的渔船如果不能精准地确定自身所处的位置，就如同无根之萍随波逐流，在海面上飘摇。

因此，目标定位和跟踪是极其重要的问题。

工欲善其事，必先利其器。解决如此重要的科学问题必须依赖先进的技术工具。目标定位和目标跟踪主要依靠估计和滤波技术。估计和滤波技术解决的是如何从带噪声的量测中推断得到感兴趣的量的问题，在推断过程中融合利用了量测和模型等先验知识的信息。本书从估计和滤波技术的基础讲起，细致地介绍参数估计、最小二乘估计、极大似然估计、最大后验估计、扩维非线性最小二乘估计、最小均方误差估计等估计技术，以及卡尔曼滤波、扩展卡尔曼滤波、无迹滤波、容积卡尔曼滤波、求积卡尔曼滤波、不相关转换滤波、最优转换采样估计等滤波技术。这些技术有的已有几百年历史，帮助古人在仰望星空时“找星星”（高斯利用最小二乘估计发现了小行星）；有的在近几十年日臻成熟，帮助人类在探索宇宙时“登月球”（卡尔曼滤波和扩展卡尔曼滤波技术应用于阿波罗计划）；有的在近几年蓬勃发展，为未来技术的发展开辟了新航道（无迹滤波、不相关转换滤波等）。

下面从定位与跟踪的基本概念开始，带领大家一步步走进这迷人的定位与跟踪世界。

1.1.2 定位与跟踪的定义

定位与跟踪是融合利用多源信息（包括从多种、多个传感器中得到的数据信息和关于目标特性、机理、模型等的知识信息）对感兴趣的目标的位置、速度、个数等进行推断的过程。定位与跟踪所涉及的关键技术包括目标检测、状态与参数估计、信息融合等。

1. 目标检测

目标检测主要回答目标是否存在、有几个等问题，可以将其归类为决策问题或离散推断问题。具体问题包括数据关联、航迹起始等，这些问题将在后文中详细介绍。作为一类决策问题，目标检测的结果可以是硬决策，即直接回答有没有目标，有 n 个目标，是哪个量测；也可以是软决策，即分析目标存在的概率是多少，目标个数的分布是怎样的。

与目标定位与跟踪关系密切的另一类决策问题是目标识别和分类，包含敌我识别、类型区分、型号识别等不同层次，主要以硬决策或软决策的形式回答目标是飞机还是坦克、是战斗机还是侦察机、是 F22 还是 F16 等，得到准确的目标识别和分类结果后，就可以利用这类目标的众多知识、模型等先验信息来提升定位与跟踪的精度。

2．状态与参数估计

定位与跟踪涉及的另一项关键技术是状态与参数估计，它是从带噪声的一组量测（数据）中，对感兴趣的量 $\boldsymbol{x}$ 进行推断的过程，可按以下方式定义。

定义 1-1　设 $\boldsymbol{x} \in \mathbb{R}^n$ 是一个未知参数向量，量测 $\boldsymbol{z}$ 是一个 m 维的随机向量，基于 $\boldsymbol{z}$ 的一组容量为 N 的样本 $\{\boldsymbol{z}_1, \boldsymbol{z}_2, \cdots, \boldsymbol{z}_N\}$，有统计量

$$\hat{\boldsymbol{x}}^{(N)} = \varphi(\boldsymbol{z}_1, \boldsymbol{z}_2, \cdots, \boldsymbol{z}_N) \tag{1-1}$$

该统计量称为对 $\boldsymbol{x}$ 的一个估计量，其中 $\varphi(\cdot)$ 称为统计规则或估计算法。

因此，估计就是寻找量测的一个函数，满足某种给定的最优准则。由于量测是随机的，作为量测的函数，估计量也是随机的。

根据对未知量的假设和建模不同，可以将估计分为非贝叶斯估计和贝叶斯估计。非贝叶斯估计假设未知量 $\boldsymbol{x}$ 为非随机变量，因此不存在概率分布等信息。贝叶斯估计假设未知量 $\boldsymbol{x}$ 是随机变量，且假设存在关于 $\boldsymbol{x}$ 的先验分布用于描述对随机变量 $\boldsymbol{x}$ 事前的、初步的先验知识。可利用信息方面的差异导致了这两种估计方法存在显著不同。

根据最优性准则的不同，非贝叶斯估计又包含极大似然估计、最小二乘估计等方法；贝叶斯估计又包含最大后验估计、最小均方误差估计等方法。关于这些估计方法的思想、步骤等，将在第 3 章中详细介绍。

目标定位所估计的未知量 $\boldsymbol{x}$ 具有物理含义，一般是目标在某种坐标系下某个点的坐标值，或者笼统地称为位置。最小二乘类方法和最大后验类方法通常用于解决目标定位问题，具体采取哪一类，取决于是否有关于 $\boldsymbol{x}$ 的先验信息。

相比目标定位，目标跟踪所估计的 $\boldsymbol{x}$ 的物理含义更加丰富，通常可以是位置、速度、加速度等物理量。对于特殊目标，如弹道目标等，所估计的量还可以是视线角速率、视线角加速度等物理量。此外，目标跟踪所估计的未知量，通常是各时刻间存在关系的随机变量序列 $\boldsymbol{x}_1, \boldsymbol{x}_2, \cdots, \boldsymbol{x}_k$，其中 k 表示第 k 个时刻，因此目标运动模型在目标跟踪中也起极为重要的作用。目标跟踪面临的场景比目标定位更复杂，通过适当的假设，目标跟踪的方法可退化解决目标定位问题。

3．信息融合

信息融合主要是指在目标检测、状态估计过程中需要融合利用多种来源的信息以完成上述推断过程。下一节将单独介绍多源信息及其融合。

1.1.3 多源信息的定义

定位与跟踪主要依赖对多源信息的处理，这里的多源信息可以从以下几个层面解释。

1. 限定在数据层面

限定在数据层面，多源信息（数据）可以是同一类型的多个传感器所提供的数据，也可以是不同类型的多个传感器所提供的数据，即异构多源数据。目标定位与跟踪中常用的传感器包括以下几种。

（1）雷达（Radar 的音译，源于 Radio Detection and Ranging 的缩写）、激光雷达（Light Detection and Ranging，LIDAR）、超宽带（Ultra Wide Band，UWB）通信、声呐、振动传感器、超声波测距传感器、移动通信设备等。

（2）可见光摄像头、红外摄像头等视觉传感器。

2. 数据和知识层面

在数据和知识层面，（先验）知识也是关于目标的重要信息。举例来说，如果除量测数据外，还能知道目标的大致位置，将有助于得到更加精确的定位结果。目标运动模型也是一类重要的知识信息，它从物理规律等角度对目标运动进行描述，能为目标跟踪提供极大的帮助。目标定位与跟踪中常用的知识包括以下几种。

（1）关于目标本征的知识，如目标红外特性、雷达散射截面（Radar Cross Section，RCS）等。

（2）关于目标运动特性的知识，如目标运动模型及各参数的取值范围、目标速度、加速度的能力边界等。

（3）关于目标状态的先验知识，如目标位置的大体范围、目标巡航速度、目标大体形状等。

（4）关于目标环境的先验知识，如目标所处环境的类型（城市、郊野、战场、无人区、隧道、室内）、环境杂波密度值等。

（5）关于目标量测的先验知识，如量测在目标上的分布情况（均匀分布、偏斜分布）、大体个数等。

基于多源信息融合的定位与跟踪相比单一信息源的定位与跟踪，优势显著。

从狭义的多源数据融合角度看，不同传感器所提供的数据能优势互补，特别是在复杂的干扰环境中，部分传感器可能失效或性能不佳。例如，电磁对雷达的干扰极大而对红外传感器的影响较小，此时基于多源信息融合的定位与跟踪需求显著。

从广义多源信息——数据与知识融合的角度看，数据和知识都对定位与跟踪起关键作用，两者同等重要。仅依赖数据，会丢失极多且重要的模型、分布、取值范围信息；仅依赖知识，会舍弃针对具体问题较直接、较契合的数据量测信息。

因此，本书着眼于基于多源信息的目标定位与跟踪方法。在了解具体方法之前，先来看看多源信息目标定位与跟踪要解决的两类难题及一般步骤。

1.2 多源信息目标定位与跟踪要解决的两类难题及一般步骤

既然目标定位与跟踪如此重要，那么需要解决的关键科学问题是什么？解决的步骤有哪些？

本节将给出上述问题的答案。

1.2.1 量测信息的不确定性

1．噪声对量测数据的影响

前文提到，状态与参数估计是从含噪声的数据中推断感兴趣的量的过程。噪声一般是指量测过程中无法消除的、难以掌握其规律的、具有不确定性的误差，通常用随机变量进行建模。噪声（误差）不同于量测错误，后者是由不正确使用、量测失败造成的可避免的偏差，而噪声是由各种无法避免的扰动、量测机制本身精度的限制等造成的。噪声的存在使量测值与真值间存在差异，因此需要使用估计与滤波技术消除噪声影响，得到更精确的定位与跟踪结果。

2．数据来源的不确定性

量测数据除受量测噪声的影响而具有随机性和不确定性外，其来源也存在不确定性。这种不确定性表现在两个层面：一是无法确定量测是来自目标还是来自不感兴趣的环境、干扰等，这一问题无论是单目标跟踪还是多目标跟踪都存在；二是即使确定量测来自目标，如果存在多个目标，也无法明确量测来自哪个目标。量测来源的不确定性给目标跟踪带来了严重挑战，是目标跟踪领域一直以来的研究重点和热点。

3．数据形式的不确定性

对于数据形式的不确定性，本书主要考虑两类典型问题。

一是扩展目标的多量测。扩展目标跟踪是随着雷达分辨率的提高、对同一目标可以得到多个量测而产生的新问题。传统雷达分辨率较低，每个目标每一时刻至多产生一个量测。基于这一量测，只能估计目标的位置、速度等运动状态，因此目标也被假设为没有形状大小的点目标来进行数据处理。随着传感器精度的提升，每个分辨率单元所覆盖的范围变小，同一目标在高分辨率雷达视场内占据多个分辨率单元，因而可以得到多个量测。基于多个量测，除能估计目标的运动状态外，还能估计目标的形态，这类目标被称为扩展目标。这一量测机制的改变使目标跟踪面临新挑战。

二是被动量测。被动目标定位与跟踪是指在定位与跟踪时仅依靠被动传感器量测数据。被动传感器是通过接收以目标为载体的发动机、通信、雷达等辐射的红外线、电磁波或目标所反射的外来电磁波探测目标位置的一种传感器。相比主动传感器，被动传感器具有抗干扰能力强、隐蔽性好等优点，因此受到国内外的普遍重视。通常这些数据是关于目标的角度量测。

1.2.2 目标信息的不确定性

对目标的运动常用动态模型来描述，如匀速运动模型、匀速转弯模型、匀加速运动模型等，由于引入了过程噪声，能够对建模过程的误差和不确定性进行适当的描述。然而，由于真实目标运动的复杂性和多变性，如飞机为躲避导弹而做的各种逃逸动作，用单一模型难以持续准确地描述目标运动。目标的这种行为被称为目标机动，表现为目标运动模式的突然变化。这类问题被称为机动目标跟踪，所面临的主要难题是难以明确目标当前处于何种运动状态、目标的运动状态何时发生突变、应当用什么模型来描述这种复杂的变化和高度不确定性。

针对目标运动模式的不确定性问题，解决的经典思路是多模型估计方法。本书将介绍机动目标跟踪及多种多模型估计方法，主要包括自主式多模型估计、交互式多模型估计、变结构多模型估计等经典方法，以及最优模型扩展多模型估计、等价模型扩展多模型估计等最新研究成果。

1.2.3 解决定位与跟踪问题的一般步骤

从科学研究角度看，解决定位与跟踪问题（或更一般的其他科学和技术问题）一般可分为以下 4 个步骤。

（1）问题描述。对于工程需求和实际问题，应当明确解决该问题的最终目的是什么，并以此为指导，进一步明确已知量是什么、未知量是什么、要达到什么样的效果，最终从实际需求中提炼出要解决的科学问题。

（2）模型构建。在描述问题的基础上，用数学模型对问题进行更加精确的描述，常用的方法有状态空间模型，明确系统状态、输入、输出、转移模型等。

（3）算法求解。基于所建立的模型，利用一定的求解技术得到需要的结果，通常是在一定准则下求解优化问题，使结果达到某种最优性。信息领域的绝大多数研究成果都集中在该方面，成果形式为算法。

（4）性能评估。以上各步骤均可以使用不同的做法，对不同的做法需要进行评判和比较，以便从中选取最优的一种进行进一步完善和改进。性能评估用于检验问题描述是否合理、模型构建是否贴切、算法求解是否精确，形成解决问题的反馈和闭环。

1.3　多源信息目标定位与跟踪的关键技术领域

本书将结合定位与跟踪中的几个典型问题，详细介绍各类场景下的定位与跟踪所面临的主要挑战、处理中的难点和主要解决方法。按照科学研究中的问题划分，主要介绍多传感器定位、多目标跟踪、机动目标跟踪、扩展目标跟踪和定位与跟踪性能评估等基础问题。实际应用场景可能是以上基础问题的组合与叠加。

1.3.1　多传感器定位

1. 内涵

高精度目标定位通常基于测距信息来确定目标位置。常用的传感器包括声呐、超声波传感器、Wi-Fi、UWB 等。常见的信息包括接收信号强度指示、到达角度、到达时间差、到达时间等。基于以上信息，仅用单一传感器无法唯一确定目标位置，因此需要融合利用多传感器信息，实现目标定位。多传感器定位示意如图 1-1 所示。

2. 国内外发展现状

常用的目标定位方法包括极大似然估计和最小二乘估计等。除通用方法外，针对不同量测信息的特点，还提出了针对性的求解方法。基于到达时间，建立信号传播模型后，可利用数值方法求解非线性问题，得到最优解。基于到达时间差，目前最流行的一类最小二乘方法是两步加权最小二乘法。此外，基于到达时间差定位的问题是一个非凸优化问题，研究者利用各类松弛或近似技术，将其转换为凸优化问题求解。

目标定位技术应用的主要场景包括多节点水下目标定位、室内目标定位等。水下环境复杂，信号在水介质中的传输机制与在空气介质中的传输机制存在较大差异，水下无人潜航器互定位和自定位需求突出。在室内场景中，如地下停车场、隧道、涵洞，卫星信号弱，无法通过卫星确定目标位置，需要借助室内传感器进行协同定位。针对这些需求场景，国内外学者开展了细致深入的研究，相关论文与专利数不胜数。本书第 4 章将介绍相关内容。

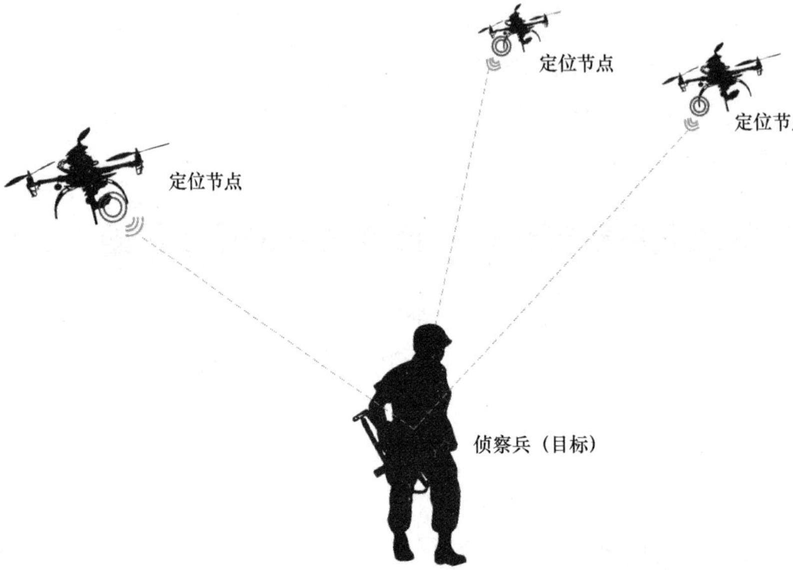

图 1-1　多传感器定位示意

1.3.2　多目标跟踪

1．内涵

多目标跟踪是指融合利用先验信息和量测信息，对一定监视区域内的多个目标同时进行跟踪的过程。在跟踪过程中，目标的个数可能未知且可能随时间发生变化，目标可随时进入或离开监视区域。量测来源也具有高度不确定性，漏检、虚警现象突出，数据的关联关系较为复杂。在一些场景中，由于观测角度、分辨率等的限制，还可能出现新目标从旧目标中分离或两个目标合并为一个目标的情况。多目标跟踪问题由于其复杂性、重要性，在目标信息处理领域被称为“皇冠上的明珠”。多目标跟踪示意如图 1-2 所示。

2．国内外发展现状

国内外对多目标跟踪的研究主要聚焦于数据关联这一关键问题。Singer 等最早提出了最近邻（Nearest Neighbor，NN）算法，用于解决雷达回波信号与目标关联问题，但在杂波密集环境下容易导致目标丢失或误跟。Bar-Shalom 提出了概率数据关联（Probabilistic Data Association，PDA）算法和联合概率数据关联（Joint Probabilistic Data Association，JPDA）算法，他认为所有回波都以不同的概率来源于目标，但随着回波密度的增加，这两种算法会出现组合爆炸情况，且要求已知目标个数。Reid 等提出了多假设跟踪（Multiple Hypothesis Tracking，MHT）算法，利用多帧分配建立多个候选假设，对来源于已有目标、杂波或新目标的量测进行候选和评估。Kurien 等在此基础上提出了面向航迹的多假设跟踪（Track-Oriented MHT，TOMHT）算法，极大地降低了算法的复杂度。除此之外，基于随机有限集框架的概率假设密度（Probability Hypothesis Density，PHD）滤波器避免了数据关联过程，适用于多目标检测与跟踪，但其计算复杂度高，且易受先验参数的影响，其工程应用刚刚起步。

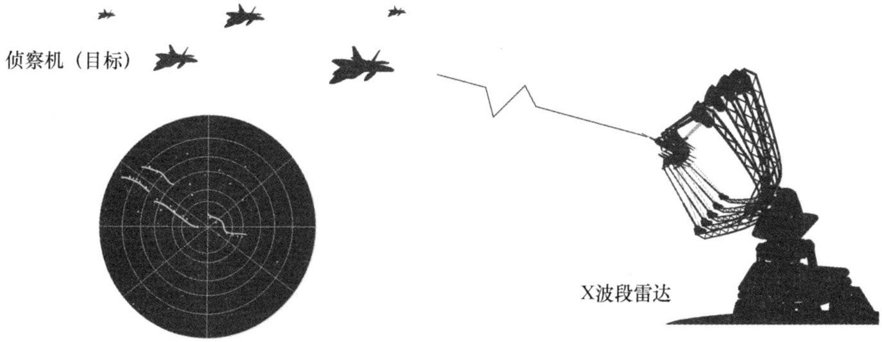

图 1-2 多目标跟踪示意

国内多目标跟踪技术的研究起步较晚，直到 20 世纪 90 年代才开始进行系统研究。具体的研究领域主要集中在鬼点、漏检和虚警等复杂情况的数据关联算法上，提出了改进的最近邻算法、主导概率数据关联算法、结合特征参数的数据关联算法等一系列算法。

1.3.3 机动目标跟踪

1. 内涵

机动目标跟踪主要针对目标运动模式的不确定性，希望通过准确描述和适应目标运动模式的变化，实现对目标的准确、稳定跟踪。在此过程中，目标的运动模式会一直变化。例如，汽车行驶在城市道路上，加速、变道、超车、减速、停车、拐弯等模式交替、组合出现，建立这些运动模式的精细化模型并实现各模型的平滑变换面临极大的挑战。在军事领域，导弹、飞机等的机动动作是躲避传感器锁定的有效手段，如果不能有效实现机动目标跟踪，则会导致目标跟丢、任务落空。因此，机动目标跟踪极具挑战性和紧迫性。机动目标跟踪示意如图 1-3 所示。

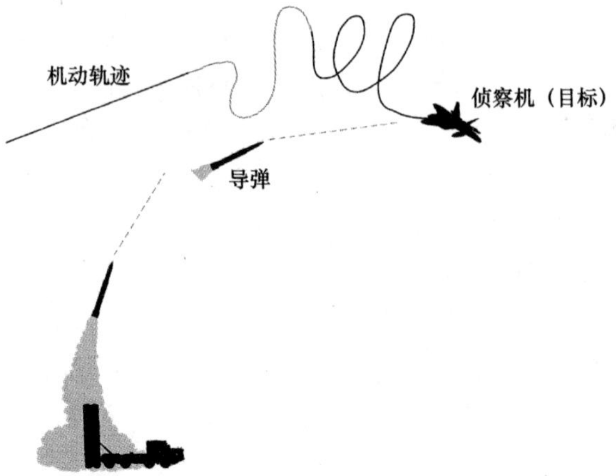

图 1-3　机动目标跟踪示意

2．国内外发展现状

解决机动目标跟踪问题最常用的方法是多模型方法，其基本思想是用多个模型对目标运动进行描述和建模。当目标运动模式发生变化时，在概率框架下能够实现模型的及时切换与调整。依据发展历程，多模型方法可划分为三代。第一代多模型方法体现为各模型自治，在各自的模型下分别处理信息，最后通过加权求和的方式实现各模型信息的融合。第二代多模型方法体现为模型协作，通过重新初始化等手段实现模型间的信息传递。第三代多模型方法强调模型结构是可变的，能够根据当前的态势增加或删除模型，或者改变模型的转移概率，在一定准则下实现模型集合的最优。不同策略的多模型方法的目的都是实现各模型间的优势互补，更精确地描述目标运动，实现精确、稳定的跟踪。

1.3.4　扩展目标跟踪

1．内涵

扩展目标跟踪问题是随着现代传感器分辨率的提升而出现的一类具有传感器量测机制不确定性的新问题。扩展目标跟踪主要用于对目标运动状态和形态的估计。一方面，更加丰富的数据信息使估计目标形态成为可能，不能充分利用此类信息是一种严重的浪费；另一方面，准确的形态估计有助于提升状态估计的精度，在扩展目标中，除了量测噪声，形态也是量测分布不确定性的重要（甚至是更大的）来源，目标形态难以忽视。因此，开展扩展目标跟踪研究十分必要。同时，在技术层面，扩展目标跟踪技术可以解决群目标跟踪问题。群目标是指由运动特征相近、雷达无法完全分辨的多个目标组成的集群。扩展目标跟踪示意如图 1-4 所示。

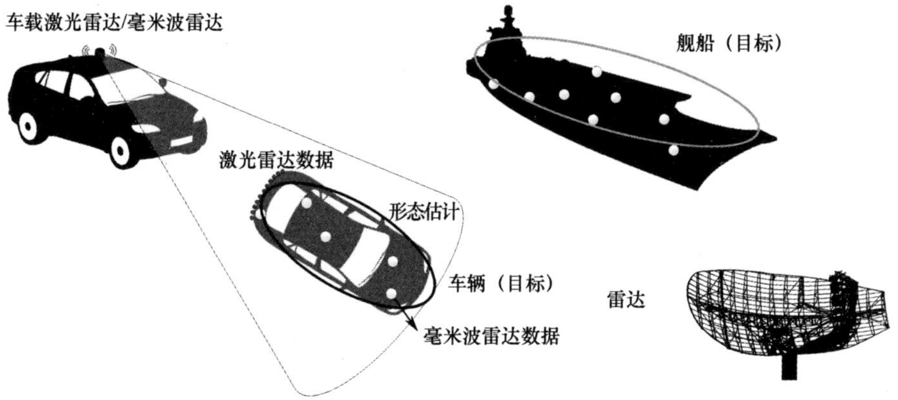

图 1-4　扩展目标跟踪示意

2．国内外发展现状

扩展目标跟踪相关方法有随机矩阵法、随机超曲面法及其他方法。随机矩阵法是一类简单、有效且普适的扩展目标跟踪方法，可递推联合估计目标运动状态和形态，由 Koch 等率先提出，随后被不断完善并应用于船舶、飞行器、车辆、行人等各类扩展目标跟踪场景。

国内针对扩展目标跟踪也开展了大量研究，并紧跟世界前沿。西安交通大学、西安电子科技大学、西北工业大学、海军航空大学等团队在模型构建、非线性量测、非椭圆形态、非均匀分布等方面对随机矩阵法进行了拓展和提升。此外，还提出了控制点法等较新颖的扩展目标跟踪方法。

1.3.5　定位与跟踪性能评估

1．内涵

各种算法与技术能否满足解决实际问题的精度需求？能否支撑完成特定任务？是否仍有改进空间？当有多个算法时，哪个算法最合适？要回答这些问题，就要对性能评估进行深入研究，目前相关的理论研究还不够系统。本书第 11 章将介绍笔者近年来在性能评估理论方面的新研究进展，包括非综合指标、综合指标、联合性能评估、评估与排序等。

2．国内外发展现状

对于不同算法得出的结果，可从多个方面评估，具体取决于所研究的问题。Chang 等针对航迹融合问题、多传感器分类融合问题等提出了一些评估方法。Hoffman 等针对多目标跟踪问题提出了基于最优匹配的多目标距离，这是能综合评估多目标跟踪性能的较早指标。随后，Schuhmacher 等指出，基于最优匹配的多目标距离缺少一致性，可引入截断误差加以改进，这一指标随后在许多文献中得到了引用，但是如何适当地选取截断误差仍较困难。Straka 等研究了只有角度量测的跟踪问题的评估方法。Li 等较为系统地总结了性能评估中的常见指标，并分析了它们的优劣；提出了误差谱，它可以综合、全面地反映估计性能；提出了解析计算误差谱的方法；提出了利用误差谱比较不同估计器的方法；提出了两类估计性能的相对指标，包括合意度和基于皮特曼接近度的相对度量。

国内学者也对性能评估做了相关研究。西安交通大学是国内较早专门开展此方面研究的机构，最新的研究成果将在本书的第 11 章中集中介绍。国内其他研究机构的研究包括：基于灰色关联分析，针对目标跟踪器的性能评估，考虑了指标筛选问题；针对红外及可见光下的目标跟踪提出了一种新的评估方法；针对动态非线性系统的性能，基于动态误差谱，提出了一种对动态误差谱进行信息压缩的方法，以便在二维图像中显示不同时刻的性能；对多目标跟踪性能评估的现状进行综述，提出了一套常用的指标体系，并逐一分析了各指标的优劣；分别考虑多目标跟踪评估中传感器融合和航迹评估的问题，仿真实验显示提出的评估方法性能较好；对于弱小目标跟踪中存在的漏检、跟踪丢失等特殊问题，有针对性地做了性能评估研究。

本章小结

本章简要介绍了目标定位、跟踪、多源信息等基本概念，定性和定量地描述了定位与跟踪问题；分析了基于多源信息进行目标定位与跟踪时存在的两类难题，包括量测信息的不确定性和目标信息的不确定性；介绍了多源信息目标定位与跟踪的几个关键技术领域，包括多传感器定位、多目标跟踪、机动目标跟踪、扩展目标跟踪、定位与跟踪性能评估等。后续章节将详细论述以上内容。

第 2 章

多源信息目标定位与跟踪模型

2.1 概述

目标定位与跟踪成功的关键在于从带误差的观测中有效地提取目标信息，而解决定位与跟踪问题的前提是对其进行数学化描述，即构建模型。

图 2-1 以框图的形式给出了目标定位与跟踪中的信息提取过程。图中“动态系统”和“量测系统”是定位器或跟踪器无法直接获取的“黑盒子”，定位器或跟踪器唯一能获取的是受到量测噪声干扰的量测。

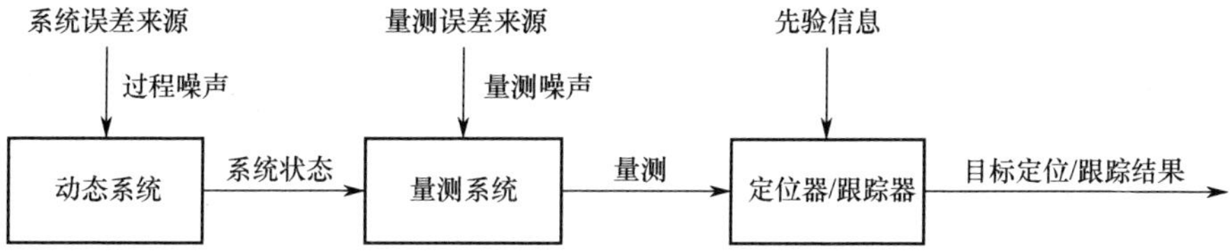

图 2-1　目标定位与跟踪中的信息提取过程

为了数学化地描述上述问题，需要构建系统的动态模型和量测模型。典型的动态模型包括以下信息。

（1）系统的初始状态，这一初始状态往往是不完美、不精确的。

（2）系统中被估计量（通常包括目标的位置、速度等）的演化规律。

（3）随机干扰（过程噪声）的概率特征，以及其对系统状态噪声的影响。

最常用的动态模型是状态空间模型，其一般形式可以总结为

$$\boldsymbol{x}_k = f_k(\boldsymbol{x}_{k-1}, \boldsymbol{u}_{k-1}) + \boldsymbol{w}_k \tag{2-1}$$

式中，$\boldsymbol{x}_k$ 为 t_k 时刻目标的状态，一般包括目标的位置、速度等被估计量；$\boldsymbol{u}_k$ 为 t_k 时刻的控制输入向量，包括系统的一些先验信息，其具体含义与实际问题有

关；$\boldsymbol{w}_k \sim \mathcal{N}(\boldsymbol{0}, \boldsymbol{Q}_k)$ 为过程噪声，$\boldsymbol{Q}_k$ 为过程噪声的协方差矩阵；$f_k(\cdot)$ 为状态转移函数，代表系统被估计量的演化规律，现实中 $f_k(\cdot)$ 可能是时变的。

量测模型需要包含以下信息。

（1）量测的内容，一般是可以直接观测的一部分被估计量或它们的函数，如目标和传感器之间的距离、角度等。

（2）随机干扰（量测噪声）的概率特征，以及其对系统量测噪声的影响。

量测模型的一般形式可以总结为

$$\boldsymbol{z}_k = h_k(\boldsymbol{x}_k) + \boldsymbol{v}_k \tag{2-2}$$

式中，$\boldsymbol{z}_k$ 为 t_k 时刻带噪声的量测；$\boldsymbol{v}_k \sim \mathcal{N}(\boldsymbol{0}, \boldsymbol{R}_k)$为量测噪声序列，$\boldsymbol{R}_k$ 为量测噪声的协方差矩阵；$h_k(\cdot)$ 为量测函数，代表了传感器的量测机理，现实中 $h_k(\cdot)$ 可能是时变的。

在目标定位与跟踪领域，大多数算法是基于模型的。这是因为模型中包含关于目标和传感器的知识，而这些知识对于解决基于有限观测数据的目标定位与跟踪问题有巨大的帮助。可以毫不夸张地说，一个好的模型可抵上千个数据。

2.2 目标运动模型

对目标运动模型的研究已经持续了数十年。早期由于雷达等传感器的探测能力有限，其分辨单元通常远大于目标，所获取的回波不足以对目标的空间特征进行有效描述，仅可描述目标的运动行为特征。于是通常将观测对象视为点目标（Point Target），即目标被视为一个没有形状的点，并构建动态模型（或称运动模型）来描述目标状态随时间的变化。

根据已有的研究，目标的空间运动基于不同的运动轨迹和坐标系，可以分为一维运动、二维运动和三维运动。根据不同方向的运动是否相关，目标的空间运动模型可以分为坐标间不耦合模型和坐标间耦合模型。

（1）坐标间不耦合模型。这类模型假设坐标系每个正交方向上的目标机动过程不耦合。目标机动是受到外力作用导致加速度发生变化的，所以对目标机动建模的难点在于对加速度及其变化规律的准确描述。对于无机动的目标，可用匀速（Constant Velocity，CV）模型描述其运动，该模型假设目标的加速度近似为零，也称非机动模型。匀加速度（Constant Acceleration，CA）模型则可用来描述加速度的大小、方向几乎不变的目标的运动。然而，上述两种假设均是实际目标机动的特殊情况，即加速度近似为零或常数。实际中，即使在两个邻近的采样时刻，加速度也可能发生变化，并且这两个时刻的加速度之间往往具有一定的相关性。Singer 模型研究了这种情况，并假设加速度在每个时刻具有一种三重一致对称分布，提供了从 CV 模型到 CA 模型的一种过渡。针对 Singer

模型由于加速度零均值的假设而导致对高机动目标的描述能力不足的问题，兰剑等提出了基于参考加速度的自适应（Reference Acceleration Based Adaptive Model，RA）机动目标模型。

坐标间不耦合模型具有简单直观、对目标机动描述能力较强的特点，在实际系统中得到了广泛应用。

（2）坐标间耦合模型。坐标间耦合模型大多指的是转弯模型。按照坐标系，可将其分为二维转弯模型和三维转弯模型。相比之下，三维转弯模型较为复杂，在实际系统中的应用不如二维转弯模型普遍。在转弯模型中，目标加速度一般与速度和转弯角速度有关。假设目标的转弯角速度不变，可以得到匀转弯速率（Constant Turn Rate，CT）模型。而在实际跟踪问题中，目标的转弯角速度往往并不是先验知识，一种处理方法为在线利用目标估计速度进行估计。例如，在转弯角速度有效取值范围内进行采样，得到一个离散的转弯角速度集合，并假设这些转弯角速度对应的机动模型序列为一个转移概率矩阵已知的半马尔可夫链。另一种处理方法为将转弯角速度作为一个待估计的变量扩维到目标状态向量中，从而对转弯速率进行在线估计。

2.2.1　非机动模型

非机动模型是用来模拟目标做匀速运动的模型，又称 CV 模型，是最简单的目标运动模型之一。做匀速运动的目标的加速度 $\boldsymbol{a}(t)=[\ddot{x},\ddot{y},\ddot{z}]^{\mathrm{T}}$ 为零。考虑到实际情况中目标速度会有微小的改变，将加速度建模为 $\boldsymbol{a}(t)=\boldsymbol{w}(t)\approx\boldsymbol{0}$，其中 $\boldsymbol{w}(t)$ 是对目标运动有微小影响的白噪声，可以解释不可预测的模型误差。则 CV 模型的状态空间模型为

$$\dot{\boldsymbol{x}}(t)=\mathrm{diag}(\boldsymbol{A}_{\mathrm{CV}},\boldsymbol{A}_{\mathrm{CV}},\boldsymbol{A}_{\mathrm{CV}})\boldsymbol{x}(t)+\mathrm{diag}(\boldsymbol{B}_{\mathrm{CV}},\boldsymbol{B}_{\mathrm{CV}},\boldsymbol{B}_{\mathrm{CV}})\boldsymbol{w}(t) \tag{2-3}$$

式中，$\boldsymbol{x}=[x,\dot{x},y,\dot{y},z,\dot{z}]^{\mathrm{T}}$ 为状态向量，(x,y,z) 和 $(\dot{x},\dot{y},\dot{z})$ 分别为目标在坐标系 X 轴、Y 轴和 Z 轴上的位置与速度；$\boldsymbol{w}(t)=[w_x(t),w_y(t),w_z(t)]^{\mathrm{T}}$ 为连续时间的白噪声向量，其功率谱密度矩阵为 $[S_x,S_y,S_z]^{\mathrm{T}}$；且

$$\boldsymbol{A}_{\mathrm{CV}}=\begin{bmatrix}0&1\\0&0\end{bmatrix},\quad \boldsymbol{B}_{\mathrm{CV}}=\begin{bmatrix}0\\1\end{bmatrix} \tag{2-4}$$

模型（2-4）对应的离散时间形式为

$$\boldsymbol{x}_k=\boldsymbol{F}_{\mathrm{CV}}\boldsymbol{x}_{k-1}+\boldsymbol{w}_{k-1} \tag{2-5}$$

式中，

$$\begin{cases}\boldsymbol{F}_{\mathrm{CV}}=\mathrm{diag}(\boldsymbol{F},\boldsymbol{F},\boldsymbol{F}),\quad \boldsymbol{F}=\begin{bmatrix}1&T\\0&1\end{bmatrix}\\ \mathrm{cov}(\boldsymbol{w}_{k-1})=\mathrm{diag}\left(\dfrac{S_x}{T}\boldsymbol{Q},\dfrac{S_y}{T}\boldsymbol{Q},\dfrac{S_z}{T}\boldsymbol{Q}\right),\quad \boldsymbol{Q}=\begin{bmatrix}T^4/3&T^3/2\\T^3/2&T^2\end{bmatrix}\end{cases} \tag{2-6}$$

T 是采样间隔。

直接定义在离散时间上的 CV 模型为

$$\boldsymbol{x}_k = \boldsymbol{F}_{\text{CV}}\boldsymbol{x}_{k-1} + \boldsymbol{G}_{\text{CV}}\boldsymbol{w}_{k-1} \tag{2-7}$$

式中，

$$\boldsymbol{G}_{\text{CV}} = \text{diag}(\boldsymbol{G},\boldsymbol{G},\boldsymbol{G}), \quad \boldsymbol{G} = \begin{bmatrix} T^2/2 \\ T \end{bmatrix} \tag{2-8}$$

$\boldsymbol{w}_{k-1} = [w_x, w_y, w_z]^{\text{T}}$ 为离散时间的白噪声序列，T 为采样间隔。噪声 $\boldsymbol{w}_{k-1}$ 的方差为

$$\begin{cases} \text{cov}(\boldsymbol{G}_{\text{CV}}\boldsymbol{w}_{k-1}) = \text{diag}(\text{var}(w_x)\tilde{\boldsymbol{Q}}, \text{var}(w_y)\tilde{\boldsymbol{Q}}, \text{var}(w_z)\tilde{\boldsymbol{Q}}) \\ \tilde{\boldsymbol{Q}} = \begin{bmatrix} T^4/4 & T^3/2 \\ T^3/2 & T^2 \end{bmatrix} \end{cases} \tag{2-9}$$

2.2.2 匀加速度模型

匀加速度模型，即 CA 模型，也是一种简单的目标运动模型。该模型假设目标运动的加速度为一个维纳过程，或者更一般和准确地说，是一个具有独立增量的过程。文献[1]总结了两种 CA 模型。

1. 白噪声加加速度模型

该模型假设加速度的微分（加加速度）$\dot{\boldsymbol{a}}(t) = \boldsymbol{w}(t)$，其中 $\boldsymbol{w}(t)$ 为白噪声，对应功率谱密度为 S_w。取状态向量 $\boldsymbol{x} = [x, \dot{x}, \ddot{x}, y, \dot{y}, \ddot{y}, z, \dot{z}, \ddot{z}]^{\text{T}}$，对应的状态空间模型为

$$\dot{\boldsymbol{x}}(t) = \text{diag}(\boldsymbol{A}_{\text{CA}}, \boldsymbol{A}_{\text{CA}}, \boldsymbol{A}_{\text{CA}})\boldsymbol{x}(t) + \text{diag}(\boldsymbol{B}_{\text{CA}}, \boldsymbol{B}_{\text{CA}}, \boldsymbol{B}_{\text{CA}})\boldsymbol{w}(t) \tag{2-10}$$

式中，

$$\boldsymbol{A}_{\text{CA}} = \begin{bmatrix} 0 & 1 & 0 \\ 0 & 0 & 1 \\ 0 & 0 & 0 \end{bmatrix}, \quad \boldsymbol{B}_{\text{CA}} = \begin{bmatrix} 0 \\ 0 \\ 1 \end{bmatrix} \tag{2-11}$$

模型（2-11）对应的离散时间形式为

$$\boldsymbol{x}_k = \boldsymbol{F}_{\text{CA}}\boldsymbol{x}_{k-1} + \boldsymbol{w}_{k-1} \tag{2-12}$$

式中，

$$\begin{cases} \boldsymbol{F}_{\text{CA}} = \text{diag}(\boldsymbol{F},\boldsymbol{F},\boldsymbol{F}), \quad \boldsymbol{F} = \begin{bmatrix} 1 & T & T^2/2 \\ 0 & 1 & T \\ 0 & 0 & 1 \end{bmatrix} \\ \text{cov}(\boldsymbol{w}_{k-1}) = S_w \text{diag}(\boldsymbol{Q},\boldsymbol{Q},\boldsymbol{Q}), \quad \boldsymbol{Q} = \begin{bmatrix} T^5/20 & T^4/8 & T^3/6 \\ T^4/8 & T^3/3 & T^2/2 \\ T^3/6 & T^2/2 & T \end{bmatrix} \end{cases} \tag{2-13}$$

2. 维纳过程加速度模型

该模型假设加速度增量为白噪声。一段时间上的加速度增量就是加加速度在该时间段上的积分。该模型可用离散时间模型直接表示为

$$\boldsymbol{x}_k = \boldsymbol{F}_{\mathrm{CA}} \boldsymbol{x}_{k-1} + \boldsymbol{G}_{\mathrm{CA}} \boldsymbol{w}_{k-1} \tag{2-14}$$

式中，

$$\boldsymbol{G}_{\mathrm{CA}} = \mathrm{diag}(\boldsymbol{G},\boldsymbol{G},\boldsymbol{G}), \quad \boldsymbol{G} = \begin{bmatrix} T^2/2 \\ T \\ 1 \end{bmatrix} \tag{2-15}$$

该模型的过程噪声 $\boldsymbol{w}_{k-1}$ 的方差为

$$\begin{cases} \mathrm{cov}(\boldsymbol{G}_{\mathrm{CA}} \boldsymbol{w}_{k-1}) = \mathrm{diag}(\mathrm{var}(w_x)\tilde{\boldsymbol{Q}}, \mathrm{var}(w_y)\tilde{\boldsymbol{Q}}, \mathrm{var}(w_z)\tilde{\boldsymbol{Q}}) \\ \tilde{\boldsymbol{Q}} = \begin{bmatrix} T^4/4 & T^3/2 & T^2/2 \\ T^3/2 & T^2/2 & T \\ T^2/2 & T & 1 \end{bmatrix} \end{cases} \tag{2-16}$$

CA 模型是一种简单的机动模型，现实中的机动很少有在不同坐标方向上不耦合的恒定加速度。对于大多数实际情况，连续时间模型比离散时间模型更加准确，因为目标随时间连续运动。

2.2.3 Singer 模型

考虑到加速度与时间的相关性，Singer 模型假设加速度 $\boldsymbol{a}(t)$ 的自相关函数的形式为

$$\boldsymbol{C}_{\boldsymbol{a}}(t,t+\tau) = E\,[\boldsymbol{a}(t+\tau)\boldsymbol{a}(t)] = \sigma^2 \mathrm{e}^{-\alpha|\tau|} \tag{2-17}$$

基于上述假设，可得加速度的谱密度函数为 $S_{\boldsymbol{a}}(\omega) = 2\alpha\sigma^2/(\omega^2+\alpha^2)$。经过 Wiener-Kolmogorov 白化过程处理，可得关于加速度在状态空间的描述方式为

$$\dot{\boldsymbol{a}}(t) = -\alpha \boldsymbol{a}(t) + \boldsymbol{w}(t) \tag{2-18}$$

其中噪声 $\boldsymbol{w}(t)$ 的自相关函数为

$$\boldsymbol{C}_{\boldsymbol{w}}(t,t+\tau) = 2\alpha\sigma^2 \boldsymbol{\delta}(\tau) \tag{2-19}$$

取状态变量 $\boldsymbol{x} = [x,\dot{x},\ddot{x},y,\dot{y},\ddot{y},z,\dot{z},\ddot{z}]^{\mathrm{T}}$，则连续时间的 Singer 模型动态方程可表示为

$$\dot{\boldsymbol{x}}(t) = \mathrm{diag}(\boldsymbol{A}_{\mathrm{Singer}}, \boldsymbol{A}_{\mathrm{Singer}}, \boldsymbol{A}_{\mathrm{Singer}})\boldsymbol{x}(t) + \mathrm{diag}(\boldsymbol{B}_{\mathrm{Singer}}, \boldsymbol{B}_{\mathrm{Singer}}, \boldsymbol{B}_{\mathrm{Singer}})\boldsymbol{w}(t) \tag{2-20}$$

式中，

$$\boldsymbol{A}_{\mathrm{Singer}} = \begin{bmatrix} 0 & 1 & 0 \\ 0 & 0 & 1 \\ 0 & 0 & -\alpha \end{bmatrix}, \quad \boldsymbol{B}_{\mathrm{Singer}} = \begin{bmatrix} 0 \\ 0 \\ 1 \end{bmatrix} \tag{2-21}$$

Singer 模型的等价离散时间模型可表述为

$$\boldsymbol{x}_k = \boldsymbol{F}_{\text{Singer}} \boldsymbol{x}_{k-1} + \boldsymbol{w}_{k-1} \tag{2-22}$$

式中，

$$\boldsymbol{F}_{\text{Singer}} = \text{diag}(\boldsymbol{F}, \boldsymbol{F}, \boldsymbol{F}), \quad \boldsymbol{F} = \begin{bmatrix} 1 & T & (\alpha T - 1 + \mathrm{e}^{-\alpha T}) / \alpha^2 \\ 0 & 1 & (1 - \mathrm{e}^{-\alpha T}) / \alpha \\ 0 & 0 & \mathrm{e}^{-\alpha T} \end{bmatrix} \tag{2-23}$$

$\boldsymbol{w}_{k-1}$ 的协方差矩阵为

$$\boldsymbol{Q}_{\text{Singer}} = \text{diag}(\boldsymbol{Q}, \boldsymbol{Q}, \boldsymbol{Q}), \quad \boldsymbol{Q} = 2\alpha\sigma^2 \begin{bmatrix} q_{11} & q_{12} & q_{13} \\ q_{21} & q_{22} & q_{23} \\ q_{31} & q_{32} & q_{33} \end{bmatrix} \tag{2-24}$$

式中，

$$\begin{cases} q_{11} = (2\alpha^3 T^3 - 6\alpha^2 T^2 + 6\alpha T + 3 - 12\alpha T \mathrm{e}^{-\alpha T} - 3\mathrm{e}^{-2\alpha T}) / (6\alpha^5) \\ q_{12} = q_{21} = (\alpha^2 T^2 - 2\alpha T + 1 - 2(1 - \alpha T)\mathrm{e}^{-\alpha T} + \mathrm{e}^{-2\alpha T}) / (2\alpha^4) \\ q_{22} = (2\alpha T - 3 + 4\mathrm{e}^{-\alpha T} - \mathrm{e}^{-2\alpha T}) / (2\alpha^3) \\ q_{13} = q_{31} = (1 - 2\alpha T \mathrm{e}^{-\alpha T} - \mathrm{e}^{-2\alpha T}) / (2\alpha^3) \\ q_{23} = q_{32} = (1 - 2\mathrm{e}^{-\alpha T} + \mathrm{e}^{-2\alpha T}) / (2\alpha^2) \\ q_{33} = (1 - \mathrm{e}^{-2\alpha T}) / (2\alpha) \end{cases} \tag{2-25}$$

Singer 模型可通过如下的三重一致混合分布对加速度分布进行建模。

（1）目标可能以概率 P_0 无加速运动。

（2）目标或以等概率 $P_{\max}$ 按最大或最小加速度 $\pm a_{\max}$ 运动。

（3）目标或在区间 $(-a_{\max}, +a_{\max})$ 上按一致分布的加速度加减速。

基于该假设，计算可得加速度的均值为零，方差为

$$\sigma^2 = \frac{a_{\max}^2}{3}(1 + 4P_{\max} - P_0) \tag{2-26}$$

式中，$P_{\max}$、P_0 及 $a_{\max}$ 均为先验设计的参数。

Singer 模型可视为一种介于 CV 模型与 CA 模型之间的模型：当时间常数 τ 较大，即 α 较小时，Singer 模型趋于 CA 模型；当 τ 较小，即 α 较大时，Singer 模型趋于 CV 模型。

2.2.4 基于参考加速度的自适应机动目标模型

针对 Singer 模型由于加速度零均值的假设而导致对高机动目标的描述能力不足的问题，兰剑等在文献[2]中提出了基于参考加速度的自适应机动目标模型，即 RA 模型。该模型假设机动加速度在每个时刻都服从一种四重一致非对称分布，该分布主要包括两类信息：关于加速度的先验信息，如加速度的上下限等；

在线的机动信息，即所谓的参考加速度。参考加速度为一个时变的函数，并作为当前加速度的一个可能成员被纳入总体分布。在实际实现时，参考加速度被建模为分段函数，每段加速度值采用前一时刻关于加速度的最优估计进行更新。

考虑如下模型：

$$\begin{cases} \boldsymbol{a}(t)=\boldsymbol{a}_0(t)+\bar{\boldsymbol{u}}(t) \\ \dot{\boldsymbol{a}}_0(t)=-\alpha\boldsymbol{a}_0(t)+\boldsymbol{w}(t) \end{cases} \tag{2-27}$$

式中，$\boldsymbol{a}(t)$ 为目标在 t 时刻的加速度；$\boldsymbol{a}_0(t)$ 为 t 时刻零均值有色噪声；$\bar{\boldsymbol{u}}(t)$ 为 t 时刻非零加速度均值；$\alpha=1/\tau>0$ 为时间常数 τ 的倒数，机动越剧烈，对应的时间常数越大；$\boldsymbol{w}(t)$ 为 t 时刻零均值高斯噪声，其自相关函数为

$$\boldsymbol{C}_w(t,t+\tau)=2\alpha\sigma(t)^2\delta_{(\tau)},\quad \sigma_{\min}^2\leqslant\sigma^2(t)\leqslant\sigma_{\max}^2 \tag{2-28}$$

为实时融合机动信息，此处提出了一种具有时变成员的四重一致混合分布，如图 2-2 所示。

（1）目标以参考加速度 $\boldsymbol{u}(t)$ 运动的概率为 P_u。

（2）目标无加速运动的概率为 P_0。

（3）目标以最大/最小加速度 $a_{\max}$ /$-a_{\max}$ 运动的概率均为 $P_{\max}$。

（4）其他情况下相应的加速度均匀分布在区间 $(-a_{\max},a_{\max})$ 上。

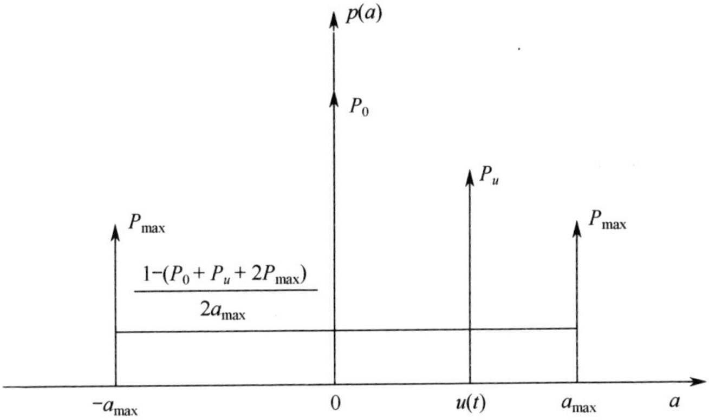

图 2-2　加速度四重一致混合分布示意

计算加速度相应的均值及方差为

$$\begin{cases} \bar{\boldsymbol{u}}(t)=P_u\boldsymbol{u}(t) \\ \sigma(t)^2=\sigma_0^2+P_u(1-P_u)\boldsymbol{u}(t)^2 \end{cases} \tag{2-29}$$

式中，$\sigma_0^2\triangleq(1/3-(1/3)(P_0+P_u)+(4/3)P_{\max})a_{\max}^2$。由式（2-29）可知，加速度均值和方差均随着参考加速度 $\boldsymbol{u}(t)$ 变化。

该模型在 Singer 模型的基础上做了如下扩展：①加速度从零均值扩展为时变的非零均值；② $\boldsymbol{w}(t)$ 从零均值高斯白噪声扩展为零均值并具有式（2-28）描

述的自相关函数的非平稳高斯噪声。

取状态向量为 $\boldsymbol{x}=[p,v,a]^{\mathrm{T}}$，其中 p 表示位置，v 表示速度，a 表示加速度，则 RA 模型的连续形式为

$$\begin{cases}\dot{\boldsymbol{x}}(t)=\boldsymbol{A}\boldsymbol{x}(t)+\boldsymbol{B}_u\boldsymbol{u}(t)+\boldsymbol{B}\boldsymbol{w}(t)\\ \dot{\boldsymbol{u}}(t)=-\beta\boldsymbol{u}(t),\quad t\in[t_{k-1},t_k),\boldsymbol{u}(t_{k-1})=\boldsymbol{u}_{\mathrm{man}}(k-1)\end{cases}\tag{2-30}$$

式中，$\boldsymbol{u}_{\mathrm{man}}(k-1)$ 为 t_{k-1} 时刻与目标机动实时相关的估计量；β 值反映参考加速度变化的剧烈程度，β 越小，变化越剧烈。实际中，目标跟踪算法需要使用模型的离散化形式。考虑式（2-30），对 $t\in[t_k,t_{k+1})$，将其中的状态向量扩展为 $\boldsymbol{x}^{\mathrm{a}}=[\boldsymbol{x}^{\mathrm{T}},u]^{\mathrm{T}}$，可得

$$\dot{\boldsymbol{x}}^{\mathrm{a}}(t)=\boldsymbol{A}^{\mathrm{a}}\boldsymbol{x}^{\mathrm{a}}(t)+\boldsymbol{B}^{\mathrm{a}}\boldsymbol{w}(t)\tag{2-31}$$

式中，

$$\boldsymbol{A}^{\mathrm{a}}=\begin{bmatrix}\boldsymbol{A} & \boldsymbol{B}_u\\ 0 & -\beta\end{bmatrix},\ \boldsymbol{B}^{\mathrm{a}}=\begin{bmatrix}\boldsymbol{B}\\ 0\end{bmatrix}\tag{2-32}$$

离散化式（2-30）得

$$\boldsymbol{x}_k^{\mathrm{a}}=\boldsymbol{F}^{\mathrm{a}}\boldsymbol{x}_{k-1}^{\mathrm{a}}+\boldsymbol{w}_{k-1}\tag{2-33}$$

式中，$\boldsymbol{F}^{\mathrm{a}}=\mathrm{e}^{-\boldsymbol{A}^{\mathrm{a}}(t_k-t_{k-1})}=\mathrm{e}^{-\boldsymbol{A}^{\mathrm{a}}T}$，于是有

$$\boldsymbol{F}^{\mathrm{a}}=\begin{bmatrix}1 & T & (-1+\alpha T+\mathrm{e}^{-\alpha T})/\alpha^2 & f_{14}\\ 0 & 1 & (1-\mathrm{e}^{-\alpha T})/\alpha & f_{24}\\ 0 & 0 & \mathrm{e}^{-\alpha T} & f_{34}\\ 0 & 0 & 0 & \mathrm{e}^{-\beta T}\end{bmatrix}\tag{2-34}$$

式中，

$$\begin{cases}f_{14}=P_u((-1+\beta T+\mathrm{e}^{-\beta T})/\beta^2-(-1+\alpha T+\mathrm{e}^{-\alpha T})/\alpha^2)\\ f_{24}=P_u((1-\mathrm{e}^{-\beta T})/\beta-(1-\mathrm{e}^{-\alpha T})/\alpha)\\ f_{34}=P_u(\mathrm{e}^{-\beta T}-\mathrm{e}^{-\alpha T})\end{cases}\tag{2-35}$$

过程噪声 $\boldsymbol{w}_{k-1}$ 的协方差矩阵为

$$\begin{aligned}\boldsymbol{Q}_{k-1}^{\mathrm{a}}&=E\{\boldsymbol{w}_{k-1}\boldsymbol{w}_{k-1}^{\mathrm{T}}\}\\ &=\int_{t_{k-1}}^{t_k}\int_{t_{k-1}}^{t_k}\mathrm{e}^{\boldsymbol{A}^{\mathrm{a}}(t_k-\tau)}\boldsymbol{B}^{\mathrm{a}}E\{\boldsymbol{w}(\tau)\boldsymbol{w}(v)\}(\boldsymbol{B}^{\mathrm{a}})^{\mathrm{T}}(\mathrm{e}^{\boldsymbol{A}^{\mathrm{a}}(t_k-v)})^{\mathrm{T}}\mathrm{d}v\mathrm{d}\tau\end{aligned}\tag{2-36}$$

将式（2-29）代入式（2-28），再代入式（2-36），即

$$\begin{aligned}\boldsymbol{Q}_{k-1}^{\mathrm{a}}&=2\alpha\int_{t_{k-1}}^{t_k}\int_{t_{k-1}}^{t_k}\mathrm{e}^{\boldsymbol{A}^{\mathrm{a}}(t_k-\tau)}\boldsymbol{B}^{\mathrm{a}}\sigma(\tau)^2\delta(\tau-v)(\boldsymbol{B}^{\mathrm{a}})^{\mathrm{T}}(\mathrm{e}^{\boldsymbol{A}^{\mathrm{a}}(t_k-v)})^{\mathrm{T}}\mathrm{d}v\mathrm{d}\tau\\ &=2\alpha\int_{t_{k-1}}^{t_k}\mathrm{e}^{\boldsymbol{A}^{\mathrm{a}}(t_k-\tau)}\boldsymbol{B}^{\mathrm{a}}\sigma(\tau)^2(\boldsymbol{B}^{\mathrm{a}})^{\mathrm{T}}(\mathrm{e}^{\boldsymbol{A}^{\mathrm{a}}(t_k-\tau)})^{\mathrm{T}}\mathrm{d}\tau\end{aligned}\tag{2-37}$$

假设参考加速度 $\boldsymbol{u}(t)$ 在相邻两个时刻间变化不剧烈，即

$$\boldsymbol{u}(\tau)\approx\boldsymbol{u}(t_{k-1}),\quad t_{k-1}\leqslant\tau<t_k\tag{2-38}$$

则此时由式（2-29）可知

$$\sigma(\tau)^2 \approx \sigma(t_{k-1})^2 = \sigma_0^2 + P_u(1-P_u)\boldsymbol{u}(t_{k-1})^2,\ t_{k-1} \leqslant \tau < t_k \tag{2-39}$$

将式（2-39）代入式（2-37）：

$$\boldsymbol{Q}_{k-1}^{\mathrm{a}} \approx 2\alpha\sigma(t_{k-1})^2 \int_{t_{k-1}}^{t_k} \mathrm{e}^{\boldsymbol{A}^{\mathrm{a}}(t_k-\tau)} \boldsymbol{B}^{\mathrm{a}} (\boldsymbol{B}^{\mathrm{a}})^{\mathrm{T}} (\mathrm{e}^{\boldsymbol{A}^{\mathrm{a}}(t_k-\tau)})^{\mathrm{T}} \mathrm{d}\tau \tag{2-40}$$

积分后可得

$$\boldsymbol{Q}_{k-1}^{\mathrm{a}} = 2\alpha\sigma(t_{k-1})^2 \begin{bmatrix} q_{11} & q_{12} & q_{13} & 0 \\ q_{21} & q_{22} & q_{23} & 0 \\ q_{31} & q_{32} & q_{33} & 0 \\ 0 & 0 & 0 & 0 \end{bmatrix} \tag{2-41}$$

式中，矩阵元素 $q_{ij}, i, j = 1,2,3$ 与式（2-25）中的相同。

将目标状态与参考加速度分离，可得如下离散化动态方程：

$$\boldsymbol{x}_k = \boldsymbol{F}\boldsymbol{x}_{k-1} + \boldsymbol{G}u_{k-1} + \boldsymbol{w}_{k-1} \tag{2-42}$$

式中，$\boldsymbol{x}_k$ 是式（2-30）中 $\boldsymbol{x}(t)$ 在 t_k 时刻的值；$\boldsymbol{F}$ 为状态转移矩阵；$\boldsymbol{G}$ 为输入驱动矩阵；$u_{k-1} = u_{\mathrm{man}}(k-1) = \hat{a}_{k-1}$；$\boldsymbol{w}_{k-1}$ 为式（2-30）中 $\boldsymbol{Bw}(t)$ 对应的过程噪声，设其具有协方差矩阵 $\boldsymbol{Q}_{k-1}$，其中每部分为

$$\boldsymbol{F} = \begin{bmatrix} 1 & T & (-1+\alpha T+\mathrm{e}^{-\alpha T})/\alpha^2 \\ 0 & 1 & (1-\mathrm{e}^{-\alpha T})/\alpha \\ 0 & 0 & \mathrm{e}^{-\alpha T} \end{bmatrix},\quad \boldsymbol{G} = \begin{bmatrix} f_{14} \\ f_{24} \\ f_{34} \end{bmatrix} \tag{2-43}$$

式中，f_{14}、f_{24}、f_{34} 与式（2-35）中的一致。而对于 $\boldsymbol{w}_k$，其协方差矩阵为

$$\boldsymbol{Q}_{k-1} = 2\alpha\sigma(t_{k-1})^2 \begin{bmatrix} q_{11} & q_{12} & q_{13} \\ q_{21} & q_{22} & q_{23} \\ q_{31} & q_{32} & q_{33} \end{bmatrix} \tag{2-44}$$

式中，矩阵元素 $q_{ij}, i, j = 1,2,3$ 与式（2-41）中的相同。

2.2.5 二维匀转弯模型

二维匀转弯模型是用来模拟目标在二维空间中做角速度 $\boldsymbol{\Omega}(t)$ 恒定的转弯运动的运动模型。与 CT 模型相对应的状态向量为

$$\boldsymbol{x}(t) = [x, \dot{x}, y, \dot{y}, \boldsymbol{\Omega}]^{\mathrm{T}} \tag{2-45}$$

假设目标的转弯角速度 $\boldsymbol{\Omega}$ 在一定时间段内是恒定的，即

$$\boldsymbol{\Omega}(t) = \boldsymbol{\Omega}_k,\quad t \in (t_k, t_{k+1}] \tag{2-46}$$

对应的离散时间状态方程为

$$\boldsymbol{x}_k = \boldsymbol{F}_{\mathrm{CT}}\boldsymbol{x}_{k-1} + \boldsymbol{G}_{\mathrm{CT}}\boldsymbol{w}_k \tag{2-47}$$

式中，

$$\boldsymbol{F}_{\mathrm{CT}}=\begin{bmatrix}1 & \dfrac{\sin\Omega_k T}{\Omega_k} & 0 & -\dfrac{1-\cos\Omega_k T}{\Omega_k} & 0\\ 0 & \cos\Omega_k T & 0 & -\sin\Omega_k T & 0\\ 0 & \dfrac{1-\cos\Omega_k T}{\Omega_k} & 1 & \dfrac{\sin\Omega_k T}{\Omega_k} & 0\\ 0 & \sin\Omega_k T & 0 & \cos\Omega_k T & 0\\ 0 & 0 & 0 & 0 & 1\end{bmatrix},\quad \boldsymbol{G}_{\mathrm{CT}}=\begin{bmatrix}\dfrac{T^2}{2} & 0 & 0\\ T & 0 & 0\\ 0 & \dfrac{T^2}{2} & 0\\ 0 & T & 0\\ 0 & 0 & T\end{bmatrix} \tag{2-48}$$

$\boldsymbol{w}_k$是三维高斯白噪声，其方差为

$$\mathrm{cov}(\boldsymbol{w}_k)=\mathrm{diag}(q,q,q_{\Omega}) \tag{2-49}$$

式中，q是直线加速度过程噪声的方差；q_{Ω}是转弯角加速度的过程噪声方差。

2.2.6 三维空间平面匀转弯模型

三维空间平面匀转弯模型可描述目标在三维空间任意平面内所做的匀转弯运动，其运动特点是目标的角速度和速度大小保持不变，角速度方向不变，速度方向均匀变化，速度方向与角速度方向时刻垂直。依据上述特点将三维空间平面匀转弯模型的角加速度建模为白噪声，则角速度为近似常数。

设$\mathrm{T}=OXYZ$表示惯性系，其中O和X、Y和Z分别表示笛卡儿坐标系的原点和各坐标轴；$\mathrm{B}=P\xi\eta\zeta$表示目标系，其中P和ξ、η和ζ分别表示运动坐标系的原点和各坐标轴；而目标系B相对惯性系T的角速度为$\boldsymbol{\Omega}_{\mathrm{BT}}$。在目标系中，目标的角速度定义为$\boldsymbol{\Omega}^{\mathrm{B}}=(p,q,r)$，文献[3]给出了在惯性系中目标的角速度，即

$$\boldsymbol{\Omega}=p\boldsymbol{\xi}+q\boldsymbol{\eta}+r\boldsymbol{\zeta} \tag{2-50}$$

式中，$p=\dot{\eta}\cdot\boldsymbol{\zeta}$；$q=\dot{\zeta}\cdot\boldsymbol{\xi}$；$r=\dot{\xi}\cdot\boldsymbol{\eta}$。

对于任意时变向量$\boldsymbol{u}(t)$，根据运动学的基本关系，有

$$\frac{\mathrm{d}\boldsymbol{u}^{\mathrm{T}}}{\mathrm{d}t}=\frac{\mathrm{d}\boldsymbol{u}^{\mathrm{B}}}{\mathrm{d}t}+\boldsymbol{\Omega}_{\mathrm{BT}}\times\boldsymbol{u} \tag{2-51}$$

式中，$\boldsymbol{u}^{\mathrm{T}}$和$\boldsymbol{u}^{\mathrm{B}}$分别是$\boldsymbol{u}$在惯性系T和目标系B中的表示；×表示向量的叉乘运算。

考虑一种重要情况：假定目标系中的ξ轴与目标速度向量重合，即$\boldsymbol{\xi}=\boldsymbol{v}/v$，其中$v=\|\boldsymbol{v}\|$是速度向量的幅值，即目标速度。根据泊松公式$\dot{\boldsymbol{\xi}}=\boldsymbol{\Omega}\times\boldsymbol{\xi}$，有

$$\frac{\dot{\boldsymbol{v}}v-\boldsymbol{v}\dot{v}}{v^2}=\boldsymbol{\Omega}\times\frac{\boldsymbol{v}}{v} \tag{2-52}$$

即

$$\dot{\boldsymbol{v}}=\dot{v}\frac{\boldsymbol{v}}{v}+\boldsymbol{\Omega}\times\boldsymbol{v}=\frac{\boldsymbol{v}\cdot\dot{\boldsymbol{v}}}{v^2}\boldsymbol{v}+\boldsymbol{\Omega}\times\boldsymbol{v} \tag{2-53}$$

式（2-53）意味着总加速度等于线性加速度和转弯加速度之和，进而可以得到

$$\boldsymbol{\Omega} = \frac{\boldsymbol{\Omega} \cdot \boldsymbol{v}}{v^2}\boldsymbol{v} + \frac{\boldsymbol{v} \times \boldsymbol{a}}{v^2} \tag{2-54}$$

式中，$\boldsymbol{a} = \dot{\boldsymbol{v}}$。

由式（2-54）可以看出，当且仅当 $\boldsymbol{\Omega} \perp \boldsymbol{v}$（$\boldsymbol{\Omega} \cdot \boldsymbol{v} = 0$）时，才有

$$\boldsymbol{\Omega} = (\boldsymbol{v} \times \boldsymbol{a}) / v^2 \tag{2-55}$$

式（2-55）表明，当转弯角速度与速度垂直时，转弯角速度也与加速度垂直，即转弯角速度 $\boldsymbol{\Omega}$ 垂直于由 $\boldsymbol{a}$ 和 $\boldsymbol{v}$ 构成的平面（机动平面）。因此，如果 $\boldsymbol{\Omega}$ 的方向保持不变，则机动运动在一个平面内，但不必在水平面内。

在此基础上，进一步假设目标转弯角速度不变，即 $\dot{\boldsymbol{\Omega}} = 0$，则有

$$\dot{\boldsymbol{a}} = \boldsymbol{\Omega} \times \boldsymbol{a} = \boldsymbol{\Omega} \times (\boldsymbol{\Omega} \times \boldsymbol{v}) = (\boldsymbol{\Omega} \cdot \boldsymbol{v})\boldsymbol{\Omega} - (\boldsymbol{\Omega} \cdot \boldsymbol{\Omega})\boldsymbol{v} = -\omega^2 \boldsymbol{v} \tag{2-56}$$

式中，ω 为转弯角速度的大小，其值为

$$\omega \triangleq \|\boldsymbol{\Omega}\| = \frac{\|\boldsymbol{v} \times \boldsymbol{a}\|}{v^2} = \frac{\|\boldsymbol{v}\|\|\boldsymbol{a}\|}{v^2} = \frac{a}{v} \tag{2-57}$$

文献[4]根据式（2-56）和式（2-57），将三维空间内的平面匀转弯模型建模成一个二阶马尔可夫过程，即

$$\dot{\boldsymbol{a}} = -\omega^2 \boldsymbol{v} + \boldsymbol{w} \tag{2-58}$$

取状态变量 $\boldsymbol{x} = [x, y, z, \dot{x}, \dot{y}, \dot{z}, \ddot{x}, \ddot{y}, \ddot{z}]^{\mathrm{T}}$，则状态方程为

$$\dot{\boldsymbol{x}}(t) = \begin{bmatrix} 0 & \boldsymbol{I}_3 & 0 \\ 0 & 0 & \boldsymbol{I}_3 \\ 0 & -\omega^2 \boldsymbol{I}_3 & 0 \end{bmatrix} \boldsymbol{x}(t) + \begin{bmatrix} 0 \\ 0 \\ \boldsymbol{I}_3 \end{bmatrix} \boldsymbol{w}(t) \tag{2-59}$$

式中，$\boldsymbol{I}_n$ 表示 n 维单位阵。若取状态变量为 $\boldsymbol{x} = [x, \dot{x}, \ddot{x}, y, \dot{y}, \ddot{y}, z, \dot{z}, \ddot{z}]^{\mathrm{T}}$，则状态方程为

$$\dot{\boldsymbol{x}}(t) = \mathrm{diag}\left(\boldsymbol{A}(\omega), \boldsymbol{A}(\omega), \boldsymbol{A}(\omega)\right) \boldsymbol{x}(t) + \mathrm{diag}\left(\boldsymbol{B}, \boldsymbol{B}, \boldsymbol{B}\right) \boldsymbol{w}(t) \tag{2-60}$$

式中，

$$\boldsymbol{A}(\omega) = \begin{bmatrix} 0 & 1 & 0 \\ 0 & 0 & 1 \\ 0 & -\omega^2 & 0 \end{bmatrix}, \quad \boldsymbol{B} = \begin{bmatrix} 0 \\ 0 \\ 1 \end{bmatrix} \tag{2-61}$$

$\boldsymbol{w}$ 为零均值白噪声，其功率谱密度为 $[S_x, S_y, S_z]$。

等价的离散模型为

$$\boldsymbol{x}_{k+1} = \mathrm{diag}(\boldsymbol{F}_\omega, \boldsymbol{F}_\omega, \boldsymbol{F}_\omega)\boldsymbol{x}_k + \boldsymbol{w}_k \tag{2-62}$$

式中，

$$\boldsymbol{F}_\omega = \begin{bmatrix} 1 & \dfrac{\sin \omega T}{\omega} & \dfrac{1 - \cos \omega T}{\omega^2} \\ 0 & \cos \omega T & \dfrac{\sin \omega T}{\omega} \\ 0 & -\omega \sin \omega T & \cos \omega T \end{bmatrix} \tag{2-63}$$

$\boldsymbol{w}_k$ 是零均值过程噪声，其方差为

$$\mathrm{cov}(\boldsymbol{w}_k)=\mathrm{diag}(S_x\boldsymbol{Q}(\omega),S_y\boldsymbol{Q}(\omega),S_z\boldsymbol{Q}(\omega)) \tag{2-64}$$

$$\boldsymbol{Q}(\omega)=\begin{bmatrix} \dfrac{6\omega T-8\sin\omega T+\sin 2\omega T}{4\omega^5} & \dfrac{2\sin^4(\omega T/2)}{\omega^4} & \dfrac{-2\omega T+4\sin\omega T-\sin 2\omega T}{4\omega^3} \\ \dfrac{2\sin^4(\omega T/2)}{\omega^4} & \dfrac{2\omega T-\sin 2\omega T}{4\omega^3} & \dfrac{\sin^2\omega T}{2\omega^2} \\ \dfrac{-2\omega T+4\sin\omega T-\sin 2\omega T}{4\omega^3} & \dfrac{\sin^2\omega T}{2\omega^2} & \dfrac{2\omega T+\sin 2\omega T}{4\omega} \end{bmatrix} \tag{2-65}$$

模型（2-62）～模型（2-65）指定了由速度和加速度向量定义的机动平面内的匀转弯运动。在这个运动模型中，x、y 和 z 方向的运动只通过转弯角速度 ω 耦合。上述推导是转弯角速度 ω 已知的情况，但在实际跟踪问题中，转弯角速度 ω 往往是未知的，可将其作为被估计的目标状态分量进行处理，对转弯角速度的建模与 2.2.4 节的相关内容类似，此处不再赘述。

2.2.7 三维匀转弯模型

三维匀转弯模型的特点是角速度、速度均为近似常数，且角速度不一定垂直于速度，可用于描述滚筒机动等三维空间的机动形式。

由式（2-53）可知，当目标速度大小不变，即 $\dot{v}=\mathbf{0}$ 时，可以推导出

$$\boldsymbol{a}=\boldsymbol{\Omega}\times\boldsymbol{v} \tag{2-66}$$

一般情况下，因为 $\boldsymbol{\Omega}$ 是未知的，所以一种最简单可行的方法就是在惯性系中对其状态分量 Ω_x、Ω_y、Ω_z 进行估计。取状态变量为 $\boldsymbol{x}=[x,y,z,\dot{x},\dot{y},\dot{z},\Omega_x,\Omega_y,\Omega_z]^{\mathrm{T}}$，则式（2-66）可写为

$$\begin{bmatrix}\ddot{x}\\ \ddot{y}\\ \ddot{z}\end{bmatrix}=\begin{bmatrix}\Omega_x\\ \Omega_y\\ \Omega_z\end{bmatrix}\times\begin{bmatrix}\dot{x}\\ \dot{y}\\ \dot{z}\end{bmatrix}=\boldsymbol{M}_\Omega\begin{bmatrix}\dot{x}\\ \dot{y}\\ \dot{z}\end{bmatrix}=\begin{bmatrix}\Omega_y\dot{z}-\Omega_z\dot{y}\\ \Omega_z\dot{x}-\Omega_x\dot{z}\\ \Omega_x\dot{y}-\Omega_y\dot{x}\end{bmatrix} \tag{2-67}$$

$$\boldsymbol{M}_\Omega=\begin{bmatrix}0 & -\Omega_z & \Omega_y\\ \Omega_z & 0 & -\Omega_x\\ -\Omega_y & \Omega_x & 0\end{bmatrix} \tag{2-68}$$

将角加速度建模为白噪声，则角速度为近似常数，得到连续时间状态空间模型为

$$\dot{\boldsymbol{x}}(t)=\begin{bmatrix}0 & \boldsymbol{I}_3 & 0\\ 0 & \boldsymbol{M}_\Omega & 0\\ 0 & 0 & 0\end{bmatrix}\boldsymbol{x}(t)+\begin{bmatrix}0\\ 0\\ \boldsymbol{I}_3\end{bmatrix}\boldsymbol{w}(t) \tag{2-69}$$

模型（2-69）是一个非线性模型，因为 $\boldsymbol{M}_\Omega$ 取决于状态分量 Ω_x、Ω_y 和 Ω_z。

2.3 传感器量测模型

基于模型的目标定位与跟踪方法依赖两个模型：一个是目标运动模型，用来描述目标的运动或动力学特征；另一个是传感器量测模型，用来描述对目标的观测情况。

本节采用文献[5]对量测模型的定义，即本节所指的量测模型仅针对目标定位与跟踪所用的量测进行描述，而不对传感器提供的其他观测信息（如图像传感器提供的形状信息）进行描述。此外，本节所指的量测来源于被定位与跟踪的点目标，不考虑扩展目标的量测建模和量测来源不确定性问题。

在很多情况下，传感器坐标系是三维的球形或二维的极面，其量测分量通常包括距离 r 、方位角 φ 、俯仰角 θ 和多普勒速度 $\dot{r}$ ，如图 2-3 所示。

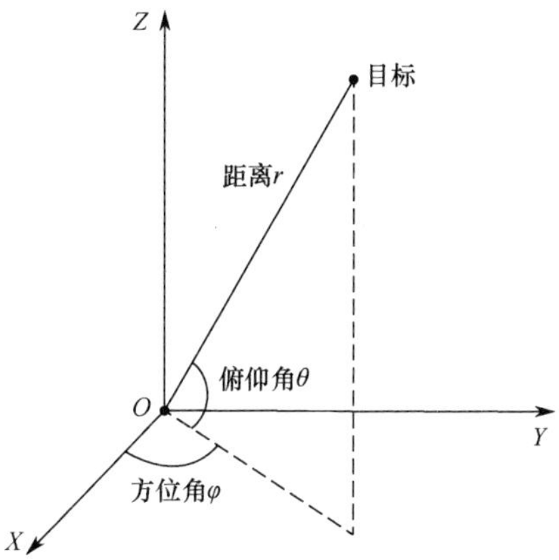

图 2-3　球形坐标系

事实上，并不是所有的传感器都能获得所有以上量测分量。例如，一些主动式传感器并不提供多普勒参数或仰角参数，而被动式传感器仅提供角度。假设量测噪声为加性白噪声，则上述几个量测为

$$\begin{cases} r = r_{\mathrm{t}} + v_r \\ \varphi = \varphi_{\mathrm{t}} + v_{\varphi} \\ \theta = \theta_{\mathrm{t}} + v_{\theta} \\ \dot{r} = \dot{r}_{\mathrm{t}} + v_{\dot{r}} \end{cases} \tag{2-70}$$

式中，$(r_{\mathrm{t}}, \varphi_{\mathrm{t}}, \theta_{\mathrm{t}})$ 代表目标在传感器球形坐标系下零误差的真实位置；$\dot{r}_{\mathrm{t}}$ 代表目标真实的多普勒速度；v_r 、v_{φ} 、v_{θ} 和 $v_{\dot{r}}$ 分别是相应的零均值高斯白噪声。

$$\begin{cases} \boldsymbol{v} \sim \mathcal{N}(\boldsymbol{0}, \boldsymbol{R}),\ \boldsymbol{R} = \mathrm{cov}(\boldsymbol{v}) = \mathrm{diag}(\sigma_r^2, \sigma_{\varphi}^2, \sigma_{\theta}^2, \sigma_{\dot{r}}^2) \\ \boldsymbol{v} = [v_r, v_{\varphi}, v_{\theta}, v_{\dot{r}}]^{\mathrm{T}} \end{cases} \tag{2-71}$$

由于目标运动用笛卡儿坐标系描述最恰当，而量测信息来自传感器坐标系，因此可以在笛卡儿坐标系、传感器坐标系和混合坐标系 3 种坐标系中实现定位与跟踪。实践中最常用的是混合坐标系，即目标运动和过程噪声建模在笛卡儿坐标系中，而量测及量测噪声建模在传感器坐标系中。下面介绍几种常见传感器的量测模型。

2.3.1 雷达量测模型

传统雷达对目标的量测分量为目标的径向距离、方位角和俯仰角，则雷达的量测模型为

$$\boldsymbol{z}_k=\begin{bmatrix} r_k \\ \varphi_k \\ \theta_k \end{bmatrix}=\begin{bmatrix} \sqrt{(x_k-x^{\mathrm{o}})^2+(y_k-y^{\mathrm{o}})^2+(z_k-z^{\mathrm{o}})^2} \\ \arctan\left(\dfrac{y_k-y^{\mathrm{o}}}{x_k-x^{\mathrm{o}}}\right) \\ \arcsin\left(\dfrac{z_k-z^{\mathrm{o}}}{\sqrt{(x_k-x^{\mathrm{o}})^2+(y_k-y^{\mathrm{o}})^2+(z_k-z^{\mathrm{o}})^2}}\right) \end{bmatrix}+\boldsymbol{v}_k \tag{2-72}$$

式中，$(x^{\mathrm{o}},y^{\mathrm{o}},z^{\mathrm{o}})$ 为雷达所在位置，是已知量；(x_k,y_k,z_k) 为 k 时刻目标的位置；r_k 为 k 时刻目标和雷达之间的距离量测；φ_k 为 k 时刻的方位角量测；θ_k 为 k 时刻的俯仰角量测；$\boldsymbol{v}_k \sim \mathcal{N}(\boldsymbol{0},\boldsymbol{R}_k)$ 为服从高斯分布的量测噪声，$\boldsymbol{R}_k=\mathrm{diag}(\sigma_{r,k}^2,\sigma_{\varphi,k}^2,\sigma_{\theta,k}^2)$。

2.3.2 多普勒雷达量测模型

多普勒雷达对目标的量测分量为目标径向距离、径向速度、方位角和俯仰角，则多普勒雷达的量测模型为

$$\boldsymbol{z}_k=\begin{bmatrix} r_k \\ \dot{r}_k \\ \varphi_k \\ \theta_k \end{bmatrix}=\begin{bmatrix} \sqrt{(x_k-x^{\mathrm{o}})^2+(y_k-y^{\mathrm{o}})^2+(z_k-z^{\mathrm{o}})^2} \\ \dfrac{(x_k-x^{\mathrm{o}})(\dot{x}_k-\dot{x}^{\mathrm{o}})+(y_k-y^{\mathrm{o}})(\dot{y}_k-\dot{y}^{\mathrm{o}})+(z_k-z^{\mathrm{o}})(\dot{z}_k-\dot{z}^{\mathrm{o}})}{\sqrt{(x_k-x^{\mathrm{o}})^2+(y_k-y^{\mathrm{o}})^2+(z_k-z^{\mathrm{o}})^2}} \\ \arctan\left(\dfrac{y_k-y^{\mathrm{o}}}{x_k-x^{\mathrm{o}}}\right) \\ \arcsin\left(\dfrac{z_k-z^{\mathrm{o}}}{\sqrt{(x_k-x^{\mathrm{o}})^2+(y_k-y^{\mathrm{o}})^2+(z_k-z^{\mathrm{o}})^2}}\right) \end{bmatrix}+\boldsymbol{v}_k \tag{2-73}$$

式中，$(x^{\mathrm{o}},y^{\mathrm{o}},z^{\mathrm{o}})$ 为多普勒雷达所在位置，是已知量；(x_k,y_k,z_k) 为 k 时刻目标的位置；$(\dot{x}^{\mathrm{o}},\dot{y}^{\mathrm{o}},\dot{z}^{\mathrm{o}})$ 为雷达的速度；$(\dot{x}_k,\dot{y}_k,\dot{z}_k)$ 为 k 时刻目标的速度；r_k 为 k 时刻目标和雷达之间的距离量测；$\dot{r}_k$ 为 k 时刻的径向速度量测；φ_k 为 k 时刻的方

位角量测；θ_k 为 k 时刻的俯仰角量测；$\boldsymbol{v}_k \sim \mathcal{N}(\boldsymbol{0}, \boldsymbol{R}_k)$ 为服从高斯分布的量测噪声，$\boldsymbol{R}_k = \mathrm{diag}(\sigma_{r,k}^2, \sigma_{\dot{r},k}^2, \sigma_{\varphi,k}^2, \sigma_{\theta,k}^2)$。

2.3.3　三维被动量测模型

在使用被动传感器对目标进行定位和跟踪时，传感器仅能提供目标的角度信息。在三维情况下，量测分量包含目标的方位角和俯仰角，则三维被动量测模型为

$$\boldsymbol{z}_k = \begin{bmatrix} \varphi_k \\ \theta_k \end{bmatrix} = \begin{bmatrix} \arctan\left(\dfrac{y_k - y^{\mathrm{o}}}{x_k - x^{\mathrm{o}}}\right) \\ \arcsin\left(\dfrac{z_k - z_{\mathrm{o}}}{\sqrt{(x_k - x^{\mathrm{o}})^2 + (y_k - y^{\mathrm{o}})^2 + (z_k - z^{\mathrm{o}})^2}}\right) \end{bmatrix} + \boldsymbol{v}_k \tag{2-74}$$

式中，$(x^{\mathrm{o}}, y^{\mathrm{o}}, z^{\mathrm{o}})$ 为被动传感器所在位置，是已知量；(x_k, y_k, z_k) 为 k 时刻目标的位置；φ_k 为 k 时刻的方位角量测；θ_k 为 k 时刻的俯仰角量测；$\boldsymbol{v}_k \sim \mathcal{N}(\boldsymbol{0}, \boldsymbol{R}_k)$ 为服从高斯分布的量测噪声，$\boldsymbol{R}_k = \mathrm{diag}(\sigma_{\varphi,k}^2, \sigma_{\theta,k}^2)$。模型（2-74）可作为红外或可见光等图像传感器的量测模型。

2.3.4　二维被动量测模型

与三维被动量测分量相对应，二维情况下的被动量测分量仅包含方位角，其量测模型为

$$z_{\varphi,k} = \arctan\left(\frac{y_k - y^{\mathrm{o}}}{x_k - x^{\mathrm{o}}}\right) + v_{\varphi,k} \tag{2-75}$$

式中，$(x^{\mathrm{o}}, y^{\mathrm{o}})$ 为被动传感器所在位置，是已知量；(x_k, y_k) 为 k 时刻目标的位置；$v_{\varphi,k} \sim \mathcal{N}(\boldsymbol{0}, R_{\varphi,k})$ 为服从高斯分布的量测噪声，$R_{\varphi,k} = \sigma_{\varphi,k}^2$。模型（2-75）可作为声呐等传感器的量测模型。

2.3.5　传感器及定位跟踪环境特征模型

构建量测模型时，假设目标发出回波并被传感器检测到。然而，在实际应用中，并非每次扫描都能检测到目标，传感器还会收到来自目标以外的其他信号源发出的回波。因此，有必要对量化这些现象的参数进行特征化和建模，本书将其概括为传感器及定位跟踪环境的特征模型。

1. 检测概率与虚警概率

由于噪声、干扰等因素普遍存在，传感器在判定是否有目标信号时，有 4 种

不同的情况，分别用 4 个概率来描述。

（1）存在目标时，传感器判定为有目标。这种情况称为“发现”，其概率称为“发现概率”或“检测概率”，记为 P_D。

（2）存在目标时，传感器判定为无目标。这种情况称为“漏检”，其概率称为“漏检概率”，记为 P_{LA}。

（3）不存在目标时，传感器判定为无目标。这种情况称为“正确不发现”，其概率称为“正确不发现概率”，记为 P_{AN}。

（4）不存在目标时，传感器判定为有目标。这种情况称为“虚警”，其概率称为“虚警概率”，记为 P_{FA}。

由上述定义可知，在存在目标的情况下，$P_D + P_{LA} = 1$。在不存在目标的情况下，$P_{AN} + P_{FA} = 1$。

在目标定位与跟踪中，往往采用检测概率 P_D 和虚警概率 P_{FA} 作为代表传感器检测性能的两个基本参数。P_D 和 P_{FA} 与传感器类型、传感器信号处理特性、目标特性及环境之间存在紧密的关系，并通过传感器的检测过程相互耦合。在其他参数不变的情况下，增大 P_D 总是以同时增大 P_{FA} 为代价。

2. 虚警模型

为了构建虚警模型，可以将虚警的来源划分为离散杂波和扩散（均匀）杂波。离散杂波可进一步划分为静态离散杂波（如建筑物、水塔）和移动离散杂波（如道路上不感兴趣的汽车）。离散杂波可建模为特殊的目标。而扩散杂波可进一步划分为静态扩散杂波（如山脉、植被）和移动扩散杂波（如鸟群、雨水）。扩散杂波可建模为在其存在区域内均值为 λ_{FA} 的泊松过程，λ_{FA} 表示每次扫描中虚警数量的均值，而 λ_{FA} 的值可建模为扩散杂波的反射率与所在区域内量测单元体积的函数关系。

虚警中的量测值可建模为与杂波类型、杂波位置及传感器信号处理特性相匹配的随机变量分布。

本章小结

本章介绍和分析了多源信息定位与跟踪中常用的目标运动模型和传感器量测模型，为后续章节的讨论奠定了基础。

参 考 文 献

[1] LI X R , JILKOV V P. A survey of maneuvering target tracking: dynamic models[C]. Proceeding of SPIE Conference on Signal and Data Processing of Small Targets, Orlando,

Florida, USA, 2000.

[2] 兰剑，慕春棣. 基于参考加速度的机动目标跟踪模型[J]. 清华大学学报（自然科学版），2008，48(10)：1553-1556.

[3] BOIFFIER J L. The dynamics of flight: the equations[M]. New York: Wiley, 1998.

[4] MAYBECK P S, WORSLEY W H, FLYNN P M. Investigation of constant turn-rate dynamics for airborne vehicle tracking[C]. Proceeding of the National Aerospace and Electronics Conference, 1982.

[5] LI X R, JILKOV V P. A survey of maneuvering target tracking—Part Ⅲ: measurement models[C]. Proceeding of Conference on Signal and Data Processing of Small Targets, San Diego, CA, USA, 2001.

第 3 章

估计与滤波技术

3.1 概述

估计是指从不精确且不确定的观测值中推断感兴趣的参量的值的过程，这些观测值往往来自不同的传感器，如雷达、红外、声呐等。估计问题包括但不限于以下几类。

（1）卫星轨道参数的确定，即卫星定轨问题。

（2）统计推断。

（3）飞机、车辆等位置、速度的确定，也可以称为目标跟踪问题。

更严谨地说，估计是在一个连续空间中挑选一个点的过程，这个点是最优的估计。

目标跟踪是基于实时的带噪声的量测信息对运动目标的状态进行估计的过程，它是估计问题中一个特殊且典型的例子。对运动目标的状态进行估计通常称为滤波，进一步地，对动态系统的参量的估计也可以称为滤波。

估计按照被估计量是否随机可分为参数估计（非随机）和状态估计（随机）。参数估计方法通常称为非贝叶斯方法，状态估计方法通常称为贝叶斯方法。

参数估计问题主要存在于传感器对同一个静止目标进行量测进而对目标定位的问题中。此时目标的位置固定，传感器量测带有噪声，难以直接定位，参数估计方法是利用多个传感器量测对非随机的目标位置进行估计的过程。

状态估计问题通常是对具有先验信息的被估计量进行估计的过程。例如，在一个目标跟踪系统中，目标实时运动，其运动模型可以通过建模获得，该运动模型则可称为先验信息，当对运动目标进行跟踪时，可以利用该运动模型对目标的位置进行预测，再利用带噪声的传感器量测对目标的位置、速度等进行估计。

参数估计方法主要有极大似然方法和最小二乘方法。状态估计方法主要有最大后验估计、最小均方误差估计和线性最小均方误差估计等。最小均方误差估计是状态估计问题中被广泛接受的优化准则，其估计是被估计量的后验均值。对于线性高斯系统，文献[1]提出的卡尔曼滤波是最优的最小均方误差估计器。然而，在实际问题中，几乎所有的系统均为非线性的，后验均值很难直接获得。为了能够获得后验均值，学者们提出了多种方法。这些方法大致可以分为两类：概率密度估计和点估计。文献[2]提出的粒子滤波是典型的概率密度估计方法。点估计直接估计随机状态的一、二阶矩，线性最小均方误差估计是典型的点估计方法。本书仅关注点估计问题。

现有的线性最小均方误差估计主要分为两类。一类是基于函数逼近的线性最小均方误差估计，这类估计方法通过对系统中的非线性函数进行近似，估计随机状态的一、二阶矩。Jazwinski 在文献[3]中提出的扩展卡尔曼滤波是典型的基于函数逼近的线性最小均方误差估计，类似的还有 Jazwinski 在文献[4]中提出的二阶和高阶扩展卡尔曼滤波及迭代卡尔曼滤波等。另一类是基于矩逼近的线性最小均方误差估计，这类估计方法通过确定性采样方法计算随机状态的一、二阶矩，典型的确定性采样方法有无迹变换、容积规则和高斯-厄米特求积规则等。

然而，上述线性最小均方误差估计均为原始量测的线性函数，对于一个非线性估计问题，如果随机状态的估计与原始量测呈非线性关系，则更加匹配真实问题。因此，兰剑等针对非线性结构估计器开展了系列研究，并发表了多篇相关论文，主要包括不相关转换滤波、最优转换采样滤波、广义转换滤波、非线性估计多转换方法等。上述滤波器将在第 5 章中详细介绍。

3.2 概率与统计基础

本节简要介绍估计技术所涉及的概率论、数理统计及随机过程相关理论基础，为目标跟踪、导航定位等应用中涉及的估计提供保障，相关内容可参考文献[5]。

3.2.1 概率与条件概率

1. 概率

概率论用来研究相继发生或同时发生的大量现象的平均特性，如电子发射、雷达检测、系统故障、噪声等。在很多领域中，人们发现，随着观测次数的增加，某些量的平均值会趋近一个常数。概率论的目的就是用事件的概率来描述和预测这些平均值。概率论是对随机现象统计规律演绎的研究，数理统计则是对随机现象统计规律归纳的研究。

一个事件 A 发生的概率 $P\{A\}$ 定义为

$$P\{A\}=\frac{N_A}{N} \tag{3-1}$$

式中，N 是实验总次数；N_A 是事件 A 发生的次数。$P\{A\}$ 的定义是人们日常生活中所理解的相对频率，也是本书的基础。

2. 条件概率

在给定事件 B 的条件下，定义事件 A 的条件概率为

$$P\{A|B\}=\frac{P\{A,B\}}{P\{B\}} \tag{3-2}$$

对独立事件而言，式（3-2）等价于无条件概率。

由这个定义可知，对任意两个事件 A 和 B，若 $P\{B\}>0$，则有

$$P\{A,B\}=P\{B\}P\{A|B\} \tag{3-3}$$

称式（3-3）为概率的乘法公式。

在式（3-2）和式（3-3）中，$P\{A|B\}$ 为在事件 B 发生的前提下事件 A 发生的条件概率。$P\{A,B\}$ 表示事件 A 和事件 B 的联合概率，即事件 A 和事件 B 同时发生的概率。如果一个独立事件的发生不涉及之前的任何信息，则其发生的概率（如 $P\{B\}$）称为先验概率。由于条件概率 $P\{A|B\}$ 是相关事件 B 的某种信息已知条件下的事件 A 的概率，因此称为后验概率。

3.2.2 全概率公式与贝叶斯公式

在介绍全概率公式前，先介绍空间样本划分的定义。

定义 3-1 设 S 为实验 E 的样本空间，$B_1,B_2,\cdots,B_n$ 为实验 E 的一组事件。若满足① $B_i \cap B_j=\varnothing$，$i\neq j$，$i,j=1,2,\cdots,n$；② $B_1 \cup B_2 \cup \cdots \cup B_n=S$，则称 $B_1,B_2,\cdots,B_n$ 为样本空间 S 的一个划分。若 $B_1,B_2,\cdots,B_n$ 为样本空间 S 的一个划分，则对于每次实验，事件 $B_1,B_2,\cdots,B_n$ 必有一个且仅有一个发生。

基于上述定义可得到以下全概率公式和贝叶斯公式。

定理 3-1 假设实验 E 的样本空间为 S，A 为 E 的任意事件，$B_1,B_2,\cdots,B_n$ 为 S 的一个划分，且 $P\{B_i\}>0$，$i=1,2,\cdots,n$，则

$$P\{A\}=\sum_{i=1}^{n}P\{A|B_i\}P\{B_i\} \tag{3-4}$$

称式（3-4）为全概率公式。

由 $P\{A,B_i\}=P\{B_i|A\}P\{A\}=P\{A|B_i\}P\{B_i\}$ 及式（3-4）可得到

$$P\{B_i|A\}=\frac{P\{A,B_i\}}{P\{A\}}=\frac{P\{A|B_i\}P\{B_i\}}{\sum_{i=1}^{n}P\{A|B_i\}P\{B_i\}} \tag{3-5}$$

称式（3-5）为贝叶斯公式。

对于两个事件 A 和 B，如果满足

$$P\{A,B\}=P\{A\}P\{B\} \tag{3-6}$$

则称它们是独立的。

事件的独立性是非常重要的概念，它在估计领域对简化问题起关键作用。

3.2.3 随机变量、分布函数与密度函数

1. 随机变量

随机变量是赋予实验的每个结果的一个数，这个数可以是机会游戏中的收益、随机电源中的电压、一个随机零件的价格或随机实验中任何一个人们感兴趣的参量。例如，由于不确定噪声的存在，GPS 定位系统对每个人或每辆车的量测都是一个随机变量。随机变量可以是离散的，也可以是连续的；可以是一维的，也可以是多维的。

随机变量主要有离散型、连续型两种。若随机变量 X 的所有取值为有限个，或者虽为无限个，但可以一一排列，则称 X 为离散型随机变量；若随机变量 X 取某个区间 $[a,b]$ 或 $(-\infty,\infty)$ 上的一切值，则称 X 为连续型随机变量。此外，随机变量 X 可以是一维的，也可以是多维的，具体取决于实际研究的问题。

研究随机变量时，通常会遇到以下问题：随机变量 X 小于给定的数 x 或处于数 x_1 和数 x_2 之间的概率是多少？为方便表示，用 $P\{X\leqslant x\}$ 表示随机变量 X 小于给定的数 x 的概率，$P\{x_1\leqslant X\leqslant x_2\}$ 表示随机变量 X 处于数 x_1 和数 x_2 之间的概率。特别地，对于离散型随机变量 X，用 $P\{X=\xi_i\}$ 描述其值为 ξ_i 的概率。

2. 分布函数

在样本空间集合 S 中，组成事件 $\{X\leqslant x\}$ 的元素随 x 的取值不同而变化。因此，事件 $\{X\leqslant x\}$ 的概率 $P\{X\leqslant x\}$ 是依赖 x 的一个数。用 $F_X(x)$ 表示这个数并称它为随机变量 x 的累积分布函数，即

$$F_X(x)=P\{X\leqslant x\} \tag{3-7}$$

式中，$F_X(x)$ 是定义在 $(-\infty,\infty)$ 上的函数，且 $0 \leqslant F_X(x) \leqslant 1$，分布函数在 $(-\infty,\infty)$ 上是单调非减的。从它的定义可以得到以下性质：

$$\begin{gathered} F_X(-\infty)=0 \\ F_X(\infty)=1 \\ P\{a<X \leqslant b\}=F_X(b)-F_X(a) \end{gathered} \tag{3-8}$$

3．密度函数

一个随机变量 X 的分布函数 $F_X(x)$ 的导数称为该随机变量的概率密度函数，记作 $p_X(x)$，即

$$p_X(x)=\frac{\mathrm{d}F_X(x)}{\mathrm{d}x} \tag{3-9}$$

由于分布函数 $F_X(x)$ 的单调非减性，概率密度函数满足 $\forall\, x \in (-\infty,\infty)$，有

$$p_X(x)=\frac{\mathrm{d}F_X(x)}{\mathrm{d}x}=\lim_{\Delta x \to 0}\frac{F_X(x+\Delta x)-F_X(x)}{\Delta x} \geqslant 0 \tag{3-10}$$

如果 X 是连续型随机变量，$p_X(x)$ 将是一个连续函数。然而，如果 X 是离散型随机变量，则它的概率密度函数具有如下所示的一般形式：

$$p_X(x)=\sum_i p_i \delta(x-x_i) \tag{3-11}$$

式中，p_i 是 x 取值为 x_i 时的概率；x_i 是分布函数的间断点；$\delta(\cdot)$ 是狄拉克函数，其定义为

$$\delta(x-x_i)=\begin{cases} 0, & x \neq x_i \\ 1, & x = x_i \end{cases} \tag{3-12}$$

离散型随机变量的概率密度函数是一组正离散质量，因此通常称其为概率质量函数。

根据式（3-9），通过积分，可以由概率密度函数得到分布函数如下：

$$F_X(x)=\int_{-\infty}^{x} p_X(u)\mathrm{d}u \tag{3-13}$$

由于 $F_X(\infty)=1$，可以得到

$$\int_{-\infty}^{\infty} p_X(x)\mathrm{d}x=1 \tag{3-14}$$

根据式（3-13）可以进一步得到

$$P\{a<X \leqslant b\}=F_X(b)-F_X(a)=\int_a^b p_X(x)\mathrm{d}x \tag{3-15}$$

如果 X 是连续型随机变量，那么式（3-15）中第一个等号左边的区间可以用闭区间 $[a,b]$ 代替。

3.2.1 节和 3.2.2 节分别讨论了条件概率和贝叶斯公式，现将贝叶斯公式推广到条件密度。假设有两个随机变量 X_1 和 X_2，X_1 在 X_2 的一次实现 x_2 条件下的

概率密度函数定义为

$$p_{X_1|X_2}(x_1|x_2)=\frac{p_{X_1,X_2}(x_1,x_2)}{p_{X_2}(x_2)} \tag{3-16}$$

考虑两个条件概率密度函数的乘积，即

$$\begin{aligned}p(x_1|x_2,x_3,x_4)p(x_2,x_3|x_4)&=\frac{p(x_1,x_2,x_3,x_4)}{p(x_2,x_3,x_4)}\frac{p(x_2,x_3,x_4)}{p(x_4)}\\&=p(x_1,x_2,x_3|x_4)\end{aligned} \tag{3-17}$$

为方便表示，上述概率密度函数 $p(\cdot)$ 中省略了下标。式（3-17）是 Chapman-Kolmogorov 公式，它可以扩展到任意多个随机变量的条件概率密度函数，是贝叶斯状态估计的基础。

3.2.4　随机变量的矩

1．标量随机变量的均值和方差

随机变量 x 的数学期望（或均值）定义为如下积分：

$$E[x]=\int_{-\infty}^{\infty}xp(x)\mathrm{d}x\triangleq\bar{x} \tag{3-18}$$

一般期望也可以用符号 μ 来表示。

随机变量 x 的函数 $g(x)$ 的数学期望为

$$E[g(x)]=\int_{-\infty}^{\infty}g(x)p(x)\mathrm{d}x \tag{3-19}$$

数学期望具有以下性质。

（1）$E[C]=C$。

（2）$E[Cx]=CE[x]$。

（3）$E[x+y]=E[x]+E[y]$。

（4）若 x 和 y 相互独立，则 $E[xy]=E[x]E[y]$。

式中，C 表示常数；x 和 y 表示随机变量。

仅依靠均值并不能够真实地表达任何随机变量的概率密度，即两个均值相同的随机变量的概率密度函数可能存在较大的差别。因此，需要使用另一个参数来度量概率密度函数在均值周围分布的集中程度或分散程度。

对于一个均值为 μ 的随机变量 x，$x-\mu$ 表示随机变量与均值的偏差，偏差可能是正值，也可能是负值。考虑 $(x-\mu)^2$，它的均值 $E[(x-\mu)^2]$ 表示随机变量 x 与均值 μ 的偏差的平方的平均值，定义为

$$D[x]\triangleq E[(x-\mu)^2]=\int_{-\infty}^{\infty}(x-\mu)^2p(x)\mathrm{d}x=E[x^2]-\mu^2\triangleq\sigma_x^2 \tag{3-20}$$

称正常数 σ_x^2 为随机变量 x 的方差，称它的正平方根 $\sqrt{E[(x-\mu)^2]}$ 为随机变量 x 的标准差。标准差表示随机变量 x 在均值 μ 周围分布的均方根值。

方差具有以下性质。

（1）$D(C)=0$。

（2）$D(Cx)=C^2D(x)$。

（3）若 x 和 y 相互独立，则 $D(x\pm y)=D(x)+D(y)$。

（4）$D(x)=0$ 的充要条件是 $P\{x=E[x]\}=1$。

（5）性质（2）和性质（3）的推广：若 $x_1,x_2,\cdots,x_n$ 是相互独立的随机变量，则

$$D\left(\sum_{i=1}^{n}C_i x_i\right)=\sum_{i=1}^{n}C_i^2 D(x_i) \tag{3-21}$$

式中，C 和 C_i 表示常数；x、y 和 x_i 表示随机变量。

2. 标量随机变量的矩

均值和方差为随机变量的矩。下面两个通用定义在随机变量的研究和应用中有很大的意义。

矩的定义为

$$m_n=E[x^n]=\int_{-\infty}^{+\infty}x^n p(x)\mathrm{d}x \tag{3-22}$$

中心矩的定义为

$$\mu_n=E[(x-\overline{x})^n]=\int_{-\infty}^{+\infty}(x-\overline{x})^n p(x)\mathrm{d}x \tag{3-23}$$

特别地，随机变量 x 的均值为其一阶原点矩，方差为其二阶中心矩。

3.2.5 多元随机变量和全期望公式

1. 多元随机变量的联合分布和边缘分布

定义两个标量随机变量 X 和 Y，其联合分布函数为 $F_{XY}(x,y)$，简记为 $F(x,y)$，是事件

$$\{X\leqslant x,Y\leqslant y\} \tag{3-24}$$

的概率。式中，x 和 y 是任意两个实数，则

$$F(x,y)=P\{X\leqslant x,Y\leqslant y\} \tag{3-25}$$

多元随机变量的联合分布具有以下性质。

（1）函数 $F(x,y)$ 满足

$$F(-\infty,y)=0,\quad F(x,-\infty)=0,\quad F(\infty,\infty)=1 \tag{3-26}$$

$$F(x,\infty)=F_X(x),\quad F(\infty,y)=F_Y(y) \tag{3-27}$$

（2）对于两个函数 $F(x_1,y_1)$ 和 $F(x_2,y_2)$，如果 $x_1\leqslant x_2$ 且 $y_1\leqslant y_2$，则 $F(x_1,y_1)\leqslant F(x_2,y_2)$。

（3）对于事件 $\{x_1 < X \leqslant x_2, y_1 < Y \leqslant y_2\}$，其概率为

$$P\{x_1 < X \leqslant x_2, y_1 < Y \leqslant y_2\} = F(x_2, y_2) - F(x_1, y_2) - F(x_2, y_1) + F(x_1, y_1) \tag{3-28}$$

随机变量 X 和 Y 的联合概率密度函数定义为

$$p(x, y) = \frac{\partial^2 F(x, y)}{\partial x \partial y} \tag{3-29}$$

由性质（1）可得

$$F(x, y) = \int_{-\infty}^{x} \int_{-\infty}^{y} p(\alpha, \beta) \mathrm{d}\alpha \mathrm{d}\beta \tag{3-30}$$

在多元随机变量研究中，每个随机变量的统计特性称为边缘特性，于是 $F_X(x)$ 和 $F_Y(y)$ 分别是随机变量 X 和 Y 的边缘分布函数，而 $p_X(x)$ 和 $p_Y(y)$ 分别是随机变量 X 和 Y 的边缘密度函数，可通过下式获得：

$$\begin{cases} p_X(x) = \int_{-\infty}^{\infty} p(x, y) \mathrm{d}y \\ p_Y(y) = \int_{-\infty}^{\infty} p(x, y) \mathrm{d}x \end{cases} \tag{3-31}$$

假设两个随机变量 X 和 Y 可以通过单调函数 $g(\cdot)$ 和 $h(\cdot)$ 相关联，即

$$\begin{cases} Y = g(X) \\ X = g^{-1}(Y) = h(Y) \end{cases} \tag{3-32}$$

如果已知随机变量 X 的概率密度函数为 $p_X(x)$，那么可以得到随机变量 Y 的概率密度函数 $p_Y(y)$ 为

$$p_Y(y) = p_X(h(y)) |h'(y)| \tag{3-33}$$

式中，$h'(y)$ 为函数 $x = h(y)$ 对 y 的导数；$|\cdot|$ 表示绝对值。

2. 全期望公式

随机变量 X 的期望为 $E[X]$，给定 Y 的条件下 X 的条件期望为 $E[X|Y]$，可得到

$$E[X] = \int_{-\infty}^{\infty} x p_X(x) \mathrm{d}x \tag{3-34}$$

$$E[X|Y] = \int_{-\infty}^{\infty} x p_{X|Y}(x|y) \mathrm{d}x \tag{3-35}$$

则全期望公式为

$$\begin{aligned} E[E[X|Y]] &= \int_{-\infty}^{\infty} \left(\int_{-\infty}^{\infty} x p_{X|Y}(x|y) \mathrm{d}x\right) p_Y(y) \mathrm{d}y \\ &= \int_{-\infty}^{\infty} x \left(\int_{-\infty}^{\infty} p_{X|Y}(x|y) p_Y(y) \mathrm{d}y\right) \mathrm{d}x \\ &= \int_{-\infty}^{\infty} x \left(\int_{-\infty}^{\infty} p(x, y) \mathrm{d}y\right) \mathrm{d}x \\ &= \int_{-\infty}^{\infty} x p_X(x) \mathrm{d}x = E[X] \end{aligned} \tag{3-36}$$

3.2.6 估计的定义与性质

1．估计的定义

3.1 节简要介绍了估计，本节将通过数学模型对其进行进一步介绍。假设 $\boldsymbol{Z}^n=\{z_1,z_2,\cdots,z_n\}$ 为被估计量 $\boldsymbol{x}$ 的 n 个观测值，$\boldsymbol{z}_j$ 为带噪声 $\boldsymbol{v}_j$ 的量测，表示为

$$\boldsymbol{z}_j=\boldsymbol{h}[j,\boldsymbol{x},\boldsymbol{v}_j],\quad j=1,2,\cdots,n \tag{3-37}$$

这 n 个观测值可能是同一时刻多个传感器同时对 $\boldsymbol{x}$ 的观测，也可能是前 n 个时刻对 $\boldsymbol{x}$ 的观测的所有量测的集合，利用这些观测值对被估计量 $\boldsymbol{x}$ 推断的过程称为估计，记 $\hat{\boldsymbol{x}}$ 为估计结果，估计过程可定义为

$$\hat{\boldsymbol{x}}\triangleq\hat{\boldsymbol{x}}[\boldsymbol{Z}^n] \tag{3-38}$$

当被估计量 $\boldsymbol{x}$ 为非随机参数时，该估计为参数估计，也称非贝叶斯估计；当被估计量 $\boldsymbol{x}$ 为随机变量时，该估计为状态估计，也称贝叶斯估计。例如，贝叶斯定理表达的是被估计量与先验信息和实时信息的关系，其利用先验信息和实时信息对被估计量进行估计。

估计的误差定义为

$$\tilde{\boldsymbol{x}}\triangleq\boldsymbol{x}-\hat{\boldsymbol{x}} \tag{3-39}$$

2．估计的无偏性

1）参数估计的无偏性

当 $\boldsymbol{x}$ 为非随机参数时，估计无偏的条件为

$$E[\hat{\boldsymbol{x}}(\boldsymbol{Z}^n)]=\boldsymbol{x}_0 \tag{3-40}$$

式中，$\boldsymbol{x}_0$ 为参数的真实值；$E[\hat{\boldsymbol{x}}(\boldsymbol{Z}^n)]$ 为关于条件概率密度函数 $p(\boldsymbol{Z}^n|\boldsymbol{x}=\boldsymbol{x}_0)$ 的数学期望。若式（3-40）在 $n\to\infty$ 的情况下成立，则称此估计为渐近无偏估计，否则为有偏估计。

2）状态估计的无偏性

当 $\boldsymbol{x}$ 为随机变量时，假设其先验概率密度为 $p(\boldsymbol{x})$，估计无偏的条件为

$$E[\hat{\boldsymbol{x}}(\boldsymbol{Z}^n)]=E[\boldsymbol{x}] \tag{3-41}$$

式中，$E[\hat{\boldsymbol{x}}(\boldsymbol{Z}^n)]$ 是关于联合概率密度函数 $p(\boldsymbol{Z}^n,\boldsymbol{x})$ 的数学期望；$E[\boldsymbol{x}]$ 是关于先验概率密度 $p(\boldsymbol{x})$ 的数学期望。此外，状态估计的无偏性还可以定义为

$$\begin{aligned}E[\tilde{\boldsymbol{x}}]&\triangleq E[\boldsymbol{x}-\hat{\boldsymbol{x}}]\\&=E[\boldsymbol{x}]-E[\hat{\boldsymbol{x}}]\\&=E[\boldsymbol{x}]-E[\hat{\boldsymbol{x}}(\boldsymbol{Z}^n)]\\&=0\end{aligned} \tag{3-42}$$

若式（3-41）和式（3-42）在 $n\to\infty$ 的情况下成立，则称此估计为渐近无

偏估计，否则为有偏估计。

为使用方便，本书若无特殊说明，均用 $\hat{\boldsymbol{x}}$ 表示 $\hat{\boldsymbol{x}}(\boldsymbol{Z}^n)$。

3．估计的方差

1）参数估计

当 $\boldsymbol{x}$ 为非随机参数时，估计的方差矩阵定义为

$$\mathrm{var}(\hat{\boldsymbol{x}}) \triangleq E[(E[\hat{\boldsymbol{x}}]-\hat{\boldsymbol{x}})(E[\hat{\boldsymbol{x}}]-\hat{\boldsymbol{x}})^{\mathrm{T}}] \tag{3-43}$$

如果参数 $\boldsymbol{x}$ 的估计是无偏的，那么

$$E[\hat{\boldsymbol{x}}]=\boldsymbol{x}_0 \tag{3-44}$$

式中，$\boldsymbol{x}_0$ 为估计值的真实值，式（3-43）则为估计的均方误差（Mean Square Error，MSE）矩阵，即

$$\mathrm{MSE}(\hat{\boldsymbol{x}}) \triangleq E[(\boldsymbol{x}_0-\hat{\boldsymbol{x}})(\boldsymbol{x}_0-\hat{\boldsymbol{x}})^{\mathrm{T}}] \tag{3-45}$$

2）状态估计

当 $\boldsymbol{x}$ 为随机变量时，非条件均方误差矩阵定义为

$$\mathrm{MSE}(\hat{\boldsymbol{x}}) \triangleq E[(\boldsymbol{x}-\hat{\boldsymbol{x}})(\boldsymbol{x}-\hat{\boldsymbol{x}})^{\mathrm{T}}] \tag{3-46}$$

根据全期望公式，式（3-46）还可写为

$$\begin{aligned}\mathrm{MSE}(\hat{\boldsymbol{x}}) &\triangleq E[E[(\boldsymbol{x}-\hat{\boldsymbol{x}})(\boldsymbol{x}-\hat{\boldsymbol{x}})^{\mathrm{T}}]|\boldsymbol{Z}^n]\\ &=E[E[(\boldsymbol{x}-\hat{\boldsymbol{x}})(\boldsymbol{x}-\hat{\boldsymbol{x}})^{\mathrm{T}}|\boldsymbol{Z}^n]]\\ &=E[\mathrm{MSE}(\hat{\boldsymbol{x}}|\boldsymbol{Z}^n)]\end{aligned} \tag{3-47}$$

式中，$E[\mathrm{MSE}(\hat{\boldsymbol{x}}|\boldsymbol{Z}^n)]$ 为条件均方误差矩阵。

3.2.7　高斯及联合高斯随机变量

高斯分布是估计领域最常见也最常用的分布之一，其具有很多优秀的性质，使估计器能够解析地得到，因此本节对高斯分布和联合高斯分布进行简要介绍。在介绍高斯分布前，首先介绍随机变量的协方差矩阵。

1．随机变量的协方差矩阵

假设 $\boldsymbol{x}$ 和 $\boldsymbol{y}$ 分别是 n 维和 m 维随机变量（且均为列向量），它们的协方差矩阵定义为

$$\begin{aligned}\boldsymbol{C}_{xy}&=E[(\boldsymbol{x}-\bar{\boldsymbol{x}})(\boldsymbol{y}-\bar{\boldsymbol{y}})^{\mathrm{T}}]=E[\boldsymbol{x}\boldsymbol{y}^{\mathrm{T}}]-\bar{\boldsymbol{x}}\bar{\boldsymbol{y}}^{\mathrm{T}}\\&=\int_{-\infty}^{\infty}\int_{-\infty}^{\infty}(\boldsymbol{x}-\bar{\boldsymbol{x}})(\boldsymbol{y}-\bar{\boldsymbol{y}})^{\mathrm{T}}p(\boldsymbol{x},\boldsymbol{y})\mathrm{d}\boldsymbol{x}\mathrm{d}\boldsymbol{y}\end{aligned} \tag{3-48}$$

式中，

$$\bar{\boldsymbol{x}}=E[\boldsymbol{x}]=\int_{-\infty}^{\infty}\boldsymbol{x}p(\boldsymbol{x})\mathrm{d}\boldsymbol{x},\ \ \bar{\boldsymbol{y}}=E[\boldsymbol{y}]=\int_{-\infty}^{\infty}\boldsymbol{y}p(\boldsymbol{y})\mathrm{d}\boldsymbol{y} \tag{3-49}$$

在式（3-48）中，$p(\boldsymbol{x},\boldsymbol{y})$ 为随机变量 $\boldsymbol{x}$ 和 $\boldsymbol{y}$ 的联合密度函数；在式（3-49）中，$p(\boldsymbol{x})$ 和 $p(\boldsymbol{y})$ 分别为随机变量 $\boldsymbol{x}$ 和 $\boldsymbol{y}$ 的边缘密度函数，为方便表示，省去了下标。如果 $\boldsymbol{C}_{xy}=0$，称随机变量 $\boldsymbol{x}$ 和 $\boldsymbol{y}$ 是不相关的。

n 维随机变量 $\boldsymbol{x}$ 的自协方差矩阵定义为

$$\begin{aligned}\boldsymbol{C}_{xx}&=E[(\boldsymbol{x}-\overline{\boldsymbol{x}})(\boldsymbol{x}-\overline{\boldsymbol{x}})^{\mathrm{T}}]\\&=\int_{-\infty}^{\infty}(\boldsymbol{x}-\overline{\boldsymbol{x}})(\boldsymbol{x}-\overline{\boldsymbol{x}})^{\mathrm{T}}p(\boldsymbol{x})\mathrm{d}\boldsymbol{x}\end{aligned} \tag{3-50}$$

由上述定义可以看出，自协方差矩阵总是对称的，即 $\boldsymbol{C}_{xx}=\boldsymbol{C}_{xx}^{\mathrm{T}}$。

2. 高斯分布、联合高斯分布及条件高斯分布

1）高斯分布

如果一个随机变量 $\boldsymbol{x}\in\mathbb{R}^n$，则其概率密度服从高斯分布，其均值为 $\boldsymbol{m}\in\mathbb{R}^n$，协方差为 $\boldsymbol{P}\in\mathbb{R}^{n\times n}$，表示为

$$\mathcal{N}(\boldsymbol{x};\boldsymbol{m},\boldsymbol{P})=\frac{1}{(2\pi)^{n/2}|\boldsymbol{P}|^{1/2}}\exp\left(-\frac{1}{2}(\boldsymbol{x}-\boldsymbol{m})^{\mathrm{T}}\boldsymbol{P}^{-1}(\boldsymbol{x}-\boldsymbol{m})\right) \tag{3-51}$$

式中，$|\boldsymbol{P}|$ 是矩阵 $\boldsymbol{P}$ 的行列式。

2）联合高斯分布

如果随机变量 $\boldsymbol{x}\in\mathbb{R}^n$ 和 $\boldsymbol{z}\in\mathbb{R}^n$ 服从高斯概率分布，即

$$\begin{cases}\boldsymbol{x}\sim\mathcal{N}(\boldsymbol{m},\boldsymbol{P})\\ \boldsymbol{z}\mid\boldsymbol{x}\sim\mathcal{N}(\boldsymbol{H}\boldsymbol{x}+\boldsymbol{u},\boldsymbol{R})\end{cases} \tag{3-52}$$

那么随机变量 $\boldsymbol{x}$ 和 $\boldsymbol{z}$ 的联合分布及 $\boldsymbol{z}$ 的边缘分布为

$$\begin{cases}\begin{pmatrix}\boldsymbol{x}\\ \boldsymbol{z}\end{pmatrix}\sim\mathcal{N}\left(\begin{pmatrix}\boldsymbol{m}\\ \boldsymbol{H}\boldsymbol{m}+\boldsymbol{u}\end{pmatrix},\begin{pmatrix}\boldsymbol{P} & \boldsymbol{P}\boldsymbol{H}^{\mathrm{T}}\\ \boldsymbol{H}\boldsymbol{P} & \boldsymbol{H}\boldsymbol{P}\boldsymbol{H}^{\mathrm{T}}+\boldsymbol{R}\end{pmatrix}\right)\\ \boldsymbol{z}\sim\mathcal{N}(\boldsymbol{H}\boldsymbol{m}+\boldsymbol{u},\boldsymbol{H}\boldsymbol{P}\boldsymbol{H}^{\mathrm{T}}+\boldsymbol{R})\end{cases} \tag{3-53}$$

3）条件高斯分布

如果随机变量 $\boldsymbol{x}$ 和 $\boldsymbol{z}$ 服从联合高斯概率分布，即

$$\begin{pmatrix}\boldsymbol{x}\\ \boldsymbol{z}\end{pmatrix}\sim\mathcal{N}\left(\begin{pmatrix}\boldsymbol{a}\\ \boldsymbol{b}\end{pmatrix},\begin{pmatrix}\boldsymbol{A} & \boldsymbol{C}\\ \boldsymbol{C}^{\mathrm{T}} & \boldsymbol{B}\end{pmatrix}\right) \tag{3-54}$$

那么随机变量 $\boldsymbol{x}$ 和 $\boldsymbol{z}$ 的边缘分布与条件分布为

$$\begin{cases}\boldsymbol{x}\sim\mathcal{N}(\boldsymbol{a},\boldsymbol{A})\\ \boldsymbol{z}\sim\mathcal{N}(\boldsymbol{b},\boldsymbol{B})\\ \boldsymbol{x}|\boldsymbol{z}\sim\mathcal{N}(\boldsymbol{a}+\boldsymbol{C}\boldsymbol{B}^{-1}(\boldsymbol{z}-\boldsymbol{b}),\boldsymbol{A}-\boldsymbol{C}\boldsymbol{B}^{-1}\boldsymbol{C}^{\mathrm{T}})\\ \boldsymbol{z}|\boldsymbol{x}\sim\mathcal{N}(\boldsymbol{b}+\boldsymbol{C}^{\mathrm{T}}\boldsymbol{A}^{-1}(\boldsymbol{x}-\boldsymbol{a}),\boldsymbol{B}-\boldsymbol{C}^{\mathrm{T}}\boldsymbol{A}^{-1}\boldsymbol{C})\end{cases} \tag{3-55}$$

3. 联合高斯随机变量的条件均值

若两个随机变量 $\boldsymbol{x}$ 和 $\boldsymbol{z}$ 都服从高斯分布，则它们是联合高斯的，当且仅当扩维向量

$$\boldsymbol{y}=\begin{bmatrix}\boldsymbol{x}\\ \boldsymbol{z}\end{bmatrix} \tag{3-56}$$

是高斯的，即

$$p(\boldsymbol{x},\boldsymbol{z})=p(\boldsymbol{y})=\mathcal{N}(\boldsymbol{y};\overline{\boldsymbol{y}},\boldsymbol{P}_{yy}) \tag{3-57}$$

用 $\boldsymbol{x}$ 和 $\boldsymbol{z}$ 的均值与协方差矩阵表示 $\boldsymbol{y}$ 的均值与协方差矩阵，有

$$\overline{\boldsymbol{y}}=\begin{bmatrix}\overline{\boldsymbol{x}}\\ \overline{\boldsymbol{z}}\end{bmatrix} \tag{3-58}$$

$$\boldsymbol{P}_{yy}=\begin{bmatrix}\boldsymbol{P}_{xx} & \boldsymbol{P}_{xz}\\ \boldsymbol{P}_{zx} & \boldsymbol{P}_{zz}\end{bmatrix} \tag{3-59}$$

式中，

$$\boldsymbol{P}_{xx}=\operatorname{cov}(\boldsymbol{x})=E[(\boldsymbol{x}-\overline{\boldsymbol{x}})(\boldsymbol{x}-\overline{\boldsymbol{x}})^{\mathrm{T}}] \tag{3-60}$$

$$\boldsymbol{P}_{zz}=\operatorname{cov}(\boldsymbol{z})=E[(\boldsymbol{z}-\overline{\boldsymbol{z}})(\boldsymbol{z}-\overline{\boldsymbol{z}})^{\mathrm{T}}] \tag{3-61}$$

$$\boldsymbol{P}_{xz}=\operatorname{cov}(\boldsymbol{x},\boldsymbol{z})=E[(\boldsymbol{x}-\overline{\boldsymbol{x}})(\boldsymbol{z}-\overline{\boldsymbol{z}})^{\mathrm{T}}]=P_{zx}^{\mathrm{T}} \tag{3-62}$$

是分块协方差矩阵的块。

若 $\boldsymbol{x}$ 和 $\boldsymbol{z}$ 是联合高斯的，给定 $\boldsymbol{z}$ 情况下 $\boldsymbol{x}$ 的条件概率密度为

$$p(\boldsymbol{x}|\boldsymbol{z})=\frac{p(\boldsymbol{x},\boldsymbol{z})}{p(\boldsymbol{z})}=\frac{\left|2\pi\boldsymbol{P}_{yy}\right|^{-1/2}\mathrm{e}^{-\frac{1}{2}(\boldsymbol{y}-\overline{\boldsymbol{y}})^{\mathrm{T}}\boldsymbol{P}_{yy}^{-1}(\boldsymbol{y}-\overline{\boldsymbol{y}})}}{\left|2\pi\boldsymbol{P}_{zz}\right|^{-1/2}\mathrm{e}^{-\frac{1}{2}(\boldsymbol{z}-\overline{\boldsymbol{z}})^{\mathrm{T}}\boldsymbol{P}_{zz}^{-1}(\boldsymbol{z}-\overline{\boldsymbol{z}})}} \tag{3-63}$$

式（3-63）是一个指数函数，其指数部分是分子和分母的指数部分之差。做如下替换：

$$\boldsymbol{\xi}\triangleq\boldsymbol{x}-\overline{\boldsymbol{x}} \tag{3-64}$$

$$\boldsymbol{\zeta}\triangleq\boldsymbol{z}-\overline{\boldsymbol{z}} \tag{3-65}$$

使用新的变量 $\boldsymbol{\xi}$ 和 $\boldsymbol{\zeta}$，非零均值随机变量 $\boldsymbol{x}$ 和 $\boldsymbol{y}$ 的问题就简化成零均值问题。

式（3-63）中等号右边的指数是一个二次型指数（乘以 –2 后）：

$$\begin{aligned}\boldsymbol{q}&=\begin{bmatrix}\boldsymbol{\xi}\\ \boldsymbol{\zeta}\end{bmatrix}^{\mathrm{T}}\begin{bmatrix}\boldsymbol{P}_{xx} & \boldsymbol{P}_{xz}\\ \boldsymbol{P}_{zx} & \boldsymbol{P}_{zz}\end{bmatrix}^{-1}\begin{bmatrix}\boldsymbol{\xi}\\ \boldsymbol{\zeta}\end{bmatrix}-\boldsymbol{\zeta}^{\mathrm{T}}\boldsymbol{P}_{zz}^{-1}\boldsymbol{\zeta}\\ &=\begin{bmatrix}\boldsymbol{\xi}\\ \boldsymbol{\zeta}\end{bmatrix}^{\mathrm{T}}\begin{bmatrix}\boldsymbol{T}_{xx} & \boldsymbol{T}_{xz}\\ \boldsymbol{T}_{zx} & \boldsymbol{T}_{zz}\end{bmatrix}\begin{bmatrix}\boldsymbol{\xi}\\ \boldsymbol{\zeta}\end{bmatrix}-\boldsymbol{\zeta}^{\mathrm{T}}\boldsymbol{P}_{zz}^{-1}\boldsymbol{\zeta}\end{aligned} \tag{3-66}$$

协方差矩阵的逆矩阵的分块和原矩阵分块之间的关系为

$$\boldsymbol{T}_{xx}^{-1}=\boldsymbol{P}_{xx}-\boldsymbol{P}_{xz}\boldsymbol{P}_{zz}^{-1}\boldsymbol{P}_{zx} \tag{3-67}$$

$$P_{zz}^{-1}=T_{zz}-T_{zx}T_{xx}^{-1}T_{xz} \tag{3-68}$$

$$T_{xx}^{-1}T_{xz}=-P_{xz}P_{zz}^{-1} \tag{3-69}$$

利用式（3-68），指数部分可以改写为

$$\begin{aligned} q &= \xi^{\mathrm{T}}T_{xx}\xi+\xi^{\mathrm{T}}T_{xz}\zeta+\zeta^{\mathrm{T}}T_{zx}\xi+\zeta^{\mathrm{T}}T_{zz}\zeta-\zeta^{\mathrm{T}}P_{zz}^{-1}\zeta \\ &=(\xi+T_{xx}^{-1}T_{xz}\zeta)^{\mathrm{T}}T_{xx}(\xi+T_{xx}^{-1}T_{xz}\zeta)+\zeta^{\mathrm{T}}(T_{zz}-T_{zx}T_{xx}^{-1}T_{xz})\zeta-\zeta^{\mathrm{T}}P_{zz}^{-1}\zeta \\ &=(\xi+T_{xx}^{-1}T_{xz}\zeta)^{\mathrm{T}}T_{xx}(\xi+T_{xx}^{-1}T_{xz}\zeta) \end{aligned} \tag{3-70}$$

式（3-70）的步骤叫作凑平方（事实上是凑二次型）法。其结果是 x 的二次型，意味着给定 z 时 x 的条件概率密度也是高斯的。可以这样认为：考虑到式（3-64）、式（3-65）和式（3-69），式（3-70）中等号右边的指数是二次型指数：

$$\xi+T_{xx}^{-1}T_{xz}\zeta=x-\bar{x}-P_{xz}P_{zz}^{-1}(z-\bar{z}) \tag{3-71}$$

由式（3-71）可以得到给定 z 时 x 的条件均值为

$$E[x|z]\triangleq\bar{x}+P_{xz}P_{zz}^{-1}(z-\bar{z}) \tag{3-72}$$

相应的条件协方差为

$$\operatorname{cov}[x|z]\triangleq P_{xx|z}=T_{xx}^{-1}=P_{xx}-P_{xz}P_{zz}^{-1}P_{zx} \tag{3-73}$$

条件均值（3-72）关于 z 是线性的，条件协方差（3-73）与量测相互独立。式（3-72）和式（3-73）统称线性估计的基本公式。

3.3 参数估计

本书将时不变非随机参数的估计方法定义为参数估计方法，这类方法由于不依靠被估计参数的先验信息，也称非贝叶斯方法。常见的参数估计方法主要有两大类：极大似然估计和最小二乘估计，这两类方法在基于到达时间差的目标定位、GPS 定位系统等领域中被广泛应用。因此，本节主要针对这两类方法展开介绍。

3.3.1 极大似然估计

极大似然（Maximum Likelihood，ML）估计是一种估计非随机参数的常用方法，其通过最大化似然函数来估计参数的值。参数的似然函数为

$$\Lambda_Z(x)\triangleq p(Z|x) \tag{3-74}$$

ML 方法通过最大化似然函数（3-74）获得参数的估计结果，可以描述为

$$\hat{x}^{\mathrm{ML}}(Z)=\arg\max_x \Lambda_Z(x)=\arg\max_x p(Z|x) \tag{3-75}$$

式中，x 是未知的常数，带噪声的观测 Z 的函数 $\hat{x}^{\mathrm{ML}}(Z)$ 是一个随机变量。式（3-75）可以利用下式求解：

$$\frac{\mathrm{d}\Lambda_{\boldsymbol{Z}}(\boldsymbol{x})}{\mathrm{d}\boldsymbol{x}}=\frac{\mathrm{d}p(\boldsymbol{Z}|\boldsymbol{x})}{\mathrm{d}\boldsymbol{x}}=0 \tag{3-76}$$

3.3.2　最小二乘估计

最小二乘（Least Squares，LS）估计是另一种常见的针对非随机参数的估计方法。给定线性/非线性量测

$$\boldsymbol{z}_j=\boldsymbol{h}_j(\boldsymbol{x})+\boldsymbol{v}_j,\quad j=1,2,\cdots,n \tag{3-77}$$

式中，$\boldsymbol{z}_j, j=1,2,\cdots,n$ 为 n 个量测；$\boldsymbol{h}_j(\cdot)$ 为量测函数，可以是线性函数或非线性函数；$\boldsymbol{v}_j\sim\mathcal{N}(\boldsymbol{0},\boldsymbol{R}), j=1,2,\cdots,n$ 为量测噪声。

LS 估计为最小化以下拟合误差：

$$\hat{\boldsymbol{x}}_k^{\mathrm{LS}}=\arg\min_{\boldsymbol{x}}(\boldsymbol{z}-\boldsymbol{h}(\boldsymbol{x}))^{\mathrm{T}}\boldsymbol{W}(\boldsymbol{z}-\boldsymbol{h}(\boldsymbol{x})) \tag{3-78}$$

式中，$\boldsymbol{z}=[\boldsymbol{z}_1^{\mathrm{T}},\boldsymbol{z}_2^{\mathrm{T}},\cdots,\boldsymbol{z}_n^{\mathrm{T}}]^{\mathrm{T}}$；$\boldsymbol{h}=[\boldsymbol{h}_1^{\mathrm{T}},\boldsymbol{h}_2^{\mathrm{T}},\cdots,\boldsymbol{h}_n^{\mathrm{T}}]^{\mathrm{T}}$；$\boldsymbol{W}$ 是一个正定加权矩阵，通常有两种选择，即 $\boldsymbol{W}=\boldsymbol{I}$ 或 $\boldsymbol{W}=\boldsymbol{C}_{\boldsymbol{v}}^{-1}$。

参数 $\boldsymbol{x}$ 的似然函数为

$$\begin{aligned}\Lambda_n(\boldsymbol{x})&\triangleq p(\boldsymbol{Z}^n|\boldsymbol{x})\triangleq p[\boldsymbol{z}_1,\boldsymbol{z}_2,\cdots,\boldsymbol{z}_n\,|\,\boldsymbol{x}]\\&=\frac{1}{|2\pi\boldsymbol{R}|^{1/2}}\mathrm{e}^{-\frac{1}{2}[\boldsymbol{z}-\boldsymbol{h}(\boldsymbol{x})]^{\mathrm{T}}\boldsymbol{R}^{-1}[\boldsymbol{z}-\boldsymbol{h}(\boldsymbol{x})]}\end{aligned} \tag{3-79}$$

可以发现，最小化式（3-78）等价于最大化式（3-79），即 LS 估计等价于 ML 估计。

根据量测函数 $\boldsymbol{h}(\cdot)$ 的类型（线性函数或非线性函数），可以将 LS 估计分为线性最小二乘估计和非线性最小二乘估计两种方法。

1．线性最小二乘估计

当量测函数 $\boldsymbol{h}(\boldsymbol{x})$ 为线性函数时，

$$\boldsymbol{h}(\boldsymbol{x})=\boldsymbol{H}\boldsymbol{x} \tag{3-80}$$

式中，$\boldsymbol{H}$ 列满秩。在这种情况下，式（3-78）为非线性最小二乘问题。此时，$\boldsymbol{x}$ 的线性最小二乘加权（Weighted LS，WLS）估计为

$$\hat{\boldsymbol{x}}^{\mathrm{LS}}=(\boldsymbol{H}^{\mathrm{T}}\boldsymbol{W}\boldsymbol{H})^{-1}\boldsymbol{H}^{\mathrm{T}}\boldsymbol{W}\boldsymbol{z} \tag{3-81}$$

其对应的最小均方误差矩阵为

$$\boldsymbol{P}_{\hat{\boldsymbol{x}}^{\mathrm{LS}}}=\mathrm{MSE}(\hat{\boldsymbol{x}})=E[(\boldsymbol{x}-\hat{\boldsymbol{x}})(\boldsymbol{x}-\hat{\boldsymbol{x}})^{\mathrm{T}}]=\boldsymbol{K}\boldsymbol{R}\boldsymbol{K}^{\mathrm{T}} \tag{3-82}$$

式中，$\boldsymbol{K}=(\boldsymbol{H}^{\mathrm{T}}\boldsymbol{W}\boldsymbol{H})^{-1}\boldsymbol{H}^{\mathrm{T}}\boldsymbol{W}$。

2．非线性最小二乘估计

当量测函数 $\boldsymbol{h}(\boldsymbol{x})$ 为非线性函数时，式（3-78）为非线性最小二乘估计问题。处理该问题的方法有很多，主要包括数值方法、两步最小二乘法、量测方程转

换近似求解方法及统一线性化方法。本节主要针对这 4 种方法展开介绍。假设式（3-78）中 $\boldsymbol{W}=\boldsymbol{R}^{-1}$，式（3-78）的优化问题可写为

$$\hat{\boldsymbol{x}}^{\mathrm{LS}}=\arg\min_{\boldsymbol{x}}(\boldsymbol{z}-\boldsymbol{h}(\boldsymbol{x}))^{\mathrm{T}}\boldsymbol{R}^{-1}(\boldsymbol{z}-\boldsymbol{h}(\boldsymbol{x})) \tag{3-83}$$

1）数值方法

数值方法求解一般需要先将非线性函数线性化，然后采用线性最小二乘法迭代求解，如 Gauss-Newton 或 Levenberg-Marquardt 方法。在这类方法中，首先在给定点 $\boldsymbol{x}_0$ 处对 $\boldsymbol{h}(\boldsymbol{x})$（$\boldsymbol{h}(\boldsymbol{x})$ 可导）进行一阶泰勒级数展开：

$$\boldsymbol{h}(\boldsymbol{x})\approx\boldsymbol{h}(\boldsymbol{x}_0)+\boldsymbol{H}_0(\boldsymbol{x}-\boldsymbol{x}_0),\quad \boldsymbol{H}_0=\left.\frac{\partial\boldsymbol{h}(\boldsymbol{x})}{\partial\boldsymbol{x}}\right|_{\boldsymbol{x}=\boldsymbol{x}_0} \tag{3-84}$$

非线性最小二乘问题（3-83）的求解可以转换为最小化以下拟合误差：

$$\hat{\boldsymbol{x}}^{\mathrm{LS}}=\arg\min_{\boldsymbol{x}}(\boldsymbol{z}-\boldsymbol{h}(\boldsymbol{x}_0)-\boldsymbol{H}_0(\boldsymbol{x}-\boldsymbol{x}_0))^{\mathrm{T}}\boldsymbol{R}^{-1}(\boldsymbol{z}-\boldsymbol{h}(\boldsymbol{x}_0)-\boldsymbol{H}_0(\boldsymbol{x}-\boldsymbol{x}_0)) \tag{3-85}$$

从而可得

$$\hat{\boldsymbol{x}}_0^{\mathrm{LS}}=\boldsymbol{x}_0+(\boldsymbol{H}_0^{\mathrm{T}}\boldsymbol{R}^{-1}\boldsymbol{H}_0)^{-1}\boldsymbol{H}_0^{\mathrm{T}}\boldsymbol{R}^{-1}(\boldsymbol{z}-\boldsymbol{h}(\boldsymbol{x}_0)) \tag{3-86}$$

通过迭代式（3-86），$\boldsymbol{x}$ 的第 $k+1$ 次估计为

$$\hat{\boldsymbol{x}}_{k+1}^{\mathrm{LS}}=\hat{\boldsymbol{x}}_k^{\mathrm{LS}}+(\boldsymbol{H}_k^{\mathrm{T}}\boldsymbol{R}^{-1}\boldsymbol{H}_k)^{-1}\boldsymbol{H}_k^{\mathrm{T}}\boldsymbol{R}^{-1}(\boldsymbol{z}-\boldsymbol{h}(\hat{\boldsymbol{x}}_k^{\mathrm{LS}})) \tag{3-87}$$

式中，$\hat{\boldsymbol{x}}_k^{\mathrm{LS}}$ 是第 k 次迭代的估计；$\boldsymbol{H}_k=\left.\dfrac{\partial\boldsymbol{h}(\boldsymbol{x})}{\partial\boldsymbol{x}}\right|_{\boldsymbol{x}=\hat{\boldsymbol{x}}_k^{\mathrm{LS}}}$。

采用数值方法求解非线性最小二乘估计时，每次迭代都基于量测的线性（仿射）函数，很难得到全局最优解，只能得到局部最优解。

2）两步最小二乘法

部分非线性最小二乘问题可以将非线性问题转换为线性问题，然后通过线性最小二乘估计求解。

针对非线性最小二乘问题（3-83），找到一个函数 $\boldsymbol{y}=\boldsymbol{q}(\boldsymbol{x})$，使 $\boldsymbol{h}(\boldsymbol{x})=\boldsymbol{H}\boldsymbol{y}$，其中 $\boldsymbol{H}$ 列满秩，从而得到

$$\hat{\boldsymbol{y}}=\arg\min_{\boldsymbol{y}}(\boldsymbol{z}-\boldsymbol{H}\boldsymbol{y})^{\mathrm{T}}\boldsymbol{R}^{-1}(\boldsymbol{z}-\boldsymbol{H}\boldsymbol{y}) \tag{3-88}$$

式（3-88）的唯一解为

$$\begin{cases}\hat{\boldsymbol{y}}=(\boldsymbol{H}^{\mathrm{T}}\boldsymbol{R}^{-1}\boldsymbol{H})^{-1}\boldsymbol{H}^{\mathrm{T}}\boldsymbol{R}^{-1}\boldsymbol{z}\\ \boldsymbol{P}_{\hat{y}}=(\boldsymbol{H}^{\mathrm{T}}\boldsymbol{R}^{-1}\boldsymbol{H})^{-1}\end{cases} \tag{3-89}$$

如果 $\boldsymbol{q}(\boldsymbol{x})$ 可逆，那么 $\hat{\boldsymbol{x}}^{\mathrm{LS}}=\boldsymbol{q}^{-1}(\hat{\boldsymbol{y}})$ 为原非线性最小二乘问题的解；如果 $\boldsymbol{q}(\boldsymbol{x})$ 不可逆，那么 $\boldsymbol{x}$ 的估计就变成求解维数降低的最小二乘问题。

$$\hat{\boldsymbol{x}}=\arg\min_{\boldsymbol{x}}(\hat{\boldsymbol{y}}-\boldsymbol{q}(\boldsymbol{x}))^{\mathrm{T}}\boldsymbol{P}_{\hat{y}}^{-1}(\hat{\boldsymbol{y}}-\boldsymbol{q}(\boldsymbol{x})) \tag{3-90}$$

式（3-90）可通过数值方法求解。

两步最小二乘法将一个维数较大的非线性最小二乘问题（3-83）转换为维

数较小的问题（3-90）。该方法的关键是选择 $\boldsymbol{H}$ 和 $\boldsymbol{y}=\boldsymbol{q}(\boldsymbol{x})$，使 $\boldsymbol{h}(\boldsymbol{x})=\boldsymbol{H}\boldsymbol{y}$，这依赖于问题本身。只有小部分非线性最小二乘问题可以通过这种方法求解，如基于到达时间差的定位问题。同时，要想使式（3-90）可解，还需要求 $\boldsymbol{H}$ 列满秩。

3）量测方程转换近似求解方法

大多数非线性最小二乘问题都可以通过线性最小二乘估计近似求解。将非线性函数 $\boldsymbol{z}=\boldsymbol{h}(\boldsymbol{x})$ 转换为线性函数，得到

$$\boldsymbol{y}=\boldsymbol{A}\boldsymbol{\theta}+\boldsymbol{b} \tag{3-91}$$

式中，$\boldsymbol{z}$ 和 $\boldsymbol{\theta}$ 可以唯一地确定 $\boldsymbol{y}$ 与 $\boldsymbol{x}$，即 $\boldsymbol{y}=\boldsymbol{g}_1(\boldsymbol{z})$ 和 $\boldsymbol{x}=\boldsymbol{g}_2(\boldsymbol{\theta})$，那么转换后的数据为

$$\boldsymbol{y}\triangleq\boldsymbol{g}_1(\boldsymbol{z}+\boldsymbol{v})\approx\boldsymbol{g}_1(\boldsymbol{z}) \tag{3-92}$$

转换后的模型为

$$\boldsymbol{y}=\boldsymbol{A}\boldsymbol{\theta}+\boldsymbol{b}+\tilde{\boldsymbol{v}} \tag{3-93}$$

根据式（3-93），可得到 $\boldsymbol{\theta}$ 的线性最小二乘估计 $\hat{\boldsymbol{\theta}}$ 为

$$\hat{\boldsymbol{\theta}}=(\boldsymbol{A}^{\mathrm{T}}\boldsymbol{W}\boldsymbol{A})\boldsymbol{A}^{\mathrm{T}}\boldsymbol{W}(\boldsymbol{y}-\boldsymbol{b}) \tag{3-94}$$

式中，$\boldsymbol{W}$ 可通过转换模型中的 $\tilde{\boldsymbol{v}}$ 得到，$\boldsymbol{W}=(E[(\tilde{\boldsymbol{v}}-E[\tilde{\boldsymbol{v}}])(\tilde{\boldsymbol{v}}-E[\tilde{\boldsymbol{v}}])^{\mathrm{T}}])^{-1}$。最后，通过 $\hat{\boldsymbol{\theta}}$ 获得 $\boldsymbol{x}$ 的最小二乘估计为

$$\hat{\boldsymbol{x}}=\boldsymbol{g}_2(\hat{\boldsymbol{\theta}}) \tag{3-95}$$

由于上述基于量测方程转换近似的非线性最小二乘问题求解方法引入了近似，因此其不能得到精确的最小二乘估计，转换模型中噪声 $\tilde{\boldsymbol{v}}$ 的方程未知，一般仅能得到其近似值，也无法得到最优的加权最小二乘估计。

4）统一线性化方法

上述求解非线性最小二乘问题的方法除了泰勒级数展开的线性化方法，均没有给出通用的线性方法，基于统计线性化思想，对于非线性模型

$$\boldsymbol{z}=\boldsymbol{h}(\boldsymbol{x},\breve{\boldsymbol{v}}) \tag{3-96}$$

式中，$\boldsymbol{h}(\cdot,\cdot)$ 表示非线性函数；$\boldsymbol{x}$ 为被估计参数；$\breve{\boldsymbol{v}}$ 为量测误差，均值为 $E[\breve{\boldsymbol{v}}]$，方差为 $\boldsymbol{C}_{\breve{v}}$。不失一般性，假设 $E[\breve{\boldsymbol{v}}]=0$。

基于统一线性化的最小二乘估计方法，首先将式（3-96）线性化为

$$\boldsymbol{h}(\boldsymbol{x},\breve{\boldsymbol{v}})\approx\boldsymbol{L}_h(\boldsymbol{x},\boldsymbol{v})=\boldsymbol{b}+\boldsymbol{H}(\boldsymbol{x}-\boldsymbol{x}_0)+\boldsymbol{v} \tag{3-97}$$

式中，$\boldsymbol{H}$ 和 $\boldsymbol{b}$ 是使 $\boldsymbol{L}_h(\boldsymbol{x},\boldsymbol{v})$ 最接近 $\boldsymbol{h}(\boldsymbol{x},\breve{\boldsymbol{v}})$ 的待定常数；$\boldsymbol{v}$ 是线性化后的量测误差，其与 $\breve{\boldsymbol{v}}$ 不同。对于 $\boldsymbol{h}(\boldsymbol{x},\breve{\boldsymbol{v}})$ 和 $\boldsymbol{L}_h(\boldsymbol{x},\boldsymbol{v})$，假设：

（1）$\boldsymbol{h}(\boldsymbol{x},\breve{\boldsymbol{v}})$ 是连续可导函数，并且可以由 $(\boldsymbol{x}_0,0)$ 点处的一阶泰勒级数充分近似；

（2）$\boldsymbol{L}_h(\boldsymbol{x},\boldsymbol{v})$ 与 $\boldsymbol{h}(\boldsymbol{x},\breve{\boldsymbol{v}})$ 在 $\boldsymbol{x}_0$ 处的一、二阶矩相等，即

$$\begin{cases} E[\boldsymbol{L}_h(\boldsymbol{x}_0,\boldsymbol{v})] = E[\boldsymbol{h}(\boldsymbol{x}_0,\breve{\boldsymbol{v}})] \\ \mathrm{cov}(\boldsymbol{L}_h(\boldsymbol{x}_0,\boldsymbol{v}),\ \boldsymbol{L}_h(\boldsymbol{x}_0,\boldsymbol{v})) = \mathrm{cov}(\boldsymbol{h}(\boldsymbol{x}_0,\breve{\boldsymbol{v}}),\boldsymbol{h}(\boldsymbol{x}_0,\breve{\boldsymbol{v}})) \end{cases} \tag{3-98}$$

基于假设（1）和假设（2），$\boldsymbol{h}(\boldsymbol{x},\breve{\boldsymbol{v}})$的统一线性化形式为

$$\boldsymbol{L}_h(\boldsymbol{x},\boldsymbol{v}) = \boldsymbol{h}(\boldsymbol{x}_0,0) + \boldsymbol{H}(\boldsymbol{x}-\boldsymbol{x}_0) + \boldsymbol{v} \tag{3-99}$$

式中，$\boldsymbol{H} = \left.\dfrac{\partial \boldsymbol{h}(\boldsymbol{x},\breve{\boldsymbol{v}})}{\partial \boldsymbol{x}}\right|_{\boldsymbol{x}=\boldsymbol{x}_0,\breve{\boldsymbol{v}}=0}$。

由式（3-98）和式（3-99）可得到$\boldsymbol{v}$的一、二阶矩为

$$\begin{cases} \bar{\boldsymbol{v}} = E[\boldsymbol{v}] = E[\boldsymbol{h}(\boldsymbol{x}_0,\breve{\boldsymbol{v}}) - \boldsymbol{h}(\boldsymbol{x}_0,0)] \\ \boldsymbol{C}_v = \mathrm{cov}(\boldsymbol{v},\boldsymbol{v}) = E[(\boldsymbol{h}(\boldsymbol{x}_0,\breve{\boldsymbol{v}}) - \boldsymbol{h}(\boldsymbol{x}_0,0))(\cdot)^{\mathrm{T}}] \end{cases} \tag{3-100}$$

式中，$\bar{\boldsymbol{v}}$和$\boldsymbol{C}_v$可通过确定性采样方法计算得到，常用的确定性采样方法将在3.5.3节中介绍，此处不再赘述；$(\cdot)$表示该项与其左边的一项相同。利用确定性采样方法，$\bar{\boldsymbol{v}}$和$\boldsymbol{C}_v$可分别写为

$$\begin{cases} \bar{\boldsymbol{v}} \approx \sum_j \alpha_j(\boldsymbol{h}_j - \boldsymbol{h}(\boldsymbol{x}_0,0)) \\ \boldsymbol{C}_v \approx \sum_j \alpha_j(\boldsymbol{h}_j - \boldsymbol{h}(\boldsymbol{x}_0,0))(\cdot)^{\mathrm{T}} \end{cases} \tag{3-101}$$

式中，$\boldsymbol{h}_j = \boldsymbol{h}(\boldsymbol{x}_0,\breve{\boldsymbol{v}}_j)$，$\breve{\boldsymbol{v}}_j$为确定性采样点；$\alpha_j$为采样点$\breve{\boldsymbol{v}}_j$对应的权值。不同的确定性采样方法的主要区别在于获得采样点和权值的方法不同。

使用式（3-99）代替原始非线性函数$\boldsymbol{h}(\boldsymbol{x},\breve{\boldsymbol{v}})$，则$\boldsymbol{x}$的基于统一线性化的最小二乘（Linearized Least Squares，LLS）估计的优化函数可写为

$$\hat{\boldsymbol{x}}^{\mathrm{LLS}} = \arg\min_{\boldsymbol{x}}(\tilde{\boldsymbol{z}} - \boldsymbol{H}(\boldsymbol{x}-\boldsymbol{x}_0))^{\mathrm{T}}\boldsymbol{C}_v^{-1}(\tilde{\boldsymbol{z}} - \boldsymbol{H}(\boldsymbol{x}-\boldsymbol{x}_0)) \tag{3-102}$$

式中，$\tilde{\boldsymbol{z}} = \boldsymbol{z} - \boldsymbol{h}(\boldsymbol{x}_0,0) - \bar{\boldsymbol{v}}$。

通过求解式（3-102）可得到$\boldsymbol{x}$的最小二乘估计和估计误差分别为

$$\begin{cases} \hat{\boldsymbol{x}}^{\mathrm{LLS}} = (\boldsymbol{H}^{\mathrm{T}}\boldsymbol{C}_v^{-1}\boldsymbol{H})^{-1}\boldsymbol{H}^{\mathrm{T}}\boldsymbol{C}_v^{-1}(\tilde{\boldsymbol{z}} + \boldsymbol{H}\boldsymbol{x}_0) \\ \boldsymbol{P}_{\hat{\boldsymbol{x}}^{\mathrm{LLS}}} = (\boldsymbol{H}^{\mathrm{T}}\boldsymbol{C}_v^{-1}\boldsymbol{H})^{-1} \end{cases} \tag{3-103}$$

线性最小二乘估计（3-81）、一阶泰勒级数展开的线性模型（3-84）及转换后的线性模型（3-88）均可看作统一线性化模型（3-97）的特殊情况。如果函数$\boldsymbol{h}(\boldsymbol{x},\breve{\boldsymbol{v}})$为线性模型，那么基于统一线性化的最小二乘估计可以退化为线性最小二乘估计。

3.4 状态估计

状态估计是对随机参数的估计方法，这类方法也可称为贝叶斯方法。在给定参数的先验概率下，利用贝叶斯公式和似然函数可获得被估计量的后验概率。状态估计方法通常用来解决时变的参数估计问题。根据状态与量测在时间上的

对应关系不同，状态估计问题主要分为平滑问题、滤波问题和预测问题。本书主要关注滤波问题，因此只针对与滤波有关的状态估计方法进行介绍。

给定前 k 个时刻对随机变量 $\boldsymbol{x}_k$ 的观测 $\boldsymbol{Z}^k=\{z_1,z_2,\cdots,z_k\}$ 及先验信息 $p(\boldsymbol{x}_k)$，$\boldsymbol{x}_k$ 的后验分布为

$$p(\boldsymbol{x}_k|\boldsymbol{Z}^k)=\frac{p(\boldsymbol{Z}^k|\boldsymbol{x}_k)p(\boldsymbol{x}_k)}{p(\boldsymbol{Z}^k)}=c_k^{-1}p(\boldsymbol{Z}^k|\boldsymbol{x}_k)p(\boldsymbol{x}_k) \tag{3-104}$$

式中，$p(\boldsymbol{Z}^k|\boldsymbol{x}_k)$ 为似然函数；$c_k=p(\boldsymbol{Z}^k)=\int p(\boldsymbol{Z}^k|\boldsymbol{x}_k)p(\boldsymbol{x}_k)\mathrm{d}\boldsymbol{x}_k$ 为归一化常数。

不同的状态估计方法都是基于该贝叶斯公式对随机变量进行估计的，常见的估计方法有最大后验估计和最小均方误差估计。

3.4.1 最大后验估计

对于随机变量的估计问题，常采用最大后验（Maximum a Posteriori，MAP）估计方法，该方法最大化了后验概率密度函数（3-104），可以描述为

$$\hat{\boldsymbol{x}}_k^{\mathrm{MAP}}(\boldsymbol{Z}^k)=\arg\max_{\boldsymbol{x}_k} p(\boldsymbol{x}_k|\boldsymbol{Z}^k)=\arg\max_{\boldsymbol{x}_k}[p(\boldsymbol{Z}^k|\boldsymbol{x}_k)p(\boldsymbol{x}_k)] \tag{3-105}$$

式（3-105）中的最后一项忽略了归一化常数 c_k，因为归一化常数的值与 $\boldsymbol{x}_k$ 的取值无关。MAP 估计需要已知被估计量的先验及量测的似然。

3.4.2 最小均方误差估计

最小均方误差（Minimum Mean Square Error，MMSE）估计通过最小化估计的均方误差获得估计值，即

$$\hat{\boldsymbol{x}}_k^{\mathrm{MMSE}}=E[\boldsymbol{x}_k|\boldsymbol{Z}^k]=\arg\min_{\hat{\boldsymbol{x}}_k}E[(\boldsymbol{x}_k-\hat{\boldsymbol{x}}_k)^{\mathrm{T}}(\boldsymbol{x}_k-\hat{\boldsymbol{x}}_k)|\boldsymbol{Z}^k] \tag{3-106}$$

对式（3-106）求解梯度，可得

$$\nabla_{\hat{\boldsymbol{x}}_k}E[(\boldsymbol{x}_k-\hat{\boldsymbol{x}}_k)^{\mathrm{T}}(\boldsymbol{x}_k-\hat{\boldsymbol{x}}_k)|\boldsymbol{Z}^k]=2E[(\boldsymbol{x}_k-\hat{\boldsymbol{x}}_k)|\boldsymbol{Z}^k]=2(E[\boldsymbol{x}_k|\boldsymbol{Z}^k]-\hat{\boldsymbol{x}}_k) \tag{3-107}$$

令式（3-107）的梯度等于 0，可得到 MMSE 估计为

$$\hat{\boldsymbol{x}}_k=E[\boldsymbol{x}_k|\boldsymbol{Z}^k] \tag{3-108}$$

3.4.3 线性最小均方误差估计

在实际问题中，式（3-108）依然很难求解，因为其依赖后验分布 $p(\boldsymbol{x}_k|\boldsymbol{Z}^k)$，而 $p(\boldsymbol{x}_k|\boldsymbol{Z}^k)$ 在大部分问题中是很难获得的。为了解决该问题，线性最小均方误差（Linear Minimum Mean-Square Error，LMMSE）估计被提出，该方法广泛应用于非线性随机参数的估计。

给定一个非线性系统 $\boldsymbol{z}=h(\boldsymbol{x},\boldsymbol{v})$，其中向量随机变量 $\boldsymbol{x}$ 为被估计量，$\boldsymbol{z}$ 为带噪声的量测，$\boldsymbol{v}$ 为量测噪声，LMMSE 估计计算 $\boldsymbol{x}$ 基于 $\boldsymbol{z}$ 的最优线性估计。此处

的最优是 MMSE 意义下的最优，即找到一个线性估计

$$\hat{\boldsymbol{x}}^{\mathrm{LMMSE}} = \boldsymbol{A}\boldsymbol{z} + \boldsymbol{b} \tag{3-109}$$

使估计的均方误差最小。多维情况下的均方误差为

$$J \triangleq E[(\boldsymbol{x}-\hat{\boldsymbol{x}})^{\mathrm{T}}(\boldsymbol{x}-\hat{\boldsymbol{x}})] \tag{3-110}$$

估计的误差定义为

$$\tilde{\boldsymbol{x}} = \boldsymbol{x} - \hat{\boldsymbol{x}} \tag{3-111}$$

由估计的无偏性可得

$$\begin{aligned} E[\tilde{\boldsymbol{x}}] &= E[\boldsymbol{x}-\hat{\boldsymbol{x}}] = E[\boldsymbol{x}-(\boldsymbol{A}\boldsymbol{z}+\boldsymbol{b})] \\ &= E[\boldsymbol{x}] - (\boldsymbol{A}E[\boldsymbol{z}]+\boldsymbol{b}) \\ &= \bar{\boldsymbol{x}} - (\boldsymbol{A}\bar{\boldsymbol{z}}+\boldsymbol{b}) = 0 \end{aligned} \tag{3-112}$$

式中，$\bar{\boldsymbol{x}} = E[\boldsymbol{x}]$；$\bar{\boldsymbol{z}} = E[\boldsymbol{z}]$。进而可得

$$\boldsymbol{b} = \bar{\boldsymbol{x}} - \boldsymbol{A}\bar{\boldsymbol{z}} \tag{3-113}$$

从而得到估计误差为

$$\begin{aligned} \tilde{\boldsymbol{x}} &= \boldsymbol{x} - \hat{\boldsymbol{x}} = \boldsymbol{x} - (\boldsymbol{A}\boldsymbol{z} + \bar{\boldsymbol{x}} - \boldsymbol{A}\bar{\boldsymbol{z}}) \\ &= \boldsymbol{x} - \bar{\boldsymbol{x}} - \boldsymbol{A}(\boldsymbol{z}-\bar{\boldsymbol{z}}) \end{aligned} \tag{3-114}$$

由正交性原理可知，当估计误差 $\tilde{\boldsymbol{x}}$ 与量测 $\boldsymbol{z}$ 正交时，估计误差最小，即

$$\begin{aligned} E[\tilde{\boldsymbol{x}}\boldsymbol{z}^{\mathrm{T}}] &= E[(\boldsymbol{x}-\bar{\boldsymbol{x}}-\boldsymbol{A}(\boldsymbol{z}-\bar{\boldsymbol{z}}))\boldsymbol{z}^{\mathrm{T}}] \\ &= \boldsymbol{P}_{xz} - \boldsymbol{A}\boldsymbol{P}_{zz} = 0 \end{aligned} \tag{3-115}$$

式中，

$$\boldsymbol{P}_{xz} = E[(\boldsymbol{x}-\bar{\boldsymbol{x}})(\boldsymbol{z}-\bar{\boldsymbol{z}})^{\mathrm{T}}] \tag{3-116}$$

$$\boldsymbol{P}_{zz} = E[(\boldsymbol{z}-\bar{\boldsymbol{z}})(\boldsymbol{z}-\bar{\boldsymbol{z}})^{\mathrm{T}}] \tag{3-117}$$

如果 $\boldsymbol{P}_{zz}$ 可逆，那么可得到矩阵 $\boldsymbol{A}$ 为

$$\boldsymbol{A} = \boldsymbol{P}_{xz}\boldsymbol{P}_{zz}^{-1} \tag{3-118}$$

将式（3-113）和式（3-118）代入式（3-109），可得到随机变量 $\boldsymbol{x}$ 的 LMMSE 估计，即

$$\hat{\boldsymbol{x}}^{\mathrm{LMMSE}} = \bar{\boldsymbol{x}} + \boldsymbol{P}_{xz}\boldsymbol{P}_{zz}^{-1}(\boldsymbol{z}-\bar{\boldsymbol{z}}) \tag{3-119}$$

LMMSE 估计［式（3-119）］的均方误差矩阵为

$$\begin{aligned} E[\tilde{\boldsymbol{x}}\tilde{\boldsymbol{x}}^{\mathrm{T}}] &= E[(\boldsymbol{x}-\bar{\boldsymbol{x}}-\boldsymbol{P}_{xz}\boldsymbol{P}_{zz}^{-1}(\boldsymbol{z}-\bar{\boldsymbol{z}}))(\boldsymbol{x}-\bar{\boldsymbol{x}}-\boldsymbol{P}_{xz}\boldsymbol{P}_{zz}^{-1}(\boldsymbol{z}-\bar{\boldsymbol{z}}))^{\mathrm{T}}] \\ &= \boldsymbol{P}_{xx} - \boldsymbol{P}_{xz}\boldsymbol{P}_{zz}^{-1}\boldsymbol{P}_{xz}^{\mathrm{T}} \end{aligned} \tag{3-120}$$

式中，

$$\boldsymbol{P}_{xx} = E[(\boldsymbol{x}-\bar{\boldsymbol{x}})(\boldsymbol{x}-\bar{\boldsymbol{x}})^{\mathrm{T}}] \tag{3-121}$$

在目标跟踪领域，状态估计的先验通过状态空间模型获得，而此时的状态估计问题为滤波问题。对于离散的线性高斯状态空间模型，卡尔曼滤波是最优的 MMSE 估计器。然而，实际系统的量测非线性使直接求取后验均值的解析形

式非常困难，因此各种非线性估计器应运而生。

总体来说，主流的非线性滤波方法主要分为两大类：点估计器和密度估计器。点估计器直接估计随机状态本身，而密度估计器首先基于先验信息和在线数据估计状态的后验概率密度函数，在此基础上估计状态，如粒子滤波等。在复杂的估计系统中，点估计器的结构更加灵活、简单，大部分情况下能够满足实际应用的实时性和精度需求，因此得到了广泛应用。本书将流行的非线性滤波点估计方法分为 3 类：线性结构估计器、非线性结构估计器和混合结构估计器，并对这 3 类方法进行逐一介绍。

3.5 线性结构估计器

线性结构估计器是指目标状态估计与量测是线性关系的估计器，如 LMMSE 估计器。在目标跟踪系统中，对于线性高斯系统，卡尔曼滤波（Kalman Filter，KF）是最优的 MMSE 估计器。然而，对于非线性系统，KF 很难直接应用。现有流行的非线性点估计器大多是基于 LMMSE 的估计器，其直接最小化所有线性估计中的均方误差。现有流行的 LMMSE 估计器主要分为两大类。一类是基于函数逼近的估计器，代表估计器有扩展卡尔曼滤波（Extended Kalman Filter，EKF）、二阶扩展卡尔曼滤波（Second-order EKF，SOEKF）和迭代扩展卡尔曼滤波（Iterated EKF，IEKF）等。另一类是基于矩逼近的估计器，代表估计器有文献[6]提出的无迹滤波、文献[7]提出的求积卡尔曼滤波及文献[8]提出的容积卡尔曼滤波等，这类方法与基于函数逼近的估计方法的不同点在于计算一、二阶矩时所采用的确定性采样方法不同。

因此，3.5.1 节主要针对线性高斯系统的 KF 进行介绍；3.5.2 节主要针对基于函数逼近的 LMMSE 估计器进行介绍；3.5.3 节主要针对基于矩逼近的 LMMSE 估计器进行介绍。

3.5.1 卡尔曼滤波

1. 离散时间线性高斯系统描述

离散时间线性高斯系统描述如下：

$$\boldsymbol{x}_k = \boldsymbol{F}_{k-1}\boldsymbol{x}_{k-1} + \boldsymbol{w}_{k-1} \tag{3-122}$$

$$\boldsymbol{z}_k = \boldsymbol{H}_k\boldsymbol{x}_k + \boldsymbol{v}_k \tag{3-123}$$

式（3-122）和式（3-123）分别表示状态方程和量测方程；随机变量 $\boldsymbol{x}_k$ 表示 k 时刻的状态向量；$\boldsymbol{F}_{k-1}$ 是状态从 $k-1$ 时刻到 k 时刻的状态转移矩阵；$\boldsymbol{w}_{k-1}$ 是均值为 0 、方差为 $\boldsymbol{Q}_{k-1}$ 的高斯分布系统噪声，即 $\boldsymbol{w}_{k-1} \sim \mathcal{N}(\boldsymbol{0},\boldsymbol{Q}_{k-1})$ ，其描述了状态方

程建模的不确定性；$\boldsymbol{z}_k$ 是带噪声的量测；$\boldsymbol{H}_k$ 是量测矩阵；$\boldsymbol{v}_k$ 是均值为 0 、方差为 $\boldsymbol{R}_k$ 的高斯分布量测噪声，即 $\boldsymbol{v}_k \sim \mathcal{N}(\boldsymbol{0},\boldsymbol{R}_k)$ 。

在该线性系统中，$\boldsymbol{F}_{k-1}$ 、$\boldsymbol{H}_k$ 、$\boldsymbol{Q}_{k-1}$ 和 $\boldsymbol{R}_k$ 是已知且可以提前获取的，它们可以是常数，也可以随时间变化。$\boldsymbol{w}_k$ 和 $\boldsymbol{v}_k$ 不相关，即对于所有的 k 和 j ，都有

$$E[\boldsymbol{w}_k]=0 \tag{3-124}$$

$$E[\boldsymbol{v}_k]=0 \tag{3-125}$$

$$\text{cov}(\boldsymbol{w}_k,\boldsymbol{w}_j)=E[\boldsymbol{w}_k\boldsymbol{w}_j^{\text{T}}]=\boldsymbol{Q}_k\delta_{kj} \tag{3-126}$$

$$\text{cov}(\boldsymbol{v}_k,\boldsymbol{v}_j)=E[\boldsymbol{v}_k\boldsymbol{v}_j^{\text{T}}]=\boldsymbol{R}_k\delta_{kj} \tag{3-127}$$

$$\text{cov}(\boldsymbol{w}_k,\boldsymbol{v}_j)=E[\boldsymbol{w}_k\boldsymbol{v}_j^{\text{T}}]=0 \tag{3-128}$$

式中，δ_{kj} 是克罗内克函数，即

$$\delta_{kj}=\begin{cases}1, & k=j\\ 0, & k\neq j\end{cases} \tag{3-129}$$

定义 $\boldsymbol{Z}^k=\{\boldsymbol{z}_1,\boldsymbol{z}_2,\cdots,\boldsymbol{z}_k\}$ 是直到 k 时刻所有的量测，假设被估计量为 $\boldsymbol{x}_j$ ，则当 $j<k$ 时为平滑，当 $j=k$ 时为滤波，当 $j>k$ 时为预测。本书仅关注滤波方法。

2. 卡尔曼滤波推导

1）一步预测与新息

假设基于量测 $\boldsymbol{Z}^{k-1}$ 已有估计值 $\hat{\boldsymbol{x}}_{k-1}$ ，则根据状态方程（3-122）来预测 k 时刻的状态值。直观的想法是，因为 $\boldsymbol{w}_{k-1}$ 的均值为零，所以定义 $\hat{\boldsymbol{x}}_{k|k-1}$ 为根据 $\boldsymbol{Z}^{k-1}$ 所得的估计值 $\hat{\boldsymbol{x}}_{k-1}$ 的一步预测合理数值，即

$$\hat{\boldsymbol{x}}_k=\boldsymbol{F}_{k-1}\hat{\boldsymbol{x}}_{k|k-1} \tag{3-130}$$

考虑到 $\boldsymbol{v}_k$ 的均值为零，因此量测的期望为 $\boldsymbol{H}_k\hat{\boldsymbol{x}}_{k|k-1}$ 是合适的。基于以上两点，可根据 k 时刻的量测数据 $\boldsymbol{z}_k$ 来估计 $\boldsymbol{x}_k$ 的递推形式，即

$$\hat{\boldsymbol{x}}_k=\hat{\boldsymbol{x}}_{k|k}=\hat{\boldsymbol{x}}_{k|k-1}+\boldsymbol{K}_k(\boldsymbol{z}_k-\boldsymbol{H}_k\hat{\boldsymbol{x}}_{k|k-1}) \tag{3-131}$$

式中，$(\boldsymbol{z}_k-\boldsymbol{H}_k\hat{\boldsymbol{x}}_{k|k-1})$ 反映了第 k 个量测对状态估计提供的新息，卡尔曼滤波利用新息对状态估计进行在线修正；$\boldsymbol{K}_k$ 是一个待定的校正增益矩阵，是 k 时刻对新息的加权，反映了状态估计过程中对新息的重视程度，其目标是使估计误差的方差最小。为此，先推导误差方差公式。

2）估计误差的方差

定义预测的误差和估计的误差分别为

$$\tilde{\boldsymbol{x}}_{k|k-1}=\hat{\boldsymbol{x}}_{k|k-1}-\boldsymbol{x}_k \tag{3-132}$$

$$\tilde{\boldsymbol{x}}_k=\hat{\boldsymbol{x}}_k-\boldsymbol{x}_k \tag{3-133}$$

式（3-132）和式（3-133）的含义分别为接收到 $\boldsymbol{z}_k$ 之前和接收到 $\boldsymbol{z}_k$ 之后对

$\boldsymbol{x}_k$ 的估计误差。根据式（3-133），考虑到式（3-131），将式（3-123）和式（3-132）代入式（3-133）可得

$$\begin{aligned}\tilde{\boldsymbol{x}}_k &= \hat{\boldsymbol{x}}_k - \boldsymbol{x}_k = \hat{\boldsymbol{x}}_{k|k-1} + \boldsymbol{K}_k(\boldsymbol{H}_k\boldsymbol{x}_k + \boldsymbol{v}_k - \boldsymbol{H}_k\hat{\boldsymbol{x}}_{k|k-1}) - \boldsymbol{x}_k \\ &= (\boldsymbol{I} - \boldsymbol{K}_k\boldsymbol{H}_k)\tilde{\boldsymbol{x}}_{k|k-1} + \boldsymbol{K}_k\boldsymbol{v}_k\end{aligned} \tag{3-134}$$

估计误差的方差矩阵为

$$\begin{aligned}\boldsymbol{P}_k &= E\{\tilde{\boldsymbol{x}}_k\tilde{\boldsymbol{x}}_k^{\mathrm{T}}\} \\ &= E\{(\boldsymbol{I} - \boldsymbol{K}_k\boldsymbol{H}_k)\tilde{\boldsymbol{x}}_{k|k-1}[\tilde{\boldsymbol{x}}_{k|k-1}^{\mathrm{T}}(\boldsymbol{I} - \boldsymbol{K}_k\boldsymbol{H}_k)^{\mathrm{T}} + \boldsymbol{v}_k^{\mathrm{T}}\boldsymbol{K}_k^{\mathrm{T}}] + \\ &\quad \boldsymbol{K}_k\boldsymbol{v}_k[\tilde{\boldsymbol{x}}_{k|k-1}^{\mathrm{T}}(\boldsymbol{I} - \boldsymbol{K}_k\boldsymbol{H}_k)^{\mathrm{T}} + \boldsymbol{v}_k^{\mathrm{T}}\boldsymbol{K}_k^{\mathrm{T}}]\}\end{aligned} \tag{3-135}$$

定义一步预测误差的方差为

$$\boldsymbol{P}_{k|k-1} = E\{\tilde{\boldsymbol{x}}_{k|k-1}\tilde{\boldsymbol{x}}_{k|k-1}^{\mathrm{T}}\} \tag{3-136}$$

由模型的基本统计性质可知

$$E\{\boldsymbol{v}_k\boldsymbol{v}_k^{\mathrm{T}}\} = \boldsymbol{R}_k \tag{3-137}$$

而且，预测误差与量测噪声互不相关：

$$E\{\tilde{\boldsymbol{x}}_{k|k-1}\boldsymbol{v}_k^{\mathrm{T}}\} = E\{\boldsymbol{v}_k\tilde{\boldsymbol{x}}_{k|k-1}^{\mathrm{T}}\} = 0 \tag{3-138}$$

将式（3-136）～式（3-138）代入式（3-135），得

$$\begin{aligned}\boldsymbol{P}_k &= (\boldsymbol{I} - \boldsymbol{K}_k\boldsymbol{H}_k)\boldsymbol{P}_{k|k-1}(\boldsymbol{I} - \boldsymbol{K}_k\boldsymbol{H}_k)^{\mathrm{T}} + \boldsymbol{K}_k\boldsymbol{R}_k\boldsymbol{K}_k^{\mathrm{T}} \\ &= \boldsymbol{P}_{k|k-1} - \boldsymbol{K}_k\boldsymbol{H}_k\boldsymbol{P}_{k|k-1} - \boldsymbol{P}_{k|k-1}\boldsymbol{H}_k^{\mathrm{T}}\boldsymbol{K}_k^{\mathrm{T}} + \boldsymbol{K}_k\boldsymbol{H}_k\boldsymbol{P}_{k|k-1}\boldsymbol{H}_k^{\mathrm{T}}\boldsymbol{K}_k^{\mathrm{T}} + \boldsymbol{K}_k\boldsymbol{R}_k\boldsymbol{K}_k^{\mathrm{T}}\end{aligned} \tag{3-139}$$

要完成递推，还需分析从 $\boldsymbol{P}_{k-1}$ 到 $\boldsymbol{P}_{k|k-1}$ 的递推公式，式（3-130）两边同时减去 $\boldsymbol{x}_k$，可得

$$\hat{\boldsymbol{x}}_k - \boldsymbol{x}_k = \boldsymbol{F}_{k-1}\hat{\boldsymbol{x}}_{k|k-1} - \boldsymbol{x}_k \tag{3-140}$$

将式（3-122）和式（3-132）代入式（3-140），得

$$\tilde{\boldsymbol{x}}_{k|k-1} = \boldsymbol{F}_{k-1}\tilde{\boldsymbol{x}}_{k-1} - \boldsymbol{w}_{k-1} \tag{3-141}$$

由于估计误差与过程噪声互不相关，即

$$E\{\tilde{\boldsymbol{x}}_{k|k-1}\boldsymbol{w}_k^{\mathrm{T}}\} = E\{\boldsymbol{w}_k\tilde{\boldsymbol{x}}_{k|k-1}^{\mathrm{T}}\} = 0 \tag{3-142}$$

因此

$$\boldsymbol{P}_{k|k-1} = \boldsymbol{F}_{k-1}\boldsymbol{P}_{k-1}\boldsymbol{F}_{k-1}^{\mathrm{T}} + \boldsymbol{Q}_{k-1} \tag{3-143}$$

求得估计误差方差的递推公式之后，讨论 $\boldsymbol{K}_k$ 的选择，使估计误差的方差 $\boldsymbol{P}_k$ 最小。

3）增益矩阵 $\boldsymbol{K}_k$

要使估计误差的方差矩阵 $\boldsymbol{P}_k$ 取最小值，等价于使误差方差矩阵的迹最小，可将估计误差方差矩阵 $\boldsymbol{P}_k$ 的迹对 $\boldsymbol{K}_k$ 求偏导并令偏导数为零，即

$$\frac{\partial}{\partial \boldsymbol{K}_k}\mathrm{tr}(\boldsymbol{P}_k) = 0 \tag{3-144}$$

对式（3-139）取迹，有

$$\operatorname{tr}(\boldsymbol{P}_k)=\operatorname{tr}(\boldsymbol{P}_{k|k-1})-\operatorname{tr}(\boldsymbol{K}_k\boldsymbol{H}_k\boldsymbol{P}_{k|k-1})-\operatorname{tr}(\boldsymbol{P}_{k|k-1}\boldsymbol{H}_k^{\mathrm{T}}\boldsymbol{K}_k^{\mathrm{T}})+ \\ \operatorname{tr}(\boldsymbol{K}_k\boldsymbol{H}_k\boldsymbol{P}_{k|k-1}\boldsymbol{H}_k^{\mathrm{T}}\boldsymbol{K}_k^{\mathrm{T}})+\operatorname{tr}(\boldsymbol{K}_k\boldsymbol{R}_k\boldsymbol{K}_k^{\mathrm{T}}) \tag{3-145}$$

从而应用矩阵迹的求导公式得

$$\frac{\partial}{\partial \boldsymbol{X}}\operatorname{tr}(\boldsymbol{X}\boldsymbol{A})=\frac{\partial}{\partial \boldsymbol{X}}\operatorname{tr}(\boldsymbol{A}^{\mathrm{T}}\boldsymbol{X}^{\mathrm{T}})=\boldsymbol{A}^{\mathrm{T}} \tag{3-146}$$

$$\frac{\partial}{\partial \boldsymbol{X}}\operatorname{tr}(\boldsymbol{X}\boldsymbol{A}\boldsymbol{X}^{\mathrm{T}})=\boldsymbol{X}(\boldsymbol{A}+\boldsymbol{A}^{\mathrm{T}}) \tag{3-147}$$

考虑到 $\boldsymbol{P}_{k|k-1}$、$\boldsymbol{R}_k$ 为对称矩阵，可得

$$\begin{aligned}\frac{\partial}{\partial \boldsymbol{K}_k}\operatorname{tr}(\boldsymbol{P}_k)&=-\boldsymbol{P}_{k|k-1}^{\mathrm{T}}\boldsymbol{H}_k^{\mathrm{T}}-\boldsymbol{P}_{k|k-1}\boldsymbol{H}_k^{\mathrm{T}}+\boldsymbol{K}_k(\boldsymbol{H}_k\boldsymbol{P}_{k|k-1}\boldsymbol{H}_k^{\mathrm{T}}+\boldsymbol{H}_k\boldsymbol{P}_{k|k-1}^{\mathrm{T}}\boldsymbol{H}_k^{\mathrm{T}})+\boldsymbol{K}_k(\boldsymbol{R}_k+\boldsymbol{R}_k^{\mathrm{T}})\\&=-2\boldsymbol{P}_{k|k-1}\boldsymbol{H}_k^{\mathrm{T}}+2\boldsymbol{K}_k\boldsymbol{H}_k\boldsymbol{P}_{k|k-1}\boldsymbol{H}_k^{\mathrm{T}}+2\boldsymbol{K}_k\boldsymbol{R}_k\end{aligned} \tag{3-148}$$

令式（3-148）为零，得 KF 增益为

$$\boldsymbol{K}_k=\boldsymbol{P}_{k|k-1}\boldsymbol{H}_k^{\mathrm{T}}(\boldsymbol{H}_k\boldsymbol{P}_{k|k-1}\boldsymbol{H}_k^{\mathrm{T}}+\boldsymbol{R}_k)^{-1} \tag{3-149}$$

进而，估计误差的方差矩阵可简化为

$$\begin{aligned}\boldsymbol{P}_k&=(\boldsymbol{I}-\boldsymbol{K}_k\boldsymbol{H}_k)\boldsymbol{P}_{k|k-1}(\boldsymbol{I}-\boldsymbol{K}_k\boldsymbol{H}_k)^{\mathrm{T}}+\boldsymbol{K}_k\boldsymbol{R}_k\boldsymbol{K}_k^{\mathrm{T}}\\&=(\boldsymbol{I}-\boldsymbol{K}_k\boldsymbol{H}_k)\boldsymbol{P}_{k|k-1}-\boldsymbol{P}_{k|k-1}\boldsymbol{H}_k^{\mathrm{T}}\boldsymbol{K}_k^{\mathrm{T}}+\boldsymbol{K}_k(\boldsymbol{H}_k\boldsymbol{P}_{k|k-1}\boldsymbol{H}_k^{\mathrm{T}}+\boldsymbol{R}_k)\boldsymbol{K}_k^{\mathrm{T}}\\&=(\boldsymbol{I}-\boldsymbol{K}_k\boldsymbol{H}_k)\boldsymbol{P}_{k|k-1}\end{aligned} \tag{3-150}$$

3. 卡尔曼滤波算法

根据前述推导过程，对于式（3-122）和式（3-123）描述的线性高斯系统模型，总结离散时间条件下的 KF 算法的一步循环如下。

1）初始化

步骤 1：给定滤波初始条件 $\hat{\boldsymbol{x}}_0$、$\boldsymbol{P}_0$、$\boldsymbol{Q}_0$、$\boldsymbol{R}_0$，对于时刻 $k=1,2,3,\cdots$ 循环执行步骤 2～步骤 4。

2）预测

步骤 2：计算状态估计和估计误差的协方差为

$$\begin{cases}\hat{\boldsymbol{x}}_{k|k-1}=\boldsymbol{F}_{k-1}\hat{\boldsymbol{x}}_{k-1}\\ \boldsymbol{P}_{k|k-1}=\boldsymbol{F}_{k-1}\boldsymbol{P}_{k-1}\boldsymbol{F}_{k-1}^{\mathrm{T}}+\boldsymbol{Q}_{k-1}\end{cases} \tag{3-151}$$

3）更新

步骤 3：计算量测预测、新息协方差矩阵和卡尔曼增益为

$$\begin{cases}\hat{\boldsymbol{z}}_{k|k-1}=\boldsymbol{H}_k\hat{\boldsymbol{x}}_{k|k-1}\\ \boldsymbol{S}_k=\boldsymbol{H}_k\boldsymbol{P}_{k|k-1}\boldsymbol{H}_k^{\mathrm{T}}+\boldsymbol{R}_k\\ \boldsymbol{K}_k=\boldsymbol{P}_{k|k-1}\boldsymbol{H}_k^{\mathrm{T}}\boldsymbol{S}_k^{-1}\end{cases} \tag{3-152}$$

步骤 4：计算状态估计和估计误差的协方差为

$$\begin{cases}\hat{\boldsymbol{x}}_k=\hat{\boldsymbol{x}}_{k|k-1}+\boldsymbol{K}_k(\boldsymbol{z}_k-\hat{\boldsymbol{z}}_{k|k-1})\\ \boldsymbol{P}_k=\boldsymbol{P}_{k|k-1}-\boldsymbol{K}_k\boldsymbol{S}_k\boldsymbol{K}_k^{\mathrm{T}}\end{cases}\tag{3-153}$$

4．卡尔曼滤波的性质

1）递推性

离散时间 KF 是一种递推的滤波方法，每个时刻通过计算被估计量预测的一、二阶矩和更新的一、二阶矩完成递推过程。KF 不要求保存过去的量测信息，获得新的量测信息后，根据新数据和前一时刻的估计值，利用状态方程和递推公式即可获得新的估计值。因此，KF 比较适合应用在动态量测的场景中，如卫星定位和惯性导航、目标动态定位与跟踪、卫星轨道参数估计等。

2）无偏性

KF 的状态估计值 $\hat{\boldsymbol{x}}_k$ 是状态被估计量 $\boldsymbol{x}_k$ 的 MMSE 估计，因此 KF 估计 $\hat{\boldsymbol{x}}_k$ 是无偏估计，即 $E[\hat{\boldsymbol{x}}_k]=E[\boldsymbol{x}_k]$。

3）最优性

如果初始状态及初始状态误差、系统噪声及量测噪声都满足高斯假设，则 KF 是最优的 MMSE 估计器，此时的误差方差矩阵 $\boldsymbol{P}_k$ 是基于量测 $\boldsymbol{Z}^k$ 的所有估计中的最小均方误差矩阵；如果不满足高斯假设，则 KF 是最优的 LMMSE 估计器，此时的误差矩阵 $\boldsymbol{P}_k$ 是基于量测 $\boldsymbol{Z}^k$ 的所有线性估计中的最小均方误差矩阵。

3.5.2　基于函数逼近的 LMMSE 估计器

对于非线性估计系统，KF 难以直接使用，LMMSE 估计器是常用的点估计器，具体介绍请参阅 3.4.3 节。

给定以下离散时间动态非线性系统：

$$\boldsymbol{x}_k=\boldsymbol{f}_{k-1}(\boldsymbol{x}_{k-1},\boldsymbol{w}_{k-1})\tag{3-154}$$

$$\boldsymbol{z}_k=\boldsymbol{h}_k(\boldsymbol{x}_k,\boldsymbol{v}_k)\tag{3-155}$$

式中，$\boldsymbol{x}_k$ 表示 k 时刻的状态向量；$\boldsymbol{z}_k$ 表示 k 时刻的量测；$\boldsymbol{f}_k(\cdot)$ 为状态转移函数；$\boldsymbol{h}_k(\cdot)$ 为量测函数，$\boldsymbol{w}_k\sim\mathcal{N}(\boldsymbol{0},\boldsymbol{Q}_k)$ 和 $\boldsymbol{v}_k\sim\mathcal{N}(\boldsymbol{0},\boldsymbol{R}_k)$ 分别为服从高斯分布的系统过程噪声和量测噪声，$\boldsymbol{Q}_k$ 和 $\boldsymbol{R}_k$ 分别为对应的方差矩阵；$\boldsymbol{w}_k$ 和 $\boldsymbol{v}_k$ 写在括号内，表示噪声可能为乘性噪声，也可能为加性噪声。

基于函数逼近的 LMMSE 估计的典型方法是 EKF，其通过对非线性的状态转移函数和量测函数进行泰勒展开而近似原始函数，泰勒展开的阶数不同，对应的 EKF 精度也不同。对于简单的非线性滤波场景，一阶 EKF 计算复杂度小，精度也可满足需求，因此本书仅针对一阶 EKF 进行介绍，其他类型的 EKF 可以参考文献[4]。

1. 非线性系统泰勒展开

对于任意两个独立的随机变量 $\boldsymbol{x}$ 和 $\boldsymbol{q}$ ，满足

$$\begin{cases}\boldsymbol{x}\sim\mathcal{N}(\boldsymbol{m},\boldsymbol{P})\\ \boldsymbol{q}\sim\mathcal{N}(\boldsymbol{0},\boldsymbol{Q})\\ \boldsymbol{y}=\boldsymbol{g}(\boldsymbol{x},\boldsymbol{q})\end{cases}\tag{3-156}$$

式中，$\boldsymbol{x}\in\mathbb{R}^n$，$\boldsymbol{q}\in\mathbb{R}^l$，$\boldsymbol{y}\in\mathbb{R}^m$ 。令 $\boldsymbol{\xi}=[\boldsymbol{x}^{\mathrm{T}},\boldsymbol{q}^{\mathrm{T}}]^{\mathrm{T}}$ ，$\boldsymbol{P}^{\mathrm{a}}=\mathrm{diag}(\boldsymbol{P},\boldsymbol{Q})$ ，其中 $\mathrm{diag}(\cdot)$ 表示由括号内的向量或矩阵构成的对角矩阵或对角分块矩阵，则通过非线性函数 $\boldsymbol{g}(\cdot)$ 变换后的随机变量 $\boldsymbol{y}$ 的概率密度表示为

$$p(\boldsymbol{y})=|\boldsymbol{g}^{-1}(\boldsymbol{y})|\,\mathcal{N}(\boldsymbol{g}^{-1}(\boldsymbol{y});\bar{\boldsymbol{\xi}},\boldsymbol{P}^{\mathrm{a}})\tag{3-157}$$

式中，$|\cdot|$表示矩阵的行列式；$\boldsymbol{g}^{-1}(\boldsymbol{y})$ 表示反函数。

令 $\boldsymbol{\xi}=\bar{\boldsymbol{\xi}}+\delta\xi$ ，其中 $\delta\xi\sim\mathcal{N}(\boldsymbol{0},\boldsymbol{P}^{\mathrm{a}})$ ，可得函数 $\boldsymbol{g}(\cdot)$ 的泰勒级数展开为

$$\boldsymbol{g}(\xi)=\boldsymbol{g}(\bar{\xi}+\delta\xi)=\boldsymbol{g}(\bar{\xi})+\boldsymbol{G}_{\xi}(\bar{\xi})\delta\xi+\sum_i\frac{1}{2}\,\delta\xi^{\mathrm{T}}\boldsymbol{G}_{\xi\xi}^{(i)}(\bar{\xi})\delta\xi\boldsymbol{e}_i+\cdots\tag{3-158}$$

式中，$\boldsymbol{e}_i=[0\ \ \cdots\ \ 0\ \ 1\ \ \cdots\ \ 0]^{\mathrm{T}}$ 是坐标轴 i 方向上的单位向量，只有位置 i 的取值为 1，其余位置的取值均为 0；$\boldsymbol{G}_{\xi}(\bar{\xi})$ 为 $\boldsymbol{g}(\cdot)$ 的雅可比矩阵，可通过下式计算得到：

$$[\boldsymbol{G}_{\xi}(\bar{\xi})]_{j,j'}=\left.\frac{\partial\boldsymbol{g}_j(\xi)}{\partial\xi_{j'}}\right|_{\xi=\bar{\xi}}\tag{3-159}$$

$\boldsymbol{G}_{\xi\xi}^{(i)}(\bar{\xi})$ 是海森矩阵（Hessian Matrix），可通过下式计算得到：

$$[\boldsymbol{G}_{\xi\xi}^{(i)}(\bar{\xi})]_{j,j'}=\left.\frac{\partial^2\boldsymbol{g}_j(\xi)}{\partial\xi_j\partial\xi_{j'}}\right|_{\xi=\bar{\xi}}\tag{3-160}$$

式中，$[\cdot]_{j,j'}$ 表示矩阵中位于 (j,j') 的元素。

取泰勒级数的前两项对非线性函数进行线性化近似，即

$$\boldsymbol{g}(\xi)\approx\boldsymbol{g}(\bar{\xi}+\delta\xi)=\boldsymbol{g}(\bar{\xi})+\boldsymbol{G}_{\xi}(\bar{\xi})\delta\xi\tag{3-161}$$

计算式（3-161）在 $\boldsymbol{\xi}=\bar{\xi}$ 点的期望为

$$\begin{aligned}\bar{\boldsymbol{y}}&=E[\boldsymbol{g}(\xi)]\\&\approx E[\boldsymbol{g}(\bar{\xi})+\boldsymbol{G}_{\xi}(\bar{\xi})\delta\xi]\\&=\boldsymbol{g}(\bar{\xi})+\boldsymbol{G}_{\xi}(\xi)E[\delta\xi]\\&=\boldsymbol{g}(\bar{\xi})\end{aligned}\tag{3-162}$$

协方差为

$$
\begin{aligned}
\boldsymbol{P}_y &= \operatorname{cov}(\boldsymbol{y},\boldsymbol{y}) = E[(\boldsymbol{y}-\bar{\boldsymbol{y}})(\boldsymbol{y}-\bar{\boldsymbol{y}})^{\mathrm{T}}] \\
&= E[(\boldsymbol{g}(\xi)-E[\boldsymbol{g}(\xi)])(\boldsymbol{g}(\xi)-E[\boldsymbol{g}(\xi)])^{\mathrm{T}}] \\
&\approx E[(\boldsymbol{g}(\xi)-\boldsymbol{g}(\bar{\xi}))(\boldsymbol{g}(\xi)-\boldsymbol{g}(\bar{\xi}))^{\mathrm{T}}] \\
&\approx E[(\boldsymbol{g}(\bar{\xi})+\boldsymbol{G}_\xi(\bar{\xi})\delta\xi-\boldsymbol{g}(\bar{\xi}))(\boldsymbol{g}(\bar{\xi})+\boldsymbol{G}_\xi(\bar{\xi})\delta\xi-\boldsymbol{g}(\bar{\xi}))^{\mathrm{T}}] \\
&= E[(\boldsymbol{G}_\xi(\bar{\xi})\delta\xi)(\boldsymbol{G}_\xi(\bar{\xi})\delta\xi)^{\mathrm{T}}] \\
&= \boldsymbol{G}_\xi(\bar{\xi})\boldsymbol{P}\boldsymbol{G}_\xi^{\mathrm{T}}(\bar{\xi})
\end{aligned}
\tag{3-163}
$$

随机变量 ξ 与 $\boldsymbol{y}$ 的互协方差矩阵为

$$
\begin{aligned}
\boldsymbol{P}_{\xi y} &= \operatorname{cov}(\xi,\boldsymbol{y}) = E[(\xi-\bar{\xi})(\boldsymbol{y}-\bar{\boldsymbol{y}})^{\mathrm{T}}] \\
&= E[(\xi-\bar{\xi})(\boldsymbol{g}(\xi)-\boldsymbol{g}(\bar{\xi}))^{\mathrm{T}}] \\
&\approx E[\delta\xi(\boldsymbol{g}(\bar{\xi})+\boldsymbol{G}_\xi(\bar{\xi})\delta\xi-\boldsymbol{g}(\bar{\xi}))^{\mathrm{T}}] \\
&= E[\delta\xi(\boldsymbol{G}_\xi(\bar{\xi})\delta\xi)^{\mathrm{T}}] \\
&= \boldsymbol{P}\boldsymbol{G}_\xi^{\mathrm{T}}(\bar{\xi})
\end{aligned}
\tag{3-164}
$$

2．扩展卡尔曼滤波算法

考虑由式（3-154）和式（3-155）构成的非线性系统，EKF 算法的步骤如下。

1）初始化

步骤 1：给定滤波器初始条件 $\hat{\boldsymbol{x}}_0$、$\boldsymbol{P}_0$、$\boldsymbol{Q}_0$、$\boldsymbol{R}_0$，对于时刻 k=1, 2, 3,⋯循环执行步骤 2～步骤 6。

2）预测

步骤 2：计算动态系统状态方程的雅可比矩阵为

$$
\boldsymbol{F}_{k,x} = \left.\frac{\partial \boldsymbol{f}(\boldsymbol{x},\boldsymbol{w})}{\partial \boldsymbol{x}}\right|_{\boldsymbol{x}=\hat{\boldsymbol{x}}_{k-1},\boldsymbol{w}_{k-1}=0}
\tag{3-165}
$$

$$
\boldsymbol{F}_{k,w} = \left.\frac{\partial \boldsymbol{f}(\boldsymbol{x},\boldsymbol{w})}{\partial \boldsymbol{w}}\right|_{\boldsymbol{x}=\hat{\boldsymbol{x}}_{k-1},\boldsymbol{w}_{k-1}=0}
\tag{3-166}
$$

步骤 3：计算状态预测及预测误差协方差为

$$
\hat{\boldsymbol{x}}_{k|k-1} = \boldsymbol{f}(\hat{\boldsymbol{x}}_{k-1},0)
\tag{3-167}
$$

$$
\boldsymbol{P}_{k|k-1} = \boldsymbol{F}_{k,x}\boldsymbol{P}_{k-1}\boldsymbol{F}_{k,x}^{\mathrm{T}} + \boldsymbol{F}_{k,w}\boldsymbol{Q}_{k-1}\boldsymbol{F}_{k,w}^{\mathrm{T}}
\tag{3-168}
$$

3）更新

步骤 4：计算量测方程的雅可比矩阵为

$$
\boldsymbol{H}_{k,x} = \left.\frac{\partial \boldsymbol{h}(\boldsymbol{x},\boldsymbol{v})}{\partial \boldsymbol{x}}\right|_{\boldsymbol{x}=\hat{\boldsymbol{x}}_{k|k-1},\boldsymbol{v}_k=0}
\tag{3-169}
$$

$$
\boldsymbol{H}_{k,v} = \left.\frac{\partial \boldsymbol{h}(\boldsymbol{x},\boldsymbol{v})}{\partial \boldsymbol{v}}\right|_{\boldsymbol{x}=\hat{\boldsymbol{x}}_{k|k-1},\boldsymbol{v}_k=0}
\tag{3-170}
$$

步骤 5：计算量测预测、新息协方差矩阵和卡尔曼增益为

$$\hat{z}_{k|k-1}=\boldsymbol{h}(\hat{\boldsymbol{x}}_{k|k-1},0) \tag{3-171}$$

$$\boldsymbol{S}_k=\boldsymbol{H}_{k,x}\boldsymbol{P}_{k|k-1}\boldsymbol{H}_{k,x}^{\mathrm{T}}+\boldsymbol{H}_{k,v}\boldsymbol{R}_k\boldsymbol{H}_{k,v}^{\mathrm{T}} \tag{3-172}$$

$$\boldsymbol{K}_k=\boldsymbol{P}_{k|k-1}\boldsymbol{H}_k^{\mathrm{T}}\boldsymbol{S}_k^{-1} \tag{3-173}$$

步骤 6：计算状态估计及估计误差协方差为

$$\hat{\boldsymbol{x}}_k=\hat{\boldsymbol{x}}_{k|k-1}+\boldsymbol{K}_k(z_k-\hat{z}_{k|k-1}) \tag{3-174}$$

$$\boldsymbol{P}_k=\boldsymbol{P}_{k|k-1}-\boldsymbol{K}_k\boldsymbol{H}_k\boldsymbol{P}_{k|k-1} \tag{3-175}$$

特别地，当系统噪声和量测噪声为加性噪声时，式（3-166）和式（3-170）中的矩阵 $\boldsymbol{F}_{k,w}$ 和 $\boldsymbol{H}_{k,v}$ 为单位矩阵，此时不需要再对它们进行实时计算，状态预测的误差矩阵和量测预测的误差矩阵分别通过以下两个式子获得：

$$\boldsymbol{P}_{k|k-1}=\boldsymbol{F}_{k,x}\boldsymbol{P}_{k-1}\boldsymbol{F}_{k,x}^{\mathrm{T}}+\boldsymbol{Q}_{k-1} \tag{3-176}$$

$$\boldsymbol{S}_k=\boldsymbol{H}_{k,x}\boldsymbol{P}_{k|k-1}\boldsymbol{H}_{k,x}^{\mathrm{T}}+\boldsymbol{R}_k \tag{3-177}$$

EKF 算法的优点在于使用较为简便的算法即可获得较好的滤波效果，而且在工程实践中，线性化近似是解决非线性系统问题的常用手段，易于理解和使用，因此可以广泛应用于大多数实际问题。其缺点在于，EKF 算法基于局部线性化方法，因而在非线性度较高的系统中无法获得满意的滤波效果，模型的线性化误差往往会严重影响最终的滤波精度，甚至导致滤波的发散。此外，EKF 算法要求动态模型和量测模型函数是可微的，由于在实际问题中无法轻易获得所需的雅可比矩阵，因此 EKF 算法无法实现。同时，复杂的非线性系统的一阶的泰勒近似误差较大，甚至即使获得了雅可比矩阵，也会积累较大的计算误差，导致程序难以调试，因此越来越多的研究开始寻求更多新的非线性滤波算法。

3.5.3 基于矩逼近的 LMMSE 估计器

1. 基于矩逼近的 LMMSE 估计

给定由式（3-154）和式（3-155）构成的非线性系统，基于 LMMSE 估计器，可得到被估计量 $\boldsymbol{x}_k$ 的 LMMSE 估计为

$$\hat{\boldsymbol{x}}_k=\hat{\boldsymbol{x}}_{k|k-1}+\boldsymbol{P}_{xz}\boldsymbol{P}_z^{-1}(z_k-z_{k|k-1}) \tag{3-178}$$

$$\boldsymbol{P}_{\hat{x}}=\boldsymbol{P}_x-\boldsymbol{P}_{xz}\boldsymbol{P}_z^{-1}\boldsymbol{P}_{xz}^{\mathrm{T}} \tag{3-179}$$

式中，相关的一、二阶矩可通过以下式子计算得到：

$$\hat{\boldsymbol{x}}_{k|k-1}=E[\boldsymbol{x}_k\mid\boldsymbol{Z}^{k-1}]=\int\boldsymbol{x}_k p(\boldsymbol{x}_k\mid\boldsymbol{Z}^{k-1})\mathrm{d}\boldsymbol{x}_k \tag{3-180}$$

$$\hat{z}_{k|k-1}=E[z_k\mid\boldsymbol{Z}^{k-1}]=\int z_k p(z_k\mid\boldsymbol{Z}^{k-1})\mathrm{d}z_k \tag{3-181}$$

$$\begin{aligned}\boldsymbol{P}_x&=E[(\boldsymbol{x}_k-\hat{\boldsymbol{x}}_{k|k-1})(\boldsymbol{x}_k-\hat{\boldsymbol{x}}_{k|k-1})^{\mathrm{T}}\mid\boldsymbol{Z}^{k-1}]\\&=\int(\boldsymbol{x}_k-\hat{\boldsymbol{x}}_{k|k-1})(\boldsymbol{x}_k-\hat{\boldsymbol{x}}_{k|k-1})^{\mathrm{T}}p(\boldsymbol{x}_k\mid\boldsymbol{Z}^{k-1})\mathrm{d}\boldsymbol{x}_k\end{aligned} \tag{3-182}$$

$$\begin{aligned}\boldsymbol{P}_{xz} &= E[(\boldsymbol{x}_k - \hat{\boldsymbol{x}}_{k|k-1})(\boldsymbol{z}_k - \hat{\boldsymbol{z}}_{k|k-1})^{\mathrm{T}} \mid \boldsymbol{Z}^{k-1}] \\ &= \int (\boldsymbol{x}_k - \hat{\boldsymbol{x}}_{k|k-1})(\boldsymbol{z}_k - \hat{\boldsymbol{z}}_{k|k-1})^{\mathrm{T}} p(\boldsymbol{x}_k, \boldsymbol{z}_k \mid \boldsymbol{Z}^{k-1}) \mathrm{d}\boldsymbol{x}_k \mathrm{d}\boldsymbol{z}_k\end{aligned} \tag{3-183}$$

$$\begin{aligned}\boldsymbol{P}_{z} &= E[(\boldsymbol{z}_k - \hat{\boldsymbol{z}}_{k|k-1})(\boldsymbol{z}_k - \hat{\boldsymbol{z}}_{k|k-1})^{\mathrm{T}} \mid \boldsymbol{Z}^{k-1}] \\ &= \int (\boldsymbol{z}_k - \hat{\boldsymbol{z}}_{k|k-1})(\boldsymbol{z}_k - \hat{\boldsymbol{z}}_{k|k-1})^{\mathrm{T}} p(\boldsymbol{z}_k \mid \boldsymbol{Z}^{k-1}) \mathrm{d}\boldsymbol{z}_k\end{aligned} \tag{3-184}$$

由式（3-180）～式（3-184）可以看出，估计的 $\hat{\boldsymbol{x}}_k$ 的相关一、二阶矩的计算方法可统一由以下函数表示：

$$\bar{\boldsymbol{q}} = E[\boldsymbol{q}(\boldsymbol{x}) \mid \boldsymbol{Z}] = \int \boldsymbol{q}(\boldsymbol{x}) p(\boldsymbol{x} \mid \boldsymbol{Z}) \mathrm{d}\boldsymbol{x} = \sum_{i=1}^{N} w_i \boldsymbol{q}(\boldsymbol{x}_i) \tag{3-185}$$

式中，N 为采样点的个数；$\boldsymbol{x}_i$ 为采样点；w_i 为采样点对应的权值。式（3-185）表明，在已知分布 $p(\boldsymbol{x}|\boldsymbol{Z})$ 和函数 $\boldsymbol{q}(\boldsymbol{x})$ 时，$\bar{\boldsymbol{q}}$ 可通过对 $\boldsymbol{x}$ 进行采样得到。不同的基于矩逼近的 LMMSE 估计器所采用的确定性采样方法不同，即获得 $\boldsymbol{x}_i$ 的方法不同。下面将介绍无迹变换、容积规则和高斯–厄米特求积规则 3 种确定性采样方法。在此之前，先介绍基于确定性采样的 LMMSE 估计的算法流程。

1）初始化

步骤 1：给定滤波器初始条件 $\hat{\boldsymbol{x}}_0$、$\boldsymbol{P}_0$、$\boldsymbol{Q}_0$、$\boldsymbol{R}_0$，对于时刻 $k=1, 2, 3,\cdots$ 循环执行下述步骤 2～步骤 11。

2）预测

步骤 2：考虑到系统噪声可能为非加性噪声，将 $k-1$ 时刻的估计 $\hat{\boldsymbol{x}}_{k-1}$ 和系统噪声的均值、估计的协方差矩阵 $\boldsymbol{P}_{k-1}$ 和 $\boldsymbol{Q}_{k-1}$ 分别扩维，得到

$$\hat{\boldsymbol{x}}_{k-1}^{\mathrm{a}} = [\hat{\boldsymbol{x}}_{k-1}^{\mathrm{T}}, \boldsymbol{0}^{\mathrm{T}}]^{\mathrm{T}} \tag{3-186}$$

$$\boldsymbol{P}_{k-1}^{\mathrm{a}} = \begin{bmatrix} \boldsymbol{P}_{k-1} & \boldsymbol{0} \\ \boldsymbol{0} & \boldsymbol{Q}_{k-1} \end{bmatrix} \tag{3-187}$$

步骤 3：根据式（3-186）和式（3-187），利用确定性采样方法获得关于 $\hat{\boldsymbol{x}}_{k-1}^{\mathrm{a}}$ 的确定性采样点 $\xi_{k-1}^{1},\xi_{k-1}^{2},\cdots,\xi_{k-1}^{N}$ 及权值 $w_1, w_2,\cdots, w_N$，其中，N 为采样点个数。

步骤 4：利用动态模型传播采样点，得到预测的状态采样点为

$$\xi_{k|k-1}^{\boldsymbol{x},i} = \boldsymbol{f}_{k-1}(\xi_{k-1}^{\boldsymbol{x},i}, \xi_{k-1}^{\boldsymbol{w},i}) \tag{3-188}$$

式中，$\xi_{k-1}^{\boldsymbol{x},i}$ 为 ξ_{k-1}^{i} 的前 $n_{\boldsymbol{x}}$ 项，$\xi_{k-1}^{\boldsymbol{w},i}$ 为 ξ_{k-1}^{i} 的后 $n_{\boldsymbol{w}}$ 项，其中，$n_{\boldsymbol{x}}$ 为状态 $\boldsymbol{x}_k$ 的维度，$n_{\boldsymbol{w}}$ 为系统噪声 $\boldsymbol{w}_k$ 的维度。

步骤 5：计算状态预测及其协方差矩阵为

$$\hat{\boldsymbol{x}}_{k|k-1} = \sum_{i=1}^{N} w_i^{x} \xi_{k|k-1}^{\boldsymbol{x},i} \tag{3-189}$$

$$\begin{aligned}\boldsymbol{P}_{\boldsymbol{x}} &= \sum_{i=1}^{N} w_i^{\boldsymbol{x}} (\boldsymbol{\xi}_{k|k-1}^{\boldsymbol{x},i} - \hat{\boldsymbol{x}}_{k|k-1})(\boldsymbol{\xi}_{k|k-1}^{\boldsymbol{x},i} - \hat{\boldsymbol{x}}_{k|k-1})^{\mathrm{T}} \\ &= \sum_{i=1}^{N} w_i^{\boldsymbol{x}} \boldsymbol{\xi}_{k|k-1}^{\boldsymbol{x},i} (\boldsymbol{\xi}_{k|k-1}^{\boldsymbol{x},i})^{\mathrm{T}} - \hat{\boldsymbol{x}}_{k|k-1} \hat{\boldsymbol{x}}_{k|k-1}^{\mathrm{T}}\end{aligned} \tag{3-190}$$

步骤 6：考虑到量测噪声可能为非加性噪声，因此将预测的状态 $\hat{\boldsymbol{x}}_{k|k-1}$ 和量测噪声的均值、状态预测的协方差矩阵和量测噪声协方差矩阵分别扩维，得到

$$\hat{\boldsymbol{x}}_{k|k-1}^{\mathrm{a}} = [\hat{\boldsymbol{x}}_{k|k-1}^{\mathrm{T}}, \boldsymbol{0}^{\mathrm{T}}]^{\mathrm{T}} \tag{3-191}$$

$$\boldsymbol{P}_{\boldsymbol{x}}^{\mathrm{a}} = \begin{bmatrix} \boldsymbol{P}_{\boldsymbol{x}} & \boldsymbol{0} \\ \boldsymbol{0} & \boldsymbol{R}_k \end{bmatrix} \tag{3-192}$$

步骤 7：根据式（3-191）和式（3-192），利用确定性采样方法获得关于 $\hat{\boldsymbol{x}}_{k|k-1}^{\mathrm{a}}$ 的确定性采样点 $\boldsymbol{\chi}_{k|k-1}^{1}, \boldsymbol{\chi}_{k|k-1}^{2}, \cdots, \boldsymbol{\chi}_{k|k-1}^{N_2}$ 及权值 $w_1, w_2, \cdots, w_{N_2}$，其中，$N_2$ 为采样点个数。

步骤 8：利用量测模型传播采样点，得到预测的量测采样点为

$$\boldsymbol{\chi}_{k|k-1}^{\boldsymbol{z},i} = \boldsymbol{h}_{k-1}(\boldsymbol{\chi}_{k|k-1}^{\boldsymbol{x},i}, \boldsymbol{\chi}_{k-1}^{\boldsymbol{v},i}) \tag{3-193}$$

式中，$\boldsymbol{\chi}_{k|k-1}^{\boldsymbol{x},i}$ 为 $\boldsymbol{\chi}_{k|k-1}^{i}$ 的前 $n_{\boldsymbol{x}}$ 项，$\boldsymbol{\chi}_{k-1}^{\boldsymbol{v},i}$ 为 $\boldsymbol{\chi}_{k|k-1}^{i}$ 的后 $n_{\boldsymbol{v}}$ 项，其中，$n_{\boldsymbol{v}}$ 为量测噪声 $\boldsymbol{v}_k$ 的维度。

步骤 9：计算量测预测及其协方差矩阵为

$$\hat{\boldsymbol{z}}_{k|k-1} = \sum_{i=1}^{N_2} w_i \boldsymbol{\chi}_{k|k-1}^{\boldsymbol{z},i} \tag{3-194}$$

$$\begin{aligned}\boldsymbol{P}_{\boldsymbol{zz}} &= \sum_{i=1}^{N_2} w_i (\boldsymbol{\chi}_{k|k-1}^{\boldsymbol{z},i} - \hat{\boldsymbol{z}}_{k|k-1})(\boldsymbol{\chi}_{k|k-1}^{\boldsymbol{z},i} - \hat{\boldsymbol{z}}_{k|k-1})^{\mathrm{T}} \\ &= \sum_{i=1}^{N_2} w_i \boldsymbol{\chi}_{k|k-1}^{\boldsymbol{z},i} (\boldsymbol{\chi}_{k|k-1}^{\boldsymbol{z},i})^{\mathrm{T}} - \hat{\boldsymbol{z}}_{k|k-1} \hat{\boldsymbol{z}}_{k|k-1}^{\mathrm{T}}\end{aligned} \tag{3-195}$$

步骤 10：计算状态预测与量测预测的互协方差矩阵为

$$\begin{aligned}\boldsymbol{P}_{\boldsymbol{xz}} &= \sum_{i=1}^{N_2} w_i (\boldsymbol{\chi}_{k|k-1}^{\boldsymbol{x},i} - \hat{\boldsymbol{x}}_{k|k-1})(\boldsymbol{\chi}_{k|k-1}^{\boldsymbol{z},i} - \hat{\boldsymbol{z}}_{k|k-1})^{\mathrm{T}} \\ &= \sum_{i=1}^{N_2} w_i (\boldsymbol{\chi}_{k|k-1}^{\boldsymbol{x},i} - \hat{\boldsymbol{x}}_{k|k-1})(\boldsymbol{\chi}_{k|k-1}^{\boldsymbol{z},i})^{\mathrm{T}}\end{aligned} \tag{3-196}$$

3）更新

步骤 11：计算 k 时刻的状态估计及其协方差矩阵为

$$\hat{\boldsymbol{x}}_k = \hat{\boldsymbol{x}}_{k|k-1} + \boldsymbol{P}_{\boldsymbol{xz}} \boldsymbol{P}_{\boldsymbol{z}}^{-1} (\boldsymbol{z}_k - \boldsymbol{z}_{k|k-1}) \tag{3-197}$$

$$\boldsymbol{P}_{\hat{\boldsymbol{x}}} = \boldsymbol{P}_{\boldsymbol{x}} - \boldsymbol{P}_{\boldsymbol{xz}} \boldsymbol{P}_{\boldsymbol{z}}^{-1} \boldsymbol{P}_{\boldsymbol{xz}}^{\mathrm{T}} \tag{3-198}$$

步骤 1～步骤 11 给出了完整的基于确定性采样方法的 LMMSE 估计流程，可以看出，其与卡尔曼滤波的形式相同，因此 LMMSE 估计器也称卡尔曼类滤波器。接下来分别介绍 3 种确定性采样方法。

2. 无迹变换

无迹变换（Unscented Transform，UT）是用于计算经非线性变换后的随机变量的统计特性的方法，可直接求出目标分布的均值和协方差，避免了对非线性函数的近似。

无迹变换的思想是利用初始分布的均值和协方差生成一系列确定的 sigma 点，这些 sigma 点通过非线性函数传播，得到估计的均值和协方差。

考虑 n 维随机变量 $\boldsymbol{x} \sim \mathcal{N}(\bar{\boldsymbol{x}}, \boldsymbol{P}_x)$ 和 m 维随机变量 $\boldsymbol{y} \sim \mathcal{N}(\bar{\boldsymbol{y}}, \boldsymbol{P}_y)$，有

$$\boldsymbol{y} = \boldsymbol{g}(\boldsymbol{x}) \tag{3-199}$$

式中，$\boldsymbol{g}(\cdot)$ 为非线性变换函数。

无迹变换的目的是根据 $\boldsymbol{x}$ 的统计特性获得非线性函数传播后的 $\boldsymbol{y}$ 的统计特性，为此需要选取 $2n+1$ 个 sigma 点 $\boldsymbol{\chi}^i$，sigma 点及其权值的选取规则为

$$\begin{cases} \boldsymbol{\chi}^0 = \bar{\boldsymbol{x}} \\ \boldsymbol{\chi}^i = \bar{\boldsymbol{x}} + \sqrt{n+\lambda}\left[\sqrt{\boldsymbol{P}_x}\right]_i & i = 1, 2, \cdots, n \\ \boldsymbol{\chi}^{n+i} = \bar{\boldsymbol{x}} - \sqrt{n+\lambda}\left[\sqrt{\boldsymbol{P}_x}\right]_i \end{cases} \tag{3-200}$$

$$\begin{cases} w_0^{(m)} = \lambda/(n+\lambda) \\ w_0^{(c)} = \lambda/(n+\lambda) + (1-\alpha^2+\beta) & i = 1, 2, \cdots, 2n \\ w_i^{(m)} = w_i^{(c)} = 1/(2n+2\lambda) \end{cases} \tag{3-201}$$

式中，$\lambda = \alpha^2(n+\kappa) - n$，决定 sigma 点与均值 $\bar{\boldsymbol{x}}$ 的距离；参数 α 通常设为一个较小的正数（$10^{-4} \leqslant \alpha < 1$）；$\kappa$ 通常取为 0 或 $3-n$；对于高斯分布，$\beta = 2$ 是最优的，如果状态变量是单变量，则最佳的选择是 $\beta = 0$。

应用上述确定性采样方法得到的 LMMSE 估计器称为无迹滤波（Unscented Filter，UF）。UF 将状态随机变量以一系列采样点的形式表示，这些采样点能获取随机变量的均值和协方差。UF 的优点是不近似非线性动态模型和量测模型，而是直接利用原系统模型。此外，由于不要求系统可微，也不需要计算复杂的雅可比矩阵，因此基于无迹变换的 UF 算法更具有实际应用价值。

UF 自提出以来，在工程上得到了广泛应用，但处理维数（维数 $n \geqslant 4$）时，UF 中的自由调节参数 $\kappa < 0$，使某些 sigma 点的权值 $w < 0$，从而使滤波过程中的协方差非正定，导致滤波数值不稳定，甚至可能发散，因此 UF 在高维数中存在应用困难的情况。

3. 容积规则

对于高斯分布下的非线性滤波问题，可以将其归结为一个积分计算问题，其中被积函数表示为非线性函数与高斯密度的乘积，考虑以下标准高斯加权积分：

$$I(\boldsymbol{f})=\int_{\mathbb{R}^n}\boldsymbol{f}(\boldsymbol{x})\mathcal{N}(\boldsymbol{x};0,\boldsymbol{I})\mathrm{d}\boldsymbol{x} \tag{3-202}$$

容积规则利用球面径向变换、球面容积规则和径向积分规则求解该高斯积分问题，有关球面径向变换、球面容积规则和径向积分规则的推导可参考文献[8]。下面直接介绍式（3-202）的求解方法。

对于三阶的容积规则，共需要 $2n$ 个容积点，标准高斯加权积分如下：

$$I_{\mathcal{N}}(\boldsymbol{f})=\int_{\mathbb{R}^n}\boldsymbol{f}(\boldsymbol{x})\mathcal{N}(\boldsymbol{x};0,\boldsymbol{I})\mathrm{d}\boldsymbol{x}\approx\sum_{i=1}^{m}w_i\boldsymbol{f}(\xi_i) \tag{3-203}$$

式中，

$$\xi_i=\sqrt{\frac{m}{2}}[1]_i,\quad i=1,2,\cdots,m=2n \tag{3-204}$$

$$w_i=\frac{1}{m},\quad i=1,2,\cdots,m=2n \tag{3-205}$$

$[1]\in\mathbb{R}^n$ 表示 n 维空间的点集，有

$$[1]=\left\{\begin{pmatrix}1\\0\\\vdots\\0\end{pmatrix},\begin{pmatrix}0\\1\\\vdots\\0\end{pmatrix},\cdots,\begin{pmatrix}0\\0\\\vdots\\1\end{pmatrix},\begin{pmatrix}-1\\0\\\vdots\\0\end{pmatrix},\begin{pmatrix}0\\-1\\\vdots\\0\end{pmatrix},\cdots,\begin{pmatrix}0\\0\\\vdots\\-1\end{pmatrix}\right\} \tag{3-206}$$

进而，若 $\boldsymbol{x}\sim\mathcal{N}(\boldsymbol{x};\hat{\boldsymbol{x}},\boldsymbol{P})$，令 $\boldsymbol{P}=\boldsymbol{S}\boldsymbol{S}^{\mathrm{T}}$，得

$$I_{\mathcal{N}}(\boldsymbol{f})=\int_{\mathbb{R}^n}\boldsymbol{f}(\boldsymbol{x})\mathcal{N}(\boldsymbol{x};\hat{\boldsymbol{x}},\boldsymbol{P})\mathrm{d}\boldsymbol{x}\approx\sum_{i=1}^{m}w_i\boldsymbol{f}(\boldsymbol{S}\xi_i+\hat{\boldsymbol{x}}) \tag{3-207}$$

基于容积规则的 LMMSE 估计器称为容积卡尔曼滤波（Cubature KF，CKF）。相比 UF，CKF 采用偶数并具有相同权值的点集，UF 选用奇数及不同权值的点集；在高维数系统中，UF 的 sigma 点权值容易出现负值，而 CKF 权值永远为正值，因而高维情况下其数值稳定性和滤波精度优于 UF。由于具有不容易发散且计算量小的优点，CKF 一经提出就被广泛应用于各领域的估计问题。

4．高斯–厄米特求积规则

考虑下面的单变量函数求积分问题：

$$I(f)=\int f(x)w(x)\mathrm{d}x\approx\sum_{j=1}^{m}w_j f(\chi_j) \tag{3-208}$$

式中，χ_j 为第 j 个求积分点；$w(x)$ 为权值函数；w_j 为该积分点对应的权值。当给定积分点时，即可求解积分。在高斯–厄米特积分中，当权函数 $w(x)=\mathcal{N}(x;0,1)$ 时，有

$$I(f)=\int f(x)\mathcal{N}(x;0,1)\mathrm{d}x=\sum_{j=1}^{m}w_j f(\chi_j) \tag{3-209}$$

权值和积分点可以通过求解一个多项式的根得到。当使用第 m 阶厄米特多

项式 $H_m(x)$ 时，该积分规则对于直到 $2m-1$ 阶的多项式都是准确的。

m 阶厄米特多项式定义为

$$H_m(x)=(-1)^m \exp(x^2/2)\frac{\mathrm{d}^m}{\mathrm{d}x^m}\exp(-x^2/2) \tag{3-210}$$

前几阶厄米特多项式为

$$\begin{cases} H_0(x)=1 \\ H_1(x)=x \\ H_2(x)=x^2-1 \\ H_3(x)=x^3-3x \\ H_4(x)=x^4-6x^2+3 \end{cases} \tag{3-211}$$

更高阶的厄米特多项式可以通过以下递归的方法得到：

$$H_{m+1}(x)=xH_m(x)-mH_{m-1}(x) \tag{3-212}$$

通过求解以上方程的根，即可得到积分点 χ_j，其对应的权值为

$$w_j=\frac{m!}{m^2\left[H_{m-1}(\chi_j)\right]^2} \tag{3-213}$$

注意，上述采样方法仅对标量进行采样，对于向量形式的高斯–厄米特求积问题，可以通过将其转化为对每一维进行积分获得。

$$\begin{aligned} \int \boldsymbol{f}(\boldsymbol{x})\mathcal{N}(\boldsymbol{x};\bar{\boldsymbol{x}},\boldsymbol{C})\mathrm{d}\boldsymbol{x} &\overset{\boldsymbol{x}=\boldsymbol{C}^{\frac{1}{2}}\boldsymbol{r}+\bar{\boldsymbol{x}}}{=} \int \boldsymbol{f}(\boldsymbol{C}^{\frac{1}{2}}\boldsymbol{r}+\bar{\boldsymbol{x}})\mathcal{N}(\boldsymbol{r};0,\boldsymbol{I})\mathrm{d}\boldsymbol{r} \\ &= \int \frac{1}{\sqrt{(2\pi)^{n_x}}}\boldsymbol{f}(\boldsymbol{C}^{\frac{1}{2}}\boldsymbol{r}+\bar{\boldsymbol{x}})\mathrm{e}^{-\frac{1}{2}\boldsymbol{r}\boldsymbol{r}^{\mathrm{T}}}\mathrm{d}\boldsymbol{r} \\ &\overset{\boldsymbol{r}=\sqrt{2}\boldsymbol{s}}{=} \int \frac{1}{\sqrt{\pi^{n_x}}}\boldsymbol{f}((2\boldsymbol{C})^{\frac{1}{2}}\boldsymbol{s}+\bar{\boldsymbol{x}})\mathrm{e}^{-\boldsymbol{s}\boldsymbol{s}^{\mathrm{T}}}\mathrm{d}\boldsymbol{s} \\ &\overset{\boldsymbol{a}(\boldsymbol{s})=\frac{\boldsymbol{f}((2\boldsymbol{C})^{\frac{1}{2}}\boldsymbol{s}+\bar{\boldsymbol{x}})}{\sqrt{\pi^{n_x}}}}{=} \int \cdots \int \boldsymbol{a}(\boldsymbol{s})\mathrm{e}^{-s_1^2}\cdots\mathrm{e}^{-s_{n_x}^2}\mathrm{d}s_1\cdots\mathrm{d}s_{n_x} \\ &= \sum_{i=1}^{N} w_i\boldsymbol{a}(\boldsymbol{s}_i)=\frac{1}{\sqrt{\pi^{n_x}}}\sum_{i=1}^{N} w_i\boldsymbol{f}((2\boldsymbol{C})^{\frac{1}{2}}\boldsymbol{s}_i+\bar{\boldsymbol{x}}) \end{aligned} \tag{3-214}$$

式中，$\boldsymbol{s}=[s_1,s_2,\cdots,s_{n_x}]^{\mathrm{T}}$；$N=m^{n_x}$ 为采样点数量，m 为厄米特多项式的阶数，也是 $\boldsymbol{s}$ 的每一维采样点的数量，n_x 为 $\boldsymbol{x}$ 的维度；向量 $\boldsymbol{s}_i$ 表示第 i 个采样点，其由每一维 s_i 的采样点构成。

利用高斯–厄米特求积规则获得 $\boldsymbol{s}$ 的每一维的采样点后，进行排列组合获得采样点 $\boldsymbol{s}_i$，利用式（3-214）即可获得式（3-188）～式（3-196）中所需的一、二阶矩。基于高斯–厄米特求积规则的 LMMSE 估计器称为求积卡尔曼滤波

(Quadrature KF，QKF)。与 UF 和 CKF 相比，QKF 计算量大，但是结果更加精确，不易发散。

3.5.4 仿真结果与分析

本节采用双站纯角度跟踪场景对 EKF、UF、CKF 和 QKF 进行验证与比较。仿真场景具体设置如下。

目标在平面内做近似匀速运动，其状态传播方程为

$$\boldsymbol{x}_k = \boldsymbol{F}_{k-1}\boldsymbol{x}_{k-1} + \boldsymbol{G}_{k-1}\boldsymbol{w}_{k-1} \tag{3-215}$$

式中，$\boldsymbol{x}_k \triangleq [x_k, \dot{x}_k, y_k, \dot{y}_k]^{\mathrm{T}}$，$[x_k, y_k]^{\mathrm{T}}$ 和 $[\dot{x}_k, \dot{y}_k]^{\mathrm{T}}$ 分别表示目标位置和速度；$\boldsymbol{w}_{k-1} \sim \mathcal{N}(\boldsymbol{0}, \boldsymbol{Q}_{k-1})$ 为系统过程噪声，$\boldsymbol{Q}_{k-1} = 20^2 \boldsymbol{I}_2$，$\boldsymbol{I}_2$ 为 2×2 维单位阵；$\boldsymbol{F}_{k-1}$ 和 $\boldsymbol{G}_{k-1}$ 由以下两个式子分别给出：

$$\boldsymbol{F}_{k-1} = \mathrm{diag}(\boldsymbol{F}, \boldsymbol{F}), \quad \boldsymbol{G}_{k-1} = \mathrm{diag}(\boldsymbol{G}, \boldsymbol{G}) \tag{3-216}$$

$$\boldsymbol{F} \triangleq \begin{bmatrix} 1 & T \\ 0 & 1 \end{bmatrix}, \quad \boldsymbol{G} = \begin{bmatrix} T^2/2 \\ T \end{bmatrix} \tag{3-217}$$

式中，$\mathrm{diag}(\cdot)$ 表示由括号内的矩阵构成的分块对角矩阵；采样周期 T 为 1s。目标初始状态由 $\boldsymbol{x}_0 \sim \mathcal{N}(\bar{\boldsymbol{x}}_0, \boldsymbol{P}_0)$ 产生，其中，$\bar{\boldsymbol{x}}_0 = [-20000\mathrm{m}, 250\mathrm{m/s}, 15000\mathrm{m}, -100\mathrm{m/s}]^{\mathrm{T}}$，$\boldsymbol{P}_0 = \mathrm{diag}[10000\mathrm{m}^2, 5000\mathrm{m}^2/\mathrm{s}^2, 10000\mathrm{m}^2, 5000\mathrm{m}^2/\mathrm{s}^2]$。

传感器位置为 $[x_1, y_1]^{\mathrm{T}} = [0,0]^{\mathrm{T}}$ m，$[x_2, y_2]^{\mathrm{T}} = [0,4000]^{\mathrm{T}}$ m，量测为由这两个传感器得到的两个方位角，即

$$\boldsymbol{z}_k = \boldsymbol{h}(\boldsymbol{x}_k, \boldsymbol{v}_k) = \begin{bmatrix} \theta_k^1 \\ \theta_k^2 \end{bmatrix} = \begin{bmatrix} \arctan[(y_k - y_1)/(x_k - x_1)] \\ \arctan[(y_k - y_2)/(x_k - x_2)] \end{bmatrix} + \begin{bmatrix} v_k^{\theta_1} \\ v_k^{\theta_2} \end{bmatrix} \tag{3-218}$$

式中，$v_k^{\theta_i} \sim \mathcal{N}(0, \sigma_\theta^2)$ 为量测噪声；σ_θ 为 0.3rad。

采用均方根误差（Root Mean Square Error，RMSE）对目标跟踪的位置和速度进行评估，对 4 种算法进行比较。位置和速度 RMSE 的定义由以下两个式子分别给出：

$$\mathrm{RMSE}_k^p = \sqrt{\frac{\sum_{i=1}^{N} (\hat{x}_k^i - x_k^i)^2 + (\hat{y}_k^i - y_k^i)^2}{N}} \tag{3-219}$$

$$\mathrm{RMSE}_k^v = \sqrt{\frac{\sum_{i=1}^{N} (\hat{\dot{x}}_k^i - \dot{x}_k^i)^2 + (\hat{\dot{y}}_k^i - \dot{y}_k^i)^2}{N}} \tag{3-220}$$

式中，RMSE_k^p 和 RMSE_k^v 分别表示 k 时刻目标的位置 RMSE 和速度 RMSE；$[\hat{x}_k^i, \hat{y}_k^i]^{\mathrm{T}}$ 和 $[\hat{\dot{x}}_k^i, \hat{\dot{y}}_k^i]^{\mathrm{T}}$ 分别表示第 i 次蒙特卡罗 k 时刻目标的位置和速度估计结果；$[x_k^i, y_k^i]^{\mathrm{T}}$ 和 $[\dot{x}_k^i, \dot{y}_k^i]^{\mathrm{T}}$ 分别表示第 i 次蒙特卡罗 k 时刻目标的真实位置和真实速度；N 为蒙特卡罗次数。

仿真时间长度为 100 个时间步长，蒙特卡罗次数为 300，QKF 每个维度采用 3 个求积点，仿真结果如图 3-1 和图 3-2 所示。

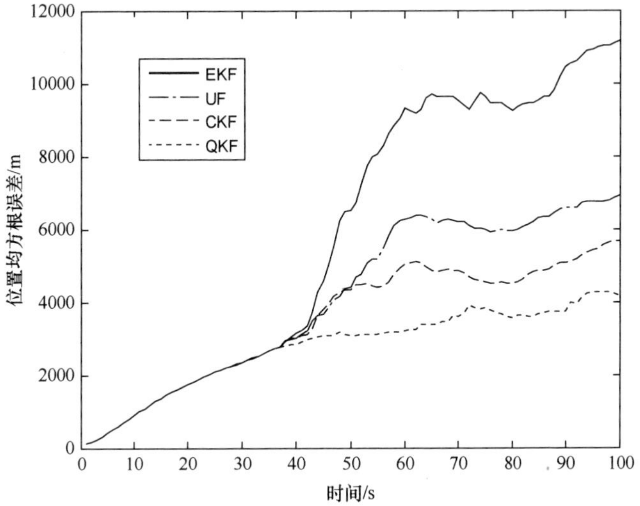

图 3-1　位置均方根误差

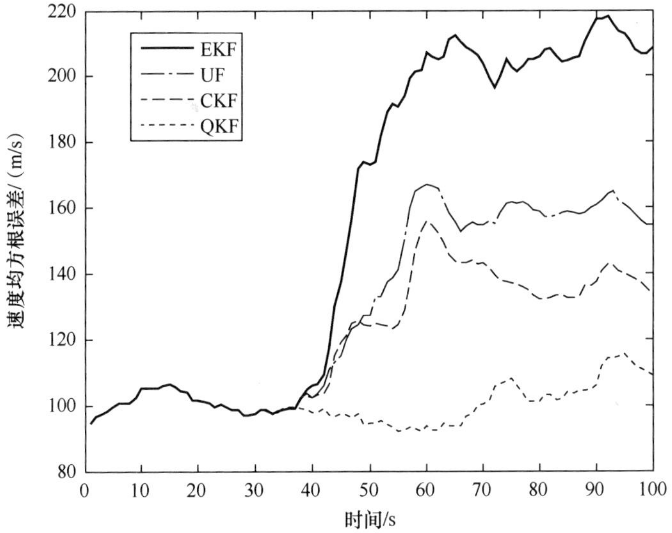

图 3-2　速度均方根误差

结果表明，在高度非线性情况下，QKF 算法的位置估计和速度估计优于其他几种估计器，主要因为在计算一、二阶矩的过程中，QKF 算法的采样点多于 UF 和 CKF。虽然 CKF 算法的采样点比 UF 少 1 个，但是在本场景中，状态维度为 4，UF 算法的采样点权值部分为负值，易导致发散。随着时间的推移，EKF 算法的误差累积越来越大，因此 EKF 算法不适用于高度非线性场景。

3.6 非线性结构估计器

考虑以下非线性估计问题：

$$z = \boldsymbol{h}(\boldsymbol{x}, \boldsymbol{v}) \tag{3-221}$$

式中，$\boldsymbol{z}$ 为量测；$\boldsymbol{x}$ 为需要被估计的状态向量；$\boldsymbol{v}$ 为量测噪声，可以是加性的或非加性的。

3.4.3 节所述的基于 LMMSE 的估计为

$$\hat{\boldsymbol{x}} = \overline{\boldsymbol{x}} + \boldsymbol{P}_{xz}\boldsymbol{P}_{zz}^{-1}(\boldsymbol{z} - \overline{\boldsymbol{z}}) \tag{3-222}$$

$$\boldsymbol{P}_{\hat{x}} = \boldsymbol{P}_x - \boldsymbol{P}_{xz}\boldsymbol{P}_z^{-1}\boldsymbol{P}_{xz}^{\mathrm{T}} \tag{3-223}$$

式中，$\overline{\boldsymbol{x}} = E[\boldsymbol{x}]$；$\overline{\boldsymbol{z}} = E[\boldsymbol{z}]$；$\boldsymbol{P}_x = \mathrm{cov}(\boldsymbol{x}, \boldsymbol{x})$，$\boldsymbol{P}_{xz} = \mathrm{cov}(\boldsymbol{x}, \boldsymbol{z})$，$\boldsymbol{P}_z = \mathrm{cov}(\boldsymbol{z}, \boldsymbol{z})$，其中 $\mathrm{cov}(\boldsymbol{a}, \boldsymbol{b}) = E[(\boldsymbol{a} - \overline{\boldsymbol{a}})(\boldsymbol{b} - \overline{\boldsymbol{b}})^{\mathrm{T}}]$。估计的均方差矩阵 $\boldsymbol{P}_{\hat{x}}$ 定义为

$$\boldsymbol{P}_{\hat{x}} = \mathrm{MSE}(\hat{\boldsymbol{x}}) = E[(\boldsymbol{x} - \hat{\boldsymbol{x}})(\boldsymbol{x} - \hat{\boldsymbol{x}})^{\mathrm{T}}] \tag{3-224}$$

LMMSE 估计器是具有相同一、二阶矩的任意分布下最好的线性估计器。然而，由式（3-221）可以看出，$\hat{\boldsymbol{x}}$ 与量测 $\boldsymbol{z}$ 之间应为非线性关系。简单来说，当噪声不存在时，如果量测函数 $\boldsymbol{h}(\boldsymbol{x})$ 可逆，那么 $\hat{\boldsymbol{x}} = \boldsymbol{h}^{-1}(\boldsymbol{y})$；当噪声存在时，$\hat{\boldsymbol{x}}$ 与量测 $\boldsymbol{z}$ 之间的非线性关系更加复杂。但是，式（3-222）中的 LMMSE 估计 $\hat{\boldsymbol{x}}$ 与量测 $\boldsymbol{z}$ 是线性关系，因此可能存在一个与量测 $\boldsymbol{z}$ 呈非线性关系的估计器，其性能优于 LMMSE 估计器，该类估计器称为非线性结构估计器。

Lan 针对非线性结构估计器开展了系列研究。假设 $\boldsymbol{y} = \boldsymbol{g}(\boldsymbol{z})$ 是量测 $\boldsymbol{z}$ 的一个非线性转换，在 LMMSE 框架下，仅采用 $\boldsymbol{y}$ 进行估计，得到的估计器为

$$\hat{\boldsymbol{x}} = \overline{\boldsymbol{x}} + \boldsymbol{P}_{xy}\boldsymbol{P}_{yy}^{-1}(\boldsymbol{y}_z - \overline{\boldsymbol{y}}) \tag{3-225}$$

$$\boldsymbol{P}_{\hat{x}} = \boldsymbol{P}_x - \boldsymbol{P}_{xy}\boldsymbol{P}_{yy}^{-1}\boldsymbol{P}_{xy}^{\mathrm{T}} \tag{3-226}$$

式中，$\overline{\boldsymbol{y}} = E[\boldsymbol{y}]$ 且 $\boldsymbol{y}_z$ 是函数 $\boldsymbol{g}(\boldsymbol{z})$ 在量测 $\boldsymbol{z}$ 处的一个值；$\boldsymbol{P}_{xy} = \mathrm{cov}(\boldsymbol{x}, \boldsymbol{y})$；$\boldsymbol{P}_{yy} = \mathrm{cov}(\boldsymbol{y}, \boldsymbol{y})$。

如果 $\boldsymbol{y} = \boldsymbol{z}$，则估计器（3-225）为使用原始量测 $\boldsymbol{z}$ 的 LMMSE 估计器（3-222）。如果 $\boldsymbol{y} = [\boldsymbol{z}^{\mathrm{T}}, \boldsymbol{c}^{\mathrm{T}}]^{\mathrm{T}}$，其中 $\boldsymbol{c}$ 是原始量测 $\boldsymbol{z}$ 的一个非线性转换，则此时的估计器（3-225）为非线性估计器，使用该非线性转换扩维的量测 $\boldsymbol{y} = [\boldsymbol{z}^{\mathrm{T}}, \boldsymbol{c}^{\mathrm{T}}]^{\mathrm{T}}$ 的 LMMSE 估计器称为不相关转换滤波器。然而，在实际问题中，用于扩维的非线性函数 $\boldsymbol{c}$ 很难最优地获得。因此，兰剑等提出了最优转换采样滤波，针对一维的非线性转换函数 $\boldsymbol{c}$，通过最小化 MSE 矩阵 $\boldsymbol{P}_{\hat{x}}$，基于采样的方法直接优化出非线性转换的一、二阶矩，从而进行估计，该方法称为最优转换采样滤波器。事实上，最优的非线性转换函数 $\boldsymbol{y} = \boldsymbol{g}(\boldsymbol{z})$ 可能是一维或多维的，仅优化一维的不相关转换函数难以得到最优的估计器。因此，兰剑进一步提出了广义转换滤波器，该方法

使用确定性采样方法直接优化与转换 $\boldsymbol{y}=\boldsymbol{g}(\boldsymbol{z})$ 有关的一、二阶矩，进而获得最优的估计器。

3.7 混合结构估计器——高斯和滤波

混合结构非线性滤波器是由一组量测构成的多个滤波器通过非线性加权和混合构成的。混合结构非线性滤波器是一种介于点估计与概率密度估计之间的滤波器。

考虑给定量测 $\boldsymbol{z}$ 的条件下 MMSE 估计 $\hat{\boldsymbol{x}}$ 可以通过全期望得到，即

$$\hat{\boldsymbol{x}}=E[\boldsymbol{x}|\boldsymbol{z}]=\sum_{j}E[\boldsymbol{x}|g^{j},\boldsymbol{z}]P\{g^{j}|\boldsymbol{z}\} \tag{3-227}$$

式中，$E[\boldsymbol{x}|g^{j},\boldsymbol{z}]$对应使用不同分布下的 $\boldsymbol{y}^{j}=\boldsymbol{g}(\boldsymbol{z})$ 的 LMMSE 估计，即

$$\hat{\boldsymbol{x}}^{j}=E[\boldsymbol{x}|g^{j},\boldsymbol{z}]=\bar{\boldsymbol{x}}+\boldsymbol{P}_{\boldsymbol{x}\boldsymbol{z}^{j}}\boldsymbol{P}_{\boldsymbol{z}^{j}}^{-1}(\boldsymbol{z}^{j}-\bar{\boldsymbol{z}}^{j}) \tag{3-228}$$

其 MSE 矩阵为

$$\boldsymbol{P}_{\hat{\boldsymbol{x}}}^{j}=E[(\boldsymbol{x}-\hat{\boldsymbol{x}}^{j})(\cdot)^{\mathrm{T}}|g^{j},\boldsymbol{z}]=\boldsymbol{P}_{\boldsymbol{x}}-\boldsymbol{P}_{\boldsymbol{x}\boldsymbol{z}^{j}}\boldsymbol{P}_{\boldsymbol{z}^{j}}^{-1}\boldsymbol{P}_{\boldsymbol{x}\boldsymbol{z}^{j}}^{\mathrm{T}} \tag{3-229}$$

式（3-227）中的概率 $P\{g^{j}|\boldsymbol{z}\}$ 可由下式获得：

$$P\{g^{j}|\boldsymbol{z}\}=\frac{1}{c^{j}}p(\boldsymbol{z}|g^{j})P\{g^{j}\} \tag{3-230}$$

式中，似然函数 $p(\boldsymbol{z}|g^{j})$ 可由联合分布 $p_{g}(\boldsymbol{x},\boldsymbol{z})$ 得到。

目前有两类比较典型的混合分布滤波方法，均是基于上述理论获得的，当 $\boldsymbol{y}^{j}=\boldsymbol{z}$，$p_{g}(\boldsymbol{x},\boldsymbol{z})$ 为联合高斯分布时，则为高斯和滤波方法；当 $\boldsymbol{y}^{j}=\boldsymbol{g}(\boldsymbol{z})$ 为非线性转换，$p_{g}(\boldsymbol{x},\boldsymbol{z})$ 为某一假设分布时，则为多转换估计方法。本节主要对高斯和滤波方法展开介绍，多转换估计方法将在第 5 章中详细介绍。

考虑以下非线性系统：

$$\boldsymbol{x}_{k}=\boldsymbol{f}_{k-1}(\boldsymbol{x}_{k-1})+\boldsymbol{w}_{k-1} \tag{3-231}$$

$$\boldsymbol{z}_{k}=\boldsymbol{h}_{k}(\boldsymbol{x}_{k})+\boldsymbol{v}_{k} \tag{3-232}$$

式中，相关变量的定义与式（3-154）和式（3-155）相同，唯一不同的是过程噪声 $\boldsymbol{w}_{k-1}$ 和量测噪声 $\boldsymbol{v}_{k}$ 可能是非高斯的。

根据式（3-231）和式（3-232）构成的非线性系统，被估计量 $\boldsymbol{x}_{k}$ 的后验概率密度函数为

$$\begin{aligned}p(\boldsymbol{x}_{k}|\boldsymbol{Z}^{k})&=p(\boldsymbol{x}_{k}|\boldsymbol{Z}^{k-1},\boldsymbol{z}_{k})=\frac{p(\boldsymbol{x}_{k},\boldsymbol{z}_{k}|\boldsymbol{Z}^{k-1})}{p(\boldsymbol{z}_{k}|\boldsymbol{Z}^{k-1})}\\&=\frac{p(\boldsymbol{x}_{k}|\boldsymbol{Z}^{k-1})p(\boldsymbol{z}_{k}|\boldsymbol{x}_{k},\boldsymbol{Z}^{k-1})}{p(\boldsymbol{z}_{k}|\boldsymbol{Z}^{k-1})}=\frac{p(\boldsymbol{x}_{k}|\boldsymbol{Z}^{k-1})p(\boldsymbol{z}_{k}|\boldsymbol{x}_{k})}{p(\boldsymbol{z}_{k}|\boldsymbol{Z}^{k-1})}\end{aligned} \tag{3-233}$$

式中，

$$p(\boldsymbol{x}_{k}|\boldsymbol{Z}^{k-1})=\int p(\boldsymbol{x}_{k}|\boldsymbol{x}_{k-1})p(\boldsymbol{x}_{k-1}|\boldsymbol{Z}^{k-1})\mathrm{d}\boldsymbol{x}_{k-1} \tag{3-234}$$

$$p(z_k|\boldsymbol{Z}^{k-1}) = \int p(\boldsymbol{x}_k|\boldsymbol{Z}^{k-1})p(z_k|\boldsymbol{x}_k)\mathrm{d}\boldsymbol{x}_k \tag{3-235}$$

为了能够使用高斯和滤波框架解决非线性估计问题，首先介绍一个引理。

引理 3-1 任意概率密度函数 $p(\boldsymbol{x})$ 都可以近似地表示为如下高斯和形式：

$$p(\boldsymbol{x}) \approx p_A(\boldsymbol{x}) = \sum_{i=1}^{n} a_i \mathcal{N}(\boldsymbol{x}; \hat{\boldsymbol{x}}_i, \boldsymbol{P}_i) \tag{3-236}$$

式中，$\boldsymbol{x}$ 表示向量随机变量；$\hat{\boldsymbol{x}}_i$ 和 $\boldsymbol{P}_i$ 分别表示第 i 个高斯分量的均值与方差；a_i 表示第 i 个高斯分量的权值，且 $\sum_{i=1}^{n} a_i = 1$。

上述引理表明，通过增加高斯分量的个数和降低分量协方差到零，可令概率密度函数 $p_A(\boldsymbol{x})$ 近似到任意感兴趣的密度函数。

基于上述引理，在高斯和滤波框架中，被估计量 $\boldsymbol{x}_k$ 的后验概率密度函数 $p(\boldsymbol{x}_k|\boldsymbol{Z}^k)$ 可由一个高斯混合近似，即

$$p(\boldsymbol{x}_k|\boldsymbol{Z}^k) \approx p_A(\boldsymbol{x}_k|\boldsymbol{Z}^k) = \sum_{i=1}^{N_{G_k}} w_k^i \mathcal{N}(\boldsymbol{x}_k; \boldsymbol{x}_k^i, \boldsymbol{P}_k^i) \tag{3-237}$$

式中，N_{G_k} 表示 k 时刻高斯分量的个数；w_k^i 为 k 时刻第 i 个高斯分量对应的权值，且 $\sum_{i=1}^{n} w_k^i = 1$。

基于上述高斯混合近似，高斯和滤波算法流程如下。

（1）初始化。对于加性的过程噪声 $\boldsymbol{w}_{k-1}$ 和量测噪声 $\boldsymbol{v}_k$，$\boldsymbol{w}_{k-1}$ 和 $\boldsymbol{v}_k$ 的概率密度可以由如下高斯和近似：

$$p(\boldsymbol{w}_{k-1}) \approx \sum_{j=1}^{N_w} \beta_{k-1}^j \mathcal{N}(\boldsymbol{w}_{k-1}; \overline{\boldsymbol{w}}_{k-1}^j, \boldsymbol{Q}_{k-1}^j) \tag{3-238}$$

$$p(\boldsymbol{v}_k) \approx \sum_{l=1}^{N_v} \gamma_k^l \mathcal{N}(\boldsymbol{v}_k; \overline{\boldsymbol{v}}_k^l, \boldsymbol{R}_k^l) \tag{3-239}$$

式中，$\beta_{k-1}^j > 0$ 和 $\gamma_k^l > 0$ 均为标量，且

$$\sum_{j=1}^{N_w} \beta_{k-1}^j = 1, \quad \sum_{l=1}^{N_v} \gamma_k^l = 1 \tag{3-240}$$

初始时刻状态的概率密度函数的高斯和近似可表示为

$$p(\boldsymbol{x}_0) = \sum_{i=1}^{N_{G_0}} w_0^i \mathcal{N}(\boldsymbol{x}_0; \boldsymbol{x}_0^i, \boldsymbol{P}_0^i) \tag{3-241}$$

类似地，$k-1$ 时刻的状态 $\boldsymbol{x}_{k-1}$ 的后验概率密度函数 $p(\boldsymbol{x}_{k-1}|\boldsymbol{Z}^{k-1})$ 可表示为如下高斯和形式：

$$p(\boldsymbol{x}_{k-1}|\boldsymbol{Z}^{k-1}) \approx p_A(\boldsymbol{x}_{k-1}|\boldsymbol{Z}^{k-1}) = \sum_{i=1}^{N_{G_{k-1}}} w_{k-1}^i \mathcal{N}(\boldsymbol{x}_{k-1}; \boldsymbol{x}_{k-1}^i, \boldsymbol{P}_{k-1}^i) \tag{3-242}$$

（2）状态一步预测。在式（3-234）中，$p(\boldsymbol{x}_k|\boldsymbol{x}_{k-1})$ 可以通过下式近似：

$$p(\boldsymbol{x}_k|\boldsymbol{x}_{k-1}) \approx \sum_{j=1}^{N_w} \beta_{k-1}^j \mathcal{N}(\boldsymbol{x}_k; \boldsymbol{f}(\boldsymbol{x}_{k-1}) + \boldsymbol{w}_{k-1}^j, \boldsymbol{Q}_{k-1}^j) \quad (3\text{-}243)$$

利用式（3-243），状态 $\boldsymbol{x}_k$ 的一步预测 $p(\boldsymbol{x}_k|\boldsymbol{Z}^{k-1})$ 可通过下式进行近似：

$$\begin{aligned} p(\boldsymbol{x}_k|\boldsymbol{Z}^{k-1}) &= \int p(\boldsymbol{x}_k|\boldsymbol{x}_{k-1}) p(\boldsymbol{x}_{k-1}|\boldsymbol{Z}^{k-1}) \mathrm{d}\boldsymbol{x}_{k-1} \\ &\approx \int \sum_{i=1}^{N_{G_{k-1}}} \sum_{j=1}^{N_w} w_{k-1}^i \beta_{k-1}^j \mathcal{N}(\boldsymbol{x}_{k-1}; \boldsymbol{x}_{k-1}^i, \boldsymbol{P}_{k-1}^i) \mathcal{N}(\boldsymbol{x}_k; \boldsymbol{f}(\boldsymbol{x}_{k-1}) + \boldsymbol{w}_{k-1}^j, \boldsymbol{Q}_{k-1}^j) \mathrm{d}\boldsymbol{x}_{k-1} \\ &= \sum_{i=1}^{N_{G_{k-1}}} \sum_{j=1}^{N_w} w_{k-1}^i \beta_{k-1}^j \int \mathcal{N}(\boldsymbol{x}_{k-1}; \boldsymbol{x}_{k-1}^i, \boldsymbol{P}_{k-1}^i) \mathcal{N}(\boldsymbol{x}_k; \boldsymbol{f}(\boldsymbol{x}_{k-1}) + \boldsymbol{w}_{k-1}^j, \boldsymbol{Q}_{k-1}^j) \mathrm{d}\boldsymbol{x}_{k-1} \end{aligned} \quad (3\text{-}244)$$

基于文献[9]，$p(\boldsymbol{x}_k|\boldsymbol{Z}^{k-1})$ 可通过高斯混合表示为如下形式：

$$p(\boldsymbol{x}_k|\boldsymbol{Z}^{k-1}) = \sum_{i=1}^{N_{G_{k|k-1}}} w_{k|k-1}^i \mathcal{N}(\boldsymbol{x}_k; \hat{\boldsymbol{x}}_{k|k-1}^i, \boldsymbol{P}_{k|k-1}^i) \quad (3\text{-}245)$$

式中，$\hat{\boldsymbol{x}}_{k|k-1}^i$ 和 $\boldsymbol{P}_{k|k-1}^i$ 可利用确定性采样方法得到。

（3）状态更新。由引理 3-1 和式（3-239）可得到似然函数 $p(\boldsymbol{z}_k|\boldsymbol{x}_k)$ 的高斯混合近似，即

$$p(\boldsymbol{z}_k|\boldsymbol{x}_k) = \sum_{i=1}^{N_v} \gamma_k^i \mathcal{N}(\boldsymbol{z}_k; \boldsymbol{h}(\boldsymbol{x}_k) + \boldsymbol{v}_k^i, \boldsymbol{R}_k^i) \quad (3\text{-}246)$$

基于式（3-233）和式（3-245），状态 $\boldsymbol{x}_k$ 的后验概率密度 $p(\boldsymbol{x}_k|\boldsymbol{Z}^k)$ 可通过下式近似：

$$\begin{aligned} p(\boldsymbol{x}_k|\boldsymbol{Z}^k) &= \frac{p(\boldsymbol{x}_k|\boldsymbol{Z}^{k-1}) p(\boldsymbol{z}_k|\boldsymbol{x}_k)}{\int p(\boldsymbol{x}_k|\boldsymbol{x}_{k-1}) p(\boldsymbol{x}_{k-1}|\boldsymbol{Z}^{k-1}) \mathrm{d}\boldsymbol{x}_{k-1}} \\ &\approx \sum_{i=1}^{N_{G_{k|k-1}}} c_k^{-1} w_{k|k-1}^i p(\boldsymbol{z}_k|\boldsymbol{x}_k) \mathcal{N}(\boldsymbol{x}_k; \hat{\boldsymbol{x}}_{k|k-1}^i, \boldsymbol{P}_{k|k-1}^i) \\ &= \sum_{j=1}^{N_v} \sum_{i=1}^{N_{G_{k|k-1}}} w_k^i \mathcal{N}(\boldsymbol{x}_k; \hat{\boldsymbol{x}}_k^i, \boldsymbol{P}_k^i) \\ &= \sum_{i=1}^{N_{G_{k|k}}} w_k^i \mathcal{N}(\boldsymbol{x}_k; \hat{\boldsymbol{x}}_k^i, \boldsymbol{P}_k^i) \end{aligned} \quad (3\text{-}247)$$

式中，$c_k = \int p(\boldsymbol{x}_k|\boldsymbol{x}_{k-1}) p(\boldsymbol{x}_{k-1}|\boldsymbol{Z}^{k-1}) \mathrm{d}\boldsymbol{x}_{k-1}$ 是归一化常数；$\hat{\boldsymbol{x}}_k^i$ 和 $\boldsymbol{P}_k^i$ 可利用 LMMSE 估计得到，即

$$\hat{\boldsymbol{x}}_k^i = \hat{\boldsymbol{x}}_{k|k-1}^i + \boldsymbol{K}_k^i (\boldsymbol{z}_k - \hat{\boldsymbol{z}}_{k|k-1}^i) \quad (3\text{-}248)$$

$$\boldsymbol{P}_k^i = \boldsymbol{P}_{k|k-1}^i - \boldsymbol{K}_k^i \boldsymbol{P}_{z,k}^i (\boldsymbol{K}_k^i)^{\mathrm{T}} \quad (3\text{-}249)$$

$$w_k^i = \frac{w_{k|k-1}^i \alpha_k^i \gamma_k^l}{\sum_{l=1}^{N_v} \sum_{r=1}^{N_{G_{k|k-1}}} w_{k|k-1}^r \alpha_k^r \gamma_k^l} \tag{3-250}$$

且

$$\boldsymbol{K}_k^i = \boldsymbol{P}_{xz,k}^i (\boldsymbol{P}_{z,k}^i)^{-1} \tag{3-251}$$

$$\boldsymbol{P}_{xz,k}^i = E[(\boldsymbol{x}_k - \hat{\boldsymbol{x}}_{k|k-1}^i)(\boldsymbol{z}_k - \hat{\boldsymbol{z}}_{k|k-1}^i)^{\mathrm{T}}] \tag{3-252}$$

$$\boldsymbol{P}_{z,k}^i = E[(\boldsymbol{z}_k - \hat{\boldsymbol{z}}_{k|k-1}^i)(\boldsymbol{z}_k - \hat{\boldsymbol{z}}_{k|k-1}^i)^{\mathrm{T}}] \tag{3-253}$$

$$\alpha_k^i = \mathcal{N}(\boldsymbol{z}_k; \hat{\boldsymbol{z}}_{k|k-1}^i, \boldsymbol{P}_{z,k}^i) \tag{3-254}$$

进一步地，$\hat{\boldsymbol{x}}_k$ 和 $\boldsymbol{P}_k$ 可分别通过以下式子得到：

$$\hat{\boldsymbol{x}}_k = \sum_{i=1}^{N_{G_{k|k}}} w_k^i \hat{\boldsymbol{x}}_k^i \tag{3-255}$$

$$\boldsymbol{P}_k = \sum_{i=1}^{N_{G_{k|k}}} w_k^i (\boldsymbol{P}_k^i + (\hat{\boldsymbol{x}}_k^i - \hat{\boldsymbol{x}}_k)(\hat{\boldsymbol{x}}_k^i - \hat{\boldsymbol{x}}_k)^{\mathrm{T}}) \tag{3-256}$$

上述式子中的一、二阶矩 $\hat{\boldsymbol{x}}_{k|k-1}^i$、$\hat{\boldsymbol{z}}_{k|k-1}^i$、$\boldsymbol{P}_{k|k-1}^i$、$\boldsymbol{P}_{z,k}^i$ 及 $\boldsymbol{P}_{xz,k}^i$ 均可由 3.5.3 节介绍的确定性采样方法计算得到。

本章小结

本章主要针对多源信息提取估计技术涉及的基础理论及参数估计和状态估计方法进行了简要介绍。首先针对状态估计及非线性滤波方法，详细介绍了线性结构估计器，并分析了线性结构估计器的估计性能提升瓶颈，引出了非线性结构估计器对于提升非线性估计的重要性。然后介绍了混合结构估计器。非线性滤波是目标跟踪、导航制导等目标信息处理系统的关键技术，然而，由于实际非线性系统问题复杂且多样，即使不断发展的非线性滤波技术提高了估计精度，也仍未达到最优。因此，非线性滤波技术仍有很长的路要走。同时，简单、有效、计算量低的非线性滤波技术也是未来的研究方向。

参考文献

[1] KALMAN R E. New approach to linear filtering and prediction problems[J]. Journal of Engineering, 1960, 82(1): 35-45.

[2] DOUCET A, GODSILL S, ANDRIEU C. On sequential Monte Carlo sampling methods for Bayesian filtering[J]. Statistics and Computing, 2000, 10(3): 197-208.

[3] JAZWINSKI A H. Filtering for nonlinear dynamical systems[J]. IEEE Transactions on Automatic Control, 1996, 11(5): 765-766.

[4] JAZWINSKI A H. Stochastic processes and filtering theory[M]. New York: Academic Press, 1970.

[5] PAPOULIS A, PILLAI U S. Probability, random variables, and stochastic processes[M]. New York: McGraw-Hill, 2002.

[6] JULIER S J, UHLMANN J K, DURRANT-WHYTE H F. A new method for nonlinear transformation of means and covariances in filters and estimators[J]. IEEE Transactions on Automatic Control, 2000, 45(3):477-482.

[7] ARASARANAM I, HAYKIN S. Discrete-time nonlinear filtering algorithms using Gauss-Hermite quadrature[J]. Proceedings of the IEEE, 2007, 95(5): 952-977.

[8] ARASARANAM I, HAYKIN S. Cubature Kalman filters[J]. IEEE Transactions on Automatic Control, 2009, 54(6): 1254-1269.

[9] SORENSON H W, ALSPACH D L. Nonlinear Bayesian estimation using Gaussian sum approximations[J]. IEEE Transactions on Automatic Control, 1972, 17(4): 439-448.

第 4 章

多源联合目标定位

4.1 概述

定位是确定目标地理位置的过程。具体而言，定位是确定目标在特定系统中建立的坐标系下的位置的过程。目标定位在雷达、声呐、视觉、无线传感器网络等领域中应用广泛，在军事国防、日常生活等方面都发挥着重要的作用。

定位算法难以得到与目标真实情况完全一致的位置信息，但能最大限度地逼近目标的真实位置，使定位误差低于合理的阈值。根据在定位过程中是否需要测量传感器与目标之间的距离或方位信息，可将目标定位方法分为基于量测的目标定位与基于检测的目标定位两大类。

所谓基于量测的目标定位，是指一种需要通过特定手段获得传感器（雷达、声呐、视觉等）与目标之间的距离或方位信息从而实现定位的方法。常用的传感器量测信息有接收信号强度指示、到达时间、到达时间差和到达角度。根据这些不同的传感器量测信息，相应地涌现出了不同的定位问题，如接收信号强度指示定位、到达时间定位、到达时间差定位、到达角度定位，以及将这些传感器量测信息中的两个或多个组合起来的联合定位。基于接收信号强度指示的目标定位算法利用信号能量的传播损耗与路径的关系，将能量信息转化为距离进行定位，这依赖对已知信号的建模和传播损耗的经验模型的准确度，偏向对友好目标的定位。基于到达时间或到达时间差的定位算法利用信号的传播速度，将时间或时间差转化为距离或距离差，这类算法对传感器的时间同步精度要求很高，大多用于基于主动传感器的目标定位。基于到达时间和到达角度的定位也称基于信号的定位，通常比基于能量的定位有更好的精度。

基于检测的目标定位并不依赖传感器与目标之间的距离或方位信息，通常而言，它需要邻居节点数目、传感器节点间的跳数、网络拓扑结构等信息。从严格意义上讲，检测信息也是量测信息，但本章对两者加以区分，仅利用检测信息来表示传感器是否探测到目标。基于检测的目标定位的优势是不需要额外的硬件支持，在系统初始化过程中就能获取所需信息，其劣势是定位精度不高，一般用于对定位精度要求不高的场合，文献[1]和文献[2]给出了其算法的详细总结。

本章首先介绍一些基于量测的经典定位算法，包含基于接收信号强度指示的目标定位、基于到达时间的目标定位、基于到达时间差的目标定位及基于到达角度的目标定位。然后针对量测非线性问题介绍一种扩维最小二乘目标定位算法框架，以提升基于量测的目标定位方法的定位精度。最后简要介绍一些基于检测的目标定位方法，包含质心定位法、加权质心定位法、近似三角形内点测试定位法、距离向量跳数定位法。利用观测信息，结合应用领域的特点，采用合理的定位算法进行目标定位，能达到较好的定位效果。

4.2 基于接收信号强度指示的目标定位

信号传输中普遍采用的理论模型为对数距离损耗模型，即

$$p(d)=p(d_0)-10n\lg\left(\frac{d}{d_0}\right)+X_{\mathrm{dBm}} \tag{4-1}$$

式中，d 表示发射端与接收端之间的距离；$p(d)$ 表示发射端与接收端之间的距离为 d 时接收端接收到的信号强度，即接收信号强度指示（Received Signal Strength Indication，RSSI）值；d_0 表示参考距离；$p(d_0)$ 表示发射端与接收端之间的参考距离为 d_0 时接收端接收到的信号强度；n 表示路径损耗因子，通常由实际测量得到，一般位于 2 和 4 之间，障碍物越多，n 值越大，接收到的平均能量下降的速度会随着距离的增加而变得越来越快；X 表示一个以 dBm 为单位的零均值高斯随机变量，反映了阴影效应导致的能量变化，具体计算时通常忽略不计。

实际应用中一般采用简化的对数距离损耗模型：

$$p(d)=p(d_0)-10n\lg\left(\frac{d}{d_0}\right) \tag{4-2}$$

为了便于表达和计算，通常取 d_0 为 1m。把 $p(d)$ 改写成 RSSI，可得

$$\mathrm{RSSI}=A-10n\lg(d) \tag{4-3}$$

式中，A 表示无线收发节点相距 1m 时接收节点接收到的 RSSI 值。式（4-3）是 RSSI 测距的经典模型，展示了 RSSI 和 d 之间的函数关系，所以若已知接收端接收到的 RSSI 值，就可以计算出它和发射端之间的距离。A 和 n 都是经验值，与具体使用的硬件节点和无线信号传播环境密切相关，因此在不同的实际环境

下，A 和 n 的值不同，其测距模型也不同。

RSSI 值的获取比较容易，一般的传感器都可以提供该信息，这就使基于 RSSI 量测的定位成本较低，因此越来越多的研究者开始关注该问题。

基于信号强度传播模型的定位算法可以分为最小二乘估计算法和极大似然估计算法两类。Patwari 等分析接收信号强度的概率分布，提出了极大似然估计算法，并推导了基于 RSSI 估计的克拉美罗下界（Cramer-Rao Lower Bound，CRLB）。但是，由于 RSSI 量测关于目标位置是非线性的，因此极大似然估计算法无论是计算量还是复杂度都较高，且无法保证极大似然估计算法的收敛性。于是，网格搜索法被提出以避免受到局部最优点的影响，但是该方法耗费时间较长且需要较大的计算内存。Salman 等在分析最小二乘估计算法的同时提出了估计误差和估计偏差的计算方法。虽然最小二乘估计算法实现起来简单，但该算法的估计是有偏的。Coluccia 等将经验贝叶斯理论和最小二乘估计算法结合起来进行目标定位，发现其定位性能接近极大似然估计算法。

基于 RSSI 测距的定位算法流程如下。

（1）传感器采集 RSSI 数据。

（2）观测站将采集到的 RSSI 值转换为距离。

（3）监控中心利用定位算法估计目标位置。

通过式（4-3）将 RSSI 转化为距离之后，可以利用第 3 章所述的极大似然估计算法或最小二乘估计算法进行目标定位。

4.3 基于到达时间的目标定位

到达时间（Time of Arrival，TOA）测距利用了目标和传感器之间的距离 d 与信号传播时延 t 成正比的规律。由于无线信号在空气中的传播速度约为光速 c，于是有 $d = c \times t$ 。若能得到信号传播时延 t，便可求得目标节点与传感器节点之间的距离。

如图 4-1(a)所示，假定发送节点在 T_1 时刻发出测距信号，接收节点在 T_2 时刻收到测距信号，那么两个节点之间的距离为

$$d = (T_2 - T_1) \times c \tag{4-4}$$

上述方法称为单程 TOA 测距法。单程 TOA 测距法根据信号的到达时间和发送时间之间的差值计算节点之间的距离，节点之间需要保证时间同步。当无法实现时间同步时，可以使用双程 TOA 测距法，该方法不需要节点之间保证时间同步，两个节点之间来回发送两次测距信号，如图 4-1(b)所示。在这种情况下，两个节点之间的距离可以计算为

$$d=\frac{(T_2-T_1)+(T_4-T_3)}{2}\times c=\frac{(T_4-T_1)-(T_3-T_2)}{2}\times c \quad (4-5)$$

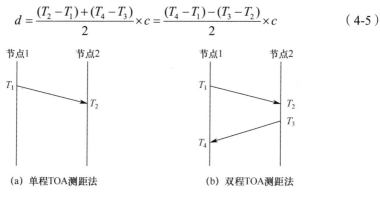

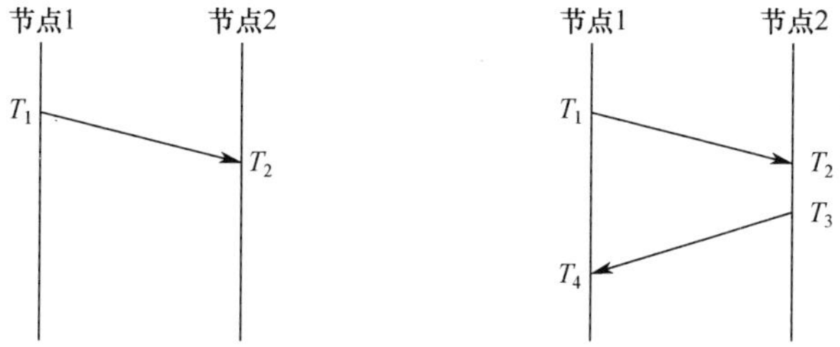

(a) 单程TOA测距法　　(b) 双程TOA测距法

图 4-1　基于 TOA 的目标定位方法示意

单程 TOA 测距法和双程 TOA 测距法都要求知晓测距信号传输的开始时刻和结束时刻。单程 TOA 测距法要求目标节点和传感器节点的时间保持高度同步，因为 T_2 和 T_1 是两个不同节点的时钟计时的结果。由于电磁波的传播速度为 $c=3\times10^8$ m/s，很小的时间误差可能导致很大的距离误差值，1ns 的时间误差将导致 0.3m 的测距误差，而现有的网络时间同步技术甚至很难达到 10ns 以下的同步级别。时间同步的主要影响因素是设备时延、计时器频率偏移、处理器的处理时延等，为了进行精确的定位，必须对这些因素加以抑制。

与单程 TOA 测距法相比，双程 TOA 测距法对时间同步的要求低得多。从式（4-5）可以看出，计算信号传播时延 t 时，只需分别计算 T_4-T_1 和 T_3-T_2。显然，T_4 和 T_1 都是同一个节点的时钟计时的结果，T_3 和 T_2 也是同一个节点的时钟计时的结果，因此这种方式对节点之间的时间同步要求大大降低。但是对于非对称信道，这种方法可能给出不准确的距离信息。

受到无线传感器网络节点的硬件尺寸、价格和功耗限制，实际应用 TOA 技术进行定位的方案较少。随着超宽带（Ultra Wide Band，UWB）技术的发展，其在无线传感器网络中的应用越来越广泛，使得利用 TOA 进行定位具有良好的发展前景。UWB 信号的带宽大于 500MHz，有非常短的脉冲，所以 UWB 信号容易从多径信号中区分出来，且有着良好的时间精度。

将 TOA 转换为距离之后，可以利用极大似然估计算法或最小二乘估计算法进行目标定位，基于 TOA 的目标定位算法与基于 RSSI 的目标定位算法一致。

4.4　基于到达时间差的目标定位

基于到达时间差（Time Difference of Arrival，TDOA）的目标定位有两种实现形式。一种是目标节点向同一个传感器节点分别发送传播速率不同的信号，如电磁波和超声波，传感器节点利用两种信号不同的传播速度，根据两种信号到达的时间差计算收发节点之间的距离，简称多信号 TDOA 定位法；另一种是计算目标节点发送的同一种信号到达两个固定传感器节点的时间差，简称多节点 TDOA 定位法。

1. 多信号 TDOA 定位法

多信号 TDOA 定位法要求目标节点和传感器节点都配备两种信号收发器，以实现收发两种信号的功能。本方法的原理如图 4-2(a)所示。节点 1 在 T_1 时刻同时向节点 2 发送两种不同类型的测距信号，要求这两种信号的传播速度具有较大的差别，如电磁波信号和超声波信号。由于超声波信号的传播速度比电磁波信号慢，节点 2 先后在 T_2 和 T_3 时刻接收到电磁波信号和超声波信号。

假定电磁波信号和超声波信号的传播速度分别为 v_1 和 v_2，于是

$$d=(T_2-T_1)v_1=(T_3-T_1)v_2 \tag{4-6}$$

可得 $T_1=\dfrac{T_2v_1-T_3v_2}{v_2-v_1}$，将其代入 $d=(T_2-T_1)v_1$，得到

$$d=(T_3-T_2)\frac{v_1\times v_2}{v_1-v_2} \tag{4-7}$$

2. 多节点 TDOA 定位法

多节点 TDOA 定位法由目标节点向多个传感器节点同时发送同一测距信号，因此节点只需要配备一种信号收发器，在一定程度上降低了硬件成本，不过要求传感器节点之间具有严格的时间同步。

多节点 TDOA 定位法的原理如图 4-2(b)所示，目标节点发射的信号到达 3 个传感器节点所经历的时延分别为 t_1、t_2、t_3，则目标节点与 3 个传感器节点之间的距离分别为

$$d_1=v\times t_1,\ d_2=v\times t_2,\ d_3=v\times t_3 \tag{4-8}$$

于是可以求得目标节点与传感器节点之间的距离差为

$$\begin{cases}d_{12}=d_1-d_2=v\times(t_1-t_2)\\ d_{13}=d_1-d_3=v\times(t_1-t_3)\end{cases} \tag{4-9}$$

传感器节点的坐标是已知的，令 (x,y) 为目标节点坐标，第 i 个传感器节点的坐标为 (x_i,y_i)，那么可以建立如下双曲线方程：

$$\begin{cases}d_{12}=\sqrt{(x_1-x)^2+(y_1-y)^2}-\sqrt{(x_2-x)^2+(y_2-y)^2}\\ d_{13}=\sqrt{(x_1-x)^2+(y_1-y)^2}-\sqrt{(x_3-x)^2+(y_3-y)^2}\end{cases} \tag{4-10}$$

将式（4-9）代入式（4-10），即可求得两条双曲线的焦点，即目标节点的位置。

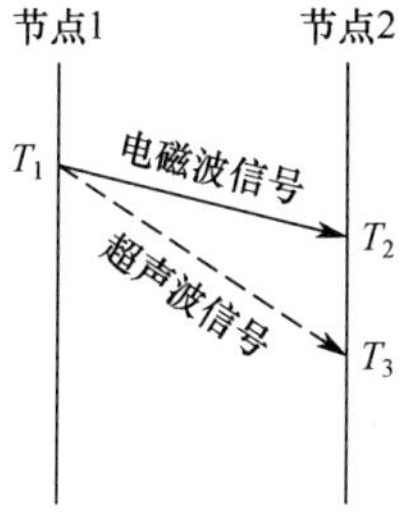

(a) 多信号TDOA定位法

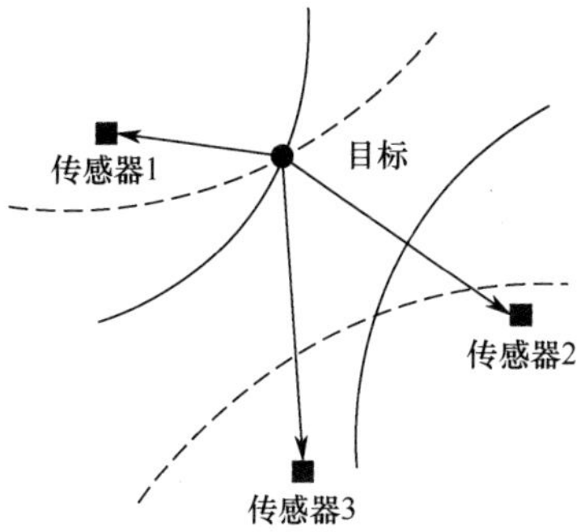

(b) 多节点TDOA定位法

图 4-2　基于 TDOA 的目标定位方法示意

多信号 TDOA 定位法得到的是目标距离，所以依然可以利用最小二乘定位方法进行目标定位。本节主要详细说明多节点 TDOA 定位法。

常见的多节点 TDOA 定位法一般为基于最小二乘估计的定位法。基于最小二乘估计的定位最直接的方法是数值求解法，如 Gauss-Newton 法和 Levenberg-Marquardt 法。该类方法通过迭代进行求解，最终估计可能收敛到局部最小值。文献[3]提出的两步加权最小二乘（Two-step Weighted Least Squares，TWLS）方法是目前的主流方法。TWLS 方法通过两步最小二乘进行求解，第 1 步通过量测转换和引入辅助参数，将高维非线性最小二乘问题转换为低维线性问题，然后通过线性加权最小二乘进行求解；第 2 步考虑辅助参数与待估参数的关系，进一步提升估计结果。该方法计算简单且能得到解析解。文献[4]利用 TWLS 方法中引入的参数与目标位置的函数关系，将原问题建模为带约束的加权最小二乘（Constrained Weighted Least Squares，CWLS）问题，并利用拉格朗日乘子法进行求解。

假设存在一个目标，其位置坐标表示为 $\boldsymbol{x}=[x,y,z]^{\mathrm{T}}$。在水声传感器网络中部署了 M（$M>4$）个传感器节点，它们的位置分别为 $\boldsymbol{s}_i=[x_i,y_i,z_i]^{\mathrm{T}}$，$i=1,2,\cdots,M$，令 $\boldsymbol{s}=[\boldsymbol{s}_1^{\mathrm{T}},\boldsymbol{s}_2^{\mathrm{T}},\cdots,\boldsymbol{s}_M^{\mathrm{T}}]^{\mathrm{T}}$。

目标与第 i 个传感器节点之间的距离记作

$$r_i=\|\boldsymbol{x}-\boldsymbol{s}_i\|,\quad i=1,2,\cdots,M \tag{4-11}$$

将第一个传感器节点作为参考节点，那么 TDOA 量测可表示为

$$t_{i1}=\frac{1}{c}(r_i-r_1)+n_{i1} \tag{4-12}$$

$$r_{i1}=ct_{i1}=r_i-r_1+cn_{i1} \tag{4-13}$$

式中，c 是声速；n_{i1} 是 TDOA 量测的零均值高斯白噪声，$i=1,2,\cdots,M$。则 TDOA 量测模型可表示为

$$z = h(x,s) + v \tag{4-14}$$

式中，z 是量测；$h(x,s)$ 是关于目标和传感器节点位置的非线性函数，具体表示为

$$z = \begin{bmatrix} z_{21} \\ z_{31} \\ \vdots \\ z_{M1} \end{bmatrix} = \begin{bmatrix} r_{21} \\ r_{31} \\ \vdots \\ r_{M1} \end{bmatrix} \tag{4-15}$$

$$v = \begin{bmatrix} v_{21} \\ v_{31} \\ \vdots \\ v_{M1} \end{bmatrix} = \begin{bmatrix} cn_{21} \\ cn_{31} \\ \vdots \\ cn_{M1} \end{bmatrix} \tag{4-16}$$

$$h(x,s) = \begin{bmatrix} r_2 - r_1 \\ r_3 - r_1 \\ \vdots \\ r_M - r_1 \end{bmatrix} = \begin{bmatrix} \|x - s_2\| - \|x - s_1\| \\ \|x - s_3\| - \|x - s_1\| \\ \vdots \\ \|x - s_M\| - \|x - s_1\| \end{bmatrix} \tag{4-17}$$

式中，v 表示均值为零、方差为 C_v 的高斯分布。

通过 TDOA 量测模型［式（4-14）］可以看出，目标定位是一个非线性参数估计问题。针对此类问题，常见的解决方法是将量测方程线性化，通过线性估计器求解，其中流行的方法是两步最小二乘定位法。

鉴于 TDOA 量测不需要在目标节点与传感器节点之间保持时间同步，因此基于 TDOA 量测的定位问题得到了广泛研究。两步最小二乘定位法是解决 TDOA 定位问题最流行的方法之一。该方法的本质是通过对非线性量测方程进行变换，使其成为一个伪线性方程，最终采用线性方法进行求解。首先通过量测转换并引入辅助参数 r_1，将非线性量测模型转换为伪线性量测模型（因为 r_1 是关于位置参数 x 的非线性函数），然后通过两步线性估计得到目标位置。第 1 步求解时假设参数 r_1 与位置参数 x 没有关系，求得一个粗略解。第 2 步通过第 1 步的估计及 r_1 与参数 x 的关系构建新的量测方程，进一步改善估计结果。

通过量测转换找到一个函数 $u = q(x)$，使 $h(x,s) = Hu$，其中 H 列满秩，从而将非线性量测模型［式（4-14）］转换为线性量测模型。该方法引入辅助参数 r_1，将量测方程［式（4-13）］进行移项平方处理，得 $(r_{i1} + r_1)^2 = (r_i + v_{i1})^2$，$v_{i1} = cn_{i1}$，展开可得伪线性量测方程如下：

$$r_{i1}^2 = -2(s_i - s_1)^{\mathrm{T}} x - 2r_{i1}r_1 + s_i^{\mathrm{T}} s_i - s_1^{\mathrm{T}} s_1 + 2r_i v_{i1} + v_{i1}^2 \tag{4-18}$$

第 1 步：假设待估位置参数 x 与辅助参数 r_1 没有关系，令 $u' = [x^{\mathrm{T}}, r_1]^{\mathrm{T}}$。假设量测足够小，二阶项 v_{i1}^2 可以忽略，则两边同时除以 2，可得

$$\frac{1}{2}r_{i1}^2=-(\boldsymbol{s}_i-\boldsymbol{s}_1)^{\mathrm{T}}\boldsymbol{x}-r_{i1}r_1+\frac{1}{2}\boldsymbol{s}_i^{\mathrm{T}}\boldsymbol{s}_i-\frac{1}{2}\boldsymbol{s}_1^{\mathrm{T}}\boldsymbol{s}_1+r_iv_{i1} \tag{4-19}$$

转换之后的量测模型可表示为

$$\boldsymbol{z}'=\boldsymbol{H}'\boldsymbol{u}'+\boldsymbol{b}'+\boldsymbol{v}' \tag{4-20}$$

式中，

$$\boldsymbol{z}'=\begin{bmatrix}\frac{1}{2}r_{21}^2\\ \frac{1}{2}r_{31}^2\\ \vdots\\ \frac{1}{2}r_{M1}^2\end{bmatrix},\boldsymbol{H}'=-\begin{bmatrix}(\boldsymbol{s}_2-\boldsymbol{s}_1)^{\mathrm{T}} & r_{21}\\ (\boldsymbol{s}_3-\boldsymbol{s}_1)^{\mathrm{T}} & r_{31}\\ \vdots & \vdots\\ (\boldsymbol{s}_M-\boldsymbol{s}_1)^{\mathrm{T}} & r_{M1}\end{bmatrix},\boldsymbol{b}'=\begin{bmatrix}\frac{1}{2}(\boldsymbol{s}_2^{\mathrm{T}}\boldsymbol{s}_2-\boldsymbol{s}_1^{\mathrm{T}}\boldsymbol{s}_1)\\ \frac{1}{2}(\boldsymbol{s}_3^{\mathrm{T}}\boldsymbol{s}_3-\boldsymbol{s}_1^{\mathrm{T}}\boldsymbol{s}_1)\\ \vdots\\ \frac{1}{2}(\boldsymbol{s}_M^{\mathrm{T}}\boldsymbol{s}_M-\boldsymbol{s}_1^{\mathrm{T}}\boldsymbol{s}_1)\end{bmatrix},\boldsymbol{v}'=\begin{bmatrix}r_2v_{21}\\ r_3v_{31}\\ \vdots\\ r_Mv_{M1}\end{bmatrix} \tag{4-21}$$

通过线性加权最小二乘估计，可得 $\boldsymbol{u}'$ 的优化函数为

$$\hat{\boldsymbol{u}}'=\arg\min_{\boldsymbol{u}'}[\boldsymbol{z}'-\boldsymbol{b}'-\boldsymbol{H}'\boldsymbol{u}']^{\mathrm{T}}\boldsymbol{W}[\boldsymbol{z}'-\boldsymbol{b}'-\boldsymbol{H}'\boldsymbol{u}'] \tag{4-22}$$

因此，第 1 步的解 $\hat{\boldsymbol{u}}'$ 可通过加权最小二乘求解得到，即

$$\hat{\boldsymbol{u}}'=[(\boldsymbol{H}')^{\mathrm{T}}\boldsymbol{W}\boldsymbol{H}']^{-1}(\boldsymbol{H}')^{\mathrm{T}}\boldsymbol{W}(\boldsymbol{z}'-\boldsymbol{b}') \tag{4-23}$$

$$\boldsymbol{P}_{\hat{\boldsymbol{u}}'}=[(\boldsymbol{H}')^{\mathrm{T}}\boldsymbol{W}\boldsymbol{H}']^{-1} \tag{4-24}$$

式中，加权矩阵 $\boldsymbol{W}$ 取量测噪声 $\boldsymbol{v}'$ 的方差的逆：

$$\boldsymbol{W}=\{E[(\boldsymbol{v}'-\bar{\boldsymbol{v}}')(\boldsymbol{v}'-\bar{\boldsymbol{v}}')^{\mathrm{T}}]\}^{-1}=(\boldsymbol{B}_1\boldsymbol{C}_v\boldsymbol{B}_1^{\mathrm{T}})^{-1} \tag{4-25}$$

$$\boldsymbol{B}_1=\mathrm{diag}(r_2,r_3,\cdots,r_m) \tag{4-26}$$

式中，$\bar{\boldsymbol{v}}'$ 为 $\boldsymbol{v}'$ 的均值。可以看出，$\boldsymbol{B}_1$ 中含有未知数 r_i，假设目标离所有的传感器都很远，则 $\boldsymbol{B}_1\approx r\boldsymbol{I}_{M-1}$（$r$ 表示距离常数），因此 $\boldsymbol{W}=\frac{1}{r^2}\boldsymbol{C}_v^{-1}$。将 $\boldsymbol{W}$ 代入式（4-23）得到关于目标位置的粗略解。然后通过粗略解更新加权矩阵 $\boldsymbol{W}$，迭代求解得到精确解。

第 2 步：上述求解过程中假设待估位置参数 $\boldsymbol{x}$ 与辅助参数 r_1 之间相互独立，但其实它们之间有如式（4-11）所示的关系。根据它们之间的关系，构建如下量测模型：

$$\boldsymbol{z}''=\boldsymbol{H}''\boldsymbol{u}''+\boldsymbol{v}'' \tag{4-27}$$

式中，

$$\boldsymbol{u}''=[(\boldsymbol{x}-\boldsymbol{s}_1)\odot(\boldsymbol{x}-\boldsymbol{s}_1)] \tag{4-28}$$

$$\boldsymbol{z}''=\begin{bmatrix}(\hat{\boldsymbol{x}}-\boldsymbol{s}_1)\odot(\hat{\boldsymbol{x}}-\boldsymbol{s}_1)\\ \hat{r}_1^2\end{bmatrix},\ \boldsymbol{H}''=\begin{bmatrix}\boldsymbol{I}_{3\times3}\\ 1_{1\times3}\end{bmatrix} \tag{4-29}$$

$\odot$ 是舒尔乘积，表示两矩阵相应元素的乘积。

第 1 步 $\hat{\boldsymbol{u}}'$ 的估计误差表示为 $\tilde{\boldsymbol{u}}'=[\tilde{\boldsymbol{x}}^{\mathrm{T}},\tilde{r}_1]^{\mathrm{T}}$，那么可得到 $\boldsymbol{v}''$ 为

$$\boldsymbol{v}'' = \begin{bmatrix} 2(\boldsymbol{x}-\boldsymbol{s}_1)\odot\tilde{\boldsymbol{x}} + \tilde{\boldsymbol{x}}\odot\tilde{\boldsymbol{x}} \\ 2r_1\tilde{r}_1 + \tilde{r}_1\tilde{r}_1 \end{bmatrix} \tag{4-30}$$

利用加权最小二乘法可得第 2 步的估计结果为

$$\hat{\boldsymbol{u}}'' = [(\boldsymbol{H}'')^{\mathrm{T}}\boldsymbol{W}''\boldsymbol{H}'']^{-1}(\boldsymbol{H}'')^{\mathrm{T}}\boldsymbol{W}''\boldsymbol{z}'' \tag{4-31}$$

$$\boldsymbol{P}_{\hat{\boldsymbol{u}}''} = [(\boldsymbol{H}'')^{\mathrm{T}}\boldsymbol{W}''\boldsymbol{H}'']^{-1} \tag{4-32}$$

假设第 1 步的估计误差很小，二阶误差项可以忽略，可得 $\boldsymbol{W}''$ 为

$$\boldsymbol{W}'' = (\boldsymbol{B}_2\boldsymbol{P}_{\hat{\boldsymbol{u}}'}\boldsymbol{B}_2^{\mathrm{T}})^{-1} \tag{4-33}$$

$$\boldsymbol{B}_2 = \begin{bmatrix} 2\,\mathrm{diag}(\boldsymbol{x}-\boldsymbol{s}_1) & 0 \\ 0 & 2r_1 \end{bmatrix} \tag{4-34}$$

目标位置 $\hat{\boldsymbol{x}}$ 可由估计结果 $\hat{\boldsymbol{u}}''$ 得到：

$$\hat{\boldsymbol{x}} = \boldsymbol{U}(\hat{\boldsymbol{u}}'')^{1/2} + \boldsymbol{s}_1 \tag{4-35}$$

式中，$\boldsymbol{U} = \mathrm{diag}(\mathrm{sign}(\hat{\boldsymbol{u}}'_{1:3} - \boldsymbol{s}_1))$，其中 $\mathrm{sign}(\cdot)$ 是符号函数，$\hat{\boldsymbol{u}}'$ 是第 1 步的估计结果，由式（4-23）给出，$(\cdot)_{i:j}$ 是由第 i 行到第 j 行元素组成的向量。

在众多基于 TDOA 的目标定位方法中，TWLS 法比其他方法的应用更加广泛，主要因为该方法在计算时不需要给定初始值迭代，且在量测误差较小的情况下，该方法的位置估计误差的协方差可以达到 CRLB。

4.5 基于到达角度的目标定位

基于到达角度（Angle of Arrival，AOA）的目标定位方法通过测量信号的到达角度求解目标的位置。如图 4-3 所示，利用安装在传感器节点上的天线阵列测量目标节点与传感器节点之间的角度 α 和 β，过两个传感器节点且满足角度关系的直线的交点，即目标节点的位置。

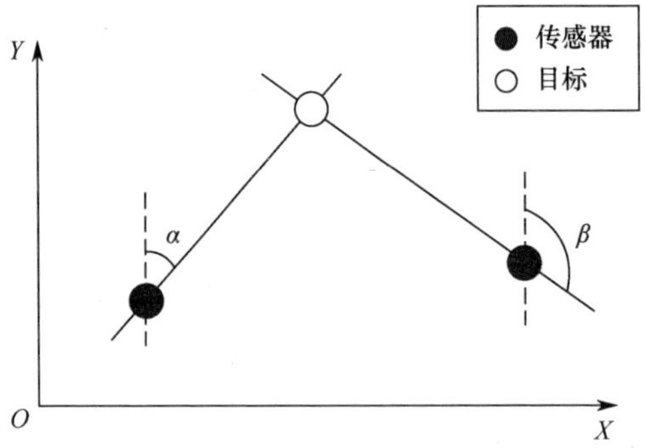

图 4-3　通过角度关系确定目标位置

基于 AOA 的目标定位算法可以根据思考问题的侧重点不同大致分为两类：基于参数估计的目标定位算法和基于几何分析的目标定位算法。其中基于参数

估计的目标定位算法以最小二乘法和极大似然法最常见；基于几何分析的目标定位算法以交叉点法的使用最广泛。

Stansfield 估计器是现有大多数可用的基于 AOA 的目标定位算法的基础。Stansfield 估计器本质上是一个加权最小二乘估计器，当角度量测误差较小时，可以视其为极大似然估计器的近似。但是该算法在计算权重时假设目标和传感器之间的距离已知，而该假设在实际应用中是不成立的。文献[5]提出了一种正交向量法，又称伪线性最小二乘（Pseudo Linear Least Squares，PLS）算法，消除了上述不当假设。它本质上是基于 Stansfield 的加权最小二乘算法的“非加权”版本，当取 Stansfield 方法的权重为单位矩阵时，就得到了 PLS 算法。线性最小二乘算法较易实现，但估计是有偏的，且随着角度量测数目的增加，这种偏差并不会消失。为了消除偏差，辅助变量（Instrumental Variable，IV）法、约束最小二乘（Constrained Least Squares，CLS）法、总体最小二乘（Total Least Squares，TLS）法等被相继提出。其中，IV 引入了辅助变量矩阵；CLS 利用未知参数的二次方程作为约束条件；TLS 则同时考虑了系统矩阵和量测向量的误差，在一定程度上消除了两者引起的偏差。IV 方法的估计结果是渐近无偏的，且其定位的准确性可以达到 CRLB，但是该方法收敛与否严重依赖初始化条件。CLS 和 TLS 的估计结果是渐近极大似然估计，也就是说，这两种算法的定位结果是渐近无偏的。CLS 方法只能解决近似线性模型这类问题，而 TLS 可以应用在多种模型中，其适用范围更广，如用于观察者的位置不确定等情况。

当量测噪声服从高斯分布时，极大似然估计器和非线性最小二乘估计器是等价的。当量测数目趋于无穷时，极大似然估计器是无偏的，且可以达到 CRLB。对于非线性问题，常见的做法是以迭代的方式来解决，以粗糙的初始猜测为起点，采用泰勒级数展开，每一步都提高定位精度，直到定位误差小于某个阈值，迭代算法才终止。但是，迭代方式有一个很大的缺陷，即无法保证收敛性，很多算法都只能收敛到局部最小点。

交叉点法的几何依据是对于二维空间，两条线可以交于一点，因此只需要两个传感器节点即可得到目标节点的坐标。当传感器节点个数较多时，可以得到多个交点，最直接的方法是将所有交点的权重设置成一样，也就是取均值得到目标节点坐标。文献[6]提出了一种给不同交点加权的方法，称为敏感度分析（Sensitivity Analysis，SA）法。该方法将交点位置表达式关于到达角度的一阶偏导数或更高阶偏导数作为交点对到达角度变化的敏感度指标，并以此敏感度指标的倒数作为交叉点的权重。

假设传感器位置已知，其坐标为 $\boldsymbol{p}_i = [x_i, y_i]^{\mathrm{T}}$，$i = 1, 2, \cdots, N$；目标位置未知，其坐标为 $\boldsymbol{p}_{\mathrm{T}} = [x_{\mathrm{T}}, y_{\mathrm{T}}]^{\mathrm{T}}$。AOA 量测的几何分布如图 4-4 所示。

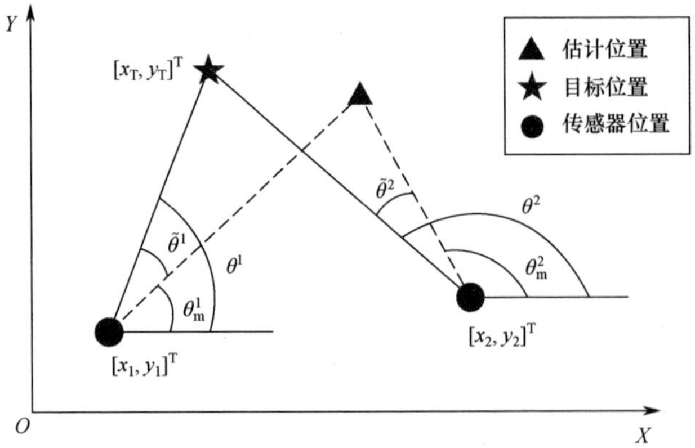

图 4-4　AOA 量测的几何分布

假设传感器节点 i 可以提供自传感器节点 i 到目标节点的 AOA 量测 θ_m^i。根据几何特性，可以得到如下形式的 AOA 量测方程：

$$\theta_m^i = \theta^i + v_i = \arctan\left(\frac{y_T - y_i}{x_T - x_i}\right) + v_i \tag{4-36}$$

式中，θ^i 是 AOA 量测真值，v_i 是 AOA 量测对应的加性高斯噪声，其均值为 0，方差为 σ_i^2。为了简化问题，假设 AOA 量测噪声之间相互独立，则噪声的协方差矩阵可以记为 $\boldsymbol{Q} = \text{diag}(\sigma_1^2, \sigma_2^2, \cdots, \sigma_N^2)$。式（4-36）可改写为如下形式：

$$\theta_m^i = h^i(\boldsymbol{p}_T) + v_i \tag{4-37}$$

对应的向量形式为

$$\boldsymbol{z} = \boldsymbol{h}(\boldsymbol{p}_T) + \boldsymbol{v} \tag{4-38}$$

式中，

$$\boldsymbol{z} = [\theta_m^1, \theta_m^2, \cdots, \theta_m^N]^T \tag{4-39}$$

$$\boldsymbol{h}(\boldsymbol{p}_T) = [h^1(\boldsymbol{p}_T), h^2(\boldsymbol{p}_T), \cdots, h^N(\boldsymbol{p}_T)]^T \tag{4-40}$$

$$\boldsymbol{v} = [\tilde{\theta}^1, \tilde{\theta}^2, \cdots, \tilde{\theta}^N]^T \tag{4-41}$$

本节的目标是讨论如何处理非线性的 AOA 量测方程（4-38），从而得到目标位置的估计结果。

4.5.1　基于参数估计的目标定位算法

PLS 算法是基于参数估计的目标定位方法中的典型算法。该算法的主要思想是对非线性量测方程进行近似得到线性量测方程，从而利用最小二乘法得到位置估计的解析解。值得一提的是，PLS 算法在得出目标位置估计的同时，也能得出估计值的误差协方差矩阵。

在 PLS 算法中，角度量测方程（4-36）可以展开并近似得到如下线性量测方程：

$$\sin\theta_{\mathrm{m}}^{i}x_{\mathrm{T}}-\cos\theta_{\mathrm{m}}^{i}y_{\mathrm{T}}=\sin\theta_{\mathrm{m}}^{i}x_{i}-\cos\theta_{\mathrm{m}}^{i}y_{i}+\varepsilon_{i},\quad i=1,2,\cdots,N \tag{4-42}$$

式中，

$$\varepsilon_{i}=\cos\theta_{\mathrm{m}}^{i}\tan\tilde{\theta}^{i}(1+\tan\theta^{i}\tan\theta_{\mathrm{m}}^{i})(x_{i}-x_{\mathrm{T}}) \tag{4-43}$$

方程式（4-42）对应的矩阵形式为

$$\boldsymbol{A}\boldsymbol{p}_{\mathrm{T}}=\boldsymbol{b}+\boldsymbol{\varepsilon} \tag{4-44}$$

式中，

$$\boldsymbol{A}=\begin{bmatrix}\sin\theta_{\mathrm{m}}^{1} & -\cos\theta_{\mathrm{m}}^{1}\\ \sin\theta_{\mathrm{m}}^{2} & -\cos\theta_{\mathrm{m}}^{2}\\ \vdots & \vdots\\ \sin\theta_{\mathrm{m}}^{N} & -\cos\theta_{\mathrm{m}}^{N}\end{bmatrix},\ \boldsymbol{b}=\begin{bmatrix}\sin\theta_{\mathrm{m}}^{1}x_{i}-\cos\theta_{\mathrm{m}}^{1}y_{i}\\ \sin\theta_{\mathrm{m}}^{2}x_{i}-\cos\theta_{\mathrm{m}}^{2}y_{i}\\ \vdots\\ \sin\theta_{\mathrm{m}}^{N}x_{i}-\cos\theta_{\mathrm{m}}^{N}y_{i}\end{bmatrix},\ \boldsymbol{\varepsilon}=[\varepsilon_{1}\quad\varepsilon_{2}\quad\cdots\quad\varepsilon_{N}]^{\mathrm{T}} \tag{4-45}$$

式（4-44）的 LS 估计及其相应的方差为

$$\hat{\boldsymbol{p}}_{\mathrm{T}}=(\boldsymbol{A}^{\mathrm{T}}\boldsymbol{A})^{-1}\boldsymbol{A}^{\mathrm{T}}\boldsymbol{b} \tag{4-46}$$

$$\mathrm{cov}(\hat{\boldsymbol{p}}_{\mathrm{T}})=(\boldsymbol{A}^{\mathrm{T}}\boldsymbol{A})^{-1}\boldsymbol{A}^{\mathrm{T}}\boldsymbol{\Lambda}((\boldsymbol{A}^{\mathrm{T}}\boldsymbol{A})^{-1}\boldsymbol{A}^{\mathrm{T}})^{\mathrm{T}} \tag{4-47}$$

式中，

$$\begin{cases}\boldsymbol{\Lambda}=\mathrm{diag}(\Lambda_{1},\Lambda_{2},\cdots,\Lambda_{N})\\ \Lambda_{i}=\sigma_{i}^{2}[(x_{i}-x_{\mathrm{T}})^{2}+(y_{i}-y_{\mathrm{T}})^{2}]\end{cases} \tag{4-48}$$

4.5.2　基于几何分析的目标定位算法

交叉点定位法是简单且直观的基于几何分析的目标定位算法，当不存在量测误差时，角度量测必定可以交于目标位置点。然而，在实际环境中，得到的角度量测往往是受噪声影响的，由于量测误差的存在，通常可能会得到多个交点，如图 4-5 所示。当传感器个数为 4 时，至多可以得到 6 个交点，在图 4-5 中以◆标记的两个类型Ⅱ的交点离真实的目标位置距离太远，如果将其视为目标位置的估计，则极不准确。

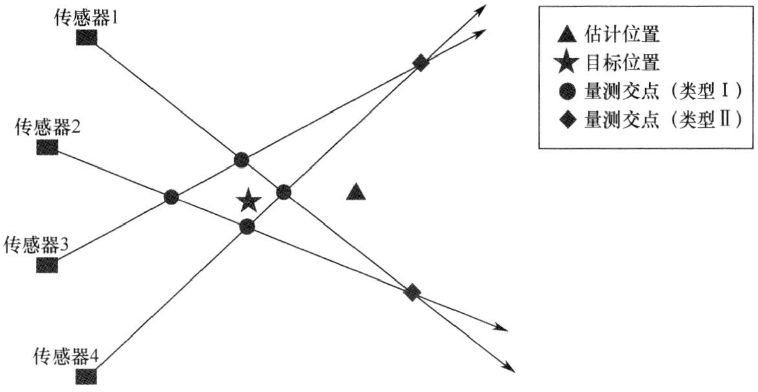

图 4-5　交叉点定位示意

目前最简单的交叉点定位法取所有交叉点的均值作为目标位置的估计，即

$$\begin{bmatrix}\hat{x}_{\mathrm{T}}\\ \hat{y}_{\mathrm{T}}\end{bmatrix}=\begin{bmatrix}\dfrac{1}{C_N^2}\sum_{i=1}^{N-1}\sum_{j=i+1}^{N}\hat{x}_{\mathrm{T}}^{i,j}\\ \dfrac{1}{C_N^2}\sum_{i=1}^{N-1}\sum_{j=i+1}^{N}\hat{y}_{\mathrm{T}}^{i,j}\end{bmatrix} \tag{4-49}$$

式中，N 为传感器个数；$C_N^2=\dfrac{N(N-1)}{2}$；$[\hat{x}_{\mathrm{T}}^{i,j},\hat{y}_{\mathrm{T}}^{i,j}]^{\mathrm{T}}$ 为第 i 个传感器和第 j 个传感器 AOA 量测的交点坐标。通过简单的几何推导，可以得到

$$\begin{bmatrix}\hat{x}_{\mathrm{T}}^{i,j}\\ \hat{y}_{\mathrm{T}}^{i,j}\end{bmatrix}=\begin{bmatrix}\dfrac{y_i-x_i\tan\theta_{\mathrm{m}}^i-y_j+x_j\tan\theta_{\mathrm{m}}^j}{\tan\theta_{\mathrm{m}}^j-\tan\theta_{\mathrm{m}}^i}\\ \dfrac{x_i-y_i\cot\theta_{\mathrm{m}}^i-x_j+y_j\cot\theta_{\mathrm{m}}^j}{\cot\theta_{\mathrm{m}}^j-\cot\theta_{\mathrm{m}}^i}\end{bmatrix} \tag{4-50}$$

按照上述方法，图 4-5 中得到的估计位置用▲表示，离真实目标距离较远，这一误差是由于将所有交点一视同仁导致的。为了避免出现这种情况，应该削弱类似以◆表示的点在估计最终位置时所起的作用。基于这种思想，出现了很多交点加权定位算法，敏感度分析（Sensitivity Analysis，SA）是其中之一。SA 将交点敏感度指标定义为交点位置表达式关于到达角度的一阶偏导数或更高阶偏导数。交点的偏导数值越低，说明交点对量测角度的敏感度越低，反之亦然。因此，SA 中的交点权重定义为

$$\begin{bmatrix}\tilde{w}_{i,j}^{\mathrm{SA}_x}\\ \tilde{w}_{i,j}^{\mathrm{SA}_y}\end{bmatrix}=\begin{bmatrix}\dfrac{1}{\sqrt{\left(\dfrac{\partial\hat{x}_{\mathrm{T}}^{i,j}}{\partial\theta_{\mathrm{m}}^i}\right)^2+\left(\dfrac{\partial\hat{x}_{\mathrm{T}}^{i,j}}{\partial\theta_{\mathrm{m}}^j}\right)^2}}\\ \dfrac{1}{\sqrt{\left(\dfrac{\partial\hat{y}_{\mathrm{T}}^{i,j}}{\partial\theta_{\mathrm{m}}^i}\right)^2+\left(\dfrac{\partial\hat{y}_{\mathrm{T}}^{i,j}}{\partial\theta_{\mathrm{m}}^j}\right)^2}}\end{bmatrix} \tag{4-51}$$

对该权重进行归一化处理后得到如下归一化权重：

$$\begin{bmatrix}w_{i,j}^{\mathrm{SA}_x}\\ w_{i,j}^{\mathrm{SA}_y}\end{bmatrix}=\begin{bmatrix}\dfrac{\tilde{w}_{i,j}^{\mathrm{SA}_x}}{\sum_{i=1}^{N-1}\sum_{j=i+1}^{N}\tilde{w}_{i,j}^{\mathrm{SA}_x}}\\ \dfrac{\tilde{w}_{i,j}^{\mathrm{SA}_y}}{\sum_{i=1}^{N-1}\sum_{j=i+1}^{N}\tilde{w}_{i,j}^{\mathrm{SA}_y}}\end{bmatrix} \tag{4-52}$$

该方法合理地赋予敏感度高的交点较小的权重，赋予敏感度低的交点较大的权

重，从而得到如下交点加权定位估计结果：

$$\begin{bmatrix} \hat{x}_{\mathrm{T}}^{\mathrm{SA}} \\ \hat{y}_{\mathrm{T}}^{\mathrm{SA}} \end{bmatrix} = \begin{bmatrix} \sum_{i=1}^{N-1}\sum_{j=i+1}^{N} w_{i,j}^{\mathrm{SA}_x}\hat{x}_{\mathrm{T}}^{i,j} \\ \sum_{i=1}^{N-1}\sum_{j=i+1}^{N} w_{i,j}^{\mathrm{SA}_y}\hat{y}_{\mathrm{T}}^{i,j} \end{bmatrix} \tag{4-53}$$

4.6 扩维最小二乘目标定位

4.6.1 扩维非线性最小二乘估计

基于量测的目标定位的原理都是获取能量或信号等传感器测量后进行信息处理，运用目标与传感器之间的距离或相对角度进行多源信息目标位置估计，距离和角度相对于目标位置都是非线性的，所以基于量测的目标定位都是非线性估计问题。

3.3.2 节介绍了 4 类非线性最小二乘估计方法，这些方法被广泛运用于本章前几节所述的目标定位问题中，然而这些方法本质上均为线性最小二乘估计方法，只是通过不同的方法对原始量测函数进行了线性转换。因此，如果估计器与原始量测为非线性关系，则估计器的性能仍有提升空间，可以获得更精准的目标位置估计结果。我们等在文献[7]中提出了一种扩维非线性最小二乘估计方法，通过使用原始量测的非线性转换对原始量测进行扩维，并进行最小二乘估计，提升了估计性能。

由 3.3.2 节可知，对于非线性模型

$$\boldsymbol{z} = \boldsymbol{h}(\boldsymbol{x}, \breve{\boldsymbol{v}}) \tag{4-54}$$

可得其统一线性化形式为

$$\boldsymbol{h}(\boldsymbol{x}, \breve{\boldsymbol{v}}) \approx \boldsymbol{L}_h(\boldsymbol{x}, \boldsymbol{v}) = \boldsymbol{h}(\boldsymbol{x}_0, \boldsymbol{v}) + \boldsymbol{H}(\boldsymbol{x} - \boldsymbol{x}_0) + \boldsymbol{v} \tag{4-55}$$

式中，$\boldsymbol{H} = \left.\dfrac{\partial \boldsymbol{h}(\boldsymbol{x}, \breve{\boldsymbol{v}})}{\partial \boldsymbol{x}}\right|_{\boldsymbol{x}=\boldsymbol{x}_0, \breve{\boldsymbol{v}}=\boldsymbol{0}}$；$\boldsymbol{v}$ 的一、二阶矩分别为

$$\bar{\boldsymbol{v}} = E[\boldsymbol{v}] = E[\boldsymbol{h}(\boldsymbol{x}_0, \breve{\boldsymbol{v}}) - \boldsymbol{h}(\boldsymbol{x}_0, 0)] \tag{4-56}$$

$$\boldsymbol{C}_v = \mathrm{cov}(\boldsymbol{v}, \boldsymbol{v}) = E[(\boldsymbol{h}(\boldsymbol{x}_0, \breve{\boldsymbol{v}}) - \boldsymbol{h}(\boldsymbol{x}_0, 0))(\cdot)^{\mathrm{T}}] \tag{4-57}$$

则 $\boldsymbol{x}$ 基于统一线性化的最小二乘估计的优化函数可写为

$$\hat{\boldsymbol{x}}^{\mathrm{LLS}} = \arg\min_{\boldsymbol{x}} (\tilde{\boldsymbol{z}} - \boldsymbol{H}(\boldsymbol{x} - \boldsymbol{x}_0))^{\mathrm{T}} \boldsymbol{C}_v^{-1} (\tilde{\boldsymbol{z}} - \boldsymbol{H}(\boldsymbol{x} - \boldsymbol{x}_0)) \tag{4-58}$$

因此，$\boldsymbol{x}$ 的最小二乘估计及估计误差分别为

$$\hat{\boldsymbol{x}}^{\mathrm{LLS}} = (\boldsymbol{H}^{\mathrm{T}} \boldsymbol{C}_v^{-1} \boldsymbol{H})^{-1} \boldsymbol{H}^{\mathrm{T}} \boldsymbol{C}_v^{-1} (\tilde{\boldsymbol{z}} + \boldsymbol{H}\boldsymbol{x}_0) \tag{4-59}$$

$$\boldsymbol{P}_{\hat{\boldsymbol{x}}^{\mathrm{LLS}}} = (\boldsymbol{H}^{\mathrm{T}} \boldsymbol{C}_v^{-1} \boldsymbol{H})^{-1} \tag{4-60}$$

假设 $\boldsymbol{y} = \boldsymbol{\varphi}(\boldsymbol{z})$ 是量测 $\boldsymbol{z}$ 的非线性转换，其中，$\boldsymbol{z} = \boldsymbol{h}(\boldsymbol{x}, \breve{\boldsymbol{v}})$，则扩维量测表示为

$$\boldsymbol{z}^{\mathrm{a}} \triangleq \begin{bmatrix} \boldsymbol{z} \\ \boldsymbol{y} \end{bmatrix} = \begin{bmatrix} \boldsymbol{z} \\ \boldsymbol{\varphi}(\boldsymbol{z}) \end{bmatrix} = \begin{bmatrix} \boldsymbol{h}(\boldsymbol{x},\breve{\boldsymbol{v}}) \\ \boldsymbol{\varphi}(\boldsymbol{h}(\boldsymbol{x},\breve{\boldsymbol{v}})) \end{bmatrix} \tag{4-61}$$

扩维量测 $\boldsymbol{y} = \boldsymbol{\varphi}(\boldsymbol{z})$ 的设计与统一线性化密切相关，为了得到扩维量测的统一线性化形式，根据 3.3.2 节中的假设条件，$\boldsymbol{\varphi}(\boldsymbol{h}(\cdot))$ 需要满足如下假设。

（1）$\boldsymbol{\varphi}(\boldsymbol{h}(\cdot))$ 是连续可导的，且在给定点 $(\boldsymbol{x}_0, 0)$ 的邻域内，该函数可由一阶泰勒级数展开近似表示。

（2）$\boldsymbol{L}_{\varphi}$ 在统一线性化形式下的一、二阶矩与 $\boldsymbol{\varphi}(\boldsymbol{h}(\boldsymbol{x}_0,\breve{\boldsymbol{v}}))$ 一致。

基于上述假设，扩维量测［式（4-61）］的统一线性化形式可表示为

$$\boldsymbol{z}^{\mathrm{a}} \approx \boldsymbol{L}_{h,\varphi}(\boldsymbol{x},\boldsymbol{v}^{\mathrm{a}}) = \boldsymbol{b}^{\mathrm{a}} + \boldsymbol{H}^{\mathrm{a}}(\boldsymbol{x}-\boldsymbol{x}_0) + \boldsymbol{v}^{\mathrm{a}} \tag{4-62}$$

式中，

$$\boldsymbol{b}^{\mathrm{a}} = \begin{bmatrix} \boldsymbol{h}(\boldsymbol{x}_0,0) \\ \boldsymbol{\varphi}(\boldsymbol{h}(\boldsymbol{x}_0,0)) \end{bmatrix},\ \boldsymbol{H}^{\mathrm{a}} = \begin{bmatrix} \boldsymbol{H} \\ \boldsymbol{H}_y \end{bmatrix},\ \boldsymbol{v}^{\mathrm{a}} = \begin{bmatrix} \boldsymbol{v} \\ \boldsymbol{v}_y \end{bmatrix} \tag{4-63}$$

$$\boldsymbol{H}_y = \frac{\partial \boldsymbol{\varphi}(\boldsymbol{h}(\boldsymbol{x},\breve{\boldsymbol{v}}))}{\partial \boldsymbol{h}} \frac{\partial \boldsymbol{h}(\boldsymbol{x},\breve{\boldsymbol{v}})}{\partial \boldsymbol{x}}\bigg|_{\boldsymbol{x}=\boldsymbol{x}_0,\breve{\boldsymbol{v}}=0} \tag{4-64}$$

式中，$\boldsymbol{H}$ 与式（4-55）中的定义一致；$\boldsymbol{v}^{\mathrm{a}}$ 的一、二阶矩可计算为

$$\bar{\boldsymbol{v}}^{\mathrm{a}} = E[\boldsymbol{v}^{\mathrm{a}}] = E\begin{bmatrix} \boldsymbol{h}(\boldsymbol{x}_0,\breve{\boldsymbol{v}}) - \boldsymbol{h}(\boldsymbol{x}_0,0) \\ \boldsymbol{\varphi}(\boldsymbol{h}(\boldsymbol{x}_0,\breve{\boldsymbol{v}})) - \boldsymbol{\varphi}(\boldsymbol{h}(\boldsymbol{x}_0,0)) \end{bmatrix} \tag{4-65}$$

$$\boldsymbol{C}_{\boldsymbol{v}^{\mathrm{a}}} = \mathrm{cov}(\boldsymbol{v}^{\mathrm{a}}) = E\left[\left(\begin{bmatrix} \boldsymbol{h}(\boldsymbol{x}_0,\breve{\boldsymbol{v}}) - \boldsymbol{h}(\boldsymbol{x}_0,0) \\ \boldsymbol{\varphi}(\boldsymbol{h}(\boldsymbol{x}_0,\breve{\boldsymbol{v}})) - \boldsymbol{\varphi}(\boldsymbol{h}(\boldsymbol{x}_0,0)) \end{bmatrix} - \bar{\boldsymbol{v}}^{\mathrm{a}}\right)(\cdot)^{\mathrm{T}}\right] \tag{4-66}$$

基于扩维量测 $\boldsymbol{z}^{\mathrm{a}}$ 的统一线性化形式（4-62），扩维非线性最小二乘（Augmented Nonlinear Least Squares，ANLS）估计器表示为

$$\hat{\boldsymbol{x}}^{\mathrm{ANLS}} = ((\boldsymbol{H}^{\mathrm{a}})^{\mathrm{T}} \boldsymbol{C}_{\boldsymbol{v}^{\mathrm{a}}}^{-1} \boldsymbol{H}^{\mathrm{a}})^{-1} (\boldsymbol{H}^{\mathrm{a}})^{\mathrm{T}} \boldsymbol{C}_{\boldsymbol{v}^{\mathrm{a}}}^{-1} (\tilde{\boldsymbol{z}}^{\mathrm{a}} + \boldsymbol{H}^{\mathrm{a}} \boldsymbol{x}_0) \tag{4-67}$$

$$\boldsymbol{P}_{\hat{\boldsymbol{x}}^{\mathrm{ANLS}}} = ((\boldsymbol{H}^{\mathrm{a}})^{\mathrm{T}} \boldsymbol{C}_{\boldsymbol{v}^{\mathrm{a}}}^{-1} \boldsymbol{H}^{\mathrm{a}})^{-1} \tag{4-68}$$

式中，$\tilde{\boldsymbol{z}}^{\mathrm{a}} = \boldsymbol{z}^{\mathrm{a}} - \boldsymbol{b}^{\mathrm{a}} - \bar{\boldsymbol{v}}^{\mathrm{a}}$。

文献[7]证明了 ANLS 估计器的均方误差矩阵 $\boldsymbol{P}_{\hat{\boldsymbol{x}}^{\mathrm{ANLS}}}$ 可表示为如下分离形式：

$$\boldsymbol{P}_{\hat{\boldsymbol{x}}^{\mathrm{ANLS}}} = [(\boldsymbol{H}^{\mathrm{a}})^{\mathrm{T}} \boldsymbol{C}_{\boldsymbol{v}^{\mathrm{a}}}^{-1} \boldsymbol{H}^{\mathrm{a}}]^{-1} = \boldsymbol{P}_{\hat{\boldsymbol{x}}^{\mathrm{LLS}}} - \boldsymbol{P}_{\boldsymbol{x}}^{\mathrm{a}} \tag{4-69}$$

式中，$\boldsymbol{P}_{\hat{\boldsymbol{x}}^{\mathrm{LLS}}}$ 表示未使用非线性转换扩维时，基于统一线性化的最小二乘估计的均方误差矩阵，如式（4-60）所示；$\boldsymbol{P}_{\boldsymbol{x}}^{\mathrm{a}}$ 表示由扩维量测 $\boldsymbol{\varphi}(\boldsymbol{z})$ 减小的均方误差。因此，基于扩维的估计器的 MSE 小于使用原始量测的估计器。

非线性量测不相关转换可以扩维增息，并通过将扩维项引入线性估计框架，构成新的非线性估计器，突破传统的线性结构。非线性不相关扩维可以增加传统线性估计器无法表达的信息，从而改进估计性能。非线性转换的选取需要满足一定的假设，当转换函数为线性函数时，该转换对于提升估计性能将不起作用。

对于扩维函数 $\boldsymbol{\varphi}(\boldsymbol{z})$ 的设计有以下几点建议。

（1）$\boldsymbol{\varphi}(\boldsymbol{z})$ 应是量测 $\boldsymbol{z}$ 的非线性函数。

（2）$\boldsymbol{\varphi}(\boldsymbol{z})$ 应与被估计量 $\boldsymbol{x}$ 相关。

（3）$\boldsymbol{\varphi}(\boldsymbol{z})$ 的设计应有利于得到统一线性化形式。

下面通过一个实例来演示 ANLS 估计器的应用方法。

假设量测模型为

$$z_i = h(x) = \frac{1}{x} + v_i \tag{4-70}$$

式中，x 为待估参数；量测为 $\boldsymbol{z} = [z_1, z_2, \cdots, z_m]^{\mathrm{T}}$；高斯白噪声 $\boldsymbol{v} = [v_1, v_2, \cdots, v_m]^{\mathrm{T}}$ 的均值为零，方差为 $\boldsymbol{C}_v$。

假设非线性扩维量测模型可表示为

$$y_i = \varphi(z_i) = z_i^2 = \left(\frac{1}{x} + v_i\right)^2 \tag{4-71}$$

令 $\boldsymbol{y} \triangleq [y_1, y_2, \cdots, y_m]^{\mathrm{T}}$，扩维量测 $\boldsymbol{z}^{\mathrm{a}} = [\boldsymbol{z}^{\mathrm{T}}, \boldsymbol{y}^{\mathrm{T}}]^{\mathrm{T}}$ 的统一线性化形式可表示为

$$\boldsymbol{z}^{\mathrm{a}} \approx \boldsymbol{L}_{h,\varphi}(x, \boldsymbol{v}^{\mathrm{a}}) = \boldsymbol{b}^{\mathrm{a}} + \boldsymbol{H}^{\mathrm{a}}(x - x_0) + \boldsymbol{v}^{\mathrm{a}} \tag{4-72}$$

式中，x_0 为给定初始值；

$$\boldsymbol{b}^{\mathrm{a}} = \begin{bmatrix} \boldsymbol{b} \\ \boldsymbol{b}_y \end{bmatrix},\ \boldsymbol{H}^{\mathrm{a}} = \begin{bmatrix} \boldsymbol{H} \\ \boldsymbol{H}_y \end{bmatrix},\ \boldsymbol{v}^{\mathrm{a}} = \begin{bmatrix} \boldsymbol{v} \\ \boldsymbol{v}_y \end{bmatrix} \tag{4-73}$$

式中，

$$\boldsymbol{b} = \begin{bmatrix} \frac{1}{x_0} \\ \vdots \\ \frac{1}{x_0} \end{bmatrix},\ \boldsymbol{b}_y = \begin{bmatrix} \frac{1}{x_0^2} \\ \vdots \\ \frac{1}{x_0^2} \end{bmatrix},\ \boldsymbol{H} = -\begin{bmatrix} \frac{1}{x_0^2} \\ \vdots \\ \frac{1}{x_0^2} \end{bmatrix},\ \boldsymbol{H}_y = -2\begin{bmatrix} \frac{1}{x_0^3} \\ \vdots \\ \frac{1}{x_0^3} \end{bmatrix},\ \boldsymbol{v}_y = 2\begin{bmatrix} \frac{v_1}{x_0} + v_1^2 \\ \frac{v_2}{x_0} + v_2^2 \\ \vdots \\ \frac{v_m}{x_0} + v_m^2 \end{bmatrix} \tag{4-74}$$

因此，$\boldsymbol{x}$ 的 ANLS 估计为

$$\hat{\boldsymbol{x}}^{\mathrm{ANLS}} = [(\boldsymbol{H}^{\mathrm{a}})^{\mathrm{T}}\boldsymbol{W}^{\mathrm{a}}\boldsymbol{H}^{\mathrm{a}}]^{-1}(\boldsymbol{H}^{\mathrm{a}})^{\mathrm{T}}\boldsymbol{W}^{\mathrm{a}}(\tilde{\boldsymbol{z}}^{\mathrm{a}} + \boldsymbol{H}^{\mathrm{a}}x_0) \tag{4-75}$$

$$\boldsymbol{P}_{\hat{x}^{\mathrm{ANLS}}} = [(\boldsymbol{H}^{\mathrm{a}})^{\mathrm{T}}\boldsymbol{W}^{\mathrm{a}}\boldsymbol{H}^{\mathrm{a}}]^{-1} \tag{4-76}$$

式中，$\tilde{\boldsymbol{z}}^{\mathrm{a}} = \boldsymbol{z}^{\mathrm{a}} - \boldsymbol{b}^{\mathrm{a}} - \bar{\boldsymbol{v}}^{\mathrm{a}}$；$\boldsymbol{W}^{\mathrm{a}} = \mathrm{E}[(\boldsymbol{v}^{\mathrm{a}} - \bar{\boldsymbol{v}}^{\mathrm{a}})(\boldsymbol{v}^{\mathrm{a}} - \bar{\boldsymbol{v}}^{\mathrm{a}})^{\mathrm{T}}]$ 可采用确定性采样方法计算得到。

使用任何非线性转换的 ANLS 估计器都可以提高估计性能，但实际问题的特性仍然应予以充分考虑，以获得更好的估计性能。ANLS 方法为非线性最小二乘问题提供了一个通用的框架。对于实际问题，为了获得更好的性能，需要考虑问题的特殊性来设计扩维函数。

4.6.2 仿真验证及分析

在本节中，如文献[7]所设计的，考虑在浅海环境中，针对水声传感器网络中声速确定基于 TDOA 量测的传感器节点定位，比较 TWLS、ML、ANLS 和两步扩维非线性最小二乘法（Two-step Augmented Nonlinear Least Squares，T-ANLS）4 种方法。

ML 方法的求解采用 Gauss-Newton 算法，初始值由 TWLS 方法计算，仿真实验表明该方法至少需要 3 次迭代才能收敛。

TDOA 量测通过加上均值为零、方差为 $\boldsymbol{C}_v=\sigma^2\boldsymbol{R}$ 的高斯白噪声，其中 $\boldsymbol{R}$ 是 $(M-1)\times(M-1)$ 维矩阵，M 为传感器数量，该矩阵对角元素为 1，其他元素为 0.5。噪声水平 σ^2 从 −40dB 到 0dB。仿真结果通过 5000 次蒙特卡罗得到。位置估计的精度由均方根误差（RMSE）和估计偏差范数（BIAS）评估，分别定义为

$$\mathrm{RMSE}=\sqrt{\frac{\sum_{n=1}^{N}(\hat{\boldsymbol{x}}_n-\boldsymbol{x})^{\mathrm{T}}(\hat{\boldsymbol{x}}_n-\boldsymbol{x})}{N}} \tag{4-77}$$

$$\mathrm{BIAS}=\left\|\frac{\sum_{n=1}^{N}\hat{\boldsymbol{x}}_n}{N}-\boldsymbol{x}\right\| \tag{4-78}$$

式中，N 为蒙特卡罗次数。

目标声源的位置为 $\boldsymbol{x}=[8,22]^{\mathrm{T}}$，各传感器的具体位置如表 4-1 所示。

表 4-1　各传感器的具体位置

序　号	1	2	3	4	5	6	7	8	9	10
x_i	0	−5	4	−2	7	−7	2	−4	3	1
y_i	0	8	6	4	3	5	5	2	3	8

表 4-2 比较了随传感器数量的变化，各个目标定位算法的均方误差的变化，其中，$\mathrm{MSE}(\hat{\boldsymbol{x}})=E[(\hat{\boldsymbol{x}}-\boldsymbol{x})^{\mathrm{T}}(\hat{\boldsymbol{x}}-\boldsymbol{x})]$，其结果通过 5000 次蒙特卡罗得到，量测误差方差设为 0.01m^2。

表 4-2　各目标定位算法的 MSE 比较（$\sigma^2=0.01\mathrm{m}^2$）

传感器数目	4	5	6	7	8	9	10
TWLS	4.9875	1.6903	1.5017	1.2146	1.1076	1.0854	0.9983
ML	不收敛	1.6255	1.4690	1.2097	1.1008	1.0603	0.9315
ANLS	4.8605	1.5766	1.4632	1.2087	1.0920	1.0514	0.9148
T-ANLS	4.2910	1.5455	1.4407	1.1891	1.0765	1.0349	0.9128

由表 4-2 可得出以下结论。

（1）当传感器数量较少时，ML 方法即使在噪声较小的情况下也会出现估计结果不收敛的现象。在几何精度因子较差的情况下，泰勒级数展开的高阶项对定位精度的影响很显著，这对 ML 方法影响很大。在传感器数量为 4 的情况下，由于几何精度因子较差，ML 方法的估计结果不收敛。除了这种情况，ML 方法的估计精度都表现较好。

（2）随着传感器数量的增加，各目标定位方法的 MSE 逐渐变小。从表 4-2 可以看出，在所设定的噪声水平下，所有的方法在传感器数量逐步增加的情况下，MSE 都变小，说明传感器数量的增加对定位精度的提升有很大的贡献。

（3）T-ANLS 方法的估计 MSE 是最小的，并且随着传感器数量的增加，估计精度进一步提高。在对扩维量测方程进行统一线性化的过程中，尽管对原始量测通过泰勒级数展开线性化，但是从表 4-2 可以看出，扩维项不仅改善了几何精度因子较差情况下的估计结果，并且估计精度表现良好。

（4）T-ANLS 方法相比 ANLS 方法在估计精度上提高不大。在传感器数量较少的情况下，第 2 步对精度有一定的改善作用。但是随着传感器数量的增加，第 2 步对精度的改善效果不太显著。这进一步说明，第 1 步的量测信息在一定程度上得到了充分使用。

各目标定位算法的位置均方根误差和位置偏差范数分别如图 4-6 和图 4-7 所示。

由图 4-6 和图 4-7 可以得出以下结论。

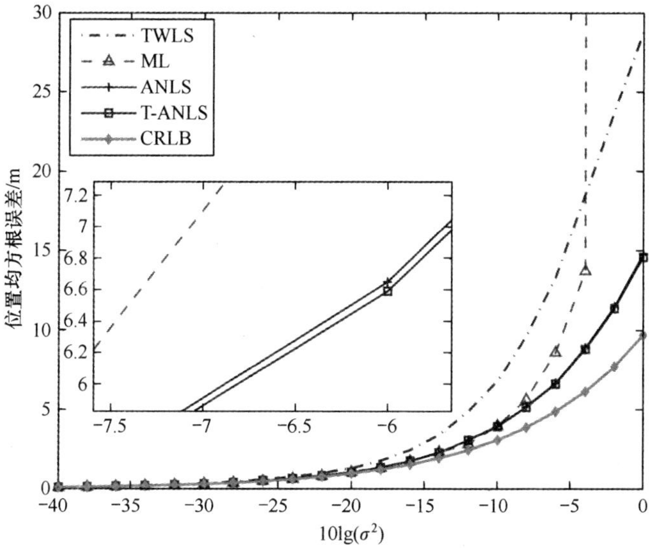

图 4-6　位置均方根误差

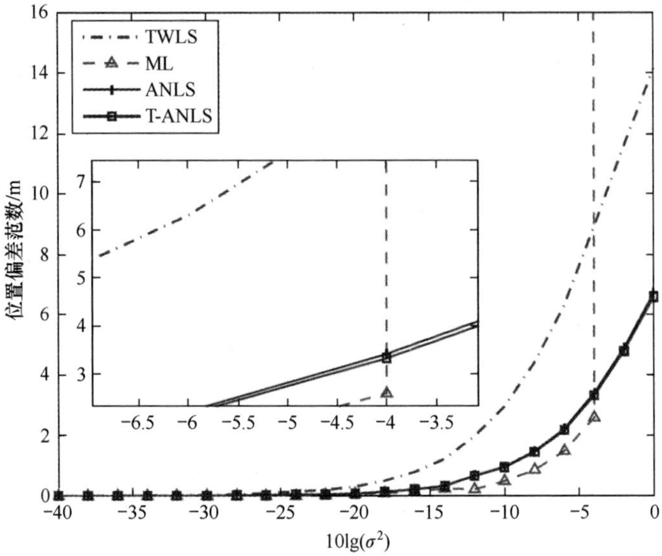

图 4-7　位置偏差范数

（1）在低噪声水平下，4 种方法都能达到 CRLB 下界。随着噪声水平的提高，ML 方法的位置均方根误差和位置偏差范数都不能收敛。

（2）在高噪声水平下，ANLS 方法和 T-ANLS 方法的估计性能较 ML 方法和 TWLS 方法有明显的提升。这是因为进行非线性扩维后，量测信息得到了更加充分的利用，估计结果的均方根误差减小了。此外，T-ANLS 方法的估计性能较 ANLS 方法提升得并不是很明显，这说明第 1 步的量测信息通过扩维已经得到了充分利用，因此第 2 步对估计性能的提升不是很明显，这与表 4-2 中的结论是一致的。

（3）在高噪声水平的情况下，ANLS 方法和 T-ANLS 方法的估计精度较 TWLS 方法有较大的提升。一部分原因是前两种方法进一步提取了量测信息，主要原因还是在于 TWLS 方法在计算过程中忽略了噪声的高阶项，这导致在高噪声水平下，其估计性能较差。

4.7　基于检测的目标定位

基于检测的目标定位与基于量测的目标定位不同，前者无须获取目标与传感器之间的距离和角度等信息，或者说当传感器误差非常大时，只能将它们作为权值来处理。这类定位方法只能依靠观测站的物理部署和简单的二进制探测信息（“有”和“无”）对目标位置进行估计。基于检测的目标定位方法主要有质心定位法、加权质心定位法、近似三角形内点测试定位法、距离向量跳数定位法等。它们虽然能估计出目标的具体位置，但是估计位置与目标真实位置的偏差依赖观测站的部署密度，一般情况下偏差是非常大的。

4.7.1 质心定位法

假设 n 个传感器节点能接收到目标的信号，这些传感器节点的坐标为 (x_i, y_i)，$i=1,2,\cdots,n$。质心定位法将这些传感器节点构成的几何图形的质心（见图 4-8）作为目标节点的坐标，即

$$\begin{cases} x = \dfrac{1}{n}\sum\limits_{i=1}^{n} x_i \\ y = \dfrac{1}{n}\sum\limits_{i=1}^{n} y_i \end{cases} \tag{4-79}$$

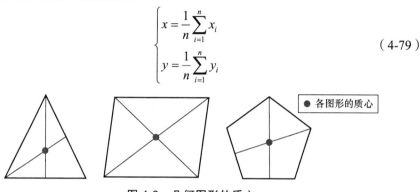

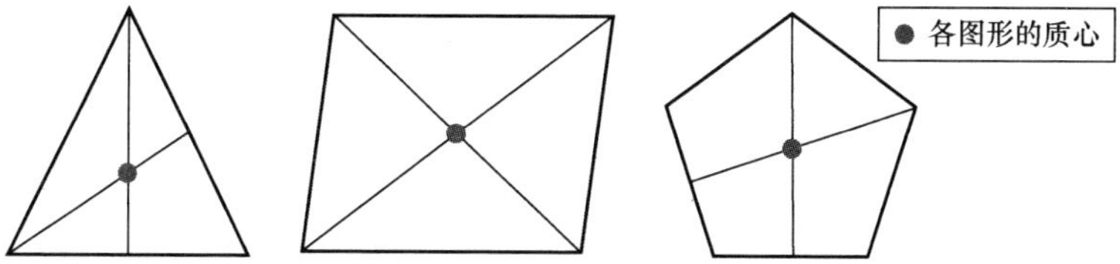

图 4-8　几何图形的质心

质心定位法方便简单，计算量小，通信开销低，但是对网络节点密度具有较高的要求，并且定位精度较低。

4.7.2 加权质心定位法

探测目标时，传感器可以根据探测到的目标信号的强度，如声音信号强度或无线接收信号强度，粗略地判断目标的远近，并将该强度作为一个权值运用在质心定位法中，则加权质心定位法可以表示为

$$\begin{cases} x = \dfrac{1}{\sum\limits_{i=1}^{n} w_i}\sum\limits_{i=1}^{n} w_i x_i \\ y = \dfrac{1}{\sum\limits_{i=1}^{n} w_i}\sum\limits_{i=1}^{n} w_i y_i \end{cases} \tag{4-80}$$

式中，$w_i, i=1,2,\cdots,n$ 表示权值。

4.7.3 近似三角形内点测试定位法

近似三角形内点测试（Approximate Point-in-Triangulation Test，APIT）定位法的基本思想是确定多个包含未知节点的三角形区域，然后求这些三角形区域的交

集，该交集构成一个多边形，将这个多边形区域的质心作为目标节点的位置。

在网络中，许多与目标节点直接连通的传感器节点能够构成三角形，如果有 n 个这样的传感器节点，则能够构成 C_n^3 个三角形。从这些三角形中选择能够覆盖目标节点的三角形。如图 4-9 所示，图中黑色圆点表示目标节点，能够覆盖目标节点的三角形有 4 个，这 4 个三角形的重叠区域构成一个多边形，将多边形的质心作为目标节点的定位结果。

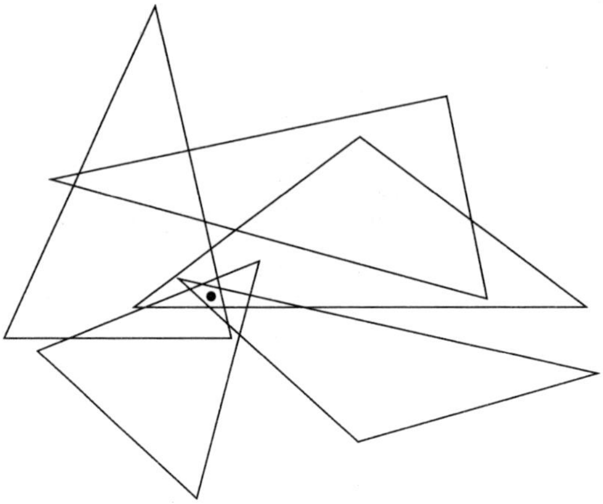

图 4-9　APIT 定位法的基本原理

APIT 定位法的核心是进行最佳三角形内点测试，用来判断目标节点是在三角形内还是在三角形外。如图 4-10 所示，假设目标节点为 D，任选 3 个传感器节点 A、B 和 C，构成一个三角形，将目标节点 D 向任意一个方向移动，且目标节点 D 同时远离 3 个传感器节点，则目标节点在三角形 ABC 外，如图 4-10(a)所示；如果目标节点 D 离一些传感器节点越来越远，但是离另一些传感器节点越来越近，则目标节点必然在三角形 ABC 内，如图 4-10(b)所示。

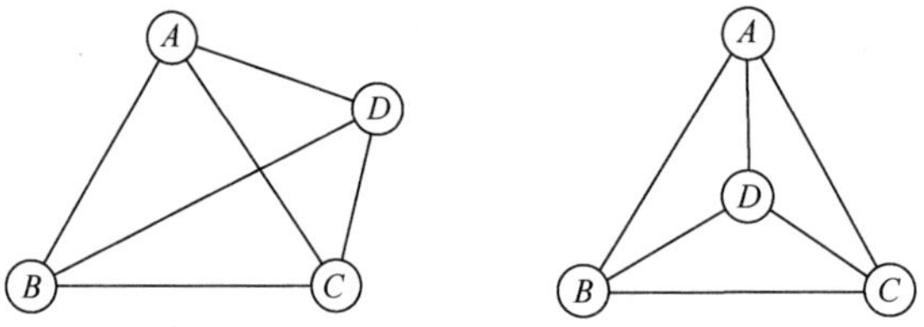

(a) 目标节点在三角形ABC外　　(b) 目标节点在三角形ABC内

图 4-10　三角形内点测试

APIT 定位法需要多次反复选取 3 个与目标节点连通的传感器节点进行内点测试，采用网格扫描法对符合条件的三角形区域进行计数，找出重叠区域，从而求得未知节点的坐标和定位误差。APIT 定位法的时间复杂度比较高，在网络初始化阶段需要传感器节点广播一次自身的位置信息，不需要其他节点参与。但在进行内点测试时，为了计算目标节点所在的三角形区域的个数，需要传感器节点再一次广播邻居节点信息，尤其是其信号强度信息，因此通信传输量大，次数多，在程序运行中需要占用较大的存储空间，其空间复杂度较高。此外，利用网格扫描法计算未知节点坐标，方法较为复杂，但其误差相对较小。

4.7.4 距离向量跳数定位法

距离向量跳数（Distance Vector-Hop，DV-Hop）定位法利用多跳传感器节点信息来参与节点定位，定位覆盖率较大。在该定位机制中，目标节点首先计算到达每个传感器节点的最小跳数，然后估算每跳平均距离，利用最小跳数乘以每跳平均距离，估算得到目标节点与传感器节点之间的距离，再利用最小二乘估计法计算未知节点的坐标。

DV-Hop 定位法包括以下三个阶段。

（1）计算目标节点与每个传感器节点的最小跳数。

传感器节点向邻居节点发送广播分组，该分组中包括自身位置和跳数字段，其中跳数字段初始化为 0。目标节点记录到达每个传感器节点的最小跳数，忽略来自同一个传感器节点的较大跳数的分组。然后将跳数值加 1 转发给邻居节点。通过这个方法，网络中的所有节点都能够记录到每个传感器节点的最小跳数。

（2）计算目标节点与传感器节点的实际跳段距离。每个传感器节点根据第一阶段记录的其他传感器节点的位置信息和跳数，估算每跳平均距离为

$$c_i = \frac{\sum_{j\neq i}\sqrt{(x_i - x_j)^2 + (y_i - y_j)^2}}{\sum_{j\neq i} h_{ij}} \tag{4-81}$$

式中，(x_i, y_i) 和 (x_j, y_j) 分别是传感器节点 i 和 j 的坐标；h_{ij} 是传感器节点 i 和 j 之间的最小跳数。

然后，传感器节点将计算的每跳平均距离用带有生存期的字段的分组广播到网络中，目标节点仅记录接收到的第一个每跳平均距离，并转发给邻居节点。这个策略可以确保绝大多数目标节点从最近的传感器节点接收每跳平均距离。

目标节点接收到每跳平均距离后，根据记录的跳数，将每跳平均距离乘以跳数，计算目标节点与每个传感器节点之间的距离。

（3）计算目标节点自身位置。目标节点利用第二阶段记录的到达每个传感器节点的跳段距离，利用最小二乘估计法计算出自身坐标。

DV-Hop 定位法采用每跳平均距离来估算实际距离，对节点的硬件要求低，实现简单。其缺点是由于采用了跳段距离来代替直线距离，存在较大的测距误差。

本章小结

本章主要介绍了多源联合目标定位领域常用的一些量测信息的量测原理及其对应的参数估计方法。首先介绍了目标定位的基本意义和内涵，将目标定位方法分为基于量测的目标定位和基于检测的目标定位两大类。基于量测的目标定位中常用的距离量测信息有 RSSI、TOA、TDOA 和 AOA 等，本章详细介绍了这几类量测信息的量测原理及其对应的主流目标定位算法，然后针对量测非线性问题，介绍了一种扩维非线性最小二乘目标定位框架，以提升基于量测的目标定位方法的定位精度。基于检测的目标定位方法有质心定位法、加权质心定位法、APIT 定位法、DV-Hop 定位法等，但它们的定位精度普遍不高。每种目标定位方法都有其特定的优势，结合应用领域的特点，采用合理的目标定位方法进行目标定位，能在特定场景下获得较好的定位效果。

参 考 文 献

[1] 黄小平，王岩，缪鹏程. 目标定位跟踪原理及应用——MATLAB 仿真[M]. 北京：电子工业出版社，2018.

[2] 胡青松，李世银. 无线定位技术[M]. 北京：科学出版社，2020.

[3] CHAN Y, HO K. A simple and efficient estimator for hyperbolic location[J]. IEEE Transactions on Signal Processing，1994, 42（8）: 1905-1915.

[4] LIN L X, SO H C, CHAN F K W, et al. A new constrained weighted least squares algorithm for TDOA-based localization[J]. Signal Processing, 2013, 93（11）: 2872-2878.

[5] DOĞANÇAY K. Bearings-only target localization using total least squares[J]. Signal Processing, 2005, 85（9）: 1695-1710.

[6] SOLTANIAN M, PEZESHK A M, MAHDAVI A, et al. A new iterative position finding algorithm based on Taylor series expansion[C]. 2011 19th Iranian Conference on Electrical Engineering（ICEE）, 2011: 1-4.

[7] LI Q, LAN J, CHEN B D, et al. Augmented nonlinear least squares estimation with applications to localization[J]. IEEE Transactions on Aerospace and Electronic Systems, 2022, 58（2）: 1042-1054.

第 5 章

信息转换滤波及目标跟踪

5.1 概述

对于非线性估计问题，LMMSE 估计器是最好的线性估计器，其最小化了所有线性估计器的均方误差。然而，LMMSE 估计器是原始量测的线性函数，如果估计器与原始量测呈非线性，估计性能将可能进一步提升。兰剑等针对非线性结构估计器展开了系列研究，提出了基于信息转换的非线性滤波器，并将其应用到各类目标跟踪场景中。

我们在文献[1]中提出了不相关转换滤波（Uncorrelated Conversion based Filter，UCF），并证明了原始量测通过非线性转换扩维后得到的 LMMSE 估计器的性能优于原始 LMMSE 估计器，且性能仅取决于与原始量测不相关的部分。

不同问题所采用的最优的非线性转换函数可能是不同的，针对每个实际问题都需要重新设计，这是极为困难的。基于此，我们在文献[2]中提出了最优转换采样滤波（Optimized Conversion-sample Filter，OCF），该方法利用确定性采样方法，通过优化与不相关转换函数相关的量，获得最终的估计。OCF 不再依赖不相关转换函数的具体形式，且具有解析的形式，能够很好地应用于各类问题中。

事实上，OCF 仅针对与标量的非线性转换函数相关的矩进行了优化，最优的非线性转换函数可能是多维的，因此，兰剑针对这一问题展开了进一步研究，在文献[3]中提出了广义转换滤波（Generalized Conversion based Filter，GCF），使用确定性采样方法，通过优化多维转换的相关一、二阶矩，解析地获得最优的 GCF。

UCF、OCF 和 GCF 均为非线性结构滤波器，考虑到不同的 UCF 性能不同，UCF 可能是被估计量与量测的某个（假设）联合分布下的 MMSE 最优估计器。

为此，文献[4]提出了非线性估计多转换方法（Multiple Conversion Approach，MCA），该方法是混合结构滤波器，可以联合利用多个假设联合分布。MCA 的全局估计是多个基于假设分布的估计的概率加权和。

本章将针对上述非线性结构估计器及非线性下的混合结构估计器进行详细介绍。

5.2 非线性结构估计器

考虑以下非线性估计问题：

$$\boldsymbol{z}=\boldsymbol{h}(\boldsymbol{x},\boldsymbol{v}) \tag{5-1}$$

式中，$\boldsymbol{z}$ 为量测；$\boldsymbol{x}$ 为需要被估计的状态向量；$\boldsymbol{v}$ 为量测噪声，可以是加性的或非加性的。

假设 $\boldsymbol{y}=\boldsymbol{g}(\boldsymbol{z})$ 是 $\boldsymbol{z}$ 的一个非线性转换，其中 $\boldsymbol{g}(\cdot)$ 是非线性向量型函数，则仅使用该非线性转换获得的 LMMSE 估计为

$$\hat{\boldsymbol{x}}=\bar{\boldsymbol{x}}+\boldsymbol{P}_{xy}\boldsymbol{P}_y^{-1}(\boldsymbol{y}-\bar{\boldsymbol{y}}) \tag{5-2}$$

式中，$\bar{\boldsymbol{x}}=E[\boldsymbol{x}]$；$\bar{\boldsymbol{y}}=E[\boldsymbol{y}]$。估计的均方误差矩阵 $\boldsymbol{P}_{\hat{x}}$ 定义为

$$\boldsymbol{P}_{\hat{x}}=\mathrm{MSE}(\hat{\boldsymbol{x}})=E[(\boldsymbol{x}-\hat{\boldsymbol{x}})(\boldsymbol{x}-\hat{\boldsymbol{x}})^{\mathrm{T}}]=\boldsymbol{P}_x-\boldsymbol{P}_{xy}\boldsymbol{P}_y^{-1}\boldsymbol{P}_{xy}^{\mathrm{T}} \tag{5-3}$$

式中，$\boldsymbol{P}_x=\mathrm{cov}(\boldsymbol{x},\boldsymbol{x})$，$\boldsymbol{P}_{xy}=\mathrm{cov}(\boldsymbol{x},\boldsymbol{y})$，$\boldsymbol{P}_y=\mathrm{cov}(\boldsymbol{y},\boldsymbol{y})$ 均可由确定性采样方法进行计算，且 $\mathrm{cov}(\boldsymbol{a},\boldsymbol{b})=E[(\boldsymbol{a}-\bar{\boldsymbol{a}})(\boldsymbol{b}-\bar{\boldsymbol{b}})^{\mathrm{T}}]$。

由于 $\boldsymbol{y}=\boldsymbol{g}(\boldsymbol{z})$ 是 $\boldsymbol{z}$ 的一个非线性转换，因此估计 $\hat{\boldsymbol{x}}$ 是原始量测 $\boldsymbol{z}$ 的非线性函数。当 $\boldsymbol{y}=\boldsymbol{z}$ 时，式（5-2）为原始 LMMSE 估计。

针对式（5-2）描述的非线性估计器，本节将对 UCF、OCF 及 GCF 进行逐一介绍。

5.2.1 不相关转换滤波

1. 基于不相关转换的估计

文献[1]提出的 UCF 证明了原始量测通过非线性转换扩维后得到的 LMMSE 估计器的性能优于原始 LMMSE 估计器，并进一步证明了该非线性转换中只有与原始量测不相关的部分才能够提升估计性能。使用量测的非线性转换 $\boldsymbol{y}=\boldsymbol{g}(\boldsymbol{z})$，对原始量测扩维后得到量测为 $\boldsymbol{z}^{\mathrm{a}}=[\boldsymbol{z}^{\mathrm{T}},\boldsymbol{y}^{\mathrm{T}}]^{\mathrm{T}}$，基于 $\boldsymbol{z}^{\mathrm{a}}$ 的 LMMSE 估计为

$$\hat{\boldsymbol{x}}=\bar{\boldsymbol{x}}+\boldsymbol{P}_{xz^{\mathrm{a}}}\boldsymbol{P}_{z^{\mathrm{a}}}^{-1}(\boldsymbol{z}^{\mathrm{a}}-\bar{\boldsymbol{z}}^{\mathrm{a}}) \tag{5-4}$$

其对应的估计的均方误差矩阵为

$$\boldsymbol{P}_{\hat{x}}^{\mathrm{a}}=\mathrm{MSE}(\hat{\boldsymbol{x}})\triangleq E[(\boldsymbol{x}-\hat{\boldsymbol{x}})(\cdot)^{\mathrm{T}}]=\boldsymbol{P}_x-\boldsymbol{P}_{xz^{\mathrm{a}}}\boldsymbol{P}_{z^{\mathrm{a}}}^{-1}\boldsymbol{P}_{xz^{\mathrm{a}}}^{\mathrm{T}} \tag{5-5}$$

式中，

$$P_{xz^a}=[P_{xz}\quad P_{xy}],\quad P_{z^a}=\begin{bmatrix}P_z & P_{zy}\\ P_{yz} & P_y\end{bmatrix} \tag{5-6}$$

定理 5-1　式（5-4）中扩维估计器的 MSE 矩阵 $P_{\hat{x}}^{a}$ 具有如下分离形式：

$$P_{\hat{x}}^{a}=P_x-P_{xz}P_z^{-1}P_{xz}^{T}-P_x^{a}=P_{\hat{x}}-P_x^{a} \tag{5-7}$$

$$P_x^{a}\triangleq(P_{xy}-P_{xz}P_z^{-1}P_{zy})(P_y-P_{yz}P_z^{-1}P_{zy})^{-1}(P_{xy}-P_{xz}P_z^{-1}P_{zy})^{T} \tag{5-8}$$

式中，

$$P_{\hat{x}}=P_x-P_{xz}P_z^{-1}P_{xz}^{T} \tag{5-9}$$

式（5-9）是仅使用量测 z 的 LMMSE 估计的均方误差矩阵，如果 x 和 z 是联合高斯分布的（如对于线性问题），$P_x^{a}=0$，则式（5-7）便退化为式（5-9）。有关定理 5-1 的详细证明，感兴趣的读者可以查看文献[1]。

由于式（5-8）中的 P_x^{a} 是半正定的，由式（5-7）可以看出，式（5-4）中使用扩维量测的 LMMSE 估计的 MSE 比使用原始量测的 LMMSE 估计更小。

由于 $y=g(z)$ 是非线性的，式（5-4）和式（5-7）给出的估计器不再是量测的线性函数，也就是说，它不再是一个线性的估计器。

虽然通过 LMMSE 估计器中的扩维量测可以减少估计的 MSE，但是它不能比 $E[(x-E[x|z])(\cdot)^{T}]$ 小，因为 $E[x|z]$ 是对估计器形式没有任何要求的 MMSE 估计。然而，对非线性问题来说，$E[x|z]$ 很难获得。因此，上述具有量测扩维的估计器提供了一种简单而有效的方法，它仅基于相关量的一、二阶矩来获得准确的估计。

根据定理 5-1，可得到如下定理。

定理 5-2　由于任何非线性函数 $y=g(z)$ 都可以被分解为 $g_1(z)+g_2(z)$ 的形式，其中 $\mathrm{cov}(g_1(z),z)=0$ 且 $g_2(z)$ 是 z 的仿射函数，扩维估计器［式（5-4）］的 MSE 矩阵［式（5-7）］中的被减项 P_x^{a} 仅取决于 $g_1(z)$，而不是 $g_2(z)$。

这个定理表明，只有 $g(z)$ 中（关于 z ）不相关的部分才能够提高扩维估计器（5-4）的估计性能，使其超过原始的 LMMSE 估计器［式（5-2）］。也就是说，最有效的转换需要与原始量测不相关，即 $g_2(z)=0$，$g(z)=g_1(z)$。

定义 5-1　当非线性（实际上是非仿射）转换 $y=g(z)$ 满足如下要求时，y 和 z 是不相关的，称 $y=g(z)$ 为不相关转换：

$$P_{yz}=\mathrm{cov}(y,z)=0 \tag{5-10}$$

基于不相关转换，扩维估计器［式（5-4）］可以根据式（5-5）和式（5-7）简化为如下形式：

$$\begin{aligned}\hat{x}&=\bar{x}+P_{xz}P_z^{-1}(z-\bar{z})+P_{xy}P_y^{-1}(y-\bar{y})\\&=\bar{x}+P_{xz}P_z^{-1}(z-\bar{z})+P_{xy}P_y^{-1}(g(z)-\bar{g}(z))\end{aligned} \tag{5-11}$$

$$P_{\hat{x}}^{a}=P_x-P_{xz}P_z^{-1}P_{zx}-P_{xy}P_z^{-1}P_{yx} \tag{5-12}$$

定理 5-1 和定理 5-2 表明存在一种非线性转换 $\boldsymbol{y}=\boldsymbol{g}(\boldsymbol{z})$，它可以有效地提高使用扩维量测的 LMMSE 估计器的非线性估计性能。此外，如果这种非线性转换具有物理上的解释，并且所得到的估计器具有简单的形式，那么它在提升性能的同时，还将极大地简化估计器的计算复杂度。接下来介绍几种典型的不相关转换。

2. 几种典型的不相关转换

对于任意非线性问题的量测，通用的不相关转换函数很难获得。为了解决这个问题，文献[1]提出了以下定理。

定理 5-3 如果 z 的分布 $p(z)$ 关于均值 $\bar{z}$ 对称，并且 $\boldsymbol{g}(\cdot)$ 是一个（向量值）偶函数（关于 0 点对称），那么 $\boldsymbol{y}=\boldsymbol{g}(z-\bar{z})$ 满足 $\boldsymbol{P}_{yz}=0$，于是 $\boldsymbol{y}$ 就是 z 的一个不相关转换。

基于定理 5-3，本节提出了 4 种生成不相关转换的方法。

1）简单高斯假设下的不相关转换

对非线性问题而言，量测可以有各种分布。许多非线性估计器通过匹配一、二阶矩（均值和协方差），将非高斯分布近似为高斯分布。因此，为了简化不相关转换的生成，假设量测是服从高斯分布的，其一、二阶矩与真实量测计算出来的相同，即

$$p(z)=\mathcal{N}(z;\bar{z},\boldsymbol{P}_z) \tag{5-13}$$

通过定理 5-3，基于式（5-13），z 的非线性不相关转换为

$$y=g(z)=\exp(-(z-\bar{z})^{\mathrm{T}}\boldsymbol{M}^{-1}(z-\bar{z})/2) \tag{5-14}$$

式中，$\boldsymbol{M}$ 是任意的对称正定矩阵。特别地，式（5-14）中的 $g(z)$ 有如下性质。

$$\boldsymbol{P}_{yz}=0,\quad \bar{y}\triangleq E[y]=|\boldsymbol{M}|^{1/2}|\boldsymbol{M}+\boldsymbol{P}|^{1/2} \tag{5-15}$$

因此，由不相关转换的定义可知，$g(z)$ 是一个不相关转换。增大式（5-14）中的 $\boldsymbol{M}$ 矩阵，能够使 $g(z)$ 关于 z 的非线性减小。针对不同的应用，可以通过调整上述非线性函数扩维的量测来调整 LMMSE 估计器的估计性能。式（5-14）的形式可以抑制带噪声的量测 z 与其均值 $\bar{z}$ 相比误差很大的情况，从而使扩维估计器的估计性能不受影响。

2）基于随机解耦的高斯假设不相关转换

式（5-14）中的不相关转换是量测的标量转换。基于随机解耦的思想，可以进行进一步扩展。定义

$$z_{\mathrm{d}}\triangleq[z_{\mathrm{d}}^{j}]_{n_z\times 1}=\boldsymbol{P}_z^{-1/2}(z-\bar{z}) \tag{5-16}$$

于是，$z_{\mathrm{d}}\sim\mathcal{N}(\boldsymbol{0},\boldsymbol{I}_n)$，并且 z_{d}^{i} 与 z_{d}^{j} 相互独立（$i\neq j$），进而可以得到不相关转换向量为

$$\boldsymbol{y} \triangleq [\boldsymbol{y}_{\mathrm{d}}^{j}]_{n_z \times 1} = [g^{j}(\boldsymbol{z}_{\mathrm{d}}^{j})]_{n_z \times 1} \tag{5-17}$$

式中，$g^{j}(\cdot)$是偶函数。例如

$$\boldsymbol{y} \triangleq [\boldsymbol{y}_{\mathrm{d}}^{j} = g^{j}(\boldsymbol{z}_{\mathrm{d}}^{j}) = \mathrm{e}^{-(z_{\mathrm{d}}^{j})^2/b}]_{n_z \times 1} \tag{5-18}$$

基于定理 5-3，$\boldsymbol{y}_{\mathrm{d}}^{j}$与$\boldsymbol{z}_{\mathrm{d}}^{j}$不相关，$\boldsymbol{z}_{\mathrm{d}}^{j}$服从标准高斯分布。于是，$\boldsymbol{y}_{\mathrm{d}}^{j}$与$\boldsymbol{z}$不相关，$\boldsymbol{z}$是$\boldsymbol{z}_{\mathrm{d}}^{j}$的线性函数。因此，$\boldsymbol{y}$与$\boldsymbol{z}$不相关，且$\boldsymbol{y}$中各元素互不相关。也就是说，$\boldsymbol{y}$是$\boldsymbol{z}$的一个不相关转换。

3）使用密度倒数的高斯假设不相关转换

通过上述方法获得的不相关转换可以进一步转换。可以利用分布信息获得更多转换量测的不相关转换。式（5-14）和式（5-18）的不相关转换可以统一用以下形式写出：

$$\boldsymbol{y} = g(\boldsymbol{z}) = \mathrm{e}^{-q(\boldsymbol{z})/b} \tag{5-19}$$

式中，b是由用户设计的正标量；$q(\boldsymbol{z})$是$(\boldsymbol{z}-\overline{\boldsymbol{z}})$的二次函数，如式（5-14）中的$q(\boldsymbol{z}) = (\boldsymbol{z}-\overline{\boldsymbol{z}})^{\mathrm{T}}\boldsymbol{M}^{-1}(\boldsymbol{z}-\overline{\boldsymbol{z}})/2$和式（5-18）中$\boldsymbol{y}$的$\boldsymbol{y}_{\mathrm{d}}^{j}$项$q(\boldsymbol{z}) = (\boldsymbol{z}_{\mathrm{d}}^{i})^2$。根据式（5-13）对$\boldsymbol{z}$的假设，可知$q(\boldsymbol{z})$服从卡方分布（$\boldsymbol{M} = \boldsymbol{P}_z/2$），记为

$$q \sim \chi^2(\gamma) \tag{5-20}$$

式中，γ为自由度，$p(q) = 2^{-\gamma/2}\boldsymbol{\Gamma}^{-1}(\gamma/2)\,q^{\gamma/2}\mathrm{e}^{-q/2}$。于是$\boldsymbol{y}$的概率密度函数为

$$p(\boldsymbol{y}) = 2^{-\gamma/2}\boldsymbol{\Gamma}^{-1}(\gamma/2)b^{\gamma/2}[-\ln(\boldsymbol{y})]^{\gamma/2-1}\,\boldsymbol{y}^{b/2-1} \tag{5-21}$$

使用密度的倒数（5-21）生成一种新的不相关转换，即

$$s(\boldsymbol{y}) = s^{0}(\boldsymbol{y})/p(\boldsymbol{y}) \tag{5-22}$$

这里通过使$\boldsymbol{y}$与$s(\boldsymbol{y})$互不相关，易得$s^{0}(\boldsymbol{y})$：

$$\begin{aligned} P_{ys} &= \int_0^1 (\boldsymbol{y}-\overline{\boldsymbol{y}})(s(\boldsymbol{y}) - E[s(\boldsymbol{y})])p(\boldsymbol{y})\mathrm{d}\boldsymbol{y} = 0 \\ &\Rightarrow \int_0^1 (\boldsymbol{y}-\overline{\boldsymbol{y}})s^{0}(\boldsymbol{y})\mathrm{d}\boldsymbol{y} = 0 \end{aligned} \tag{5-23}$$

注意，为了满足式（5-23）中的$P_{ys} = 0$，$s^{0}(\boldsymbol{y})$可以是其他形式，以保证$s(\boldsymbol{y})$是$\boldsymbol{y}$的非线性函数。因此，$s(\boldsymbol{y})$与$\boldsymbol{y}$不相关。由于式（5-19）中的$\boldsymbol{y}$是$(\boldsymbol{z}-\overline{\boldsymbol{z}})$的偶函数，$s(\boldsymbol{y})$也是$(\boldsymbol{z}-\overline{\boldsymbol{z}})$的偶函数。通过定理 5-3 可知，$s(\boldsymbol{y})$也与$\boldsymbol{z}$不相关。

如果使用式（5-19）和式（5-22）中的不相关转换来扩维量测，可以得到全体的量测为

$$\boldsymbol{z}^{\mathrm{a}} \triangleq \begin{bmatrix} \boldsymbol{z} \\ [\boldsymbol{y}_{\mathrm{d}}^{j} = \mathrm{e}^{-(z_{\mathrm{d}}^{j})^2/b}]_{n_z \times 1} \\ [s(\boldsymbol{y}_{\mathrm{d}}^{j}) = ((\boldsymbol{y}_{\mathrm{d}}^{j})^2 + \lambda \boldsymbol{y}_{\mathrm{d}}^{j})/p[\boldsymbol{y}_{\mathrm{d}}^{j}]]_{n_z \times 1} \end{bmatrix} \tag{5-24}$$

式中，$\boldsymbol{z}_{\mathrm{d}}^{j}$、$p[\boldsymbol{y}_{\mathrm{d}}^{j}]$和$\lambda$分别由式（5-16）、式（5-21）和式（5-22）给出。

对于所有的$j = 1,2,\cdots,n_z$，$\boldsymbol{z}^{\mathrm{a}}$中的元素$\boldsymbol{z}$、$\boldsymbol{y}_{\mathrm{d}}^{j}$和$s(\boldsymbol{y}_{\mathrm{d}}^{j})$均是互不相关的，此

时，一共产生了 $2n_z$ 个不相关转换。因此，可以利用上述思想生成更多的不相关转换对原始量测进行扩维。

4）基于参考分布的不相关转换

在上述方法中，所获得的不相关转换都是以均值 $\bar{z}$ 为中心对称分布的。因此，它们与中心相关的性质可能受到 $\bar{z}$ 的准确性的影响。此外，在确定对称中心方面，没有充分利用真实量测的分布信息。基于这些考虑，本书提出以下基于参考分布的不相关转换。

定义 5-2 如果随机向量 $\boldsymbol{z}$ 的分布 $\boldsymbol{z}_\mathrm{r} \sim p(\boldsymbol{z}_\mathrm{r})$ 为对称分布，且具有与 $\boldsymbol{z}$ 相同的一、二阶矩，则称其为参考分布。

基于 $p(\boldsymbol{z}_\mathrm{r})$，新的不相关转换为

$$\boldsymbol{y} = \boldsymbol{g}_\mathrm{E}(\boldsymbol{z}) = E_{\boldsymbol{z}_\mathrm{r}}[\boldsymbol{g}(\boldsymbol{z}-\boldsymbol{z}_\mathrm{r})] = \int \boldsymbol{g}(\boldsymbol{z}-\boldsymbol{z}_\mathrm{r})p(\boldsymbol{z}_\mathrm{r})\mathrm{d}\boldsymbol{z}_\mathrm{r} \tag{5-25}$$

使用一些数值方法计算出真实量测的矩，就能够得到 $\boldsymbol{z}$ 的采样点及其权重。如果 $p(\boldsymbol{z})$ 是真实对称的，可以直接使用这些值来计算 $\boldsymbol{g}_\mathrm{E}(\boldsymbol{z})$，即 $p(\boldsymbol{z}_\mathrm{r})$ 与 $p(\boldsymbol{z})$ 的形式相同。否则，为了保证 $p(\boldsymbol{z}_\mathrm{r})$ 的对称性，将使用 $\boldsymbol{z}$ 的一、二阶矩，使 $p(\boldsymbol{z}_\mathrm{r})$ 包含 $\boldsymbol{z}$ 的信息，这个过程称为量测密度的对称化。

在式（5-25）中，$\boldsymbol{y} = \boldsymbol{g}_\mathrm{E}(\boldsymbol{z})$ 关于 $\bar{\boldsymbol{z}}$ 对称。因此，如果 $\boldsymbol{z}_\mathrm{r}$ 以均值 $\bar{\boldsymbol{z}}$ 为中心对称分布，则 $\boldsymbol{y} = \boldsymbol{g}_\mathrm{E}(\boldsymbol{z})$ 与 $\boldsymbol{z}$ 不相关，即 $\boldsymbol{g}_\mathrm{E}(\boldsymbol{z})$ 是一个不相关转换。

通过数值方法可以计算出 $\boldsymbol{g}_\mathrm{E}(\boldsymbol{z}) = E_{\boldsymbol{z}_\mathrm{r}}[\boldsymbol{g}(\boldsymbol{z}-\boldsymbol{z}_\mathrm{r})]$，如无迹变换、高斯–厄米特求积规则等。因此，没有必要给出 $p(\boldsymbol{z}_\mathrm{r})$ 的确切形式（只使用采样点）。如果使用无迹变换，只需要一、二阶矩 $\bar{\boldsymbol{z}}_\mathrm{r}$ 和 $\boldsymbol{P}_{\boldsymbol{z}_\mathrm{r}}$。为了使 $\boldsymbol{z}_\mathrm{r}$ 包含 $\boldsymbol{z}$ 的信息，令

$$\bar{\boldsymbol{z}}_\mathrm{r} = \bar{\boldsymbol{z}}, \quad \boldsymbol{P}_{\boldsymbol{z}_\mathrm{r}} = \boldsymbol{P}_{\boldsymbol{z}} \tag{5-26}$$

那么 $\boldsymbol{y} = \boldsymbol{g}_\mathrm{E}(\boldsymbol{z})$ 由下式给出：

$$\boldsymbol{y} = E_{\boldsymbol{z}_\mathrm{r}}[\boldsymbol{g}(\boldsymbol{z}-\boldsymbol{z}_\mathrm{r})] = \sum_{i=1}^{2n_z+1} w^i \boldsymbol{g}^i(\boldsymbol{z}) \tag{5-27}$$

式中，$w^i, i=1,2,\cdots,2n_z+1$ 为采样点对应的权值，且

$$\boldsymbol{g}^i(\boldsymbol{z}) = \boldsymbol{g}(\boldsymbol{z}-\boldsymbol{s}_\mathrm{r}^i) \tag{5-28}$$

基于无迹变换，利用 $\bar{\boldsymbol{z}}_\mathrm{r}$ 和 $\boldsymbol{P}_{\boldsymbol{z}_\mathrm{r}}$ 来生成 sigma 点 $\{\boldsymbol{s}_\mathrm{r}^i\}_{i=1}^{2n_z+1}$ 及权重 $\{w^i\}_{i=1}^{2n_z+1}$：

$$\begin{cases} w^1 = \kappa/(n_z+\kappa) \\ w^i = 1/(2(n_z+\kappa)), & i>1 \end{cases} \tag{5-29}$$

$$\boldsymbol{s}_\mathrm{r}^i = \begin{cases} \bar{\boldsymbol{z}}, & i=1 \\ \bar{\boldsymbol{z}} + v_{\boldsymbol{P}}^{i-1}, & 1<i\leqslant n_z+1 \\ \bar{\boldsymbol{z}} - v_{\boldsymbol{P}}^{i-n-1}, & n_z+1<i\leqslant 2n_z+1 \end{cases} \tag{5-30}$$

式中，$[v_{\boldsymbol{P}}^1, v_{\boldsymbol{P}}^2, \cdots, v_{\boldsymbol{P}}^{n_z}] = P_z^{1/2}$。令 $n_w = 2n_z+1$。注意，权重是捕捉 $\boldsymbol{z}_\mathrm{r}$ 分布特征的关键参数。在高斯分布中，取 $\kappa = 3-n_z$。

由于它们满足对称性的要求，所以先前提出的不相关转换可以作为 $\boldsymbol{g}_{\mathrm{E}}(\boldsymbol{z})$ 中的 $\boldsymbol{g}(\cdot)$。在式（5-27）中，可以将 sigma 点看作参考点或 $\boldsymbol{g}(\boldsymbol{z}-\boldsymbol{s}_{\mathrm{r}}^{i})$ 的对称中心。在式（5-27）中使用多个不相关转换函数可以提高 LMMSE 估计器中扩维量测的可靠性。

由于 $\boldsymbol{g}_{\mathrm{E}}(\boldsymbol{z})$ 含有比 $\boldsymbol{g}(\boldsymbol{z})$ 更多的信息，使用 $\boldsymbol{g}_{\mathrm{E}}(\boldsymbol{z})$ 扩维量测的 LMMSE 估计，其估计性能可能优于使用 $\boldsymbol{g}(\boldsymbol{z})$ 扩维的 LMMSE 估计。

3．不相关转换滤波算法

考虑以下离散时间非线性系统：

$$\boldsymbol{x}_k=\boldsymbol{f}_{k-1}(\boldsymbol{x}_{k-1},\boldsymbol{w}_{k-1}) \tag{5-31}$$

$$\boldsymbol{z}_k=\boldsymbol{h}_k(\boldsymbol{x}_k,\boldsymbol{v}_k) \tag{5-32}$$

式中，$\boldsymbol{x}_k$ 表示 k 时刻的状态向量；$\boldsymbol{z}_k$ 表示 k 时刻的量测；$\boldsymbol{f}_k(\cdot)$ 为状态转移函数；$\boldsymbol{h}_k(\cdot)$ 为量测函数，$\boldsymbol{w}_k\sim\mathcal{N}(\boldsymbol{0},\boldsymbol{Q}_k)$ 和 $\boldsymbol{v}_k\sim\mathcal{N}(\boldsymbol{0},\boldsymbol{R}_k)$ 分别为服从高斯分布的系统过程噪声和量测噪声，$\boldsymbol{Q}_k$ 和 $\boldsymbol{R}_k$ 分别为对应的方差矩阵；$\boldsymbol{w}_k$ 和 $\boldsymbol{v}_k$ 写在括号内，表示噪声可能为乘性噪声，也可能为加性噪声。

在 LMMSE 估计器中，使用扩维量测，可以直接获得 UCF。在 k 时刻，UCF 使用 $\hat{\boldsymbol{x}}_{k-1}$ 和 $\boldsymbol{P}_{k-1}$，并基于量测 $\boldsymbol{z}_k$ 输出状态估计 $\hat{\boldsymbol{x}}_k$ 及其 MSE 矩阵 $\boldsymbol{P}_k$。UCF 的一个循环如下。

（1）一步预测。基于式（5-31）、$\hat{\boldsymbol{x}}_{k-1}$ 和 $\boldsymbol{P}_{k-1}$ 计算一步预测 $\hat{\boldsymbol{x}}_{k|k-1}$ 及其 MSE 矩阵 $\boldsymbol{P}_{k|k-1}$。然后计算量测的预测。基于式（5-32），计算量测的预测 $\hat{\boldsymbol{z}}_{k|k-1}$ 及其 MSE 矩阵 $\boldsymbol{P}_{k|k-1}^{\boldsymbol{z}}$。如果在计算 $\hat{\boldsymbol{x}}_{k|k-1}$ 及其 MSE 矩阵 $\boldsymbol{P}_{k|k-1}$ 时采用了数值计算方法，那么计算 $\hat{\boldsymbol{z}}_{k|k-1}$ 及其 MSE 矩阵 $\boldsymbol{P}_{k|k-1}^{\boldsymbol{z}}$ 时也可以使用同样的采样点，这样可以直接得到 $\boldsymbol{x}_k$ 和 $\boldsymbol{z}_k$ 的互协方差 $\boldsymbol{P}_k^{\boldsymbol{xz}}$。

（2）生成不相关转换。利用上述介绍的不相关转换生成方法生成不相关转换 $\boldsymbol{y}_k=\boldsymbol{g}_k(\boldsymbol{z}_k)$。

（3）更新。用 $\boldsymbol{y}_k$ 得到扩维量测 $\boldsymbol{z}_k^{\mathrm{a}}\triangleq[\boldsymbol{z}_k^{\mathrm{T}}\ \boldsymbol{y}_k^{\mathrm{T}}]^{\mathrm{T}}$。然后计算 $\boldsymbol{x}_k$ 和 $\boldsymbol{z}_k^{\mathrm{a}}$ 的互协方差 $\boldsymbol{P}_k^{\boldsymbol{xz}^{\mathrm{a}}}$、$\boldsymbol{z}_k^{\mathrm{a}}$ 的自协方差 $\boldsymbol{P}_k^{\boldsymbol{z}^{\mathrm{a}}}$、$\bar{\boldsymbol{y}}_k=E[\boldsymbol{y}_k]$、最终的估计 $\hat{\boldsymbol{x}}_k$ 及其 MSE 矩阵 $\boldsymbol{P}_k$：

$$\hat{\boldsymbol{x}}_k=\hat{\boldsymbol{x}}_{k|k-1}+\boldsymbol{P}_k^{\boldsymbol{xz}^{\mathrm{a}}}(\boldsymbol{P}_k^{\boldsymbol{z}^{\mathrm{a}}})^{-1}(\boldsymbol{z}_k^{\mathrm{a}}-[\hat{\boldsymbol{z}}_{k|k-1}^{\mathrm{T}},\hat{\boldsymbol{y}}_k^{\mathrm{T}}]^{\mathrm{T}}) \tag{5-33}$$

$$\boldsymbol{P}_k=\boldsymbol{P}_{k|k-1}-\boldsymbol{P}_k^{\boldsymbol{xz}^{\mathrm{a}}}(\boldsymbol{P}_k^{\boldsymbol{z}^{\mathrm{a}}})^{-1}\boldsymbol{P}_k^{\boldsymbol{xz}^{\mathrm{a}}} \tag{5-34}$$

4．最优不相关转换滤波

在基于参考分布的不相关转换中，参考分布使不相关转换中包含了真实量测的分布信息，以提高估计性能。实际上，可以设计参考分布本身，使相应的

UCF 实现最优估计性能。为此，考虑优化参考分布。

在式（5-27）中，通过将参考分布变量的期望值设置为真实量测的函数，从而使用了真实量测的信息。通常可以将式（5-27）中的积分转换为求和，即

$$\boldsymbol{y}=\boldsymbol{g}(\boldsymbol{z})\triangleq\sum_{i=1}^{n_w}w^i\boldsymbol{g}^i(\boldsymbol{z}) \tag{5-35}$$

式中，$\boldsymbol{g}^i(\boldsymbol{z})\in\mathbb{R}^{n_g\times 1}$ 为已知函数；w^i 是与 $\boldsymbol{g}^i(\boldsymbol{z}),i=1,2,\cdots,n_w$ 对应的参数。

式（5-35）可以等价地写成如下形式：

$$\boldsymbol{y}=\boldsymbol{g}(\boldsymbol{z})=\boldsymbol{G}(\boldsymbol{z})\boldsymbol{W} \tag{5-36}$$

式中，

$$\boldsymbol{G}(\boldsymbol{z})=[\boldsymbol{g}^1(\boldsymbol{z}),\boldsymbol{g}^2(\boldsymbol{z}),\cdots,\boldsymbol{g}^{n_w}(\boldsymbol{z})],\quad \boldsymbol{W}=[w^1,w^2,\cdots,w^{n_w}]^{\mathrm{T}} \tag{5-37}$$

在定理 5-1 中已经证明，基于 $\boldsymbol{z}^{\mathrm{a}}=[\boldsymbol{z}^{\mathrm{T}}\ \ \boldsymbol{y}^{\mathrm{T}}]^{\mathrm{T}}$ 的 LMMSE 估计的 MSE 矩阵 $\boldsymbol{P}_{\hat{\boldsymbol{x}}}^{\mathrm{a}}$ 具有分离的形式（5-7），其中 $\boldsymbol{y}$ 由式（5-36）给出。为了最小化 MSE，最优的 $\boldsymbol{W}$ 可通过求解下面的优化问题得到：

$$\begin{aligned}\hat{\boldsymbol{W}}&=\arg\min_{\boldsymbol{W}}\operatorname{tr}(\boldsymbol{P}_{\hat{\boldsymbol{x}}}^{\mathrm{a}})=\arg\min_{\boldsymbol{W}}\operatorname{tr}(\boldsymbol{P}_{\hat{\boldsymbol{x}}}-\boldsymbol{P}_{\boldsymbol{x}}^{\mathrm{a}})\\&=\arg\max_{\boldsymbol{W}}\operatorname{tr}(\boldsymbol{P}_{\boldsymbol{x}}^{\mathrm{a}})\end{aligned} \tag{5-38}$$

根据式（5-8），式（5-38）可以写为

$$\hat{\boldsymbol{W}}=\arg\max_{\boldsymbol{W}}\operatorname{tr}(\boldsymbol{P}_{\boldsymbol{xy}|\boldsymbol{z}}\boldsymbol{P}_{\boldsymbol{y}|\boldsymbol{z}}^{-1}\boldsymbol{P}_{\boldsymbol{xy}|\boldsymbol{z}}^{\mathrm{T}}) \tag{5-39}$$

式中，

$$\boldsymbol{P}_{\boldsymbol{xy}|\boldsymbol{z}}=\boldsymbol{P}_{\boldsymbol{xy}}-\boldsymbol{P}_{\boldsymbol{xz}}\boldsymbol{P}_{\boldsymbol{z}}^{-1}\boldsymbol{P}_{\boldsymbol{zy}} \tag{5-40}$$

$$\boldsymbol{P}_{\boldsymbol{y}|\boldsymbol{z}}=\boldsymbol{P}_{\boldsymbol{y}}-\boldsymbol{P}_{\boldsymbol{yz}}\boldsymbol{P}_{\boldsymbol{z}}^{-1}\boldsymbol{P}_{\boldsymbol{zy}} \tag{5-41}$$

式（5-40）和式（5-41）中的二阶矩可以直接使用流行的确定性采样方法来计算，而且它们不是 $\boldsymbol{W}$ 的函数。将式（5-35）代入式（5-40）和式（5-41），可以得到

$$\begin{aligned}\boldsymbol{P}_{\boldsymbol{xy}}&\triangleq\operatorname{cov}(\boldsymbol{x},\boldsymbol{y})=E\left[(\boldsymbol{x}-\bar{\boldsymbol{x}})\left(\sum_{i=1}^{n_w}w^i\boldsymbol{g}^i(\boldsymbol{z})\right)^{\mathrm{T}}\right]\\&=\sum_{i=1}^{n_w}w^iE[(\boldsymbol{x}-\bar{\boldsymbol{x}})(\boldsymbol{g}^i(\boldsymbol{z}))^{\mathrm{T}}]=\sum_{i=1}^{n_w}w^i\boldsymbol{P}_{\boldsymbol{x}\boldsymbol{g}^i}\end{aligned} \tag{5-42}$$

$$\boldsymbol{P}_{\boldsymbol{zy}}\triangleq\operatorname{cov}(\boldsymbol{z},\boldsymbol{y})=\sum_{i=1}^{n_w}w^i\boldsymbol{P}_{\boldsymbol{z}\boldsymbol{g}^i} \tag{5-43}$$

$$\boldsymbol{P}_{\boldsymbol{y}}\triangleq\operatorname{cov}(\boldsymbol{y},\boldsymbol{y})=\sum_{i=1}^{n_w}\sum_{j=1}^{n_w}w^iw^j\boldsymbol{P}_{\boldsymbol{g}^i\boldsymbol{g}^j} \tag{5-44}$$

式中，$\boldsymbol{P}_{\boldsymbol{x}\boldsymbol{g}^i}\triangleq\operatorname{cov}(\boldsymbol{x},\boldsymbol{g}^i)$；$\boldsymbol{P}_{\boldsymbol{z}\boldsymbol{g}^i}\triangleq\operatorname{cov}(\boldsymbol{z},\boldsymbol{g}^i)$；$\boldsymbol{P}_{\boldsymbol{g}^i\boldsymbol{g}^j}\triangleq\operatorname{cov}(\boldsymbol{g}^i,\boldsymbol{g}^j)$。

将式（5-42）～式（5-44）代入式（5-40）和式（5-41），可以得到

$$\boldsymbol{P}_{\boldsymbol{xy}|z}=\sum_{i=1}^{n_w}w^i\boldsymbol{P}_{\boldsymbol{xg}^i|z} \tag{5-45}$$

$$\boldsymbol{P}_{y|z}=\sum_{i=1}^{n_w}\sum_{j=1}^{n_w}w^iw^j\boldsymbol{P}_{\boldsymbol{g}^i\boldsymbol{g}^j|z} \tag{5-46}$$

式中，$\boldsymbol{P}_{\boldsymbol{xg}^i|z}\triangleq\boldsymbol{P}_{\boldsymbol{xg}^i}-\boldsymbol{P}_{\boldsymbol{x}z}\boldsymbol{P}_z^{-1}\boldsymbol{P}_{z\boldsymbol{g}^i}$；$\boldsymbol{P}_{\boldsymbol{g}^i\boldsymbol{g}^j|z}\triangleq\boldsymbol{P}_{\boldsymbol{g}^i\boldsymbol{g}^j}-\boldsymbol{P}_{\boldsymbol{g}^iz}\boldsymbol{P}_z^{-1}\boldsymbol{P}_{z\boldsymbol{g}^j}$。

于是式（5-39）可以写为

$$\begin{aligned}\hat{\boldsymbol{W}}&=\arg\max_{\boldsymbol{W}}\operatorname{tr}(\boldsymbol{P}_{\boldsymbol{xy}|z}\boldsymbol{P}_{y|z}^{-1}\boldsymbol{P}_{\boldsymbol{xy}|z}^{\mathrm{T}})\\&=\arg\max_{\boldsymbol{W}}\operatorname{tr}\left[\left(\sum_{i=1}^{n_w}w^i\boldsymbol{P}_{\boldsymbol{xg}^i|z}\right)\left(\sum_{i=1}^{n_w}\sum_{j=1}^{n_w}w^iw^j\boldsymbol{P}_{\boldsymbol{g}^i\boldsymbol{g}^j|z}\right)^{-1}\left(\sum_{i=1}^{n_w}w^i\boldsymbol{P}_{\boldsymbol{xg}^i|z}\right)^{\mathrm{T}}\right]\end{aligned} \tag{5-47}$$

在文献[1]中，通过最大化式（5-47）中目标函数的下限将上述优化问题进行松弛，从而求解，即

$$\begin{aligned}\operatorname{tr}(\boldsymbol{P}_{\boldsymbol{xy}|z}\boldsymbol{P}_{y|z}^{-1}\boldsymbol{P}_{\boldsymbol{xy}|z}^{\mathrm{T}})&=\operatorname{tr}(\boldsymbol{P}_{\boldsymbol{xy}|z}^{\mathrm{T}}\boldsymbol{P}_{\boldsymbol{xy}|z}\boldsymbol{P}_{y|z}^{-1})\geqslant\operatorname{tr}(\boldsymbol{P}_{\boldsymbol{xy}|z}^{\mathrm{T}}\boldsymbol{P}_{\boldsymbol{xy}|z})\operatorname{tr}(\boldsymbol{P}_{y|z})\\&=\frac{\operatorname{tr}\left(\left(\sum_{i=1}^{n_w}w^i\boldsymbol{P}_{\boldsymbol{xg}^i|z}\right)^{\mathrm{T}}\left(\sum_{i=1}^{n_w}w^i\boldsymbol{P}_{\boldsymbol{xg}^i|z}\right)\right)}{\operatorname{tr}\left(\sum_{i=1}^{n_w}\sum_{j=1}^{n_w}w^iw^j\boldsymbol{P}_{\boldsymbol{g}^i\boldsymbol{g}^j|z}\right)}=\frac{\boldsymbol{W}^{\mathrm{T}}\boldsymbol{QW}}{\boldsymbol{W}^{\mathrm{T}}\boldsymbol{RW}}\end{aligned} \tag{5-48}$$

式中，$\operatorname{tr}(\cdot)$ 表示矩阵的迹；$\boldsymbol{Q}\geqslant 0$ 和 $\boldsymbol{R}>0$ 可分别通过式（5-49）和式（5-50）得到：

$$\boldsymbol{Q}\triangleq[q_{ij}]_{n_w\times n_w},\quad q_{ij}=\operatorname{tr}(\boldsymbol{P}_{\boldsymbol{xg}^i|z}^{\mathrm{T}}\boldsymbol{P}_{\boldsymbol{xg}^j|z}) \tag{5-49}$$

$$\boldsymbol{R}\triangleq[r_{ij}]_{n_w\times n_w},\quad r_{ij}=\operatorname{tr}(\boldsymbol{P}_{\boldsymbol{g}^i\boldsymbol{g}^j|z}) \tag{5-50}$$

关于式（5-48）的相关证明可以在文献[1]中查看，此处不再详细说明。式（5-48）中的第二行是原始目标函数的下限，因此，原始优化问题的求解可以松弛为求解其最大化下限，即

$$\hat{\boldsymbol{W}}=\arg\max_{\boldsymbol{W}}\boldsymbol{W}^{\mathrm{T}}\boldsymbol{QW}/(\boldsymbol{W}^{\mathrm{T}}\boldsymbol{RW}) \tag{5-51}$$

如果 $\boldsymbol{y}$ 是标量函数，此时不等式（5-48）的等号成立，则优化问题式（5-51）与原始问题式（5-39）等价。

上述优化问题的解为

$$\hat{\boldsymbol{W}}=\boldsymbol{R}^{-1/2}\boldsymbol{V}_{\max} \tag{5-52}$$

式中，$\boldsymbol{V}_{\max}$ 是 $\boldsymbol{Q}_{\boldsymbol{R}}\triangleq\boldsymbol{R}^{-\mathrm{T}/2}\boldsymbol{QR}^{-1/2}$ 最大特征值对应的特征向量。

考虑由式（5-31）和式（5-32）构成的非线性系统，在 LMMSE 估计器中使用扩维量测，基于最优不相关转换滤波（Optimized UCF，OUCF）的流程与

UCF 相同，唯一不同的步骤是，在进行最后的状态更新之前，需要求解优化问题式（5-51），确定最优的不相关转换。

5.2.2 最优转换采样滤波

1. 最优转换采样估计

5.2.1 节介绍的 UCF 和 OUCF 的性能依然取决于实际不相关转换函数的设计，然后对于各种非线性问题，找到一个最优的不相关转换函数本质上是一个函数优化问题，极为困难。考虑到不相关转换滤波的估计性能仅取决于与转换有关的量（一、二阶矩），而获得这些量远比直接优化不相关转换函数简单得多，因此文献[2]提出了 OCF。

假设不相关转换函数 $\boldsymbol{y}$ 是一维变量，用 y 表示。由式（5-4）～式（5-8）可以看出，扩维的 LMMSE 估计器（UCF）仅取决于 $\boldsymbol{y}$ 和以下量：

$$\boldsymbol{M}_y \triangleq \{E[\boldsymbol{y}], \boldsymbol{P}_{xy}, \boldsymbol{P}_{zy}, \boldsymbol{P}_y\} \tag{5-53}$$

式中，$\boldsymbol{y}=g(\boldsymbol{z})$ 是函数 $g(\cdot)$ 在量测值 $\boldsymbol{z}$ 处的值。$\boldsymbol{M}_y$ 包括与 $\boldsymbol{y}$ 有关的一、二阶矩，因此优化不相关转换函数问题可以转化为优化以下问题：

$$\hat{\boldsymbol{M}}_y = \arg\min_{\boldsymbol{M}_y} \mathrm{tr}(\boldsymbol{P}_{\hat{x}}^{\mathrm{a}}) \tag{5-54}$$

同式（5-39），式（5-54）可以写为

$$\hat{\boldsymbol{M}}_y = \arg\max_{\boldsymbol{M}_y} \mathrm{tr}(\boldsymbol{P}_{xy|z}\boldsymbol{P}_{y|z}^{-1}\boldsymbol{P}_{xy|z}^{\mathrm{T}}) \tag{5-55}$$

式中，

$$\boldsymbol{P}_{xy|z} = \boldsymbol{P}_{xy} - \boldsymbol{P}_{xz}\boldsymbol{P}_z^{-1}\boldsymbol{P}_{zy} \tag{5-56}$$

$$\boldsymbol{P}_{y|z} = \boldsymbol{P}_{y} - \boldsymbol{P}_{yz}\boldsymbol{P}_z^{-1}\boldsymbol{P}_{zy} \tag{5-57}$$

利用确定性采样方法，对状态 $\boldsymbol{x}$ 进行采样，得到采样点 $\boldsymbol{x}_i(i=1,2,\cdots,n_{\mathrm{s}})$，$n_{\mathrm{s}}$ 为采样点个数。对于非线性问题 $\boldsymbol{z}=\boldsymbol{h}(\boldsymbol{x},\boldsymbol{v})$，令 $\boldsymbol{\gamma}=[\boldsymbol{x}^{\mathrm{T}},\boldsymbol{v}^{\mathrm{T}}]^{\mathrm{T}}$，则

$$\boldsymbol{\gamma}_i = [\boldsymbol{x}_i^{\mathrm{T}},\boldsymbol{v}_i^{\mathrm{T}}]^{\mathrm{T}},\quad \boldsymbol{z}_i=\boldsymbol{h}(\boldsymbol{x}_i,\boldsymbol{v}_i),\quad \boldsymbol{y}_i=g(\boldsymbol{z}_i) \tag{5-58}$$

定义

$$\boldsymbol{X}\triangleq[\boldsymbol{x}_1,\boldsymbol{x}_2,\cdots,\boldsymbol{x}_{n_{\mathrm{s}}}],\quad \boldsymbol{Z}\triangleq[\boldsymbol{z}_1,\boldsymbol{z}_2,\cdots,\boldsymbol{z}_{n_{\mathrm{s}}}],\quad \boldsymbol{Y}\triangleq[\boldsymbol{y}_1,\boldsymbol{y}_2,\cdots,\boldsymbol{y}_{n_{\mathrm{s}}}]^{\mathrm{T}} \tag{5-59}$$

因此，使用最优非线性转换扩维的估计器可以写为

$$\hat{\boldsymbol{x}} = \bar{\boldsymbol{x}} + \boldsymbol{P}_{xz^{\mathrm{a}}}\boldsymbol{P}_{z^{\mathrm{a}}}^{-1}(\boldsymbol{z}^{\mathrm{a}}-\bar{\boldsymbol{z}}^{\mathrm{a}}) \triangleq L(\boldsymbol{M}_y(\boldsymbol{Y}), y) \tag{5-60}$$

式中，$\boldsymbol{M}_y(\boldsymbol{Y})$ 是使用确定性采样方法的 $\boldsymbol{Y}$ 的函数；$L(\cdot)$ 是 $\boldsymbol{M}_y(\boldsymbol{Y})$ 和 $\boldsymbol{y}$ 的线性函数；对于最优的估计，$\boldsymbol{Y}$ 可以通过求解以下优化问题获得：

$$\hat{\boldsymbol{Y}} = \arg\max_{\boldsymbol{M}_y} \mathrm{tr}(\boldsymbol{P}_{xy|z}\boldsymbol{P}_{y|z}^{-1}\boldsymbol{P}_{xy|z}^{\mathrm{T}}) \tag{5-61}$$

为了求解上述问题，需要计算 $\boldsymbol{M}_y \triangleq \{E[y],\boldsymbol{P}_{xy},\boldsymbol{P}_{zy},\boldsymbol{P}_y\}$，具体为

$$\begin{cases}\bar{\boldsymbol{y}} \triangleq \sum_i w_i \boldsymbol{y}_i^{\mathrm{T}} = \boldsymbol{Y}^{\mathrm{T}}\boldsymbol{W} = \boldsymbol{W}^{\mathrm{T}}\boldsymbol{Y} \\ \boldsymbol{P}_{xy} \triangleq \sum_i w_i(\boldsymbol{x}_i - \bar{\boldsymbol{x}})(\boldsymbol{y}_i - \bar{\boldsymbol{y}})^{\mathrm{T}} \\ \quad = \sum_i w_i(\boldsymbol{x}_i - \bar{\boldsymbol{x}})\boldsymbol{y}_i^{\mathrm{T}} = \boldsymbol{Q}_x\boldsymbol{Y} \\ \boldsymbol{P}_{zy} \triangleq \sum_i w_i(\boldsymbol{z}_i - \bar{\boldsymbol{z}})(\boldsymbol{y}_i - \bar{\boldsymbol{y}})^{\mathrm{T}} \\ \quad = \sum_i w_i(\boldsymbol{z}_i - \bar{\boldsymbol{z}})\boldsymbol{y}_i^{\mathrm{T}} = \boldsymbol{Q}_z\boldsymbol{Y} \\ \boldsymbol{P}_y \triangleq \sum_i w_i(\boldsymbol{y}_i - \bar{\boldsymbol{y}})(\boldsymbol{y}_i - \bar{\boldsymbol{y}})^{\mathrm{T}} \\ \quad = \sum_i w_i(\boldsymbol{Y}^{\mathrm{T}}\boldsymbol{e}_i - \boldsymbol{Y}^{\mathrm{T}}\boldsymbol{W})(\boldsymbol{Y}^{\mathrm{T}}\boldsymbol{e}_i - \boldsymbol{Y}^{\mathrm{T}}\boldsymbol{W})^{\mathrm{T}} = \boldsymbol{Y}^{\mathrm{T}}\boldsymbol{Q}_y\boldsymbol{Y}\end{cases} \tag{5-62}$$

式中，$\bar{\boldsymbol{x}} = \sum_i w_i\boldsymbol{x}_i$；$\bar{\boldsymbol{z}} = \sum_i w_i\boldsymbol{x}_i$ 且 $\sum_i w_i(\boldsymbol{x}_i - \bar{\boldsymbol{x}}) = 0$；$\sum_i w_i(\boldsymbol{z}_i - \bar{\boldsymbol{z}}) = 0$，$w_i$ 为确定性采样的权值，可通过 3.5.3 节介绍的几种确定性采样方法获得。式（5-62）中相关量的定义为

$$\begin{cases}\boldsymbol{W} = [w_1, w_2, \cdots, w_{n_s}]^{\mathrm{T}} \\ \boldsymbol{Q}_x = (\boldsymbol{X} - \bar{\boldsymbol{x}}\boldsymbol{1}^{1\times n_s})\mathrm{diag}(\boldsymbol{W}) \\ \boldsymbol{Q}_z = (\boldsymbol{Z} - \boldsymbol{z}\boldsymbol{1}^{1\times n_s})\mathrm{diag}(\boldsymbol{W}) \\ \boldsymbol{Q}_y = \sum_i w_i(\boldsymbol{e}_i - \boldsymbol{W})(\boldsymbol{e}_i - \boldsymbol{W})^{\mathrm{T}}\end{cases} \tag{5-63}$$

式中，$\boldsymbol{1}^{1\times n_s}$ 表示元素全部是 1 的 $1\times n_s$ 维矩阵；$\boldsymbol{e}_i$ 为 $n_s \times 1$ 维列向量，除了第 i 个元素为 1，其余元素均为 0；$\mathrm{diag}(\boldsymbol{W})$ 表示由 $\boldsymbol{W}$ 构成对角线元素的对角矩阵。

将式（5-62）代入式（5-56）和式（5-57），再代入式（5-61），利用与 5.2.1 节介绍的松弛方法，可以得到

$$\hat{\boldsymbol{Y}} = \arg\max_{\boldsymbol{Y}} \frac{\boldsymbol{Y}^{\mathrm{T}}\boldsymbol{Q}\boldsymbol{Y}}{\boldsymbol{Y}^{\mathrm{T}}\boldsymbol{R}\boldsymbol{Y}} \tag{5-64}$$

式中，

$$\begin{cases}\boldsymbol{Q} = (\boldsymbol{Q}_x - \boldsymbol{P}_{xz}\boldsymbol{P}_z^{-1}\boldsymbol{Q}_z)^{\mathrm{T}}(\boldsymbol{Q}_x - \boldsymbol{P}_{xz}\boldsymbol{P}_z^{-1}\boldsymbol{Q}_z) \\ \boldsymbol{R} = \boldsymbol{Q}_y - \boldsymbol{Q}_z^{\mathrm{T}}\boldsymbol{P}_z^{-1}\boldsymbol{Q}_z\end{cases} \tag{5-65}$$

考虑到确定性采样方法的精度，可以进一步对 $\boldsymbol{Y}$ 和 $\boldsymbol{y}$ 进行约束，本书直接给出数值导数约束条件，相关推导可参考文献[2]。约束条件为

$$\boldsymbol{C}_{\boldsymbol{Z}^{\mathrm{a}}}^{(n)}[\boldsymbol{Y}^{\mathrm{T}} \;\; \boldsymbol{y}]^{\mathrm{T}} = 0 \tag{5-66}$$

式中，$\boldsymbol{C}_{\boldsymbol{Z}^{\mathrm{a}}}^{(n)}$ 可以迭代地计算得到：

$$C_{Z^{\mathrm{a}}}^{(n)}=(\operatorname{diag}(S_{n_{\mathrm{s}}-n+1}N_n))^{-1}S_{n_{\mathrm{s}}-n+1}C_{Z^{\mathrm{a}}}^{(n-1)},\quad C_{Z^{\mathrm{a}}}^{(0)}\triangleq M^{\mathrm{r}} \tag{5-67}$$

也可以非迭代地计算得到：

$$C_{Z^{\mathrm{a}}}^{(n)}=\prod\nolimits_{l=1}^{n}[(\operatorname{diag}(\prod\nolimits_{i=1}^{l}A_{n_{\mathrm{s}}-i+1}Z^{\mathrm{r}}))^{-1}S_{n_{\mathrm{s}}-L+1}]M^{\mathrm{r}} \tag{5-68}$$

式中，

$$Z^{\mathrm{r}}=M^{\mathrm{r}}Z^{\mathrm{p}} \tag{5-69}$$

$$Z^{\mathrm{p}}=(Z^{\mathrm{a}})^{\mathrm{T}}p \tag{5-70}$$

$$p=P_z^{-1/2}d \tag{5-71}$$

式中，$d\in\mathbb{R}^{n_z\times 1}$是为了标量化而设计的参数，文献[2]建议将其设计为P_z的最大特征值对应的特征向量；M^{r}为交换矩阵，将Z^{p}转换为Z^{r}，Z^{r}是Z^{p}内元素的升序排列。式（5-67）和式（5-68）中的其他相关量可分别通过以下式子获得：

$$A_n=\left.\begin{bmatrix}1/2 & 1/2 & 0 & & 0 & 0\\ 0 & 1/2 & 1/2 & & 0 & 0\\ & & & \ddots & & \\ 0 & 0 & 0 & & 1/2 & 1/2\end{bmatrix}\right\}n \tag{5-72}$$

$$S_n=\left.\begin{bmatrix}-1 & 1 & 0 & & 0 & 0\\ 0 & -1 & 1 & & 0 & 0\\ & & & \ddots & & \\ 0 & 0 & 0 & & -1 & 1\end{bmatrix}\right\}n \tag{5-73}$$

$$N_n=A_{n_{\mathrm{s}}-n+1}N_{n-1},\quad N_0\triangleq Z^{\mathrm{r}} \tag{5-74}$$

根据约束条件式（5-64）和式（5-66），可以得到最终的优化问题，即

$$\begin{cases}\hat{Y}=\arg\max\limits_{Y}\dfrac{Y^{\mathrm{T}}QY}{Y^{\mathrm{T}}RY}\\ \text{s.t.}\quad C_{Z^{\mathrm{a}}}^{(n)}[Y^{\mathrm{T}}\ \ y]^{\mathrm{T}}=0\end{cases} \tag{5-75}$$

上述优化问题的解为

$$\hat{Y}(y)=\hat{Y}_0+Y_1(y) \tag{5-76}$$

式中，$Y_1(y)=y\mathbf{1}^{n_{\mathrm{s}}\times 1}$；且

$$\hat{Y}_0=Q_{\mathrm{t}}R_{\mathrm{r}}^{-1/2}V_{\max} \tag{5-77}$$

式中，$V_{\max}$是矩阵Q_R的最大特征值对应的特征向量：

$$Q_R=R_{\mathrm{r}}^{-\mathrm{T}/2}Q_{\mathrm{r}}R_{\mathrm{r}}^{-1/2} \tag{5-78}$$

$$Q_{\mathrm{r}}=Q_{\mathrm{t}}^{\mathrm{T}}QQ_{\mathrm{t}} \tag{5-79}$$

$$R_{\mathrm{r}}=Q_{\mathrm{t}}^{\mathrm{T}}RQ_{\mathrm{t}} \tag{5-80}$$

式中，Q_{t}由矩阵C_1^{T}的QR分解得到，矩阵C_1由矩阵$C_{Z^{\mathrm{a}}}^{(n)}$的前n_{s}列构成。

将式（5-76）代入式（5-62），可以得到

$$\begin{cases} \bar{\boldsymbol{y}} = \boldsymbol{W}^{\mathrm{T}}\hat{\boldsymbol{Y}}(\boldsymbol{y}) = \boldsymbol{W}^{\mathrm{T}}\hat{\boldsymbol{Y}}_0 + \boldsymbol{y} \\ \boldsymbol{P}_{xy} = \boldsymbol{Q}_x\hat{\boldsymbol{Y}}(\boldsymbol{y}) = \boldsymbol{Q}_x\hat{\boldsymbol{Y}}_0 \\ \boldsymbol{P}_{zy} = \boldsymbol{Q}_z\hat{\boldsymbol{Y}}(\boldsymbol{y}) = \boldsymbol{Q}_z\hat{\boldsymbol{Y}}_0 \\ \boldsymbol{P}_{y} = (\hat{\boldsymbol{Y}}(\boldsymbol{y}))^{\mathrm{T}}\boldsymbol{Q}_y\hat{\boldsymbol{Y}}(\boldsymbol{y}) = \hat{\boldsymbol{Y}}_0^{\mathrm{T}}\boldsymbol{Q}_y\hat{\boldsymbol{Y}}_0 \end{cases} \tag{5-81}$$

将式（5-81）代入式（5-4）和式（5-5），可以得到最优转换采样估计为

$$\begin{aligned} \hat{\boldsymbol{x}} &= \bar{\boldsymbol{x}} + \boldsymbol{P}_{xz^{\mathrm{a}}}\boldsymbol{P}_{z^{\mathrm{a}}}^{-1}\left(\begin{bmatrix} \boldsymbol{z} \\ \boldsymbol{y} \end{bmatrix} - \begin{bmatrix} \bar{\boldsymbol{z}} \\ \boldsymbol{W}^{\mathrm{T}}\hat{\boldsymbol{Y}}_0 + \boldsymbol{y} \end{bmatrix}\right) \\ &= \bar{\boldsymbol{x}} + \boldsymbol{K}^{\mathrm{a}}\begin{bmatrix} \boldsymbol{z} - \bar{\boldsymbol{z}} \\ -\boldsymbol{W}^{\mathrm{T}}\hat{\boldsymbol{Y}}_0 \end{bmatrix} \end{aligned} \tag{5-82}$$

$$\boldsymbol{P}_{\hat{x}}^{\mathrm{a}} = \boldsymbol{P}_x - \boldsymbol{K}^{\mathrm{a}}[\boldsymbol{P}_{xz}, \boldsymbol{Q}_x\hat{\boldsymbol{Y}}_0]^{\mathrm{T}} \tag{5-83}$$

式中，

$$\boldsymbol{K}^{\mathrm{a}} = \boldsymbol{P}_{xz^{\mathrm{a}}}\boldsymbol{P}_{z^{\mathrm{a}}}^{-1} = [\boldsymbol{P}_{xz}, \boldsymbol{Q}_x\hat{\boldsymbol{Y}}_0]\begin{bmatrix} \boldsymbol{P}_z & \boldsymbol{Q}_z\hat{\boldsymbol{Y}}_0 \\ (\boldsymbol{Q}_z\hat{\boldsymbol{Y}}_0)^{\mathrm{T}} & \hat{\boldsymbol{Y}}_0^{\mathrm{T}}\boldsymbol{Q}_y\hat{\boldsymbol{Y}}_0 \end{bmatrix}^{-1} \tag{5-84}$$

2. 最优转换采样滤波的循环

考虑由式（5-31）和式（5-32）构成的非线性系统，在 k 时刻，使用 $\hat{\boldsymbol{x}}_{k-1}$ 和 $\boldsymbol{P}_{k-1}$，基于量测 $\boldsymbol{z}_k$ 输出状态估计 $\hat{\boldsymbol{x}}_k$ 及其 MSE 矩阵 $\boldsymbol{P}_k$。OCF 的一个循环如下。

（1）状态预测。基于式（5-31），用 $\hat{\boldsymbol{x}}_{k-1}$ 和 $\boldsymbol{P}_{k-1}$ 计算一步预测 $\hat{\boldsymbol{x}}_{k|k-1}$ 及其 MSE 矩阵 $\boldsymbol{P}_{k|k-1}$。

（2）量测预测。将预测的状态及其协方差矩阵分别与量测噪声的均值和其方差矩阵进行扩维，得到

$$\hat{\boldsymbol{\gamma}}_k = [\hat{\boldsymbol{x}}_{k|k-1}^{\mathrm{T}}, \bar{\boldsymbol{v}}_k^{\mathrm{T}}]^{\mathrm{T}}, \quad \boldsymbol{P}_k^{\gamma} = \begin{bmatrix} \boldsymbol{P}_{k|k-1} & 0 \\ 0 & \boldsymbol{R}_k \end{bmatrix} \tag{5-85}$$

采用确定性采样方法可以得到对 $\hat{\boldsymbol{\gamma}}_k$ 的确定性采样点 $\{\gamma_k^i\}_{i=1}^{n_s}$ 和权值向量 $\boldsymbol{W} = [w_1, w_2, \cdots, w_{n_s}]^{\mathrm{T}}$。令

$$\boldsymbol{\Gamma}_k \triangleq [\gamma_k^1, \gamma_k^2, \cdots, \gamma_k^{n_s}], \quad \gamma_k^i = [(\gamma_k^{x,i})^{\mathrm{T}}, (\gamma_k^{v,i})^{\mathrm{T}}]^{\mathrm{T}} \tag{5-86}$$

式中，$\gamma_k^{x,i}$ 为 γ_k^i 的前 n_x 项，$\gamma_k^{v,i}$ 为 γ_k^i 的后 n_v 项，其中 n_x 和 n_v 分别为状态和量测噪声的维度。于是，可以得到

$$\boldsymbol{X}_k = [\gamma_k^{x,1}, \gamma_k^{x,2}, \cdots, \gamma_k^{x,n_s}], \quad \boldsymbol{Z}_k = [z_k^1, z_k^2, \cdots, z_k^{n_s}] \tag{5-87}$$

式中，$z_k^i = \boldsymbol{h}(\gamma_k^{x,i}, \gamma_k^{v,i})$。预测的量测 $\hat{z}_{k|k-1}$ 及其方差矩阵 $\boldsymbol{P}_k^z$ 和互协方差矩阵为

$$\begin{cases} \hat{z}_{k|k-1} = \sum\limits_i w_i z_k^i = \boldsymbol{Z}_k\boldsymbol{W} \\ \boldsymbol{P}_k^z = \sum\limits_i w_i (z_k^i - \hat{z}_{k|k-1})(\cdot)^{\mathrm{T}} \\ \boldsymbol{P}_k^{xz} = \sum\limits_i w_i (\gamma_k^{x,i} - \hat{\boldsymbol{x}}_{k|k-1})(z_k^i - \hat{z}_{k|k-1})^{\mathrm{T}} \end{cases} \tag{5-88}$$

（3）扩维。计算式（5-65）中的$\boldsymbol{Q}_k$和$\boldsymbol{R}_k$及约束矩阵$\boldsymbol{C}_{\boldsymbol{Z}^{\mathrm{a}}}^{(n)}$，求解以下约束问题：

$$\begin{cases}\hat{\boldsymbol{Y}}_k(\boldsymbol{y}_k)=\arg\max\limits_{\boldsymbol{Y}_k}\dfrac{\boldsymbol{Y}_k^{\mathrm{T}}\boldsymbol{Q}_k\boldsymbol{Y}_k}{\boldsymbol{Y}_k^{\mathrm{T}}\boldsymbol{R}_k\boldsymbol{Y}_k}\\ \text{s.t.}\quad \boldsymbol{C}_{\boldsymbol{Z}^{\mathrm{a}}}^{(n)}[\boldsymbol{Y}_k^{\mathrm{T}}\ \ \boldsymbol{y}_k]^{\mathrm{T}}=0\end{cases} \tag{5-89}$$

上述优化问题的解为

$$\hat{\boldsymbol{Y}}_k(\boldsymbol{y}_k)=\hat{\boldsymbol{Y}}_k^0+\boldsymbol{Y}_k^1(\boldsymbol{y}_k) \tag{5-90}$$

式中，$\boldsymbol{Y}_k^1(\boldsymbol{y}_k)=\boldsymbol{y}_k\boldsymbol{1}^{n_{\mathrm{s}}\times 1}$，且

$$\hat{\boldsymbol{Y}}_k^0=\boldsymbol{Q}_{\mathrm{t}}(\boldsymbol{R}_{\mathrm{r}}^k)^{-1/2}\boldsymbol{V}_{\max} \tag{5-91}$$

式中，$\boldsymbol{V}_{\max}$为矩阵$\boldsymbol{Q}_{\boldsymbol{R}}^k=(\boldsymbol{R}_{\mathrm{r}}^k)^{-\mathrm{T}/2}\boldsymbol{Q}_{\mathrm{r}}(\boldsymbol{R}_{\mathrm{r}}^k)^{-1/2}$的最大特征值对应的特征向量，$\boldsymbol{Q}_{\mathrm{r}}=\boldsymbol{Q}_{\mathrm{t}}^{\mathrm{T}}\boldsymbol{Q}_k\boldsymbol{Q}_{\mathrm{t}}$，$\boldsymbol{R}_{\mathrm{r}}^k=\boldsymbol{Q}_{\mathrm{t}}^{\mathrm{T}}\boldsymbol{R}_k\boldsymbol{Q}_{\mathrm{t}}$，$\boldsymbol{Q}_{\mathrm{t}}$可通过$\boldsymbol{C}_{\boldsymbol{Z}^{\mathrm{a}}}^{(n)}$得到。

（4）更新。计算最终的估计结果$\hat{\boldsymbol{x}}_k$和$\boldsymbol{P}_k$为

$$\begin{cases}\hat{\boldsymbol{x}}_k=\hat{\boldsymbol{x}}_{k|k-1}+\boldsymbol{K}_k^{\mathrm{a}}\begin{bmatrix}\boldsymbol{z}_k-\hat{\boldsymbol{z}}_{k|k-1}\\ -\boldsymbol{W}^{\mathrm{T}}\hat{\boldsymbol{Y}}_k^0\end{bmatrix}\\ \boldsymbol{P}_k=\boldsymbol{P}_{k|k-1}-\boldsymbol{K}_k^{\mathrm{a}}[\boldsymbol{P}_k^{xz},\boldsymbol{Q}_k^x\hat{\boldsymbol{Y}}_k^0]^{\mathrm{T}}\end{cases} \tag{5-92}$$

$$\boldsymbol{K}_k^{\mathrm{a}}=[\boldsymbol{P}_k^{xz},\boldsymbol{Q}_k^x\hat{\boldsymbol{Y}}_k^0]\begin{bmatrix}\boldsymbol{P}_k^z & \boldsymbol{Q}_k^z\hat{\boldsymbol{Y}}_k^0\\ (\boldsymbol{Q}_k^z\hat{\boldsymbol{Y}}_k^0)^{\mathrm{T}} & (\hat{\boldsymbol{Y}}_k^0)^{\mathrm{T}}\boldsymbol{Q}_k^y\hat{\boldsymbol{Y}}_k^0\end{bmatrix}^{-1} \tag{5-93}$$

式中，$\boldsymbol{Q}_k^x$、$\boldsymbol{Q}_k^y$和$\boldsymbol{Q}_k^z$可利用式（5-63）及采样点权值$\boldsymbol{W}$，以及采样点$\boldsymbol{X}_k$、$\boldsymbol{Z}_k$得到。

OCF是一个具有一般性的框架，其基于确定性采样方法可以获得使用扩维量测的最优的估计。在OCF中，不需要对非线性转换的具体形式进行设计。扩维的转换不再要求必须与量测不相关，因为OCF直接最小化估计的MSE。

5.2.3 广义转换滤波

OCF利用确定性采样方法仅能优化一维的非线性转换，进而对原始量测进行扩维，且5.2.1节和5.2.2节提到的非线性结构估计器均是使用非线性转换对原始量测进行扩维得到的LMMSE估计器。根据式（5-2）和式（5-3）描述的非线性估计器，直接采用量测的非线性转换对状态进行估计，不仅可以利用原始量测信息，还可以降低计算量。然而，这样的最优非线性转换难以直接获得。并且，对于采样获得的OCF，其似然函数难以直接计算，导致其在一些需要计算似然函数的问题（如机动目标跟踪问题、多目标跟踪问题等）中不能应用。对于以上问题，文献[3]提出了GCF并给出了开源代码，它直接使用一个可能是高维度的转换作为量测进行估计，该转换与OCF一样，没有对其函数进行优化，而是使用确定性采样方法，对其有关的一、二阶矩进行优化。

1. 总体思想

在式（5-2）和式（5-3）描述的非线性估计器中，MSE 矩阵中的 $\boldsymbol{P}_{xy}$ 和 $\boldsymbol{P}_{y}$ 仅取决于 $\boldsymbol{y}$，通过最小化 $\boldsymbol{P}_{\hat{x}}$ 优化 $\boldsymbol{y}$ 等效于优化二阶矩。对于一般的线性或非线性函数 $\boldsymbol{y}=\boldsymbol{g}(\boldsymbol{z})$，由于量测 $\boldsymbol{z}$ 与被估计量 $\boldsymbol{x}$ 之间高度非线性，与 $\boldsymbol{y}$ 有关的一、二阶矩很难解析地得到。而实际中计算矩的方法（如函数逼近和矩逼近）均有精度限制，这取决于 $\boldsymbol{y}=\boldsymbol{g}(\boldsymbol{z})$ 的非线性程度。因此，尽管人们希望能够通过优化理论获得最优的转换函数 $\boldsymbol{y}=\boldsymbol{g}(\boldsymbol{z})$，但这是极为困难的。文献[3]通过限制约束 $\boldsymbol{y}=\boldsymbol{g}(\boldsymbol{z})$ 的逼近方法的误差，获得 $\boldsymbol{y}=\boldsymbol{g}(\boldsymbol{z})$，即令逼近方法的误差为 0，即

$$\boldsymbol{c}(\boldsymbol{y})\triangleq\boldsymbol{c}(\boldsymbol{g}(\boldsymbol{z}))=0 \tag{5-94}$$

式中，$\boldsymbol{c}(\cdot)$ 为约束函数。

为了实现更好的估计性能，可以通过最小化式（5-3）中的 $\boldsymbol{P}_{\hat{x}}$ 确定 $\boldsymbol{y}=\boldsymbol{g}(\boldsymbol{z})$，该优化问题可写为

$$\begin{cases}\hat{\boldsymbol{g}}(\cdot)=\arg\min\limits_{\boldsymbol{g}(\cdot)}\boldsymbol{P}_{x}-\boldsymbol{P}_{xy}\boldsymbol{P}_{y}^{-1}\boldsymbol{P}_{xy}^{\mathrm{T}}\\ \qquad=\arg\max\limits_{\boldsymbol{g}(\cdot)}\boldsymbol{P}_{xy}\boldsymbol{P}_{y}^{-1}\boldsymbol{P}_{xy}^{\mathrm{T}}\\ \text{s.t.}\quad \boldsymbol{c}(\boldsymbol{y})=0\end{cases} \tag{5-95}$$

2. 转换约束

为了求解式（5-95），需要计算与 $\boldsymbol{y}$ 相关的一、二阶矩，常用的方法是使用确定性采样方法进行计算。然而，确定性采样方法具有逼近误差，通过限制确定性采样方法的高阶导数误差，可以得到一定程度上最优的 $\boldsymbol{y}=\boldsymbol{g}(\boldsymbol{z})$，令

$$y^{(n)}(z)=0 \tag{5-96}$$

式中，y 是 $\boldsymbol{y}$ 的一项；z 是 $\boldsymbol{z}$ 的一项；$y^{(n)}(z)$ 是 y 相对于 z 的 n 阶导数。如果 n 阶导数为 0，那么所有更高阶的导数均为 0。式（5-96）表明，y 是 z 的 n 阶多项式。

对于式（5-2），n_y 维的非线性转换 $\boldsymbol{y}$ 均需要得到，假设 $\boldsymbol{y}$ 可写为

$$\boldsymbol{y}\triangleq\begin{bmatrix}y_1\\ y_2\\ \vdots\\ y_{n_y}\end{bmatrix} \tag{5-97}$$

式中，$\boldsymbol{y}\in\mathbb{R}^{n_y}$；$\boldsymbol{y}_i\in\mathbb{R}^{n_i}$；$n_y=\sum\limits_{i=1}^{n_z}n_i$。由式（5-96）可得到约束函数 $\boldsymbol{c}(\boldsymbol{y}=\boldsymbol{g}(\boldsymbol{z}))=0$，有

$$\boldsymbol{c}(\boldsymbol{y})\triangleq\begin{bmatrix}y_1^{(n)}(z_1)\\ y_2^{(n)}(z_2)\\ \vdots\\ y_{n_z}^{(n)}(z_{n_z})\end{bmatrix} \tag{5-98}$$

3．基本框架

1）使用确定性采样方法计算矩

式（5-2）和式（5-3）中的一、二阶矩可通过下式进行计算：

$$\begin{cases}\bar{\boldsymbol{y}} \triangleq E_{\gamma}[\boldsymbol{y}] \\ \boldsymbol{P}_{y} \triangleq E_{\gamma}[(\boldsymbol{y}-\bar{\boldsymbol{y}})(\cdot)^{\mathrm{T}}] \\ \boldsymbol{P}_{xy} \triangleq E_{\gamma}[(\boldsymbol{x}-\bar{\boldsymbol{x}})(\boldsymbol{y}-\bar{\boldsymbol{y}})^{\mathrm{T}}]\end{cases} \tag{5-99}$$

式中，$E_{\gamma}[\cdot]$是相对于$\boldsymbol{\gamma}$的期望，$\boldsymbol{\gamma}$表示所有的随机变量，如

$$\boldsymbol{\gamma} \triangleq \begin{bmatrix}\boldsymbol{x} \\ \boldsymbol{v}\end{bmatrix} \tag{5-100}$$

使用第 3 章提到的确定性采样方法对$\boldsymbol{\gamma}$进行采样，可得到采样点$\boldsymbol{\gamma}_i$和其对应的权值w_i，其中，$i=1,2,\cdots,n_{\mathrm{s}}$，$n_{\mathrm{s}}$为采样点的总个数。因此，式（5-99）中的一、二阶矩可以通过下式计算得到：

$$\begin{cases}\bar{\boldsymbol{y}} \doteq \sum_i w_i \boldsymbol{y}_i = \boldsymbol{Y}\boldsymbol{W} \\ \boldsymbol{P}_{xy} \doteq \sum_i w_i (\boldsymbol{x}_i-\bar{\boldsymbol{x}})(\boldsymbol{y}_i-\bar{\boldsymbol{y}})^{\mathrm{T}} = \boldsymbol{M}_x \boldsymbol{Y}^{\mathrm{T}} \\ \boldsymbol{P}_{y} \doteq \sum_i w_i (\boldsymbol{y}_i-\bar{\boldsymbol{y}})(\boldsymbol{y}_i-\bar{\boldsymbol{y}})^{\mathrm{T}} = \boldsymbol{Y}\boldsymbol{M}_y \boldsymbol{Y}^{\mathrm{T}}\end{cases} \tag{5-101}$$

式中，

$$\bar{\boldsymbol{x}} = \sum_i w_i \boldsymbol{x}_i = \boldsymbol{X}\boldsymbol{W} \tag{5-102}$$

$$\begin{cases}\boldsymbol{W} = [w_1, w_2, \cdots, w_{n_{\mathrm{s}}}]^{\mathrm{T}}, \mathbf{1}^{1\times n_{\mathrm{s}}}\boldsymbol{U} = 1 \\ \boldsymbol{M}_x = (\boldsymbol{X}-\bar{\boldsymbol{x}}\mathbf{1}^{1\times n_{\mathrm{s}}})\mathrm{diag}(\boldsymbol{U}) \\ \boldsymbol{M}_y = \sum_i w_i (\boldsymbol{e}_i-\boldsymbol{W})(\boldsymbol{e}_i-\boldsymbol{W})^{\mathrm{T}} \\ \boldsymbol{X} = [\boldsymbol{x}_1, \boldsymbol{x}_2, \cdots, \boldsymbol{x}_{n_{\mathrm{s}}}],\ \boldsymbol{Y} = [\boldsymbol{y}_1, \boldsymbol{y}_2, \cdots, \boldsymbol{y}_{n_{\mathrm{s}}}]\end{cases} \tag{5-103}$$

式中，$\mathbf{1}^{1\times n_{\mathrm{s}}}$和$\boldsymbol{e}_i$的定义与 5.1.4 节相同。对于式（5-100），$\boldsymbol{\gamma}$的采样点可表示为

$$\boldsymbol{\gamma}_i = \begin{bmatrix}\boldsymbol{x}_i \\ \boldsymbol{v}_i\end{bmatrix}, \boldsymbol{z}_i = \boldsymbol{h}(\boldsymbol{x}_i, \boldsymbol{v}_i), \boldsymbol{y}_i = \boldsymbol{g}(\boldsymbol{z}_i) \tag{5-104}$$

2）转换约束的数值实现

对于式（5-2），所有可能的关于$\boldsymbol{z}$和$\boldsymbol{y}$的实现由下式给出：

$$\begin{cases}\boldsymbol{Z}^{\mathrm{a}} \triangleq [\boldsymbol{Z}, \boldsymbol{z}],\quad \boldsymbol{Y}^{\mathrm{a}} \triangleq [\boldsymbol{Y}, \boldsymbol{y}_z] \\ \boldsymbol{Y} \triangleq \begin{bmatrix}\boldsymbol{Y}_1 \\ \boldsymbol{Y}_2 \\ \vdots \\ \boldsymbol{Y}_{n_z}\end{bmatrix},\quad \boldsymbol{y}_z \triangleq \begin{bmatrix}\boldsymbol{y}_{z_1} \\ \boldsymbol{y}_{z_2} \\ \vdots \\ \boldsymbol{y}_{z_n}\end{bmatrix}\end{cases} \tag{5-105}$$

式中，$\boldsymbol{Z}=[\boldsymbol{z}_1,\boldsymbol{z}_2,\cdots,\boldsymbol{z}_{n_s}]$ 是 $\boldsymbol{z}$ 的采样点集合；$\boldsymbol{Y}$ 由式（5-103）给出；$\boldsymbol{z}$ 表示传感器接收到的量测值；$\boldsymbol{y}_z$ 和 $\boldsymbol{y}_i$ 分别是 $\boldsymbol{y}=\boldsymbol{g}(\boldsymbol{z})$ 和 $\boldsymbol{y}_i=\boldsymbol{g}(\boldsymbol{z}_i)$ 在 $\boldsymbol{z}$ 点与 $\boldsymbol{z}_i$ 点的值。

对应 $\boldsymbol{z}_i$ 的其他实现可写为

$$\boldsymbol{Z}_i^{\mathrm{a}}=[Z_i,\boldsymbol{z}_i]=\boldsymbol{e}_{i,n_z}\boldsymbol{Z}^{\mathrm{a}},\quad \boldsymbol{Y}_i^{\mathrm{a}}=[Y_i,\boldsymbol{y}_{z_i}] \tag{5-106}$$

采用 OCF 使用的中心差分方法，可得到

$$\boldsymbol{C}_i^{(n)}(\boldsymbol{Y}_i^{\mathrm{a}})^{\mathrm{T}}=0 \tag{5-107}$$

式中，$\boldsymbol{C}_i^{(n)}\in\mathbb{R}^{n_{c_i}\times(n_s+1)}$，$n_{c_i}$ 是约束的数量。根据式（5-67），$\boldsymbol{C}_i^{(n)}$ 可通过下式得到：

$$\boldsymbol{C}_i^{(n)}=(\mathrm{diag}(\boldsymbol{S}_{n_s-n+1}\boldsymbol{N}_n))^{-1}\boldsymbol{S}_{n_s-n+1}\boldsymbol{C}_i^{(n-1)},\quad \boldsymbol{C}_i^{(0)}\triangleq\boldsymbol{M}_i \tag{5-108}$$

$$\boldsymbol{N}_n=\boldsymbol{A}_{n_s-n+1}\boldsymbol{N}_{n-1},\quad \boldsymbol{N}_1\triangleq\boldsymbol{M}_i(\boldsymbol{Z}_i^{\mathrm{a}})^{\mathrm{T}} \tag{5-109}$$

式中，$\boldsymbol{A}_n$ 及 $\boldsymbol{S}_n$ 的定义与式（5-72）和式（5-73）相同。此时优化问题（5-95）可写为

$$\begin{cases}\hat{\boldsymbol{Y}}=\arg\max\limits_{\boldsymbol{Y}}\boldsymbol{M}_{\boldsymbol{x}}\boldsymbol{Y}^{\mathrm{T}}(\boldsymbol{Y}\boldsymbol{M}_{\boldsymbol{y}}\boldsymbol{Y}^{\mathrm{T}})^{-1}\boldsymbol{Y}\boldsymbol{M}_{\boldsymbol{x}}^{\mathrm{T}}\\ \text{s.t.}\quad \boldsymbol{Y}^{\mathrm{a}}=[\boldsymbol{Y},\boldsymbol{y}_z]=\begin{bmatrix}\boldsymbol{Y}_1^{\mathrm{a}}\\ \boldsymbol{Y}_2^{\mathrm{a}}\\ \vdots\\ \boldsymbol{Y}_{n_z}^{\mathrm{a}}\end{bmatrix}\\ \boldsymbol{C}_i^{(n)}(\boldsymbol{Y}_i^{\mathrm{a}})^{\mathrm{T}}=0,\quad \forall i=1,2,\cdots,n_z\end{cases} \tag{5-110}$$

式中，$\boldsymbol{Y}$ 和 $\boldsymbol{y}_z$ 包含所有采样点的映射。

4．广义转换估计

优化问题（5-110）的解由以下定理给出。

定理 5-4　优化问题（5-110）的最优解为

$$\hat{\boldsymbol{Y}}=\boldsymbol{U}\boldsymbol{Q}+\mathrm{diag}(\boldsymbol{y})\boldsymbol{1}^{\hat{n}_y\times n_s} \tag{5-111}$$

式中，$\hat{\boldsymbol{Y}}\in\mathbb{R}^{\hat{n}_y\times n_s}$；$\boldsymbol{U}^{\hat{n}_y\times\hat{n}_y}$ 是任意可逆方阵；$\boldsymbol{y}$ 由式（5-97）给出，且

$$\begin{cases}\hat{n}_y=\sum\limits_{i=1}^{n_z}(n_s-n_{c_i})\\ \boldsymbol{Q}\triangleq[\boldsymbol{Q}_1,\boldsymbol{Q}_2,\cdots,\boldsymbol{Q}_{n_z}]^{\mathrm{T}}\\ \boldsymbol{C}_i^{\mathrm{T}}=[\boldsymbol{Q}_{0,i},\boldsymbol{Q}_i]\begin{bmatrix}\boldsymbol{R}_{0,i}\\ \boldsymbol{0}\end{bmatrix},\quad \forall i=1,2,\cdots,n_z\end{cases} \tag{5-112}$$

式中，$\boldsymbol{C}_i\in\mathbb{R}^{n_{c_i}\times n_s}$。式（5-112）中的第三行可由 QR 分解得到。有关定理 5-4 的详细证明，感兴趣的读者可以在文献[3]中查找。

将优化的 $\hat{\boldsymbol{Y}}$ 代入式（5-101）、式（5-2）和式（5-3），可以得到

$$\begin{aligned}\hat{\boldsymbol{x}} &= \bar{\boldsymbol{x}} - \boldsymbol{M}_x\boldsymbol{Q}^{\mathrm{T}}(\boldsymbol{Q}\boldsymbol{M}_y\boldsymbol{Q}^{\mathrm{T}})^{-1}\boldsymbol{Q}\boldsymbol{W} \\ \boldsymbol{P}_{\hat{x}} &= \boldsymbol{P}_x - \boldsymbol{M}_x\boldsymbol{Q}^{\mathrm{T}}(\boldsymbol{Q}\boldsymbol{M}_y\boldsymbol{Q}^{\mathrm{T}})^{-1}\boldsymbol{Q}\boldsymbol{M}_x^{\mathrm{T}}\end{aligned} \tag{5-113}$$

5. 广义转换滤波的循环

考虑由式（5-31）和式（5-32）构成的非线性系统，在k时刻，使用$\hat{\boldsymbol{x}}_{k-1}$和$\boldsymbol{P}_{k-1}$，基于量测$\boldsymbol{z}_k$输出状态估计$\hat{\boldsymbol{x}}_k$及其 MSE 矩阵$\boldsymbol{P}_k$。使用确定性采样方法的 GCF 的一个循环如下。

（1）状态预测。基于式（5-31），用$\hat{\boldsymbol{x}}_{k-1}$和$\boldsymbol{P}_{k-1}$计算一步预测$\hat{\boldsymbol{x}}_{k|k-1}$及其 MSE 矩阵$\boldsymbol{P}_{k|k-1}$。

（2）产生约束。对于量测函数（5-32），令$\boldsymbol{\gamma}_k = [\boldsymbol{x}_k^{\mathrm{T}}, \boldsymbol{v}_k^{\mathrm{T}}]^{\mathrm{T}}$，且

$$\hat{\boldsymbol{\gamma}}_k = [\hat{\boldsymbol{x}}_{k|k-1}^{\mathrm{T}}, \bar{\boldsymbol{v}}_k^{\mathrm{T}}]^{\mathrm{T}}, \quad \boldsymbol{P}_k^{\gamma} = \begin{bmatrix} \boldsymbol{P}_{k|k-1} & 0 \\ 0 & \boldsymbol{R}_k \end{bmatrix} \tag{5-114}$$

采用确定性采样方法可以得到对$\hat{\boldsymbol{\gamma}}_k$的确定性采样点$\{\boldsymbol{\gamma}_k^i\}_{i=1}^{n_s}$和权值向量$\boldsymbol{W} = [w_1, w_2, \cdots, w_{n_s}]^{\mathrm{T}}$，$\boldsymbol{x}_k$和$\boldsymbol{z}_k$的采样点可以由下式得到：

$$\boldsymbol{X}_k = [\boldsymbol{x}_k^1, \boldsymbol{x}_k^2, \cdots, \boldsymbol{x}_k^{n_s}], \quad \boldsymbol{Z}_k = [z_k^1, z_k^2, \cdots, z_k^{n_s}] \tag{5-115}$$

式中，$\boldsymbol{z}_k^i = \boldsymbol{h}(\boldsymbol{x}_k^i, \boldsymbol{v}_k^i)$。采用式（5-108）和式（5-109），将$\boldsymbol{Z}_i^{\mathrm{a}}$用$\boldsymbol{e}_{i,n_z}[\boldsymbol{Z}_k, \boldsymbol{z}_k]$替换，即可得到约束矩阵$\boldsymbol{C}_{i,k}^{(n)}$。

（3）更新。使用$\boldsymbol{C}_{i,k}^{(n)}$，可以得到$\boldsymbol{Q}_k$为

$$\boldsymbol{Q}_k \triangleq [\boldsymbol{Q}_{1,k}, \boldsymbol{Q}_{2,k}, \cdots, \boldsymbol{Q}_{n_z,k}]^{\mathrm{T}}, \quad \boldsymbol{C}_{i,k}^{\mathrm{T}} = [\boldsymbol{Q}_{0,i}^k, \boldsymbol{Q}_{i,k}]\begin{bmatrix} \boldsymbol{R}_{0,i}^k \\ 0 \end{bmatrix} \tag{5-116}$$

式中，$\boldsymbol{C}_{i,k}^{\mathrm{T}}$是$\boldsymbol{C}_{i,k}^{(n)}$的最后一列。

基于式（5-113），计算最终的估计为

$$\begin{cases} \hat{\boldsymbol{x}}_k = \hat{\boldsymbol{x}}_{k|k-1} - \boldsymbol{K}_k\boldsymbol{W} \\ \boldsymbol{P}_k = \boldsymbol{P}_{k|k-1} - \boldsymbol{K}_k\boldsymbol{M}_{x,k}^{\mathrm{T}} \\ \boldsymbol{K}_k \triangleq \boldsymbol{M}_{x,k}\boldsymbol{Q}_k^{\mathrm{T}}(\boldsymbol{Q}_k\boldsymbol{M}_y\boldsymbol{Q}_k^{\mathrm{T}})^{-1}\boldsymbol{Q}_k \end{cases} \tag{5-117}$$

式中，$\boldsymbol{M}_{x,k} = (\boldsymbol{X}_k - \hat{\boldsymbol{x}}_{k|k-1}\boldsymbol{1}^{1\times n_s})\mathrm{diag}(\boldsymbol{W})$；$\boldsymbol{M}_y = \sum_i w_i(\boldsymbol{e}_i - \boldsymbol{W})(\boldsymbol{e}_i - \boldsymbol{W})^{\mathrm{T}}$。

GCF 将 UCF、OCF 及基于矩逼近的原始 LMMSE 估计联系在一起，且具有解析的形式。文献[3]进一步给出了开源代码，并介绍了采用确定性采样方法的 GCF 的似然函数的计算方法，此处不再详述，感兴趣的读者可阅读文献[3]。

5.2.4 信息转换滤波在目标跟踪中的应用

1. 双站纯角度跟踪问题

在该场景中，目标在平面内做近似匀速运动，其状态传播方程为

$$\boldsymbol{x}_k = \boldsymbol{F}_{k-1}\boldsymbol{x}_{k-1} + \boldsymbol{G}_{k-1}\boldsymbol{w}_{k-1} \tag{5-118}$$

式中，$\boldsymbol{x}_k \triangleq [x_k, \dot{x}_k, y_k, \dot{y}_k]^{\mathrm{T}}$，$[x_k, y_k]^{\mathrm{T}}$ 和 $[\dot{x}_k, \dot{y}_k]^{\mathrm{T}}$ 分别表示目标的位置和速度；$\boldsymbol{w}_{k-1} \sim \mathcal{N}(\boldsymbol{0}, \boldsymbol{Q}_{k-1})$ 为系统过程噪声，$\boldsymbol{Q}_{k-1} = 20^2 \boldsymbol{I}_2$，$\boldsymbol{I}_2$ 为 2×2 维单位阵；$\boldsymbol{F}_{k-1}$ 和 $\boldsymbol{G}_{k-1}$ 由以下两个式子分别给出：

$$\boldsymbol{F}_{k-1} = \mathrm{diag}(\boldsymbol{F}, \boldsymbol{F}),\ \boldsymbol{G}_{k-1} = \mathrm{diag}(\boldsymbol{G}, \boldsymbol{G}) \tag{5-119}$$

$$\boldsymbol{F} \triangleq \begin{bmatrix} 1 & T \\ 0 & 1 \end{bmatrix},\ \boldsymbol{G} = \begin{bmatrix} T^2/2 \\ T \end{bmatrix} \tag{5-120}$$

式中，$\mathrm{diag}(\cdot)$ 表示由括号内的矩阵构成分块对角矩阵；采样周期 T 为 1s。目标初始状态由 $\boldsymbol{x}_0 \sim \mathcal{N}(\bar{\boldsymbol{x}}_0, \boldsymbol{P}_0)$ 产生，其中，$\bar{\boldsymbol{x}}_0 = [-20000\mathrm{m}, 250\mathrm{m/s}, 15000\mathrm{m}, -100\mathrm{m/s}]^{\mathrm{T}}$，$\boldsymbol{P}_0 = \mathrm{diag}[10000\mathrm{m}^2, 5000\mathrm{m}^2/\mathrm{s}^2, 10000\mathrm{m}^2, 5000\mathrm{m}^2/\mathrm{s}^2]$。

传感器位置为 $[x_1, y_1]^{\mathrm{T}} = [0, 0]^{\mathrm{T}}\,\mathrm{m}$，$[x_2, y_2]^{\mathrm{T}} = [0, 4000]^{\mathrm{T}}\,\mathrm{m}$，量测为由这两个传感器得到的两个方位角，即

$$\boldsymbol{z}_k = \boldsymbol{h}(\boldsymbol{x}_k, \boldsymbol{v}_k) = \begin{bmatrix} \theta_k^1 \\ \theta_k^2 \end{bmatrix} = \begin{bmatrix} \arctan((y_k - y_1)/(x_k - x_1)) \\ \arctan((y_k - y_2)/(x_k - x_2)) \end{bmatrix} + \begin{bmatrix} v_k^{\theta_1} \\ v_k^{\theta_2} \end{bmatrix} \tag{5-121}$$

式中，$v_k^{\theta_i} \sim \mathcal{N}(0, \sigma_\theta^2)$ 为量测噪声，σ_θ 为 0.3rad。

采用均方根误差对目标跟踪的位置和速度进行评估，对 4 种算法进行比较。位置和速度 RMSE 的定义由以下两个式子分别给出：

$$\mathrm{RMSE}_k^p = \sqrt{\frac{\sum_{i=1}^{N} (\hat{x}_k^i - x_k^i)^2 + (\hat{y}_k^i - y_k^i)^2}{N}} \tag{5-122}$$

$$\mathrm{RMSE}_k^v = \sqrt{\frac{\sum_{i=1}^{N} (\hat{\dot{x}}_k^i - \dot{x}_k^i)^2 + (\hat{\dot{y}}_k^i - \dot{y}_k^i)^2}{N}} \tag{5-123}$$

式中，RMSE_k^p 和 RMSE_k^v 分别表示 k 时刻目标的位置 RMSE 和速度 RMSE；$[\hat{x}_k^i, \hat{y}_k^i]^{\mathrm{T}}$ 和 $[\hat{\dot{x}}_k^i, \hat{\dot{y}}_k^i]^{\mathrm{T}}$ 分别表示第 i 次蒙特卡罗 k 时刻目标的位置和速度估计结果；$[x_k^i, y_k^i]^{\mathrm{T}}$ 和 $[\dot{x}_k^i, \dot{y}_k^i]^{\mathrm{T}}$ 分别表示第 i 次蒙特卡罗 k 时刻目标的真实位置和真实速度；N 为蒙特卡罗次数。

本节对 UCF 和 OUCF 进行验证，并与第 3 章中相同场景下线性结构估计器表现性能最好的 QKF 进行比较。

UCF 采用式（5-27）给出的不相关转换：

$$\boldsymbol{y} = \boldsymbol{g}_{\mathrm{E}}(\boldsymbol{z}) = E_{\boldsymbol{z}_{\mathrm{r}}}[\boldsymbol{g}(\boldsymbol{z} - \boldsymbol{z}_{\mathrm{r}})] = \sum_{i=1}^{2n_z+1} w^i \boldsymbol{g}^i(\boldsymbol{z}_{\mathrm{d}}) \tag{5-124}$$

式中，$\boldsymbol{g}(\boldsymbol{z} - \boldsymbol{z}_{\mathrm{r}}) = [\boldsymbol{g}^i(z_{\mathrm{d}}^j) = \mathrm{e}^{-(z_{\mathrm{d}}^j)^2/b}]_{n_z\times 1}$；$\boldsymbol{z}_{\mathrm{d}} = [z_{\mathrm{d}}^j]_{n_z\times 1} = \boldsymbol{P}_z^{-1/2}(\boldsymbol{z} - \boldsymbol{s}_{\mathrm{r}}^i)$；$b = 3$；$\boldsymbol{s}_{\mathrm{r}}^i$ 和 w^i 由确定性采样方法无迹变换生成。

OUCF 采用与 UCF 相同的不相关转换，唯一不同的是，OUCF 中的权值 w^i

需要通过实时求解优化问题［式（5-51）］得到。在计算一、二阶矩的过程中，QKF、UCF 及 OUCF 均采用 $n_q=3$ 的高斯–厄米特积分采样点。

图 5-1 和图 5-2 分别给出了 QKF、UCF 及 OUCF 的位置均方根误差和速度均方根误差仿真结果。在位置估计和速度估计上，UCF 和 OUCF 的性能均优于 QKF，这验证了 UCF 和 OUCF 对估计性能提升的有效性，并且所采用的不相关转换是有效的。同时，OUCF 性能优于 UCF，这一结果表明经过优化后的不相关转换能够进一步提升估计性能。

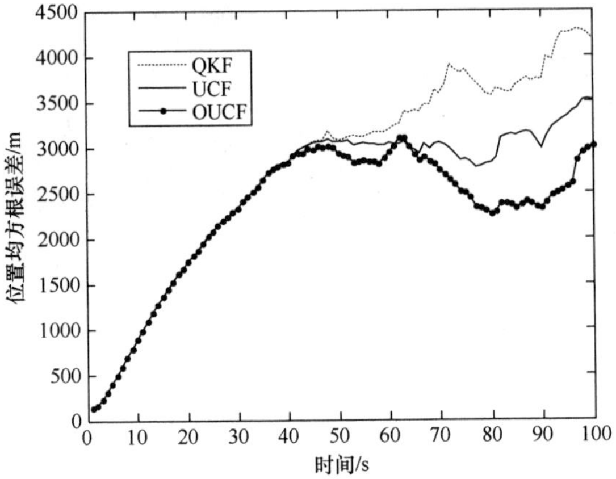

图 5-1　位置均方根误差

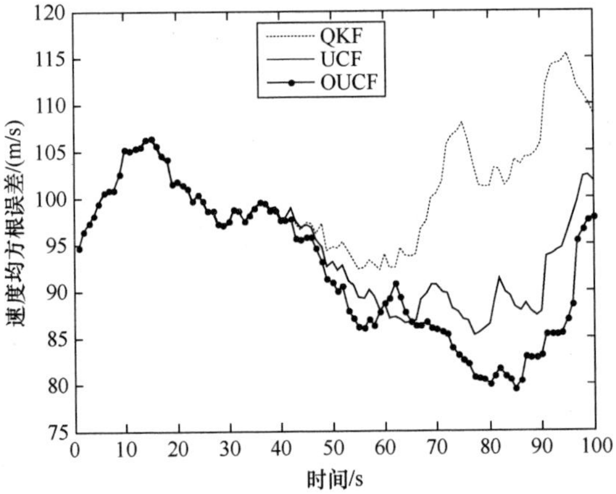

图 5-2　速度均方根误差

2. 极坐标量测目标跟踪问题

在该场景中，目标在一个平面内做近似匀速运动，状态模型如下：

$$\boldsymbol{x}_k=\boldsymbol{F}_{k-1}\boldsymbol{x}_{k-1}+\boldsymbol{G}_{k-1}\boldsymbol{w}_{k-1} \tag{5-125}$$

式中，$\boldsymbol{x}_k \triangleq [x_k,\dot{x}_k,y_k,\dot{y}_k]^{\mathrm{T}}$，$[x_k,y_k]^{\mathrm{T}}$ 和 $[\dot{x}_k,\dot{y}_k]^{\mathrm{T}}$ 分别表示目标位置和速度；

$\boldsymbol{w}_{k-1} \sim \mathcal{N}(\boldsymbol{0}, \boldsymbol{Q}_{k-1})$ 为系统过程噪声，$\boldsymbol{Q}_{k-1} = 10^{-4}\boldsymbol{I}_2$，$\boldsymbol{I}_2$ 为 2×2 维单位阵；$\boldsymbol{F}_{k-1}$ 和 $\boldsymbol{G}_{k-1}$ 由以下式子给出：

$$\boldsymbol{F}_{k-1} = \mathrm{diag}(\boldsymbol{F}, \boldsymbol{F}),\ \boldsymbol{G}_{k-1} = \mathrm{diag}(\boldsymbol{G}, \boldsymbol{G}) \tag{5-126}$$

$$\boldsymbol{F} \triangleq \begin{bmatrix} 1 & T \\ 0 & 1 \end{bmatrix},\ \boldsymbol{G} = \begin{bmatrix} T^2/2 \\ T \end{bmatrix} \tag{5-127}$$

式中，$\mathrm{diag}(\cdot)$ 表示由括号内的矩阵构成分块对角矩阵；采样周期 T 为 1s。目标初始状态由 $\boldsymbol{x}_0 \sim \mathcal{N}(\bar{\boldsymbol{x}}_0, \boldsymbol{P}_0)$ 产生，其中，$\bar{\boldsymbol{x}}_0 = [-20000\text{m}, 300\text{m/s}, 15000\text{m}, -10\text{m/s}]^{\mathrm{T}}$，$\boldsymbol{P}_0 = \mathrm{diag}[10000\text{m}^2, 5000\text{m}^2/\text{s}^2, 10000\text{m}^2, 5000\text{m}^2/\text{s}^2]$。

传感器位置为 $[0,0]^{\mathrm{T}}$ m，量测为目标与传感器的相对距离和方位角，即

$$\boldsymbol{z}_k = \boldsymbol{h}(\boldsymbol{x}_k, \boldsymbol{v}_k) = \begin{bmatrix} r_k \\ \theta_k \end{bmatrix} = \begin{bmatrix} x_k^2 + y_k^2 \\ \arctan(y_k/x_k) \end{bmatrix} + \begin{bmatrix} v_k^r \\ v_k^\theta \end{bmatrix} \tag{5-128}$$

式中，$v_k^r \sim \mathcal{N}(0, \sigma_r^2)$ 和 $v_k^\theta \sim \mathcal{N}(0, \sigma_\theta^2)$ 为量测噪声，σ_r 为 200m，σ_θ 为 0.3rad。

本节主要针对 QKF、UCF、OUCF、OCF、GCF 和使用聚类的 GCF（记为 GCFc）进行验证。上述方法分别在 $n_{\mathrm{q}} = 3$ 和 $n_{\mathrm{q}} = 4$ 的场景中进行比较。

UCF 和 OUCF 采用的非线性转换与双站纯角度跟踪场景中的相同，OCF 采用 4 阶导数约束，GCFc 将距离小于 100m 的采样点进行聚类。在 $n_{\mathrm{q}} = 3$ 的场景中，对约束导数分别为 2 阶和 3 阶的 GCF 进行验证；在 $n_{\mathrm{q}} = 4$ 的场景中，对约束导数分别为 2、3 和 4 阶的 GCF 进行验证，分别记为 GCF（$n=2$）、GCF（$n=3$）、GCF（$n=4$）。

图 5-3 和图 5-4 给出了 $n_{\mathrm{q}} = 3$ 时，QKF、UCF、OUCF、OCF、GCF（$n=2$）、GCF（$n=3$）及 GCFc（$n=3$）的位置均方根误差和速度均方根误差仿真结果。图 5-5

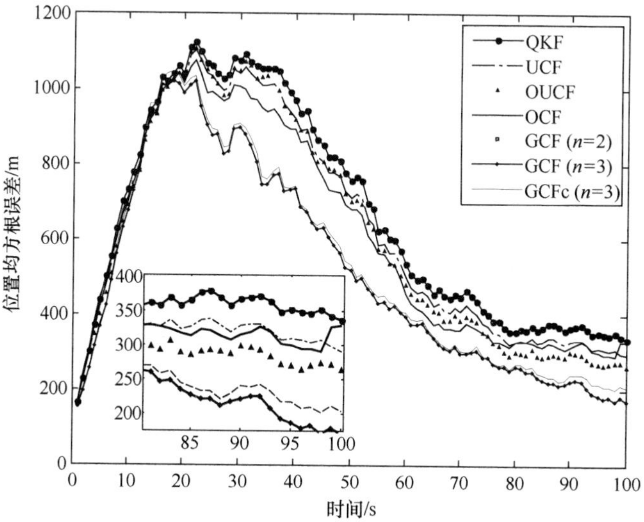

图 5-3　位置均方根误差（$n_{\mathrm{q}} = 3$）

和图 5-6 给出了 $n_q=4$ 时，QKF、UCF、OUCF、OCF、GCF（$n=2$）、GCF（$n=3$）、GCF（$n=4$）及 GCFc（$n=3$）的位置均方根误差和速度均方根误差仿真结果。

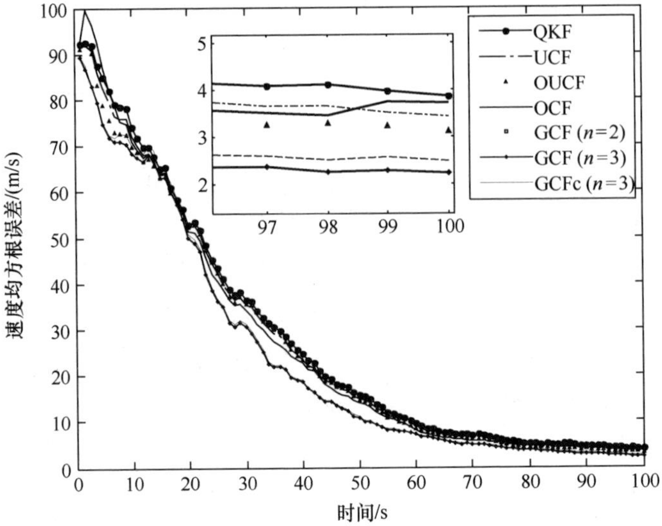

图 5-4　速度均方根误差（$n_q=3$）

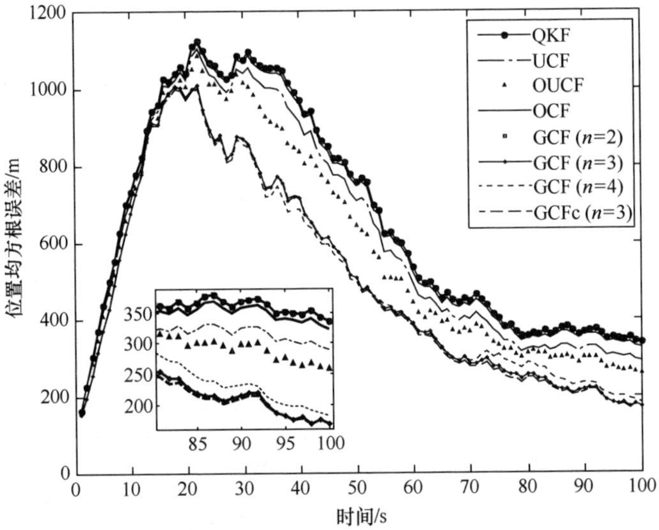

图 5-5　位置均方根误差（$n_q=4$）

由图 5-3～图 5-6 可以看出，UCF、OUCF 和 OCF 的性能均优于 QKF。GCF（$n=2$）的性能与 QKF 基本相同，这是因为 2 阶导数约束使转换退化为量测本身，此时的 GCF（$n=2$）为原始的 LMMSE 估计器。对于 $n_q=3$ 和 $n_q=4$ 的场景，GCF（$n=3$）具有最好的估计性能，GCFc（$n=3$）的性能比 GCF（$n=3$）差一些。与 $n_q=3$ 的场景相比，$n_q=4$ 时，所有的算法都具有更好的估计性能，GCF（$n=4$）的性能与 GCFc（$n=3$）相似。这表明使用更多的采样点能够减少逼近误差，且约束可以被设计为更高阶的导数。

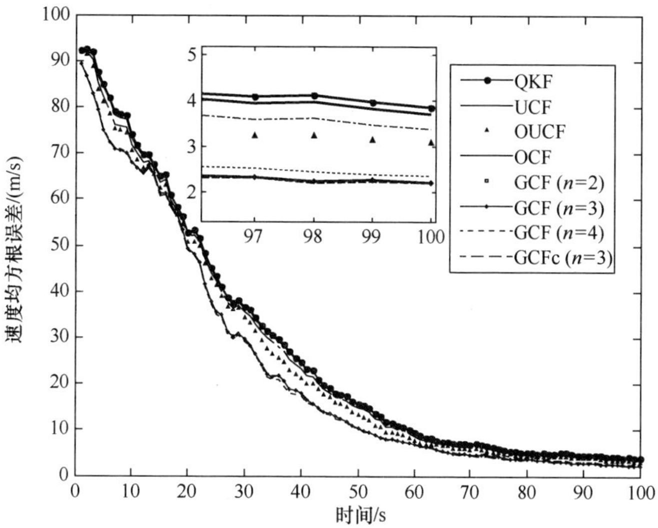

图 5-6 速度均方根误差（$n_q=4$）

5.3 混合结构估计器

具有不同非线性变换的 UCF 性能不同，因此其可能是估计量和量测的不同（假设）联合分布下的 MMSE 估计器。不同 UCF 的性能取决于它们的基本假设与真实情况的匹配程度。对于高度非线性问题，估计量和量测的真实联合分布难以获得，且多个联合高斯分布的加权和难以逼近真实的联合分布，这是非线性估计面临的主要困难。基于此，文献[4]提出了一种混合结构估计器——多转换估计方法（Multiple Conversion Approach, MCA）。

5.3.1 多转换估计方法

对于贝叶斯估计，一切都由估计量和其量测的联合分布决定。然而，对于高度非线性问题，获得联合分布是很困难的。如果 $\boldsymbol{x}$ 和 $\boldsymbol{z}$ 是联合高斯分布的，则 LMMSE 估计器是最优的 MMSE 估计器。对于非线性估计，高斯性并不总是存在的。实际上，真正的联合分布是很复杂的。为了解决这个问题，文献[4]假设真实的分布可以通过几个分布之一充分匹配，考虑如下假设：

$$g^j : p(\boldsymbol{x},\boldsymbol{z}) = p_{g^j}(\boldsymbol{x},\boldsymbol{z}) \tag{5-129}$$

式中，$j=1,2,\cdots,N$；$p(\boldsymbol{x},\boldsymbol{z})$ 是 $\boldsymbol{x}$ 和 $\boldsymbol{z}$ 的真实联合分布；$p_{g^j}(\boldsymbol{x},\boldsymbol{z})$ 是一个候选分布，“=”解释为“充分匹配”。令 $g=(\boldsymbol{x},\boldsymbol{z})$ 具有真实分布 $p(\boldsymbol{x},\boldsymbol{z})$。$g=g^i$ 意味着 $p(\boldsymbol{x},\boldsymbol{z})$ 被 $p_{g^j}(\boldsymbol{x},\boldsymbol{z})$ 充分匹配。假设 $i\neq j$ 时 $p_{g^i}(\boldsymbol{x},\boldsymbol{z})\neq p_{g^j}(\boldsymbol{x},\boldsymbol{z})$，因此 $\{g=g^i\}$ 和 $\{g=g^j\}$ 是相互排斥的。$\mathcal{G}\triangleq\{g^1,g^2,\cdots,g^N\}$ 是 g 的候选集合。为了简化表示，令 g^j 也表示事件 $\{g=g^j\}$。

基于这些假设，在给定量测 $\boldsymbol{z}$ 的条件下 MMSE 估计 $\hat{\boldsymbol{x}}$ 可以通过全期望得到，即

$$\hat{\boldsymbol{x}}=E[\boldsymbol{x}|\boldsymbol{z}]=\sum_j E[\boldsymbol{x}|g^j,\boldsymbol{z}]P\{g^j|\boldsymbol{z}\} \tag{5-130}$$

式中，$E[\boldsymbol{x}|g^j,\boldsymbol{z}]$ 对应使用不同非线性转换 $\boldsymbol{y}^j=\boldsymbol{g}(\boldsymbol{z})$ 的不相关转换估计，即

$$\hat{\boldsymbol{x}}^j=E[\boldsymbol{x}|g^j,\boldsymbol{z}]=\bar{\boldsymbol{x}}+\boldsymbol{P}_{\boldsymbol{x}\boldsymbol{z}^{\mathrm{a},j}}\boldsymbol{P}_{\boldsymbol{z}^{\mathrm{a},j}}^{-1}(\boldsymbol{z}^{\mathrm{a},j}-\bar{\boldsymbol{z}}^{\mathrm{a},j}) \tag{5-131}$$

其 MSE 矩阵为

$$\boldsymbol{P}_{\hat{\boldsymbol{x}}}^j=E[(\boldsymbol{x}-\hat{\boldsymbol{x}}^j)(\cdot)^{\mathrm{T}}|g^j,\boldsymbol{z}]=\boldsymbol{P}_{\boldsymbol{x}}-\boldsymbol{P}_{\boldsymbol{x}\boldsymbol{z}^{\mathrm{a},j}}\boldsymbol{P}_{\boldsymbol{z}^{\mathrm{a},j}}^{-1}\boldsymbol{P}_{\boldsymbol{x}\boldsymbol{z}^{\mathrm{a},j}}^{\mathrm{T}} \tag{5-132}$$

式（5-130）中的概率 $P\{g^j|\boldsymbol{z}\}$ 可由下式获得：

$$P\{g^j|\boldsymbol{z}\}=\frac{1}{c^j}p(\boldsymbol{z}|g^j)P\{g^j\} \tag{5-133}$$

为了更一般地描述真实的联合分布，文献[4]提出了如下定理。

定理 5-5 如果 $\boldsymbol{x}$ 和 $\boldsymbol{z}$ 的联合分布具有以下形式，则使用 $\boldsymbol{z}$（向量值）的变换 $\boldsymbol{z}^{\mathrm{a}}$ 的 LMMSE 估计 $\hat{\boldsymbol{x}}$ 是最优的 MMSE 估计：

$$p(\boldsymbol{x},\boldsymbol{z})=p_{\boldsymbol{g}}(\boldsymbol{x},\boldsymbol{z}) \tag{5-134}$$

式中，

$$p_{\boldsymbol{g}}(\boldsymbol{x},\boldsymbol{z})\triangleq\lambda(\boldsymbol{z})\mathcal{N}\left(\begin{bmatrix}\boldsymbol{x}\\ \boldsymbol{z}^{\mathrm{a}}\end{bmatrix};\begin{bmatrix}\bar{\boldsymbol{x}}\\ \bar{\boldsymbol{z}}^{\mathrm{a}}\end{bmatrix},\begin{bmatrix}\boldsymbol{P}_{\boldsymbol{x}} & \boldsymbol{P}_{\boldsymbol{x}\boldsymbol{z}^{\mathrm{a}}}\\ \boldsymbol{P}_{\boldsymbol{z}^{\mathrm{a}}\boldsymbol{x}} & \boldsymbol{P}_{\boldsymbol{z}^{\mathrm{a}}}\end{bmatrix}\right) \tag{5-135}$$

并且 $\lambda(\boldsymbol{z})>0$ 是 $\boldsymbol{z}$ 的任意函数，使 $\int p_{\boldsymbol{g}}(\boldsymbol{x},\boldsymbol{z})\mathrm{d}\boldsymbol{x}\mathrm{d}\boldsymbol{z}=1$。

由式（5-135）可得

$$p_{\boldsymbol{g}}(\boldsymbol{z})=\lambda(\boldsymbol{z})\mathcal{N}(\boldsymbol{z}^{\mathrm{a}};\bar{\boldsymbol{z}}^{\mathrm{a}},\boldsymbol{P}_{\boldsymbol{z}^{\mathrm{a}}}) \tag{5-136}$$

式中，$\lambda(\boldsymbol{z})$ 可通过下式获得：

$$\begin{cases}\lambda(\boldsymbol{z})=(\boldsymbol{\Lambda}(\boldsymbol{z}))^{\mathrm{T}}\boldsymbol{b}\\ \boldsymbol{\Lambda}(\boldsymbol{z})=[\lambda_1(\boldsymbol{z}),\lambda_2(\boldsymbol{z}),\cdots,\lambda_{n_{\Lambda}}(\boldsymbol{z})]^{\mathrm{T}}\end{cases} \tag{5-137}$$

$$\lambda_i(\boldsymbol{z})=\left|\det([\boldsymbol{A}_{j_1},\boldsymbol{A}_{j_2},\cdots,\boldsymbol{A}_{j_m}])\right| \tag{5-138}$$

式中，$\boldsymbol{\Lambda}(\boldsymbol{z})$ 是一个需要提前确定的向量函数，可通过式（5-138）获得；$|\cdot|$ 表示对矩阵的每个元素都取绝对值；$\boldsymbol{A}_{j_1}$ 可由 $(\mathrm{d}\boldsymbol{z}^{\mathrm{a}}/\mathrm{d}\boldsymbol{z})^{\mathrm{T}}=[\boldsymbol{A}_1,\boldsymbol{A}_2,\cdots,\boldsymbol{A}_{n_{z^{\mathrm{a}}}}]\in\mathbb{R}^{n_z\times n_{z^{\mathrm{a}}}}$ 获得，其中 $n_{z^{\mathrm{a}}}\geqslant n_z$，$\boldsymbol{A}_j$ 为列向量，$n_{\Lambda}=\mathrm{C}_{n_{z^{\mathrm{a}}}}^{n_z}$ 是 $n_{z^{\mathrm{a}}}$ 个元素中 n_z 的组合数。

在式（5-137）中，$\boldsymbol{b}$ 可通过以下优化问题获得：

$$\hat{\boldsymbol{b}} = \arg\min_{\boldsymbol{b}} (\bar{\boldsymbol{q}} - \boldsymbol{A}\boldsymbol{b})^{\mathrm{T}} (\bar{\boldsymbol{q}} - \boldsymbol{A}\boldsymbol{b}) \tag{5-139}$$

$$\text{s.t.} \quad \bar{\boldsymbol{\Lambda}}^{\mathrm{T}} \boldsymbol{b} = 1 \tag{5-140}$$

$$(\boldsymbol{\Lambda}(z))^{\mathrm{T}} \boldsymbol{b} \geqslant \boldsymbol{0} \tag{5-141}$$

式中，$\bar{\boldsymbol{q}} \triangleq E_g[\boldsymbol{q}(z)|g]$；$\boldsymbol{A} \triangleq E_s[\gamma(z)\boldsymbol{q}(z)(\boldsymbol{\Lambda}(z))^{\mathrm{T}}]$；$\boldsymbol{q}(z)$ 是量测 z 的任意函数；$\bar{\boldsymbol{\Lambda}}$ 可以通过下式获得：

$$\bar{\boldsymbol{\Lambda}} = \int \boldsymbol{\Lambda}(z)\gamma(z)p_s(z)\mathrm{d}z = E_s[\boldsymbol{\Lambda}(z)\gamma(z)] \tag{5-142}$$

上述 $E_s[\cdot]$ 和 $E_g[\cdot]$ 将由式（5-143）给出，任意函数 $\alpha(z)$ 在式（5-136）中的期望定义为

$$\begin{aligned}
\bar{\alpha}_g &\triangleq E_g[\alpha(z)] = \int \alpha(z)p_g(z)\mathrm{d}z \\
&= \int \alpha(z)\lambda(z)\mathcal{N}(z^{\mathrm{a}};\bar{z}^{\mathrm{a}},\boldsymbol{P}_{z^{\mathrm{a}}})\mathrm{d}z \\
&= \int \alpha(z)\lambda(z)\mathcal{N}\left(\begin{bmatrix} z \\ \boldsymbol{g}(z) \end{bmatrix};\begin{bmatrix} \bar{z} \\ \bar{\boldsymbol{g}} \end{bmatrix},\begin{bmatrix} \boldsymbol{P}_z & \boldsymbol{P}_{zg} \\ \boldsymbol{P}_{gz} & \boldsymbol{P}_g \end{bmatrix}\right)\mathrm{d}z \\
&= \int \alpha(z)\lambda(z)\gamma(z)p_s(z)\mathrm{d}z = E_s[\alpha(z)\lambda(z)\gamma(z)]
\end{aligned} \tag{5-143}$$

式中，$z^{\mathrm{a}} \triangleq [z^{\mathrm{T}}\boldsymbol{g}(z)^{\mathrm{T}}]^{\mathrm{T}}$；$E_s[(\cdot)] \triangleq \int (\cdot)p_s(z)\mathrm{d}z$；$p_s(z) \triangleq \mathcal{N}(z;\bar{z},\boldsymbol{P}_z)$；$\gamma(z)$ 定义如下：

$$\gamma(z) = \mathcal{N}(\boldsymbol{g}(z) - \boldsymbol{P}_{gz}\boldsymbol{P}_z^{-1}(z-\bar{z});\bar{\boldsymbol{g}},\boldsymbol{P}_g - \boldsymbol{P}_{gz}\boldsymbol{P}_z^{-1}\boldsymbol{P}_{zg}) \tag{5-144}$$

5.3.2 交互式多转换算法

考虑由式（5-31）和式（5-32）构成的非线性系统，式（5-31）描述的状态实际上是一阶马尔可夫过程，交互式多转换（Interacting Multiple Conversion，IMC）算法假设过程 $< g_k >$ 为具有转移概率矩阵 $\boldsymbol{\Pi} = [\pi^{j|i}]_{N\times N}$ 的一阶齐次马尔可夫链，有

$$\pi^{j|i} = p\{g_k^j | g_{k-1}^i\}, \quad \forall g_{k-1}^i \in \mathcal{G}_{k-1}, g_k^j \in \mathcal{G}_k \tag{5-145}$$

给出 $k-1$ 时刻使用扩维量测 $\boldsymbol{z}_{k-1}^{\mathrm{a}} = [\boldsymbol{z}_{k-1}^{\mathrm{T}},(\boldsymbol{g}_{k-1}^i(\boldsymbol{z}_{k-1}))^{\mathrm{T}}]^{\mathrm{T}}$ 的 $\boldsymbol{x}_{k-1}$ 的估计结果 $\hat{\boldsymbol{x}}_{k-1}^i = E[\boldsymbol{x}_{k-1}|g_{k-1}^i,\boldsymbol{Z}^{k-1}]$ 及其 MSE 矩阵 $\boldsymbol{P}_{k-1}^i = E[(\boldsymbol{x}_{k-1} - \hat{\boldsymbol{x}}_{k-1}^i)(\cdot)^{\mathrm{T}}|g_{k-1}^i,\boldsymbol{Z}^{k-1}]$、各基于假设分布的估计器的概率 $\mu_{k-1}^i = P\{g_{k-1}^i|\boldsymbol{Z}^{k-1}\}$，以及 k 时刻的量测 $\boldsymbol{z}_k$，获得 k 时刻的估计结果。IMC 算法的一个循环如下。

（1）重新初始化（交互）。重新初始化基于假设的估计器，即计算 $E[\boldsymbol{x}_k|g_k^j,\boldsymbol{Z}^{k-1}]$。注意，所有这些估计量仅依赖相关量的一、二阶矩。对于以 g_k^j 为条件的估计器，重新初始化估计量 $\hat{\boldsymbol{x}}_{k-1}^{0,j}$ 及其 MSE 矩阵 $\boldsymbol{P}_{k-1}^{0,j}$ 为

$$\hat{\boldsymbol{x}}_{k-1}^{0,j} = E[\boldsymbol{x}_{k-1}|g_k^j,\boldsymbol{Z}^{k-1}] = \sum_i \hat{\boldsymbol{x}}_{k-1}^i \mu_k^{i|j} \tag{5-146}$$

$$\begin{aligned}\boldsymbol{P}_{k-1}^{0,j} &= E[(\boldsymbol{x}_{k-1}-\hat{\boldsymbol{x}}_k^{0,j})(\cdot)^{\mathrm{T}}\big|g_k^j,\boldsymbol{Z}^{k-1}] \\ &= \sum_i \mu_k^{i|j}(\boldsymbol{P}_{k-1}^i+(\hat{\boldsymbol{x}}_k^{0,j}-\hat{\boldsymbol{x}}_{k-1}^i)(\cdot)^{\mathrm{T}})\end{aligned} \tag{5-147}$$

式中，

$$\begin{aligned}\mu_k^{i|j} &= P\{g_{k-1}^i\big|g_k^j,\boldsymbol{Z}^{k-1}\} \\ &= P\{g_k^j\big|g_{k-1}^i,\boldsymbol{Z}^{k-1}\}P\{g_{k-1}^i\big|\boldsymbol{Z}^{k-1}\}/\mu_{k|k-1}^j \\ &= \pi^{j|i}\mu_{k-1}^i/\mu_{k|k-1}^j\end{aligned} \tag{5-148}$$

式中，$\mu_{k-1}^i = P\{g_{k-1}^i\big|\boldsymbol{Z}^{k-1}\}$；$\mu_{k|k-1}^j = P\{g_k^i\big|\boldsymbol{Z}^{k-1}\} = \sum \pi^{j|i}\mu_{k-1}^i$。

（2）估计。使用 UCF 初始化的 $\hat{\boldsymbol{x}}_{k-1}^{0,j}$ 和 $\boldsymbol{P}_{k-1}^{0,j}$ 及扩维量测 $\boldsymbol{z}_k^{\mathrm{a},j} = [\boldsymbol{z}_k^{\mathrm{T}},\boldsymbol{g}_k^j(\boldsymbol{z}_k)^{\mathrm{T}}]^{\mathrm{T}}$，$j=1,2,\cdots,N$ 计算 $\hat{\boldsymbol{x}}_k^j$ 及其 MSE 矩阵 $\boldsymbol{P}_k^j$。

（3）概率更新。

$$\mu_k^j = P\{g_k^j\big|\boldsymbol{Z}^k\} = \frac{1}{c}p(\boldsymbol{z}_k\big|g_k^j,\boldsymbol{Z}^{k-1})\mu_{k|k-1}^j \tag{5-149}$$

式中，$c=\sum_j p(\boldsymbol{z}_k\big|g_k^j,\boldsymbol{Z}^{k-1})\mu_{k|k-1}^j$；似然函数 $p(\boldsymbol{z}_k\big|g_k^j,\boldsymbol{Z}^{k-1})$ 通过下式计算得到：

$$p(\boldsymbol{z}_k\big|g_k^j,\boldsymbol{Z}^{k-1}) = \hat{\boldsymbol{b}}_j^{\mathrm{T}}\boldsymbol{\Lambda}_j(\boldsymbol{z}_k)\mathcal{N}(\boldsymbol{z}_k^{\mathrm{a},j};\bar{\boldsymbol{z}}_k^{\mathrm{a},j},\boldsymbol{P}_k^{z^{\mathrm{a}},j}) \tag{5-150}$$

式中，$\boldsymbol{\Lambda}_j(\boldsymbol{z}_k)$ 可以通过 $g_k^j(\boldsymbol{z}_k)$ 确定，如果有更多的信息，还可以使用其他方法来确定。通过求解式（5-139）～式（5-141）的优化问题，得到最优的 $\hat{\boldsymbol{b}}_j$。

（4）融合。

$$\hat{\boldsymbol{x}}_k = E[\boldsymbol{x}_k\big|\boldsymbol{Z}^k] = \sum_j \hat{\boldsymbol{x}}_k^j\mu_k^j \tag{5-151}$$

$$\begin{aligned}\boldsymbol{P}_k &= E[(\boldsymbol{x}_k-\hat{\boldsymbol{x}}_k)(\cdot)^{\mathrm{T}}\big|\boldsymbol{Z}^k] \\ &= \sum_j \mu_k^j(\boldsymbol{P}_k^j+(\hat{\boldsymbol{x}}_k^j-\hat{\boldsymbol{x}}_k)(\cdot)^{\mathrm{T}})\end{aligned} \tag{5-152}$$

5.3.3 多转换估计方法在目标跟踪中的应用

本节采用双站纯角度跟踪场景对以下方法进行验证，相关场景和参数设置与 5.2.4 节相同。

（1）QKF：采用高斯–厄米特求积规则对 LMMSE 估计器的一、二阶矩进行计算。

（2）UCF1：采用如下非线性转换函数：

$$g^1(\boldsymbol{z}_k) = ((\boldsymbol{z}_k-\bar{\boldsymbol{z}}_k)^{\mathrm{T}}\boldsymbol{A}(\boldsymbol{z}_k-\bar{\boldsymbol{z}}_k))^{1/2} \tag{5-153}$$

式中，$\boldsymbol{A}=\mathrm{diag}(1,0)$；$\bar{\boldsymbol{z}}_k = E[\boldsymbol{z}_k\big|\boldsymbol{Z}^{k-1}]$。

（3）UCF2：采用与 UCF1 相同形式的非线性转换函数，不同的是，$\boldsymbol{A}=\mathrm{diag}(0,1)$。

（4）IMC 算法：使用 UCF1 和 UCF2 中的两个非线性转换函数，获得假设分布。

本次仿真中，QKF、UCF1、UCF2 及 IMC 算法均采用高斯–厄米特求积规则计算一、二阶矩，每个维度的采样点个数均为 3 个。图 5-7 和图 5-8 分别给出了 QKF、UCF1、UCF2 及 IMC 算法的位置均方根误差和速度均方根误差，图 5-9 给出了在 IMC 算法中使用 QKF、UCF1 和 UCF2 的平均概率。

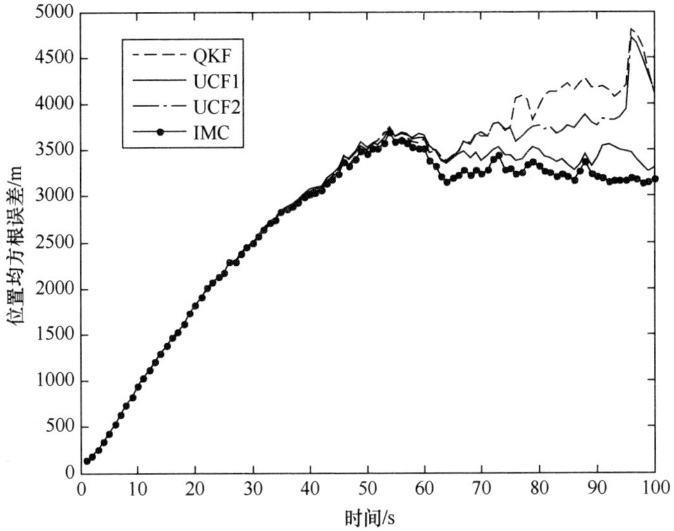

图 5-7　位置均方根误差

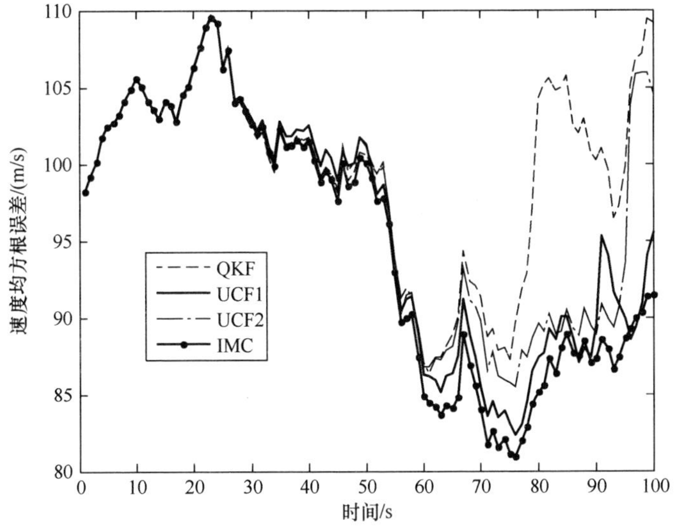

图 5-8　速度均方根误差

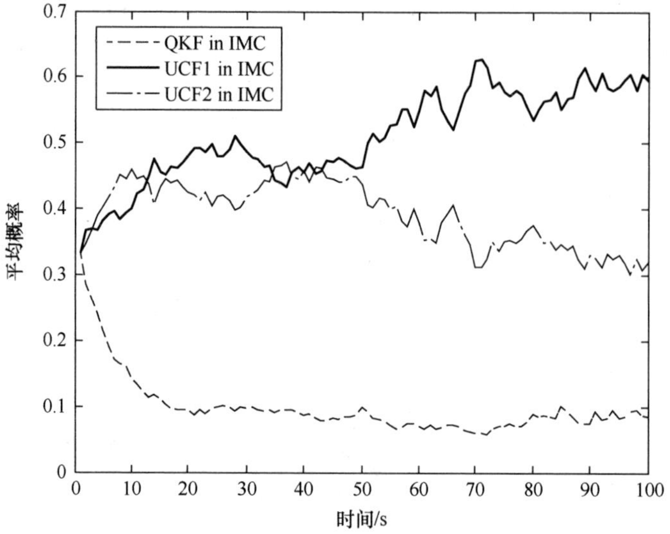

图 5-9 平均概率

由图 5-7 和图 5-8 可知，在该场景中，UCF1 和 UCF2 的性能均优于 QKF，且 UCF1 的性能比 UCF2 的性能更好。由图 5-9 可知，IMC 算法能够自适应地分辨最优的估计器 UCF1。因此，即使 IMC 算法的性能不能实时地优于 UCF1，但其性能更接近 UCF1，这一结果表明了 IMC 算法能够有效适应被估计量与量测的联合分布实时变化的场景，比单一假设分布下的 UCF 或原始 LMMSE 估计器更匹配真实情况。

本章小结

本章主要针对非线性结构估计器和混合结构估计器中的多转换估计方法展开了简要介绍，并在目标跟踪场景中验证了几类滤波器的有效性。相比原始线性结构的 LMMSE 估计器，基于信息转换的非线性结构估计器具有更好的估计性能。虽然 GCF 将 UCF、OCF 及原始基于矩逼近的 LMMSE 估计联系在一起，但受限于确定性采样方法的精度，其性能仍有待进一步提升。因此，非线性结构估计器仍需进一步发展。

参考文献

[1] LAN J, LI X R. Nonlinear estimation by LMMSE-based with optimized uncorrelated augmentation[J]. IEEE Transactions on Signal Processing, 2015, 63(16): 4270-4283.

[2] LAN J, LI X R. Nonlinear estimation based on conversion-sample optimization[J]. Automatica, 2020, 121(109160): 1-13.

[3] LAN J. Generalized conversion based nonlinear filtering using deterministic sampling for target tracking[J]. IEEE Transactions on Aerospace and Electronic Systems, 2023, 59(5): 7295-7307.

[4] LAN J, LI X R. Multiple conversions of measurements for nonlinear estimation[J]. IEEE Transactions on Signal Processing, 2017, 65: 4956-4970.

第 6 章

多目标跟踪

6.1 概述

6.1.1 研究背景与意义

多目标跟踪技术能够基于传感器的测量数据，对探测区域内目标的个数和状态（如位置、速度等）进行实时推断和估计，进而得到各目标的轨迹信息（包括各目标的起始时间、终止时间和各时刻的状态等），因此广泛应用于无人驾驶、车载导航和空中交通管制等多个领域。如今，传感器的种类日益多样化，如光传感器、热传感器、雷达传感器等。因此，由传感器探测到的量测也日益多样化，量测信息可能来自可见光图像、红外图像等多个维度。这些多维度的量测信息让人们对目标的观测更加全面。应用多源信息多目标跟踪技术，将来自不同维度的量测信息进行融合，进而对多目标进行跟踪，能够有效地提高跟踪性能。因此，基于多源信息融合的多目标跟踪技术得到了越来越广泛的关注与研究。

6.1.2 多目标跟踪场景

多目标跟踪技术最早应用于航空航天领域，该领域通常利用雷达传感器（以下简称“雷达”）对探测区域内的多个目标进行探测。雷达探测流程为：雷达天线向其前面一定方向和距离内的区域发射电磁波进行扫描，当区域内存在目标时，将发生反射并形成反射回波。雷达收到反射回波后，将其发送至接收装备进行处理，得到目标相对雷达的距离、方位和速度等量测信息。

一个具有代表性的雷达探测场景如图 6-1 所示。图中，雷达的探测区域内有 5 个真实目标。雷达对探测区域进行扫描，共得到 5 个量测，其中 $\{z_1, z_4, z_5\}$ 这 3 个量测是由真实目标产生的，而 $\{z_2, z_3\}$ 这 2 个量测是由外部环境中的电磁干扰或杂波产生的虚警。对于探测区域内的 5 个目标，其中 2 个真实目标各自产生了一个量测，1 个目标未被雷达探测到，从而出现了“漏检”。还有 2 个目标相距较近，位于雷达的同一个探测单元内，雷达无法分辨这 2 个目标，因此这 2 个目标共同产生了一个量测。在雷达的每次扫描中，都有一组带有误差的雷达量测数据被发送到跟踪器中，多目标跟踪算法利用这些量测数据推断出目标的数量并对各目标的状态进行估计。

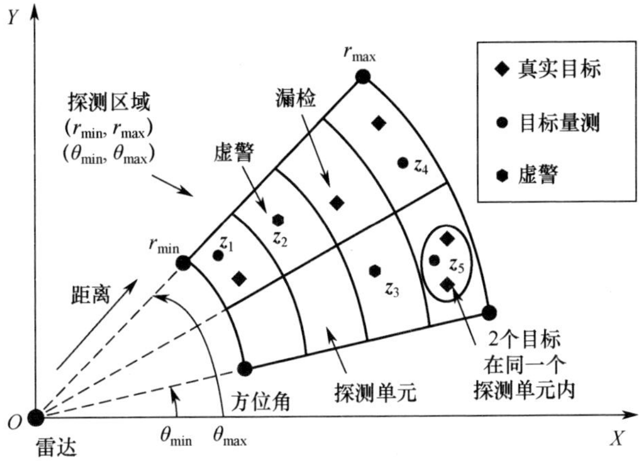

图 6-1　雷达探测场景示意

接下来对雷达探测的专有名词进行简要介绍。鉴于只有在接收到反射回来的回波信号时，雷达才能够产生量测，若目标位于雷达天线发射电磁波的方向之外，那么雷达将无法探测到该目标。同时，对于收发共用雷达，其发射电磁波与接收电磁波共用一个天线，通过收发转换开关切换天线，实现与发射机或接收机的连接。因此，收发共用雷达无法同时发射与接收电磁波。如果目标距离收发共用雷达过近，会导致目标产生的反射回波到达雷达时，雷达还未完成收发转换，即此时雷达的接收机处于关闭状态，雷达同样无法获得目标量测。称雷达能够获得目标反射回波的最小距离 r_{min} 为雷达的最小作用距离，雷达最小作用距离受到雷达电磁波脉冲宽度和收发转换时间的限制。雷达所发射的电磁波随发射距离的增大而不断衰减，当目标距离雷达过远时，目标反射产生的反射回波强度将低于接收机的最小灵敏度，此时雷达同样无法获得目标的量测。称雷达能够接收到目标反射回波的最大距离 r_{max} 为雷达的最大作用距离，雷达最大作用距离受到雷达发射功率的影响。进一步地，称位于雷达探测方位区间 $(\theta_{min}, \theta_{max})$ 及雷达最小作用距离与最大作用距离区间 (r_{min}, r_{max}) 的区域为雷达的探测区域。

雷达对接收到的回波信号进行处理和分析，从中提取目标的距离、方位和速度等量测信息。其中，雷达测距是通过记录发射电磁波与收到反射回波的时间延迟，利用电磁波在空气中以光速传播的规律计算得到的。但是，当两个目标相对于雷达位于同一方向的不同距离，且两个目标之间的距离较近时，前一个目标反射回波的脉冲后沿还未结束，后一个目标反射回波的脉冲前沿已经到达。此时，两个目标的反射回波将发生重叠，导致雷达无法区分这两个目标。称雷达能够区分两个相邻目标的最小间距为雷达的距离分辨率。雷达的距离分辨率由雷达发射的电磁波信号脉冲宽度决定，其大小可以由下式确定：

$$\Delta r_{\min} = \frac{c\tau}{2} \tag{6-1}$$

式中，$\Delta r_{\min}$ 为雷达的距离分辨率；c 为光速；τ 为电磁波信号脉冲宽度。

当两个目标相对于雷达位于同一距离的不同方向时，如果两个目标相对雷达的方向较近，即两者处于雷达所发射电磁波束的同一个主瓣内，则两个目标将同时被雷达所发射的电磁波照射到，它们的回波也会同时被雷达接收到，此时雷达同样无法分辨这两个目标。称雷达能够分辨两个邻近目标的最小角度为雷达的角分辨率。雷达的角分辨率与雷达所发射电磁波的波长成反比。将雷达的距离分辨率与角分辨率所围成的区域称为雷达的探测单元。当两个目标处于雷达的同一个探测单元时，雷达无法分辨这两个目标，此时对这两个目标最多生成一个量测。

6.1.3 多目标跟踪方法

多目标跟踪所要解决的问题主要包括跟踪门的设计、航迹的起始与终止、数据关联、航迹维持及漏检与虚警等。在多目标跟踪技术中，数据关联算法的设计最重要，其关键在于求解杂波环境下多量测与多目标航迹之间的关联匹配。在目标跟踪与数据关联领域，经常使用杂波的概念。事实上，杂波是指由邻近的干扰目标、气象、电磁及声音干扰等引起的量测，它们往往在数量、位置和密度上是随机的。量测与航迹之间的关联逻辑复杂且计算量大，大多数情况下需要在复杂且庞大的搜索空间中寻找最优解或次优解。因此，在解决此类问题时，为了避免发生组合爆炸的情况，需要挖掘关于问题的先验信息，进而缩小搜索空间。

数据关联的作用是将测量系统所接收到的量测数据划分为对应不同信息源的观测集合。基于划分后的观测集合，可以利用滤波技术估计目标状态从而形成轨迹。一旦轨迹被形成或确认，则被跟踪的目标数量、每条轨迹的位置、速度、加速度等目标运动参数及目标分类特征等均可被相应求解。在多目标跟踪过程中，传感器观测过程、环境的杂波和虚警等不确定性因素使传感器的量测与其目标源的对应关系极其复杂，数据关联算法由此产生。

数据关联是多目标跟踪的核心和难点，目前已经有许多有效的数据关联算法，如最近邻方法、概率数据关联算法、联合概率数据关联算法、多假设跟踪算法，以及各种引入智能环节（如神经网络、模糊控制等）的关联算法等。最近邻方法是最早被提出也最简单的数据关联方法之一，其思想是唯一选择落在相关跟踪门内且与被跟踪目标预测回波最近的回波作为关联对象，不适用于密集多回波环境。概率数据关联算法是 Bar-Shalom 等于 1972 年提出的，主要用于解决杂波环境下的单传感器单目标跟踪问题。随后 Bar-Shalom 等又提出了适用于杂波环境下多目标跟踪的联合概率数据关联算法，但该算法需要已知目标的数量。1979 年，Reid 结合“全邻”最优滤波器和 Bar-Shalom 的“聚”概念，提出了多假设跟踪算法，该算法理论上可以得到数据关联的最优解，但其计算量随着算法延迟周期的延长和目标数量的增加呈指数级增长，这在一定程度上限制了它的实际应用。之后，许多研究者在该算法的基础上，提出了多种多假设跟踪的实现算法，如 M-最优多假设跟踪算法、S-维分配算法及概率多假设跟踪算法等，从而使多假设跟踪算法得到了进一步发展。除此之外，还有一些其他数据关联方法，如基于图论的关联方法和基于生物学的关联方法等。

接下来，本章首先介绍几种典型的跟踪门的定义，随后依次介绍最近邻方法、概率数据关联、联合概率数据关联和多假设跟踪等多目标跟踪方法。

6.2 跟踪门

6.2.1 基本概念

跟踪门是以量测的预测值为中心的量测空间内的子区域，它能够将传感器接收到的量测回波划分成可能源于目标的回波和不可能源于目标的回波两部分。设计跟踪门的目的是对量测数据进行初步筛选，通过跟踪门剔除一部分由其他目标产生的量测及由杂波和噪声产生的虚假量测，进而排除不可能的量测航迹关联，减少后续的计算量。跟踪门的中心位于被跟踪目标的预测位置，大小由接收正确回波的概率确定，落入跟踪门的回波称为候选回波。

在数据关联过程中，若只有一个回波落入目标跟踪门，则该回波可直接用于该目标航迹的更新。如果落入目标跟踪门的回波多于一个，则通过跟踪门可以初步确定用于该目标航迹更新的候选回波集合。随后，基于更进一步的数据关联算法，最终确定用于目标航迹更新的回波。因此，跟踪门的设计是多目标跟踪领域首先需要关注的问题。

进行跟踪门设计时，跟踪门的大小对关联算法的效果有显著影响。一般来说，大的跟踪门有利于航迹的起始，但会提高关联处理的复杂性和计算量，同时很可能增加虚假航迹的数量。因此，设计跟踪门的大小和形状时，人们总是希望目标的量测落入跟踪门中的概率尽可能高的同时，落入跟踪门的无关量测尽可能少。合理大小与形状的跟踪门可以提高数据关联的快速性和跟踪的性能。

同时，对于机动目标与非机动目标，跟踪门的大小是不同的。在跟踪门设计中，需要考虑目标是否机动。当目标无机动时，跟踪门的大小一般为常值；当目标机动时，调整跟踪门的大小，使其包含正确回波的概率较大，是跟踪门设计中的关键问题。对多机动目标进行跟踪时，需要针对性地设计跟踪门，使其自动适应目标机动范围和强度的变化。

6.2.2 矩形跟踪门

最简单的跟踪门设计方法是在量测空间内定义一个矩形区域，即矩形跟踪门。

记残差向量 $\tilde{\boldsymbol{z}}_{k|k-1}$、量测向量 $\boldsymbol{z}_k$ 和预测量测向量 $\hat{\boldsymbol{z}}_{k|k-1}$ 的第 i 个分量分别为 $\tilde{z}_{k|k-1,i}$、$z_{k,i}$ 和 $\hat{z}_{k|k-1,i}$，第 i 个分量对应的跟踪门常数为 $K_{\mathrm{G},i}$，其取值与观测密度、检测概率和量测向量的维数 M 相关。当量测向量 $\boldsymbol{z}_k$ 满足如下关系时：

$$\left|\tilde{z}_{k|k-1,i}\right| \leqslant K_{\mathrm{G},i}\sigma_{r,i}, \quad i=1,2,\cdots,M \tag{6-2}$$

称 $\boldsymbol{z}_k$ 为候选回波。其中，残差向量 $\tilde{\boldsymbol{z}}_{k|k-1} \triangleq \boldsymbol{z}_k - \hat{\boldsymbol{z}}_{k|k-1}$；$\sigma_{r,i}$ 为第 i 个残差分量对应的标准偏差。

6.2.3 椭形跟踪门

设 γ 为椭形跟踪门的门限大小，当量测向量 $\boldsymbol{z}_k$ 满足如下关系时：

$$\tilde{\boldsymbol{z}}_{k|k-1}^{\mathrm{T}}\boldsymbol{S}_k^{-1}\tilde{\boldsymbol{z}}_{k|k-1} \leqslant \gamma \tag{6-3}$$

称 $\boldsymbol{z}_k$ 为候选回波。其中，$\tilde{\boldsymbol{z}}_{k|k-1} \triangleq \boldsymbol{z}_k - \hat{\boldsymbol{z}}_{k|k-1}$ 表示滤波残差向量；$\boldsymbol{S}_k$ 表示残差协方差矩阵。式（6-3）称为椭形跟踪门规则。

根据椭形跟踪门规则，可以确定其极大似然门限 γ_0，使位于跟踪门内的回波最大概率来自跟踪目标。极大似然门限 γ_0 的表达式为

$$\gamma_0 = 2\ln\frac{P_{\mathrm{D}}}{(1-P_{\mathrm{D}})\beta(2\pi)^{M/2}\sqrt{|\boldsymbol{S}_k|}} \tag{6-4}$$

式中，P_{D} 为检测概率；β 为新回波（包括目标回波和杂波）密度；M 为量测向量的维数；$|\boldsymbol{S}_k|$ 为残差协方差矩阵的行列式。通常来说，极大似然门限 γ_0 也可以作为判定航迹是否终止的准则。

6.2.4 其他跟踪门

除了矩形跟踪门与椭形跟踪门等较常见的跟踪门，还有球面坐标系下的扇形跟踪门、基于数据关联性能评价的优化跟踪门等。跟踪门在解决实际的多目标跟踪问题中发挥着重要作用，设计合理的跟踪门能够有效降低多目标跟踪算法的计算量。

在实际雷达系统中，为了计算方便，通常采用极坐标系下的跟踪门。在设计跟踪门时，要综合考虑传感器的观测误差、目标运动的机动性、传感器探测周期、预测误差和坐标系的选择等多方面的因素。多目标跟踪的数据关联算法需要判断接收到的量测是否为目标回波，通常利用卡尔曼滤波中新息序列的统计特征来设计门限，进而剔除那些概率较小的量测。

6.3 最近邻方法

文献[1]提出了一种具有固定记忆并且能在多回波环境下工作的跟踪方法，称为最近邻（Nearest Neighbor，NN）方法。在这种跟踪方法中，仅将在统计意义上与被跟踪目标预测量测最近的量测作为与目标关联的回波信号。该统计距离定义为新息向量的加权范数，即

$$d_k^2 = \tilde{z}_{k|k-1}^{\mathrm{T}} \boldsymbol{S}_k^{-1} \tilde{z}_{k|k-1} \tag{6-5}$$

式中，$\tilde{z}_{k|k-1} \triangleq z_k - \hat{z}_{k|k-1}$ 表示滤波残差向量（或滤波新息）；$\boldsymbol{S}_k$ 表示新息协方差矩阵；d_k^2 表示残差向量的范数，可以理解为目标预测量测与有效回波之间的统计距离。

NN 方法的基本含义是，唯一性地选择落在相关跟踪门之内且与被跟踪目标预测量测最近的量测作为与目标相关联的量测，所谓“最近”，指的是统计距离最小或残差概率密度最大。

NN 方法计算量小，便于实现，适用于信噪比高、目标密度小的情况。但在目标密度较大的情况下，多目标各自的跟踪门相互交叉，最近的回波未必由感兴趣的目标产生。因此，NN 方法的抗干扰能力差，在目标密度较大和目标做机动运动时容易产生关联错误。

6.4 概率数据关联

6.4.1 概率数据关联概述

文献[2]提出了概率数据关联（Probability Data Association，PDA）方法，该

方法适用于杂波环境下单目标的跟踪问题。杂波环境下单目标跟踪的典型场景如图 6-2 所示。在单个目标的跟踪门内，存在多个量测（图 6-2 中存在 3 个量测，即 $z_{k,1}$、$z_{k,2}$ 和 $z_{k,3}$），其中各个量测可能来自目标，也可能来自杂波。NN 方法会依次计算各量测与预测量测 $\hat{z}_{k|k-1}$ 之间的统计距离，如式（6-5）所示，进而挑选出统计距离最小的量测作为来自目标的量测，再基于该量测对状态进行滤波更新。从直观上说，NN 方法将当前时刻最可能属于目标的量测断定为来自目标的量测，该做法偏于乐观，忽略了其他量测来自目标的可能性，导致估计结果过于自信。PDA 方法则考虑了跟踪门内所有量测来自目标的可能性，而不是只挑选最可能的一个，这在一定程度上避免了上述问题的发生。

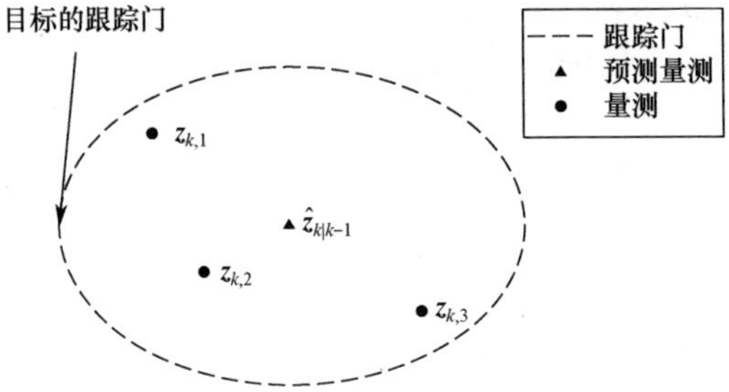

图 6-2　杂波环境下单目标跟踪的典型场景示意

PDA 方法的基本假设是，在监视区域仅有一个目标存在，并且这个目标的航迹已经形成。在杂波环境下，由于随机因素的影响，在任一时刻，某一给定目标的跟踪门内往往存在不止一个量测。PDA 方法认为跟踪门内的所有量测都可能来自目标，只是每个量测来自目标的概率不同。接下来介绍 PDA 方法的原理与流程。

首先，将目标跟踪门内的量测记为确认量测，同时给出以下符号的定义。

（1）$\boldsymbol{Z}_k=\{z_{k,1},z_{k,2},\cdots,z_{k,m_k}\}$：表示 k 时刻所有确认量测组成的集合。

（2）$z_{k,i}$：表示 k 时刻的第 i 个确认量测。

（3）m_k：表示 k 时刻确认量测的个数。

（4）$\boldsymbol{Z}^k=\{\boldsymbol{Z}_1,\boldsymbol{Z}_2,\cdots,\boldsymbol{Z}_k\}$：表示从 1 时刻到 k 时刻累积的确认量测组成的集合。

（5）$\theta_k^i, i=1,2,\cdots,m_k$：表示确认量测 $z_{k,i}$ 来自目标，其余确认量测来自杂波的关联事件。

（6）θ_k^0：表示所有确认量测都不来自目标（均来自杂波）的关联事件。

鉴于单个时刻最多只有一个量测来自目标，上述所有的关联事件 $\theta_k^i, i=0,1,\cdots,m_k$ 是互斥且完备的。由此，可以对 3.4 节所述的线性最小均方误差估计公式，进行全概率展开，即

$$\hat{\boldsymbol{x}}_{k|k} \triangleq E[\boldsymbol{x}_k | \boldsymbol{Z}^k] = \sum_{i=0}^{m_k} E[\boldsymbol{x}_k | \theta_k^i, \boldsymbol{Z}^k] P\{\theta_k^i | \boldsymbol{Z}^k\} \tag{6-6}$$

式中，$E[\boldsymbol{x}_k | \theta_k^i, \boldsymbol{Z}^k]$是给定量测条件下的目标状态最小均方误差估计，具体可参照 3.4 节；求和项中的第二项 $P\{\theta_k^i | \boldsymbol{Z}^k\}$ 记为

$$\beta_k^i \triangleq P\{\theta_k^i | \boldsymbol{Z}^k\}, \quad i = 0, 1, \cdots, m_k \tag{6-7}$$

即 k 时刻第 i 个确认量测 $\boldsymbol{z}_{k,i}$ 来自目标的关联事件的后验概率（其中 β_k^0 代表没有量测来自目标的概率）。鉴于 $\{\theta_k^0, \theta_k^1, \cdots, \theta_k^{m_k}\}$ 是整个关联事件空间的一个不相交完备分割，可得

$$\sum_{i=0}^{m_k} \beta_k^i = 1 \tag{6-8}$$

6.4.2　关联事件后验概率

由 6.4.1 节可知，概率数据关联方法的关键在于对关联事件后验概率 $\beta_k^i, i = 0, 1, \cdots, m_k$ 的求解。接下来详细介绍求解流程，首先给出 3 个假设。

假设 1：各杂波独立同分布，且在跟踪门内服从均匀分布，即

$$p(\boldsymbol{z}_{k,i} | \theta_k^j, \boldsymbol{Z}^{k-1}) = V_k^{-1}, \quad i \neq j \tag{6-9}$$

式中，V_k 表示跟踪门的面积或体积。若此处跟踪门采用的是椭形跟踪门，则有

$$V_k = c_{n_z} \gamma^{n_z/2} |\boldsymbol{S}_k|^{1/2} \tag{6-10}$$

式中，γ 为椭形跟踪门的门限；n_z 是量测向量的维数；$\boldsymbol{S}_k$ 是新息协方差；c_{n_z} 为 n_z 维单位超球面的体积，其满足

$$c_{n_z} = \frac{\pi^{n_z/2}}{\Gamma(n_z/2)+1} = \begin{cases} \dfrac{\pi^{n_z/2}}{(n_z/2)!}, & n_z\text{是偶数} \\ \dfrac{2^{n_z+1}((n_z+1)/2)! \ \pi^{(n_z-1)/2}}{(n_z+1)!}, & n_z\text{是奇数} \end{cases} \tag{6-11}$$

假设 2：来自目标的确认量测 $\boldsymbol{z}_{k,i}$ 与杂波独立，且服从正态分布，即

$$p(\boldsymbol{z}_{k,i} | \theta_k^i, \boldsymbol{Z}^{k-1}) = P_G^{-1} \Lambda_{k,i} \tag{6-12}$$

式中，P_G 代表跟踪门概率，表示量测落入目标跟踪门，成为确认量测的概率；

$$\Lambda_{k,i} = \frac{1}{(2\pi)^{n_z/2} |\boldsymbol{S}_k|^{1/2}} \exp\{-\frac{1}{2} \tilde{\boldsymbol{z}}_{k|k-1,i}^{\mathrm{T}} \boldsymbol{S}_k^{-1} \tilde{\boldsymbol{z}}_{k|k-1,i}\} \tag{6-13}$$

代表给定新息 $\tilde{\boldsymbol{z}}_{k|k-1,i}$ 条件下的似然函数，其中

$$\tilde{\boldsymbol{z}}_{k|k-1,i} \triangleq \boldsymbol{z}_{k,i} - \tilde{\boldsymbol{z}}_{k|k-1} \tag{6-14}$$

表示用第 i 个确认量测 $\boldsymbol{z}_{k,i}$ 计算的新息向量；n_z 表示量测向量的维数。

假设 3：在给定所有过去量测 $\boldsymbol{Z}^{k-1}$ 的条件下，k 时刻各个确认量测来自目标

的可能性相同，即没有关于各个确认量测的先验信息。

基于上述 3 个假设，可以对关联事件的后验概率展开计算。首先，对式（6-7）应用贝叶斯公式，可得

$$\begin{aligned}\beta_k^i &\triangleq P\{\theta_k^i|\boldsymbol{Z}^k\}=P\{\theta_k^i|\boldsymbol{Z}_k,m_k,\boldsymbol{Z}^{k-1}\}\\&=\frac{1}{c}p(\boldsymbol{Z}_k|\theta_k^i,m_k,\boldsymbol{Z}^{k-1})P\{\theta_k^i|m_k,\boldsymbol{Z}^{k-1}\},\quad i=0,1,\cdots,m_k\end{aligned}\tag{6-15}$$

式中，

$$c=\sum_{i=0}^{m_k}p(\boldsymbol{Z}_k|\theta_k^i,m_k,\boldsymbol{Z}^{k-1})P\{\theta_k^i|m_k,\boldsymbol{Z}^{k-1}\}\tag{6-16}$$

是归一化常数。

接下来分别对 $p(\boldsymbol{Z}_k|\theta_k^i,m_k,\boldsymbol{Z}^{k-1})$ 和 $P\{\theta_k^i|m_k,\boldsymbol{Z}^{k-1}\}$ 的形式展开讨论。

1. $p(\boldsymbol{Z}_k|\theta_k^i,m_k,\boldsymbol{Z}^{k-1})$ 的形式

以下分别针对 $i=0$ 和 $i\neq 0$ 两种情况展开讨论。

（1）$i=0$，表明跟踪门内的所有量测均不来自目标，即都来自杂波。根据假设 1，可得 $p(\boldsymbol{Z}_k|\theta_k^0,m_k,\boldsymbol{Z}^{k-1})$ 的形式为

$$p(\boldsymbol{Z}_k|\theta_k^0,m_k,\boldsymbol{Z}^{k-1})=\prod_{i=1}^{m_k}p(z_{k,i}|\theta_k^0,m_k,\boldsymbol{Z}^{k-1})=V_k^{-m_k}\tag{6-17}$$

（2）$i\neq 0$，表明除了确认量测 $z_{k,i}$ 来自目标，其他确认量测均来自杂波，根据假设 1 和假设 2，可得 $p(\boldsymbol{Z}_k|\theta_k^i,m_k,\boldsymbol{Z}^{k-1})$ 的形式为

$$\begin{aligned}p(\boldsymbol{Z}_k|\theta_k^i,m_k,\boldsymbol{Z}^{k-1})&=p(z_{k,i}|\theta_k^i,m_k,\boldsymbol{Z}^{k-1})\prod_{j=1,j\neq i}^{m_k}p(z_{k,j}|\theta_k^i,m_k,\boldsymbol{Z}^{k-1})\\&=P_{\mathrm{G}}^{-1}\Lambda_{k,i}V_k^{1-m_k},\quad i=1,2,\cdots,m_k\end{aligned}\tag{6-18}$$

2. $P\{\theta_k^i|m_k,\boldsymbol{Z}^{k-1}\}$ 的形式

为了方便推导，此处引入中间变量 I_k 表示所有确认量测中来自杂波的数量。鉴于每个确认量测要么来自目标，要么来自杂波，且来自目标的量测数量最多为 1，I_k 的取值约束为 m_k（对应 $i=0$ 的情况，即所有确认量测均来自杂波）和 m_k-1（对应 $i\neq 0$ 的情况，即一个确认量测来自目标，剩下 m_k-1 个确认量测来自杂波）。将 $P\{\theta_k^i|m_k,\boldsymbol{Z}^{k-1}\}$ 关于中间变量 I_k 进行全概率展开，得

$$P\{\theta_k^i|m_k,\boldsymbol{Z}^{k-1}\}=P\{\theta_k^i,I_k=m_k|m_k,\boldsymbol{Z}^{k-1}\}+P\{\theta_k^i,I_k=m_k-1|m_k,\boldsymbol{Z}^{k-1}\}\tag{6-19}$$

对等式右边的每项运用乘法定理，可得

$$P\{\theta_k^i,I_k=m_k|m_k,\boldsymbol{Z}^{k-1}\}=P\{\theta_k^i|I_k=m_k,m_k,\boldsymbol{Z}^{k-1}\}P\{I_k=m_k|m_k,\boldsymbol{Z}^{k-1}\}\tag{6-20}$$

$$P\{\theta_k^i, I_k = m_k - 1 \big| m_k, \boldsymbol{Z}^{k-1}\} = P\{\theta_k^i \big| I_k = m_k - 1, m_k, \boldsymbol{Z}^{k-1}\} \times P\{I_k = m_k - 1 \big| m_k, \boldsymbol{Z}^{k-1}\} \tag{6-21}$$

从而，式（6-19）的最终形式为

$$P\{\theta_k^i \big| m_k, \boldsymbol{Z}^{k-1}\} = P\{\theta_k^i \big| I_k = m_k \big| m_k, \boldsymbol{Z}^{k-1}\} P\{I_k = m_k \big| m_k, \boldsymbol{Z}^{k-1}\} + P\{\theta_k^i \big| I_k = m_k - 1, m_k, \boldsymbol{Z}^{k-1}\} P\{I_k = m_k - 1 \big| m_k, \boldsymbol{Z}^{k-1}\} \tag{6-22}$$

同样，以下分别针对 $i = 0$ 和 $i \neq 0$ 两种情况对式（6-22）进行讨论。

（1）$i = 0$，表明跟踪门内的所有量测均不来自目标，即都来自杂波。此时 I_k 应该等于 m_k，因此

$$P\{\theta_k^0 \big| I_k = m_k, m_k, \boldsymbol{Z}^{k-1}\} = 1 \tag{6-23}$$

$$P\{\theta_k^0 \big| I_k = m_k - 1, m_k, \boldsymbol{Z}^{k-1}\} = 0 \tag{6-24}$$

将式（6-23）和式（6-24）代入式（6-22），可得

$$P\{\theta_k^0 \big| m_k, \boldsymbol{Z}^{k-1}\} = P\{I_k = m_k \big| m_k, \boldsymbol{Z}^{k-1}\} \tag{6-25}$$

对 $P\{I_k = m_k \big| m_k, \boldsymbol{Z}^{k-1}\}$ 应用贝叶斯公式，可得

$$P\{I_k = m_k \big| m_k, \boldsymbol{Z}^{k-1}\} = \frac{P\{m_k \big| I_k = m_k, \boldsymbol{Z}^{k-1}\} P\{I_k = m_k \big| \boldsymbol{Z}^{k-1}\}}{P\{m_k \big| \boldsymbol{Z}^{k-1}\}} \tag{6-26}$$

式中，$P\{m_k \big| I_k = m_k, \boldsymbol{Z}^{k-1}\}$ 代表所有确认量测均来自杂波，即没有确认量测来自目标的先验概率，其满足

$$P\{m_k \big| I_k = m_k, \boldsymbol{Z}^{k-1}\} = 1 - P_{\mathrm{D}} P_{\mathrm{G}} \tag{6-27}$$

式中，$P_{\mathrm{D}} P_{\mathrm{G}}$ 表明目标被探测到且产生的量测落入跟踪门的概率；$P\{I_k = m_k \big| \boldsymbol{Z}^{k-1}\}$ 表示跟踪门内有 m_k 个杂波的先验概率，这与杂波模型有关，后面将做统一叙述；$P\{m_k \big| \boldsymbol{Z}^{k-1}\}$ 为归一化常数，其定义为

$$\begin{aligned} P\{m_k \big| \boldsymbol{Z}^{k-1}\} &= P\{m_k, I_k = m_k \big| \boldsymbol{Z}^{k-1}\} + P\{m_k, I_k = m_k - 1 \big| \boldsymbol{Z}^{k-1}\} \\ &= P\{m_k \big| I_k = m_k, \boldsymbol{Z}^{k-1}\} P\{I_k = m_k \big| \boldsymbol{Z}^{k-1}\} + \\ &\quad P\{m_k \big| I_k = m_k - 1, \boldsymbol{Z}^{k-1}\} P\{I_k = m_k - 1 \big| \boldsymbol{Z}^{k-1}\} \end{aligned} \tag{6-28}$$

（2）$i \neq 0$，表明除了确认量测 $z_{k,i}$ 来自目标，其他确认量测均来自杂波。此时 I_k 应该等于 $m_k - 1$，因此

$$P\{\theta_k^i \big| I_k = m_k, m_k, \boldsymbol{Z}^{k-1}\} = 0 \tag{6-29}$$

$$P\{\theta_k^i \big| I_k = m_k - 1, m_k, \boldsymbol{Z}^{k-1}\} = \frac{1}{m_k} \tag{6-30}$$

式（6-30）来自假设 3，即各确认量测来自目标的概率相同。因为有 m_k 个确认量测，所以每个确认量测来自目标的概率为 $1/m_k$。

将式（6-29）和式（6-30）代入式（6-22），可得

$$P\{\theta_k^i | m_k, \boldsymbol{Z}^{k-1}\} = \frac{P\{I_k = m_k - 1 | m_k, \boldsymbol{Z}^{k-1}\}}{m_k} \tag{6-31}$$

对 $P\{I_k = m_k - 1 | m_k, \boldsymbol{Z}^{k-1}\}$ 应用贝叶斯公式，可得

$$P\{I_k = m_k - 1 | m_k, \boldsymbol{Z}^{k-1}\} = \frac{P\{m_k | I_k = m_k - 1, \boldsymbol{Z}^{k-1}\} P\{I_k = m_k - 1 | \boldsymbol{Z}^{k-1}\}}{P\{m_k | \boldsymbol{Z}^{k-1}\}} \tag{6-32}$$

式中，$P\{m_k | I_k = m_k - 1, \boldsymbol{Z}^{k-1}\}$ 代表存在一个确认量测来自目标的先验概率，根据式（6-27）的分析可得

$$P\{m_k | I_k = m_k - 1, \boldsymbol{Z}^{k-1}\} = P_{\mathrm{D}} P_{\mathrm{G}} \tag{6-33}$$

式中，$P\{I_k = m_k - 1 | \boldsymbol{Z}^{k-1}\}$ 表示跟踪门内有 $m_k - 1$ 个杂波的先验概率，同样与杂波模型有关，后面将做统一叙述；归一化常数 $P\{m_k | \boldsymbol{Z}^{k-1}\}$ 的定义同式（6-28）。将式（6-27）和式（6-33）代入式（6-28），可得

$$P\{m_k | \boldsymbol{Z}^{k-1}\} = (1 - P_{\mathrm{D}} P_{\mathrm{G}}) P\{I_k = m_k | \boldsymbol{Z}^{k-1}\} + (P_{\mathrm{D}} P_{\mathrm{G}}) P\{I_k = m_k - 1 | \boldsymbol{Z}^{k-1}\} \tag{6-34}$$

至此，推导出 $p(\boldsymbol{Z}_k | \theta_k^i, m_k, \boldsymbol{Z}^{k-1})$ 和 $P\{\theta_k^i | m_k, \boldsymbol{Z}^{k-1}\}$ 分别在 $i = 0$ 和 $i \neq 0$ 两种情况下的形式。将式（6-34）代入式（6-15），即可获得后验概率 β_k^i 的形式。

当 $i = 0$ 时，

$$\begin{aligned} \beta_k^0 &= \frac{1}{c} p(\boldsymbol{Z}_k | \theta_k^0, m_k, \boldsymbol{Z}^{k-1}) P\{\theta_k^0 | m_k, \boldsymbol{Z}^{k-1}\} \\ &\propto V_k^{-m_k} \frac{(1 - P_{\mathrm{D}} P_{\mathrm{G}}) P\{I_k = m_k | \boldsymbol{Z}^{k-1}\}}{(1 - P_{\mathrm{D}} P_{\mathrm{G}}) P\{I_k = m_k | \boldsymbol{Z}^{k-1}\} + (P_{\mathrm{D}} P_{\mathrm{G}}) P\{I_k = m_k - 1 | \boldsymbol{Z}^{k-1}\}} \end{aligned} \tag{6-35}$$

当 $i \neq 0$ 时，

$$\begin{aligned} \beta_k^i &= \frac{1}{c} p(\boldsymbol{Z}_k | \theta_k^i, m_k, \boldsymbol{Z}^{k-1}) P\{\theta_k^i | m_k, \boldsymbol{Z}^{k-1}\} \\ &\propto \frac{1}{m_k} \frac{P_{\mathrm{G}}^{-1} \Lambda_{k,i} V_k^{1-m_k} \times (P_{\mathrm{D}} P_{\mathrm{G}}) P\{I_k = m_k - 1 | \boldsymbol{Z}^{k-1}\}}{(1 - P_{\mathrm{D}} P_{\mathrm{G}}) P\{I_k = m_k | \boldsymbol{Z}^{k-1}\} + (P_{\mathrm{D}} P_{\mathrm{G}}) P\{I_k = m_k - 1 | \boldsymbol{Z}^{k-1}\}} \end{aligned} \tag{6-36}$$

在式（6-35）和式（6-36）中，剩下 $P\{I_k = m_k | \boldsymbol{Z}^{k-1}\}$ 和 $P\{I_k = m_k - 1 | \boldsymbol{Z}^{k-1}\}$ 的形式，即杂波个数的先验概率，未具体给出。下面介绍两种杂波个数模型及其对应的后验概率形式。

第一种杂波个数模型是非参数模型。文献[2]提出了非参数模型，其假设无法从过去的量测 $\boldsymbol{Z}^{k-1}$ 中推断 k 时刻的杂波个数，因此假设杂波个数服从均匀分布，则

$$P\{I_k = m_k | \boldsymbol{Z}^{k-1}\} = P\{I_k = m_k - 1 | \boldsymbol{Z}^{k-1}\} \tag{6-37}$$

将式（6-37）代入式（6-35）和式（6-36），可得

$$\beta_k^0 \propto V_k^{-m_k} \frac{1 - P_{\mathrm{D}} P_{\mathrm{G}}}{(1 - P_{\mathrm{D}} P_{\mathrm{G}}) + (P_{\mathrm{D}} P_{\mathrm{G}})} \tag{6-38}$$

$$\beta_k^i \propto \frac{1}{m_k} \frac{\Lambda_{k,i} V_k^{1-m_k} P_{\mathrm{D}}}{(1 - P_{\mathrm{D}} P_{\mathrm{G}}) + (P_{\mathrm{D}} P_{\mathrm{G}})}, \quad i = 1, 2, \cdots, m_k \tag{6-39}$$

进一步地，对各关联事件的后验概率 $\beta_k^i, i=1,2,\cdots,m_k$ 进行归一化，可得

$$\beta_k^0 = \frac{1-P_\mathrm{D}P_\mathrm{G}}{(1-P_\mathrm{D}P_\mathrm{G})+V_k P_\mathrm{D}\left(\sum_{j=1}^{m_k}\Lambda_{k,j}\right)\Big/ m_k} \tag{6-40}$$

$$\beta_k^i = \frac{\Lambda_{k,i}V_k P_\mathrm{D}/m_k}{(1-P_\mathrm{D}P_\mathrm{G})+V_k P_\mathrm{D}\left(\sum_{j=1}^{m_k}\Lambda_{k,j}\right)\Big/ m_k},\quad i=1,2,\cdots,m_k \tag{6-41}$$

第二种杂波个数模型是参数模型。文献[3]提出用均值为 $\lambda_\mathrm{FA}V_k$ 的泊松分布近似 k 时刻的杂波个数先验分布，即

$$P\{I_k = m_k \mid \boldsymbol{Z}^{k-1}\} = \mathrm{e}^{-\lambda_\mathrm{FA}V_k}\frac{(\lambda_\mathrm{FA}V_k)^{m_k}}{m_k!} \tag{6-42}$$

式中，λ_FA 代表跟踪门内的杂波密度。

将式（6-42）代入式（6-35）和式（6-36），可得

$$\beta_k^0 \propto \frac{\lambda_\mathrm{FA}V_k^{1-m_k}(1-P_\mathrm{D}P_\mathrm{G})}{\lambda_\mathrm{FA}V_k(1-P_\mathrm{D}P_\mathrm{G})+m_k(P_\mathrm{D}P_\mathrm{G})} \tag{6-43}$$

$$\beta_k^i \propto \frac{\Lambda_{k,i}V_k^{1-m_k}P_\mathrm{D}}{\lambda_\mathrm{FA}V_k(1-P_\mathrm{D}P_\mathrm{G})+m_k(P_\mathrm{D}P_\mathrm{G})},\quad i=1,2,\cdots,m_k \tag{6-44}$$

进一步地，对各关联事件的后验概率 $\beta_k^i, i=0,1,\cdots,m_k$ 进行归一化，得

$$\beta_k^0 = \frac{\lambda_\mathrm{FA}(1-P_\mathrm{D}P_\mathrm{G})}{\lambda_\mathrm{FA}(1-P_\mathrm{D}P_\mathrm{G})+P_\mathrm{D}\sum_{j=1}^{m_k}\Lambda_{k,j}} \tag{6-45}$$

$$\beta_k^i = \frac{P_\mathrm{D}\Lambda_{k,i}}{\lambda_\mathrm{FA}(1-P_\mathrm{D}P_\mathrm{G})+P_\mathrm{D}\sum_{j=1}^{m_k}\Lambda_{k,j}},\quad i=1,2,\cdots,m_k \tag{6-46}$$

6.4.3 目标状态估计

6.4.2 节得到了 k 时刻目标与各确认量测 $\boldsymbol{z}_{k,i}, i=1,2,\cdots,m_k$ 关联的后验概率 β_k^i，以及目标未产生量测的后验概率 β_k^0。本节将基于上述关联信息，对 k 时刻的目标状态进行滤波估计。

不失一般性，假设 k 时刻目标状态 $\boldsymbol{x}_k$ 的先验分布为高斯分布，即

$$p(\boldsymbol{x}_k \mid \boldsymbol{Z}^{k-1}) = \mathcal{N}(\boldsymbol{x}_k; \hat{\boldsymbol{x}}_{k|k-1}, \boldsymbol{P}_{k|k-1}) \tag{6-47}$$

式中，高斯分布的参数 $\hat{\boldsymbol{x}}_{k|k-1}$ 和 $\boldsymbol{P}_{k|k-1}$ 可通过第 3 章所述卡尔曼滤波的“预测”这一步获得。

进一步地，假设来自目标的量测 $\boldsymbol{z}_k$ 与目标状态 $\boldsymbol{x}_k$ 呈如下线性关系：

$$\boldsymbol{z}_k = \boldsymbol{H}_k\boldsymbol{x}_k + \boldsymbol{v}_k \tag{6-48}$$

式中，$\boldsymbol{H}_k$ 代表测量矩阵；$\boldsymbol{v}_k \sim \mathcal{N}(\boldsymbol{0}, \boldsymbol{R}_k)$ 是与目标状态无关的测量噪声。

对 k 时刻目标状态 $\boldsymbol{x}_k$ 的后验分布应用全概率公式，可得

$$\begin{aligned} p(\boldsymbol{x}_k | \boldsymbol{Z}^k) &= \sum_{i=0}^{m_k} p(\boldsymbol{x}_k, \theta_k^i | \boldsymbol{Z}^k) = \sum_{i=0}^{m_k} p(\boldsymbol{x}_k, | \theta_k^i, \boldsymbol{Z}^k) P\{\theta_k^i | \boldsymbol{Z}^k\} \\ &= \sum_{i=0}^{m_k} p(\boldsymbol{x}_k, | \theta_k^i, \boldsymbol{Z}^k) \beta_k^i \end{aligned} \tag{6-49}$$

式中，$p(\boldsymbol{x}_k, | \theta_k^i, \boldsymbol{Z}^k)$ 代表关联事件 θ_k^i 成立时目标状态的后验概率密度函数。下面介绍其在 $i=0$ 和 $i \neq 0$ 两种情况下的求解公式。

（1）当 $i=0$ 时，代表 k 时刻没有量测信息可以更新目标状态的概率密度函数，则 $p(\boldsymbol{x}_k, | \theta_k^0, \boldsymbol{Z}^k) = \mathcal{N}(\boldsymbol{x}_k; \hat{\boldsymbol{x}}_{k|k}^0, \boldsymbol{P}_{k|k}^0)$，其中

$$\begin{cases} \hat{\boldsymbol{x}}_{k|k}^0 = \hat{\boldsymbol{x}}_{k|k-1} \\ \boldsymbol{P}_{k|k}^0 = \boldsymbol{P}_{k|k-1} \end{cases} \tag{6-50}$$

（2）当 $i \neq 0$ 时，代表 k 时刻可以用量测 $\boldsymbol{z}_{k,i}$ 对目标状态的概率密度函数进行更新。根据卡尔曼公式得到 $p(\boldsymbol{x}_k, | \theta_k^i, \boldsymbol{Z}^k) = \mathcal{N}(\boldsymbol{x}_k; \hat{\boldsymbol{x}}_{k|k}^i, \boldsymbol{P}_{k|k}^i)$，其中

$$\begin{cases} \boldsymbol{K}_k = \boldsymbol{P}_{k|k-1} \boldsymbol{H}_k^{\mathrm{T}} (\boldsymbol{H}_k \boldsymbol{P}_{k|k-1} \boldsymbol{H}_k^{\mathrm{T}} + \boldsymbol{R}_k)^{-1} \\ \hat{\boldsymbol{x}}_{k|k}^i = \hat{\boldsymbol{x}}_{k|k-1} + \boldsymbol{K}_k (z_{k,i} - \boldsymbol{H}_k \hat{\boldsymbol{x}}_{k|k-1}) \\ \boldsymbol{P}_{k|k}^i = (\boldsymbol{I} - \boldsymbol{K}_k \boldsymbol{H}_k) \boldsymbol{P}_{k|k-1} \end{cases} \tag{6-51}$$

将式（6-50）和式（6-51）代入式（6-49），可得

$$p(\boldsymbol{x}_k | \boldsymbol{Z}^k) = \sum_{i=0}^{m_k} \mathcal{N}(\boldsymbol{x}_k; \hat{\boldsymbol{x}}_{k|k}^i, \boldsymbol{P}_{k|k}^i) \beta_k^i \tag{6-52}$$

显然，目标状态的后验分布是混合高斯形式的，可将其拟合成高斯分布 $\mathcal{N}(\boldsymbol{x}_k; \hat{\boldsymbol{x}}_{k|k}, \boldsymbol{P}_{k|k})$，从而减少后续递推的计算量：

$$\hat{\boldsymbol{x}}_{k|k} = \sum_{i=0}^{m_k} \hat{\boldsymbol{x}}_{k|k}^i \beta_k^i \tag{6-53}$$

$$\boldsymbol{P}_{k|k} = \sum_{i=0}^{m_k} [\boldsymbol{P}_{k|k}^i + (\hat{\boldsymbol{x}}_{k|k}^i - \hat{\boldsymbol{x}}_{k|k})(\hat{\boldsymbol{x}}_{k|k}^i - \hat{\boldsymbol{x}}_{k|k})^{\mathrm{T}}] \beta_k^i \tag{6-54}$$

式中，$\hat{\boldsymbol{x}}_{k|k} = E[\boldsymbol{x}_k | \boldsymbol{Z}^k]$ 为目标状态的最小均方误差估计。

6.5 联合概率数据关联

6.5.1 联合概率数据关联概述

PDA 算法能够解决杂波环境下单目标的跟踪问题。针对杂波环境下多目标的跟踪，文献[3]提出了联合概率数据关联（Joint Probability Data Association,

JPDA），它是 PDA 的延伸。JPDA 的基本假设是，在监视区域有已知数量为 N 的目标，并且这 N 个目标的航迹已经形成。在杂波环境下，由于随机因素的影响，在任一时刻，每个目标的跟踪门内往往存在不止一个量测。JPDA 指出跟踪门内的所有量测都可能来自目标，只是每个量测来自目标的概率不同。

杂波环境下多目标跟踪的典型场景如图 6-3 所示。图中，k 时刻存在 2 个目标（预测量测为 $\hat{z}_{k|k-1,1}$ 的目标 1 和预测量测为 $\hat{z}_{k|k-1,2}$ 的目标 2）。共有 3 个量测，即 $z_{k,1}$、$z_{k,2}$ 和 $z_{k,3}$，其中 $z_{k,1}$ 仅落入目标 1 的跟踪门，$z_{k,3}$ 仅落入目标 2 的跟踪门，$z_{k,2}$ 同时落入目标 1 和目标 2 的跟踪门。与 PDA 类似，JPDA 尝试给出各量测关联各目标的后验概率，在此基础上，对各目标状态进行滤波估计。

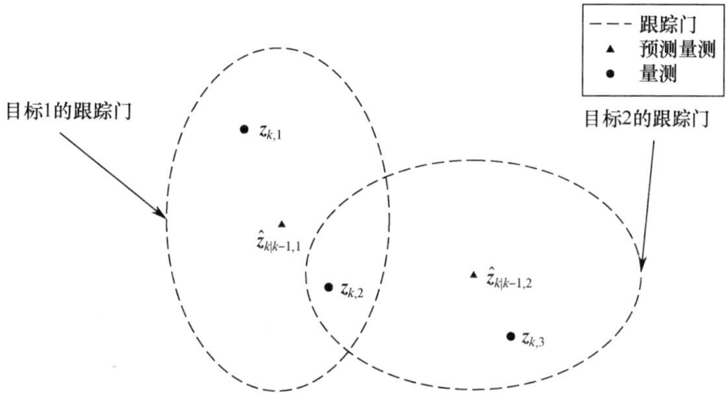

图 6-3 杂波环境下多目标跟踪的典型场景示意

为了计算各量测关联各目标的后验概率，给出以下符号的定义。

（1）$\theta_{k,i}$：k 时刻的第 i 个联合事件，其代表一种场景中所有量测与所有目标的关联关系。例如，在如图 6-3 所示的场景中，“$z_{k,1}$ 与目标 1 相关联，$z_{k,3}$ 与目标 2 相关联，$z_{k,2}$ 来自杂波”代表一个联合事件。更精细地，

$$\theta_{k,i} = \{\theta_{k,i}^{j,t_j}\}^{j=1,2,\cdots,m_k} \tag{6-55}$$

式中，$\theta_{k,i}^{j,t_j}$ 代表在联合事件 $\theta_{k,i}$ 中，第 j 个量测与目标 t_j 相关联。其中，$t_j=0$ 代表第 j 个量测来自杂波，$t_j=1,2,\cdots,N$ 代表第 j 个量测来自目标 t_j。

值得注意的是，此处的联合事件指的是可行联合事件，即满足下面两个约束的联合事件。

① 每个量测都有唯一的来源，这里不考虑场景中存在不可分辨的量测。

② 每个目标最多与一个量测相关联。

（2）$\vartheta_k = \{\theta_{k,i}\}_{i=1}^{n_k}$：$k$ 时刻所有联合事件的集合，n_k 表示集合 ϑ_k 中元素的个数，即联合事件的个数。

（3）$\theta_k^{j,t}=\bigcup_{i=1}^{n_k}\theta_{k,i}^{j,t}$：表示第 j 个量测与目标 t 相关联的事件，记为关联事件。为了叙述方便，用 $\theta_k^{0,t}$ 表示没有量测来自目标 t 的关联事件。

基于上述定义可得，针对目标 t，其所有的关联事件 $\theta_k^{j,t}, j=0,1,\cdots,m_k$ 具有如下两个特性。

① 互不相容性：

$$\theta_k^{j,t}\cap\theta_k^{i,t}=\varnothing,\quad i\neq j \tag{6-56}$$

② 完备性：

$$P\left\{\bigcup_{j=0}^{m_k}\theta_k^{j,t}\middle|Z^k\right\}=1,\quad t=0,1,\cdots,N \tag{6-57}$$

基于上述特性，目标 t 的状态估计为

$$\begin{aligned}\hat{\boldsymbol{x}}_{k|k}^t &\triangleq E[\boldsymbol{x}_k^t\left|\boldsymbol{Z}^k\right.]=E[\boldsymbol{x}_k^t,\bigcup_{j=0}^{m_k}\theta_k^{j,t}\left|\boldsymbol{Z}^k\right.]\\ &=\sum_{j=0}^{m_k}E[\boldsymbol{x}_k^t\left|\theta_k^{j,t},\boldsymbol{Z}^k\right.]P\{\theta_k^{j,t}\left|\boldsymbol{Z}^k\right.\}=\sum_{j=0}^{m_k}\beta_k^{j,t}\hat{\boldsymbol{x}}_{k|k,j}^t\end{aligned} \tag{6-58}$$

式中，

$$\beta_k^{j,t}\triangleq P\{\theta_k^{j,t}\left|\boldsymbol{Z}^k\right.\},\quad j=0,1,\cdots,m_k \tag{6-59}$$

为关联事件 $\theta_k^{j,t}$ 的后验概率；

$$\hat{\boldsymbol{x}}_{k|k,j}^t\triangleq E[\boldsymbol{x}_k^t\left|\theta_k^{j,t},\boldsymbol{Z}^k\right.] \tag{6-60}$$

表示利用第 j 个量测对目标 t 进行滤波得到的估计值，可参照 3.4 节所述的最小均方误差估计。

至此，可知 JPDA 的关键在于求解式（6-59），即每个关联事件 $\theta_k^{j,t}$ 的后验概率。又根据关联事件的定义可知，关联事件 $\theta_k^{j,t}$ 依赖联合事件 $\theta_{k,i}$。将定义 $\theta_k^{j,t}=\bigcup_{i=1}^{n_k}\theta_{k,i}^{j,t}$ 代入式（6-59）可得

$$\beta_k^{j,t}\triangleq P\left\{\bigcup_{i=1}^{n_k}\theta_{k,i}^{j,t}\middle|\boldsymbol{Z}^k\right\}=\sum_{i=1}^{n_k}P\{\theta_{k,i}^{j,t}\left|\boldsymbol{Z}^k\right.\},\quad j=0,1,\cdots,m_k \tag{6-61}$$

因此，为了求解 $\beta_k^{j,t}$，首先需要罗列所有（可行）联合事件 $\theta_{k,i}, i=1,2,\cdots,n_k$，计算每个联合事件的后验概率 $P\{\theta_{k,i}\left|\boldsymbol{Z}^k\right.\}$。其次针对每个联合事件 $\theta_{k,i}$，依次判断其是否包含元素 $\theta_{k,i}^{j,t}$，如果包含，则 $P\{\theta_{k,i}^{j,t}\left|\boldsymbol{Z}^k\right.\}=P\{\theta_{k,i}\left|\boldsymbol{Z}^k\right.\}$，否则 $P\{\theta_{k,i}^{j,t}\left|\boldsymbol{Z}^k\right.\}=0$。根据上述流程，可求出式（6-61）的解。

6.5.2 联合事件枚举

为了便于枚举所有（可行）联合事件，文献[3]引入了确认矩阵的概念。确认矩阵 $\boldsymbol{\Omega}$ 定义为

$$\boldsymbol{\Omega} \triangleq [w_j^t]_{j=1,2,\cdots,m_k}^{t=0,1,\cdots,N} \tag{6-62}$$

式中，w_j^t 为确认矩阵第 j 行、第 t 列的元素，是二进制变量，$w_j^t=1$ 表示量测 j 落入目标 t 的跟踪门，$w_j^t=0$ 表示量测 j 没有落入目标 t 的跟踪门。令 $t=0$ 表示杂波，此时确认矩阵 $\boldsymbol{\Omega}$ 对应的列元素 w_j^0 全都为 1，因为任一量测都有可能来自杂波。

通过确认矩阵 $\boldsymbol{\Omega}$，能够将每个量测与杂波和目标的可能关联情况统一记录下来。接下来，需要从确认矩阵中提取（可行）联合事件 $\theta_{k,i}$。根据联合事件的两个约束，可以对确认矩阵 $\boldsymbol{\Omega}$ 进行拆分，从而得到与联合事件一一对应的可行矩阵：

$$\hat{\boldsymbol{\Omega}}(\theta_{k,i}) \triangleq [\hat{w}_j^t(\theta_{k,i})], \quad j=1,2,\cdots,m_k, \quad t=0,1,\cdots,N, \quad i=1,2,\cdots,n_k \tag{6-63}$$

式中，$\hat{\boldsymbol{\Omega}}(\theta_{k,i})$ 表示与第 i 个联合事件 $\theta_{k,i}$ 对应的可行矩阵 $\hat{\boldsymbol{\Omega}}$，并且

$$\hat{w}_j^t(\theta_{k,i}) = \begin{cases} 1, & \theta_{k,i}^{j,t} \subset \theta_{k,i} \\ 0, & \text{其他} \end{cases} \tag{6-64}$$

表示在第 i 个联合事件 $\theta_{k,i}$ 中，量测 j 是否来自目标 t（此处的目标是泛化的概念，包括杂波）。当量测 j 来自目标 t 时，$\hat{w}_j^t=1$，否则 $\hat{w}_j^t=0$。根据联合事件的两个约束，不难看出，可行矩阵满足

$$\sum_{t=0}^{N} \hat{w}_j^t(\theta_{k,i}) = 1, \quad j=1,2,\cdots,m_k \tag{6-65}$$

$$\sum_{j=1}^{m_k} \hat{w}_j^t(\theta_{k,i}) \leqslant 1, \quad t=1,2,\cdots,N \tag{6-66}$$

为了讨论方便，此处引入两个二元变量。

第一个二元变量是量测关联指示器，即

$$\tau_j(\theta_{k,i}) = \begin{cases} 1, & t_j > 0 \\ 0, & t_j = 0 \end{cases} \quad j=1,2,\cdots,m_k \tag{6-67}$$

式中，t_j 表示在联合事件 $\theta_{k,i}$ 中与量测 j 相关联的目标编号；$\tau_j(\theta_{k,i})$ 表示量测 j 在联合事件 $\theta_{k,i}$ 中是否和一个真实目标（非杂波）相关联。记

$$\boldsymbol{\tau}(\theta_{k,i}) = [\tau_1(\theta_{k,i}), \tau_2(\theta_{k,i}), \cdots, \tau_{m_k}(\theta_{k,i})] \tag{6-68}$$

则 $\boldsymbol{\tau}(\theta_{k,i})$ 能够反映在联合事件 $\theta_{k,i}$ 中任一个量测是否与某个真实目标相关联的情形。

第二个二元变量是目标检测指示器，即

$$\delta_t(\theta_{k,i}) = \sum_{j=1}^{m_k} \hat{w}_j^t(\theta_{k,i}) = \begin{cases} 1, & \text{存在 } j \text{ 使 } t_j = t \\ 0, & \text{其他} \end{cases} \quad t=1,2,\cdots,N \tag{6-69}$$

式中，$\delta_t(\theta_{k,i})$ 表示在联合事件 $\theta_{k,i}$ 中目标 t 是否被检测到。记

$$\boldsymbol{\delta}(\theta_{k,i}) = [\delta_1(\theta_{k,i}), \delta_2(\theta_{k,i}), \cdots, \delta_N(\theta_{k,i})] \tag{6-70}$$

则 $\delta(\theta_{k,i})$ 能够反映在可行事件 $\theta_{k,i}$ 中任一目标是否与某个量测相关联的情形。再记

$$\Phi(\theta_{k,i})=\sum_{j=1}^{m_k}[1-\tau_j(\theta_{k,i})] \tag{6-71}$$

则 $\Phi(\theta_{k,i})$ 能够表示联合事件 $\theta_{k,i}$ 中来自杂波的量测的个数。

根据联合事件的两个约束，对确认矩阵的拆分同样需要遵循以下两个原则。

（1）在可行矩阵中，每行（对应一个量测）有且仅有一个非零元素。实际上，这是为了使可行矩阵表示的（可行）联合事件满足第一个约束，即每个量测都有唯一的来源。

（2）在可行矩阵中，除第一列外，剩下每列（对应一个目标）最多有一个非零元素。实际上，这是为了使可行矩阵表示的（可行）联合事件满足第二个约束，即每个目标最多与一个量测相关联。

下面以图 6-3 中的场景为例说明确认矩阵的拆分过程（可行矩阵的形成过程）。根据确认矩阵的定义，可得图 6-3 对应的确认矩阵为

$$\boldsymbol{\Omega}=\begin{bmatrix}1 & 1 & 0\\ 1 & 1 & 1\\ 1 & 0 & 1\end{bmatrix} \tag{6-72}$$

根据拆分原则，对确认矩阵进行拆分，可得如下 8 个可行矩阵及与每个可行矩阵对应的联合事件，即

$$\widehat{\boldsymbol{\Omega}}(\theta_{k,1})=\begin{bmatrix}1 & 0 & 0\\ 1 & 0 & 0\\ 1 & 0 & 0\end{bmatrix},\quad \theta_{k,1}=\theta_{k,1}^{1.0}\cup\theta_{k,1}^{2.0}\cup\theta_{k,1}^{3.0} \tag{6-73}$$

$$\widehat{\boldsymbol{\Omega}}(\theta_{k,2})=\begin{bmatrix}0 & 1 & 0\\ 1 & 0 & 0\\ 1 & 0 & 0\end{bmatrix},\quad \theta_{k,2}=\theta_{k,2}^{1.1}\cup\theta_{k,2}^{2.0}\cup\theta_{k,2}^{3.0} \tag{6-74}$$

$$\widehat{\boldsymbol{\Omega}}(\theta_{k,3})=\begin{bmatrix}0 & 1 & 0\\ 0 & 0 & 1\\ 1 & 0 & 0\end{bmatrix},\quad \theta_{k,3}=\theta_{k,3}^{1.1}\cup\theta_{k,3}^{2.2}\cup\theta_{k,3}^{3.0} \tag{6-75}$$

$$\widehat{\boldsymbol{\Omega}}(\theta_{k,4})=\begin{bmatrix}0 & 1 & 0\\ 1 & 0 & 0\\ 0 & 0 & 1\end{bmatrix},\quad \theta_{k,4}=\theta_{k,4}^{1.1}\cup\theta_{k,4}^{2.0}\cup\theta_{k,4}^{3.2} \tag{6-76}$$

$$\widehat{\boldsymbol{\Omega}}(\theta_{k,5})=\begin{bmatrix}1 & 0 & 0\\ 0 & 1 & 0\\ 1 & 0 & 0\end{bmatrix},\quad \theta_{k,5}=\theta_{k,5}^{1.0}\cup\theta_{k,5}^{2.1}\cup\theta_{k,5}^{3.0} \tag{6-77}$$

$$\widehat{\boldsymbol{\Omega}}(\theta_{k,6})=\begin{bmatrix}1&0&0\\0&1&0\\0&0&1\end{bmatrix},\quad \theta_{k,6}=\theta_{k,6}^{1.0}\cup\theta_{k,6}^{2.1}\cup\theta_{k,6}^{3.2} \tag{6-78}$$

$$\widehat{\boldsymbol{\Omega}}(\theta_{k,7})=\begin{bmatrix}1&0&0\\0&0&1\\1&0&0\end{bmatrix},\quad \theta_{k,7}=\theta_{k,7}^{1.0}\cup\theta_{k,7}^{2.2}\cup\theta_{k,7}^{3.0} \tag{6-79}$$

$$\widehat{\boldsymbol{\Omega}}(\theta_{k,8})=\begin{bmatrix}1&0&0\\1&0&0\\0&0&1\end{bmatrix},\quad \theta_{k,8}=\theta_{k,8}^{1.0}\cup\theta_{k,8}^{2.0}\cup\theta_{k,8}^{3.2} \tag{6-80}$$

至此，通过拆分确认矩阵的方式，获得了所有联合事件。接下来计算各联合事件的后验概率。

6.5.3 联合事件后验概率

本节介绍联合事件后验概率 $P\{\theta_{k,i}|\boldsymbol{Z}^k\}$ 的计算流程。首先，同 PDA 中关联事件后验概率的求解一样，此处给出 3 个基本假设。

假设 1：杂波量测 $\boldsymbol{z}_{k,j}$ 在探测区域内均匀分布（与 PDA 不同，JPDA 假设杂波量测在目标跟踪门内均匀分布），该假设是为了方便推导联合事件后验概率，即

$$p(\boldsymbol{z}_{k,j}|\theta_{k,i}^{j,0})=\frac{1}{V} \tag{6-81}$$

式中，$\theta_{k,i}^{j,0}$ 代表在联合事件 $\theta_{k,i}$ 中，量测 $\boldsymbol{z}_{k,j}$ 是杂波；V 代表探测区域的体积。

假设 2：来自目标 t_j 的量测 $\boldsymbol{z}_{k,j}$ 服从如下高斯分布：

$$\begin{aligned}p(\boldsymbol{z}_{k,j}\mid\theta_{k,i}^{j,t_j})&=(2\pi)^{-n_z/2}\left|\boldsymbol{S}_k^{t_j}\right|^{-1/2}\exp[(\boldsymbol{z}_{k,j}-\hat{\boldsymbol{z}}_{k|k-1}^{t_j})^{\mathrm{T}}(\boldsymbol{S}_k^{t_j})^{-1}(\boldsymbol{z}_{k,j}-\hat{\boldsymbol{z}}_{k|k-1}^{t_j})]\\&\triangleq\Lambda_{k,j}\end{aligned} \tag{6-82}$$

式中，$\hat{\boldsymbol{z}}_{k|k-1}^{t_j}$ 代表目标 t_j 的预测量测；$\boldsymbol{S}_k^{t_j}$ 代表对应目标 t_j 的新息协方差矩阵。

假设 3：各目标状态在给定过去量测 $\boldsymbol{Z}^{k-1}$ 的条件下相互独立。

对 $P\{\theta_{k,i}|\boldsymbol{Z}^k\}$ 应用贝叶斯公式，可得

$$\begin{aligned}P\{\theta_{k,i}|\boldsymbol{Z}^k\}&=P\{\theta_{k,i}|\boldsymbol{Z}_k,m_k,\boldsymbol{Z}^{k-1}\}\\&=\frac{1}{c}p(\boldsymbol{Z}_k|\theta_{k,i},m_k,\boldsymbol{Z}^{k-1})P(\theta_{k,i}|m_k,\boldsymbol{Z}^{k-1})\end{aligned} \tag{6-83}$$

式中，

$$c=\sum_{i=1}^{n_k}p(\boldsymbol{Z}_k|\theta_{k,i},m_k,\boldsymbol{Z}^{k-1})P\{\theta_{k,i}|m_k,\boldsymbol{Z}^{k-1}\} \tag{6-84}$$

为归一化常数；等号右边第一项为量测的似然函数。

$$p(\boldsymbol{Z}_k \left| \theta_{k,i}, m_k, \boldsymbol{Z}^{k-1}\right.) = V^{-\Phi(\theta_{k,i})} \prod_{j=1}^{m_k} (\Lambda_{k,j})^{\tau_j(\theta_{k,i})} \tag{6-85}$$

对式（6-84）中等号右边第二项 $P\{\theta_{k,i} \left| m_k, \boldsymbol{Z}^{k-1}\right.\}$ 求解，关键是对联合事件 $\theta_{k,i}$ 进行分析。实际上，一旦联合事件 $\theta_{k,i}$ 给定，目标探测指示器 $\delta(\theta_{k,i})$ 和杂波量测数 $\Phi(\theta_{k,i})$ 就完全确定，因此

$$P\{\theta_{k,i} \left| m_k, \boldsymbol{Z}^{k-1}\right.\} = P\{\theta_{k,i}, \delta(\theta_{k,i}), \Phi(\theta_{k,i}) \left| m_k, \boldsymbol{Z}^{k-1}\right.\} \tag{6-86}$$

对式（6-86）应用乘法定理，可得

$$\begin{aligned} P\{\theta_{k,i} \left| m_k, \boldsymbol{Z}^{k-1}\right.\} = & P\{\theta_{k,i} \left| \delta(\theta_{k,i}), \Phi(\theta_{k,i}), m_k, \boldsymbol{Z}^{k-1}\right.\} \times \\ & P\{\delta(\theta_{k,i}), \Phi(\theta_{k,i}) \left| m_k, \boldsymbol{Z}^{k-1}\right.\} \end{aligned} \tag{6-87}$$

对式（6-87）中等号右边第一项，可通过排列组合分析求解：m_k 个量测中包含 $\Phi(\theta_{k,i})$ 个杂波的联合事件有 $\mathrm{C}_{m_k}^{\Phi(\theta_{k,i})}$ 个，而对于剩余 $m_k - \Phi(\theta_{k,i})$ 个来自真实目标的量测，与真实目标共有 $(m_k - \Phi(\theta_{k,i}))!$ 种可能的关联方式，因此

$$P\{\theta_{k,i} \left| \delta(\theta_{k,i}), \Phi(\theta_{k,i}), m_k, \boldsymbol{Z}^{k-1}\right.\} = \frac{1}{(m_k - \Phi(\theta_{k,i}))! \mathrm{C}_{m_k}^{\Phi(\theta_{k,i})}} = \frac{\Phi(\theta_{k,i})!}{m_k!} \tag{6-88}$$

对式（6-87）等号右边第二项应用乘法定理，可得

$$\begin{aligned} P\{\delta(\theta_{k,i}), \Phi(\theta_{k,i}) \left| m_k, \boldsymbol{Z}^{k-1}\right.\} = & P\{\delta(\theta_{k,i}) \mid \Phi(\theta_{k,i}), m_k, \boldsymbol{Z}^{k-1}\} \times \\ & P\{\Phi(\theta_{k,i}) \left| m_k, \boldsymbol{Z}^{k-1}\right.\} \end{aligned} \tag{6-89}$$

式中，等号右边第一项表示各目标是否被检测到，即

$$P\{\delta(\theta_{k,i}) \left| \Phi(\theta_{k,i}), m_k, \boldsymbol{Z}^{k-1}\right.\} = \prod_{t=1}^{N} (P_{\mathrm{D}}^t)^{\delta_t(\theta_{k,i})} (1 - P_{\mathrm{D}}^t)^{1-\delta_t(\theta_{k,i})} \tag{6-90}$$

式中，P_{D}^t 表示目标 t 的检测概率。

式（6-89）等号右边第二项 $P\{\Phi(\theta_{k,i}) \left| m_k, \boldsymbol{Z}^{k-1}\right.\}$ 表示杂波量测个数的先验概率，与杂波个数模型有关。

综上，将式（6-85）、式（6-88）、式（6-90）代入式（6-83），可得出联合事件 $\theta_{k,i}$ 的后验概率有如下形式：

$$\begin{aligned} P\{\theta_{k,i} \left| \boldsymbol{Z}^k\right.\} = & \frac{1}{c} \frac{1}{m_k!} \frac{\Phi(\theta_{k,i})!}{V^{\Phi(\theta_{k,i})}} \prod_{j=1}^{m_k} (\Lambda_{k,j})^{\tau_j(\theta_{k,i})} \times \\ & \prod_{t=1}^{N} (P_{\mathrm{D}}^t)^{\delta_t(\theta_{k,i})} (1 - P_{\mathrm{D}}^t)^{1-\delta_t(\theta_{k,i})} P\{\Phi(\theta_{k,i}) \left| m_k, \boldsymbol{Z}^{k-1}\right.\} \end{aligned} \tag{6-91}$$

下面介绍在两种杂波个数模型下，联合事件 $\theta_{k,i}$ 的后验概率的最终形式。

第一种杂波个数模型是非参数模型。该模型与 PDA 中的非参数模型一致。该模型假设杂波个数服从均匀分布：

$$P\{\Phi(\theta_{k,i})|m_k, \boldsymbol{Z}^{k-1}\} = \varepsilon \tag{6-92}$$

式中，ε 为均匀分布对应的概率质量函数。

在此条件下，将式（6-92）代入式（6-91），可得

$$\begin{aligned} P\{\theta_{k,i} \mid \boldsymbol{Z}^k\} = & \frac{1}{c'} \frac{\Phi(\theta_{k,i})!}{V^{\Phi(\theta_{k,i})}} \prod_{j=1}^{m_k} (\Lambda_{k,j})^{\tau_j(\theta_{k,i})} \times \\ & \prod_{t=1}^{N} (P_{\mathrm{D}}^t)^{\delta_t(\theta_{k,i})} (1-P_{\mathrm{D}}^t)^{1-\delta_t(\theta_{k,i})} \end{aligned} \tag{6-93}$$

式中，$c' = c \times (m_k!) / \varepsilon$ 为新的归一化常数。

第二种杂波个数模型是参数模型。该模型与 PDA 中的参数模型一致。该模型假设杂波个数服从均值为 $\lambda_{\mathrm{FA}} V$ 的泊松分布：

$$P\{\Phi(\theta_{k,i})|m_k, \boldsymbol{Z}^{k-1}\} = \mathrm{e}^{-\lambda_{\mathrm{FA}} V} \frac{(\lambda_{\mathrm{FA}} V)^{\Phi(\theta_{k,i})}}{\Phi(\theta_{k,i})!} \tag{6-94}$$

在此条件下，将式（6-94）代入式（6-91），可得

$$\begin{aligned} P\{\theta_{k,i} | \boldsymbol{Z}^k\} = & \frac{(\lambda_{\mathrm{FA}})^{\Phi(\theta_{k,i})}}{c''} \prod_{j=1}^{m_k} (\Lambda_{k,j})^{\tau_j(\theta_{k,i})} \times \\ & \prod_{t=1}^{N} (P_{\mathrm{D}}^t)^{\delta_t(\theta_{k,i})} (1-P_{\mathrm{D}}^t)^{1-\delta_t(\theta_{k,i})} \end{aligned} \tag{6-95}$$

式中，$c'' = c \times (m_k!) \times \mathrm{e}^{\lambda_{\mathrm{FA}} V}$ 为新的归一化常数。

6.5.4　目标状态估计

6.5.3 节介绍了联合事件 $\theta_{k,i}$ 的后验概率计算公式。为了估计目标状态，首先需要基于式（6-61）计算关联事件的后验概率。

针对目标 t，其与各量测关联的后验概率为

$$\begin{aligned} \beta_k^{j,t} \triangleq P\{\theta_k^{j,t} | \boldsymbol{Z}^k\} &= P\left\{\bigcup_{i=1}^{n_k} \theta_{k,i}^{j,t} \middle| \boldsymbol{Z}^k\right\} \\ &= \sum_{i=1}^{n_k} [P\{\theta_{k,i} | \boldsymbol{Z}^k\} \times \hat{w}_j^t(\theta_{k,i})], \quad j = 1, 2, \cdots, m_k \end{aligned} \tag{6-96}$$

式中，联合事件后验概率 $P\{\theta_{k,i} | \boldsymbol{Z}^k\}$ 已在 6.5.3 节给出。

目标 t 未与任一量测发生关联的后验概率 $\beta_k^{0,t}$ 为

$$\beta_k^{0,t} = 1 - \sum_{j=1}^{m_k} \beta_k^{j,t} \tag{6-97}$$

基于关联事件后验概率 $\beta_k^{j,t} (j = 0, 1, \cdots, m_k)$，以及 6.5.3 节的假设 3，即各目标状态在给定过去量测 $\boldsymbol{Z}^{k-1}$ 的条件下相互独立，则各目标的状态估计问题退化为 6.4.3 节所述的单目标状态估计问题。针对每个目标 t，独立进行 6.4.3 节所述

的流程即可实现状态估计，此处不再赘述。

总体来说，JPDA 方法以其较好的多目标相关性能受到了人们的广泛关注。然而，JPDA 方法的困难在于难以确切得到联合事件与关联事件的后验概率，因为在这种方法中，联合事件的数量是量测数量的指数函数，并随着量测密度的增加出现计算上的组合爆炸现象。文献[4]是研究人员针对实际应用开发的次优的近似算法。需要注意的是，该算法在降低计算量的同时，也降低了结果的有效性和可靠性。

6.6 多假设跟踪

6.6.1 多假设跟踪概述

JPDA 是一种可以处理已知目标数量的多目标跟踪问题的方法，但在实际中，目标个数往往是未知的或时变的。在这种情况下，JPDA 方法需要与额外的航迹管理（如航迹初始和航迹终止等）步骤相结合才能实现多目标跟踪。本节介绍的多假设跟踪（Multiple Hypothesis Tracking，MHT）方法能够在理论上联合实现对目标个数的推断和对目标状态的估计。具体来说，MHT 会考虑每个量测来自已有目标、杂波或新目标的可能性，从而在一个有限长度的时间滑窗内建立多个候选全局关联假设。多假设跟踪首先挑选出最优全局关联假设，再基于最优全局关联假设对各目标状态进行滤波估计（同时完成航迹初始和航迹终止）。

如上所述，MHT 首先对全局关联假设进行极大后验估计：

$$\hat{\Theta}^k \triangleq \arg\max_{l} P\{\Theta^{k,l} \big| \boldsymbol{Z}^k\} \tag{6-98}$$

式中，$\Theta^{k,l}$ 表示直到 k 时刻的第 l 个全局关联假设。

基于最优全局关联假设 $\hat{\Theta}^k$，多假设跟踪对各目标状态进行最小均方误差估计：

$$\hat{\boldsymbol{X}}_k \triangleq E[\boldsymbol{X}_k \big| \hat{\Theta}^k, \boldsymbol{Z}^k] \tag{6-99}$$

式中，$\boldsymbol{X}_k$ 表示 k 时刻所有目标的状态，各目标状态在最优全局关联假设条件下通常假设为相互独立的。因此，式（6-99）可退化为多个单目标的滤波估计。

为了保证跟踪效果，MHT 采用延迟决策的逻辑，即基于 k 时刻的最优全局关联假设来估计 k' ($k' \leqslant k$)时刻的多目标状态。其背后的思想是利用尽可能多的量测提高关联的正确性。

不难看出，MHT 的关键在于式（6-98）的求解，即最优全局关联假设的求解。接下来介绍两种实现方式：面向假设的多假设跟踪和面向航迹的多假设跟踪。两者的主要区别在于对全局关联假设枚举的方式不同，后者相比前者，其计算效率大幅提升，受到广大研究人员的青睐。

6.6.2　面向假设的多假设跟踪

文献[5]提出了面向假设的多假设跟踪（Hypothesis-Oriented MHT，HOMHT），其在假设层面实现全局关联假设的枚举。具体来说，HOMHT 通过对直到 $k-1$ 时刻的每个全局关联假设 $\Theta^{k-1,l}, l=1,2,\cdots$ 进行递推，实现 k 时刻全局关联假设 $\Theta^{k,l}, l=1,2,\cdots$ 的枚举，进而计算出各全局关联假设的后验概率，实现全局关联假设的极大后验估计。接下来介绍 HOMHT 的实现流程。

1．全局关联假设生成

设 $\Omega^k=\{\Theta^{k,l}\}^{l=1,2,\cdots}$ 表示直到 k 时刻的全局关联假设集；$\boldsymbol{Z}_k=\{\boldsymbol{z}_{k,1},\boldsymbol{z}_{k,2},\cdots,\boldsymbol{z}_{k,m_k}\}$ 表示 k 时刻的量测集；$\boldsymbol{Z}^k=\{\boldsymbol{Z}_1,\boldsymbol{Z}_2,\cdots,\boldsymbol{Z}_k\}$ 表示直到 k 时刻的累积量测集。

Ω^k 由直到 $k-1$ 时刻的全局关联假设集 Ω^{k-1} 和 k 时刻的量测集 $\boldsymbol{Z}_k$ 关联得到，其中每个量测 $\boldsymbol{z}_{k,i}$ 有如下 3 种可能的关联结果。

（1）量测 $\boldsymbol{z}_{k,i}$ 来自原有某个航迹。

（2）量测 $\boldsymbol{z}_{k,i}$ 由新目标产生。

（3）量测 $\boldsymbol{z}_{k,i}$ 来自杂波。

此处同样需要满足点目标约束，即每个目标最多与一个落入跟踪门的量测相关联。基于上述分析，此处以如图 6-4 所示的多目标场景为例，阐述 HOMHT 的全局关联假设生成步骤。在该场景中，设直到 $k-1$ 时刻的全局关联假设集中只有一个全局关联假设，即 $\Omega^{k-1}=\{\Theta^{k-1,1}\}$，$\Theta^{k-1,1}$ 中存在两条已有航迹，记为目标 1 和目标 2。k 时刻共有 3 个量测，其中 $\boldsymbol{z}_{k,1}$ 同时落入目标 1 和目标 2 的跟踪门，$\boldsymbol{z}_{k,2}$ 和 $\boldsymbol{z}_{k,3}$ 仅落入目标 2 的跟踪门。

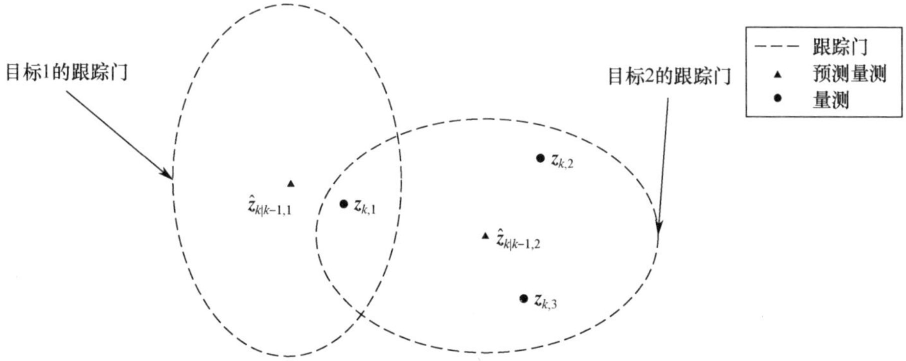

图 6-4　多目标场景示意

为了生成直到 k 时刻的全局关联假设集 Ω^k，需要遍历各量测来自原有航迹、新目标与杂波的可能性，可以用假设树的方式对这种遍历进行表征，如图 6-5

所示。图中展示了由 k−1 时刻的全局关联假设 $\Theta^{k-1,1}$ 衍生出的 28 个 k 时刻的全局关联假设 $\Omega^k=\{\Theta^{k,l}\}^{l=1,2,\cdots,28}$。每个量测对应一行数字，代表该量测的一种关联假设，0 代表量测来自杂波；1 或 2 代表量测与目标 1 或目标 2 相关联；大于已有航迹标号的整数，即 3、4 和 5，代表量测与新目标相关联。不难看出，每个全局关联假设均满足“一个航迹最多关联一个量测，一个量测最多关联一个目标”的约束。例如，对于第 1 个全局关联假设 $\Theta^{k,1}$，其代表 3 个量测均来自杂波；对于第 28 个全局关联假设 $\Theta^{k,28}$，其代表 3 个量测分别由 3 个新目标产生。

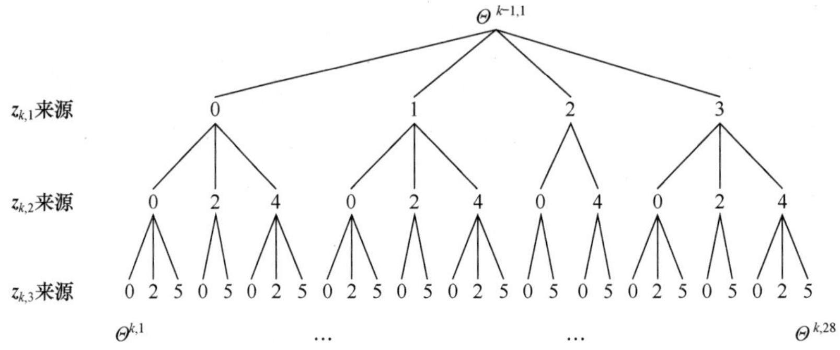

图 6-5　假设树示意（每行对应一个量测的各种关联假设）

综上，在直到 k−1 时刻的全局关联假设集 Ω^{k-1} 的基础上，对 k 时刻每个量测的关联假设进行遍历和组合，可得到直到 k 时刻的全局关联假设集 Ω^k。

2. 全局关联假设后验概率计算

得到直到 k 时刻的全局关联假设集 $\Omega^k=\{\Theta^{k,l}\}^{l=1,2,\cdots}$ 后，需要计算其每个元素的后验概率。此处引入关联事件 θ_k，用来描述 k 时刻所有量测与目标之间的对应关系，它包含下述信息。

（1）k 时刻量测中有 τ 个与已有航迹相关联（且知道量测与已有航迹的一一对应关系）。

（2）k 时刻量测中有 υ 个与新目标相关联（且知道是哪些量测）。

（3）k 时刻量测中有 Ψ 个来自杂波。

为计算各个全局关联假设的后验概率，对于关联事件 θ_k，引入如下记号：

$$\tau_i=\tau_i(\theta_k)\triangleq\begin{cases}1, & \text{量测 } \boldsymbol{z}_{k,i} \text{ 来自已经建立的目标航迹}\\ 0, & \text{其他}\end{cases}\quad i=1,2,\cdots,m_k \tag{6-100}$$

$$\upsilon_i=\upsilon_i(\theta_k)\triangleq\begin{cases}1, & \text{量测 } \boldsymbol{z}_{k,i} \text{ 来自新目标}\\ 0, & \text{其他}\end{cases}\quad i=1,2,\cdots,m_k \tag{6-101}$$

$$\Psi_i = \Psi_i(\theta_k) \triangleq \begin{cases} 1, & \text{量测 } z_{k,i} \text{ 来自虚警} \\ 0, & \text{其他} \end{cases} \quad i = 1, 2, \cdots, m_k \tag{6-102}$$

$$\delta_t = \delta_t(\theta_k) \triangleq \begin{cases} 1, & \text{假设集 } \Omega^{k-1} \text{ 中的航迹 } t \text{ 在 } k \text{ 时刻被检测到} \\ 0, & \text{其他} \end{cases} \tag{6-103}$$

从而，在关联事件 θ_k 中，与已有航迹相关联的量测个数为

$$\tau = \sum_{i=1}^{m_k} \tau_i \tag{6-104}$$

新起始的航迹数为

$$\upsilon = \sum_{i=1}^{m_k} \upsilon_i \tag{6-105}$$

杂波个数为

$$\Psi = \sum_{i=1}^{m_k} \Psi_i = m_k - \tau - \upsilon \tag{6-106}$$

设 $\Theta^{k,l}$ 表示全局关联假设集 Ω^k 中的第 l 个假设，根据假设生成的概念，它由 Ω^{k-1} 中的某个全局关联假设 $\Theta^{k-1,s}$ 和关联事件 θ_k 组合得到，即

$$\Theta^{k,l} = \{\Theta^{k-1,s}, \theta_k\} \tag{6-107}$$

利用贝叶斯公式，全局关联假设 $\Theta^{k,l}$ 的后验概率为

$$\begin{aligned} P\{\Theta^{k,l} | \boldsymbol{Z}^k\} &= P\{\theta_k, \Theta^{k-1,s} | \boldsymbol{Z}^k, m_k, \boldsymbol{Z}^{k-1}\} \\ &= \frac{1}{c} p(\boldsymbol{Z}_k | \theta_k, \Theta^{k-1,s}, m_k, \boldsymbol{Z}^{k-1}) P\{\theta_k | \Theta^{k-1,s}, m_k, \boldsymbol{Z}^{k-1}\} \times \\ &\quad P\{\Theta^{k-1,s} | \boldsymbol{Z}^{k-1}\} \end{aligned} \tag{6-108}$$

式中，c 为归一化常数。

分析式（6-108）可知，直到 k 时刻的全局关联假设后验概率可以通过直到 $k-1$ 时刻的全局关联假设后验概率递推得到，这一特性在一定程度上降低了求解的复杂度，即只需分别对 $p(\boldsymbol{Z}_k | \theta_k, \Theta^{k-1,s}, m_k, \boldsymbol{Z}^{k-1})$ 和 $P\{\theta_k | \Theta^{k-1,s}, m_k, \boldsymbol{Z}^{k-1}\}$ 两项进行计算即可。

首先，计算 $p(\boldsymbol{Z}_k | \theta_k, \Theta^{k-1,s}, m_k, \boldsymbol{Z}^{k-1})$。

为了推导 $p(\boldsymbol{Z}_k | \theta_k, \Theta^{k-1,s}, m_k, \boldsymbol{Z}^{k-1})$ 的形式，此处给出 4 个基本假设。

假设 1：如果量测 $z_{k,i}$ 与已有航迹相关联，记 t_i 为与量测 $z_{k,i}$ 相关联的目标编号，则该量测服从如式（6-82）所示的高斯分布，即 $\Lambda_{k,i}$。

假设 2：如果量测 $z_{k,i}$ 与新航迹相关联，假设其在探测区域均匀分布，即概率密度函数为 V^{-1}，此处 V 代表探测区域的体积。

假设 3：如果量测 $z_{k,i}$ 来自杂波，假设其在探测区域均匀分布，即概率密度函数为 V^{-1}，此处 V 同样代表探测区域的体积。

假设 4：在给定全局关联假设的条件下，各量测相互独立。

基于上述基本假设，可以得出 $p(\boldsymbol{Z}_k|\theta_k,\Theta^{k-1,s},m_k,\boldsymbol{Z}^{k-1})$ 的形式为

$$p(\boldsymbol{Z}_k|\theta_k,\Theta^{k-1,s},m_k,\boldsymbol{Z}^{k-1})=\prod_{i=1}^{m_k}[(\Lambda_{k,i})^{\tau_i}V^{-(1-\tau_i)}]=V^{-\Psi-v}\prod_{i=1}^{m_k}(\Lambda_{k,i})^{\tau_i} \quad (6\text{-}109)$$

其次，计算 $P\{\theta_k|\Theta^{k-1,s},m_k,\boldsymbol{Z}^{k-1}\}$。

为了推导 $P\{\theta_k|\Theta^{k-1,s},m_k,\boldsymbol{Z}^{k-1}\}$ 的形式，此处引入 3 个符号定义。

符号定义 1：$\delta(\theta_k)$，等同于式（6-69）所示的目标检测指示器，用来反映全局关联假设 $\Theta^{k-1,s}$ 中的各个航迹在 k 时刻是否被检测到。

符号定义 2：$v(\theta_k)$，关联事件 θ_k 中的新目标数量，简记为 v。

符号定义 3：$\Psi(\theta_k)$，关联事件 θ_k 中的杂波数量，简记为 Ψ。

鉴于关联事件 θ_k 包含 $\delta(\theta_k)$、$\Psi(\theta_k)$ 和 $v(\theta_k)$ 的信息，则

$$P\{\theta_k|\Theta^{k-1,s},m_k,\boldsymbol{Z}^{k-1}\}=P\{\theta_k,\delta(\theta_k),\Psi(\theta_k),v(\theta_k)|\Theta^{k-1,s},m_k,\boldsymbol{Z}^{k-1}\} \quad (6\text{-}110)$$

对式（6-110）应用乘法公式，可得

$$\begin{aligned}P\{\theta_k|\Theta^{k-1,s},m_k,\boldsymbol{Z}^{k-1}\}&=P\{\theta_k,\delta(\theta_k),\Psi(\theta_k),v(\theta_k)|\Theta^{k-1,s},m_k,\boldsymbol{Z}^{k-1}\}\\&=P\{\theta_k|\delta(\theta_k),\Psi(\theta_k),v(\theta_k),\Theta^{k-1,s},m_k,\boldsymbol{Z}^{k-1}\}\times\\&\quad P\{\delta(\theta_k),\Psi(\theta_k),v(\theta_k)|\Theta^{k-1,s},m_k,\boldsymbol{Z}^{k-1}\}\end{aligned} \quad (6\text{-}111)$$

针对式（6-111）等号右边第一项，其代表在给定新目标数量、杂波数量及被检测的已有航迹编号的条件下，量测与新目标、杂波和已有航迹按照关联事件 θ_k 进行关联的先验概率。假设各种关联事件 θ_k 的先验概率相同，则该项可以应用组合与排列计算关联事件 θ_k 的个数，得到

$$P\left\{\theta_k|\delta(\theta_k),\Psi(\theta_k),v(\theta_k),\Theta^{k-1,s},m_k,\boldsymbol{Z}^{k-1}\right\}=\frac{1}{\mathrm{A}_{m_k}^{m_k-\Psi-v}\mathrm{C}_{\Psi+v}^{\Psi}\mathrm{C}_v^v}=\frac{\Psi!v!}{m_k!} \quad (6\text{-}112)$$

式中，$\mathrm{A}_{m_k}^{m_k-\Psi-v}$ 表示从 m_k 个量测中挑选出 $m_k-\Psi-v$ 个量测与被检测的已有航迹进行排列的排列数；$\mathrm{C}_{\Psi+v}^{\Psi}$ 表示从剩下 $\Psi+v$ 个量测中挑选出 Ψ 个量测与杂波相关联的组合数；C_v^v 表示剩下 v 个量测与新目标相关联的组合数。

针对式（6-111）等号右边第二项，可再次应用乘法公式，得到

$$\begin{aligned}&P\{\delta(\theta_k),\Psi(\theta_k),v(\theta_k)|\Theta^{k-1,s},m_k,\boldsymbol{Z}^{k-1}\}\\&=P\{\delta(\theta_k)|\Psi(\theta_k),v(\theta_k),\Theta^{k-1,s},m_k,\boldsymbol{Z}^{k-1}\}\times\\&\quad P\{\Psi(\theta_k)|v(\theta_k),\Theta^{k-1,s},m_k,\boldsymbol{Z}^{k-1}\}\times P\{v(\theta_k)|\Theta^{k-1,s},m_k,\boldsymbol{Z}^{k-1}\}\\&=P\{\delta(\theta_k)|\Theta^{k-1,s},m_k,\boldsymbol{Z}^{k-1}\}\times P\{\Psi(\theta_k)|\Theta^{k-1,s},m_k,\boldsymbol{Z}^{k-1}\}\times\\&\quad P\{v(\theta_k)|\Theta^{k-1,s},m_k,\boldsymbol{Z}^{k-1}\}\end{aligned} \quad (6\text{-}113)$$

式中，

$$P\left\{\delta(\theta_k)\middle|\Theta^{k-1,s},m_k,\boldsymbol{Z}^{k-1}\right\}=\prod_t(P_{\mathrm{D}}^t)^{\delta_t(\theta_k)}(1-P_{\mathrm{D}}^t)^{1-\delta_t(\theta_k)} \tag{6-114}$$

代表 $\delta(\theta_k)$ 发生的先验概率，其中 P_{D}^t 表示目标 t 的检测概率。

$$P\left\{\varPsi(\theta_k)\middle|\Theta^{k-1,s},m_k,\boldsymbol{Z}^{k-1}\right\}\triangleq\mu_{\mathrm{FA}}\{\varPsi\} \tag{6-115}$$

代表有 $\varPsi$ 个杂波的先验概率，可以根据场景的先验信息进行针对性设计。

$$P\left\{v(\theta_k)\middle|\Theta^{k-1,s},m_k,\boldsymbol{Z}^{k-1}\right\}\triangleq\mu_{\mathrm{NT}}\{v\} \tag{6-116}$$

代表有 v 个新目标的先验概率，可以根据场景的先验信息进行针对性设计。

将式（6-114）～式（6-116）代入式（6-113），可得

$$\begin{aligned}&P\{\delta(\theta_k),\varPsi(\theta_k),v(\theta_k)\big|\Theta^{k-1,s},m_k,\boldsymbol{Z}^{k-1}\}\\&=\mu_{\mathrm{FA}}\{\varPsi\}\mu_{\mathrm{NT}}\{v\}\prod_t(P_{\mathrm{D}}^t)^{\delta_t(\theta_k)}(1-p_{\mathrm{D}}^t)^{1-\delta_t(\theta_k)}\end{aligned} \tag{6-117}$$

将式（6-109）、式（6-112）和式（6-117）代入式（6-108），即可得到全局关联假设的后验概率计算公式，即

$$\begin{aligned}P\{\Theta^{k,l}\big|\boldsymbol{Z}^k\}=&\frac{1}{c}\frac{\varPsi!v!}{m_k!}\mu_{\mathrm{NT}}\{v\}\mu_{\mathrm{FA}}\{\varPsi\}\prod_t\{P_{\mathrm{D}}^t\}^{\delta_t(\theta_k)}(1-P_{\mathrm{D}}^t)^{1-\delta_t(\theta_k)}\times\\&V^{-\varPsi-v}\prod_{i=1}^{m_k}(\varLambda_{k,i})^{\tau_i}\times P\{\Theta^{k-1,s}\big|\boldsymbol{Z}^{k-1}\}\end{aligned} \tag{6-118}$$

3. 假设管理

式（6-98）对最优全局关联假设的求解，需要基于式（6-118）计算出所有全局关联假设的后验概率，但是全局关联假设的个数随着目标数量和量测数量的增加呈指数级增长，计算复杂度非常高。为了能在实际中应用，MHT 技术引入假设管理环节，大幅减少了全局关联假设的数量，从而大幅提高了计算效率，文献[6]表示这也是近年来 MHT 的研究热点。假设管理主要是指假设删除和假设合并。

1）假设删除

一般来说，有两种方法用于对多假设进行删除：一种是阈值法，另一种是宽容法。它们都是基于全局关联假设后验概率的删除逻辑。在阈值法中，需要预先给定一个阈值，仅保留那些概率超过阈值的全局关联假设。这种方法的缺点是阈值难以预先确定，而且有可能出现这样的情况：假设的数量已经很少，但假设删除仍在继续。在宽容法中，需要将全局关联假设按概率大小进行排序，只保留那些概率较大的假设。但该方法在每个扫描周期都要对假设进行排序，依然需要不少的计算资源。

2）假设合并

随着时间的推移，两个假设有可能越来越接近，它们之间的区别仅限于刚开始的几个扫描周期，此时需要删除其一，只保留一个。

6.6.3 面向航迹的多假设跟踪

本节介绍面向航迹的多假设跟踪（Track-Oriented MHT，TOMHT），其在航迹层面实现全局关联假设的枚举。具体来说，TOMHT 首先对每个航迹的局部关联假设（又称航迹假设）进行枚举，然后通过对航迹假设进行组合的方式，实现全局关联假设的枚举。文献[7]表示在复杂场景中，航迹的数量远少于全局关联假设的数量，这种情况下相较于维持全局关联假设集，维持数量更少的航迹假设集是更高效的选择。

1. 全局关联假设的分解形式

为了达成上述目标，TOMHT 相比 HOMHT 多了一项要求：全局关联假设能够被分解为多个航迹假设。不难理解，如果全局关联假设不能被分解为多个航迹假设，表明不能通过对航迹假设的组合得到全局关联假设，那么 TOMHT 便无法成立。

为了满足“全局关联假设能够被分解为多个航迹假设”的要求，需要式（6-118）所示的全局关联假设后验概率能够被分解为多个航迹假设部分的连乘。此处引入两个关键假设。

假设 1：新目标个数服从均值为 $\lambda_{\mathrm{NT}}V$ 的泊松分布，即

$$\mu_{\mathrm{NT}}\{v\}=\mathrm{e}^{-\lambda_{\mathrm{NT}}V}\frac{(\lambda_{\mathrm{NT}}V)^{v}}{v!} \tag{6-119}$$

式中，λ_{NT} 为新目标密度。

假设 2：杂波个数服从均值为 $\lambda_{\mathrm{FA}}V$ 的泊松分布，即

$$\mu_{\mathrm{FA}}\{\Psi\}=\mathrm{e}^{-\lambda_{\mathrm{FA}}V}\frac{\{\lambda_{\mathrm{FA}}V\}^{\Psi}}{\Psi!} \tag{6-120}$$

式中，λ_{FA} 为杂波密度。

将式（6-119）和式（6-120）代入式（6-118），可得

$$\begin{aligned}P\{\Theta^{k,l}\left|\boldsymbol{Z}^{k}\right.\}=&\frac{1}{c}\frac{\mathrm{e}^{-(\lambda_{\mathrm{NT}}+\lambda_{\mathrm{FA}})V}}{m_k!}(\lambda_{\mathrm{NT}})^{v}(\lambda_{\mathrm{FA}})^{\Psi}\prod_{t}(P_{\mathrm{D}}^{t})^{\delta_t(\theta_k)}(1-P_{\mathrm{D}}^{t})^{1-\delta_t(\theta_k)}\\&\prod_{i=1}^{m_k}(\Lambda_{k,i})^{\tau_i}\times P\{\Theta^{k-1,s}\left|\boldsymbol{Z}^{k-1}\right.\}\end{aligned} \tag{6-121}$$

对式（6-121）进行整理，可得

$$\begin{aligned}P\{\Theta^{k,l}\left|\boldsymbol{Z}^{k}\right.\}=&\frac{1}{c'}\left(\frac{\lambda_{\mathrm{NT}}}{\lambda_{\mathrm{FA}}}\right)^{v}\prod_{t}\left(\frac{P_{\mathrm{D}}^{t}\Lambda_{k,i_t}}{\lambda_{\mathrm{FA}}}\right)^{\delta_t(\theta_k)}(1-P_{\mathrm{D}}^{t})^{1-\delta_t(\theta_k)}\times\\&P\{\Theta^{k-1,s}\left|\boldsymbol{Z}^{k-1}\right.\}\end{aligned} \tag{6-122}$$

式中，$c' = c \times \mathrm{e}^{(\lambda_{\mathrm{NT}}+\lambda_{\mathrm{FA}})V} \times (m_k!) \times (\lambda_{\mathrm{FA}})^{m_k}$ 为新的归一化常数；i_t 为与已有航迹 t 相关联的量测编号。

分析式（6-122）可知，直到 k 时刻的全局关联假设 $\Theta^{k,l}$ 后验概率在直到 $k-1$ 时刻的全局关联假设 $\Theta^{k-1,s}$ 后验概率基础上，多了 3 部分的连乘，具体连乘项如下。

（1）全局关联假设 $\Theta^{k,l}$ 中每多一个新目标，其后验概率就乘以

$$\frac{\lambda_{\mathrm{NT}}}{\lambda_{\mathrm{FA}}} \tag{6-123}$$

（2）全局关联假设 $\Theta^{k,l}$ 中若已有航迹 t 与量测 i_t 相关联，则后验概率乘以

$$\frac{P_{\mathrm{D}}^t \Lambda_{k,i_t}}{\lambda_{\mathrm{FA}}} \tag{6-124}$$

（3）全局关联假设 $\Theta^{k,l}$ 中若已有航迹 t 未与任何量测相关联，则后验概率乘以

$$1 - P_{\mathrm{D}}^t \tag{6-125}$$

至此，成功将全局关联假设后验概率分解为 3 部分的连乘：航迹初始部分（新目标）、航迹检测部分（已有航迹与量测相关联）和航迹漏检部分（已有航迹未与任何量测相关联）。接下来只需生成各个航迹假设，然后对航迹假设进行组合，即可实现对全局关联假设的枚举，而不用烦琐地对全局关联假设进行遍历。

2. 航迹假设的生成

航迹假设生成的关键在于，针对每个已有航迹，遍历其与波门内每个量测相关联的可能性，以及不与任何量测相关联的可能性；针对每个量测，遍历其与新目标相关联的可能性。本节介绍基于树形结构的航迹假设生成方法。此处以图 6-4 所示的多目标场景为例，给出航迹假设生成结果，如图 6-6 所示。

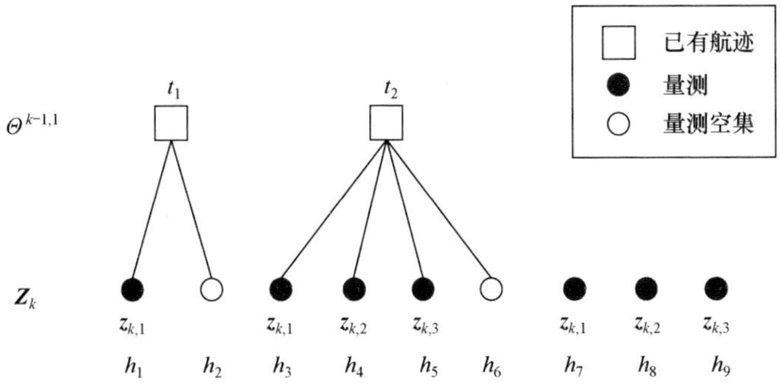

图 6-6　航迹假设树示意

在图 6-6 中，TOMHT 共生成 9 个航迹假设 $h_i, i=1,2,\cdots,9$，各航迹假设含义如下。

（1）h_1：目标 1 与量测 $z_{k,1}$ 相关联。

（2）h_2：目标 1 发生漏检（不与任何量测相关联）。

（3）h_3：目标 2 与量测 $z_{k,1}$ 相关联。

（4）h_4：目标 2 与量测 $z_{k,2}$ 相关联。

（5）h_5：目标 2 与量测 $z_{k,3}$ 相关联。

（6）h_6：目标 2 发生漏检（不与任何量测相关联）。

（7）h_7：量测 $z_{k,1}$ 与新目标（记为目标 3）相关联。

（8）h_8：量测 $z_{k,2}$ 与新目标（记为目标 4）相关联。

（9）h_9：量测 $z_{k,3}$ 与新目标（记为目标 5）相关联。

基于上述 9 个航迹假设，可以组合成如图 6-5 所示的 28 个全局关联假设。例如，图 6-5 中的全局关联假设 $\Theta^{k,28}$ 可以由航迹假设集 $\{h_7, h_8, h_9\}$ 表征。由此可见，TOMHT 和 HOMHT 具有相同的全局关联假设集空间，但前者的表达更加紧凑（9 个航迹假设远少于 28 个全局关联假设），这也是前者计算效率更高的关键原因。

3. *N*-scan 剪枝

正如前文所述，MHT 是一种延迟决策的算法，TOMHT 也不例外。通常，TOMHT 会在图 6-6 的基础上，继续向后生成航迹假设，如直到 $k+N$ 时刻。然后基于 $k+N$ 时刻挑选出的最优全局关联假设，确认 k 时刻的关联结果。N 越大，关联的结果越可靠，跟踪效果越好，但是航迹假设数量会呈爆炸式增长（虽然增长速度相比 HOMHT 要慢），从而增加很大的计算负担。针对这种现象，可采用 *N*-scan 剪枝技术，这是一种针对树形航迹假设的假设删除步骤。具体做法为，确认 k 时刻的关联结果后，将与 k 时刻关联结果相矛盾的航迹假设删除，从而大幅降低航迹假设的数量。

6.6.4 仿真结果与分析

本节搭建两个杂波环境下多传感器多目标跟踪仿真场景，我们实现了 TOMHT，并在这两个场景中对其跟踪效果进行验证。

1. 仿真场景 1

仿真场景 1 的具体参数设置如下：场景中共存在 20 个目标，各目标的真实轨迹如图 6-7 所示。场景中有一部雷达对目标区域进行探测，探测得到的量测点云累积数据如图 6-8 所示。雷达的检测概率 $P_D=0.8$，位置量测误差 $\boldsymbol{R}=\mathrm{diag}(80^2\mathrm{m}^2, 80^2\mathrm{m}^2, 80^2\mathrm{m}^2)$，采样周期 $T=0.2\mathrm{s}$。场景中杂波密度

$\lambda_{FA} = 300m^{-3}$。在图 6-8 中，除了 20 个目标产生的量测数据，还存在大量由杂波产生的虚警，导致目标对应的量测点云非常模糊，给多目标跟踪算法带来了巨大挑战。

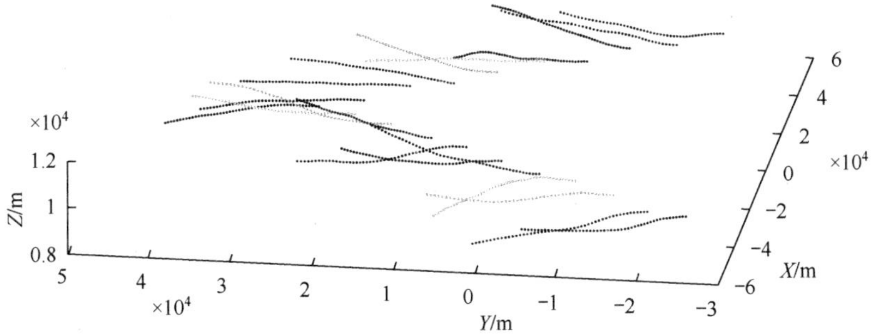

图 6-7　仿真场景 1 的多目标真实轨迹示意（各种线型均代表目标轨迹）

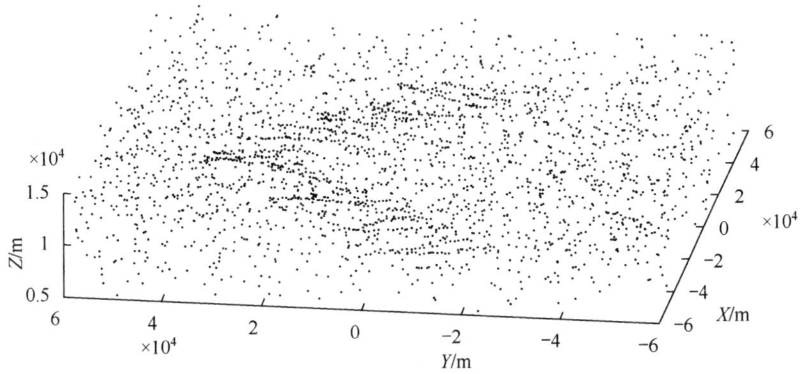

图 6-8　仿真场景 1 的雷达量测点云累数据（实心圆代表量测点云）

基于图 6-8 所示的雷达量测，利用 TOMHT 算法进行多目标跟踪，可得到如图 6-9 所示的多目标估计轨迹结果。将其与图 6-7 中的多目标真实轨迹进行对比，可以看出，TOMHT 在成功推断出目标个数的同时，对各目标的轨迹也实现了精准估计。综上，TOMHT 能够有效实现杂波环境下的多目标跟踪。

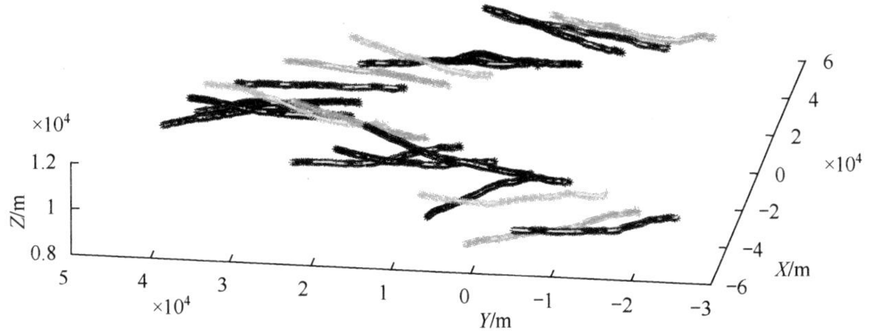

图 6-9　仿真场景 1 的多目标估计轨迹结果（各种线型均代表目标轨迹）

2. 仿真场景 2

仿真场景 2 进一步增加了场景中目标的数量，共存在 300 批次目标，目标轨迹如图 6-10(a)所示。在该场景中，各目标的轨迹与杂波交杂在一起，大幅提高了多目标跟踪的难度。同样，基于雷达量测数据，利用 TOMHT 算法进行多目标跟踪，得到的跟踪结果如图 6-10(b)～(f)所示，分别代表直到第 30 秒、第 100 秒、第 200 秒、第 300 秒和最终第 485 秒的多目标轨迹估计结果。可见，TOMHT 在整体跟踪过程中，均能够有效剔除杂波，生成稳定的多目标航迹。本场景验证了 TOMHT 在高密度场景中的有效性。

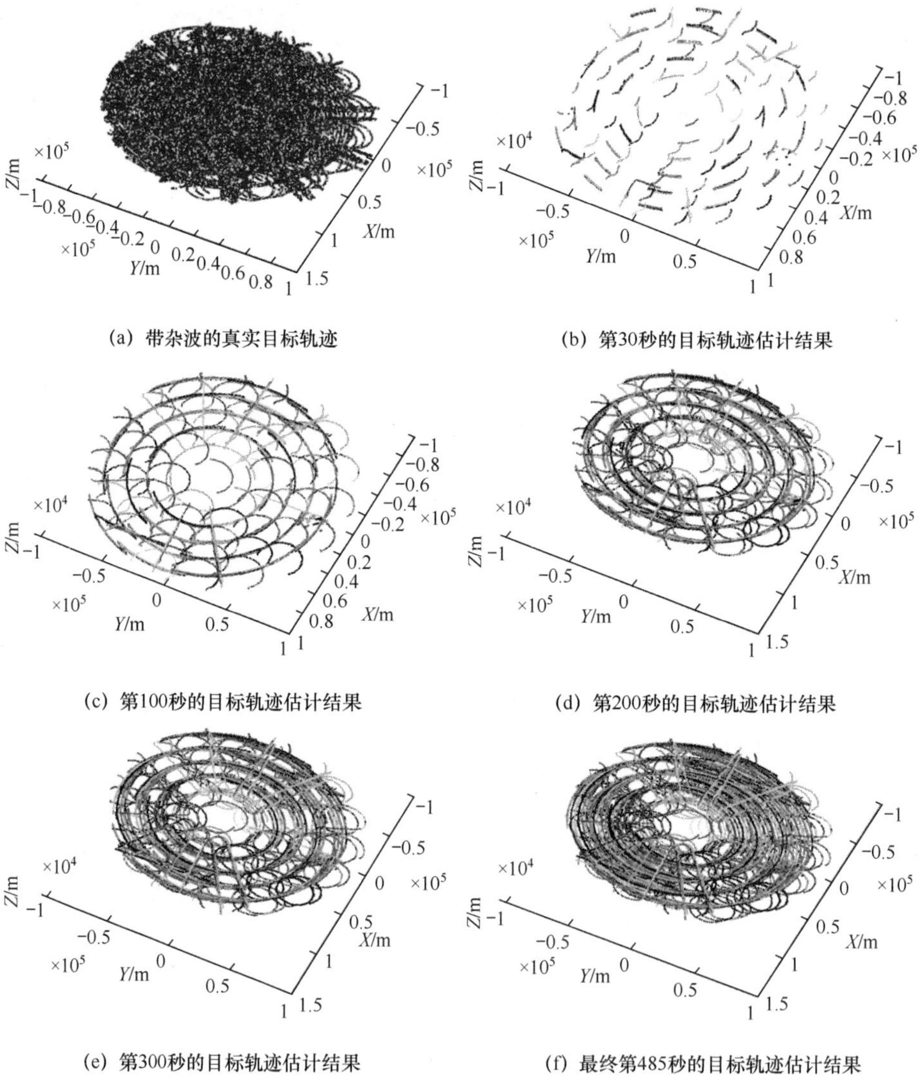

(a) 带杂波的真实目标轨迹

(b) 第30秒的目标轨迹估计结果

(c) 第100秒的目标轨迹估计结果

(d) 第200秒的目标轨迹估计结果

(e) 第300秒的目标轨迹估计结果

(f) 最终第485秒的目标轨迹估计结果

图 6-10 仿真场景 2 的实验结果（实心圆代表量测点云，各种线型均代表目标轨迹）

本章小结

本章介绍了目前主流的多目标跟踪理论和算法。6.1 节概述了多目标跟踪，为本章搭建了逻辑框架。6.2 节介绍了各类跟踪门的定义，这些跟踪门被广泛应用于多目标跟踪算法，能够有效降低计算量。6.3 节简要阐述了最近邻方法，该方法思想简单，便于实现并且计算量小，但抗干扰能力差。6.4 节介绍了概率数据关联方法，该方法适用于杂波环境下的单目标跟踪问题，为 6.5 节提供了理论基础。6.5 节介绍了联合概率数据关联方法，该方法能有效解决杂波环境下的多目标跟踪问题，但是需要已知目标个数，因此需要与额外的航迹管理（如航迹初始和航迹终止等）步骤相结合，才能实现真正意义上的多目标跟踪。6.6 节介绍了多假设跟踪方法，包括面向假设的多假设跟踪和面向航迹的多假设跟踪，并指出多假设跟踪能够在理论上联合实现对目标个数的推断和对目标状态的估计。

参 考 文 献

[1] SINGER R A, SEA R G, HOUSEWRIGHT K B. Derivation and evaluation of improved tracking filter for use in dense multitarget environments[J]. IEEE Transactions on Information Theory, 1974, 20(4): 423-432.

[2] BAR-SHALOM Y, EDISON T. Tracking in a cluttered environment with probabilistic data association[J]. Automatica, 1975, 11(5): 451-460.

[3] FORTMANN T E, BAR-SHALOM Y, SCHEFFE M. Sonar tracking of multiple targets using joint probabilistic data association[J]. IEEE Journal of Oceanic Engineering, 1983, 8(3): 173-184.

[4] FISHER J L, CASASENT D P. Fast JPDA multitarget tracking algorithm[J]. Applied Optics, 1989, 28(2): 371-376.

[5] REID D. An algorithm for tracking multiple targets[J]. IEEE Transactions on Automatic Control, 1979, 24(6): 843-854.

[6] DANCHICK R, NEWNAM G E. A fast method for finding the exact N-best hypotheses for multitarget tracking[J]. IEEE Transactions on Aerospace and Electronic Systems, 1993, 29(2): 555-560.

[7] BLACKMAN S S. Multiple hypothesis tracking for multiple target tracking[J]. IEEE Aerospace and Electronic Systems Magazine, 2004, 19(1): 5-18.

第 7 章

多源信息机动目标跟踪

7.1 概述

机动目标跟踪是基于传感器信息对机动目标进行状态估计的过程。相应的技术作为信息融合系统的重要组成部分，在国防科技和国民经济领域有着广泛的应用。机动过程的随机性和不确定性是机动目标的主要特点，也是机动目标跟踪技术研究的重点与难点，涉及机动目标建模、自适应滤波器设计及混态系统多源信息多模型状态估计等理论与技术。

近年来，科研工作者对机动目标跟踪的研究取得了丰硕的成果，相关技术得到了广泛应用，从军用的雷达目标探测、制导、反导、卫星测控、飞行器试飞测试到民用的智能交通监控系统、计算机视觉、运动识别等。随着传感器技术的不断发展，现代信息融合系统对机动目标跟踪技术提出了更高的要求，而计算机技术的不断发展使更加复杂而有效的算法具有了实现的可能。另外，针对机动目标跟踪的研究所衍生的通用关键理论与算法，也推动着其他领域的发展，如导航系统、故障诊断系统、通信系统等。因此，针对机动目标跟踪技术的研究具有重要的工程和理论意义。

机动目标跟踪包括丰富的理论与技术，涉及各种信息处理方法。机动目标跟踪理论与技术作为涉及控制、指挥、通信和情报学科发展的前沿课题，需要综合运用随机统计决策、估值理论、最优化方法等现代信息处理技术跟踪目标运动状态，是当今国际上的研究热点。在多源信息多模型估计方面，尤其需要指出的是，美国康涅狄格大学和新奥尔良大学的研究团队处于当前研究的前沿。国内的主要研究单位包括西安交通大学、西北工业大学、西安电子科技大学、北京航空航天大学、南京航空航天大学、哈尔滨工业大学、浙江大学、国防科技大学等，它们在机动目标跟踪方面做了大量有效的工作，推动了该领域的发展，并培养了大批专家学者。

机动目标跟踪技术主要针对两个具有挑战性的问题：原始量测数据的不确定性和目标机动运动的不确定性。原始量测数据的不确定性来自传感器在获取量测值的过程中，由于受到外界或设备本身的影响而导致的量测误差、错误等。关于这类问题的研究主要包括野值点剔除、轨迹融合等。目标机动运动的不确定性则是机动目标的主要特点。造成目标机动运动不确定性问题的原因在于，实际场景中运动目标的机动方式具有随机性，而作为跟踪对象的目标与跟踪者之间并无直接的信息交流，使跟踪者无法对目标当前的或即将发生的机动动作做出直接而精确的判断，从而无法直接获取目标运动状态。另外，从被跟踪目标的个数来说，目标跟踪又分为单目标跟踪与多目标跟踪。本章主要介绍单目标跟踪的多源信息多模型估计方法。

7.2 混杂系统多源信息多模型估计基础

由于机动目标跟踪面临的特殊问题，其所使用的系统模型与第 2 章介绍的通用系统模型有所不同。本节首先介绍机动目标跟踪的混杂系统建模，然后介绍多源信息多模型估计方法的基本思想与步骤、发展历程开始。

7.2.1 混杂系统建模

混杂系统的被估计量包括两部分：一个连续变化的基本状态和一个离散的系统模式成员。系统模式指的是一个（真实世界的）行为模式或一个系统的结构。对于一个真实的过程，系统模式无法被精确地获取，只能通过一个模型逼近。文献[1]指出，一个模型指的是在一定精度水平上对系统模式的（数学）表示或描述。基于一个确定的模型，基本状态可通过滤波器估计。对于一个模式空间（含有多个模式），往往需要采用一个更大的模型集合进行逼近。

一个典型的混杂系统可描述为

$$\begin{cases} \boldsymbol{x}_k = \boldsymbol{F}_{k-1}^j \boldsymbol{x}_{k-1} + \boldsymbol{G}_{k-1}^j \boldsymbol{u}_{k-1}^j + \boldsymbol{\Gamma}_{k-1}^j \boldsymbol{w}_{k-1}^j \\ \boldsymbol{z}_k = \boldsymbol{H}_k^j \boldsymbol{x}_k + \boldsymbol{v}_k^j \end{cases} \tag{7-1}$$

式中，k 为时间索引；$\boldsymbol{x}_k$ 为基本状态向量；$\boldsymbol{z}_k$ 为带噪声的量测向量；$j \in \{1,2,\cdots,M\}$ 表示模型 j，此处 M 为模型个数；$\boldsymbol{w}_{k-1}$ 为过程噪声；$\boldsymbol{v}_k$ 为量测噪声；$\boldsymbol{F}_{k-1}$ 为基本状态 $\boldsymbol{x}_{k-1}$ 的转移矩阵；$\boldsymbol{G}_{k-1}$ 为输入 $\boldsymbol{u}_{k-1}$ 的增益矩阵；$\boldsymbol{\Gamma}_{k-1}$ 为过程噪声 $\boldsymbol{w}_{k-1}$ 的增益矩阵；$\boldsymbol{H}_k$ 为量测矩阵。总体上，$\boldsymbol{F}_{k-1}$、$\boldsymbol{G}_{k-1}$、$\boldsymbol{\Gamma}_{k-1}$、$\boldsymbol{u}_{k-1}$、$\boldsymbol{H}_k$、$\boldsymbol{w}_{k-1}$ 和 $\boldsymbol{v}_k$ 均依赖 j。$\boldsymbol{w}_{k-1}^j$ 与 $\boldsymbol{v}_k^j$ 假设为互不相关的零均值高斯分布随机变量，且

其协方差矩阵分别为 $\boldsymbol{Q}_{k-1}^{j}$ 和 $\boldsymbol{R}_{k}^{j}$ 。

7.2.2 多源信息多模型估计方法基本思想与步骤

机动目标跟踪的主要挑战来自目标运动模式的不确定性。传统的目标跟踪方法采用单一模型来描述目标的运动模式，往往不足以刻画机动目标复杂的机动运动。而每个模型都可以当作一种信息来考虑，所以使用多个运动模型来逼近机动目标的不同运动模式能够带来更多的信息，从而提升机动目标的状态估计性能。此外，模型集合中与真实物理模式匹配的运动模型是一个离散变量。于是机动目标跟踪问题可用上述混杂系统来描述，其中目标状态（如位置、速度、加速度等）对应混杂系统的基本状态向量，运动模型（如匀速模型、匀加速度模型、匀转弯模型等）对应混杂系统的模型。

1. 基本思想

对于上述混杂系统，目前流行的方法是多源信息多模型估计方法，在同一个时刻采用多个模型对混杂系统的状态进行估计。具体来说，在同一时刻，多源信息多模型估计方法的基本思想如下。

（1）假设模型集合内的所有模型均可能与未知的真实模式匹配。

（2）针对每个模型运行相应的滤波器，得出相应的估计结果。

（3）基于这些估计结果得出最终的状态估计。

多源信息多模型估计方法通过这种处理方式提供了一种将决策与估计联合求解的机动目标跟踪问题的解决方案，相比传统方法中“决策—估计”两步走的策略，具有更好的估计性能。

2. 步骤

总体来说，文献[2]指出，多源信息多模型估计方法遵循以下 4 个步骤。

（1）确定模型集合。根据先验的模式空间离线设计或在线自适应模型集合。这也是多模型估计与单模型估计的本质区别，且多模型估计的估计性能在很大程度上取决于所使用的模型集合。

（2）协作策略。根据先验信息确定模型集合中每个模型及模型序列假设的随机性度量，主要包括相似模型序列的合并、不可能模型序列的删除和最可能模型序列的挑选等。

（3）条件滤波。基于每个模型分别进行基本状态估计。这与传统只有连续状态变量的系统中的状态估计是一样的。

（4）输出处理。使用所有的条件滤波结果和量测来计算总体状态估计，包括对条件滤波的估计结果进行融合或挑选，以得出最优的总体估计结果。

7.2.3　多源信息多模型估计方法发展历程

迄今为止，多源信息多模型估计方法已有多年发展历史，按照发展历程主要可分为 3 代，每代都沿袭了上一代的优良特点，且在运算、结构和能力上有所不同。

第一代称为自主式多模型估计方法，如文献[3]提出的方法。其中每个条件滤波器都单独运算，各条件滤波器之间是互相独立的。相比单模型方法，自主式多模型估计的优势在于对所有条件滤波器的估计结果进行输出处理，从而计算出一个最终的估计结果。若真实的系统模式不随时间变化且在一个模式集合内随机，而该模式集合与所用的模型集合一致，那么自主式多模型估计是最优的。

第二代称为协作式多模型估计方法，如文献[4]提出的方法。它沿袭了第一代对所有条件滤波器的估计结果进行的输出处理，且各条件滤波器之间实行了有效的内部协作。内部协作包括为取得更好的估计效果所设计的模型概率度量，如每个滤波器的重新初始化、通过条件滤波器之间的交互迭代和竞争所达到的性能提升、联合参数自适应及其他假设删减策略。若真实的系统模式在模式集合中跳变，且该模式集合与所用的模型集合一致，那么协作式多模型估计有潜力达到最优的效果。

第三代称为变结构多模型估计方法，如文献[5]提出的方法。前两代的模型数量是不随时间变化的，因此结构是固定的。而第三代的模型结构是可以改变的，即模型集合是可变的。由于变结构多模型估计具有开放式的结构，在结构有效进化的条件下具有比自主式多模型估计和协作式多模型估计更大的潜力。变结构多模型估计不仅沿袭了协作式多模型估计中有效的内部协作和自主式多模型估计中对所有条件滤波器的估计结果进行的输出处理，而且在现有的条件滤波器不够好的情况下，能够通过产生新的条件滤波器和删减无用甚至有不利影响的滤波器以适应外界时变的环境。

本章主要介绍自主式多模型估计方法、协作式多模型估计方法中的主流方法（交互式多模型方法）、变结构多模型估计方法及两类模型集合自适应方法。

7.3　自主式多模型估计方法

本节从自主式多模型（Autonomous Multiple Model，AMM）估计方法的基本思想开始，介绍其对模型集合的基本假设，最后给出 AMM 估计算法。

7.3.1 自主式多模型估计方法基本思想

在 AMM 估计中，对模型集合的假设如下。

假设 1：在每个采样时刻，真实模式是时不变的。

假设 2：真实模式所在的模式空间与先验设计的模型集合完全一致。

在绝大多数 AMM 估计方法中，真实模式都被假设为一个未知的随机变量，模型有效的概率取决于先验信息并采用在线量测数据进行更新。基于最小均方误差、最大后验或联合最大后验的最优准则，得出最终的状态估计值。这类方法针对各模型的估计过程独立进行，并且模型之间无信息交互，所以被称为 AMM 估计方法。这类方法由文献[3]首先提出，并且得到了研究者的广泛应用与推广。

7.3.2 自主式多模型估计算法

AMM 估计算法的一个循环流程如下：假设已经得到了 $k-1$ 时刻以模型 $i(i=1,2,\cdots,M)$ 为条件的目标状态估计 $\hat{\boldsymbol{x}}_{k-1}^{i}$、协方差矩阵 $\boldsymbol{P}_{k-1}^{i}$ 和模型概率 μ_{k-1}^{i}，通过 k 时刻获得的量测 $\boldsymbol{z}_k$ 估计 k 时刻的目标状态 $\hat{\boldsymbol{x}}_k$ 和协方差矩阵 $\boldsymbol{P}_k$ 。

1. 条件滤波

获得量测信息后，按照卡尔曼滤波方法（非线性情况下可以用扩展卡尔曼滤波或粒子滤波等方法）以每个模型为条件分别进行滤波估计，得到 k 时刻各模型的状态估计 $\hat{\boldsymbol{x}}_k^i$ 和协方差矩阵 $\boldsymbol{P}_k^i$，具体滤波过程为

$$\hat{\boldsymbol{x}}_{k|k-1}^{i}=\boldsymbol{F}_{k-1}^{i}\hat{\boldsymbol{x}}_{k-1}^{i}+\boldsymbol{G}_{k-1}^{i}\boldsymbol{u}_{k-1}^{i} \tag{7-2}$$

$$\boldsymbol{P}_{k|k-1}^{i}=\boldsymbol{F}_{k-1}^{i}\boldsymbol{P}_{k-1}^{i}(\boldsymbol{F}_{k-1}^{i})^{\mathrm{T}}+\boldsymbol{\Gamma}_{k-1}^{i}\boldsymbol{Q}_{k-1}^{i}(\boldsymbol{\Gamma}_{k-1}^{i})^{\mathrm{T}} \tag{7-3}$$

$$\tilde{\boldsymbol{z}}_{k}^{i}=\boldsymbol{z}_{k}-\boldsymbol{H}_{k}^{i}\hat{\boldsymbol{x}}_{k|k-1}^{i} \tag{7-4}$$

$$\boldsymbol{S}_{k}^{i}=\boldsymbol{H}_{k}^{i}\boldsymbol{P}_{k|k-1}^{i}(\boldsymbol{H}_{k}^{i})^{\mathrm{T}}+\boldsymbol{R}_{k}^{i} \tag{7-5}$$

$$\boldsymbol{K}_{k}^{i}=\boldsymbol{P}_{k|k-1}^{i}(\boldsymbol{H}_{k}^{i})^{\mathrm{T}}(\boldsymbol{S}_{k}^{i})^{-1} \tag{7-6}$$

$$\hat{\boldsymbol{x}}_{k}^{i}=\hat{\boldsymbol{x}}_{k|k-1}^{i}+\boldsymbol{K}_{k-1}^{i}\tilde{\boldsymbol{z}}_{k-1}^{i} \tag{7-7}$$

$$\boldsymbol{P}_{k}^{i}=\boldsymbol{P}_{k|k-1}^{i}-\boldsymbol{K}_{k-1}^{i}\boldsymbol{S}_{k-1}^{i}(\boldsymbol{K}_{k-1}^{i})^{\mathrm{T}} \tag{7-8}$$

2. 模型概率更新

在条件滤波算法中可以得到各模型的实际量测信息 $\boldsymbol{z}_k$、预测量测信息的误差向量 $\tilde{\boldsymbol{z}}_k^i$ 和相应的协方差矩阵 $\boldsymbol{S}_k^i$，那么各模型的似然函数计算为

$$\Lambda_{k}^{i}=\frac{\exp(-(\tilde{\boldsymbol{z}}_{k}^{i})^{\mathrm{T}}(\boldsymbol{S}_{k}^{i})^{-1}\tilde{\boldsymbol{z}}_{k}^{i}/2)}{\sqrt{(2\pi)^{d}\left|\boldsymbol{S}_{k}^{i}\right|}} \tag{7-9}$$

式中，d 是量测信息的维数。

根据贝叶斯公式，各模型概率的更新为

$$\mu_k^i = \Lambda_k^i \mu_{k-1}^i / C_k \tag{7-10}$$

$$C_k = \sum_{i=1}^{M} \Lambda_k^i \mu_{k-1}^i \tag{7-11}$$

3．估计融合

整合各模型的状态估计和协方差为

$$\hat{\boldsymbol{x}}_k = \sum_{i=1}^{M} \hat{\boldsymbol{x}}_k^i \mu_k^i \tag{7-12}$$

$$\boldsymbol{P}_k = \sum_{i=1}^{M} \mu_k^i [\boldsymbol{P}_k^i + (\hat{\boldsymbol{x}}_k^i - \hat{\boldsymbol{x}}_k)(\hat{\boldsymbol{x}}_k^i - \hat{\boldsymbol{x}}_k)^{\mathrm{T}}] \tag{7-13}$$

7.4　交互式多模型估计方法

本节从交互式多模型（Interacting Multiple Model，IMM）估计方法的基本思想开始，介绍其对模型集合的基本假设，最后给出 IMM 算法。

7.4.1　交互式多模型估计方法基本思想

在协作式多模型（Cooperation Multiple Model，CMM）估计方法中，对模型集合的假设如下。

假设 1：真实模式是时变的。

假设 2：真实模式所在的模式空间与先验设计的模型集合完全一致。

考虑到可操作性，真实模式通常被假设为一个随机过程，所以为了简化问题，上述假设 1 可进一步假设为：真实模式是马尔可夫的。

在假设 2 下，从 1 到 k 时刻一共有 M^k 个可能的模型序列，其中 M 是每个时刻可能的模型个数。由于模型序列假设集合会随着时间呈指数级增长，因此以每个模型序列假设为条件的估计器做融合得到的最优 CMM 估计器在计算上是不可行的。为了解决该问题，研究者们提出了很多基于不同协作策略的次优 CMM 估计器。协作策略的基本思想是通过不同的近似方法整合和删减不断增长的模型序列假设集合。对递推的单次扫描 CMM 估计来说，由于整合和删减模型序列假设集合的过程在每次递推过程中会反映到条件滤波器的输入中，所以就相当于对每个条件滤波器进行重初始化。文献[4]中提出的 IMM 估计方法是计算量较低且效果较好的方法。

IMM 估计方法的基本思想是用多个不同的运动模型匹配机动目标的不同运

动模式，不同模型间的转移概率是一个马尔可夫转移概率矩阵，目标的状态估计和模型概率的更新使用卡尔曼滤波。IMM 估计算法流程如图 7-1 所示。

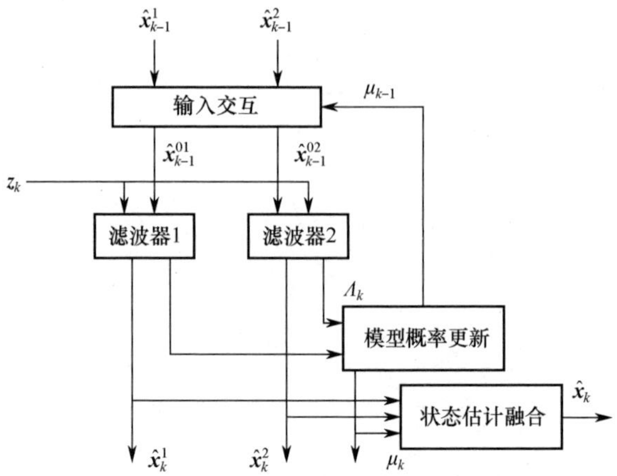

图 7-1　IMM 估计算法流程

关于马尔可夫转移概率矩阵的说明：它假设在每个扫描时间，目标以先验概率 $\pi_{j|i}$ 从运动模型 i 转移到运动模型 j。式（7-14）给出了一个典型的模型个数 $M=3$ 的转移概率矩阵的数值例子：

$$\boldsymbol{\Pi}=\begin{bmatrix}0.8 & 0.1 & 0.1\\ 0.1 & 0.6 & 0.3\\ 0.15 & 0.05 & 0.8\end{bmatrix} \tag{7-14}$$

显然，对于所有的模型，有

$$\sum_{j=1}^{M}\pi_{j|i}=1 \tag{7-15}$$

根据全概率公式，状态 $\boldsymbol{x}_k$ 的条件概率密度函数可以分解为

$$\begin{aligned}p(\boldsymbol{x}_k|\boldsymbol{Z}^k)&=\sum_{j=1}^{M}p(\boldsymbol{x}_k|m_k^j,\boldsymbol{Z}^k)P\{m_k^j|\boldsymbol{Z}^k\}\\&=\sum_{j=1}^{M}p(\boldsymbol{x}_k|m_k^j,\boldsymbol{z}_k,\boldsymbol{Z}^{k-1})\mu_k^j\end{aligned} \tag{7-16}$$

式中，m_k^j 表示 k 时刻起作用的模型（一般而言，用 m_k^j 表示 k 时刻模型 j 与真实物理模式匹配）；$\boldsymbol{Z}^k$ 表示到 k 时刻为止累积的量测信息；μ_k^j 表示目标在 k 时刻处于模型 j 的概率。由贝叶斯公式可得到状态的模型条件后验概率密度函数为

$$p(\boldsymbol{x}_k|m_k^j,\boldsymbol{z}_k,\boldsymbol{Z}^{k-1})=\frac{p(\boldsymbol{z}_k|m_k^j,\boldsymbol{x}_k)}{p(\boldsymbol{z}_k|m_k^j,\boldsymbol{Z}^{k-1})}p(\boldsymbol{x}_k|m_k^j,\boldsymbol{Z}^{k-1}) \tag{7-17}$$

其反映的是对应模型 m_k^j 的状态估计滤波更新步骤，而状态演化预测步骤的概率

密度函数可通过 Chapman-Kolmogorov 方程表示为

$$p(\boldsymbol{x}_k | m_k^j, \boldsymbol{Z}^{k-1}) = \int p(\boldsymbol{x}_k | \boldsymbol{x}_{k-1}, m_k^j, \boldsymbol{Z}^{k-1}) p(\boldsymbol{x}_{k-1} | m_k^j, \boldsymbol{Z}^{k-1}) \mathrm{d}\boldsymbol{x}_{k-1} \tag{7-18}$$

再一次运用全概率公式，可以得到

$$\begin{aligned} p(\boldsymbol{x}_{k-1} | m_k^j, \boldsymbol{Z}^{k-1}) &= \sum_{i=1}^{M} p(\boldsymbol{x}_{k-1} | m_k^j, m_{k-1}^i, \boldsymbol{Z}^{k-1}) \times P\{m_{k-1}^i | m_k^j, \boldsymbol{Z}^{k-1}\} \\ &= \sum_{i=1}^{M} p(\boldsymbol{x}_{k-1} | m_{k-1}^i, \boldsymbol{Z}^{k-1}) \mu_{k-1}^{i|j} \end{aligned} \tag{7-19}$$

式中，$\mu_{k-1}^{i|j}$ 表示目标在 k 时刻处于模型 j 的条件下，其在 $k-1$ 时刻处于模型 i 的概率。

通过高斯分布近似，可以得到

$$\begin{aligned} p(\boldsymbol{x}_{k-1} | m_k^j, \boldsymbol{Z}^{k-1}) &= \sum_{i=1}^{M} \mathcal{N}(\boldsymbol{x}_{k-1}; \hat{\boldsymbol{x}}_{k-1}^i, \boldsymbol{P}_{k-1}^i) \times \mu_{k-1}^{i|j} \\ &\approx \mathcal{N}(\boldsymbol{x}_k; \hat{\boldsymbol{x}}_{k-1}^{0j}, \boldsymbol{P}_{k-1}^{0j}) \end{aligned} \tag{7-20}$$

式中，$\hat{\boldsymbol{x}}_{k-1}^i = E[\boldsymbol{x}_{k-1} | m_{k-1}^i, \boldsymbol{Z}^{k-1}]$ 与 $\boldsymbol{P}_k^i = \mathrm{cov}(\boldsymbol{x}_{k-1} | m_{k-1}^i, \boldsymbol{Z}^{k-1})$ 分别表示目标在 $k-1$ 时刻以模型 i 为条件的状态估计和协方差矩阵；$\mathcal{N}(\boldsymbol{x}_k; \hat{\boldsymbol{x}}_{k-1}^{0j}, \boldsymbol{P}_{k-1}^{0j})$ 表示均值为 $\hat{\boldsymbol{x}}_{k-1}^{0j}$、方差为 $\boldsymbol{P}_{k-1}^{0j}$ 的向量 $\boldsymbol{x}_k$ 的高斯概率密度函数。式（7-20）的第一行表明模型 j 的输入来自 M 个模型基于相应权重的交互，权重 $\mu_{k-1}^{i|j}$ 将由式（7-21）和式（7-22）计算得出，$\hat{\boldsymbol{x}}_{k-1}^{0j}$ 和 $\boldsymbol{P}_{k-1}^{0j}$ 分别是交互后目标处于模型 j 的状态估计和协方差矩阵，分别由式（7-23）和式（7-24）计算得出。

7.4.2 交互式多模型估计算法

IMM 估计算法的一个循环流程如下：首先得到 $k-1$ 时刻的目标状态估计 $\hat{\boldsymbol{x}}_{k-1}^i$、协方差矩阵 $\boldsymbol{P}_{k-1}^i$、模型概率 μ_{k-1}^i 和转移概率矩阵 $\boldsymbol{\Pi}$。

1. 输入交互

$$\mu_{k|k-1}^j = \sum_{i=1}^{M} \pi_{j|i} \mu_{k-1}^i \tag{7-21}$$

$$\mu_{k-1}^{i|j} = \frac{1}{\mu_{k|k-1}^j} \pi_{j|i} \mu_{k-1}^i \tag{7-22}$$

式中，$\mu_{k|k-1}^j$ 代表输入交互后目标处于模型 j 的概率。

$$\hat{\boldsymbol{x}}_{k-1}^{0j} = \sum_{i=1}^{M} \hat{\boldsymbol{x}}_{k-1}^i \mu_{k-1}^{i|j} \tag{7-23}$$

$$\boldsymbol{P}_{k-1}^{0j} = \sum_{i=1}^{M} \mu_{k-1}^{i|j} [\boldsymbol{P}_{k-1}^i + (\hat{\boldsymbol{x}}_{k-1}^i - \hat{\boldsymbol{x}}_{k-1}^{0j})(\hat{\boldsymbol{x}}_{k-1}^i - \hat{\boldsymbol{x}}_{k-1}^{0j})^{\mathrm{T}}] \tag{7-24}$$

式中，$\hat{\boldsymbol{x}}_{k-1}^{0j}$ 和 $\boldsymbol{P}_{k-1}^{0j}$ 分别是交互后目标处于各模型的状态估计和协方差矩阵。

2. 条件滤波

获得量测信息后，按照卡尔曼滤波方法（非线性情况下可以用扩展卡尔曼滤波或粒子滤波等方法）以每个模型为条件分别进行滤波估计，得到 k 时刻各模型的状态估计 $\hat{\boldsymbol{x}}_k^i$ 和协方差矩阵 $\boldsymbol{P}_k^i$，具体滤波过程如式（7-2）～式（7-8）所示。

3. 模型概率更新

在滤波器滤波算法中可以得到各模型的实际量测信息 $\boldsymbol{z}_k$、预测量测信息的误差向量 $\tilde{\boldsymbol{z}}_k^i$ 和相应的协方差矩阵 $\boldsymbol{S}_k^i$，各模型的似然函数计算为

$$\Lambda_k^i = \frac{\exp(-(\tilde{\boldsymbol{z}}_k^i)^{\mathrm{T}}(\boldsymbol{S}_k^i)^{-1}\tilde{\boldsymbol{z}}_k^i/2)}{\sqrt{(2\pi)^d\left|\boldsymbol{S}_k^i\right|}} \tag{7-25}$$

式中，d 是量测的维数。根据贝叶斯公式，各模型概率更新为

$$\mu_k^i = \Lambda_k^i \mu_{k|k-1}^i / C_k \tag{7-26}$$

$$C_k = \sum_{i=1}^{M} \Lambda_k^i \mu_{k|k-1}^i \tag{7-27}$$

4. 估计融合

整合各模型的状态估计和协方差为

$$\hat{\boldsymbol{x}}_k = \sum_{i=1}^{M} \hat{\boldsymbol{x}}_k^i \mu_k^i \tag{7-28}$$

$$\boldsymbol{P}_k = \sum_{i=1}^{M} \mu_k^i[\boldsymbol{P}_k^i + (\hat{\boldsymbol{x}}_k^i - \hat{\boldsymbol{x}}_k)(\hat{\boldsymbol{x}}_k^i - \hat{\boldsymbol{x}}_k)^{\mathrm{T}}] \tag{7-29}$$

7.5 变结构多模型估计方法

本节主要介绍变结构多模型（Variable Structure Multiple Model，VSMM）估计方法的基本思想、模型集合自适应方法和具体算法，以及兰剑提出的最优模型扩展多模型估计方法和等效模型扩展多模型估计方法。

7.5.1 变结构多模型估计方法简介

1. 变结构多模型估计方法基本思想

AMM 和 CMM 这两种估计方法均假设模型集合在预先设定之后不再发生变化，所以也被称为定结构多模型（Fixed Structure Multiple Model，FSMM）估计方法。当实际中可能的真实模式集合过大甚至不可数（如机动加速度连续变化，而机动模型以某一固定加速度水平为特征）时，多模型估计方法实际采用

的模型集合为真实模式集合的采样。这种采样过程又被称为模型集合的设计。模型集合的设计对 AMM 和 CMM 两种估计方法来说非常重要，是影响它们的估计性能的关键因素之一。然而，FSMM 估计方法有一个固定的缺陷，即如果实际模式集合过大，为提高估计方法的估计性能，需要选用更多的模型组成可用集合，这会导致以下两个问题。

（1）过多的模型会导致计算量过大。

（2）过多模型之间的竞争不仅不能使估计方法的估计性能提高，反而可能使其下降。

为解决上述问题，Li 等在文献[5]中提出了第三代多模型估计方法，即 VSMM。该估计方法仅采用如下假设：真实模式序列为马尔可夫（或半马尔可夫）的。

与 AMM 和 CMM 估计方法相比，VSMM 估计方法实际上舍弃了关于实际模式空间与模型集合相同的假设，进一步考虑实际模式空间与模型集合不匹配的情况。其采用的主要最优准则为最小均方误差和最大后验。

与 AMM 和 CMM 估计方法不同的是，VSMM 估计方法假设模型集合随着外界条件和实时信息的变化而变化。VSMM 估计方法得到了广泛的研究，并且是当前多模型估计研究的前沿。由于模型集合序列假设和模型序列假设都会随着时间呈指数级增长，因此以每个模型集合序列假设下的每个模型序列假设为条件的估计器做融合得到的最优 VSMM 估计器在计算上是不可行的。首先需要将较高层的多个模型集合序列假设替换为一个“最优”模型集合序列，这可以通过文献[1]中提出的递推模型集合自适应（Recursive Adaptive Model Set，RAMS）方法实现。该方法包括两个部分：文献[7]提出的模型集合自适应（Model Set Adaptation，MSA）和文献[2]提出的基于该“最优”模型集合序列的状态估计。基于 CMM 估计方法中 IMM 估计方法的思想，在给定模型集合序列的条件下，文献[6]将基于模型集合序列的状态估计算法直接表述为 VS-IMM 算法，该算法大量用于 VSMM 状态估计问题，是这类问题的主要解决方法。于是，VSMM 估计方法中 RAMS 方法的关键问题，也是其特有的问题，即 MSA 方法。当前提出的各种 VSMM 估计方法之间的主要区别是 MSA 方法的不同。

2．模型集合自适应方法概述

文献[7]指出，MSA 方法的任务可被划分为两个部分：激活一个新模型集合；终止一个当前模型子集。它们实际上分别对应模型集合的扩展和删减。激活新模型集合的目的在于找到“更好”的模型，并将其加入多模型估计方法中用来进行状态估计的模型集合。此处的“更好”意为，在状态估计或量测预测的意义上，挑选出来的模型能比当前使用的模型集合更好地描述目标的真实模式。终止一个当前模型子集有两个目的：一是移除不能很好地描述真实模式的模型；二是减少模型间不必要的竞争，从而提高相应算法的性能并降低其计算复杂度。

文献[8]提出的期望模式扩展（Expected Mode Augmentation，EMA）算法是一种激活模型的方法。在 EMA 算法中，原始的模型集合通过并入一个可变的新模型集合得到扩展，而这种新加入的模型试图匹配未知真实模式的期望值。具体来说，新激活的模型通过基于当前模型集合得到的模式估计的（全局或局部）概率加权和得到。该估计方法与采用同样原始模型的 IMM 估计方法相比，具有更好的性能。在该估计方法中，需要基于每个当前模型获取可以求和的关于未知真实模式的估计值。这说明 EMA 算法仅能处理参数不同的模型构成的集合，而这种参数需要具有相同的物理意义（可加性）。

文献[9]和文献[10]中使用的可能模型集合（Likely Model Set，LMS）算法是另一类模型激活和终止方法。在其最简单的版本中，模型集合基于如下两种策略自适应变化：删除所有的不可能模型；激活所有当前主要模型下一时刻即将跳变到的模型，从而对系统真实模式可能的转移做出预测。

这种 MSA 过程基于模型的（预测）概率进行。与采用相同初始模型集合的 IMM 估计方法相比，LMS 算法在保持估计性能的同时大幅降低了算法的复杂度。LMS 算法中的模型集合仅取决于模型的概率及它们之间的转移概率（需要指出的是，原始的 LMS 算法假设转移概率矩阵为先验知识）。因此，不同于 EMA 算法，LMS 算法对模型本身的结构几乎无具体要求。然而，LMS 算法并不能像 EMA 算法那样，激活在先验定义的全部模型集合中未包含的模型。尽管如此，LMS 算法仍然凭借其自然而直接的 MSA 思想而在实际中得到了研究者的应用。

另一种自然而简单的自适应方法是文献[2]提出的自适应网格（Adaptive Grid，AG）结构，其中模型被表示为一个网格点。该结构对模式空间进行不均匀且自适应的采样。这类算法常常从一个粗糙的网格出发，基于在线数据和先验知识对网格进行自适应调整。这类算法往往需要采用大量的先验信息对模型集合转移条件进行设计，相对而言不如 LMS 算法和 EMA 算法通用。

更通用地，文献[1]将 MSA 方法中的各种代表性问题表述为各种相应的假设检验问题。基于所有可能模型的概率和似然函数值，文献[1]采用序贯概率比检验（Sequential Probability Ratio Test，SPRT）和序贯似然比检验（Sequential Likelihood Ratio Test，SLRT）来解决这些假设检验问题。这种序贯化的解决方法计算效率高，易于实现，并具有一定的最优特性。文献[1]的结论构成了开发好的、通用且可行的 MSA 方法的理论基础。然而，当整个模式集合较大甚至不可数时（如目标模式连续变化的情况），这种表述及解决方式由于必须获取各模型的概率和似然函数，可能在计算上不可行。

文献[1]指出，激活一个模型集合成员总体上远比终止一个当前模型集合的子集困难。然而，前者比后者更重要，因为延迟激活正确的模型集合可能导致多模型估计方法性能恶化，而延迟终止一个不正确的模型集合通常只会造成一些计算上的浪费。因此，本节后续几节将重点讨论通用模型的激活问题。基于对上述主要 VSMM 估计算法的分析，一个通用的 MSA 方法需要具有如下特性。

（1）该方法应提供一个通用的模型激活与模型终止的标准。这个标准应提供一个衡量真实模式与具有不同结构和不同参数的候选模型之间接近程度的度量。

（2）该方法应该在计算上可行。该方法能够在可接受的计算量下易于应用。这个性质对以连续参数为特征的模型来说尤为重要。这就需要该方法能够提供一种从连续的模式空间生成新模型的方式。

（3）该方法应独立于滤波器。这种需求使 MSA 方法只能基于模型本身，因此可以排除各种滤波器对其结果的影响。

3. 变结构交互式多模型估计算法

在 VSMM 估计算法中，应用 MSA 方法可得到 k 时刻用于状态估计的模型集合 $\boldsymbol{M}_k=\{m_k^j, j=1,2,\cdots,M_k\}$，其中 M_k 为 k 时刻模型集合 $\boldsymbol{M}_k$ 中的模型个数。于是基于模型集合序列 $\boldsymbol{M}^k=\{\boldsymbol{M}_1,\boldsymbol{M}_2,\cdots,\boldsymbol{M}_k\}$ 和量测序列 $\boldsymbol{Z}^k=\{z_1,z_2,\cdots,z_k\}$，可对 k 时刻的状态 $\boldsymbol{x}_k$ 进行估计，即获取

$$\hat{\boldsymbol{x}}_k \triangleq E[\boldsymbol{x}_k|\boldsymbol{M}^k,\boldsymbol{Z}^k] \tag{7-30}$$

$$\boldsymbol{P}_k \triangleq E[(\boldsymbol{x}_k-\hat{\boldsymbol{x}}_k)(\cdot)^{\mathrm{T}}|\boldsymbol{M}^k,\boldsymbol{Z}^k] \tag{7-31}$$

式中，$(\cdot)$表示与前面括号中的项相同。

结合 IMM 估计算法的思想，文献[6]对获取的估计过程进行推导，提出了 VS-IMM 估计算法，该算法形式简单，在关于 VSMM 估计的算法中得到了大量应用。文献[6]指出，VS-IMM 估计算法的一个循环流程如下（给定 $\boldsymbol{M}_{k-1}$ 和 $\boldsymbol{M}_k$）：假设已经得到了 $k-1$ 时刻的目标状态估计 $\hat{\boldsymbol{x}}_{k-1}^i$、协方差矩阵 $\boldsymbol{P}_{k-1}^i$、模型概率 μ_{k-1}^i 和转移概率矩阵 $\boldsymbol{\Pi}$。

1）输入交互

$$\mu_{k|k-1}^j=\sum_{i=1}^{M_{k-1}}\pi_{j|i}\mu_{k-1}^i \tag{7-32}$$

$$\mu_{k-1}^{i|j}=\frac{1}{\mu_{k|k-1}^j}\pi_{j|i}\mu_{k-1}^i \tag{7-33}$$

式中，$\mu_{k|k-1}^j$ 代表输入交互后目标处于模型 j 的概率。

$$\hat{\boldsymbol{x}}_{k-1}^{0j}=\sum_{i=1}^{M_{k-1}}\hat{\boldsymbol{x}}_{k-1}^i\mu_{k-1}^{i|j} \tag{7-34}$$

$$\boldsymbol{P}_{k-1}^{0j}=\sum_{i=1}^{M_{k-1}}\mu_{k-1}^{i|j}[\boldsymbol{P}_{k-1}^{i}+(\hat{\boldsymbol{x}}_{k-1}^{i}-\hat{\boldsymbol{x}}_{k-1}^{0j})(\hat{\boldsymbol{x}}_{k-1}^{i}-\hat{\boldsymbol{x}}_{k-1}^{0j})^{\mathrm{T}}] \tag{7-35}$$

式中，$\hat{\boldsymbol{x}}_{k-1}^{0j}$ 和 $\boldsymbol{P}_{k-1}^{0j}$ 分别是交互后目标处于各模型的状态估计和协方差矩阵。

2）条件滤波

获得量测信息后，按照卡尔曼滤波算法（在非线性情况下可以用扩展卡尔曼滤波或粒子滤波等方法），以每个模型为条件分别进行滤波估计，得到 k 时刻各模型的状态估计 $\hat{\boldsymbol{x}}_k^i$ 和协方差矩阵 $\boldsymbol{P}_k^i$，具体滤波过程如式（7-2）～式（7-8）所示。

3）模型概率更新

在滤波器滤波算法中可以得到各模型的实际量测信息 $\boldsymbol{z}_k$、预测量测信息的误差向量 $\tilde{\boldsymbol{z}}_k^i$ 和相应的协方差矩阵 $\boldsymbol{S}_k^i$，各模型的似然函数计算为

$$\Lambda_k^i=\frac{\exp(-(\tilde{\boldsymbol{z}}_k^i)^{\mathrm{T}}(\boldsymbol{S}_k^i)^{-1}\tilde{\boldsymbol{z}}_k^i/2)}{\sqrt{(2\pi)^d\left|\boldsymbol{S}_k^i\right|}} \tag{7-36}$$

式中，d 是量测的维数。根据贝叶斯公式，各模型概率更新为

$$\mu_k^i=\Lambda_k^i\mu_{k|k-1}^i/C_k \tag{7-37}$$

$$C_k=\sum_{i=1}^{M_k}\Lambda_k^i\mu_{k|k-1}^i \tag{7-38}$$

4）估计融合

整合各模型的状态估计和协方差为

$$\hat{\boldsymbol{x}}_k=\sum_{i=1}^{M_k}\hat{\boldsymbol{x}}_k^i\mu_k^i \tag{7-39}$$

$$\boldsymbol{P}_k=\sum_{i=1}^{M_k}\mu_k^i[\boldsymbol{P}_k^i+(\hat{\boldsymbol{x}}_k^i-\hat{\boldsymbol{x}}_k)(\hat{\boldsymbol{x}}_k^i-\hat{\boldsymbol{x}}_k)^{\mathrm{T}}] \tag{7-40}$$

VS-IMM估计算法解决了给定连续两个时刻可变模型集合的状态估计问题，接下来重点讲解 VSMM 估计方法中的关键问题，即 MSA 方法的研究。

7.5.2 最优模型扩展多模型估计方法

兰剑等在文献[9]中提出了最优模型扩展（Best Model Augmentation，BMA）多模型估计方法，首先给出了基于 Kullback-Leiber（KL）准则的最优 MSA 方法，然后讨论了 BMA 多模型估计方法的具体形式，本节分别阐述这两部分内容。

1．基于 KL 准则的最优 MSA 方法

首先，文献[9]定义如下模型集合。

（1）$\boldsymbol{M}$：由所有可能模型构成的全集。

（2）$\boldsymbol{M}_{\mathrm{b}}$: 由基本模型构成的集合。

（3）$\boldsymbol{M}_k$: k 时刻用于状态估计的集合。

（4）$\boldsymbol{M}_k^{\mathrm{c}}$: k 时刻用于激活的候选模型集合。

（5）$\boldsymbol{M}_k^{\mathrm{a}}$: k 时刻由被激活模型构成的集合。

（6）$\boldsymbol{M}_k^{\mathrm{t}}$: k 时刻由被终止模型构成的集合。

（7）$\boldsymbol{M}_k^{\mathrm{r}}$: k 时刻保留的模型集合。

其中，$\boldsymbol{M} = \boldsymbol{M}_k^{\mathrm{c}} \cup \boldsymbol{M}_k$，$\boldsymbol{M}_k^{\mathrm{a}} \in \boldsymbol{M}_k^{\mathrm{c}}$，$\boldsymbol{M}_{k-1} = \boldsymbol{M}_k^{\mathrm{t}} + \boldsymbol{M}_k^{\mathrm{r}}$，$\boldsymbol{M}_k^{\mathrm{r}} \cap \boldsymbol{M}_k^{\mathrm{a}} = \varnothing$。在 k 时刻，模型集合自适应的过程可以分别在考虑和不考虑量测 $\boldsymbol{z}_k$ 的情形下进行。总体来说，从方法论的角度可以将模型集合自适应分为如下两类。

第一类模型集合自适应的目的在于从 $\hat{\boldsymbol{M}}_{k|k-1}$ 中挑选出 $\boldsymbol{M}_k^{\mathrm{t}}$ 并将其终止，即

$$\boldsymbol{M}_k = \hat{\boldsymbol{M}}_{k|k-1} - \boldsymbol{M}_k^{\mathrm{t}} \tag{7-41}$$

式中，$\hat{\boldsymbol{M}}_{k|k-1}$ 为基于 $\boldsymbol{M}_{k-1}$ 及先验信息和在线信息对 $\boldsymbol{M}_k$ 的预测。获取 $\hat{\boldsymbol{M}}_{k|k-1}$ 的方法主要有如下几种。

第一种：在没有进一步信息的情况下，直接采用模型全集作为预测模型集合，即

$$\hat{\boldsymbol{M}}_{k|k-1} = \boldsymbol{M} \tag{7-42}$$

第二种：仅考虑在线信息，模型集合 $\boldsymbol{M}_{k-1}$ 可被用于模型集合预测，即

$$\hat{\boldsymbol{M}}_{k|k-1} = \boldsymbol{M}_{k-1} \tag{7-43}$$

在这种情况下，从 $\boldsymbol{M}_{k-1}$ 到 $\hat{\boldsymbol{M}}_{k|k-1}$ 的转移概率矩阵通过预先定义的方式给定。

第三种：同时考虑在线信息和关于模型概率转移的先验信息，可预测模型集合为

$$\hat{\boldsymbol{M}}_{k|k-1} = \{m_k^j \,|\, P\{m_k^j \,|\, m_{k-1}^i\} > 0, m_{k-1}^i \in \boldsymbol{M}_{k-1}\} \tag{7-44}$$

式中，$P\{m_k^j \,|\, m_{k-1}^i\}$ 为模型转移概率。

第二类模型集合自适应的目的在于从 $\boldsymbol{M}_k^{\mathrm{c}}$ 中激活 $\boldsymbol{M}_k^{\mathrm{a}}$ 以提高估计性能，即

$$\boldsymbol{M}_k = \boldsymbol{M}_{\mathrm{b}} + \boldsymbol{M}_k^{\mathrm{a}} \tag{7-45}$$

式中，$\boldsymbol{M}_{\mathrm{b}}$ 为一个由必要模型构成的小的集合，用来确保对模式集合的基本覆盖。

对式（7-41）中的模型终止和式（7-45）中的模型激活来说，将真实模式与候选模型进行比较是必要的，而该过程只能通过它们具有相同物理意义的共有变量来进行，尽管这些模式和模型可能在结构与参数上均不相同。下面介绍一种描述真实模式与候选模型差异的方法——KL 信息。令 $\boldsymbol{y}$ 为所有模式和模型的共有变量。候选模型 $m_k^j \in \boldsymbol{M}_k^{\mathrm{c}}$ 与真实模式 s_k 之间的差异可以采用文献[9]提出的度量，即

$$D_y(s_k,m_k^j) \triangleq D(p(\boldsymbol{y}|s_k),p(\boldsymbol{y}|m_k^j)) \\ =\int p(\boldsymbol{y}|s_k)\ln\frac{p(\boldsymbol{y}|s_k)}{p(\boldsymbol{y}|m_k^j)}\mathrm{d}\boldsymbol{y} \tag{7-46}$$

式中，$p(\boldsymbol{y}|s_k)$ 与 $p(\boldsymbol{y}|m_k^j)$ 分别为以 s_k 与 m_k^j 为条件的 $\boldsymbol{y}$ 的概率密度函数。

当 k 时刻的 VSMM 估计算法中需要在线进行该比较时，应考虑由 $\boldsymbol{M}^{k-1}$ 与 $\mathbb{Z}$ 提供的实时信息，从而使式（7-46）修正为

$$D_y(s_k,m_k^j) \triangleq D(p(\boldsymbol{y}|\boldsymbol{M}^{k-1},s_k,\mathbb{Z}),p(\boldsymbol{y}|\boldsymbol{M}^{k-1},m_k^j,\mathbb{Z})) \\ =\int p(\boldsymbol{y}|\boldsymbol{M}^{k-1},s_k,\mathbb{Z})\ln\frac{p(\boldsymbol{y}|\boldsymbol{M}^{k-1},s_k,\mathbb{Z})}{p(\boldsymbol{y}|\boldsymbol{M}^{k-1},m_k^j,\mathbb{Z})}\mathrm{d}\boldsymbol{y} \tag{7-47}$$

式中，m_k^j 代表 k 时刻待选模型 j；$\mathbb{Z} \triangleq \boldsymbol{Z}^k$ 或 $\boldsymbol{Z}^{k-1}$ 为模型集合自适应过程是否考虑量测 $\boldsymbol{z}_k$ 的信息。对于第 2 章介绍的常见目标运动模型，相应的高斯假设使它们的共有变量（如状态向量和量测向量）也为高斯变量。因此，可以假设 $\boldsymbol{y}$ 为具有分布 $\mathcal{N}(\boldsymbol{y};\bar{\boldsymbol{y}},\boldsymbol{\Sigma})$ 的高斯向量。

因此，可假设

$$\begin{cases} p(\boldsymbol{y}|\boldsymbol{M}^{k-1},s_k,\mathbb{Z})=\mathcal{N}(\boldsymbol{y};\bar{\boldsymbol{y}}_k^{s_k},\boldsymbol{\Sigma}_k^{s_k}) \\ p(\boldsymbol{y}|\boldsymbol{M}^{k-1},m_k^j,\mathbb{Z})=\mathcal{N}(\boldsymbol{y};\bar{\boldsymbol{y}}_k^j,\boldsymbol{\Sigma}_k^j) \end{cases} \tag{7-48}$$

式中，

$$\begin{cases} \bar{\boldsymbol{y}}_k^{s_k}=E[\boldsymbol{y}|\boldsymbol{M}^{k-1},s_k,\mathbb{Z}] \\ \boldsymbol{\Sigma}_k^{s_k}=E[(\boldsymbol{y}-\bar{\boldsymbol{y}}_k^{s_k})(\boldsymbol{y}-\bar{\boldsymbol{y}}_k^{s_k})^{\mathrm{T}}|\boldsymbol{M}^{k-1},s_k,\mathbb{Z}] \\ \bar{\boldsymbol{y}}_k^j=E[\boldsymbol{y}|\boldsymbol{M}^{k-1},m_k^j,\mathbb{Z}] \\ \boldsymbol{\Sigma}_k^j=E[(\boldsymbol{y}-\bar{\boldsymbol{y}}_k^j)(\boldsymbol{y}-\bar{\boldsymbol{y}}_k^j)^{\mathrm{T}}|\boldsymbol{M}^{k-1},m_k^j,\mathbb{Z}] \end{cases} \tag{7-49}$$

于是，式（7-47）可写为

$$D_y(s_k,m_k^j)=\frac{1}{2}\left\{\ln\frac{|\boldsymbol{\Sigma}_k^j|}{|\boldsymbol{\Sigma}_k^{s_k}|}-n+\mathrm{tr}[(\boldsymbol{\Sigma}_k^j)^{-1}(\boldsymbol{\Sigma}_k^{s_k}+(\bar{\boldsymbol{y}}_k^{s_k}-\bar{\boldsymbol{y}}_k^j)(\cdot)^{\mathrm{T}})]\right\} \tag{7-50}$$

式中，n 为 $\boldsymbol{y}$ 的维数。式（7-50）所描述的准则称为 KL 准则。下面介绍基于此准则的模型集合自适应方法。

给定 k 时刻的候选模型集合 $\boldsymbol{M}_k^{\mathrm{c}}$，$\boldsymbol{M}_k^{\mathrm{c}}$ 中的最优模型可被选为具有最小 KL 准则的对应模型，即

$$\hat{m}_k=\arg\min D_y(s_k,m_k^j) \tag{7-51}$$

因此，$\hat{m}_k$ 是模型集合自适应算法所能激活的最优模型。既然 KL 准则为衡量候选模型与真实模式之间的接近程度提供了一种度量，那么模型集合激活与终止的条件也可以给定，如下所示。

（1）被激活的模型集合：

$$\boldsymbol{M}_k^{\mathrm{a}} = \{m_k^j \,|\, D_y(s_k, m_k^j) < \varepsilon_{\mathrm{a}}, m_k^j \in \boldsymbol{M}_k^{\mathrm{c}}\} \tag{7-52}$$

（2）被终止的模型集合：

$$\boldsymbol{M}_k^{\mathrm{t}} = \{m_k^j \,|\, D_y(s_k, m_k^j) > \varepsilon_{\mathrm{t}}, m_k^j \in \hat{\boldsymbol{M}}_{k|k-1}\} \tag{7-53}$$

（3）被保留的模型集合：

$$\boldsymbol{M}_k^{\mathrm{r}} = \hat{\boldsymbol{M}}_{k|k-1} - \boldsymbol{M}_k^{\mathrm{t}} = \{m_k^j \,|\, m_k^j \notin \boldsymbol{M}_k^{\mathrm{t}}, m_k^j \in \hat{\boldsymbol{M}}_{k|k-1}\} \tag{7-54}$$

式中，ε_{a} 和 ε_{t} 分别为模型集合激活与模型集合终止的门限值，一般由先验给定。

对于实际的动态过程，s_k 为未知参数。为获取模型集合 $\boldsymbol{M}_k$，算法可利用的所有在线信息包括 $\boldsymbol{M}_{k-1}$、$\hat{\boldsymbol{M}}_{k|k-1}$ 和 $\mathbb{Z}$。以这些信息为条件，共有变量 $\boldsymbol{y}$ 的概率密度函数可估计为

$$\hat{p}(\boldsymbol{y}) = p(\boldsymbol{y} \,|\, \boldsymbol{M}^{k-1}, \hat{\boldsymbol{M}}_{k|k-1}, \mathbb{Z}) \tag{7-55}$$

在此假设下，式（7-49）中与 s_k 有关的等式修正为

$$\begin{cases} \bar{\boldsymbol{y}}_k^{s_k} \approx E[\boldsymbol{y} \,|\, \boldsymbol{M}^{k-1}, \hat{\boldsymbol{M}}_{k|k-1}, \mathbb{Z}] \\ \boldsymbol{\Sigma}_k^{s_k} \approx E[(\boldsymbol{y} - \bar{\boldsymbol{y}}_k^{s_k})(\boldsymbol{y} - \bar{\boldsymbol{y}}_k^{s_k})^{\mathrm{T}} \,|\, \boldsymbol{M}^{k-1}, \hat{\boldsymbol{M}}_{k|k-1}, \mathbb{Z}] \end{cases} \tag{7-56}$$

2. BMA 多模型估计方法的具体形式

根据文献[9]给出的定义，$D_y(s_k, m_k^j)$ 直接依赖 $\boldsymbol{y}$ 的选取，而不同的共有参数将导致不同的 MSA 算法。总体来说，k 时刻共有变量有两个：状态向量 $\boldsymbol{x}_k$ 和量测向量 $\boldsymbol{z}_k$。

这两个变量对具有不同结构和参数的模型来说是通用的，其中任意一个均可设定为共有变量，以计算式（7-47）中的 KL 准则。

在进行 MSA 过程［式（7-51）～式（7-54）］之前，需要按照式（7-50）计算 KL 准则。为计算 $D_y(s_k, m_k^j)$，需得到 $\bar{\boldsymbol{y}}_k^{s_k}$、$\boldsymbol{\Sigma}_k^{s_k}$、$\bar{\boldsymbol{y}}_k^j$ 及 $\boldsymbol{\Sigma}_k^j$ 这 4 个变量。所有这些变量均可通过式（7-49）和式（7-56）获取。下面将具体讨论基于不同共有变量的这些变量的计算过程。

1）采用状态作为 MSA 使用的共有变量

在不同的模式/模型中，状态向量具有相同的物理意义。对于 $\mathbb{Z}$ 的两种不同取值，可得到两种不同的 MSA 方法。

（1）$\boldsymbol{y} \triangleq \boldsymbol{x}_k$ 且 $\mathbb{Z} \triangleq \boldsymbol{Z}^k$。

对于模式 s_k，由式（7-56）可知

$$\begin{cases} \bar{\boldsymbol{y}}_k^{s_k} \approx E[\boldsymbol{x}_k \,|\, \boldsymbol{M}^{k-1}, \hat{\boldsymbol{M}}_{k|k-1}, \boldsymbol{Z}^k] \\ \boldsymbol{\Sigma}_k^{s_k} \approx E[(\boldsymbol{x} - \bar{\boldsymbol{y}}_k^{s_k})(\boldsymbol{x} - \bar{\boldsymbol{y}}_k^{s_k})^{\mathrm{T}} \,|\, \boldsymbol{M}^{k-1}, \hat{\boldsymbol{M}}_{k|k-1}, \boldsymbol{Z}^k] \end{cases} \tag{7-57}$$

这说明，为计算式（7-57），需基于 $\boldsymbol{M}^{k-1}$ 与 $\hat{\boldsymbol{M}}_{k|k-1}$ 给出总体状态估计结果。可采用 VS-IMM 算法，并令算法中 $\boldsymbol{M}_{k-1}=\boldsymbol{M}_{k-1}$ 且 $\boldsymbol{M}_k \approx \hat{\boldsymbol{M}}_{k|k-1}$，以获取估计结果。

对于模型 $m_k^j \in \boldsymbol{M}^{\mathrm{c}}$，由式（7-49）可知

$$\begin{cases}\overline{\boldsymbol{y}}_k^j = E[\boldsymbol{x}_k \big| \boldsymbol{M}^{k-1}, m_k^j, \boldsymbol{Z}^k] \\ \quad = E[\boldsymbol{x}_k \big| \boldsymbol{M}^{k-1}, m_k^j, \boldsymbol{Z}^{k-1}, \boldsymbol{z}_k] \\ \quad \approx E[\boldsymbol{x}_k \big| m_k^j, \hat{\boldsymbol{x}}_{k-1}, \boldsymbol{P}_{k-1}, \boldsymbol{z}_k] \\ \boldsymbol{\Sigma}_k^j = E[(\boldsymbol{x}_k - \overline{\boldsymbol{y}}_k^j)(\cdot)^{\mathrm{T}} \big| \boldsymbol{M}^{k-1}, m_k^j, \boldsymbol{Z}^k] \\ \quad \approx E[(\boldsymbol{x}_k - \overline{\boldsymbol{y}}_k^j)(\cdot)^{\mathrm{T}} \big| m_k^j, \hat{\boldsymbol{x}}_{k-1}, \boldsymbol{P}_{k-1}, \boldsymbol{z}_k]\end{cases} \tag{7-58}$$

式中，$\approx$ 为用总体估计结果 $\hat{\boldsymbol{x}}_{k-1}$ 与 $\boldsymbol{P}_{k-1}$ 代替序列信息 $\{\boldsymbol{M}^{k-1}, \boldsymbol{Z}^{k-1}\}$。这种做法对高斯模型和变量来说是合理的，并在 IMM 估计方法等多模型估计方法中得到了广泛应用。实际上，式（7-58）为基于模型 m_k^j，以 $\hat{\boldsymbol{x}}_{k-1}$ 和 $\boldsymbol{P}_{k-1}$ 为初始条件，以 $\boldsymbol{z}_k$ 为量测向量，对状态 $\boldsymbol{x}_k$ 进行 MMSE 意义下的最优估计。该估计过程可采用标准的卡尔曼滤波器来实现。

（2）$\boldsymbol{y} \triangleq \boldsymbol{x}_k$ 且 $\mathbb{Z} \triangleq \boldsymbol{Z}^{k-1}$。

类似地，对于模式 s_k，由式（7-56）可知

$$\begin{cases}\overline{\boldsymbol{y}}_k^{s_k} \approx E[\boldsymbol{x}_k \big| \boldsymbol{M}^{k-1}, \hat{\boldsymbol{M}}_{k|k-1}, \boldsymbol{Z}^{k-1}] \\ \boldsymbol{\Sigma}_k^{s_k} \approx E[(\boldsymbol{x} - \overline{\boldsymbol{y}}_k^{s_k})(\cdot)^{\mathrm{T}} \big| \boldsymbol{M}^{k-1}, \hat{\boldsymbol{M}}_{k|k-1}, \boldsymbol{Z}^{k-1}]\end{cases} \tag{7-59}$$

基于预测模型集合 $\hat{\boldsymbol{M}}_{k|k-1}$，式（7-59）可按如下过程计算：

$$\begin{cases}\overline{\boldsymbol{y}}_k^{s_k} \approx E[\boldsymbol{x}_k \big| \boldsymbol{M}^{k-1}, \hat{\boldsymbol{M}}_{k|k-1}, \boldsymbol{Z}^{k-1}] \\ \quad = E[E[\boldsymbol{x}_k \big| m_k^j \in \hat{\boldsymbol{M}}_{k|k-1}, \boldsymbol{M}^{k-1}, \boldsymbol{Z}^{k-1}] \big| \boldsymbol{M}^{k-1}, \hat{\boldsymbol{M}}_{k|k-1}, \boldsymbol{Z}^{k-1}] \\ \quad = \displaystyle\sum_{m_k^j \in \hat{\boldsymbol{M}}_{k|k-1}} \hat{\boldsymbol{x}}_{k|k-1}^j \mu_{k|k-1}^j \\ \boldsymbol{\Sigma}_k^{s_k} \approx E[(\boldsymbol{x}_k - \overline{\boldsymbol{y}}_k^{s_k})(\cdot)^{\mathrm{T}} \big| \boldsymbol{M}^{k-1}, \hat{\boldsymbol{M}}_{k|k-1}, \boldsymbol{Z}^{k-1}] \\ \quad = \displaystyle\sum_{m_k^j \in \hat{\boldsymbol{M}}_{k|k-1}} [\boldsymbol{P}_{k|k-1}^j + (\hat{\boldsymbol{x}}_{k|k-1}^j - \overline{\boldsymbol{y}}_k^{s_k})(\cdot)^{\mathrm{T}}] \mu_{k|k-1}^j\end{cases} \tag{7-60}$$

式中，

$$\begin{cases}\hat{\boldsymbol{x}}_{k|k-1}^j = E[\boldsymbol{x}_k \big| m_k^j, \boldsymbol{M}^{k-1}, \boldsymbol{Z}^{k-1}] \\ \boldsymbol{P}_{k|k-1}^j = E[(\boldsymbol{x}_k - \hat{\boldsymbol{x}}_{k|k-1}^j)(\cdot)^{\mathrm{T}} \big| m_k^j, \boldsymbol{M}^{k-1}, \boldsymbol{Z}^{k-1}] \\ \mu_{k|k-1}^j \triangleq P\{m_k^j \big| \boldsymbol{M}^{k-1}, \hat{\boldsymbol{M}}_{k|k-1}, \boldsymbol{Z}^{k-1}\}\end{cases} \tag{7-61}$$

对于模型 $m_k^j \in \boldsymbol{M}^{\mathrm{c}}$，由式（7-49）可知

$$\begin{cases} \bar{\boldsymbol{y}}_k^j = E[\boldsymbol{x}_k \,|\, \boldsymbol{M}^{k-1}, m_k^j, \boldsymbol{Z}^{k-1}] \\ \quad \approx E[\boldsymbol{x}_k \,|\, m_k^j, \hat{\boldsymbol{x}}_{k-1}, \boldsymbol{P}_{k-1}] \\ \boldsymbol{\Sigma}_k^j = E[(\boldsymbol{x}_k - \bar{\boldsymbol{y}}_k^j)(\cdot)^{\mathrm{T}} \,|\, \boldsymbol{M}^{k-1}, m_k^j, \boldsymbol{Z}^{k-1}] \\ \quad \approx E[(\boldsymbol{x}_k - \bar{\boldsymbol{y}}_k^j)(\cdot)^{\mathrm{T}} \,|\, m_k^j, \hat{\boldsymbol{x}}_{k-1}, \boldsymbol{P}_{k-1}] \end{cases} \tag{7-62}$$

式中，≈、$\hat{\boldsymbol{x}}_{k-1}$ 和 $\boldsymbol{P}_{k-1}$ 的含义与式（7-58）中的一致。式（7-60）～式（7-62）可直接基于 m_k^j 进行计算，不需要使用任何估计器或滤波器。

2）采用量测作为 MSA 使用的共有变量

在这种情况下，如果将 $\boldsymbol{z}_k$ 作为 k 时刻的共有变量 $\boldsymbol{y}$，仅能选择 $\mathbb{Z} \triangleq \boldsymbol{Z}^{k-1}$，因为另一个选项 $\boldsymbol{Z}^k$ 已经包含 $\boldsymbol{z}_k$。对于模式 s_k，令 $\boldsymbol{y} \triangleq \boldsymbol{z}_k$ 且 $\mathbb{Z} \triangleq \boldsymbol{Z}^{k-1}$，由式（7-56）可知

$$\begin{cases} \bar{\boldsymbol{y}}_k^{s_k} \approx E[\boldsymbol{z}_k \,|\, \boldsymbol{M}^{k-1}, \hat{\boldsymbol{M}}_{k|k-1}, \boldsymbol{Z}^{k-1}] \\ \boldsymbol{\Sigma}_k^{s_k} \approx E[(\boldsymbol{z}_k - \bar{\boldsymbol{y}}_k^{s_k})(\cdot)^{\mathrm{T}} \,|\, \boldsymbol{M}^{k-1}, \hat{\boldsymbol{M}}_{k|k-1}, \boldsymbol{Z}^{k-1}] \end{cases} \tag{7-63}$$

基于预测模型集合 $\hat{\boldsymbol{M}}_{k|k-1}$，式（7-63）可计算为

$$\begin{cases} \bar{\boldsymbol{y}}_k^{s_k} \approx E[\boldsymbol{z}_k \,|\, \boldsymbol{M}^{k-1}, \hat{\boldsymbol{M}}_{k|k-1}, \boldsymbol{Z}^{k-1}] \\ \quad = E[E[\boldsymbol{z}_k \,|\, m_k^j \in \hat{\boldsymbol{M}}_{k|k-1}, \boldsymbol{M}^{k-1}, \boldsymbol{Z}^{k-1}] \,|\, \boldsymbol{M}^{k-1}, \hat{\boldsymbol{M}}_{k|k-1}, \boldsymbol{Z}^{k-1}] \\ \quad = \sum\limits_{m_k^j \in \hat{\boldsymbol{M}}_{k|k-1}} \hat{\boldsymbol{z}}_{k|k-1}^j \mu_{k|k-1}^j \\ \boldsymbol{\Sigma}_k^{s_k} \approx E[(\boldsymbol{z}_k - \bar{\boldsymbol{y}}_k^{s_k})(\cdot)^{\mathrm{T}} \,|\, \boldsymbol{M}^{k-1}, \hat{\boldsymbol{M}}_{k|k-1}, \boldsymbol{Z}^{k-1}] \\ \quad = \sum\limits_{m_k^j \in \hat{\boldsymbol{M}}_{k|k-1}} [\boldsymbol{P}_{k|k-1}^j + (\hat{\boldsymbol{z}}_{k|k-1}^j - \bar{\boldsymbol{y}}_k^{s_k})(\cdot)^{\mathrm{T}}] \mu_{k|k-1}^j \end{cases} \tag{7-64}$$

式中，

$$\begin{cases} \hat{\boldsymbol{z}}_{k|k-1}^j = E[\boldsymbol{z}_k \,|\, m_k^j, \boldsymbol{M}^{k-1}, \boldsymbol{Z}^{k-1}] \\ \boldsymbol{P}_{k|k-1}^j = E[(\boldsymbol{z}_k - \hat{\boldsymbol{z}}_{k|k-1}^j)(\cdot)^{\mathrm{T}} \,|\, m_k^j, \boldsymbol{M}^{k-1}, \boldsymbol{Z}^{k-1}] \\ \mu_{k|k-1}^j \triangleq P\{m_k^j \,|\, \boldsymbol{M}^{k-1}, \hat{\boldsymbol{M}}_{k|k-1}, \boldsymbol{Z}^{k-1}\} \end{cases} \tag{7-65}$$

对于模型 $m_k^j \in \boldsymbol{M}^{\mathrm{c}}$，由式（7-49）可知

$$\begin{cases} \bar{\boldsymbol{y}}_k^j = E[\boldsymbol{z}_k \,|\, \boldsymbol{M}^{k-1}, m_k^j, \boldsymbol{Z}^{k-1}] \\ \quad \approx E[\boldsymbol{z}_k \,|\, m_k^j, \hat{\boldsymbol{x}}_{k-1}, \boldsymbol{P}_{k-1}] \\ \boldsymbol{\Sigma}_k^j = E[(\boldsymbol{z}_k - \bar{\boldsymbol{y}}_k^j)(\cdot)^{\mathrm{T}} \,|\, \boldsymbol{M}^{k-1}, m_k^j, \boldsymbol{Z}^{k-1}] \\ \quad \approx E[(\boldsymbol{z}_k - \bar{\boldsymbol{y}}_k^j)(\cdot)^{\mathrm{T}} \,|\, m_k^j, \hat{\boldsymbol{x}}_{k-1}, \boldsymbol{P}_{k-1}] \end{cases} \tag{7-66}$$

式（7-64）～式（7-66）也可直接基于 m_k^j 进行计算，不需要使用任何估计器或滤波器。

文献[9]指出，从上述分析可以得出以下几点。

（1）采用状态向量和量测向量为共有向量，使 KL 准则适用于具有不同结构和参数的模型，于是上述通用的 MSA 方法的第一个特性得到满足。

（2）采用 $\boldsymbol{x}_k$ 为共有参数并且使 $\mathbb{Z} \triangleq \boldsymbol{Z}^k$，则需要采用滤波器基于 $\boldsymbol{M}_k^{\mathrm{c}}$ 中所有的候选模型进行状态估计。这种做法会导致两个问题：第一，MSA 过程需要过多的计算资源；第二，在模型挑选的过程中需要使用滤波器。因此，上述通用的 MSA 方法的第二个和第三个特性得不到满足。

（3）采用 $\boldsymbol{x}_k$ 或 $\boldsymbol{z}_k$ 为共有变量并且使 $\mathbb{Z} \triangleq \boldsymbol{Z}^{k-1}$，可避免上述问题。进一步说，$\boldsymbol{z}_k$ 不仅包括 $\boldsymbol{x}_k$，还包括模型量测方程中的信息。因此，$\boldsymbol{z}_k$ 比 $\boldsymbol{x}_k$ 更适合作为共有变量来进行模型比较和挑选。

基于上述第 3 条的考虑，此处提出的基于 KL 准则的通用的 MSA 方法将采用 $\boldsymbol{z}_k$ 为共有参数。总体来说，这种 BMA 算法可总结如下。

第 1 步：初始化。若 $k=1$，设计全集 $\boldsymbol{M}$ 来逼近模式空间 $\boldsymbol{S}$，并选择 $\boldsymbol{M}_{\mathrm{b}}$、$\boldsymbol{M}_1^{\mathrm{c}}$ 和 $\boldsymbol{M}_1^{\mathrm{a}}$。因此，$\boldsymbol{M}_1 = \boldsymbol{M}_{\mathrm{b}} + \boldsymbol{M}_1^{\mathrm{a}}$。跳转到第 3 步。

第 2 步：MSA。若 $k>1$，令 $\boldsymbol{y} = \boldsymbol{z}_k$，采用式（7-43）给出的 $\hat{\boldsymbol{M}}_{k|k-1}$，对 $m_k^j \in \boldsymbol{M}_k^{\mathrm{c}}$ 计算式（7-64）和式（7-66），从而得到式（7-50）中的 KL 准则。接着基于式（7-51）选择最好的用于激活的模型 $\hat{m}_k$，并令 $\boldsymbol{M}_k^{\mathrm{a}} = \{\hat{m}_k\}$。于是 $\boldsymbol{M}_k = \boldsymbol{M}_{\mathrm{b}} + \boldsymbol{M}_k^{\mathrm{a}}$，并跳转到第 3 步。

第 3 步：状态估计。当获取真实量测 $\boldsymbol{z}_k$ 时，采用 VS-IMM 算法基于 $\boldsymbol{M}_k$ 和 $\boldsymbol{M}^{k-1}$ 估计 $\boldsymbol{x}_k$，且 $\boldsymbol{M}^k = \{\boldsymbol{M}^{k-1}, \boldsymbol{M}_k\}$。最后，令 $k = k+1$ 并跳转到第 2 步。

这种具体的多模型估计方法将被记为 BMA 估计算法，因为在第 2 步中，基本模型集合 $\boldsymbol{M}_{\mathrm{b}}$ 得到了最好的候选模型的扩展。事实上，基于 KL 准则，式（7-52）～式（7-54）均可用于 VSMM 估计算法中的模型集合自适应过程。

7.5.3 等效模型扩展多模型估计方法

兰剑等在文献[10]中提出了等效模型扩展（Equivalent Model Augmentation，EqMA）多模型估计方法，首先介绍了基于模型序列的模型扩展方法，然后介绍了采用 EqMA 的 VSMM 估计方法及等效模型（Equivalent Model，EqM）的确定，最后对 EqMA 多模型估计方法进行了简化，以降低计算量，提高其应用的可行性。

1. 基于模型序列的模型扩展方法

对大多数实际系统而言，真实模式并不会经常发生改变——当前模式往往与前一个模式相同。例如，目标倾向于维持其上一时刻的运动模式，如转弯。这可以表述为（仅考虑两个相邻时刻）

$$\tilde{m}_{k-1} \approx \tilde{m}_k \tag{7-67}$$

对于 FSMM 估计方法，这种先验信息只能通过设计式（7-14）中所定义的转移概率来体现。例如，采用大多数实际系统所采用的方法，令 $\pi^{j|j} \gg \pi^{j|i}, j \neq i$。VSMM 估计方法提供了额外的方式来整合这些信息。例如，趋势信息可以与其他信息一起被用来确定模型集合，特别是模型集合中的一个或多个自适应模型。

然而，MSA 估计方法难以生成能够有效利用这种趋势信息的新模型，因为真正的模型是未知的。为了说明这一点，考虑具有单一自适应的（和新的）模型 $\boldsymbol{M}_k^{\mathrm{a}} = \{\hat{m}_k\}$，可以得到

$$\boldsymbol{M}_k = \boldsymbol{M}_k^{\mathrm{b}} + \boldsymbol{M}_k^{\mathrm{a}} \tag{7-68}$$

式中，$\boldsymbol{M}_k^{\mathrm{b}} = \{m_k^1, m_k^2, \cdots, m_k^{n-1}\}$；$\boldsymbol{M}_k^{\mathrm{a}} = \{m_k^n\}$；$\boldsymbol{M}_k = \{m_k^1, m_k^2, \cdots, m_k^n\}$。模型 m_k^n 类似 EMA 估计方法中的预期模式 $\hat{m}_k$ 和 BMA 估计方法中的最佳模型 $\hat{m}_k$。在 EMA 和 BMA 估计方法中，$\hat{m}_k$ 是从 $\boldsymbol{M}_{k-1}$ 或 $\boldsymbol{M}_k$ 提供的整体信息及关于从 $k-1$ 时刻到 k 时刻模型转换的信息中得到的。在这里，考虑利用式（7-67）提供的不变趋势信息进行 VSMM 估计，直接生成 m_k^n，如图 7-2 所示。

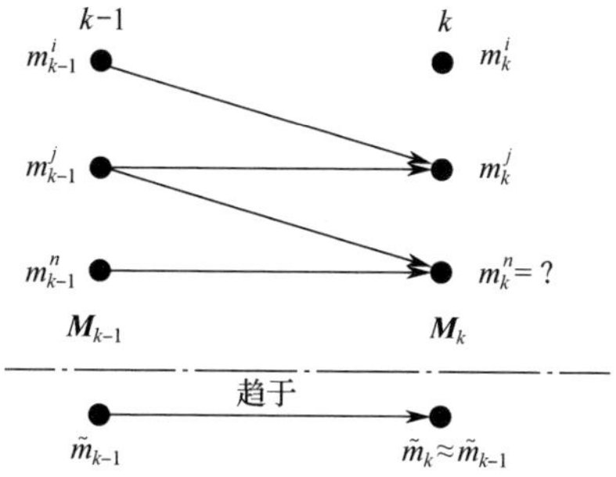

图 7-2　使用不变趋势信息进行 VSMM 估计

在图 7-2 中，不变趋势信息可以通过为 $\boldsymbol{M}_k^{\mathrm{b}}$ 中的模型设计转移概率（如令 $\pi^{j|j} \gg \pi^{j|i}, j \neq i$）来体现。然而，扩展模型 m_k^n 是一个变量，需要通过有效利用这种趋势信息来确定。对于第二类 MSA 方法，希望新生成的模型 m_k^n 能够最佳匹配未知的真实模式 $\tilde{m}_k$。然后，使用式（7-67）来生成 m_k^n，需要考虑每个可能在 $k-1$ 时刻有效的模型。因此，通过假设 m_k^n 能够和 $\tilde{m}_k$ 最佳匹配，式（7-67）可以直接由以下模型近似：

$$m_{k-1} \approx m_k^n \tag{7-69}$$

式中，$m_{k-1} \in \boldsymbol{M}_{k-1} = \{m_{k-1}^1, m_{k-1}^2, \cdots, m_{k-1}^n\}$ 表示在 $k-1$ 时刻的最佳模型。注意，在式（7-69）中，$k-1$ 时刻与未知真实模式最佳匹配的模型是 m_{k-1}，若 $\boldsymbol{M}_{k-1}$ 已由 MSA 估计方法确定，则它可以是 $\boldsymbol{M}_{k-1}$ 中的任何模型（不一定是 m_{k-1}^n）。因此，不同的 m_{k-1} 会得到不同的 m_k^n。由此，m_k^n 属于一个集合：

$$m_k^n \in \boldsymbol{M}_k^n \triangleq \{m_k^{n|i} \left| m_k^{n|i} = m^i, 若 m_{k-1} = m^i \in \boldsymbol{M}_{k-1} \right.\} \tag{7-70}$$

式中，$m_k^{n|i}$ 表示给定 m_{k-1}^i 后 m_k^n 的值。根据式（7-67）和式（7-69），$m_k^{n|i}$ 可以被确定为 m^i。

此外，$m_k^{n|i}$ 表示扩展模型 m_k^n 是由前一个模型 m_{k-1}^i 提供的信息确定的。在一般情况下，m_k^n 也可以由历史模型确定。

2．采用 EqMA 的 VSMM 估计方法

一般而言，上述模型集合中存在两种模型：变量模型和固定模型。为解决上述问题，考虑采用一个具有几乎相同的估计结果的等效固定模型来替代历史变量模型。给定 EqMA，可以利用趋势信息近似确定当前的变量模型，从而实现有效估计，而无须追溯到 $k=0$ 时刻。

在进一步讨论之前，先研究两种类型的模型。

（1）固定模型：不取决于模型历史（特别是 m_{k-1}）。

（2）依赖模型：取决于 m_{k-1}，如式（7-69）中的 m_k^n。

固定模型（如 CV 模型和 CT 模型）可以直接被估计器（如卡尔曼滤波）利用，而依赖模型不能，除非给定 m_{k-1}。如果所有模型都是固定的，则可以直接使用 IMM 估计方法进行状态估计。

为简单起见，假设 $\boldsymbol{M}_k$ 只包含一个依赖模型 m_k^n 和多个固定模型。

令

$$\begin{cases} \hat{\boldsymbol{x}}_k = E[\boldsymbol{x}_k \left| \boldsymbol{M}^k, \boldsymbol{Z}^k \right.] \\ \boldsymbol{P}_k = \text{MSE}(\hat{\boldsymbol{x}}_k \left| \boldsymbol{M}^k, \boldsymbol{Z}^k \right.) = E[(\boldsymbol{x}_k - \hat{\boldsymbol{x}}_k)(\cdot)^{\text{T}} \left| \boldsymbol{M}^k, \boldsymbol{Z}^k \right.] \end{cases} \tag{7-71}$$

为了方便后文记述，删去 $\boldsymbol{M}^k$。

对于 7.2.1 节定义的混杂系统，后验概率密度函数 $p(\boldsymbol{x}_k | \boldsymbol{Z}^k)$ 由全概率公式给出，即

$$p(\boldsymbol{x}_k | \boldsymbol{Z}^k) = \sum_j p(\boldsymbol{x}_k \left| m_k^j, \boldsymbol{Z}^k \right.) P\{m_k^j | \boldsymbol{Z}^k\} \tag{7-72}$$

由于 m_k^n 取决于 $m_{k-1} \in \boldsymbol{M}_{k-1} = \{m_{k-1}^1, m_{k-1}^2, \cdots, m_{k-1}^M\}$，所以 $p(\boldsymbol{x}_k \left| m_k^n, \boldsymbol{Z}^k \right.)$ 不能直接计算。将上述函数进一步展开为

$$\begin{aligned} p(\boldsymbol{x}_k | \boldsymbol{Z}^k) = & \sum_{j \neq n} p(\boldsymbol{x}_k \left| m_k^j, \boldsymbol{Z}^k \right.) P\{m_k^j \left| \boldsymbol{Z}^k \right.\} + \\ & \sum_i p(\boldsymbol{x}_k \left| m_k^n, m_{k-1}^i, \boldsymbol{Z}^k \right.) P\{m_k^n, m_{k-1}^i \left| \boldsymbol{Z}^k \right.\} \\ = & \sum_{j \neq n} p(\boldsymbol{x}_k \left| m_k^j, \boldsymbol{Z}^k \right.) P\{m_k^j \left| \boldsymbol{Z}^k \right.\} + \\ & \sum_i p(\boldsymbol{x}_k \left| m_k^{n|i}, m_{k-1}^i, \boldsymbol{Z}^k \right.) P\{m_k^{n|i}, m_{k-1}^i \left| \boldsymbol{Z}^k \right.\} \end{aligned} \tag{7-73}$$

在式（7-73）的第 2 步给定 m_{k-1}^{i}，可以得到 $m_k^n = m_k^{n|i}$。由于 m_{k-1}^{n} 也取决于 m_{k-2}，所以上述展开式将继续回溯到初始时刻 $k=1$，这使计算变得不可行。

如果模型集合包含依赖的模型，上述推导需要进行合并或删减。为了在估计器中使用依赖模型而不进一步扩展，采用固定模型对其进行近似处理，使这些模型可以直接用于滤波器。为此，引入等效模型的概念。

定义 7-1　给定在 $k-1$ 时刻的相同条件和对模型转换的相同假设，如果一个固定模型 $\hat{s}_k^n$ 在 k 时刻可以得到相同的估计结果，则它是依赖模型 m_k^n 的 EqM。

在此，$k-1$ 时刻的已知量包括

$$\{\hat{\boldsymbol{x}}_{k-1}^{i}, \boldsymbol{P}_{k-1}^{i}, \mu_{k-1}^{i}\}_{i=1}^{n}, \hat{s}_{k-1}^{n} \tag{7-74}$$

式中，$\hat{s}_{k-1}^{n}$ 是固定模型，等价于依赖模型 m_{k-1}^{n}；$\hat{\boldsymbol{x}}_{k-1}^{i} = E[\boldsymbol{x}_{k-1} | m_{k-1}^{i}, \boldsymbol{Z}^{k-1}]$；$\boldsymbol{P}_{k-1}^{i} = \mathrm{MSE}(\hat{\boldsymbol{x}}_{k-1}^{i} | m_{k-1}^{i}, \boldsymbol{Z}^{k-1})$；$\mu_{k-1}^{i} \triangleq P\{m_{k-1}^{i} | \boldsymbol{M}^{k-1}, \boldsymbol{Z}^{k-1}\}$ 是以 $\boldsymbol{M}^{k-1}$ 和 $\boldsymbol{Z}^{k-1}$ 为条件的 m_{k-1}^{i} 的概率。

使用 EqM 来简化估计过程，如图 7-3 所示。图中，“:”表示“代表”；“≜”表示用其 EqM 逼近依赖模型。在图 7-3 中，m_{k-1}^{n} 被替换为其 EqM $\hat{s}_{k-1}^{n}$，因此，$m_k^{n|n}$ 可以用 $m_k^{n|\hat{s}_{k-1}^{n}}$ 来近似，那么 m_k^n 可以用一组模型的显式形式进行近似。

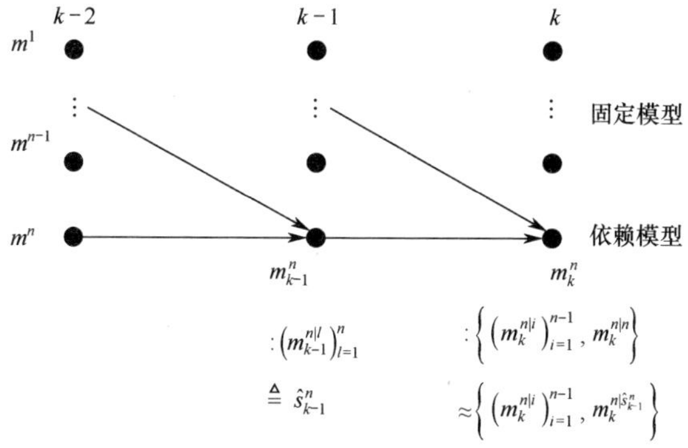

图 7-3　用 EqM 简化估计过程

通过将 m_{k-1}^{n} 替换为其 EqM $\hat{s}_{k-1}^{n}$，式（7-73）可以近似为

$$\begin{aligned} p(\boldsymbol{x}_k | \boldsymbol{Z}^k) \approx & \sum_{j \neq n} p(\boldsymbol{x}_k | m_k^j, \boldsymbol{Z}^k) P\{m_k^j | \boldsymbol{Z}^k\} + \\ & \sum_{i \neq n} p(\boldsymbol{x}_k | m_k^{n|i}, m_{k-1}^{i}, \boldsymbol{Z}^k) P\{m_k^{n|i}, m_{k-1}^{i} | \boldsymbol{Z}^k\} + \\ & p(\boldsymbol{x}_k | m_k^{n|\hat{s}_{k-1}^{n}}, \hat{s}_{k-1}^{n}, \boldsymbol{Z}^k) P\{m_k^{n|\hat{s}_{k-1}^{n}}, \hat{s}_{k-1}^{n} | \boldsymbol{Z}^k\} \end{aligned} \tag{7-75}$$

式中，$m_k^{n|\hat{s}_{k-1}^{n}}$ 可以在给定 $\hat{s}_{k-1}^{n}$ 的情况下确定。给定 EqM $\hat{s}_{k-1}^{n}$ 和其他固定模型 $\{m_{k-1}^{i}\}_{i=1}^{n-1}$，$\{m_k^{n|i}\}_{i=1}^{n-1}$ 和 $m_k^{n|\hat{s}_{k-1}^{n}}$ 可以如式（7-70）那样确定。式（7-75）中约等号右边第一项可以采用 IMM 估计方法较容易地通过计算得到。

如果 $\boldsymbol{M}_k$ 有多个依赖模型或没有固定模型，则上述方法通常可以很容易地应用，几乎不需要修改。

3. 等效模型的确定

为确定 m_{k-1}^n 的 EqM $\hat{s}_{k-1}^n$，需要使用 k 时刻的趋势信息。在 k 时刻，以下信息可用于确定 $\hat{s}_{k-1}^n$：

$$\{\hat{\boldsymbol{x}}_{k-2}^l, \boldsymbol{P}_{k-2}^l, \mu_{k-2}^l\}_{l=1}^n, \hat{s}_{k-2}^n \tag{7-76}$$

$$\{\hat{\boldsymbol{x}}_{k-1}^i, \boldsymbol{P}_{k-1}^i, \mu_{k-1}^i\}_{i=1}^n \tag{7-77}$$

令 $\boldsymbol{M}_{k-1}^{\mathrm{c}}$ 是 m_{k-1}^n 的一组 EqM 候选集合。这里的 $\boldsymbol{M}_{k-1}^{\mathrm{c}}$ 由固定模型组成，能够充分覆盖整个模式空间 $\tilde{\boldsymbol{M}}$。例如，$\boldsymbol{M}_{k-1}^{\mathrm{c}}$ 可以是 $\tilde{\boldsymbol{M}}$ 的总集 $\boldsymbol{M}$。根据 EqM 的定义，给定式（7-76），需要将基于固定模型 $s_{k-1}^r(\forall s_{k-1}^r \in \boldsymbol{M}_{k-1}^{\mathrm{c}})$ 的 $\boldsymbol{x}_{k-1}$ 估计结果与基于 m_{k-1}^n 的估计结果进行比较。在 $k-1$ 时刻，式（7-76）是先验信息，式（7-77）是需要进行比较的估计结果。因此，要得到 EqM $\hat{s}_k^n$，需要执行的任务只有两项：①在已知由式（7-76）给定的 s_{k-1}^r、z_{k-1} 及模型转换的条件下，计算得到估计结果；②将上述结果与式（7-77）进行比较，得到 $\hat{s}_{k-1}^n$。

第一项任务可以用下述方法完成。

令 m_{k-1}^n 和 s_{k-1}^r 具有相同的模型转换，即

$$P\{m_{k-1}^n \big| m_{k-2}^l, \boldsymbol{Z}^{k-2}\} = \pi^{n|l} \tag{7-78}$$

s_{k-1}^r 可以直接被滤波器使用，对所有可能的 s_{k-1}^r 应用“标准”多模型估计方法（如 IMM 估计方法）中的相应步骤，得到 $\{\hat{\boldsymbol{x}}_{k-1}^{r(n)}, \boldsymbol{P}_{k-1}^{r(n)}\}$。上标 $r(n)$ 表示结果是针对 m_{k-1}^n 的。

第二项任务可以用下述方法完成。

定义一个度量 $D(s_{k-1}^r, m_{k-1}^n)$ 来衡量 $\{\hat{\boldsymbol{x}}_{k-1}^n, \boldsymbol{P}_{k-1}^n\}$ 和 $\{\hat{\boldsymbol{x}}_{k-1}^{r(n)}, \boldsymbol{P}_{k-1}^{r(n)}\}$ 的差异（假设相应的分布为高斯分布），如 KL 信息（文献[9]提出的 BMA 方法）。

最小化该度量，得到 $\hat{s}_{k-1}^n$ 为

$$\hat{s}_{k-1}^n = \arg\min_{s_{k-1}^r \in \boldsymbol{M}_{k-1}^{\mathrm{c}}} D(s_{k-1}^r, m_{k-1}^n) \tag{7-79}$$

基于式（7-1）中的模型假设，上述步骤如表 7-1 所示。

因此，可以确定 m_{k-1}^n 的 EqM $\hat{s}_{k-1}^n$，从而得到 $m_k^{n|n} \approx m_k^{n|\hat{s}_{k-1}^n}$，如式（7-70）所示。然后可以推导出基于式（7-75）的状态估计，这与 IMM 估计方法类似。

如果采用多个依赖模型，每个模型也可以通过相应的 EqM 进行近似，如上文给出的状态估计。也就是说，EqMA 方法可以应用于包含多个依赖模型的模型集合。

表 7-1　等效模型的确定

1. 计算 $s_{k-1}^{r}\in \boldsymbol{M}_{k-1}^{\mathrm{c}}$ 的估计结果

1.1　计算 m_{k-1}^{n} 的初始参数（同 s_{k-1}^{r}）

$$\hat{\boldsymbol{x}}_{k-2}^{0n}=\sum\nolimits_{l}\hat{\boldsymbol{x}}_{k-2}^{l}\lambda_{k-1}^{l|n}$$
$$\boldsymbol{P}_{k-2}^{0n}=\sum\nolimits_{l}\lambda_{k-1}^{l|n}[\boldsymbol{P}_{k-2}^{l}+(\hat{\boldsymbol{x}}_{k-2}^{l}-\hat{\boldsymbol{x}}_{k-2}^{0n})(\cdot)^{\mathrm{T}}]$$
$$\lambda_{k-1}^{l|n}=\pi^{n|l}\mu_{k-2}^{l}\Big/\left(\sum\nolimits_{l}\pi^{n|l}\mu_{k-2}^{l}\right)$$

1.2　以 s_{k-1}^{r} 为条件计算估计结果（卡尔曼滤波）

$$\hat{\boldsymbol{x}}_{k-1}^{r(n)}=\hat{\boldsymbol{x}}_{k-1|k-2}^{r(n)}+\boldsymbol{K}_{k-1}^{r(n)}(\boldsymbol{z}_{k-1}-\boldsymbol{H}_{k-1}^{r}\hat{\boldsymbol{x}}_{k-1|k-2}^{r(n)})$$
$$\boldsymbol{P}_{k-1}^{r(n)}=(\boldsymbol{I}-\boldsymbol{K}_{k-1}^{r(n)}\boldsymbol{H}_{k-1}^{r})\boldsymbol{P}_{k-1|k-2}^{r(n)}$$
$$\hat{\boldsymbol{x}}_{k-1|k-2}^{r(n)}=\boldsymbol{F}_{k-2}^{r}\hat{\boldsymbol{x}}_{k-2}^{0n}+\boldsymbol{G}_{k-2}^{r}\boldsymbol{u}_{k-2}^{r}$$
$$\boldsymbol{P}_{k-1|k-2}^{r(n)}=\boldsymbol{F}_{k-2}^{r}\boldsymbol{P}_{k-2}^{0n}(\boldsymbol{F}_{k-2}^{r})^{\mathrm{T}}+\boldsymbol{\Gamma}_{k-2}^{r}\boldsymbol{Q}_{k-2}^{r}(\boldsymbol{\Gamma}_{k-2}^{r})^{\mathrm{T}}$$
$$\boldsymbol{K}_{k-1}^{r(n)}=\boldsymbol{P}_{k-1|k-2}^{r(n)}(\boldsymbol{H}_{k-1}^{r})^{\mathrm{T}}(\boldsymbol{H}_{k-1}^{r}\boldsymbol{P}_{k-1|k-2}^{r(n)}(\boldsymbol{H}_{k-1}^{r})^{\mathrm{T}}+\boldsymbol{R}_{k-1}^{r})^{-1}$$

2. 获得 $\hat{s}_{k-1}^{n}$

2.1　构造度量 $D(s_{k-1}^{r},m_{k-1}^{n})$

$$D(s_{k-1}^{r},m_{k-1}^{n})=\frac{1}{2}\{\ln(|\boldsymbol{P}_{k-1}^{n}|/|\boldsymbol{P}_{k-1}^{r(n)}|)-\dim(\boldsymbol{x}_{k})+\mathrm{tr}[(\boldsymbol{P}_{k-1}^{n})^{-1}(\boldsymbol{P}_{k-1}^{r(n)}+(\hat{\boldsymbol{x}}_{k-1}^{r(n)}-\boldsymbol{x}_{k-1}^{n})(\cdot)^{\mathrm{T}})]\}$$

2.2　获得 $\hat{s}_{k-1}^{n}$

$$\hat{s}_{k-1}^{n}=\underset{s_{k-1}^{r}\in \boldsymbol{M}_{k-1}^{\mathrm{c}}}{\arg\min}\,D(s_{k-1}^{r},m_{k-1}^{n})$$

4．EqMA 方法的简化

由于以下原因，上述估计过程将变得很复杂。①求解式（7-79）以获得 EqM 的过程非常复杂。如果 $\boldsymbol{M}_{k-1}^{\mathrm{c}}$ 中的 n_{k-1}^{c} 个候选模型在结构上有所不同，则需要 n_{k-1}^{c} 个滤波器来计算求解式（7-79）。②基于式（7-75）的估计过程非常复杂，因为需要 n 个固定模型来计算式（7-75）的最后两项（整个过程需要 $2n-1$ 个滤波器，对应 $2n-1$ 个固定模型）。

因此，在基于包含一个依赖模型的模型集合的通用 EqMA 方法中，总共需要 $n_{k-1}^{\mathrm{c}}+2n-1$ 个滤波器。由于这些原因，接下来讨论对一类模型 EqMA 的简化问题。

1）简化 EqM 的确定

在式（7-79）和表 7-1 中，通过最小化 $D(s_{k-1}^{r},m_{k-1}^{n})$ 可以获得最优 EqM $\hat{s}_{k-1}^{n}$。这个优化过程可能相当复杂，因为模型的结构和参数可能各不相同。在此，考虑以下两种简化这一过程的方法。

（1）适当简化候选模型集合 $\boldsymbol{M}_{k-1}^{\mathrm{c}}$。

（2）将原始优化问题转换为一类模型的凸优化问题。

如果 $\boldsymbol{M}_{k-1}^{\mathrm{c}}$ 的规模较小，通过对 $s_{k-1}^{r}\in \boldsymbol{M}_{k-1}^{\mathrm{c}}$ 进行逐一检验，可以很容易地求

解式（7-79）。但是，如果 $\boldsymbol{M}_{k-1}^{\mathrm{c}}$ 的规模很大，则检验每个候选模型在计算上是低效的或不可行的。当模型的特征是连续参数时，就会发生这种情况。在这种情况下，优化过程可以通过用重新设计的小型候选模型集合 $\bar{\boldsymbol{M}}_{k-1}^{\mathrm{c}}$ 代替原始的 $\boldsymbol{M}_{k-1}^{\mathrm{c}}$ 而得到简化。$\bar{\boldsymbol{M}}_{k-1}^{\mathrm{c}}$ 可以通过在一定标准下选择 $\boldsymbol{M}_{k-1}^{\mathrm{c}}$ 中的模型得到，以保持原始模型集合的特征。在 $\boldsymbol{M}_{k-1}^{\mathrm{c}}$ 的基础上，可以采用多种方法获得 $\bar{\boldsymbol{M}}_{k-1}^{\mathrm{c}}$。

此外，式（7-79）可以直接对一类候选模型进行简化。注意，任何具有参数和结构的固定模型集合 $\boldsymbol{M}_{k-1}^{\mathrm{c}}$（不一定是 $\boldsymbol{M}_{k-1}$ 中的）都可以用来生成 EqM。考虑仅在输入方面不同的候选模型，$k-1$ 时刻的模型为

$$\begin{cases}\boldsymbol{u}_{k-2}^{l}\neq\boldsymbol{u}_{k-2}^{i}, & \boldsymbol{u}_{k-2}^{l},\boldsymbol{u}_{k-2}^{i}\in\boldsymbol{U}_{k-2}^{\mathrm{c}}\\ \boldsymbol{F}_{k-2}^{l}=\boldsymbol{F}_{k-2}, \quad \boldsymbol{G}_{k-2}^{l}=\boldsymbol{G}_{k-2}, & \boldsymbol{\Gamma}_{k-2}^{l}=\boldsymbol{\Gamma}_{k-2}\\ \boldsymbol{H}_{k-2}^{l}=\boldsymbol{H}_{k-2}, \quad \boldsymbol{Q}_{k-2}^{l}=\boldsymbol{Q}_{k-2}, & \boldsymbol{R}_{k-2}^{l}=\boldsymbol{R}_{k-2}\\ \forall m_{k-1}^{l},m_{k-1}^{i}\in\boldsymbol{M}_{k-1}^{\mathrm{c}}, & l\neq i\end{cases} \tag{7-80}$$

式中，$\boldsymbol{u}_{k-2}^{l}$ 和 $\boldsymbol{u}_{k-2}^{i}$ 分别是 m_{k-1}^{l} 和 m_{k-1}^{i} 的输入；$\boldsymbol{U}_{k-2}^{\mathrm{c}}$ 是输入的连续区域。实际上，$\boldsymbol{M}_{k-1}^{\mathrm{c}}$ 对应 $\boldsymbol{U}_{k-2}^{\mathrm{c}}$。在文献[2]中，此类模型（如具有加速度输入的 CA 模型）被用于目标跟踪。在这些情况下，$\boldsymbol{U}^{\mathrm{c}}$ 是一个凸的连续加速度空间。对于这种模型，算式可以被大量简化。由于式（7-80）给出的所有模型仅在输入上有所不同，因此基于模型的估计结果可以写成如下形式（使用表 7-1 中的符号）：

$$\begin{cases}\hat{\boldsymbol{x}}_{k-1}^{r(n)}=\hat{\boldsymbol{x}}_{k-1|k-2}^{r(n)}+\boldsymbol{K}_{k-1}(\boldsymbol{z}_{k-1}-\boldsymbol{H}_{k-1}\hat{\boldsymbol{x}}_{k-1|k-2}^{r(n)})\\ \qquad =(\boldsymbol{I}-\boldsymbol{K}_{k-1}\boldsymbol{H}_{k-1})\hat{\boldsymbol{x}}_{k-1|k-2}^{r(n)}+\boldsymbol{K}_{k-1}\boldsymbol{z}_{k-1}\\ \qquad =(\boldsymbol{I}-\boldsymbol{K}_{k-1}\boldsymbol{H}_{k-1})(\boldsymbol{F}_{k-2}\hat{\boldsymbol{x}}_{k-2}^{0n}+\boldsymbol{G}_{k-2}\boldsymbol{u}_{k-2}^{r})+\boldsymbol{K}_{k-1}\boldsymbol{z}_{k-1}\\ \qquad =\boldsymbol{A}_{k-1}\boldsymbol{u}_{k-2}^{r}+\boldsymbol{b}_{k-1}\\ \boldsymbol{P}_{k-1}^{r(n)}=(\boldsymbol{I}-\boldsymbol{K}_{k-1}\boldsymbol{H}_{k-1})\boldsymbol{P}_{k-1|k-2}\\ \qquad \triangleq\boldsymbol{P}_{k-1}\end{cases} \tag{7-81}$$

式中，

$$\begin{cases}\boldsymbol{A}_{k-1}\triangleq(\boldsymbol{I}-\boldsymbol{K}_{k-1}\boldsymbol{H}_{k-1})\boldsymbol{G}_{k-2}\\ \boldsymbol{b}_{k-1}\triangleq(\boldsymbol{I}-\boldsymbol{K}_{k-1}\boldsymbol{H}_{k-1})\boldsymbol{F}_{k-2}\hat{\boldsymbol{x}}_{k-2}^{0n}+\boldsymbol{K}_{k-1}\boldsymbol{z}_{k-1}\\ \boldsymbol{K}_{k-1}=\boldsymbol{P}_{k-1|k-2}\boldsymbol{H}_{k-1}^{\mathrm{T}}(\boldsymbol{H}_{k}\boldsymbol{P}_{k-1|k-2}\boldsymbol{H}_{k-1}^{\mathrm{T}}+\boldsymbol{R}_{k-1})^{-1}\\ \boldsymbol{P}_{k-1|k-2}=\boldsymbol{F}_{k-2}\boldsymbol{P}_{k-2}^{0n}\boldsymbol{F}_{k-2}^{\mathrm{T}}+\boldsymbol{\Gamma}_{k-2}\boldsymbol{Q}_{k-2}\boldsymbol{\Gamma}_{k-2}^{\mathrm{T}}\end{cases} \tag{7-82}$$

与表 7-1 中的方程相比，式（7-82）包含一些不直接取决于该式子下的特定模型的项。

将式（7-82）代入表 7-1 中的 $D(s_{k-1}^{r},m_{k-1}^{n})$，得到

$$
\begin{aligned}
&D(s_{k-1}^{r},m_{k-1}^{n})\\
&=\frac{1}{2}\{\ln(\left|\boldsymbol{P}_{k-1}^{n}\right|/\left|\boldsymbol{P}_{k-1}^{r(n)}\right|)-\dim(\boldsymbol{x}_{k})+\mathrm{tr}[(\boldsymbol{P}_{k-1}^{n})^{-1}(\boldsymbol{P}_{k-1}^{r(n)}+(\hat{\boldsymbol{x}}_{k-1}^{r(n)}-\hat{\boldsymbol{x}}_{k-1}^{n})(\cdot)^{\mathrm{T}})]\}\\
&=\frac{1}{2}\{\ln(\left|\boldsymbol{P}_{k-1}^{n}\right|/\left|\boldsymbol{P}_{k-1}\right|)-\dim(\boldsymbol{x}_{k})+\mathrm{tr}[(\boldsymbol{P}_{k-1}^{n})^{-1}(\boldsymbol{P}_{k-1}+(\hat{\boldsymbol{x}}_{k-1}^{r(n)}-\hat{\boldsymbol{x}}_{k-1}^{n})(\cdot)^{\mathrm{T}})]\}\qquad(7\text{-}83)\\
&=\frac{1}{2}(\hat{\boldsymbol{x}}_{k-1}^{r(n)}-\hat{\boldsymbol{x}}_{k-1}^{n})^{\mathrm{T}}(\boldsymbol{P}_{k-1}^{n})^{-1}(\hat{\boldsymbol{x}}_{k-1}^{r(n)}-\hat{\boldsymbol{x}}_{k-1}^{n})+d_{k-1}^{n}\\
&=d_{k-1}^{n}+\frac{1}{2}(\boldsymbol{A}_{k-1}\boldsymbol{u}_{k-2}^{r}+\boldsymbol{c}_{k-1}^{n})^{\mathrm{T}}(\boldsymbol{P}_{k-1}^{n})^{-1}(\boldsymbol{A}_{k-1}\boldsymbol{u}_{k-2}^{r}+\boldsymbol{c}_{k-1}^{n})
\end{aligned}
$$

式中，$\boldsymbol{c}_{k-1}^{n}\triangleq\boldsymbol{b}_{k-1}^{n}-\hat{\boldsymbol{x}}_{k-1}^{n}$；$d_{k-1}^{n}\triangleq\frac{1}{2}[\ln(\left|\boldsymbol{P}_{k-1}^{n}\right|/\left|\boldsymbol{P}_{k-1}\right|)-\dim(x_{k})+\mathrm{tr}((\boldsymbol{P}_{k-1}^{n})^{-1}\boldsymbol{P}_{k-1})]$。因此，$\boldsymbol{c}_{k-1}^{n}$ 和 $\boldsymbol{d}_{k-1}^{n}$ 都不是 $\boldsymbol{u}_{k-2}^{r}$ 的函数。那么式（7-79）将变为

$$
\hat{\boldsymbol{u}}_{k-2}^{n}=\underset{\boldsymbol{u}_{k-2}^{r}\in\boldsymbol{U}_{k-2}^{\mathrm{c}}}{\arg\min}\frac{1}{2}(\boldsymbol{A}_{k-1}\boldsymbol{u}_{k-2}^{r}+\boldsymbol{c}_{k-1}^{n})^{\mathrm{T}}(\boldsymbol{P}_{k-1}^{n})^{-1}(\boldsymbol{A}_{k-1}\boldsymbol{u}_{k-2}^{r}+\boldsymbol{c}_{k-1}^{n})\qquad(7\text{-}84)
$$

式中，$\boldsymbol{u}_{k-2}^{r}$ 是 $\hat{s}_{k-1}^{n}$ 的输入。如果 $\boldsymbol{U}_{k-2}^{\mathrm{c}}$ 是凸的，则式（7-83）可以很容易地求解。此外，如果 $\boldsymbol{u}_{k-2}^{r}\in\boldsymbol{U}_{k-2}^{\mathrm{c}}$ 可以等价地改写为 $\boldsymbol{A}_{k-2}^{u}\boldsymbol{u}_{k-2}^{r}\leqslant\boldsymbol{b}_{k-2}^{u}$，则式（7-83）就变为凸二次规划问题。

实际上，使用具有恒定加速度输入的 CA 模型（如文献[2]中的模型）作为候选模型，可以很容易地使用上述简化方法来获得 EqM。

上述用于确定 EqM 的简化过程如表 7-2 所示。实际上，对于式（7-80）中的模型，上述简化将原来使用 n_{k}^{c} 个滤波器的优化过程转换为一个凸二次规划问题，可以在多项式时间内求解。因此，这里 EqM 的确定比表 7-1 中的一般方法要简单得多，特别是当候选模型集合 $\boldsymbol{M}_{k-1}^{\mathrm{c}}$ 对应一个连续的参数区域时（如当上述 $\boldsymbol{U}_{k-2}^{\mathrm{c}}$ 连续时）。

表 7-2　使用式（7-80）中的候选模型简化 EqM 的确定过程

1. 计算 $s_{k-1}^{r}\in\boldsymbol{M}_{k-1}^{\mathrm{c}}$ 的初始参数 参考表 7-1 中的 1.1，得到 $\hat{\boldsymbol{x}}_{k-2}^{0n}$ 和 $\boldsymbol{P}_{k-2}^{0n}$。
2. 得到 $\hat{s}_{k-1}^{n}$（得到 $\hat{\boldsymbol{u}}_{k-2}^{n}$） $\hat{\boldsymbol{u}}_{k-2}^{n}=\underset{\hat{\boldsymbol{u}}_{k-2}^{r}\in\boldsymbol{U}_{k-2}^{\mathrm{c}}}{\arg\min}\frac{1}{2}(\boldsymbol{A}_{k-1}\boldsymbol{u}_{k-2}^{r}+\boldsymbol{c}_{k-1}^{n})^{\mathrm{T}}(\boldsymbol{P}_{k-1}^{n})^{-1}(\boldsymbol{A}_{k-1}\boldsymbol{u}_{k-2}^{r}+\boldsymbol{c}_{k-1}^{n})$ 式中，$\boldsymbol{A}_{k-1}$ 和 $\boldsymbol{c}_{k-1}^{n}$ 分别由式（7-81）和式（7-83）给出。

2）EqMA 方法的简化

在第二代多模型估计方法中，IMM 估计方法特别有效和高效，并得到了广泛的研究。然而，IMM 估计方法不能直接应用于具有依赖模型的混合系统，如式（7-70）中的 m_{k}^{n}。这可以从式（7-75）中很容易地看出，IMM 估计方法

的混合过程不能应用于 m_k^n。尽管如此，仍然可以采用混合策略来简化式（7-75）中的估计过程。

假设量测不是 m_k 的函数，但量测值不是动态模型的函数，则条件概率密度函数 $p(\boldsymbol{x}_k|\boldsymbol{Z}^k)$ 由下式给出：

$$p(\boldsymbol{x}_k|\boldsymbol{Z}^k)=\sum_j p(\boldsymbol{x}_k|m_k^j,\boldsymbol{Z}^k)P\{m_k^j|\boldsymbol{Z}^k\} \tag{7-85}$$

现在只考虑以依赖模型 m_k^n 为条件的概率密度函数，因为其他概率密度函数可以通过流行的多模型估计方法（如 IMM 估计方法）计算得到。根据贝叶斯公式，有

$$p(\boldsymbol{x}_k|m_k^n,\boldsymbol{Z}^k)=\frac{p(z_k|m_k^n,\boldsymbol{x}_k,\boldsymbol{Z}^{k-1})}{p(z_k|m_k^n,\boldsymbol{Z}^{k-1})}p(\boldsymbol{x}_k|m_k^n,\boldsymbol{Z}^{k-1}) \tag{7-86}$$

由全概率公式可知

$$\begin{aligned}p(\boldsymbol{x}_k|m_k^n,\boldsymbol{Z}^{k-1})&=\boldsymbol{N}_k+p(\boldsymbol{x}_k|m_k^n,m_{k-1}^n,\boldsymbol{Z}^{k-1})\lambda_k^{n|n}\\&\approx\boldsymbol{N}_k+p(\boldsymbol{x}_k|m_k^n,\hat{s}_{k-1}^n,\boldsymbol{Z}^{k-1})\lambda_k^{n|n}\\&\approx\boldsymbol{N}_k+p(\boldsymbol{x}_k|m_k^{n|\hat{s}_{k-1}^n},\hat{\boldsymbol{x}}_{k-1}^n,\boldsymbol{P}_{k-1}^n)\lambda_k^{n|n}\end{aligned} \tag{7-87}$$

式中，

$$\boldsymbol{N}_k\triangleq\sum_{i\neq n}p(\boldsymbol{x}_k|m_k^n,m_{k-1}^i,\boldsymbol{Z}^{k-1})\lambda_k^{i|n}=\sum_{i\neq n}p(\boldsymbol{x}_k|m_k^{n|i},\boldsymbol{Z}^{k-1})\lambda_k^{i|n} \tag{7-88}$$

式中，$\lambda_k^{i|n}\triangleq P\{m_{k-1}^i|m_k^n,\boldsymbol{Z}^{k-1}\}$。

式（7-87）中的第一个“≈”将 m_k^n 近似为 EqM $\hat{s}_{k-1}^n$；第二个“≈”将 $\{\hat{s}_{k-1}^n,\boldsymbol{Z}^{k-1}\}$ 近似为 $\{\hat{\boldsymbol{x}}_{k-1}^n,\boldsymbol{P}_{k-1}^n\}$（如 IMM 估计方法）；$m_k^{n|\hat{s}_{k-1}^n}$ 是一个固定模型，因为 $\hat{s}_{k-1}^n$ 是给定的。

条件概率 $\lambda_k^{i|n}$ 可以作为 IMM 估计方法中的混合概率，很容易计算得到。式（7-87）表明，混合步骤只能应用于以 $m_k^{n|i}$ 和 $m_k^{n|\hat{s}_{k-1}^n}$ 为条件的 $\boldsymbol{x}_k$ 的一步预测，这个步骤与 IMM 估计方法中的步骤不同，因为 $m_k^{n|i}$ 取决于 m_{k-1}^i（$m_k^{n|\hat{s}_{k-1}^n}$ 取决于 $\hat{s}_{k-1}^n$）。

基于式（7-87）可以得到 $\boldsymbol{x}_k$ 的一步预测为

$$\begin{cases}\hat{\boldsymbol{x}}_{k|k-1}^n=\sum_i\hat{\boldsymbol{x}}_{k|k-1}^{n|i}\lambda_k^{i|n}\\\boldsymbol{P}_{k|k-1}^n=\sum_i\lambda_k^{i|n}[\boldsymbol{P}_{k|k-1}^{n|i}+(\hat{\boldsymbol{x}}_{k|k-1}^{n|i}-\hat{\boldsymbol{x}}_{k|k-1}^n)(\cdot)^{\mathrm{T}}]\end{cases} \tag{7-89}$$

式中，

$$\begin{cases}\hat{\boldsymbol{x}}_{k|k-1}^n=E[\boldsymbol{x}_k|m_k^n,\boldsymbol{Z}^{k-1}]\\\boldsymbol{P}_{k|k-1}^n=E[(\boldsymbol{x}_k-\hat{\boldsymbol{x}}_{k|k-1}^j)(\cdot)^{\mathrm{T}}|m_k^n,\boldsymbol{Z}^{k-1}]\\\hat{\boldsymbol{x}}_{k|k-1}^{n|i}=E[\boldsymbol{x}_k|m_k^{n|i},\boldsymbol{Z}^{k-1}]\\\boldsymbol{P}_{k|k-1}^{n|i}=E[(\boldsymbol{x}_k-\hat{\boldsymbol{x}}_{k|k-1}^{n|i})(\cdot)^{\mathrm{T}}|m_k^{n|i},\boldsymbol{Z}^{k-1}]\end{cases} \tag{7-90}$$

在式（7-90）中，当 $i \neq n$ 时，$m_k^{n|i}$ 可以很容易地通过计算得到，$m_k^{n|n}$ 可以近似为 $m_k^{n|\hat{s}_{k-1}^n}$。由于这些是固定模型，$\hat{\boldsymbol{x}}_{k|k-1}^n$ 和 $\boldsymbol{P}_{k|k-1}^n$ 可以像卡尔曼滤波一样通过计算得到，因此可以直接得到式（7-89）。

给定 $\hat{\boldsymbol{x}}_{k|k-1}^n$ 和 $\boldsymbol{P}_{k|k-1}^n$，可以得到 $p(\boldsymbol{x}_k \mid m_k^n, \boldsymbol{Z}^{k-1})$（用高斯近似）。基于式（7-91）给出的量测和模型的独立性假设

$$p(z_k \mid m_k^j, \boldsymbol{x}_k, \boldsymbol{Z}^{k-1}) = p(z_k \mid \boldsymbol{x}_k, \boldsymbol{Z}^{k-1}), \quad \forall i \in \{1, 2, \cdots, M\} \tag{7-91}$$

式（7-86）中的 $p(\boldsymbol{x}_k \mid m_k^n, \boldsymbol{Z}^k)$ 可以通过给定 $p(\boldsymbol{x}_k \mid m_k^n, \boldsymbol{Z}^{k-1})$，用卡尔曼滤波的更新步骤计算得到。然后得到以下以 m_k^n 为条件的状态估计：

$$\begin{cases} \hat{\boldsymbol{x}}_k^n = E[\boldsymbol{x}_k \mid m_k^n, \boldsymbol{Z}^k] \\ \boldsymbol{P}_k^n = E[(\boldsymbol{x}_k - \hat{\boldsymbol{x}}_k^n)(\cdot)^{\mathrm{T}} \mid m_k^n, \boldsymbol{Z}^k] \end{cases} \tag{7-92}$$

式（7-85）中的 $\mu_k^n \triangleq P\{m_k^n \mid \boldsymbol{Z}^k\}$ 可以由下式计算得到：

$$\mu_k^n = \frac{1}{C_k} p(z_k \mid m_k^n, \boldsymbol{Z}^{k-1}) P\{m_k^n \mid \boldsymbol{Z}^{k-1}\} = \frac{1}{C_k} \Lambda_k^n \mu_{k|k-1}^n \tag{7-93}$$

式中，$\mu_{k|k-1}^n \triangleq P\{m_k^n \mid \boldsymbol{Z}^{k-1}\} = \sum_i \pi^{n|i} \mu_{k-1}^i$。基于式（7-91），似然函数 $\Lambda_k^n \triangleq p(z_k \mid m_k^n, \boldsymbol{Z}^{k-1})$ 可以在给定 $\hat{\boldsymbol{x}}_{k|k-1}^n$ 和 $\boldsymbol{P}_{k|k-1}^n$ 时用 IMM 估计方法计算。

经过上述步骤，m_k^n 的 $\{\hat{\boldsymbol{x}}_k^j, \boldsymbol{P}_k^j\}$ 和 μ_k^j 可以分别由式（7-92）和式（7-93）计算。如上所述，对于其他固定模型的 $\{\hat{\boldsymbol{x}}_k^j, \boldsymbol{P}_k^j\}$ 和 $\mu_k^j, j \neq n$，可以通过多模型估计方法轻松获得。然后，类似在 IMM 估计方法中，基于式（7-85），$\boldsymbol{x}_k$ 的最终估计可以通过融合 $\{\hat{\boldsymbol{x}}_k^j, \boldsymbol{P}_k^j\}_{j=1}^n$ 得到，该 $\{\hat{\boldsymbol{x}}_k^j, \boldsymbol{P}_k^j\}_{j=1}^n$ 采用 $\{\mu_k^j\}_{j=1}^n$ 进行加权。

以上步骤构成了简化 EqMA 算法的一个循环周期，称为简化等效模型 IMM（SE-IMM）算法。由于依赖模型 m_k^n 只需要一个滤波器，因此 SE-IMM 算法更简单。

7.6 仿真实验

本节仿真了 4 种采用不同参数和结构的模型集合的机动目标跟踪场景，并将本章介绍的估计方法进行了比较。仿真结果验证了不同估计方法的计算及性能有效性。

7.6.1 机动场景设计

本节设计了大量复杂机动目标的运动场景来对各种待比较的多模型估计方法进行全方位公平合理的测试。此处，假设动态模型为具有固定加速度输入的二维运动 CV 模型：

$$\begin{cases} \boldsymbol{x}_k = \boldsymbol{F}_{k-1}^j \boldsymbol{x}_{k-1} + \boldsymbol{G}_{k-1}^j \boldsymbol{u}_{k-1}^j + \boldsymbol{\Gamma}_{k-1}^j \boldsymbol{w}_{k-1}^j \\ \boldsymbol{z}_k = \boldsymbol{H}_k^j \boldsymbol{x}_k + \boldsymbol{v}_k^j \end{cases} \tag{7-94}$$

相应的参数如下：

$$\begin{cases} \boldsymbol{x} \triangleq [p_x \ v_x \ p_y \ v_y]^{\mathrm{T}}, \boldsymbol{u}_{k-1}^j \triangleq [a_x, a_y]^{\mathrm{T}}, \boldsymbol{F}_{k-1}^j = \mathrm{diag}(\boldsymbol{F}, \boldsymbol{F}), \\ \boldsymbol{G}_{k-1}^j = \boldsymbol{\varGamma}_{k-1}^j = \mathrm{diag}(\boldsymbol{G}, \boldsymbol{G}), \boldsymbol{w}_{k-1}^j \sim \mathcal{N}(\boldsymbol{0}, \boldsymbol{Q}), \boldsymbol{v}_k^j \sim \mathcal{N}(\boldsymbol{0}, \boldsymbol{R}), \\ \boldsymbol{F} \triangleq \begin{bmatrix} 1 & T \\ 0 & 1 \end{bmatrix}, \boldsymbol{G} \triangleq \begin{bmatrix} T^2/2 \\ T \end{bmatrix}, \boldsymbol{H}_k^j = \begin{bmatrix} 1 & 0 & 0 & 0 \\ 0 & 0 & 1 & 0 \end{bmatrix} \end{cases} \tag{7-95}$$

式中， $j = 1, 2, \cdots, M$ 。

在每个采样时刻，估计方法都基于一个含有 13 个模型［与式（7-95）对应］的集合进行状态估计，各模型间的区别仅在于取值如下加速度向量 $\boldsymbol{a} \triangleq [a_x, a_y]^{\mathrm{T}} \mathrm{m/s^2}$：

$$\begin{cases} m^1 : \boldsymbol{a} = [0,0]^{\mathrm{T}}, & m^2 : \boldsymbol{a} = [20,0]^{\mathrm{T}}, & m^3 : \boldsymbol{a} = [0,20]^{\mathrm{T}}, \\ m^4 : \boldsymbol{a} = [-20,0]^{\mathrm{T}}, & m^5 : \boldsymbol{a} = [0,-20]^{\mathrm{T}}, & m^6 : \boldsymbol{a} = [20,20]^{\mathrm{T}}, \\ m^7 : \boldsymbol{a} = [-20,20]^{\mathrm{T}}, & m^8 : \boldsymbol{a} = [-20,-20]^{\mathrm{T}}, & m^9 : \boldsymbol{a} = [20,-20]^{\mathrm{T}}, \\ m^{10} : \boldsymbol{a} = [40,0]^{\mathrm{T}}, & m^{11} : \boldsymbol{a} = [0,40]^{\mathrm{T}}, & m^{12} : \boldsymbol{a} = [-40,0]^{\mathrm{T}}, \\ m^{13} : \boldsymbol{a} = [0,-40]^{\mathrm{T}} \end{cases} \tag{7-96}$$

这些值从如下连续的加速度空间均匀采样得到：

$$\boldsymbol{A}^{\mathrm{c}} = \{(a_x, a_y) : |a_x| + |a_y| \leqslant 40\} \tag{7-97}$$

各模型间的转移概率矩阵 $\boldsymbol{\varPi}$ 设计如下：

$$\boldsymbol{\varPi} = \begin{bmatrix} \frac{116}{120} & \frac{1}{120} & \frac{1}{120} & \frac{1}{120} & \frac{1}{120} & 0 & 0 & 0 & 0 & 0 & 0 & 0 & 0 \\ 0.02 & 0.95 & 0 & 0 & 0 & 0.01 & 0 & 0 & 0.01 & 0.01 & 0 & 0 & 0 \\ 0.02 & 0 & 0.95 & 0 & 0 & 0.01 & 0.01 & 0 & 0 & 0 & 0.01 & 0 & 0 \\ 0.02 & 0 & 0 & 0.95 & 0 & 0 & 0.01 & 0.01 & 0 & 0 & 0 & 0.01 & 0 \\ 0.02 & 0 & 0 & 0 & 0.95 & 0 & 0 & 0.01 & 0.01 & 0 & 0 & 0 & 0.01 \\ 0 & \frac{1}{30} & \frac{1}{30} & 0 & 0 & \frac{28}{30} & 0 & 0 & 0 & 0 & 0 & 0 & 0 \\ 0 & 0 & \frac{1}{30} & \frac{1}{30} & 0 & 0 & \frac{28}{30} & 0 & 0 & 0 & 0 & 0 & 0 \\ 0 & 0 & 0 & \frac{1}{30} & \frac{1}{30} & 0 & 0 & \frac{28}{30} & 0 & 0 & 0 & 0 & 0 \\ 0 & \frac{1}{30} & 0 & 0 & \frac{1}{30} & 0 & 0 & 0 & \frac{28}{30} & 0 & 0 & 0 & 0 \\ 0 & 0.1 & 0 & 0 & 0 & 0 & 0 & 0 & 0 & 0.9 & 0 & 0 & 0 \\ 0 & 0 & 0.1 & 0 & 0 & 0 & 0 & 0 & 0 & 0 & 0.9 & 0 & 0 \\ 0 & 0 & 0 & 0.1 & 0 & 0 & 0 & 0 & 0 & 0 & 0 & 0.9 & 0 \\ 0 & 0 & 0 & 0 & 0.1 & 0 & 0 & 0 & 0 & 0 & 0 & 0 & 0.9 \end{bmatrix} \tag{7-98}$$

所有的估计方法均采用相同的参数，即

$$T = 1.0\text{s}\ ,\ \ \boldsymbol{R} = 1250\boldsymbol{I}\ \text{m}^2\ ,\ \ \boldsymbol{Q} = 0.001\boldsymbol{I}\ \text{m}^2/\text{s}^4 \tag{7-99}$$

本节将设计 4 个机动目标运动场景，其中 3 个为确定性场景（Deterministic Scenario，DS），分别是 DS1、DS2 和 DS3，还有一个为随机场景（Random Scenario，RS）。

（1）DS1 和 DS2 用来评估估计方法的峰值误差、稳态误差及响应时间。假设在 DS1 和 DS2 中，目标以初始状态 $\boldsymbol{x}_0 = [8000\text{m}, 25\text{m/s}, 8000\text{m}, 200\text{m/s}]^{\mathrm{T}}$ 出发，按如表 7-3 所示的机动加速度跳变过程。

表 7-3 场景 DS1 与 DS2 的机动加速度跳变过程

场 景	DS1		DS2	
k / s	a_k^x	a_k^y	a_k^x	a_k^y
1～30	0	0	0	0
31～45	18	22	8	22
46～55	2	37	12	27
56～80	0	0	0	0
81～98	25	2	15	2
99～119	−2	19	−2	9
120～139	0	−1	0	−1
140～150	38	−1	28	−1
151～160	0	0	0	0

（2）在 DS3 中，目标从初始状态 $\boldsymbol{x}_0 = [8000\text{m}, 600\text{m/s}, 8000\text{m}, 600\text{m/s}]^{\mathrm{T}}$ 出发，并在前 20s 内匀速运动。接下来，目标在 21～110s 做协同转弯运动。转弯半径 $r_{\mathrm{t}} = 18000\sqrt{2}\text{m}$ ，转弯角速率 $\omega_{\mathrm{t}} = 1/30(\text{rad/s})$ 。在此之后，目标继续保持匀速运动 50s 直至运动结束。在 DS3 中，目标运动时各方向上的加速度连续变化，使得对此处的多模型估计方法来说，DS3 甚至比 DS1 和 DS2 更加困难。

（3）为了使估计方法在一个机动轨迹集合上的比较尽可能公平，此处将采用一个 RS 对这些估计方法进行测试。在 RS 中，加速度向量 $\boldsymbol{a}(t) = a(t)\angle\theta(t)$ 是一个二维的半马尔可夫过程，其中，加速度在一个幅度为 a 、相位为 θ 的状态停留随机时间后跳变到另一个状态。简单而言，这个加速度模型假设如下。

① 加速度状态 $a = a_k$ 的逗留时间 τ_k 具有一个截断 $(\tau_k > 0)$ 的高斯分布，其均值为 $\bar{\tau}$ ，方差为 σ_r^2 。

② 加速度的幅度 a_{k+1} 在 0 与最大值处发生的概率分别为 P_0 和 P_{M} ，在其他取值处均匀分布。

③ 如果 $a_k = 0$ ，加速度的角度 θ_{k+1} 为均匀分布；否则，θ_{k+1} 是均值为 θ_k 、

方差为 σ_θ^2 的高斯变量。

在此次仿真中，采用如下相关参数：

$$\begin{cases}\overline{\tau}=\overline{\tau}_{\mathrm{M}}+\dfrac{a_{\max}-a}{a_{\max}}(\overline{\tau}_0-\overline{\tau}_{\mathrm{M}}),\sigma_\tau=\dfrac{1}{12}\overline{\tau}_a,\overline{\tau}_{\mathrm{M}}=10,\overline{\tau}_0=30\\ P_{\mathrm{M}}=0.1,a_{\max}=20\sqrt{2},\sigma_\theta=\dfrac{\pi}{12},P_0=0.8,a_k=a_{\max}\end{cases} \tag{7-100}$$

7.6.2 基于不同参数的模型的仿真场景

本节采用 7.6.1 节所描述的 4 个场景（DS1、DS2、DS3 和 RS），通过仿真来比较 3 种估计方法——IMM、EMA 和 BMA。文献[8]中的实验表明，EMA 估计方法是当前所提出的 VSMM 估计方法中估计性能较好的，因为该估计方法采用在 MMSE 准则下关于模式的最优估计（期望模式）对基本模型集合进行扩展。因此，为公平起见，此处将这种典型的 VSMM 估计方法与其他估计方法进行比较。

式（7-97）表明系统的模式空间是连续的。在实验中，式（7-96）所示的集合将作为 IMM 估计方法的模型集合，同时作为 BMA 估计方法的基本模型集合 $\boldsymbol{M}_{\mathrm{b}}$。由于模式空间是连续的，在 BMA 中获取激活模型的候选模型集合有两种方式。第一种方式是直接采用连续的加速度空间作为候选模型集合，这就意味着在每个候选模型中的加速度输入可以为 $\boldsymbol{A}^{\mathrm{c}}$ 中的任意值。于是式（7-51）成为一个凸优化的问题，即

$$\hat{m}_k=\arg\min_{\boldsymbol{a}^j\in\boldsymbol{A}^{\mathrm{c}}}D_{z_k}(s_k,m_k^j) \tag{7-101}$$

式中，$\boldsymbol{a}^j$ 为模型 m_k^j 的加速度输入。这种类型的 BMA 估计方法将被记为 BMA_C。在仿真实验中，MATLAB 函数 fminicon 将被用于求解该优化问题。

求解式（7-101）中的问题往往需要较大的计算量。为减少计算，第二种方式采用一个从 $\boldsymbol{A}^{\mathrm{c}}$ 中二次［相对于式（7-96）］均匀采样的离散加速度值构成的候选模型集合 $\boldsymbol{M}_k^{\mathrm{c}}$：

$$\begin{cases}m^1:\boldsymbol{a}=[5,5]^{\mathrm{T}}, & m^2:\boldsymbol{a}=[-5,5]^{\mathrm{T}},\\ m^3:\boldsymbol{a}=[-5,-5]^{\mathrm{T}}, & m^4:\boldsymbol{a}=[5,-5]^{\mathrm{T}},\\ m^5:\boldsymbol{a}=[5,15]^{\mathrm{T}}, & m^6:\boldsymbol{a}=[-5,15]^{\mathrm{T}},\\ m^7:\boldsymbol{a}=[-5,-15]^{\mathrm{T}}, & m^8:\boldsymbol{a}=[5,-15]^{\mathrm{T}},\\ m^9:\boldsymbol{a}=[15,5]^{\mathrm{T}}, & m^{10}:\boldsymbol{a}=[-15,5]^{\mathrm{T}},\\ m^{11}:\boldsymbol{a}=[-15,-5]^{\mathrm{T}}, & m^{12}:\boldsymbol{a}=[15,-5]^{\mathrm{T}}\end{cases} \tag{7-102}$$

基于该模型，式（7-51）可以写为

$$\hat{m}_k=\arg\min_{m^j\in\boldsymbol{M}_k^{\mathrm{c}}}D_{z_k}(s_k,m_k^j) \tag{7-103}$$

该式的求解简单而直接。相应的算法将被记为 BMA_D。

IMM 估计方法采用如式（7-98）所示的转移概率矩阵（Transition Probability Matrix，TPM），此处设其为 $\boldsymbol{\Pi}^0=(\pi_{j|i}^0)_{13\times 13}$。

EMA 采用的 TPM（$\text{TPM}_\text{E}\triangleq\boldsymbol{\Pi}^e=(\pi_{j|i}^e)_{14\times 14}$）直接从 IMM 13 中采用的 TPM 扩展而来。具体地说，在 EMA 估计方法中，各时刻总共需要 14 个模型。k 时刻 EMA 采用的模型集合为 $\boldsymbol{M}_k=\boldsymbol{M}_\text{b}+\{\hat{m}_k\}$，其中 $\hat{m}_k$ 为 k 时刻对应的期望模式。于是模型个数就为 13 个 $\boldsymbol{M}_\text{b}$ 中的模型和 1 个 $\hat{m}_k$。假设集合 $\boldsymbol{M}_\text{b}$ 中的模型与 IMM 估计方法采用的 13 个模型一一对应，则第 14 个模型为 $m_k^{14}=\hat{m}_k$。$\text{TPM}_\text{E}\triangleq\boldsymbol{\Pi}^e=(\pi_{j|i}^e)_{14\times 14}$ 为

$$\begin{cases}\pi_{14|1}^e=0.01,\quad \pi_{14|i}^e=0.05, & i=2,3,\cdots,13\\ \pi_{j|j}^e=\pi_{j|j}^0-\pi_{14|j}^e,\quad \pi_{j|14}^e=0.01, & j=2,3,\cdots,13\\ \pi_{j|i}^e=\pi_{j|i}^0, & \text{其他}\end{cases}\tag{7-104}$$

BMA_C 估计方法与 BMA_D 估计方法采用与 EMA 估计方法相同的 TPM。此时第 14 个模型分别为式（7-101）和式（7-103）挑选的 $\hat{m}_k$，并且在计算 $\hat{m}_k$ 的过程中，假设 $\boldsymbol{M}_{k-1}$ 到 $\hat{\boldsymbol{M}}_{k|k-1}$ 的 TPM 也为式（7-104）中对应的矩阵。这种处理方式与 EMA 估计方法类似。所有的估计方法在状态估计中均采用相同的参数：$T=1.0\text{s}$，$\boldsymbol{R}=1\,250\boldsymbol{I}\ \text{m}^2$，$\boldsymbol{Q}=0.001\boldsymbol{I}\ \text{m}^2/\text{s}^4$。所有这些参数，除了 $\boldsymbol{Q}=0$，其余均用于在仿真场景中产生量测数据。

在实验中仿真了 3 个确定性场景（DS1、DS2、DS3）和一个随机场景（RS）。这 4 个场景的机动过程与参数分别与 7.6.1 节中的 DS1、DS2、DS3 和 RS 对应。

对于确定性机动过程，比较的结果为 200 次蒙特卡罗仿真的算法估计状态的均方根误差，而对于随机性机动过程，比较的结果为 500 次蒙特卡罗仿真的相应误差。图 7-4 和图 7-5 分别给出了 DS1 中的位置均方根误差与速度均方根误差，图 7-6 和图 7-7 分别给出了 DS2 中的位置均方根误差与速度均方根误差，图 7-8 和图 7-9 分别给出了 DS3 中的位置均方根误差与速度均方根误差，图 7-10 和图 7-11 分别给出了 RS 中的位置均方根误差与速度均方根误差。

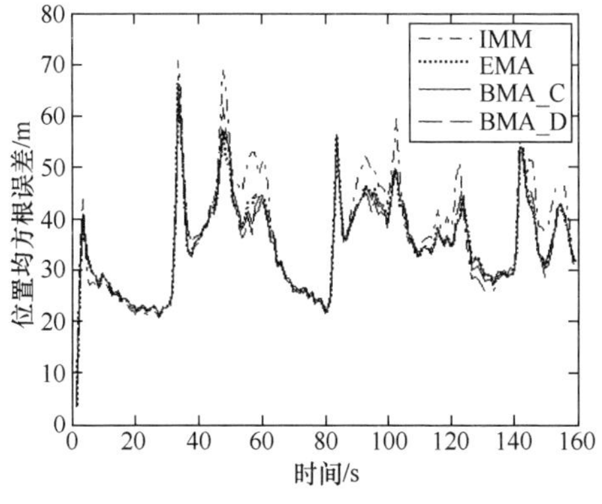

图 7-4　DS1 位置均方根误差

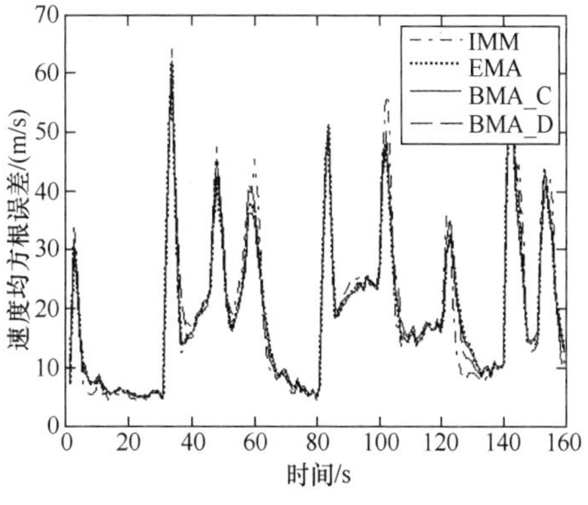

图 7-5　DS1 速度均方根误差

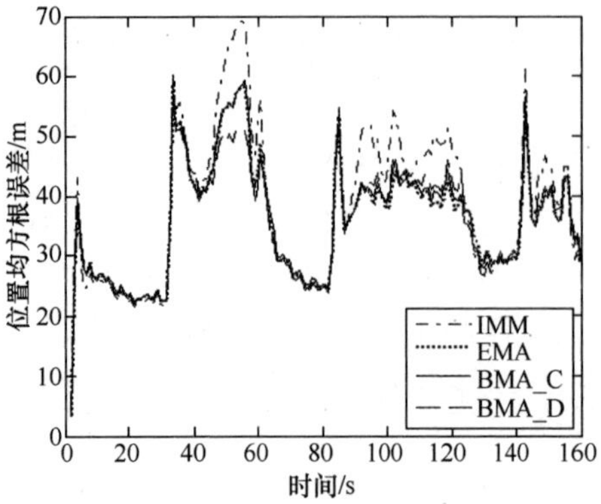

图 7-6　DS2 位置均方根误差

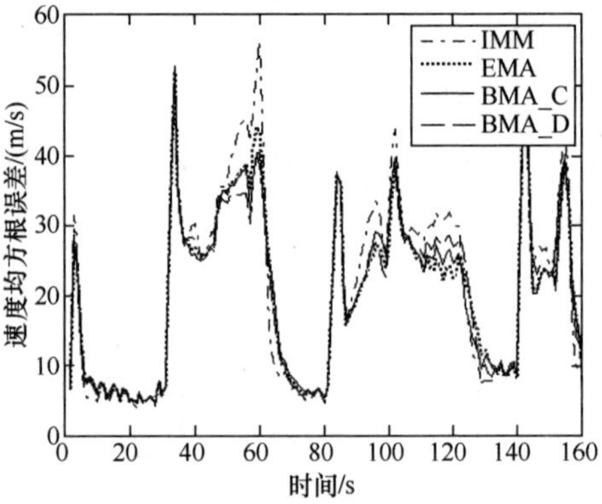

图 7-7　DS2 速度均方根误差

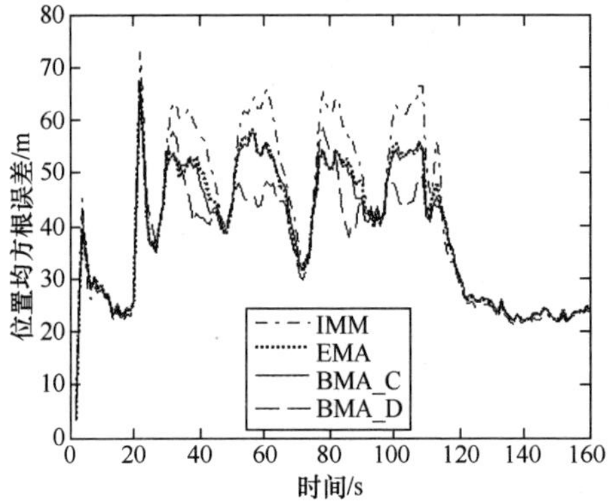

图 7-8　DS3 位置均方根误差

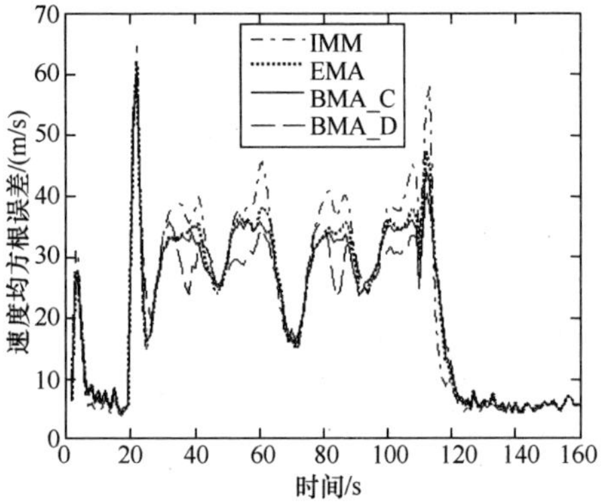

图 7-9　DS3 速度均方根误差

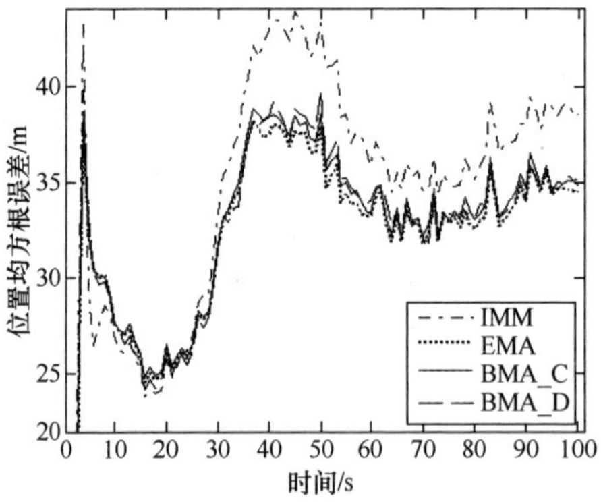

图 7-10　RS 位置均方根误差

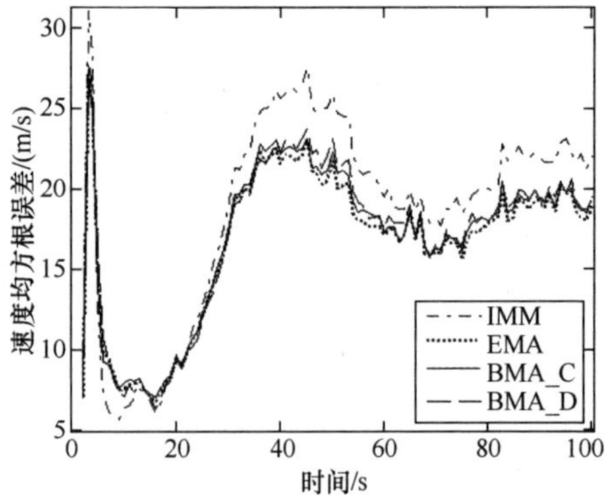

图 7-11　RS 速度均方根误差

比较结果表明，BMA 估计方法具有比固定结构的 IMM 估计方法更好的性能。BMA_C 估计方法在所有场景中具有与 EMA 估计方法几乎一致的估计结果。事实上，EMA 估计方法采用在线的期望模式对模型集合进行扩展，而该模型是以参数为特征的模型（模式）基于量测数据所能获取的最好模型。该比较结果说明了 BMA_C 估计方法的有效性。在 DS1 和 RS 中，BMA_D 估计方法具有与 BMA_C 估计方法和 EMA 估计方法一致的估计性能，它们之间的差异在这两个场景中并不明显。在 DS2 和 DS3 中，BMA_D 估计方法具有比其他两种估计方法更好的估计性能，在 DS3 中更是如此。实际上，除了 BMA_D 估计方法基于的候选模型集合是 12 个对称设计的模型，BMA_D 估计方法采用与 BMA_C 估计方法一致的准则进行模型挑选。而在 DS2 和 DS3 中对 BMA_D 估计方法仿真的结果表明，这种对称设计的候选模型集合在一些特定的场景下可能将进一步提高估计性能，可能因为对于这类以不同参数为特征的模型，这种设计可阻止被激活的模型与其他基本集合中的模型过于接近，避免因模型间的竞争而降低估计性能。

在仿真中，BMA_C 估计方法所需计算时间实际上与不同的场景相关。为使各估计方法的比较尽可能公平，在计算复杂度的比较中采用 RS 作为测试场景。如表 7-4 所示的比较结果表明，BMA（BMA_C 和 BMA_D）估计方法需要比 EMA 估计方法更多的计算资源。这是因为 BMA 估计方法需要在找出新模型的过程中对各候选模型进行测试，而 EMA 估计方法直接采用基本集合中模型的加速度的概率加权和生成新的模型。另外，BMA_D 估计方法占用的计算资源少于 BMA_C 估计方法，因为 BMA_D 估计方法仅需考虑固定个数（12 个）的候选模型，而 BMA_C 估计方法需要在整个连续空间进行搜索。总之，可将候选模型的先验信息融入 BMA 估计方法（正如 BMA_D 估计方法那样），从而在一些具体场景中进一步提高估计性能并降低计算复杂度。

表 7-4　各估计方法相对计算量对比

估计方法	IMM	EMA	BMA_C	BMA_D
相对计算量	1	1.107	2.544	1.363

7.6.3　基于通用模型的仿真场景

本节比较两种多模型估计方法，即 BMA 与 IMM。本节的场景可用于评估这些估计方法在同时具有不同参数和结构的模型集合中的应用。需要指出的是，EMA 估计方法不能在此处直接使用。此处采用两种模型，即 CV 模型和 CT 模型。在该场景中，CV 模型与第 2 章介绍的基本模型集合一致，如式（7-102）所示。此外，8 个具有已知转动角速率的 CT 模型也被包括在内。CT 模型可描述为

$$\begin{cases} \boldsymbol{x} \triangleq [p_x \quad v_x \quad p_y \quad v_y]^{\mathrm{T}}, \boldsymbol{G}_{k-1}^j \boldsymbol{u}_{k-1}^j = 0, \boldsymbol{\Gamma}_{k-1}^j = \boldsymbol{I}, \boldsymbol{w}_{k-1}^j \sim \mathcal{N}(\boldsymbol{0}, \boldsymbol{Q}_j), \boldsymbol{v}_k^j \sim \mathcal{N}(\boldsymbol{0}, \boldsymbol{R}) \\ \boldsymbol{F}_{k-1}^j = \begin{bmatrix} 1 & \dfrac{\sin\omega_j T}{\omega} & 0 & -\dfrac{1-\cos\omega_j T}{\omega} \\ 0 & \cos\omega_j T & 0 & -\sin\omega_j T \\ 0 & \dfrac{1-\cos\omega_j T}{\omega_j} & 1 & \dfrac{\sin\omega_j T}{\omega_j} \\ 0 & \sin\omega_j T & 0 & \cos\omega_j T \end{bmatrix}, \boldsymbol{H}_k^j = \begin{bmatrix} 1 & 0 & 0 & 0 \\ 0 & 0 & 1 & 0 \end{bmatrix} \end{cases} \tag{7-105}$$

式中，$j \in \{14, 15, \cdots, 21\}$。这些模型之间的差异仅在于转动角速率 ω_j，ω_j 属于如下集合：

$$\omega_j \in \{-7, -5, -3, -1, 1, 3, 5, 7\} / 40 \tag{7-106}$$

在仿真中，将整个机动过程假设为 DS3。因此，在目标机动过程中（第 21 秒～第 110 秒），m^{18} 为真实模型。实验比较了 3 种多模型估计方法，即 IMM 13（采用 13 个基本 CV 模型）、IMM 21（采用 13 个基本模型和 8 个 CT 模型）和 BMA（采用 13 个 CV 模型作为基本模型，8 个 CT 模型作为候选模型）。IMM 13 与 BMA 估计方法采用与 7.6.2 节场景中相同的 TPM 设计（BMA 估计方法中从 $\boldsymbol{M}_{k-1}$ 到 $\hat{\boldsymbol{M}}_{k|k-1}$ 的 TPM 也与 7.6.2 节一致，这种处理方式与 EMA 估计方法类似）。对于 IMM 21，此处假设 $m_k^j (j = 1, 2, \cdots, 13)$ 与 IMM 13 相同，并且 $m_k^j (j = 14, 15, \cdots, 21)$ 为上述 CT 模型。在仿真中，IMM 21 采用的 TPM（$\text{TPM } 21 \triangleq \boldsymbol{\Pi}^e = (\pi_{i,j}^e)_{21\times 21}$）直接从 IMM 13 采用的 TPM $\boldsymbol{\Pi}^0 = (\pi_{i,j}^0)_{13\times 13}$ 中扩展而来。具体地说，TPM 21设计为

$$\pi_{i,j}^e = \begin{cases} \begin{cases} \pi_{i,j}^0 - a, & i = j \\ \pi_{i,j}^0, & i \neq j \end{cases} & i, j \leqslant 13 \\ a / 8 & i \leqslant 13, j > 13 \\ \begin{cases} 1 - 20b, & i = j \\ b, & i \neq j \end{cases} & i > 13 \end{cases} \tag{7-107}$$

式中，$i, j = 1, 2, \cdots, 21$ 且 $a = b = 0.01$。

由于候选模型具有不同的结构，因此 BMA 估计方法采用 BMA_D 使用的方法进行模型挑选。在估计方法中，所有模型均采用 $T = 1\mathrm{s}$，$\boldsymbol{R} = 1250\boldsymbol{I}\ \mathrm{m}^2$。对于 13 个基本模型，$\boldsymbol{Q}_j = 0.001\boldsymbol{I}\ \mathrm{m}^2/\mathrm{s}^4, j = 1, 2, \cdots, 13$。对于 CT 模型，采用的参数为

$$
\boldsymbol{Q}_j = S_w \begin{bmatrix} \frac{2(\omega_j T - \sin\omega_j T)}{\omega_j^3} & \frac{1-\cos\omega_j T}{\omega_j^2} & 0 & \frac{\omega_j T - \sin\omega_j T}{\omega_j^2} \\ \frac{1-\cos\omega_j T}{\omega_j^2} & T & -\frac{(\omega_j T - \sin\omega_j T)}{\omega_j^2} & 0 \\ 0 & -\frac{\omega_j T - \sin\omega_j T}{\omega_j^2} & \frac{2(\omega_j T - \sin\omega_j T)}{\omega_j^3} & \frac{1-\cos\omega_j T}{\omega_j^2} \\ \frac{\omega_j T - \sin\omega_j T}{\omega_j^2} & 0 & \frac{1-\cos\omega_j T}{\omega_j^2} & T \end{bmatrix} \tag{7-108}
$$

式中，$j = 14, 15, \cdots, 21$ 且 $S_w = 0.001\ \mathrm{m}^2/\mathrm{s}^4$。

相应估计方法的 200 次蒙特卡罗运行的位置均方根误差和速度均方根误差分别如图 7-12 和图 7-13 所示。仿真结果表明，在不加入真实模式（CT 模型）的情况下，IMM 13 估计方法的估计误差最大。在机动期间，BMA 估计方法甚至具有比 IMM21 估计方法更好的估计性能，这也验证了 BMA 估计方法从候选模型集合中激活真实模型的性能。而表 7-5 中的计算量比较结果表明，BMA 估计方法的计算量比采用全集的 IMM 21 估计方法的计算量小。该场景证明了 BMA 估计方法对于具有不同结构的模型集合的有效性。作为一个 VSMM 估计方法，对于具有不同参数和结构的混合模型集合，相比采用所有可能模型的 IMM 估计方法，BMA 估计方法具有更好的估计性能和更小的计算量。

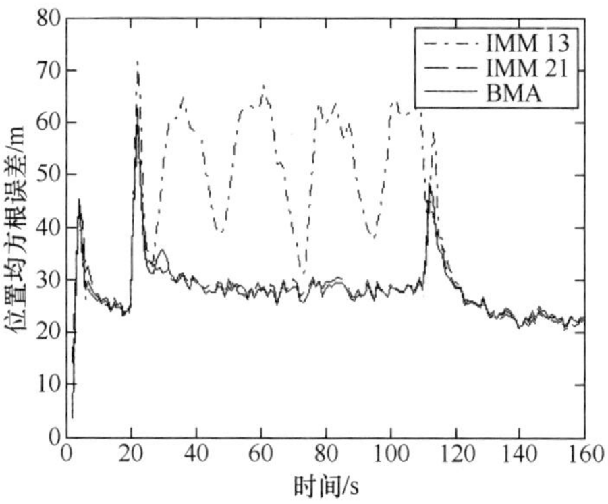

图 7-12　位置均方根误差

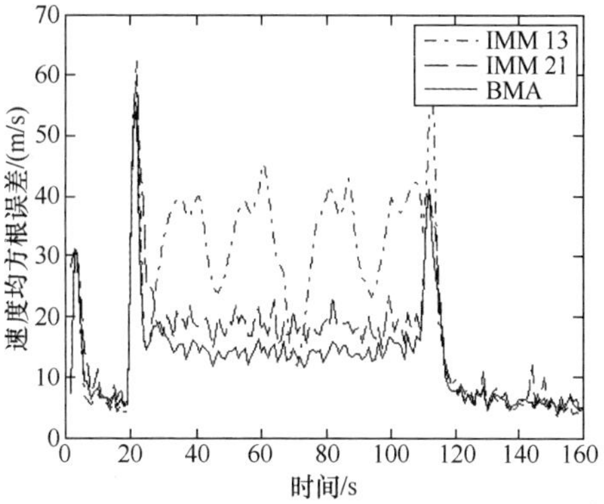

图 7-13　速度均方根误差

表 7-5　各估计方法相对计算量对比

估 计 方 法	IMM13	IMM21	BMA
相对计算量	1	2.082	1.451

事实上，BMA 估计方法是 EMA 估计方法的一种通用化方法，有如下说明。

（1）这两种估计方法属于同一类 VSMM 估计方法。

（2）EMA 估计方法仅针对参数不同的模型集合，BMA 估计方法则可以处理参数和结构均不相同的模型集合。因为 EMA 估计方法采用基于固定模型集合的 MMSE 模式估计来扩展基本模型集合，BMA 估计方法则采用使 KL 最小的最优模型来扩展基本模型集合。

（3）对于参数不同的模型的仿真实验验证了这两种估计方法实际上的等价性。

本章小结

本章首先介绍了机动目标跟踪中的混杂系统建模方法，然后着重介绍了机动目标跟踪中的多源信息多模型估计方法，包括自主式多模型估计方法、交互式多模型估计方法和变结构多模型估计方法。针对变结构多模型估计方法，本章介绍了两种不同的模型集合自适应方法——最优模型扩展多模型估计方法和等效模型扩展多模型估计方法。

参考文献

[1] LI X R. Multiple-model estimation with variable structure—Part Ⅱ: model-set adaption[J]. IEEE Transactions on Automatic Control, 2000, 45(11): 2047-2060.

[2] LI X R, JILKOV V P. Survey of maneuvering target tracking—Part Ⅴ: multiple-model methods[J]. IEEE Transactions on Aerospace and Electronic Systems, 2005, 45(11): 2047-2060.

[3] MAGILL D T. Optimal adaptive estimation of sampled stochastic processes[J]. IEEE Transactions on Automatic Control, 1965, 10(4): 434-439.

[4] BLOM H A P, BAR-SHALOM Y. The interacting multiple model algorithm for systems with Markovian switching coefficients[J]. IEEE Transactions on Automatic Control, 1988, 33(8): 780-783.

[5] LI X R, BAR-SHALOM Y. Multiple-model estimation with variable structure[J]. IEEE Transactions on Automatic Control, 1996, 41(4): 478-493.

[6] LI X R. Model-set sequence conditioned estimation in multiple-model estimation with variable structure[C]. Proceedings of SPIE Conference on Signal and Data Processing of Small Targets, Orlando, 1998, 3373: 546-558.

[7] 兰剑，慕春棣. 基于参考加速度的机动目标跟踪模型[J]. 清华大学学报（自然科学版），2008，48(10)：1553-1556.

[8] LI X R, JILKOV V P, RU J. Multiple-model estimation with variable structure—Part Ⅵ: expected-mode augmentation[J]. IEEE Transactions on Aerospace and Electronic

Systems, 2005, 41(3): 853-867.

[9] LAN J, LI X R, MU C. Best-model augmentation for variable-structure multiple-model estimation[J]. IEEE Transactions on Aerospace and Electronic Systems, 2011, 47(3): 2008-2025.

[10] LAN J, LI X R. Equivalent-model augmentation for variable-structure multiple-model estimation[J]. IEEE Transactions on Aerospace and Electronic Systems, 2013, 49(4): 2615-2630.

第 8 章

基于多散射点量测的扩展目标跟踪——随机矩阵法

8.1 概述

传统的目标跟踪技术都是根据传感器量测数据来对目标进行状态估计的。然而，由于早期雷达的探测能力有限，其分辨单元通常远大于目标，所获取的回波不足以对目标所包含的特征信息进行有效描述，因此通常将观测目标视为“点”目标来测定它的运动状态。作为信息融合理论的重要构成部分，点目标跟踪建模及状态估计理论与技术得到了普遍的重视和大量的研究，并在空中交通监控、制导、反导、卫星测控和智能交通系统等军事和民用领域起着至关重要的作用。

目标跟踪理论与技术在军事和民用领域的广泛应用，极大地推动了雷达技术的快速发展。近年来，现代先进传感器（如相控阵雷达、逆合成孔径雷达、高距离分辨率雷达等）技术的发展取得了长足的进步，传感器能够接收到目标产生的多个量测值（见图 8-1），具有高分辨成像能力。由传感器提供的量测不但可以精确地估计出目标的运动状态，还可以分辨出目标的形态。而实际受限的分辨率使这些观测点部分可分辨。即便如此，同一时刻多个量测值仍能为观测者提供丰富的信息，不仅包括目标的径向距离、速度和俯仰角等运动量测信息，还包括目标的宽度或大小等形状信息。在这种情形下，将目标视为点目标会显著地损失信息，所以运动体通常被建模成具有一定形态的扩展目标。

扩展目标由运动状态（如位置、速度、加速度等）与扩展形态（如大小、方向、形状等）共同表征。从广义上讲，间距较小的运动群目标也可视为扩展目标。这类群目标由于间距较小，运动模式具有一定的一致性。整体上，这类群目标具有与扩展目标类似的特征，即具有整体运动状态和扩展形态。因此，扩展目标的相关研究大多适用于分析群目标的性能。

图 8-1　扩展目标及其量测值

近几十年来，传感器精度的提高与信息处理技术的进步对目标跟踪系统提出了更高的要求，跟踪理论与技术也需要进一步丰富和发展。以往那种只能提供目标运动状态信息的常规雷达难以达到现代自动目标识别的要求。相应地，将运动体视为点目标的传统跟踪理论与技术很大程度上也无法满足现代信息系统的需要。因此，扩展目标跟踪技术应运而生，并在现代航空、航天、航海等领域越来越受到各国的高度重视，成为一个非常活跃的热点，国内外众多学者、专家、研究人员纷纷将扩展目标跟踪当作重点研究方向。然而，由于扩展目标自身所具有的复杂性，迫切需要对这一领域的诸多理论与技术难点进行更加深入的研究。值得注意的是，在计算机视觉领域，基于视频的目标跟踪需要从图像中获得信息（如颜色、边缘信息等）。本书介绍的扩展目标跟踪是基于目标散射点的量测进行跟踪的，并不能提供目标的特征信息，解决的是与基于视频的目标跟踪截然不同的问题。

扩展目标跟踪问题最早由 Drummond 等在文献[1]中提出。早期的研究工作主要是将传统的目标跟踪技术和已有的估计理论研究成果直接进行推广，应用于解决扩展目标跟踪问题，继而运用基于状态空间模型的传统点目标或多目标跟踪技术进行估计。此外，扩展目标跟踪问题中的群目标跟踪问题可转化为传统的目标未知的多目标跟踪问题。然而，由于量测并非完全可辨，传统的基于数据关联的多目标跟踪方法不仅会导致计算量随着量测点的增多及数据复杂程度的提高而呈指数级增长，而且难以直接应用于扩展目标。针对多散射点量测下的扩展目标建模及其估计问题，Koch 在文献[2]中提出了一种基于随机矩阵法的理论框架。不同于点目标模型，基于随机矩阵法的建模方式将扩展目标用质心运动状态（如位置、速度、加速度等）和扩展形态（如大小、朝向、形状等）

刻画出来，两者分别用随机向量和对称正定（Symmetric Positive Definite，SPD）随机矩阵来表征，继而建立相对简洁的扩展目标模型，并推导出一种递推式贝叶斯估计方法。然而，该估计方法并未考虑真实的量测噪声。当噪声不可忽略时，该估计方法的形态估计性能并不理想。Feldmann 等在文献[3]中指出了此问题并改进了建模及估计方法，将真实的量测噪声引入量测模型。不过因其真实噪声引入方式较为复杂，提出的估计方法难以从理论上推断其有效性和最优性。兰剑等在文献[4]和文献[5]中进一步改进了目标形态演化及量测模型，解决了扩展目标中难以处理的运动状态与扩展形态耦合、观测扭曲等特殊问题，并在此基础上提出了贝叶斯框架内简单而有效的扩展目标运动状态及其形态的联合最优估计器。在此基础上，兰剑等在文献[6]中考虑了非椭形扩展目标跟踪问题，将非椭形复杂形态目标分解成多个简单子目标的空间组合来建模，其中每个子目标的扩展形态可以被 SPD 随机矩阵充分描述。通过建立非椭形机动扩展目标的通用模型，能够统一且精确地描述这类目标的状态、形态演化过程及量测方程，进而在贝叶斯框架内提出相应的估计方法。基于此，复杂扩展目标跟踪问题得以大大简化并可实时应用于实际系统。总体来说，扩展目标跟踪问题的研究在国内外备受关注，且已取得了不少阶段性成果。

本章基于多散射点量测背景下扩展目标的建模与估计理论展开叙述。首先对扩展目标的基本概念、当前国内外的研究现状进行简要介绍，然后对基于随机矩阵法的系列相关研究进行详述，最后介绍在此方面的应用——空间卫星多轨道跟踪。

8.2 基于随机矩阵法的扩展目标跟踪

针对扩展目标跟踪问题，基于随机矩阵法的理论框架是目前主流的技术框架。此方法提出后，不但为解决扩展目标跟踪问题提供了全新的视角，而且得到了国内外许多学者的广泛关注和发展。本节详细介绍基于随机矩阵法的椭形扩展目标跟踪方法的推导过程和算法框架，并在此基础之上介绍考虑量测个数信息的椭形扩展目标跟踪、机动椭形扩展目标跟踪、非椭形扩展目标跟踪。

8.2.1 椭形扩展目标跟踪

1. 椭形扩展目标跟踪模型

对于扩展目标跟踪问题，现有的方法使用随机矩阵来表示扩展目标的形态，将扩展目标用质心运动状态（如位置、速度、加速度等）和扩展形态（如大小、朝向、形状等）刻画出来，两者分别用随机向量 $\boldsymbol{x}_k \in \mathbb{R}^n$ 和 $d \times d$ 维 SPD 随机

矩阵 $\boldsymbol{X}_k$ 表征（k 时刻，d 维空间）。几何上两者刻画的形状是规则椭（球）形，定义如下：

$$(\boldsymbol{y}-\tilde{\boldsymbol{H}}_k\boldsymbol{x}_k)^{\mathrm{T}}\boldsymbol{X}_k^{-1}(\boldsymbol{y}-\tilde{\boldsymbol{H}}_k\boldsymbol{x}_k)=1 \tag{8-1}$$

式中，变量 $\boldsymbol{y}$ 代表椭形目标表面上的点；$\tilde{\boldsymbol{H}}_k$ 为量测矩阵，用于将目标的状态向量转换为位置向量；$\tilde{\boldsymbol{H}}_k\boldsymbol{x}_k$ 为目标的质心位置；上标 T 表示转置；$\boldsymbol{X}_k$ 可直接表示目标的大小、朝向和形状。

1）质心运动模型

不同于点目标模型，椭形扩展目标的动态模型刻画了两方面的动态变化：质心的运动状态和扩展形态随时间的演化。一般而言，运动状态的动态模型可描述如下：

$$\boldsymbol{x}_k=\boldsymbol{\Phi}_k\boldsymbol{x}_{k-1}+\boldsymbol{w}_k,\quad \boldsymbol{w}_k\sim\mathcal{N}(\boldsymbol{0},\boldsymbol{D}_k\otimes\boldsymbol{X}_k) \tag{8-2}$$

式中，$\boldsymbol{x}_k\in\mathbb{R}^{sd\times 1}$ 为质心状态向量，包含了 d 维（二维或三维）物理空间各方向上目标的位置、速度与加速度（s 维，$s=2$ 表示包含目标的位置和速度，$s=3$ 表示包含目标的位置、速度和加速度）；状态转移矩阵 $\boldsymbol{\Phi}_k=\boldsymbol{F}_k\otimes\boldsymbol{I}_d$，$\boldsymbol{F}_k\in\mathbb{R}^{s\times s}$ 为一维物理空间的状态转移矩阵，$\boldsymbol{I}_d\in\mathbb{R}^{d\times d}$ 为单位矩阵，$\otimes$ 为克罗内克积（Kronecker Product）运算符号；$\boldsymbol{w}_k$ 为过程噪声，其在各时刻之间是相互独立的，且与状态无关；$\mathcal{N}(\boldsymbol{\mu},\boldsymbol{\Sigma})$ 表示均值为 $\boldsymbol{\mu}$、方差为 $\boldsymbol{\Sigma}$ 的高斯分布；$\boldsymbol{D}_k=\sigma_k^2\breve{\boldsymbol{D}}_k$ 为一维物理空间模型中过程噪声的协方差矩阵，σ_k^2 为一维方向上加速度的方差，$\breve{\boldsymbol{D}}_k\in\mathbb{R}^{s\times s}$ 为参数矩阵。

具体而言，关于该模型的说明如下。

（1）克罗内克积 $\otimes$ 的运算如下：

$$\boldsymbol{U}\otimes\boldsymbol{V}=\begin{bmatrix} u_{11}\boldsymbol{V} & u_{12}\boldsymbol{V} & \cdots \\ u_{21}\boldsymbol{V} & u_{22}\boldsymbol{V} & \cdots \\ \vdots & \vdots & \ddots \end{bmatrix} \tag{8-3}$$

（2）质心状态 $\boldsymbol{x}_k$ 的具体排列如下（考虑位置、速度和加速度）：

$$\boldsymbol{x}_k=[p_x,p_y,p_z,v_x,v_y,v_z,a_x,a_y,a_z]^{\mathrm{T}} \tag{8-4}$$

式中，p_x、v_x 和 a_x 分别表示物理空间 x 方向上目标的质心位置、速度和加速度。y 和 z 方向上相应的符号具有类似的物理意义。此时 $s=3$，$\boldsymbol{x}_k$ 为 $s\times d=9$ 维向量。

（3）$\boldsymbol{F}_k$ 矩阵可写为

$$\boldsymbol{F}_k=\begin{bmatrix} 1 & T & T^2/2 \\ 0 & 1 & T \\ 0 & 0 & \mathrm{e}^{-T/\theta} \end{bmatrix} \tag{8-5}$$

式中，T 为采样周期；θ 为机动相关时间常数，其值越大，可视为相邻时刻间机动加速度的相关程度越高，当 $\theta\to\infty$ 时，$\boldsymbol{F}_k$ 趋于匀加速直线运动模型。类似

地，$\breve{\boldsymbol{D}}_k$ 矩阵可写为

$$\breve{\boldsymbol{D}}_k=(1-\mathrm{e}^{-2T/\theta})\begin{bmatrix}0&0&0\\0&0&0\\0&0&1\end{bmatrix} \tag{8-6}$$

式（8-5）与式（8-6）两个矩阵也可直接套用单位物理空间 Singer 模型的对应项。

（4）结合式（8-3）和式（8-4）的定义可知，$\boldsymbol{\Phi}_k=\boldsymbol{F}_k\otimes\boldsymbol{I}_d$ 表示目标在三维物理空间方向上具有相同的状态转移矩阵。在没有获得进一步信息的情况下，该假设是合理的。

（5）式（8-2）中过程噪声的协方差矩阵 $\boldsymbol{D}_k\otimes\boldsymbol{X}_k$ 表明目标的质心运动状态受扩展形态 $\boldsymbol{X}_k$ 的影响。两者之间的关系可描述为：质心运动状态的不确定性取决于目标扩展形态，包括大小、朝向和形状。例如，目标的形态越大，其质心状态的不确定性就越大。

2）形态演化模型

形态演化模型描述了目标形态随时间的演化过程。由于扩展目标的特性，该演化模型应当描述其大小、朝向和形状随时间的变化。文献[4]给出了精确刻画上述过程的形态演化模型，即

$$p(\boldsymbol{X}_k|\boldsymbol{X}_{k-1})=\mathcal{W}(\boldsymbol{X}_k;\delta_k,\boldsymbol{A}_k\boldsymbol{X}_{k-1}\boldsymbol{A}_k^{\mathrm{T}}) \tag{8-7}$$

式中，$p(\boldsymbol{X}_k|\boldsymbol{X}_{k-1})$ 为给定 $\boldsymbol{X}_{k-1}$ 时 $\boldsymbol{X}_k$ 的条件概率密度，刻画了目标形态从 $\boldsymbol{X}_{k-1}$ 到 $\boldsymbol{X}_k$ 的变化规律；δ_k 为演化分布的自由度；$\boldsymbol{A}_k$ 为形态演化矩阵。

SPD 随机矩阵的 Wishart 分布 $\mathcal{W}(\boldsymbol{Y};a,\boldsymbol{C})$ 定义如下：

$$\mathcal{W}(\boldsymbol{Y};a,\boldsymbol{C})=c^{-1}|\boldsymbol{C}|^{-a/2}|\boldsymbol{Y}|^{(a-d-1)/2}\mathrm{etr}(-\boldsymbol{C}^{-1}\boldsymbol{Y}/2) \tag{8-8}$$

式中，$\boldsymbol{Y}\in\mathbb{R}^{d\times d}$ 为 SPD 矩阵变量；d 为空间维数；$a>d-1$ 为自由度；$\boldsymbol{C}\in\mathbb{R}^{d\times d}$ 为矩阵参数；$\mathrm{etr}(\cdot)$ 为 $\mathrm{e}^{\mathrm{trace}(\cdot)}$ 运算的缩写；c 为归一化因子（本节所有 c 或 c_k 均表示归一化因子）。

具体而言，对于该模型的说明如下。

由 Wishart 分布的性质可知，$\boldsymbol{X}_k$ 的条件均值（期望）为

$$E[\boldsymbol{X}_k|\boldsymbol{X}_{k-1}]=\delta_k\boldsymbol{A}_k\boldsymbol{X}_{k-1}\boldsymbol{A}_k^{\mathrm{T}} \tag{8-9}$$

因此，由式（8-9）可知以下信息。

（1）δ_k 不仅可以描述形态演化模型的不确定性，也可以描述目标的大小随时间的变化。

（2）矩阵 $\boldsymbol{A}_k$ 刻画了目标形态在 3 个方面的演化。

① 大小：$\boldsymbol{A}_k=\alpha\boldsymbol{I}_d$，此时 α 可刻画从 $\boldsymbol{X}_{k-1}$ 到 $\boldsymbol{X}_k$ 的放大倍数。

② 朝向：$\boldsymbol{A}_k$ 为旋转矩阵。

③ 形状：$\boldsymbol{A}_k$ 为其他矩阵。

（3）作为自由度，δ_k 还刻画了上述演化的不确定性。δ_k 的值越大，上述演化的不确定性就越小。

（4）式（8-7）所示的形态演化模型涵盖了文献[2]中的模型，即令 $\boldsymbol{A}_k=\boldsymbol{I}_d/\sqrt{\delta_k}$，则式（8-7）退化为文献[2]中的形态演化模型。当无法获得关于形态演化的更多信息时，可以使用 $\boldsymbol{A}_k=\boldsymbol{I}_d/\sqrt{\delta_k}$ 作为形态演化模型，其中 δ_k 为调和参数，用于补偿在各种场景下使用 $\boldsymbol{A}_k$ 所产生的不确定性。这种模型会使 $E[\boldsymbol{X}_k|\boldsymbol{X}_{k-1}]=\boldsymbol{X}_{k-1}$，表示 k 时刻的期望形态与 $k-1$ 时刻的真实形态相同。

3）量测模型

量测模型描述了各时刻多个量测值的产生机制。在扩展目标跟踪中，量测模型建立了质心状态和扩展形态与多个量测值之间的关系。该模型往往很重要，但也很难建立。各种扩展目标跟踪算法的区别主要体现在量测模型上。

设 k 时刻的量测值集合为 $\boldsymbol{Z}_k=\{\boldsymbol{z}_k^r\}_{r=1}^{n_k}$，$n_k$ 为 k 时刻量测值的个数。为了描述形态的观测扭曲性，在随机矩阵框架下，量测模型结构如下：

$$\boldsymbol{z}_k^r=\tilde{\boldsymbol{H}}_k\boldsymbol{x}_k+\boldsymbol{v}_k^r,\quad r=1,2,\cdots,n_k \tag{8-10}$$

式中，$\tilde{\boldsymbol{H}}_k=\boldsymbol{H}_k\otimes\boldsymbol{I}_d$ 为量测矩阵，$\boldsymbol{H}_k\in\mathbb{R}^{1\times s}$ 为一维物理空间中将状态向量转换为位置标量的线性矩阵。例如，若 x 方向上的状态向量为 $[p_x,v_x,a_x]^{\mathrm{T}}$，则

$$\boldsymbol{H}_k=[1\quad 0\quad 0] \tag{8-11}$$

在式（8-10）中，$\boldsymbol{v}_k^r$ 为量测噪声，其分布为

$$\boldsymbol{v}_k^r\sim\mathcal{N}(\boldsymbol{0},\boldsymbol{B}_k\boldsymbol{X}_k\boldsymbol{B}_k^{\mathrm{T}}) \tag{8-12}$$

式中，$\boldsymbol{B}_k$ 为可逆的形态观测矩阵，描述了观测形态（用多个量测之间的协方差矩阵表示）与真实形态之间的扭曲性。

关于该模型的说明如下。

（1）由式（8-10）可知，该模型假设所有的量测点都是由质心产生的，而形态 $\boldsymbol{X}_k$ 通过量测噪声的方差刻画量测值在质心位置周围的散布情况。

（2）$\boldsymbol{B}_k$ 刻画了形态的观测扭曲性。由于扩展目标具有形状，观测角度的不同会导致观测到的目标形态与真实的目标形态之间具有一定的扭曲性。与式（8-7）中 $\boldsymbol{A}_k$ 的功能类似，这种扭曲性包括 3 个方面：大小、朝向和形状。这 3 个方面中的 $\boldsymbol{B}_k$ 分别对应 $\boldsymbol{B}_k=\beta\boldsymbol{I}_d$、旋转矩阵（正交矩阵）及其他矩阵。当扭曲性由传感器与目标之间的几何关系引入时，$\boldsymbol{B}_k$ 为 $\boldsymbol{x}_k$ 的函数，用 $\boldsymbol{B}(\boldsymbol{x}_k)$ 表示，从而可以用状态的预测值 $\hat{\boldsymbol{x}}_{k|k-1}=E[\boldsymbol{x}_k|\boldsymbol{Z}^{k-1}]$ 通过 $\boldsymbol{B}_k(\hat{\boldsymbol{x}}_{k|k-1})$ 近似 $\boldsymbol{B}_k(\boldsymbol{x}_k)$。

（3）若 $\boldsymbol{B}_k=\boldsymbol{I}_d$，则模型（8-12）退化到文献[2]提出的模型形式，即

$$\boldsymbol{v}_k^r\sim\mathcal{N}(\boldsymbol{0},\boldsymbol{X}_k) \tag{8-13}$$

（4）为描述量测噪声的影响，文献[3]给出了如下模型形式：

$$\boldsymbol{v}_k^r\sim\mathcal{N}(\boldsymbol{0},\lambda\boldsymbol{X}_k+\boldsymbol{R}_k) \tag{8-14}$$

式中，λ 刻画了形态对方差的作用；$\boldsymbol{R}_k$ 为真正的量测噪声的方差。注意，此时 $\boldsymbol{v}_k^r$ 事实上为假设的量测噪声。式（8-14）意味着实测数据的散布程度受形态和实际量测噪声两个因素的共同影响。因此，文献[3]中的模型（8-14）相对于文献[2]中的模型（8-13）更具合理性，并且如果目标的散射点在形态上均匀分布，文献[3]指出 λ 应设为$1/4$。

在式（8-13）的假设下，可推导出贝叶斯最优估计器，而在式（8-14）的假设下，则无法推导出贝叶斯最优估计器，也就是说，文献[3]中相应的算法为启发式算法，难以在贝叶斯框架下推导得出，因此无法从理论上判断其估计算法的有效性和最优性。若采用模型（8-12），如后文所述，可在贝叶斯框架下推导出相应的估计器。事实上，模型（8-12）也可以涵盖模型（8-14），如下所示：

$$\begin{aligned}\lambda\boldsymbol{X}_k+\boldsymbol{R}_k&=(\lambda\boldsymbol{X}_k+\boldsymbol{R}_k)^{1/2}\boldsymbol{X}_k^{-1/2}\boldsymbol{X}_k\boldsymbol{X}_k^{-\mathrm{T}}(\lambda\boldsymbol{X}_k+\boldsymbol{R}_k)^{\mathrm{T}/2}\\&=\boldsymbol{B}_k^*\boldsymbol{X}_k(\boldsymbol{B}_k^*)^{\mathrm{T}}\approx\boldsymbol{B}_k\boldsymbol{X}_k\boldsymbol{B}_k^{\mathrm{T}}\end{aligned}\tag{8-15}$$

式中，$\boldsymbol{B}_k^*=(\lambda\boldsymbol{X}_k+\boldsymbol{R}_k)^{1/2}\boldsymbol{X}_k^{-1/2}$，其依赖 $\boldsymbol{X}_k$，且可近似为

$$\boldsymbol{B}_k\triangleq(\lambda\bar{\boldsymbol{X}}_{k|k-1}+\boldsymbol{R}_k)^{1/2}\bar{\boldsymbol{X}}_{k|k-1}^{-1/2}\tag{8-16}$$

即在 $\boldsymbol{B}_k$ 中，采用了 $\bar{\boldsymbol{X}}_{k|k-1}$ 来近似 $\boldsymbol{X}_k$。

4）似然函数

直接使用文献[3]中的噪声模型很难推导出简洁的贝叶斯估计器，主要是因为相应的似然函数不能像式（8-17）这样因式分解为仅含 $\boldsymbol{x}_k$ 的项和仅含 $\boldsymbol{X}_k$ 的项。使用模型（8-12）更加简便，这里的似然函数可写为

$$\begin{aligned}p(\boldsymbol{Z}_k|n_k,\boldsymbol{x}_k,\boldsymbol{X}_k)&=\prod_{r=1}^{n_k}\mathcal{N}(\boldsymbol{z}_k^r;\tilde{\boldsymbol{H}}_k\boldsymbol{x}_k,\boldsymbol{B}_k\boldsymbol{X}_k\boldsymbol{B}_k^{\mathrm{T}})\\&\propto\mathcal{N}\Big(\bar{\boldsymbol{z}}_k;\tilde{\boldsymbol{H}}_k\boldsymbol{x}_k,\frac{\boldsymbol{B}_k\boldsymbol{X}_k\boldsymbol{B}_k^{\mathrm{T}}}{n_k}\Big)\mathcal{W}(\bar{\boldsymbol{Z}}_k;n_k-1,\boldsymbol{B}_k\boldsymbol{X}_k\boldsymbol{B}_k^{\mathrm{T}})\end{aligned}\tag{8-17}$$

式中，

$$\bar{\boldsymbol{z}}_k=\frac{1}{n_k}\sum_{r=1}^{n_k}\boldsymbol{z}_k^r,\bar{\boldsymbol{Z}}_k=\sum_{r=1}^{n_k}(\boldsymbol{z}_k^r-\bar{\boldsymbol{z}}_k)(\boldsymbol{z}_k^r-\bar{\boldsymbol{z}}_k)^{\mathrm{T}}\tag{8-18}$$

使用式（8-17）可以很容易地推导出贝叶斯估计器，推导过程将在后文中介绍。如果 k 时刻仅得到了一个量测，则由式（8-18）可知 $\bar{\boldsymbol{z}}_k=\boldsymbol{z}_k^1$，$\bar{\boldsymbol{Z}}_k=0$，于是 $p(\boldsymbol{Z}_k|n_k,\boldsymbol{x}_k,\boldsymbol{X}_k)=\mathcal{N}(\boldsymbol{z}_k^1;\tilde{\boldsymbol{H}}_k\boldsymbol{x}_k,\boldsymbol{B}_k\boldsymbol{X}_k\boldsymbol{B}_k^{\mathrm{T}})$。

5）总体模型

联立式（8-2）、式（8-7）和式（8-10），可得到椭形扩展目标的总体模型，即

$$\begin{cases}\boldsymbol{x}_k=\boldsymbol{\Phi}_k\boldsymbol{x}_{k-1}+\boldsymbol{w}_k,\quad\boldsymbol{w}_k\sim\mathcal{N}(\boldsymbol{0},\boldsymbol{D}_k\otimes\boldsymbol{X}_k)\\p(\boldsymbol{X}_k|\boldsymbol{X}_{k-1})=\mathcal{W}(\boldsymbol{X}_k;\delta_k,\boldsymbol{A}_k\boldsymbol{X}_{k-1}\boldsymbol{A}_k^{\mathrm{T}})\\\boldsymbol{z}_k^r=\tilde{\boldsymbol{H}}_k\boldsymbol{x}_k+\boldsymbol{v}_k^r,\quad\boldsymbol{v}_k^r\sim\mathcal{N}(\boldsymbol{0},\boldsymbol{B}_k\boldsymbol{X}_k\boldsymbol{B}_k^{\mathrm{T}})\end{cases}\tag{8-19}$$

2. 椭形扩展目标跟踪算法框架

总体而言，扩展目标跟踪算法为基于总体模型（8-19），获得关于状态 $\boldsymbol{x}_k$ 和形态 $\boldsymbol{X}_k$ 的联合估计，即获取其联合后验分布：

$$p(\boldsymbol{x}_k, \boldsymbol{X}_k | \boldsymbol{Z}^k) = p(\boldsymbol{x}_k | \boldsymbol{X}_k, \boldsymbol{Z}^k) p(\boldsymbol{X}_k | \boldsymbol{Z}^k) \tag{8-20}$$

式中，$\boldsymbol{Z}^k = \{\boldsymbol{Z}_1, \boldsymbol{Z}_2, \cdots, \boldsymbol{Z}_k\}$ 为从 1 到 k 时刻所有的量测数据。

对目标跟踪而言，一般期望跟踪算法具有较低的存储量需求并具有较低的计算复杂度。因此，一个较好的跟踪算法应当具有递推的形式，即算法可直接基于前一个时刻被估计量的估计结果，结合当前时刻的数据获得当前时刻被估计量的估计值。具体而言，跟踪算法需要在贝叶斯框架下，基于 $p(\boldsymbol{x}_{k-1}, \boldsymbol{X}_{k-1} | \boldsymbol{Z}^{k-1})$ 并结合 $\boldsymbol{Z}_k$ 获取 $p(\boldsymbol{x}_k, \boldsymbol{X}_k | \boldsymbol{Z}^k)$。

在随机矩阵框架下，假设

$$\begin{aligned} p(\boldsymbol{x}_{k-1}, \boldsymbol{X}_{k-1} | \boldsymbol{Z}^{k-1}) &= p(\boldsymbol{x}_{k-1} | \boldsymbol{X}_{k-1}, \boldsymbol{Z}^{k-1}) p(\boldsymbol{X}_{k-1} | \boldsymbol{Z}^{k-1}) \\ &= \mathcal{N}(\boldsymbol{x}_{k-1}; \hat{\boldsymbol{x}}_{k-1}, \boldsymbol{P}_{k-1} \otimes \boldsymbol{X}_{k-1}) \mathcal{IW}(\boldsymbol{X}_{k-1}; \hat{v}_{k-1}, \hat{\boldsymbol{X}}_{k-1}) \end{aligned} \tag{8-21}$$

式中，

$$\begin{cases} p(\boldsymbol{x}_{k-1} | \boldsymbol{X}_{k-1}, \boldsymbol{Z}^{k-1}) = \mathcal{N}(\boldsymbol{x}_{k-1}; \hat{\boldsymbol{x}}_{k-1}, \boldsymbol{P}_{k-1} \otimes \boldsymbol{X}_{k-1}) \\ p(\boldsymbol{X}_{k-1} | \boldsymbol{Z}^{k-1}) = \mathcal{IW}(\boldsymbol{X}_{k-1}; \hat{v}_{k-1}, \hat{\boldsymbol{X}}_{k-1}) \end{cases} \tag{8-22}$$

式中，$\mathcal{IW}(\boldsymbol{Y}; a, \boldsymbol{C})$ 为 Inverse Wishart（$\mathcal{IW}$）分布函数，其定义如下：

$$\mathcal{IW}(\boldsymbol{Y}; a, \boldsymbol{C}) = c^{-1} |\boldsymbol{C}|^{(a-d-1)/2} |\boldsymbol{Y}|^{-a/2} \operatorname{etr}(-\boldsymbol{C}\boldsymbol{Y}^{-1}/2) \tag{8-23}$$

式中，SPD 矩阵 $\boldsymbol{Y} \in \mathbb{R}^{d \times d}$ 为随机变量矩阵；a 为自由度；$\boldsymbol{C}$ 为参量矩阵。$\mathcal{IW}$ 分布的均值为

$$E[\boldsymbol{Y}] = \boldsymbol{C}/(a-2d-2), \quad a-2d-2>0 \tag{8-24}$$

于是，式（8-21）中的联合分布 $p(\boldsymbol{x}_{k-1}, \boldsymbol{X}_{k-1} | \boldsymbol{Z}^{k-1})$ 由如下 4 个参数确定：$\hat{\boldsymbol{x}}_{k-1} \in \mathbb{R}^{s \times 1}$、$\boldsymbol{P}_{k-1} \in \mathbb{R}^{s \times s}$、$\hat{v}_{k-1} \in \mathbb{R}^{1 \times 1}$ 和 $\hat{\boldsymbol{X}}_{k-1} \in \mathbb{R}^{d \times d}$。在式（8-21）的假设下，结合总体模型（8-19），在贝叶斯框架下可推导出，k 时刻的后验分布也具有与式（8-21）类似的结构，即

$$\begin{aligned} p(\boldsymbol{x}_k, \boldsymbol{X}_k | \boldsymbol{Z}^k) &= p(\boldsymbol{x}_k | \boldsymbol{X}_k, \boldsymbol{Z}^k) p(\boldsymbol{X}_{k-1} | \boldsymbol{Z}^k) \\ &= \mathcal{N}(\boldsymbol{x}_k; \hat{\boldsymbol{x}}_k, \boldsymbol{P}_k \otimes \boldsymbol{X}_k) \mathcal{IW}(\boldsymbol{X}_k; \hat{v}_k, \hat{\boldsymbol{X}}_k) \end{aligned} \tag{8-25}$$

即联合分布 $p(\boldsymbol{x}_{k-1}, \boldsymbol{X}_{k-1} | \boldsymbol{Z}^{k-1})$ 也由如下 4 个参数确定：$\hat{\boldsymbol{x}}_k$、$\boldsymbol{P}_k$、$\hat{v}_k$ 和 $\hat{\boldsymbol{X}}_k$。

因此，在获取当前量测 $\boldsymbol{Z}^k$ 之后，联合分布 $p(\boldsymbol{x}_{k-1}, \boldsymbol{X}_{k-1} | \boldsymbol{Z}^{k-1})$ 到 $p(\boldsymbol{x}_k, \boldsymbol{X}_k | \boldsymbol{Z}^k)$ 的递推可直接退化为上述 4 个参数的递推。

3. 贝叶斯框架下椭形扩展目标跟踪算法的推导

贝叶斯估计可完全由后验条件分布 $p(\boldsymbol{x}_k, \boldsymbol{X}_k | \boldsymbol{Z}^k)$ 刻画，因此，此处从分布

的角度推导贝叶斯递推状态及形态联合估计器。由贝叶斯公式可知

$$p(\boldsymbol{x}_k,\boldsymbol{X}_k\left|\boldsymbol{Z}^k\right.)=\frac{1}{c_k}p(\boldsymbol{Z}_k\left|\boldsymbol{x}_k,\boldsymbol{X}_k,\boldsymbol{Z}^{k-1}\right.)p(\boldsymbol{x}_k,\boldsymbol{X}_k\left|\boldsymbol{Z}^{k-1}\right.) \tag{8-26}$$

式中，$p(\boldsymbol{Z}_k\left|\boldsymbol{x}_k,\boldsymbol{X}_k,\boldsymbol{Z}^{k-1}\right.)$ 为似然函数；$p(\boldsymbol{x}_k,\boldsymbol{X}_k\left|\boldsymbol{Z}^{k-1}\right.)$ 为一步预测的概率密度函数。基于模型（8-19），以及 $k-1$ 时刻的分布假设（8-21），$p(\boldsymbol{x}_k,\boldsymbol{X}_k\left|\boldsymbol{Z}^k\right.)$ 可通过如下步骤推导得出。

1）预测

预测步骤主要计算式（8-26）中表示一步预测的联合概率密度函数 $p(\boldsymbol{x}_k,\boldsymbol{X}_k\left|\boldsymbol{Z}^{k-1}\right.)$。一步预测的密度函数可分解为

$$p(\boldsymbol{x}_k,\boldsymbol{X}_k\left|\boldsymbol{Z}^{k-1}\right.)=p(\boldsymbol{x}_k\left|\boldsymbol{X}_k,\boldsymbol{Z}^{k-1}\right.)p(\boldsymbol{X}_k\left|\boldsymbol{Z}^{k-1}\right.) \tag{8-27}$$

式中，假设 $p(\boldsymbol{x}_{k-1}\left|\boldsymbol{X}_k,\boldsymbol{Z}^{k-1}\right.)=p(\boldsymbol{x}_{k-1}\left|\boldsymbol{X}_{k-1},\boldsymbol{Z}^{k-1}\right.)$，由全概率公式可知

$$\begin{cases}p(\boldsymbol{X}_k\left|\boldsymbol{Z}^{k-1}\right.)=\int p(\boldsymbol{X}_k\left|\boldsymbol{X}_{k-1}\right.)p(\boldsymbol{X}_{k-1}\left|\boldsymbol{Z}^{k-1}\right.)\mathrm{d}\boldsymbol{X}_{k-1}\\ p(\boldsymbol{x}_k,\boldsymbol{X}_k\left|\boldsymbol{Z}^{k-1}\right.)=\int p(\boldsymbol{x}_k\left|\boldsymbol{X}_k,\boldsymbol{x}_{k-1}\right.)p(\boldsymbol{x}_{k-1}\left|\boldsymbol{X}_{k-1},\boldsymbol{Z}^{k-1}\right.)\mathrm{d}\boldsymbol{x}_{k-1}\end{cases} \tag{8-28}$$

在式（8-28）中，第一个方程为形态预测概率密度函数，第二个方程为状态预测概率密度函数。以下对两者分别进行讨论。

（1）形态部分。基于模型（8-7）和式（8-22），式（8-28）中的形态预测概率密度函数可积分为

$$\begin{aligned}p(\boldsymbol{X}_k\left|\boldsymbol{Z}^{k-1}\right.)&=\int p\left(\boldsymbol{X}_k\left|\boldsymbol{X}_{k-1}\right.\right)p\left(\boldsymbol{X}_{k-1}\left|\boldsymbol{Z}^{k-1}\right.\right)\mathrm{d}\boldsymbol{X}_{k-1}\\&=\int\mathcal{W}(\boldsymbol{X}_k;\delta_k,\boldsymbol{A}_k\boldsymbol{X}_{k-1}\boldsymbol{A}_k^{\mathrm{T}})\mathcal{IW}(\boldsymbol{X}_{k-1};\hat{v}_{k-1},\hat{\boldsymbol{X}}_{k-1})\mathrm{d}\boldsymbol{X}_{k-1}\\&=\mathcal{GB}_d^{\mathrm{II}}(\boldsymbol{X}_k;\delta_k/2,(\hat{v}_{k-1}-d-1)/2;\boldsymbol{A}_k\hat{\boldsymbol{X}}_{k-1}\boldsymbol{A}_k^{\mathrm{T}},0)\end{aligned} \tag{8-29}$$

式中，$\mathcal{GB}_d^{\mathrm{II}}(\cdot)$ 为 Generalized Beta Type Ⅱ（GBⅡ）分布函数。为了获得递推的估计结果，需要将 GBⅡ分布通过矩匹配（匹配 GBⅡ分布和 $\mathcal{IW}$ 分布的一、二阶矩）的方法逼近为如下 $\mathcal{IW}$ 分布：

$$p(\boldsymbol{X}_k\mid\boldsymbol{Z}^{k-1})\approx\mathcal{IW}(\boldsymbol{X}_k;\hat{v}_{k|k-1},\hat{\boldsymbol{X}}_{k|k-1}) \tag{8-30}$$

式中，

$$\begin{cases}\hat{v}_{k|k-1}=\dfrac{2\delta_k(\lambda_{k-1}-1)(\lambda_{k-1}-2)}{\lambda_{k-1}^2(\lambda_{k-1}+1)^{-1}(\lambda_{k-1}+\delta_k)}+2d+4\\ \hat{\boldsymbol{X}}_{k|k-1}=\delta_k\lambda_{k-1}^{-1}(\hat{v}_{k|k-1}-2d-2)\boldsymbol{A}_k\hat{\boldsymbol{X}}_{k-1}\boldsymbol{A}_k^{\mathrm{T}}\end{cases} \tag{8-31}$$

式中，$\lambda_{k-1}=\hat{v}_{k-1}-2d-2$。此时，根据 $\mathcal{IW}$ 分布的性质式（8-24），$\boldsymbol{X}_k$ 的一步预测均值为

$$\bar{\boldsymbol{X}}_{k|k-1}\triangleq E[\boldsymbol{X}_k\left|\boldsymbol{Z}^{k-1}\right.]=\hat{\boldsymbol{X}}_{k|k-1}/(\hat{v}_{k|k-1}-2d-2) \tag{8-32}$$

式中，$\bar{\boldsymbol{X}}_{k|k-1}$ 用于获取当真实量测噪声存在时，式（8-16）给定的 $\boldsymbol{B}_k$。

（2）状态部分。式（8-28）中第二行给出了状态预测的概率密度函数 $p(\boldsymbol{x}_k|\boldsymbol{X}_k,\boldsymbol{Z}^{k-1})$，式中 $p(\boldsymbol{x}_k|\boldsymbol{X}_k,\boldsymbol{x}_{k-1})$ 为线性高斯模型（8-2），并且根据式（8-22）可知，$p(\boldsymbol{x}_{k-1}|\boldsymbol{X}_{k-1},\boldsymbol{Z}^{k-1})=\mathcal{N}(\boldsymbol{x}_{k-1};\hat{\boldsymbol{x}}_{k-1},\boldsymbol{P}_{k-1}\otimes\boldsymbol{X}_{k-1})$ 也为高斯分布。因此，$p(\boldsymbol{x}_k|\boldsymbol{X}_k,\boldsymbol{Z}^{k-1})$ 也为高斯分布，记为 $\mathcal{N}(\boldsymbol{x}_k;\hat{\boldsymbol{x}}_{k|k-1},\hat{\boldsymbol{P}}_{k|k-1})$。

在假设 $p(\boldsymbol{x}_{k-1}|\boldsymbol{X}_k,\boldsymbol{Z}^{k-1})=p(\boldsymbol{x}_{k-1}|\boldsymbol{X}_{k-1},\boldsymbol{Z}^{k-1})$ 下，有

$$\begin{cases}\hat{\boldsymbol{x}}_{k|k-1}=\boldsymbol{\Phi}_k\hat{\boldsymbol{x}}_{k-1}=(\boldsymbol{F}_k\otimes\boldsymbol{I}_d)\hat{\boldsymbol{x}}_{k-1}\\ \hat{\boldsymbol{P}}_{k|k-1}=\boldsymbol{\Phi}_k(\boldsymbol{P}_{k-1}\otimes\boldsymbol{X}_k)\boldsymbol{\Phi}_k+\boldsymbol{D}_k\otimes\boldsymbol{X}_k\\ \qquad\quad=(\boldsymbol{F}_k\boldsymbol{P}_{k-1}\boldsymbol{F}_k^{\mathrm{T}}+\boldsymbol{D}_k)\otimes\boldsymbol{X}_k\\ \qquad\quad=\boldsymbol{P}_{k|k-1}\otimes\boldsymbol{X}_k\\ \boldsymbol{P}_{k|k-1}=\boldsymbol{F}_k\boldsymbol{P}_{k-1}\boldsymbol{F}_k^{\mathrm{T}}+\boldsymbol{D}_k\end{cases}\tag{8-33}$$

于是有

$$p(\boldsymbol{x}_k|\boldsymbol{X}_k,\boldsymbol{Z}^{k-1})=\mathcal{N}(\boldsymbol{x}_k;\hat{\boldsymbol{x}}_{k|k-1},\boldsymbol{P}_{k|k-1}\otimes\boldsymbol{X}_k)\tag{8-34}$$

式中，$\hat{\boldsymbol{x}}_{k|k-1}=\boldsymbol{\Phi}_k\hat{\boldsymbol{x}}_{k-1}=(\boldsymbol{F}_k\otimes\boldsymbol{I}_d)\hat{\boldsymbol{x}}_{k-1}$；$\boldsymbol{P}_{k|k-1}=\boldsymbol{F}_k\boldsymbol{P}_{k-1}\boldsymbol{F}_k^{\mathrm{T}}+\boldsymbol{D}_k$。注意，$\hat{\boldsymbol{x}}_{k|k-1}$ 的均方误差矩阵并不是 $\boldsymbol{P}_{k|k-1}$，而是 $\hat{\boldsymbol{P}}_{k|k-1}=\boldsymbol{P}_{k|k-1}\otimes\boldsymbol{X}_k$。

于是，综合式（8-27）、式（8-30）和式（8-34），有

$$p(\boldsymbol{x}_k,\boldsymbol{X}_k|\boldsymbol{Z}^{k-1})=\mathcal{N}(\boldsymbol{x}_k;\hat{\boldsymbol{x}}_{k|k-1},\boldsymbol{P}_{k|k-1}\otimes\boldsymbol{X}_k)\mathcal{IW}(\boldsymbol{X}_k;\hat{v}_{k|k-1},\hat{\boldsymbol{X}}_{k|k-1})\tag{8-35}$$

2）更新

总体似然函数可以写成式（8-17）所示的状态分布与形态分布分离的形式，该分离形式是进行贝叶斯估计的关键。这也是基于量测模型（8-14）难以在贝叶斯框架下进行推导的原因——基于该模型难以获得与式（8-17）类似的分离形式。

将式（8-17）和式（8-35）代入式（8-26），有

$$\begin{aligned}p(\boldsymbol{x}_k,\boldsymbol{X}_k|\boldsymbol{Z}^k)&=\frac{1}{c_k}p(\boldsymbol{Z}_k|\boldsymbol{x}_k,\boldsymbol{X}_k,\boldsymbol{Z}^{k-1})p(\boldsymbol{x}_k,\boldsymbol{X}_k|\boldsymbol{Z}^{k-1})\\&\propto\mathcal{N}(\overline{\boldsymbol{z}}_k;\tilde{\boldsymbol{H}}_k\boldsymbol{x}_k,\boldsymbol{B}_k\boldsymbol{X}_k\boldsymbol{B}_k^{\mathrm{T}}/n_k)\mathcal{W}(\overline{\boldsymbol{Z}}_k;n_k-1,\boldsymbol{B}_k\boldsymbol{X}_k\boldsymbol{B}_k^{\mathrm{T}})\times\\&\quad\ \mathcal{N}(\boldsymbol{x}_k;\hat{\boldsymbol{x}}_{k|k-1},\boldsymbol{P}_{k|k-1}\otimes\boldsymbol{X}_k)\mathcal{IW}(\boldsymbol{X}_k;\hat{v}_{k|k-1},\hat{\boldsymbol{X}}_{k|k-1})\end{aligned}\tag{8-36}$$

当仅有一个量测，即 $n_k=1$ 时，有

$$\overline{\boldsymbol{z}}_k=\boldsymbol{z}_k^1$$

$$\begin{aligned}p(\boldsymbol{x}_k,\boldsymbol{X}_k|\boldsymbol{Z}^k)\propto&\ \mathcal{N}(\boldsymbol{z}_k^1;\tilde{\boldsymbol{H}}_k\boldsymbol{x}_k,\boldsymbol{B}_k\boldsymbol{X}_k\boldsymbol{B}_k^{\mathrm{T}})\mathcal{N}(\boldsymbol{x}_k;\hat{\boldsymbol{x}}_{k|k-1},\boldsymbol{P}_{k|k-1}\otimes\boldsymbol{X}_k)\times\\&\ \mathcal{IW}(\boldsymbol{X}_k;\hat{v}_{k|k-1},\hat{\boldsymbol{X}}_{k|k-1})\end{aligned}$$

其最终形式可以通过整理式（8-36）得到。

（1）状态部分。参考基于高斯概率密度函数的卡尔曼滤波器推导过程，

式（8-36）中的两个高斯概率密度函数可直接因式分解为

$$\begin{aligned}&\mathcal{N}(\bar{z}_k;\tilde{\boldsymbol{H}}_k\boldsymbol{x}_k,\boldsymbol{B}_k\boldsymbol{X}_k\boldsymbol{B}_k^{\mathrm{T}}/n_k)\mathcal{N}(\boldsymbol{x}_k;\hat{\boldsymbol{x}}_{k|k-1},\boldsymbol{P}_{k|k-1}\otimes\boldsymbol{X}_k)\\&=\mathcal{N}(\bar{z}_k;\tilde{\boldsymbol{H}}_k\hat{\boldsymbol{x}}_{k|k-1},\boldsymbol{S}_k\boldsymbol{X}_k)\mathcal{N}(\boldsymbol{x}_k;\hat{\boldsymbol{x}}_k,\boldsymbol{P}_k\otimes\boldsymbol{X}_k)\end{aligned} \tag{8-37}$$

式中的各项参数可推导如下（注意，如果 $n_k=1$，则后续的推导使用 $\bar{z}_k=z_k^1$）。

将 $\bar{z}_k$ 当作量测，$\tilde{\boldsymbol{H}}_k=\boldsymbol{H}_k\otimes\boldsymbol{I}_d$ 当作量测矩阵，$\boldsymbol{B}_k\boldsymbol{X}_k\boldsymbol{B}_k^{\mathrm{T}}/n_k$ 当作量测噪声，$\hat{\boldsymbol{x}}_{k|k-1}$ 当作一步预测的均值，$\boldsymbol{P}_{k|k-1}\otimes\boldsymbol{X}_k$ 当作一步预测的协方差矩阵。于是，在卡尔曼滤波框架下，$\hat{\boldsymbol{x}}_k$ 可计算如下：

$$\begin{cases}\hat{\boldsymbol{x}}_k=\hat{\boldsymbol{x}}_{k|k-1}+\tilde{\boldsymbol{K}}_k(\bar{z}_k-\tilde{\boldsymbol{H}}_k\hat{\boldsymbol{x}}_{k|k-1})\\\tilde{\boldsymbol{K}}_k=[(\boldsymbol{P}_{k|k-1}\boldsymbol{H}_k^{\mathrm{T}})\otimes\boldsymbol{X}_k]\tilde{\boldsymbol{S}}_k^{-1}\\\tilde{\boldsymbol{S}}_k=(\boldsymbol{H}_k\boldsymbol{P}_{k|k-1}\boldsymbol{H}_k^{\mathrm{T}})\otimes\boldsymbol{X}_k+\boldsymbol{B}_k\boldsymbol{X}_k\boldsymbol{B}_k^{\mathrm{T}}/n_k\end{cases} \tag{8-38}$$

为简化状态估计，做出如下假设：

$$\boldsymbol{B}_k\boldsymbol{X}_k\boldsymbol{B}_k^{\mathrm{T}}\approx\gamma_k\boldsymbol{X}_k \tag{8-39}$$

式中，γ_k 为标量，而且可通过使式（8-39）约等号两边的行列式相等计算如下：

$$\left|\boldsymbol{B}_k\boldsymbol{X}_k\boldsymbol{B}_k^{\mathrm{T}}\right|=\left|\gamma_k\boldsymbol{X}_k\right|\Rightarrow\gamma_k=\left|\boldsymbol{B}_k\boldsymbol{B}_k^{\mathrm{T}}\right|^{1/d}=\left|\boldsymbol{B}_k\right|^{2/d} \tag{8-40}$$

将式（8-40）代入式（8-38），可得

$$\begin{aligned}\tilde{\boldsymbol{K}}_k&=[(\boldsymbol{P}_{k|k-1}\boldsymbol{H}_k^{\mathrm{T}})\otimes\boldsymbol{X}_k]\tilde{\boldsymbol{S}}_k^{-1}\\&\approx[(\boldsymbol{P}_{k|k-1}\boldsymbol{H}_k^{\mathrm{T}})\otimes\boldsymbol{X}_k]\left[(\boldsymbol{H}_k\boldsymbol{P}_{k|k-1}\boldsymbol{H}_k^{\mathrm{T}})\otimes\boldsymbol{X}_k+\frac{\gamma_k}{n_k}\boldsymbol{X}_k\right]^{-1}\\&=(\boldsymbol{P}_{k|k-1}\boldsymbol{H}_k^{\mathrm{T}}\boldsymbol{S}_k^{-1})\otimes\boldsymbol{I}_d\\&=\boldsymbol{K}_k\otimes\boldsymbol{I}_d\end{aligned} \tag{8-41}$$

式中，

$$\begin{cases}\boldsymbol{K}_k=\boldsymbol{P}_{k|k-1}\boldsymbol{H}_k^{\mathrm{T}}\boldsymbol{S}_k^{-1}\\\boldsymbol{S}_k=\boldsymbol{H}_k\boldsymbol{P}_{k|k-1}\boldsymbol{H}_k^{\mathrm{T}}+\gamma_k/n_k\end{cases} \tag{8-42}$$

给定式（8-41）之后，可得 $\hat{\boldsymbol{x}}_k$ 的误差协方差矩阵为

$$\begin{aligned}\tilde{\boldsymbol{P}}_k&=\boldsymbol{P}_{k|k-1}\otimes\boldsymbol{X}_k-\tilde{\boldsymbol{K}}_k(\boldsymbol{S}_k\otimes\boldsymbol{X}_k)\tilde{\boldsymbol{K}}_k^{\mathrm{T}}\\&=\boldsymbol{P}_{k|k-1}\otimes\boldsymbol{X}_k-(\boldsymbol{K}_k\otimes\boldsymbol{I}_d)(\boldsymbol{S}_k\otimes\boldsymbol{X}_k)(\boldsymbol{K}_k\otimes\boldsymbol{I}_d)^{\mathrm{T}}\\&=(\boldsymbol{P}_{k|k-1}-\boldsymbol{K}_k\boldsymbol{S}_k\boldsymbol{K}_k^{\mathrm{T}})\otimes\boldsymbol{X}_k\\&=\boldsymbol{P}_k\otimes\boldsymbol{X}_k\end{aligned} \tag{8-43}$$

式中，

$$\boldsymbol{P}_k\triangleq\boldsymbol{P}_{k|k-1}-\boldsymbol{K}_k\boldsymbol{S}_k\boldsymbol{K}_k^{\mathrm{T}} \tag{8-44}$$

至此，式（8-37）中的各项参数计算完毕。

（2）形态部分。将式（8-37）代入式（8-36），可近似得到

$$
\begin{aligned}
p(\boldsymbol{x}_k, \boldsymbol{X}_k \left| \boldsymbol{Z}^k \right.) &\propto \mathcal{N}(\boldsymbol{x}_k; \hat{\boldsymbol{x}}_k, \boldsymbol{P}_k \otimes \boldsymbol{X}_k)\mathcal{N}(\bar{z}_k; \tilde{\boldsymbol{H}}_k \hat{\boldsymbol{x}}_{k|k-1}, \boldsymbol{S}_k \boldsymbol{X}_k) \times \\
&\quad \mathcal{W}(\bar{\boldsymbol{Z}}_k; n_k - 1, \boldsymbol{B}_k \boldsymbol{X}_k \boldsymbol{B}_k^{\mathrm{T}})\mathcal{IW}(\boldsymbol{X}_k; \hat{v}_{k|k-1}, \hat{\boldsymbol{X}}_{k|k-1}) \\
&= \mathcal{N}(\boldsymbol{x}_k; \hat{\boldsymbol{x}}_k, \boldsymbol{P}_k \otimes \boldsymbol{X}_k)\mathcal{IW}(\boldsymbol{X}_k; \hat{v}_k, \hat{\boldsymbol{X}}_k)
\end{aligned} \tag{8-45}
$$

式中，

$$
\begin{cases}
\hat{v}_k = \hat{v}_{k|k-1} + n_k \\
\hat{\boldsymbol{X}}_k = \hat{\boldsymbol{X}}_{k|k-1} + \boldsymbol{N}_k + \boldsymbol{B}_k^{-1}\bar{\boldsymbol{Z}}_k \boldsymbol{B}_k^{-\mathrm{T}} \\
\boldsymbol{N}_k = \boldsymbol{S}_k^{-1}(\bar{z}_k - \tilde{\boldsymbol{H}}_k \hat{\boldsymbol{x}}_{k|k-1})(\bar{z}_k - \tilde{\boldsymbol{H}}_k \hat{\boldsymbol{x}}_{k|k-1})^{\mathrm{T}}
\end{cases} \tag{8-46}
$$

对式（8-45）前两行的最后 3 个概率密度函数之积进行因式分解，可得到第 3 行的第 2 个概率密度函数。

至此，从 $k-1$ 到 k 时刻的递推步骤推导完毕。

8.2.2　考虑量测个数信息的椭形扩展目标跟踪

如前文所述，目前基于随机矩阵法的扩展目标跟踪方法对运动状态和扩展形态的估计仅依赖量测的统计量——量测均值 $\bar{z}_k$ 和量测散射矩阵 $\bar{\boldsymbol{Z}}_k$。然而，兰剑在文献[5]中表示，鉴于量测个数 n_k 与目标的扩展形态、传感器和目标的几何构形及传感器分辨率紧密相关，量测个数本身也包含关于目标扩展形态的信息。从直观上说，对于一个已知分辨率的传感器，相比相同位置的小目标，大目标通常能够产生更多量测。为了能够在进行形态估计时直接利用量测个数信息，需要对量测个数与目标扩展形态、传感器分辨率之间的依赖关系进行建模。

1．量测个数的似然函数

利用文献[2]提出的一种类泊松（Poisson）分布来建模量测个数与扩展形态之间的依赖关系，即

$$
p(n_k; \boldsymbol{X}_k) \approx \frac{(\mathrm{const}\ S_{\mathrm{F}} \left| \boldsymbol{X}_k \right|^{1/2})^{n_k}}{n_k!} \exp(-\rho_{\mathrm{F}} \pi \mathrm{tr} \boldsymbol{X}_k) \tag{8-47}
$$

式中，ρ_{F} 为与传感器分辨率有关的空间量测密度；其他参数需要进行适当的设计，使 $p(n_k; \boldsymbol{X}_k)$ 满足概率密度函数的性质。尽管上述假设是合理的，但目前依然没有基于式（8-47）进行扩展形态估计的文献，一个可能的原因是式（8-47）的形式无法直接用于随机矩阵框架。

为了建模量测个数 n_k 与目标扩展形态 $\boldsymbol{X}_k$ 之间的依赖关系，同时使其可直接用于随机矩阵框架，我们假设量测个数 n_k 服从伽马（Gamma）分布，即

$$
p(n_k; \mu_k, \theta_k) = \frac{n_k^{\mu_k - 1}}{\Gamma(\mu_k)\theta_k^{\mu_k}} \exp(-n_k \theta_k^{-1}) \tag{8-48}
$$

式中，μ_k 为形状参数；θ_k 为尺度参数。根据 Gamma 分布的性质可知，n_k 的均

值 $\bar{n}_k = \mu_k \theta_k$，方差 $\mathrm{var}(n_k) = \mu_k \theta_k^2$。

接下来简述使用 Gamma 分布对量测个数 n_k 进行建模的原因。

首先，Gamma 分布包含所有 Marcum–Swerling 和 Weinstock 目标的雷达量测个数模型。

其次，Gamma 分布相比 Poisson 分布更加灵活。假设一个扩展目标占据 η 个分辨率单元，其中各分辨率单元之间相互独立，且以概率 p 产生一个量测，则产生 n 个量测值的概率服从二项（Binomial）分布，即 $C_\eta^n p^n (1-p)^{\eta-n}$（均值 $\bar{n} = \eta p$）。如图 8-2 所示，在均值相同 $(\bar{n} = \eta p = \gamma = \mu\theta)$ 的条件下，Gamma $\left(\mathrm{G}: \dfrac{n^{\mu-1}}{\Gamma(\mu)\theta^\mu} \mathrm{e}^{-n\theta^{-1}} \right)$ 分布相比 Poisson $\left(\mathrm{P}: \dfrac{\gamma^n}{n!} \mathrm{e}^{-\gamma} \right)$ 分布能够更精确地拟合 Binomial $(\mathrm{B}: C_\eta^n p^n (1-p)^{\eta-n})$ 分布。实际上，根据 Poisson 极限定理，在维持 $\bar{n} = \eta p$ 的条件下，只有对 η 取极限 ∞（此时 $p \to 0$），Binomial 分布才能被 Poisson 分布充分近似。因此，对一个扩展目标来说，若其占据的分辨率单元数量较少，且各分辨率单元产生量测的概率相对较大，则使用 Gamma 分布对其量测个数 n_k 进行建模是合理的。

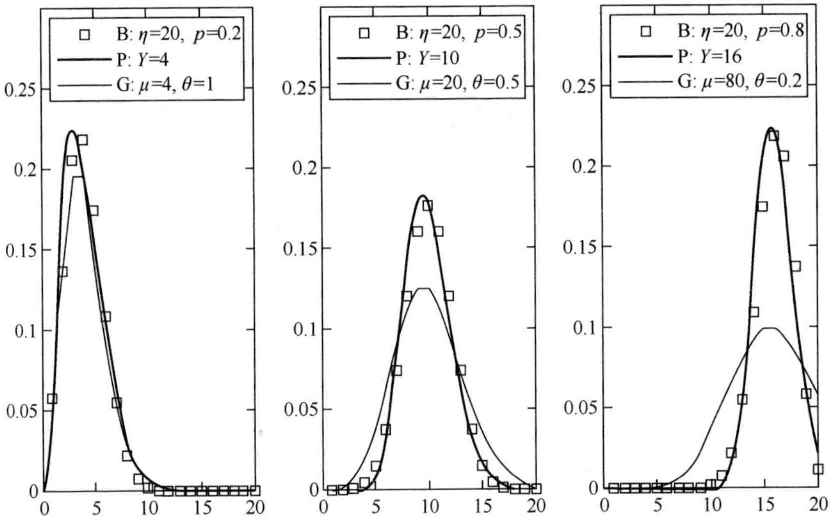

图 8-2　均值相同条件下的 Binomial 分布、Poisson 分布和 Gamma 分布

进一步假设

$$\theta_k = g_k \left| \boldsymbol{X}_k \right|^{1/2} / \mu_k \tag{8-49}$$

则

$$\bar{n}_k = \mu_k \theta_k = \mu_k g_k \left| \boldsymbol{X}_k \right|^{1/2} / \mu_k = g_k \left| \boldsymbol{X}_k \right|^{1/2} \tag{8-50}$$

式中，g_k 将量测个数均值 $\bar{n}_k$ 和与 $\left| \boldsymbol{X}_k \right|^{1/2}$ 呈比例关系的目标面积（或体积）关联

起来，后文会对此进行详细阐述。

尽管已经将 n_k 和 $\boldsymbol{X}_k$ 关联起来，式（8-48）的分布依然不能直接嵌入随机矩阵框架，主要因为式（8-48）的指数项部分很难与随机矩阵相关分布的指数项整合起来。为了解决上述问题，此处考虑将式（8-48）近似为如下形式：

$$p(n_k;\mu_k,\boldsymbol{X}_k)\triangleq\frac{n_k^{\mu_k-1}}{\Gamma(\mu_k)\theta_k^{\mu_k}}\exp(-n_k\alpha_k\beta_k) \tag{8-51}$$

$$\beta_k\triangleq\mu_k\mathrm{tr}(\hat{\boldsymbol{X}}_{k|k-1}\boldsymbol{X}_k^{-1})/g_k \tag{8-52}$$

式中，α_k 可在最小平均 KL 散度指标下，获得式（8-48）的最优拟合，即式（8-51），其具体定义如下：

$$\hat{\alpha}_k=\arg\min_{\alpha_k}E[D_{\mathrm{KL}}(p(n_k;\mu_k,\theta_k)\,\|\,p(n_k;\mu_k,\boldsymbol{X}_k))] \tag{8-53}$$

式中，$E[\cdot]$ 为相对于变量 $\boldsymbol{X}_k$ 求期望。将式（8-49）中的 θ_k 和式（8-52）中的 β_k 代入式（8-51）可得

$$p(n_k;\mu_k,\boldsymbol{X}_k)=\frac{n_k^{\mu_k-1}\mu_k^{\mu_k}}{\Gamma(\mu_k)g_k^{\mu_k}\left|\boldsymbol{X}_k\right|^{\frac{\mu_k}{2}}}\exp(-\frac{n_k\alpha_k\mu_k}{g_k}\mathrm{tr}(\hat{\boldsymbol{X}}_{k|k-1}\boldsymbol{X}_k^{-1})) \tag{8-54}$$

关于式（8-54）说明如下。

（1）对式（8-51）来说，原来的 θ_k^{-1} 被替换为 $\alpha_k\beta_k$。根据式（8-50），量测平均个数被近似为

$$\begin{aligned}\bar{n}_k&=\mu_k\theta_k=g_k\left|\boldsymbol{X}_k\right|^{1/2}\\&\approx\mu_k/(\alpha_k\beta_k)=g_k/(\alpha_k\mathrm{tr}(\hat{\boldsymbol{X}}_{k|k-1}\boldsymbol{X}_k^{-1}))\end{aligned} \tag{8-55}$$

在这种情况下，α_k 也可视为将式（8-50）近似为式（8-55）的放缩因子。

（2）式（8-54）对推导出解析形式估计器十分关键，主要原因在于式（8-54）的形式相较于式（8-48），可以更直接地嵌入随机矩阵框架，尤其是对指数项部分。

下面介绍一个定理。考虑如下所示的标准 Gamma 分布的密度函数：

$$p_1(n_k)=\frac{n_k^{\mu_k-1}}{\Gamma(\mu_k)\theta_k^{\mu_k}}\exp(-n_k\theta_k^{-1}) \tag{8-56}$$

尝试利用式（8-57）所示的密度形式：

$$p_2(n_k)=\frac{n_k^{\mu_k-1}}{\Gamma(\mu_k)\theta_k^{\mu_k}}\exp(-n_k\alpha_k\beta_k) \tag{8-57}$$

对式（8-56）进行近似。在式（8-57）中，μ_k 是已知参数；θ_k 和 β_k 是相同随机变量的函数；α_k 是待确定的变量，其使如下所示的平均 KL 散度最小：

$$\hat{\alpha}_k=\arg\min_{\alpha_k}E[D_{\mathrm{KL}}(p_1(n_k)\,\|\,p_2(n_k))] \tag{8-58}$$

式中，期望是相对于相同随机变量而言的。由此可得式（8-58）的最优解为

$$\hat{\alpha}_k=1/E[\theta_k\beta_k] \tag{8-59}$$

值得注意的是，θ_k［式（8-49）］和 β_k［式（8-52）］均是 $\boldsymbol{X}_k$ 的函数。然而，

通常来说，求解非条件期望 $E[\theta_k\beta_k]$ 是不可行的或没有意义的。在 k 时刻接收到量测 $\boldsymbol{Z}_k$ 之前，所有可获取的信息均包含在 $\boldsymbol{Z}^{k-1}$ 中。因此，可以计算基于 $\boldsymbol{Z}^{k-1}$ 的条件期望，即 $E[\theta_k\beta_k|\boldsymbol{Z}^{k-1}]$。

基于式（8-49）和式（8-52），并且假设 $p[\boldsymbol{X}_k|\boldsymbol{Z}^{k-1}]=\mathcal{IW}(\boldsymbol{X}_k;\hat{v}_{k|k-1},\hat{\boldsymbol{X}}_{k|k-1})$，可以得到

$$E[\theta_k\beta_k|\boldsymbol{Z}^{k-1}]=b_k\left|\hat{\boldsymbol{X}}_{k|k-1}\right|^{1/2} \tag{8-60}$$

式中，

$$b_k \triangleq 2^{-d/2}d(\hat{v}_k^1-1)\Gamma_d[(\hat{v}_k^1-1)/2]/\Gamma_d(\hat{v}_k^1/2) \tag{8-61}$$

式中，$\hat{v}_k^1\triangleq\hat{v}_{k|k-1}-d-1$。

式（8-60）具有解析形式，其在很大程度上便于推导基于式（8-57）的解析形式估计器。在 $p[\boldsymbol{X}_k|\boldsymbol{Z}^{k-1}]=\mathcal{IW}(\boldsymbol{X}_k;\hat{v}_{k|k-1},\hat{\boldsymbol{X}}_{k|k-1})$ 假设下，式（8-52）中 β_k 的设计对于获得解析形式估计器十分关键，这也是考虑式（8-60）的关键原因。

2. 量测个数与目标扩展形态之间的依赖关系

如前文所述，量测个数 n_k 依赖目标扩展形态。在式（8-50）和式（8-52）中，g_k 是建模这种依赖关系的关键参数。

设 ρ_r、ρ_θ 和 ρ_α 分别为传感器距离、方位角和俯仰角的分辨率。那么，对二维空间的目标跟踪来说，单个分辨率单元的面积（见图 8-3）可以简单地描述为

$$v_0=\rho_r(r_k\rho_\theta) \tag{8-62}$$

对三维空间来说，单个分辨率单元的体积可以简单地描述为

$$v_0=\rho_r(r_k\rho_\theta)(r_k\rho_\alpha) \tag{8-63}$$

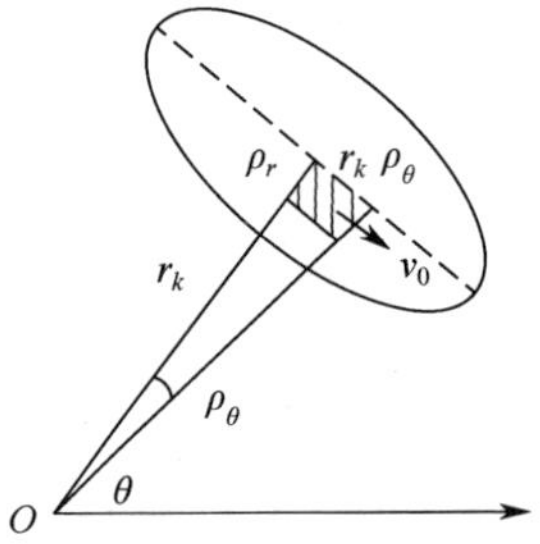

图 8-3　二维分辨率单元的面积（阴影区域）示意

在式（8-62）和式（8-63）中，v_0 代表边长为 ρ_r、$r_k\rho_\theta$ 和 $r_k\rho_\alpha$（对三维目标来说）的分辨率单元的面积或体积。单个扩展目标通常占据多个分辨率单元，且各分辨率单元形心位置坐标的均值等于扩展目标形心的位置坐标。

因此，针对每个分辨率单元的面积或体积，都用扩展目标形心与传感器之间的距离 r_k 来计算，是一种近似。这在实际中是可行的，尤其是当 r_k 相比目标长度和宽度很大且在跟踪之前目标的真实形态未知时。综上所述，v_0 是对真值的一种近似。

在随机矩阵框架中，目标的整体状态由 $\boldsymbol{x}_k$ 和 $\boldsymbol{X}_k$ 定义，由此可获得目标的面积或体积为

$$V_k = \begin{cases} \pi\left|\boldsymbol{X}_k\right|^{1/2}, & d=2 \\ (4\pi/3)\left|\boldsymbol{X}_k\right|^{1/2}, & d=3 \end{cases} \tag{8-64}$$

式中，$d=2$ 或 3 分别对应二维目标或三维目标。

由此，分辨率单元（对应于扩展目标的散射中心）的数量可以通过计算 V_k/v_0 获得。假设 p_0 为单个量测单元返回量测值的概率，则可以计算出平均量测个数，即

$$\bar{n}_k = p_0\frac{V_k}{v_0} = \begin{cases} p_0\pi\left|\boldsymbol{X}_k\right|^{1/2}/(r_k\rho_r\rho_\theta), & d=2 \\ 4p_0\pi\left|\boldsymbol{X}_k\right|^{1/2}/(3r_k^2\rho_r\rho_\theta\rho_\alpha), & d=3 \end{cases} \tag{8-65}$$

对比式（8-65）和式（8-50）可得 g_k 为

$$g_k = \begin{cases} p_0\pi/(r_k\rho_r\rho_\theta), & d=2 \\ 4p_0\pi/(3r_k^2\rho_r\rho_\theta\rho_\alpha), & d=3 \end{cases} \tag{8-66}$$

注意，g_k 是 r_k 的函数，r_k 又依赖 $\boldsymbol{x}_k$。对 k 时刻的跟踪来说，可以用基于预测运动状态 $\hat{\boldsymbol{x}}_{k|k-1}$ 的 $\hat{r}_{k|k-1}$ 去近似 r_k，即

$$\hat{r}_{k|k-1} = \left\|\tilde{\boldsymbol{H}}_k\hat{\boldsymbol{x}}_{k|k-1}\right\| = (\hat{\boldsymbol{x}}_{k|k-1}^{\mathrm{T}}\tilde{\boldsymbol{H}}_k^{\mathrm{T}}\tilde{\boldsymbol{H}}_k\hat{\boldsymbol{x}}_{k|k-1})^{1/2} \tag{8-67}$$

式中，$\|\cdot\|$ 代表二范数。由此可以得到

$$\hat{g}_k = \begin{cases} p_0\pi/(\hat{r}_{k|k-1}\rho_r\rho_\theta), & d=2 \\ 4p_0\pi/(3\hat{r}_{k|k-1}^2\rho_r\rho_\theta\rho_\alpha), & d=3 \end{cases} \tag{8-68}$$

关于上述模型的说明如下。

（1）式（8-64）是根据二维目标或三维目标的面积或体积的定义得到的：对半长轴为 a 和 b 的二维目标来说，其面积为 πab；同理，对于半长轴为 a、b 和 c 的三维目标来说，其体积为 $(4\pi/3)abc$。根据式（8-1）可知，$\left|\boldsymbol{X}_k\right|^{1/2}$ 在二维或三维条件下分别等于 ab 或 abc。

（2）参数 g_k 或 $\hat{g}_k$ 将平均量测个数 $\bar{n}_k$ 与扩展形态 $\boldsymbol{X}_k$ 及传感器分辨率 ρ_r、ρ_θ、ρ_α 联系起来。因此，包含 g_k 或 $\hat{g}_k$ 的式（8-55）通过有限分辨率的传感器建模了量测个数与扩展形态之间的依赖关系。

（3）如果形态只有部分可观测，为了推断形态的不可观测部分，不直接使用量测个数信息的跟踪方法需要借助目标形态的先验信息，如目标的形态或形

状。在这种情况下，量测个数本身依然包含目标可观测部分的形态信息（如形态可观测部分越大，量测个数越多），进而基于先验信息推断不可观测部分。因此，将所提的利用量测个数信息的方法拓展到目标形态部分可观测的场景也是可行的。

（4）形态上，散射中心对应的量测空间分布相较于个数分布，提供了更多的形态信息。本节中，$p[\boldsymbol{Z}_k \mid \boldsymbol{x}_k, \boldsymbol{X}_k] = p(n_k; \mu_k, \boldsymbol{X}_k) p[\boldsymbol{Z}_k \mid n_k, \boldsymbol{x}_k, \boldsymbol{X}_k]$ 是整体的量测分布，其包含量测个数分布 $p(n_k; \mu_k, \boldsymbol{X}_k)$ 和量测空间分布 $p[\boldsymbol{Z}_k \mid n_k, \boldsymbol{x}_k, \boldsymbol{X}_k]$。$p(n_k; \mu_k, \boldsymbol{X}_k)$ 提供了关于形态的额外信息，$p[\boldsymbol{Z}_k \mid n_k, \boldsymbol{x}_k, \boldsymbol{X}_k]$ 提供了 $\boldsymbol{Z}_k$ 中的量测在形态和噪声的影响下如何分布的细节信息。

3. 贝叶斯递推公式

基于本节的量测似然函数，可以得到考虑量测个数信息的随机矩阵扩展目标跟踪方法中预测和更新的解析形式。这和 8.2.1 节的递推过程类似。其中，因为使用了相同的状态演化模型和形态演化模型，预测部分与 8.2.1 节保持一致。鉴于本节的量测似然函数多了量测个数一项，因此关键区别在于状态更新。

$$\begin{cases} \hat{v}_k = \hat{v}_k^0 + \mu_k \\ \hat{v}_k^0 = \hat{v}_{k|k-1} + n_k \\ \hat{\boldsymbol{X}}_k = \hat{\boldsymbol{X}}_k^0 + 2\mu_k n_k \hat{\boldsymbol{X}}_{k|k-1} / (\hat{g}_k b_k \left|\hat{\boldsymbol{X}}_{k|k-1}\right|^{1/2}) \\ \hat{\boldsymbol{X}}_k^0 = \hat{\boldsymbol{X}}_{k|k-1} + \boldsymbol{N}_k + \boldsymbol{B}_k^{-1} \bar{\boldsymbol{Z}}_k \boldsymbol{B}_k^{-\mathrm{T}} \\ \boldsymbol{N}_k = \boldsymbol{S}_k^{-1} (\bar{z}_k - \tilde{\boldsymbol{H}}_k \hat{\boldsymbol{x}}_{k|k-1})(\bar{z}_k - \tilde{\boldsymbol{H}}_k \hat{\boldsymbol{x}}_{k|k-1})^{\mathrm{T}} \end{cases} \tag{8-69}$$

根据 $\mathcal{IW}$ 分布的性质，可以得到形态的后验均值，即

$$\bar{\boldsymbol{X}}_k = \frac{\hat{\boldsymbol{X}}_k^0 + 2\mu_k (n_k / g_k)(1/b_k) \hat{\boldsymbol{X}}_{k|k-1} \left|\hat{\boldsymbol{X}}_{k|k-1}\right|^{-1/2}}{\hat{v}_k^0 + \mu_k - 2d - 2} \tag{8-70}$$

关于本节更新公式的说明如下。

（1）式（8-69）中的 $\hat{v}_k^0$ 和 $\hat{\boldsymbol{X}}_k^0$ 分别等于 8.2.1 节的 $\hat{v}_k$ 和 $\hat{\boldsymbol{X}}_k$，表明如果量测个数 n_k 不依赖形态 $\boldsymbol{X}_k$，那么本节估计器自然地退化为 8.2.1 节的形式。这也表明得益于 n_k 与 $\boldsymbol{X}_k$ 之间的依赖关系，n_k 能够提供额外的形态信息。

（2）在本节的估计方法中，根据式（8-70），n_k 对形态估计 $\bar{\boldsymbol{X}}_k$ 的作用依赖参数 μ_k。μ_k 越大，形态估计越依赖 n_k。

4. 实测数据实验分析

本节使用文献[7]所提的 nuScenes 数据集对算法进行性能评估，选取的目标场景对应数据集中的场景 14 和场景 15。场景中我方车辆搭载毫米波雷达

（ARS-408-21）在目标车辆后方运动，雷达可以持续获得目标车辆的量测。目标车辆为一辆长 12.971m、宽 2.741m 的公交车，刚开始在十字路口向右转弯，随后直线行驶，如图 8-4 所示。数据集中关键帧的采样率为 2Hz，因此采样间隔设为 $T_s = 0.5\text{s}$；雷达距离分辨率 $\rho_r = 0.6\text{m}$，方位角分辨率 $\rho_\theta = 0.1\text{rad}$；距离量测误差标准差 $\sigma_r = 0.1\text{m}$，方位角量测误差标准差 $\sigma_\theta = 0.0052\text{rad}$。

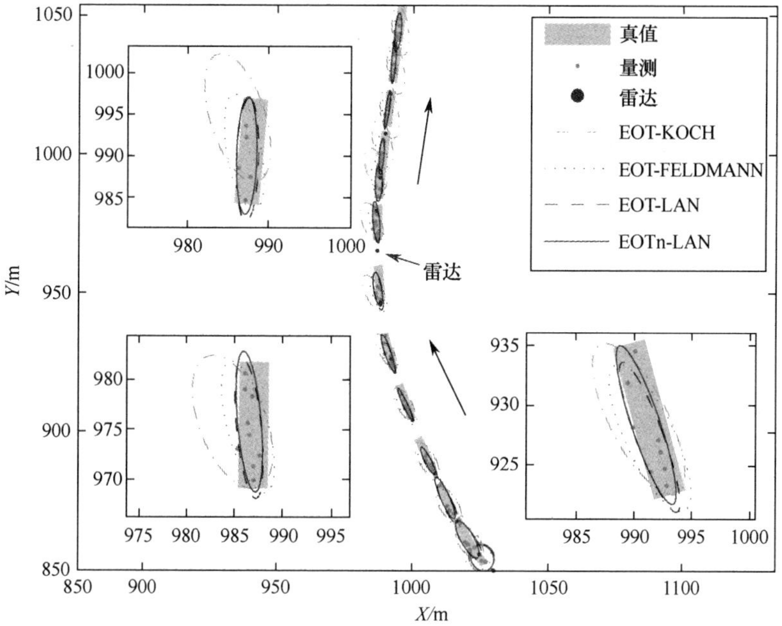

图 8-4　实测数据示意

本节所提算法（记为 EOTn-LAN）将与以下算法进行对比：文献[2]中的算法（记为 EOT-KOCH）、文献[3]中的算法（记为 EOT-FELDMANN）、文献[4]中的算法（记为 EOT-LAN）。

针对 EOTn-LAN 算法，设置参数 $\mu_k = 2$， $p_0 = 0.6$。在所有比较的算法中，目标运动均使用匀速运动模型，并设置过程噪声协方差矩阵 $\boldsymbol{D}_k = \text{diag}(0\text{m}^2, 0.1\text{m}^2/\text{s}^2)$，均基于单步初始化方法利用第一帧量测计算得到 $\hat{\boldsymbol{x}}_{0|0}$（初始速度为 0m/s），初始形态参数 $\hat{\boldsymbol{X}}_{0|0} = \text{diag}(30\text{m}^2, 30\text{m}^2)$， $\hat{v}_{0|0} = 30$。针对形态演化的参数，在 EOT-KOCH 算法和 EOT-FELDMANN 算法中设置 $\tau = 8T_s$；在 EOT-LAN 算法和 EOTn-LAN 算法中设置 $\delta = 30$， $\boldsymbol{A}_k = \delta^{-1/2}\boldsymbol{I}_2$。

各算法均基于位置均方根误差与形态均方根误差及文献[8]所提的高斯 Wasserstein 距离（Gaussian Wasserstein Distance，GWD）指标进行比较。鉴于数据集中未提供速度标签，因此此处不计算速度均方根误差。同时，数据集中的形态标签是矩形的，此处利用等长、等宽的椭形去近似，进而作为均方根误差和 GWD 中的形态真值进行计算。

各算法的位置均方根误差、形态均方根误差及 GWD 曲线分别如图 8-5～图 8-7 所示。通过对比可知，EOTn-LAN 在位置估计及联合位置与形态估计（由 GWD 表征）上效果优于 EOT-LAN。更多的实验结果表明，当 μ_k 大于 2 时，算法的提升效果不明显。对比结果验证了本节所提模型与方法的有效性。

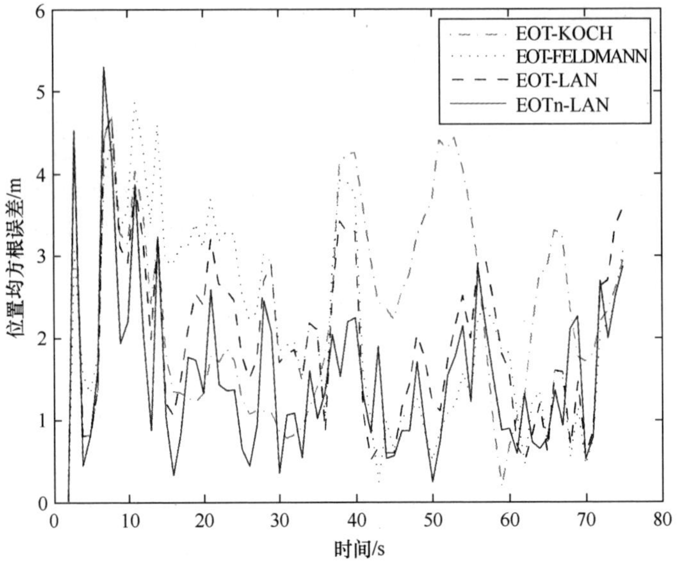

图 8-5　位置均方根误差

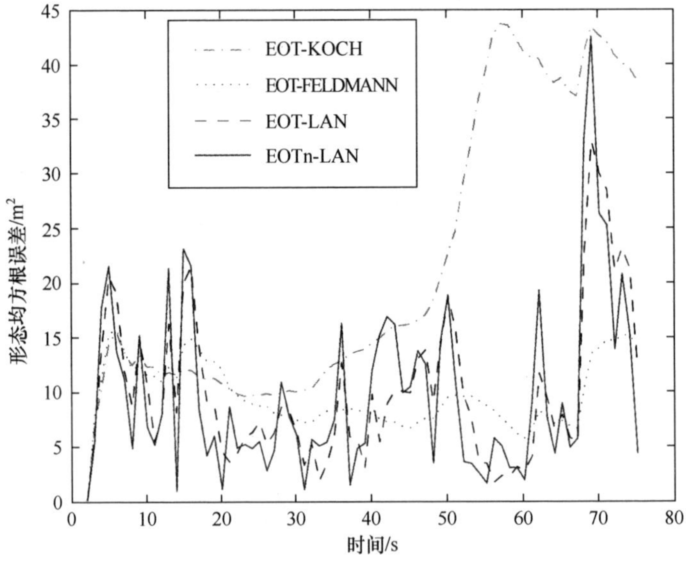

图 8-6　形态均方根误差

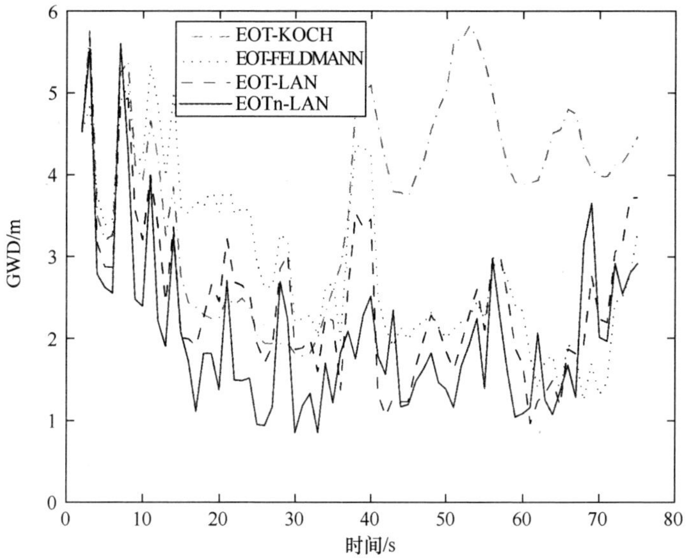

图 8-7　GWD 曲线

8.2.3　机动椭形扩展目标跟踪

当扩展目标机动时，目标的运动状态和扩展形态均可能发生突变。目前描述这种动态过程最好的方式之一为混态系统描述，即将目标的状态和形态的某几个典型机动过程分别刻画为若干模型，模型之间的动态切换对应目标的实际机动。整个系统包含两类变量：连续的状态形态变量和离散的模型变量，于是整个系统为混态系统。对混态系统而言，目前最有效的估计方法为多模型估计方法，典型的估计方法为 IMM。因此，为解决机动椭形扩展目标跟踪问题，本节介绍我们在文献[4]中提出的基于随机矩阵法的多模型估计方法。

基于 8.2.1 节的总体模型（8-19），椭形扩展目标的实际运动过程可描述为如下混态系统：

$$\begin{cases} \boldsymbol{x}_k = \boldsymbol{\Phi}_k^j \boldsymbol{x}_{k-1} + \boldsymbol{\omega}_k^j, \quad \boldsymbol{\omega}_k^j \sim \mathcal{N}(\boldsymbol{0}, \boldsymbol{D}_k^j \otimes \boldsymbol{X}_k) \\ p(\boldsymbol{X}_k | \boldsymbol{X}_{k-1}) = \mathcal{W}(\boldsymbol{X}_k; \delta_k^j, \boldsymbol{A}_k^j \boldsymbol{X}_{k-1} (\boldsymbol{A}_k^j)^{\mathrm{T}}) \\ \boldsymbol{z}_k^r = \tilde{\boldsymbol{H}}_k^j \boldsymbol{x}_k + \boldsymbol{v}_k^{r,j}, \quad \boldsymbol{v}_k^{r,j} \sim \mathcal{N}(\boldsymbol{0}, \boldsymbol{B}_k^j \boldsymbol{X}_k (\boldsymbol{B}_k^j)^{\mathrm{T}}) \end{cases} \tag{8-71}$$

式中，$\boldsymbol{\Phi}_k^j = \boldsymbol{F}_k^j \otimes \boldsymbol{I}_d$；$\tilde{\boldsymbol{H}}_k^j = \boldsymbol{H}_k^j \otimes \boldsymbol{I}_d$；$j \in \{1,2,\cdots,N\}$ 为模型 j 的标号（索引），N 为模型的个数；$r \in \{1,2,\cdots,n_k\}$，n_k 为 k 时刻的量测个数。在本章后续部分，将采用 m_k^j 表示 k 时刻模型 j 为有效模型这一随机事件。一般而言，假设模型的切换过程为一阶马尔可夫过程，且其先验已知切换概率为

$$P\{m_k^j | m_{k-1}^i\} = \pi_{j|i}, \quad i,j = 1,2,\cdots,N \tag{8-72}$$

事实上，$\pi_{j|i}$ 的大小刻画了模型切换的剧烈程度，对应实际目标机动模式切换的

剧烈程度。

如前所述，条件密度函数 $p(\boldsymbol{x}_{k-1},\boldsymbol{X}_{k-1}|\boldsymbol{Z}^k)$ 包含所有目标跟踪所需的信息。因此，此处依然考虑使用 $k-1$ 时刻的先验密度函数 $p(\boldsymbol{x}_{k-1},\boldsymbol{X}_{k-1}|\boldsymbol{Z}^{k-1})$ 和 k 时刻的量测值，基于模型（8-71）来计算该后验密度函数。该后验密度函数可用全概率公式展开为

$$p(\boldsymbol{x}_k,\boldsymbol{X}_k|\boldsymbol{Z}^k)=\sum_{j=1}^{N}p(\boldsymbol{x}_k,\boldsymbol{X}_k|m_k^j,\boldsymbol{Z}^k)p\{m_k^j,\boldsymbol{Z}^k\} \tag{8-73}$$

式中，$P\{m_k^j|\boldsymbol{Z}^k\}$ 为模型的后验概率，且根据贝叶斯公式有

$$p(\boldsymbol{x}_k,\boldsymbol{X}_k|m_k^j,\boldsymbol{Z}^k)=(c_k)^{-1}p(\boldsymbol{Z}_k|\boldsymbol{x}_k,\boldsymbol{X}_k,m_k^j,\boldsymbol{Z}^{k-1})p(\boldsymbol{x}_k,\boldsymbol{X}_k|m_k^j,\boldsymbol{Z}^{k-1}) \tag{8-74}$$

基于式（8-73）和式（8-74），可推导出适用于混态系统机动椭形扩展目标跟踪的多模型估计方法。

1. 基于随机矩阵法的 IMM 估计方法

此处考虑利用 $k-1$ 时刻的估计结果和 k 时刻的数据来推导出 k 时刻的估计结果。因此，该估计方法具有递推结构。

1）重初始化（交互）

根据全概率公式，式（8-74）中一步预测的概率密度函数可写为

$$\begin{aligned}&p(\boldsymbol{x}_k,\boldsymbol{X}_k|m_k^j,\boldsymbol{Z}^{k-1})\\&=\int p(\boldsymbol{x}_k,\boldsymbol{X}_k|\boldsymbol{x}_{k-1},\boldsymbol{X}_{k-1},m_k^j,\boldsymbol{Z}^{k-1})p(\boldsymbol{x}_{k-1},\boldsymbol{X}_{k-1}|m_k^j,\boldsymbol{Z}^{k-1})\mathrm{d}\boldsymbol{x}_{k-1}\mathrm{d}\boldsymbol{X}_{k-1}\end{aligned} \tag{8-75}$$

继续对 $p(\boldsymbol{x}_{k-1},\boldsymbol{X}_{k-1}|m_k^j,\boldsymbol{Z}^{k-1})$ 运用全概率公式，有

$$\begin{aligned}p(\boldsymbol{x}_{k-1},\boldsymbol{X}_{k-1}|m_k^i,\boldsymbol{Z}^{k-1})&=\sum_i p(\boldsymbol{x}_{k-1},\boldsymbol{X}_{k-1}|m_{k-1}^j,\boldsymbol{Z}^{k-1})\lambda_k^{i|j}\\&\approx\mathcal{N}(\boldsymbol{x}_{k-1};\hat{\boldsymbol{x}}_{k-1}^{j,0},\boldsymbol{P}_{k-1}^{j,0}\otimes\boldsymbol{X}_{k-1})\mathcal{IW}(\boldsymbol{X}_{k-1};\hat{v}_{k-1}^{j,0},\hat{\boldsymbol{X}}_{k-1}^{j,0})\end{aligned} \tag{8-76}$$

式中，

$$\begin{cases}p(\boldsymbol{x}_{k-1},\boldsymbol{X}_{k-1}|m_{k-1}^j,\boldsymbol{Z}^{k-1})=\mathcal{N}(\boldsymbol{x}_{k-1};\hat{\boldsymbol{x}}_{k-1}^j,\boldsymbol{P}_{k-1}^j\otimes\boldsymbol{X}_{k-1})\mathcal{IW}(\boldsymbol{X}_{k-1};\hat{v}_{k-1}^i,\hat{\boldsymbol{X}}_{k-1}^i)\\ \varLambda_k^j\triangleq P\{m_{k-1}^j|m_k^j,\boldsymbol{Z}^{k-1}\}=c^{-1}P\{m_k^j|m_{k-1}^i\}P\{m_{k-1}^i|\boldsymbol{Z}^{k-1}\}=c^{-1}\pi_{j|i}\mu_{k-1}^i\end{cases} \tag{8-77}$$

在式（8-77）中，第一式由 $k-1$ 时刻计算得出；在第二式中，$c=P\{m_k^j|\boldsymbol{Z}^{k-1}\}$ 为归一化因子，由式（8-82）算得，$\pi_{j|i}$ 由式（8-72）给出，$\mu_{k-1}^i\triangleq P\{m_{k-1}^i|\boldsymbol{Z}^{k-1}\}$ 为 $k-1$ 时刻模型 i 的后验概率，仍由 $k-1$ 时刻计算得出。

式（8-76）中的约等号表示采用高斯分布与 $\mathcal{IW}$ 分布的乘积来近似高斯 $\mathcal{IW}$ 混合分布，该近似过程为基于随机矩阵法的矩匹配方法，将在下一节中介绍。

根据式（8-75）和式（8-76）可得

$$
\begin{aligned}
&p(\boldsymbol{x}_k,\boldsymbol{X}_k \left| m_k^j,\boldsymbol{Z}^{k-1}\right.) \\
&\approx p(\boldsymbol{x}_k,\boldsymbol{X}_k \left| m_k^j,\{\hat{\boldsymbol{x}}_{k-1}^{j,0},\boldsymbol{P}_{k-1}^{j,0},\hat{v}_{k-1}^{j,0},\hat{\boldsymbol{X}}_{k-1}^{j,0}\}\right.) \\
&= \mathcal{N}(\boldsymbol{x}_k;\hat{\boldsymbol{x}}_{k|k-1}^j,\boldsymbol{P}_{k|k-1}^j\otimes\boldsymbol{X}_k)\mathcal{IW}(\boldsymbol{X}_k;\hat{v}_{k|k-1}^j,\hat{\boldsymbol{X}}_{k|k-1}^j)
\end{aligned}
\tag{8-78}
$$

式中，$\hat{\boldsymbol{x}}_{k-1}^{j,0}$、$\boldsymbol{P}_{k-1}^{j,0}$、$\hat{v}_{k-1}^{j,0}$、$\hat{\boldsymbol{X}}_{k-1}^{j,0}$是式(8-76)中的 4 个参数，用来代替给定 m_k^j 时的 $\boldsymbol{Z}^{k-1}$。类似 IMM 估计方法的思想，式（8-78）中第二行的近似过程是通过融合先验的估计结果对 m_k^j 进行重初始化。这 4 个参数成为 k 时刻模型 j 的初始化参数。因此，上述过程也称重初始化过程。

2）滤波

通过上述重初始化过程，得到各模型 k 时刻的初始化参数，从而根据式(8-78)计算得到单个模型的一步预测结果 $p(\boldsymbol{x}_k,\boldsymbol{X}_k \left| m_k^j,\boldsymbol{Z}^{k-1}\right.)$。进一步基于式（8-71）中的模型、式（8-74）中的贝叶斯公式、k 时刻的数据及 8.2.1 节的单模型贝叶斯估计器，可计算得到 k 时刻单个模型的估计结果 $p(\boldsymbol{x}_k,\boldsymbol{X}_k \left| m_k^j,\boldsymbol{Z}^k\right.)$，即

$$
p(\boldsymbol{x}_k,\boldsymbol{X}_k \left| m_k^j,\boldsymbol{Z}^k\right.) = \mathcal{N}(\boldsymbol{x}_k;\hat{\boldsymbol{x}}_k^j,\boldsymbol{P}_k^j\otimes\boldsymbol{X}_k)\mathcal{IW}(\boldsymbol{X}_k;\hat{v}_k^j,\hat{\boldsymbol{X}}_k^j) \tag{8-79}
$$

等价地，得到了如下刻画该后验分布的 4 个参数：

$$
\{\hat{\boldsymbol{x}}_k^j,\boldsymbol{P}_k^j,\hat{v}_k^j,\hat{\boldsymbol{X}}_k^j\}_{j=1}^N \tag{8-80}
$$

3）概率更新

本步骤的目的在于计算 k 时刻各模型的概率，过程如下。

根据贝叶斯公式，有

$$
\mu_k^j \triangleq P\{m_k^j \left| \boldsymbol{Z}^k\right.\} = c_k^{-1}\Lambda_k^j P\{m_k^j \left| \boldsymbol{Z}^{k-1}\right.\} \tag{8-81}
$$

式中，各模型的一步预测概率可使用全概率公式展开如下：

$$
P\{m_k^j \left| \boldsymbol{Z}^{k-1}\right.\} = \sum_{i=1}^N P\{m_k^j \left| m_{k-1}^i\right.\}P\{m_{k-1}^i \left| \boldsymbol{Z}^{k-1}\right.\} = \sum_{i=1}^N \pi^{j|i}\mu_{k-1}^i \tag{8-82}
$$

式（8-81）中的似然函数为

$$
\begin{aligned}
&\Lambda_k^j \triangleq p(\boldsymbol{Z}_k \left| m_k^j,\boldsymbol{Z}^{k-1}\right.) \\
&= \pi^{-\frac{n_k d}{2}} n_k^{-\frac{d}{2}}\Gamma_d\left(\frac{a_k^j+n_k}{2}\right)\Gamma_d^{-1}\left(\frac{a_k^j}{2}\right)\left|\boldsymbol{B}_k^j(\boldsymbol{B}_k^j)^{\mathrm{T}}\right|^{\frac{1-n_k}{2}}\left|\boldsymbol{S}_k^j\right|^{-\frac{d}{2}}\left|\hat{\boldsymbol{X}}_{k|k-1}^j\right|^{\frac{a_k^j}{2}}\left|\hat{\boldsymbol{X}}_k^j\right|^{\frac{-a_k^j-n_k}{2}}
\end{aligned}
\tag{8-83}
$$

式中，$a_k^j = \hat{v}_{k|k-1}^j - d - 1$；$\Gamma_d(\cdot)$ 为多维 Gamma 函数；其他带上标 j 的各项，均在第 2 步滤波过程中计算模型 j 对应的估计量时获得。文献[4]给出了式（8-83）的推导过程。

4）融合

至此，式（8-73）等号右边各项均通过前述步骤获得：$p(\boldsymbol{x}_k,\boldsymbol{X}_k \left| m_k^j,\boldsymbol{Z}^k\right.)$ 由式(8-79)计算得到，$P\{m_k^j \left| \boldsymbol{Z}^k\right.\}$ 由式(8-81)计算得到。融合步骤为基于式(8-73)计算椭形目标的总体状态和形态估计。该过程也可被视为直接计算式（8-73）

等号右边高斯 $\mathcal{IW}$ 混合分布的一、二阶矩，该过程是基于随机矩阵法的矩匹配方法的关键步骤之一。此处直接给出融合后的状态估计和形态估计，即

$$\begin{cases} \hat{\boldsymbol{x}}_k = \sum_{j=1}^{N} \hat{\boldsymbol{x}}_k^j \mu_k^j \\ \bar{\boldsymbol{X}}_k^{\mathrm{m}} = \sum_{j=1}^{N} \bar{\boldsymbol{X}}_k^j \mu_k^j \\ \bar{\boldsymbol{X}}_k^j = \hat{\boldsymbol{X}}_k^j / (\hat{v}_k^j - 2d - 2) \end{cases} \tag{8-84}$$

由于本章介绍的多模型估计方法具有特殊的性质，可将其用于形态的大小、方向和形状会改变的机动扩展目标跟踪，并且适用于扩展形态缓慢变化的情况，从而在实际中更加通用。

2. 基于随机矩阵法的多模型估计矩匹配方法

矩匹配方法在多模型估计中起着非常重要的作用，如上述多模型估计方法的重初始化步骤和融合步骤均需要应用相关的技术。一般而言，矩匹配方法提供了简单而高效的解决方案，有

$$\begin{aligned} &\sum_{j=1}^{N} \mathcal{N}(\boldsymbol{x}_k; \hat{\boldsymbol{x}}_k^j, \boldsymbol{P}_k^j \otimes \boldsymbol{X}_k) \mathcal{IW}(\boldsymbol{X}_k; \hat{v}_k^j, \hat{\boldsymbol{X}}_k^j) \mu_k^j \\ &\approx \mathcal{N}(\boldsymbol{x}_k; \hat{\boldsymbol{x}}_k, \boldsymbol{P}_k \otimes \boldsymbol{X}_k) \mathcal{IW}(\boldsymbol{X}_k; \hat{v}_k, \hat{\boldsymbol{X}}_k) \end{aligned} \tag{8-85}$$

式中，$\hat{\boldsymbol{x}}_k$ 、 $\boldsymbol{P}_k$ 、 $\hat{v}_k$ 和 $\hat{\boldsymbol{X}}_k$ 为矩匹配方法需要求解的量。

矩匹配方法的总体步骤如下。

（1）计算式（8-85）约等号左边高斯 $\mathcal{IW}$ 混合分布加权和的一、二阶矩（均值和方差）。

（2）计算式（8-85）约等号右边高斯 $\mathcal{IW}$ 混合分布的一、二阶矩（均值和方差）。

（3）令上述两步计算出来的一、二阶矩分别对应相等，列出方程，对约等式右边的 4 个变量求解。

由于状态 $\boldsymbol{x}_k$ 是随机向量，而形态 $\boldsymbol{X}_k$ 是 SPD 随机矩阵，两者维度不同，故在典型的多模型估计方法（如 IMM 估计方法）中矩匹配的过程很难操作。相对于针对变量为随机向量的高斯混合分布的矩匹配方法，基于随机矩阵法的矩匹配方法的最大困难之一在于如何定义双重变量 $\boldsymbol{x}_k$ 和 $\boldsymbol{X}_k$ 的一、二阶矩。为解决该问题，定义了扩维矩阵 $\boldsymbol{X}_k^{\mathrm{e}}$ ，

$$\boldsymbol{X}_k^{\mathrm{e}} \triangleq \begin{bmatrix} \boldsymbol{x}_k^{\mathrm{e}} \\ \boldsymbol{X}_k \end{bmatrix}, \quad \boldsymbol{x}_k^{\mathrm{e}} \triangleq [\boldsymbol{x}_k, \boldsymbol{0}_{(sd)\times(d-1)}] \tag{8-86}$$

式中，s 为单维物理空间状态的维数；d 为目标跟踪的物理空间的维数。

于是，式（8-85）约等号两边的分布都可视为扩维随机矩阵 $\boldsymbol{X}_k^{\mathrm{e}}$ 的分布，因此原始的矩匹配问题可转化为相对于扩维随机矩阵 $\boldsymbol{X}_k^{\mathrm{e}}$ 的矩匹配问题，且后者可以直接求解。

下面给出相应的结果，具体推导过程见文献[4]。其中，状态的结果为

$$\hat{\boldsymbol{x}}_k = \hat{\boldsymbol{x}}_k^{\mathrm{m}} = \sum_{j=1}^{N} \hat{\boldsymbol{x}}_k^j \mu_k^j \tag{8-87}$$

$$\boldsymbol{P}_k = [p_{i,j}]^{s\times s}([p_{i,j}]^{s\times s})^{\mathrm{T}} \tag{8-88}$$

式中，$p_{i,j} = \dfrac{1}{d}\sum_{l=1}^{d} q_{(i-1)d+l,(j-1)d+l}$，$[q_{l,h}]^{sd\times sd} = [\overline{v}_k(\boldsymbol{I}_s \otimes \hat{\boldsymbol{X}}_k^{-\frac{1}{2}})\boldsymbol{P}_k^{x,\mathrm{m}}(\boldsymbol{I}_s \otimes \hat{\boldsymbol{X}}_k^{-\frac{1}{2}})]^{\frac{1}{2}}$，$\boldsymbol{P}_k^{x,\mathrm{m}} = \sum_{j=1}^{N}\mu_k^j[\boldsymbol{P}_k^{x,j} + (\hat{\boldsymbol{x}}_k^j - \hat{\boldsymbol{x}}_k^{\mathrm{m}})(\cdot)^{\mathrm{T}}]$，$\boldsymbol{P}_k^{x,j} = (\boldsymbol{P}_k^j \otimes \hat{\boldsymbol{X}}_k^j)/(\hat{v}_k^j + b_k^{\mathrm{MSE}})$，$\overline{v}_k = \hat{v}_k + b_k^{\mathrm{MSE}}$，$b_k^{\mathrm{MSE}} = s - d - sd - 3$。

形态的结果为

$$\hat{v}_k = \frac{1}{2}\left(\hat{a}_k + \sqrt{\hat{a}_k^2 - 8(\hat{b}_k + 2)}\right) + 2d \tag{8-89}$$

$$\hat{\boldsymbol{X}}_k = (\hat{v}_k - 2d - 2)\overline{\boldsymbol{X}}_k^{\mathrm{m}} \tag{8-90}$$

式中，$\hat{a}_k = \hat{b}_k + \hat{c}_k + 5$；$\hat{b}_k = [\mathrm{tr}(\overline{\boldsymbol{X}}_k^{\mathrm{m}})]^2/\mathrm{tr}(\boldsymbol{P}_k^{\boldsymbol{X},\mathrm{m}})$；$\hat{c}_k = \mathrm{tr}[(\overline{\boldsymbol{X}}_k^{\mathrm{m}})^2]/\mathrm{tr}(\boldsymbol{P}_k^{\boldsymbol{X},\mathrm{m}})$，$\overline{\boldsymbol{X}}_k^{\mathrm{m}} = \sum_{j=1}^{N}\overline{\boldsymbol{X}}_k^j\mu_k^j$，$\overline{\boldsymbol{X}}_k^j = \hat{\boldsymbol{X}}_k^j/(\hat{v}_k^j - 2d - 2)$，$\boldsymbol{P}_k^{\boldsymbol{X},\mathrm{m}} = \sum_{j=1}^{N}\mu_k^j[\boldsymbol{P}_k^{\boldsymbol{X},j} + (\overline{\boldsymbol{X}}_k^j - \overline{\boldsymbol{X}}_k^{\mathrm{m}})(\cdot)^{\mathrm{T}}]$，$\boldsymbol{P}_k^{\boldsymbol{X},j} = \dfrac{(\hat{v}_k^j - 2d - 2)\mathrm{tr}(\overline{\boldsymbol{X}}_k^j)\overline{\boldsymbol{X}}_k^j + (\hat{v}_k^j - 2d)(\overline{\boldsymbol{X}}_k^j)^2}{(\hat{v}_k^j - 2d - 1)(\hat{v}_k^j - 2d - 4)}$。

3．仿真结果及分析

对上述椭形目标跟踪算法进行仿真比较分析。通过下面两个场景进行仿真验证：S1——群目标跟踪，S2——扩展目标跟踪。

1）群目标跟踪

在场景 S1 中，假定一个由 5 个等距排列点目标组成的群目标在平面内运动（$d = 2$），如图 8-8 所示。该场景采用如下参数：开始时目标的间距为 500m；真实量测噪声 $\boldsymbol{v}_k$ 的分布为 $\mathcal{N}(\boldsymbol{0},\boldsymbol{R}_k)$ 且 $\boldsymbol{R}_k = \mathrm{diag}(\sigma_x^2,\sigma_y^2)$，$\sigma_x = 500\mathrm{m}$，$\sigma_y = 100\mathrm{m}$；采样周期 $T = 10\mathrm{s}$。假定一个点目标仅产生一个量测值，并且检测概率 $P_d = 0.8$。

以下是跟踪器采用的参数设计。

（1）EOT-KOCH。

（2）EOT-FELDMANN。

（3）本节给出的多模型估计方法配置 1（MM1）采用 3 个模型，参数如下：$\boldsymbol{A}_k = \boldsymbol{I}_d/\delta_k^{1/2}$，$\boldsymbol{B}_k = (\lambda\overline{\boldsymbol{X}}_{k|k-1} + \boldsymbol{R}_k)^{1/2}\,\overline{\boldsymbol{X}}_{k|k-1}^{-1/2}$，其中 $\lambda = 1/4$ 用于刻画散射点均匀分

布的扩展（群）目标。

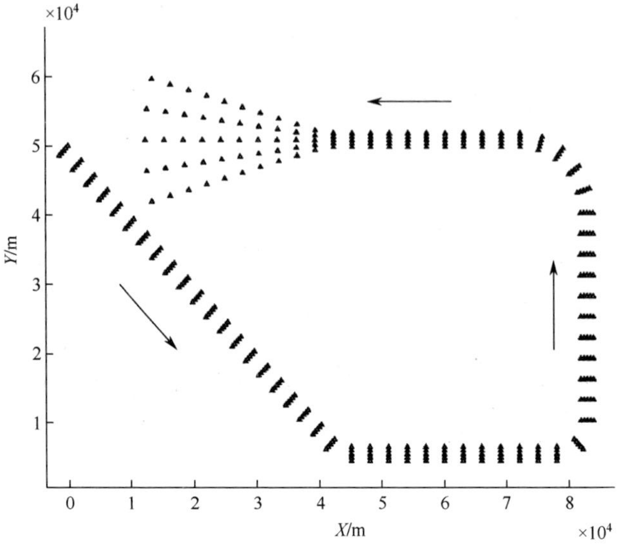

图 8-8　群目标运动轨迹

（4）本节给出的多模型估计方法配置 2（MM2）采用 3 个模型，其中 m^1 和 m^3 与 MM1 一致；m^2 的形态演化矩阵 $\boldsymbol{A}_k$ 采用如下形式（$\theta = 20\pi/180\,\text{rad}$）：

$$\boldsymbol{A}_k = \delta_k^{-1/2}\begin{bmatrix}\cos\theta & -\sin\theta \\ \sin\theta & \cos\theta\end{bmatrix} \tag{8-91}$$

图 8-9 展示了 500 次蒙特卡罗仿真的平均估计。如图所示，3 种多模型估计方法均比 EOT-KOCH 单模型估计方法效果更好。MM1 与 EOT-FELDMANN 具有类似的效果（运动轨迹几乎重合），其根本原因在于这两种方法采用了性能一致的模型集合。MM2 具有较好的估计性能，尤其是在最后一次转弯机动发生时，MM2 的优势更加明显。其主要原因在于 MM2 采用的模型集合中包含式（8-91）给出的用于刻画形态转弯的模型。上述对群目标跟踪场景的仿真结果说明了形态演化模型和多模型贝叶斯估计方法的有效性。

2）扩展目标跟踪

在场景 S2 中，假设真实的扩展目标是一个长轴为 340m、短轴为 80m 的椭形。扩展目标运动轨迹如图 8-10 所示。

假设目标的散射中心在真实目标的形态 X_k 内均匀分布，并且真实的量测噪声为零均值高斯分布，其方差矩阵 $\boldsymbol{R}_k = \text{diag}(50^2\text{m}^2, 50^2\text{m}^2)$。由此，随机矩阵模型应采用的假定的量测噪声分布为 $\mathcal{N}(\boldsymbol{v}_k^r; \boldsymbol{0}, \lambda\boldsymbol{X}_k + \boldsymbol{R}_k)$ 且 $\lambda = 1/4$。每个采样时刻的量测值个数假定为均值 20 的 Poisson 分布。所比较的估计方法与场景 S1 中的一样，除了在 MM2 中模型 $\boldsymbol{m}^2$ 和 $\boldsymbol{m}^3$ 均采用式（8-91）给出的形态演化矩阵，这

两个模型的区别在于，m^2 中的 $\theta = 10\pi/180\,\text{rad}$，而 m^3 中的 $\theta = -10\pi/180\,\text{rad}$。比较的结果是 $N_s = 500$ 次蒙特卡罗仿真下的均方根误差。此处形态估计的均方根误差按下式计算：

$$\text{RMSE}_X = \sqrt{\frac{1}{N_s}\sum_{l=1}^{N_s}\text{tr}((\bar{\boldsymbol{X}}_k^l - \boldsymbol{X}_k)^2)} \tag{8-92}$$

式中，$\text{tr}(\cdot)$ 表示 $(\cdot)$ 的迹；上标 l 表征第 l 次仿真对应的值。

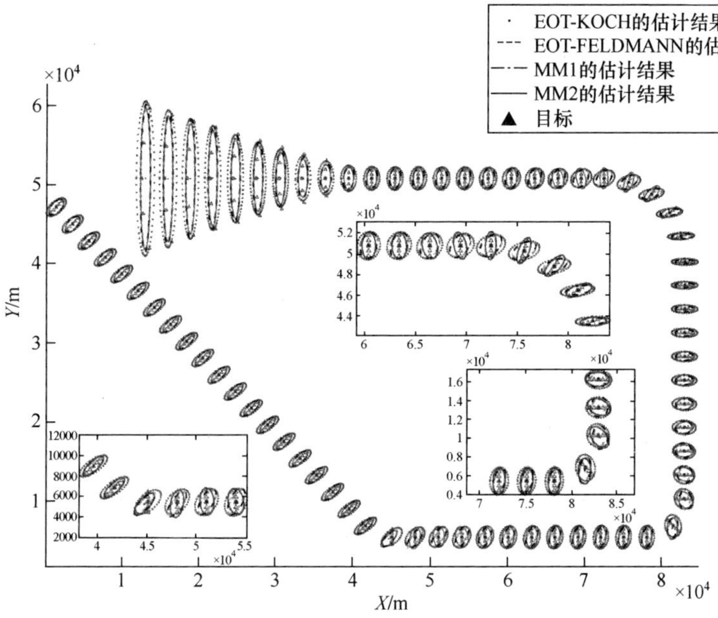

图 8-9　S1 场景中估计方法的整体估计结果

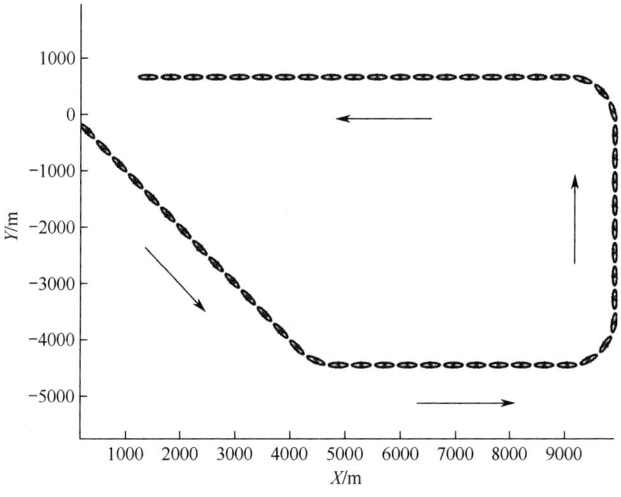

图 8-10　扩展目标运动轨迹

仿真结果如图 8-11～图 8-14 所示。从 S2 场景的仿真结果中可以看出，本节所提的多模型估计方法（MM1 和 MM2）比其他估计方法具有更好的估计性能，尤其是在形态估计方面。由于不考虑真实的量测噪声，EOT-KOCH 估计方法给出的形态大于真实形态。从这个角度来说，本节所提的估计方法可充分利用先验已知的噪声方差信息。与 EOT-FELDMANN 相比，本节所提的跟踪方法

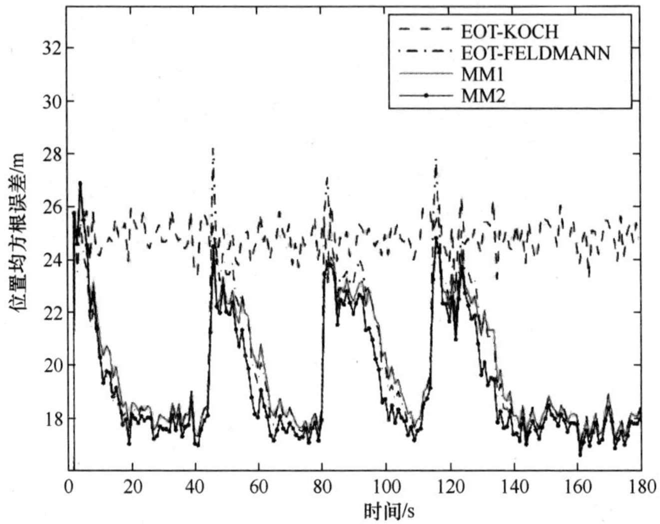

图 8-11　位置均方根误差（S2 场景）

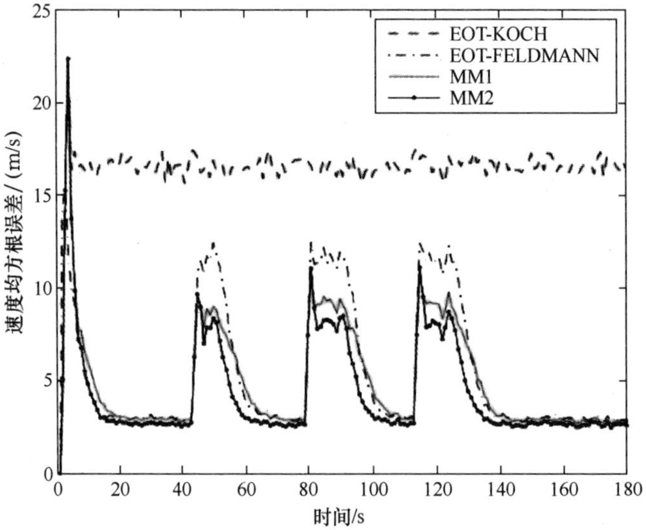

图 8-12　速度均方根误差（S2 场景）

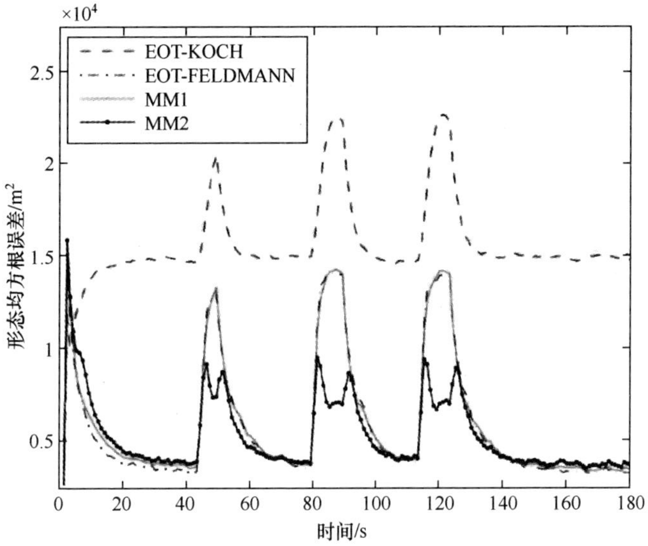

图 8-13　形态均方根误差（S2 场景）

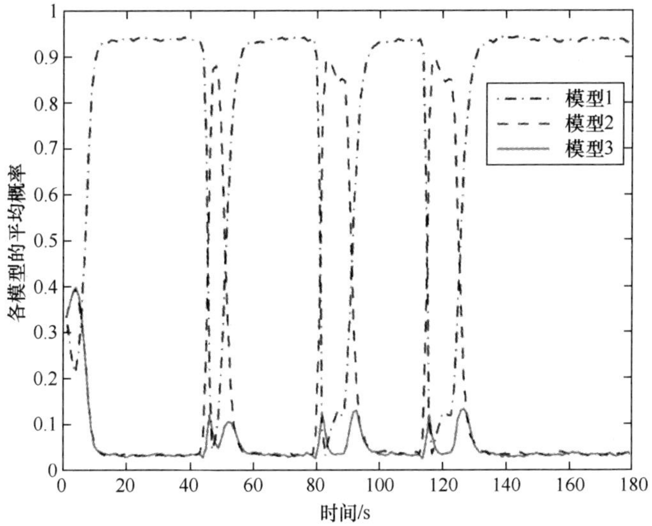

图 8-14　MM2 估计方法中各模型的平均概率（S2 场景）

在质心运动状态和扩展形态估计方面性能更优。尤其是在机动过程中，MM2 估计方法在所有估计方法中具有最好的位置、速度和形态估计精度。以上仿真结果验证了本节提出的基于随机矩阵法的椭形扩展目标建模、贝叶斯单模型及多模型估计方法的有效性。

总体而言，上述建模及估计方法的主要优点在于针对具有复杂动态过程的扩展目标的跟踪问题，提供了一个统一、简单而有效的建模与估计框架。

8.2.4 非椭形扩展目标跟踪

基于随机矩阵法的椭形扩展目标跟踪算法可充分描述和跟踪扩展目标，并且简单高效，具有广泛的应用前景。然而，对于具有较复杂形状特征的非椭形扩展目标（Non-Ellipsoidal Extended Object，NEO），直接采用椭形进行逼近可能损失大量的有用信息，其估计结果可能难以应用于识别和分类算法中。以波音 747 飞机为例，如图 8-15(a)所示，若直接用椭形对图中的扩展目标进行逼近，获得的接近圆的结果无法体现目标的细节，形状和朝向等信息均无法从估计结果中辨识出来，无法达到扩展目标跟踪技术形态估计的目的。

鉴于基于随机矩阵法的理论框架的高效性，本节主要考虑在随机矩阵框架下的非椭形扩展目标跟踪（Maneuvering NEO Tracking，MNEOT）问题。事实上，一种直接的做法是将非椭形扩展目标用多个椭形子目标逼近。如图 8-15(b)和图 8-15(c)所示，每个椭形子目标均采用一个随机向量和一个 SPD 随机矩阵分别描述其状态与形态。于是，非椭形扩展目标跟踪就转化为首先联合估计各子目标的状态与形态，然后将估计结果进行组合。

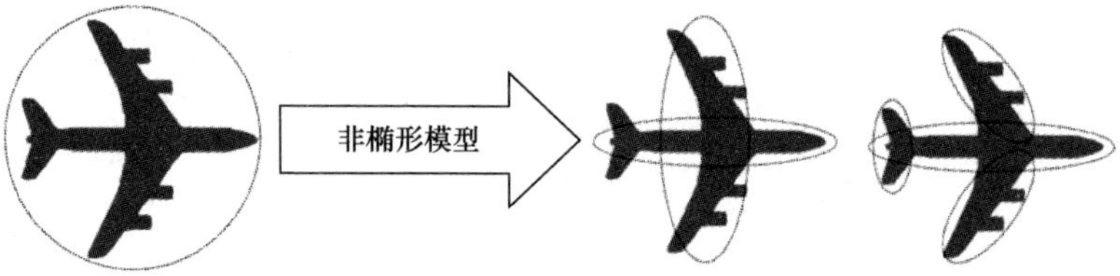

(a) 单椭形描述法　　(b) 双椭形描述法　　(c) 多椭形描述法

图 8-15　采用单个及多个椭形描述不规则扩展目标（波音 747 飞机）

兰剑等在文献[6]中提出了非椭形扩展目标跟踪随机矩阵法，首先在随机矩阵框架下对非椭形扩展目标进行建模，然后基于模型在贝叶斯框架下对各子目标的状态与形态进行联合估计。下面分别予以阐述。

1．非椭形扩展目标建模

为采用多个椭形子目标，对非椭形扩展目标建模，此处给出如下假设。

1）子目标个数 n_k^s 已知

n_k^s 为用于逼近一个非椭形扩展目标的椭形子目标的个数。n_k^s 越大，跟踪算法就可能需要越多的量测值来精确估计子目标。设计 n_k^s 一般来说比较容易。例如，在图 8-15(c)中，4 个子目标对一般的分类器来说可能足以将客机和战斗机区分开来。事实上，如果该参数难以先验给定，也可以通过软决策（如计算概率）和硬决策（如序贯概率比检测器）在线给定。

2）子目标具有相同的运动动态特性和不同的形态演化模型

所有的子目标只有具有相同的运动动态特性，才能被刻画成同一个非椭形目标，并一起运动。而形态演化模型的不同主要是由子目标的形态本身不同、刻画的部分不同及模型的精确程度不同等因素导致的。

假设模型 m_k^s 为 k 时刻子目标 s 的模型。令 $\boldsymbol{x}_k^s$ 与 $\boldsymbol{X}_k^s$ 分别描述子目标 s 的运动状态与扩展形态。基于模型（8-71），m_k^s 可表述为

$$\begin{cases}\boldsymbol{x}_k^s = \boldsymbol{\Phi}_k^s \boldsymbol{x}_{k-1}^s + \boldsymbol{w}_k^s, & \boldsymbol{w}_k^s \sim \mathcal{N}(\boldsymbol{0}, \boldsymbol{D}_k^s \otimes \boldsymbol{X}_k^s) \\ p(\boldsymbol{X}_k^s \,|\, \boldsymbol{X}_{k-1}^s) = \mathcal{W}(\boldsymbol{X}_k^s; \delta_k^s, \boldsymbol{A}_k^s \boldsymbol{X}_{k-1}^s (\boldsymbol{A}_k^s)^{\mathrm{T}}) \\ \boldsymbol{z}_k^r = \tilde{\boldsymbol{H}}_k^s \boldsymbol{x}_k^s + \boldsymbol{v}_k^{r,s}, & \boldsymbol{v}_k^{r,s} \sim \mathcal{N}(\boldsymbol{0}, \boldsymbol{B}_k^s \boldsymbol{X}_k^s (\boldsymbol{B}_k^s)^{\mathrm{T}})\end{cases} \tag{8-93}$$

式中，s 表示第 s 个子目标；$\boldsymbol{\Phi}_k^s = \boldsymbol{F}_k^s \otimes \boldsymbol{I}_d$；$\tilde{\boldsymbol{H}}_k^s = \boldsymbol{H}_k^s \otimes \boldsymbol{I}_d$；$\boldsymbol{D}_k^s = (\sigma_k^s)^2 \breve{\boldsymbol{D}}_k^s$；$r \in \{1,2,\cdots,n_k\}$；其他符号的定义与式（8-71）一致。

该假设可进一步解释如下：不同子目标的形态演化模型各不相同，每个形态演化模型事实上由 δ_k^s 和 $\boldsymbol{A}_k^s$ 表征。在实际跟踪系统中，在没有任何附加信息的情况下，不同的子目标只能初始化为同样的形状（如二维目标跟踪时的圆形）。在这种情况下，因为不同的子目标将对应非椭形目标的不同部分，所以同样的初始化会使子目标具有不同的演化不确定性。而这种不确定性恰好是由 δ_k^s 刻画的，因此子目标具有不同的 δ_k^s，故而具有不同的演化模型。

3）在无任何信息的情况下，数据与子目标之间的关联事件发生概率均等

由于非椭形目标的量测源可能部分可分辨，假设没有任何可利用的关于子目标与量测值之间的对应关系的信息，也就是说，任何一个量测值都可以来自任何一个可能的子目标。k 时刻 n_k^s 个子目标与 n_k 个量测值之间共存在 $n_k^E = (n_k^s)^{n_k}$ 种关联可能性。

令 $E_k^l, l \in \{1,2,\cdots,n_k^E\}$ 表示一个可能的关联事件。在没有任何进一步信息的情况下，假设这些事件等概率发生，有

$$P\{E_k^l\} = 1 / n_k^E \tag{8-94}$$

式中，$l = 1,2,\cdots,n_k^E$。事实上，如果 n_k^s 或 n_k 较大，$(n_k^s)^{n_k}$ 可变得非常大，导致算法计算不可行。为解决该问题，后续将探讨 n_k^E 的约减问题，并给出相应的理论结果。

2. 非椭形扩展目标贝叶斯跟踪算法

在上述 3 个假设下，每个子目标的运动状态和扩展形态均可在贝叶斯框架下联合估计。事实上，后验分布 $p(\boldsymbol{x}_k^s, \boldsymbol{X}_k^s \,|\, \boldsymbol{Z}^k)$ 包含 k 时刻给定量测集合 $\boldsymbol{Z}^k$ 时子目标 s 的所有信息。求取了该概率密度函数，就在线获取了所有子目标的运动状态和扩展形态。

根据全概率公式，该概率密度函数可展开为

$$p(\boldsymbol{x}_k^s,\boldsymbol{X}_k^s\left|\boldsymbol{Z}^k\right.)=\sum_{l=1}^{n_k^E}p(\boldsymbol{x}_k^s,\boldsymbol{X}_k^s\left|E_k^l,\boldsymbol{Z}^k\right.)\mu_k^l \tag{8-95}$$

式中，$\mu_k^l \triangleq P\{E_k^l\left|\boldsymbol{Z}^k\right.\}$，且有

$$\begin{cases}\mu_k^l=(c_k^l)^{-1}p(\boldsymbol{Z}_k\left|E_k^l,\boldsymbol{Z}^{k-1}\right.)P\{E_k^l\left|\boldsymbol{Z}^{k-1}\right.\}\\ p(\boldsymbol{Z}_k\left|E_k^l,\boldsymbol{Z}^{k-1}\right.)=\prod\limits_{h=1}^{n_k^s}p(\boldsymbol{Z}_k^h\left|E_k^l,\boldsymbol{Z}^{k-1}\right.)=\prod\limits_{h=1}^{n_k^s}\Lambda_k^{h|l}\end{cases} \tag{8-96}$$

式中，$P\{E_k^l\left|\boldsymbol{Z}^{k-1}\right.\}=1/n_k^E$由式（8-94）给出；归一化因子满足$c_k^l=\sum_{l=1}^{n_k^E}p(\boldsymbol{Z}_k\left|E_k^l,\boldsymbol{Z}^{k-1}\right.)/n_k^E$；$\boldsymbol{Z}_k^h$为与子目标$h$相关联的所有量测构成的集合；似然函数$\Lambda_k^{h|l}$按下式计算：

$$\begin{aligned}\Lambda_k^{h|l}&\triangleq p(\boldsymbol{Z}_k^h\left|E_k^l,\boldsymbol{Z}^{k-1}\right.)=\pi^{-\frac{n_k^{h|l}d}{2}}(n_k^{h|l})^{-\frac{d}{2}}\Gamma_d((a_k^h+n_k^{h|l})/2)\Gamma_d^{-1}(a_k^h/2)\times\\&(\left|\boldsymbol{B}_k^h(\boldsymbol{B}_k^h)^{\mathrm{T}}\right|^{1-n_k^{h|l}}\left|\boldsymbol{S}_{k|k-1}^{h|l}\right|^{-1}\left|\hat{\boldsymbol{X}}_{k|k-1}^h\right|^{a_k^h}\left|\hat{\boldsymbol{X}}_k^{h|l}\right|^{-a_k^h-n_k^{h|l}})^{1/2}\end{aligned} \tag{8-97}$$

式中，$n_k^{h|l}$为集合$\boldsymbol{Z}_k^h$中关联事件E_k^l下的量测值数目；$\boldsymbol{B}_k^h$为模型$\boldsymbol{m}_k^h$的形态观测矩阵；$a_k^h=\hat{v}_{k|k-1}^h-d-1$。给定事件$E_k^l$时，对于子目标$h$，可采用 8.2.1 节中的算法联合估计参数$\{\hat{v}_{k|k-1}^h,\boldsymbol{S}_{k|k-1}^{h|l},\hat{\boldsymbol{X}}_{k|k-1}^h,\hat{\boldsymbol{X}}_k^{h|l}\}$。

类似地，给定量测值Z_k^s时，式（8-95）中的后验分布可通过 8.2.1 节中的贝叶斯算法计算。

如前所示，$p(\boldsymbol{x}_k^s,\boldsymbol{X}_k^s\left|E_k^l,\boldsymbol{Z}^k\right.)=\mathcal{N}(\boldsymbol{x}_k^s;\hat{\boldsymbol{x}}_k^{s|l},\boldsymbol{P}_k^{s|l}\otimes\boldsymbol{X}_k^s)\ \mathcal{IW}(\boldsymbol{X}_k^s;\hat{v}_k^{s|l},\hat{\boldsymbol{X}}_k^{s|l})$。此时，式（8-95）可表示为

$$p(\boldsymbol{x}_k^s,\boldsymbol{X}_k^s\left|\boldsymbol{Z}^k\right.)=\sum_{l=1}^{n_k^E}\mathcal{N}(\boldsymbol{x}_k^s;\hat{\boldsymbol{x}}_k^{s|l},\boldsymbol{P}_k^{s|l}\otimes\boldsymbol{X}_k^s)\mathcal{IW}(\boldsymbol{X}_k^s;\hat{v}_k^{s|l},\hat{\boldsymbol{X}}_k^{s|l})\mu_k^l \tag{8-98}$$

为保证算法的递推性，$\boldsymbol{x}_k^s$和$\boldsymbol{X}_k^s$的联合后验分布需要具有高斯$\mathcal{IW}$分布的形式：$\mathcal{N}(\boldsymbol{x}_k;\hat{\boldsymbol{x}}_k^s,\boldsymbol{P}_k^s\otimes\boldsymbol{X}_k)\mathcal{IW}(\boldsymbol{X}_k;\hat{v}_k^s,\hat{\boldsymbol{X}}_k^s)$。

这意味着需要采用$\mathcal{N}(\boldsymbol{x}_k;\hat{\boldsymbol{x}}_k^s,\boldsymbol{P}_k^s\otimes\boldsymbol{X}_k)\mathcal{IW}(\boldsymbol{X}_k;\hat{v}_k^s,\hat{\boldsymbol{X}}_k^s)$来逼近式（8-98）中的混合分布，以使递推顺利进行（获得参数$\hat{\boldsymbol{x}}_k^s$、$\boldsymbol{P}_k^s$、$\hat{v}_k^s$、$\hat{\boldsymbol{X}}_k^s$）。该逼近过程为典型的矩匹配过程，参见 8.2.1 节和 8.2.3 节。

通过上述过程可获得所有子目标的估计参数。具体而言，对于子目标s（$s=1,2,\cdots,n_k^s$），其运动状态和扩展形态的后验估计为

$$\begin{cases}E[\boldsymbol{x}_k^s\left|\boldsymbol{Z}^k\right.]=\hat{\boldsymbol{x}}_k^s\\ E[\boldsymbol{X}_k^s\left|\boldsymbol{Z}^k\right.]=\hat{\boldsymbol{X}}_k^s/(\hat{v}_k^s-2d-2)\end{cases} \tag{8-99}$$

通过上述过程，可直接获得如式（8-99）所示的各子目标的运动状态和扩

展形态估计，也就是说，获得了非椭形扩展目标的整体估计（由多个子目标构成）。在此过程中，子目标 s 的特征模型 m_k^s 可使各子目标在贝叶斯框架下自动相互区分，并联合逼近非椭形目标的总体形态。事实上，各特征模型只需设置不同的 δ_k^s，即可满足上述需求。这种设计方式将在本节后续的仿真实例中验证。

3．非椭形扩展目标跟踪的简化技术

在贝叶斯非椭形扩展目标跟踪中，总共需要考虑 $(n_k^s)^{n_k}$ 个关联事件。在实际应用中，当 n_k^s 或 n_k 较大时，该跟踪算法在计算上可能不可行。为了简化计算，下面介绍门限法简化技术。

门限法是杂波环境下目标跟踪算法常用的技术。就非椭形扩展目标跟踪而言，考虑通过门限法为每个子目标确认应当关联的量测数据。换句话说，对于仅落在某子目标的波门中的数据，不需要同其他子目标发生关联，这样可以大幅减少关联事件的个数，从而达到降低计算量的目的。

对基于随机矩阵法的扩展目标跟踪算法而言，各子目标（或单独的椭形目标）的波门应定义如下：

$$\boldsymbol{G}_k^{z,s} = \{\boldsymbol{z} : (\boldsymbol{z} - \hat{\boldsymbol{z}}_{k|k-1}^s)^{\mathrm{T}} (S_{k|k-1}^s \hat{\boldsymbol{X}}_{k|k-1}^s)^{-1} (\boldsymbol{z} - \hat{\boldsymbol{z}}_{k|k-1}^s) \leqslant \gamma^2\} \tag{8-100}$$

基于模型 m_k^s 并令 $n_k = 1$，式（8-100）中的 $\hat{\boldsymbol{z}}_{k|k-1}^s = (\boldsymbol{H}_k \otimes \boldsymbol{I}_d)\hat{\boldsymbol{x}}_{k|k-1}^s$，$\hat{\boldsymbol{x}}_{k|k-1}^s$、$S_{k|k-1}^s$（标量）及 $\hat{\boldsymbol{X}}_{k|k-1}^s$ 通过 8.2.1 节中的贝叶斯算法计算得到。

二维空间门限大小 γ^2 由门限概率 P_{G} 给定如下：

$$\gamma^2 = (1 - P_{\mathrm{G}})^{2/(1-a_k^s)} - 1 \tag{8-101}$$

式中，$a_k^s = \hat{v}_{k|k-1}^s - d - 1$。具体推导过程见文献[6]。对三维物理空间的扩展目标跟踪算法（$d = 3$）而言，上述解析解不存在。此时可通过数值算法求解，或者直接采用式（8-101）给出的解析解作为近似门限大小。

除此之外，伪似然法和聚类方法也可以替代门限法用于简化算法，具体内容见文献[6]。实际中，这些方法可联合运用以有效降低算法的复杂度。

4．仿真结果及分析

通过仿真比较以下 3 种目前较新的扩展目标跟踪算法。

（1）星凸法。

（2）椭形扩展目标跟踪算法 EOT-LAN。

（3）非椭形扩展目标跟踪算法 EOT-NTA。

比较的结果为 300 次蒙特卡罗仿真的均方根误差。在仿真场景中，扩展目标由几个点代替，如图 8-16 所示。其大小和形状与波音 747 飞机类似。假设目标做匀速直线运动，其运动轨迹与仿真结果一同显示在图 8-17 中。生成数据时采用如下参数：假设目标初始状态为 $\boldsymbol{x}_0 = [0\mathrm{m}, 10^4\mathrm{m}, 260\mathrm{m/s}, 0\mathrm{m/s}, 0\mathrm{m/s^2}, 0\mathrm{m/s^2}]^{\mathrm{T}}$，且目

标做无过程噪声的 CV 运动，采样周期为 $T=0.4\text{s}$。真实的量测噪声为高斯分布 $\mathcal{N}(\mathbf{0},\boldsymbol{R}_k)$，且方差满足 $\boldsymbol{R}_k=\text{diag}(9\text{m}^2,9\text{m}^2)$。每个点在每个采样时刻仅产生一个量测值，因此，每个时刻共获得 9 个采样值。

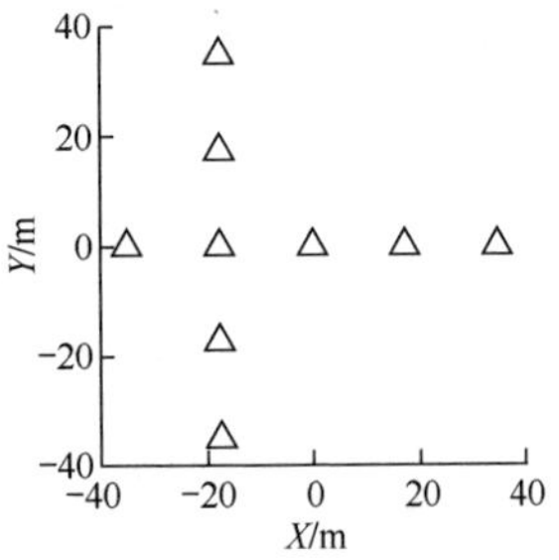

图 8-16　简化的非椭形扩展目标

在星凸法中，采用 CV 模型描述目标运动，并采用傅里叶系数 $N_{\text{F}}=11$ 的傅里叶展开。

EOT-LAN 初始化采用如下参数：$\bar{\boldsymbol{X}}_0=\text{diag}(25^2\text{m}^2,25^2\text{m}^2)$，$\hat{v}_0=10$，$\hat{\boldsymbol{x}}_0=[0\text{m},10^4\text{m},260\text{m/s},0\text{m/s},0\text{m/s}^2,0\text{m/s}^2]^{\text{T}}$，$\boldsymbol{P}_0=\text{diag}(10^2\text{m}^2,10^2\text{m}^2/\text{s}^2,\ 0.1^2\text{m}^2/\text{s}^4)$。第一个版本的 EOT-NTA（EOT-NTA1）考虑所有 2^9 个关联事件，第二个版本的 EOT-NTA（EOT-NTA2）采用门限法（$P_{\text{G}}=0.99$）来减少关联事件数。为充分对比算法性能，需考虑两个不同的具体场景。场景 1：EOT-NTA1 与 EOT-NTA2 中两个子目标的初始化参数均与 EOT-LAN 相同。场景 2：除了所有算法的初始化参数换成 $\hat{\boldsymbol{x}}_0=[-35/2\text{m},10^4\text{m},260\text{m/s},0\text{m/s},0\text{m/s}^2,0\text{m/s}^2]^{\text{T}}$，其他参数与场景 1 一致。

场景 1 和场景 2 的仿真结果分别如图 8-17(a)和图 8-17(b)所示。

当所有子目标均采用相同的圆初始化时，EOT-LAN 和 EOT-NTA 均可精确估计运动状态。然而，EOT-NTA 可自动且精确地逼近非椭形扩展目标而 EOT-LAN 不能。因此，EOT-NTA 比 EOT-LAN 更适用于非椭形扩展目标跟踪。而 EOT-NTA1 和 EOT-NTA2 的表现几乎一致。与星凸法相比，EOT-NTA 具有更好的性能，尤其是在场景 1 上。

EOT-NTA1 需要考虑 $n^E=2^9$ 个关联事件，EOT-NTA2 采用门限法减少关联事件以降低计算复杂度。EOT-NTA2 采用门限法后的关联事件个数变化情况如图 8-18 所示。图 8-17 所示的 EOT-NTA1 与 EOT-NTA2 具有近乎一致的估计性能，图 8-18 中的关联事件个数大幅减少（最终减至 32 个，远小于 2^9 个），说明了门限法的有效性。由图 8-18 可知，随着形态估计精度的提高，关联事件个数将大幅减少，说明门限法更适用于形态估计较好时的稳定跟踪阶段。

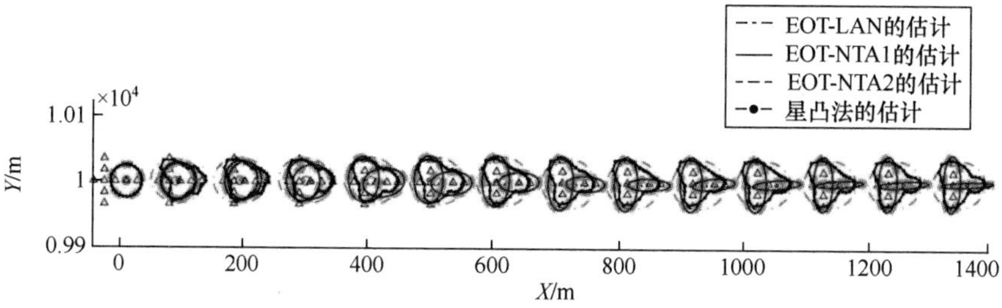

(a) 场景1

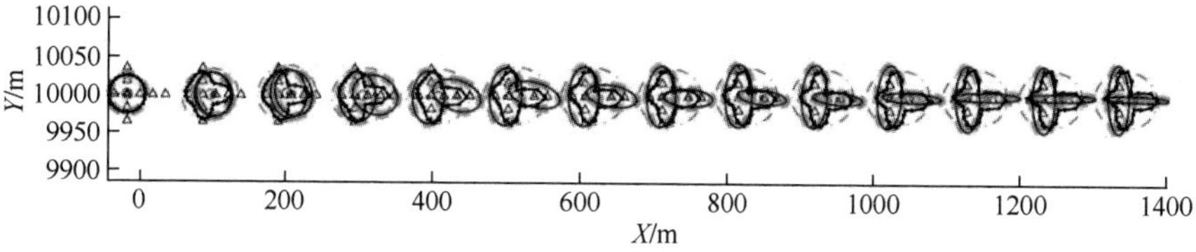

(b) 场景2

图 8-17　场景 1 和场景 2 的运动轨迹与仿真结果

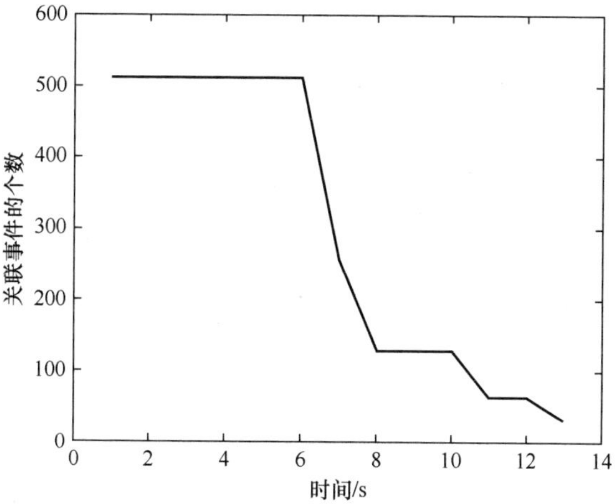

图 8-18　EOT-NTA2 采用门限法后的关联事件个数情况（场景 2）

总体而言，本节给出的建模与估计方法为解决一大类非椭形扩展目标的建模、估计及跟踪提供了一个灵活而有效的框架。

8.3　量测分布不均匀下的扩展目标跟踪

8.2 节介绍的基于随机矩阵法的扩展目标跟踪是一种简单、有效、通用的扩展目标跟踪方法。它使用 SPD 随机矩阵来表示目标的扩展形态。基于模型和量测，该方法可以联合估计目标的运动状态和扩展形态。

然而对于雷达，有几个因素会影响目标将雷达能量反射到源，包括目标的材料、大小和方向，以及信号的入射角和反射角。目标的不同部分可以由不同的材料制成，因此反射能力也不同。此外，目标某些部分的入射角和反射角可能不同。这些因素都导致了量测分布不均匀。

另外，汽车雷达的扩展目标跟踪是一个重点领域。由于车载传感器功率小，信号穿透能力弱，在一段时间内，反射密集分布在目标的一部分上。随着车辆相对位置的变化，车辆自身可以从几个有限的角度观测目标，从而接收密集分布在目标多个部分的量测值。量测不均匀分布的另一个可能原因是多径传播，人们可能从一个部分获得大多数量测结果，而从另一部分获得少数量测结果。量测分布的这些特征可能会降低传统随机矩阵法的性能。例如，大多数量测值分布在目标的某些部分，可能会导致估计的椭形比实际形状更窄或更短。

为了解决实际中量测分布不均匀的扩展目标跟踪问题，本节分别介绍了我们在文献[7]和[8]中提出的基于偏斜分布的扩展目标跟踪和基于非均匀分布的扩展目标跟踪。

8.3.1 基于偏斜分布的扩展目标跟踪

图 8-19 显示了安装在车辆前保险杠中心的毫米波雷达接收到的公交车的一组量测值，该车辆在公交车后移动了 40s，图中的灰度条表示密度值。公交车被 5 条线分成了 4 个部分：每条线左边的数字表示从底部开始的公交车的比例，右边的数字表示从底部开始到该线的区域的量测累积数目。每帧（每 0.5s）的量测被转换到相同的质心并旋转到相同的方向，以便在单个图中显示。从图中可以看出，量测主要分布在公交车后部，而不是均匀分布在整个公交车上。

本节使用随机矩阵模型来描述目标的形状。为了解决目标某些部分的量测集中问题，本节采用偏正态分布的新量测模型，同时介绍该模型的演变。具体来说，分布的偏度由该模型中的随机变量控制。

为了推导出递归算法，采用变分贝叶斯方法来获得后验密度。

1．基于偏斜分布的扩展目标跟踪模型

动态模型和 8.2.1 节中的一致，下面介绍新的量测模型，即

$$\boldsymbol{z}_k^r = \boldsymbol{H}_k \boldsymbol{x}_k + \boldsymbol{v}_k^r, \quad r = 1,2,\cdots,n_k \tag{8-102}$$

式中，$\boldsymbol{H}_k \in \mathbb{R}^{d \times d_x}$ 表示已知矩阵；d 表示量测 $\boldsymbol{z}_k^r$ 的维数；d_x 表示状态 $\boldsymbol{x}_k$ 的维数。

以 φ_k 和 $\boldsymbol{X}_k$ 为条件，量测噪声分布是高斯的，有

$$p(\boldsymbol{v}_k^r \mid \varphi_k, \boldsymbol{X}_k) = \mathcal{N}(\boldsymbol{v}_k^r; \boldsymbol{\beta}_k \varphi_k, \boldsymbol{B}_k \boldsymbol{X}_k \boldsymbol{B}_k^{\mathrm{T}}) \tag{8-103}$$

式中，$\boldsymbol{\beta}_k$ 是 $d \times 1$ 维约束向量；φ_k 是截断高斯分布随机变量，概率密度函数为

$$p(\varphi_k) = \mathcal{TN}(\varphi_k;\xi_k,\eta_k^2,(0,\infty)) \\ = \frac{1}{[1-\Phi(-\xi_k/\eta_k)]\sqrt{2\pi}\eta_k}\exp\left[-\frac{(\varphi_k-\xi_k)^2}{2\eta_k^2}\right] \tag{8-104}$$

式中，$\varphi_k \in [0,+\infty)$；$\Phi(\cdot)$ 表示标准正态分布函数。

对于潜在变量 φ_k，有

$$\varphi_k = \rho_k\varphi_{k-1} + \psi_k \tag{8-105}$$

式中，ρ_k 表示转换参数；$\psi_k \sim \mathcal{TN}(\psi_k;0,\kappa_k^2,(0,+\infty))$ 表示过程噪声。

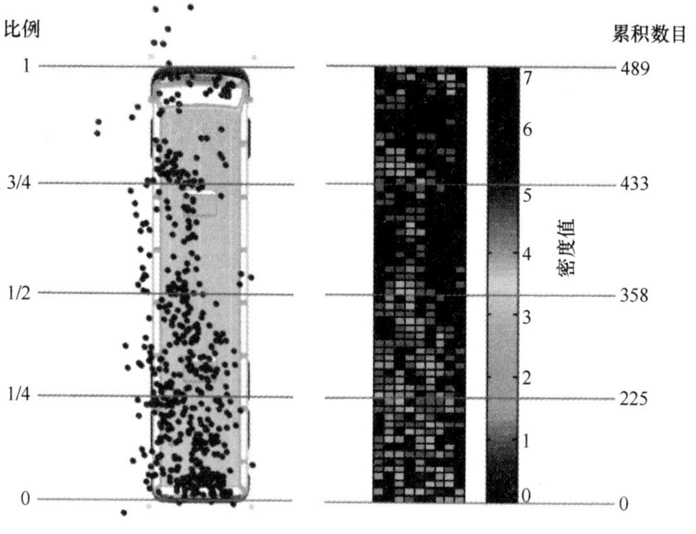

(a) 公交车和量测　　(b) 二维视图中量测的直方图

图 8-19　公交车的累积量测

量测模型（8-102）和量测模型（8-103）的新颖之处在于，通过使用简单随机变量 $\boldsymbol{\beta}_k\varphi_k$，能够有效地描述量测值的偏态分布。向量 $\boldsymbol{\beta}_k$ 描述偏度方向，潜在变量 φ_k 表示偏度。请注意，当 $\boldsymbol{\beta}_k = [0 \quad 0]^{\mathrm{T}}$ 和/或 $\varphi_k \equiv 0$ 时，量测模型（8-103）退化为一般的正态分布。对于扩展目标跟踪，表示偏度方向的向量 $\boldsymbol{\beta}_k$ 可以确定为

$$\boldsymbol{\beta}_k = \begin{bmatrix} \cos\gamma_k \\ \sin\gamma_k \end{bmatrix} \tag{8-106}$$

式中，γ_k 是偏度方向的角度。图 8-20 显示了根据量测模型（8-103）生成的具有不同 $\boldsymbol{\beta}_k$ 值的 $\boldsymbol{v}_k$ 样本。

2. 基于变分贝叶斯的偏斜分布扩展目标跟踪算法

在本节中，为了获得递推算法，做出下列假设：

$$p(\boldsymbol{x}_{k-1},\boldsymbol{X}_{k-1},\varphi_{k-1}|\boldsymbol{Z}^{k-1})=\mathcal{N}(\boldsymbol{x}_{k-1};\hat{\boldsymbol{x}}_{k-1|k-1},\boldsymbol{P}_{k-1|k-1})\times \mathcal{IW}(\boldsymbol{X}_{k-1};\hat{\alpha}_{k-1|k-1},\hat{\boldsymbol{X}}_{k-1|k-1})\times \mathcal{TN}(\varphi_{k-1};\hat{\xi}_{k-1|k-1},\hat{\eta}^2_{k-1|k-1},(0,+\infty)) \quad (8\text{-}107)$$

式中，$(\hat{\boldsymbol{x}}_{k-1|k-1},\boldsymbol{P}_{k-1|k-1})$、$(\hat{\alpha}_{k-1|k-1},\hat{\boldsymbol{X}}_{k-1|k-1})$、$(\hat{\xi}_{k-1|k-1},\hat{\eta}^2_{k-1|k-1})$ 分别是 $\boldsymbol{x}_{k-1}$、$\boldsymbol{X}_{k-1}$ 和 φ_{k-1} 的估计参数。

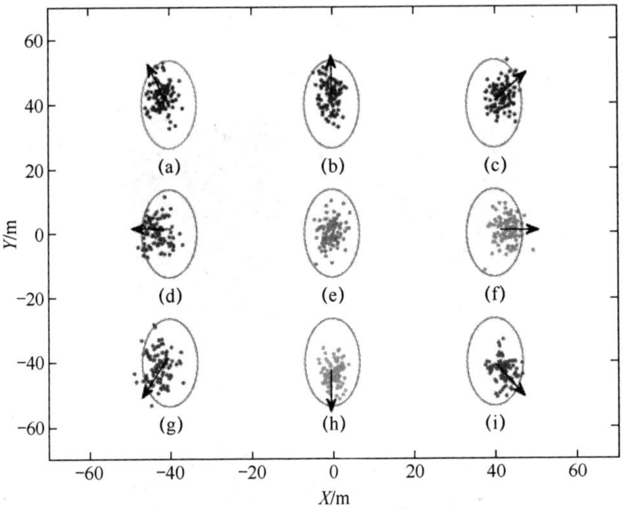

图 8-20 具有不同 $\boldsymbol{\beta}_k$ 值的 $\boldsymbol{\nu}_k$ 样本（箭头表示偏度方向）

1）时间更新

预测联合密度为

$$p(\boldsymbol{x}_k,\boldsymbol{X}_k,\varphi_k|\boldsymbol{Z}^{k-1})=\mathcal{N}(\boldsymbol{x}_k;\hat{\boldsymbol{x}}_{k|k-1},\boldsymbol{P}_{k|k-1})\mathcal{IW}(\boldsymbol{X}_k;\hat{\alpha}_{k|k-1},\hat{\boldsymbol{X}}_{k|k-1})\times \mathcal{TN}(\varphi_k;\hat{\xi}_{k|k-1},\hat{\eta}^2_{k|k-1},(0,+\infty)) \quad (8\text{-}108)$$

式中，

$$\hat{\boldsymbol{x}}_{k|k-1}=\boldsymbol{F}_k\hat{\boldsymbol{x}}_{k-1|k-1},\boldsymbol{P}_{k|k-1}=\boldsymbol{F}_k\boldsymbol{P}_{k-1|k-1}\boldsymbol{F}_k^{\mathrm{T}}+\boldsymbol{Q}_k \quad (8\text{-}109)$$

$$\hat{\alpha}_{k|k-1}=\frac{2\delta_k(\lambda_{k-1}+1)(\lambda_{k-1}-1)(\lambda_{k-1}-2)}{\lambda^2_{k-1}(\lambda_{k-1}+\delta_k)}+2d+4 \quad (8\text{-}110)$$

$$\hat{\boldsymbol{X}}_{k|k-1}=\frac{\delta_k}{\lambda_{k-1}-1}(\hat{\alpha}_{k|k-1}-2d-2)\boldsymbol{A}_k\hat{\boldsymbol{X}}_{k-1|k-1}\boldsymbol{A}_k^{\mathrm{T}} \quad (8\text{-}111)$$

且

$$\lambda_{k-1}=\hat{\alpha}_{k-1|k-1}-2d-2 \quad (8\text{-}112)$$

$$\hat{\xi}_{k|k-1}=\rho_k\hat{\xi}_{k-1|k-1},\quad \hat{\eta}^2_{k|k-1}=\rho^2_k\eta^2_{k-1|k-1}+\kappa^2_k \quad (8\text{-}113)$$

2）量测更新

为了估计运动状态 $\boldsymbol{x}_k$ 和扩展形态 $\boldsymbol{X}_k$，需要联合后验密度 $p(\boldsymbol{x}_k,\boldsymbol{X}_k,\varphi_k|\boldsymbol{Z}^k)$。然而，这个后验密度没有解析解。变分贝叶斯方法可以用 3 个函数的乘积形式提供 $p(\boldsymbol{x}_k,\boldsymbol{X}_k,\varphi_k|\boldsymbol{Z}^k)$ 的近似值，有

$$p(\boldsymbol{x}_k,\boldsymbol{X}_k,\varphi_k|\boldsymbol{Z}^k)\approx q_{\boldsymbol{x}}(\boldsymbol{x}_k)q_{\boldsymbol{X}}(\boldsymbol{X}_k)q_{\varphi}(\varphi_k)$$

式中，$q_{\boldsymbol{x}}(\boldsymbol{x}_k)$、$q_{\boldsymbol{X}}(\boldsymbol{X}_k)$ 和 $q_{\varphi}(\varphi_k)$ 通过最小化近似密度 $q_{\boldsymbol{x}}(\boldsymbol{x}_k)q_{\boldsymbol{X}}(\boldsymbol{X}_k)q_{\varphi}(\varphi_k)$ 与真实后验密度 $p(\boldsymbol{x}_k,\boldsymbol{X}_k,\varphi_k|\boldsymbol{Z}^k)$ 之间的 KL 散度获得。

对于 $\boldsymbol{x}_k$，有

$$q_{\boldsymbol{x}}(\boldsymbol{x}_k)=\mathcal{N}(\boldsymbol{x}_k;\hat{\boldsymbol{x}}_{k|k},\boldsymbol{P}_{k|k})$$

式中，

$$\hat{\boldsymbol{x}}_{k|k}=\hat{\boldsymbol{x}}_{k|k-1}+(\overline{\boldsymbol{z}}_k-\boldsymbol{H}_k\hat{\boldsymbol{x}}_{k|k-1}-\boldsymbol{\beta}_k\hat{\varphi}_{k|k}) \tag{8-114}$$

$$\boldsymbol{P}_{k|k}=\boldsymbol{P}_{k|k-1}-\boldsymbol{K}_k\boldsymbol{H}_k\boldsymbol{P}_{k|k-1} \tag{8-115}$$

$$\boldsymbol{K}_k=\boldsymbol{P}_{k|k-1}\boldsymbol{H}_k^{\mathrm{T}}\boldsymbol{S}_k^{-1} \tag{8-116}$$

$$\boldsymbol{S}_k=\boldsymbol{H}_k\boldsymbol{P}_{k|k-1}\boldsymbol{H}_k^{\mathrm{T}}+\boldsymbol{B}_k\hat{\boldsymbol{X}}_{k|k}\boldsymbol{B}_k^{\mathrm{T}}\big/[n_k(\hat{\alpha}_{k|k}-d-1)] \tag{8-117}$$

对于 $\boldsymbol{X}_k$，有

$$q_{\boldsymbol{X}}(\boldsymbol{X}_k)=\mathcal{IW}(\boldsymbol{X}_k;\hat{\alpha}_{k|k},\hat{\boldsymbol{X}}_{k|k})$$

式中，

$$\hat{\alpha}_{k|k}=\hat{\alpha}_{k|k-1}+n_k \tag{8-118}$$

$$\hat{\boldsymbol{X}}_{k|k}=\hat{\boldsymbol{X}}_{k|k-1}+\boldsymbol{B}_k^{-1}(\overline{\boldsymbol{Z}}_k+n_k\boldsymbol{D}_k)\boldsymbol{B}_k^{-\mathrm{T}} \tag{8-119}$$

$$\boldsymbol{D}_k=(\overline{\boldsymbol{z}}_k-\boldsymbol{H}_k\hat{\boldsymbol{x}}_{k|k}-\boldsymbol{\beta}_k\hat{\varphi}_{k|k})(\cdot)^{\mathrm{T}}+\boldsymbol{H}_k\boldsymbol{P}_{k|k}\boldsymbol{H}_k^{\mathrm{T}}+\boldsymbol{\beta}_k\hat{\boldsymbol{V}}_{k|k}\boldsymbol{\beta}_k^{\mathrm{T}} \tag{8-120}$$

式中，$\hat{\boldsymbol{V}}_{k|k}=\mathrm{var}[\varphi_k]$ 是之后给出的 φ_k 的方差。

对于 φ_k，有

$$q_{\varphi}(\varphi_k)=\mathcal{TN}(\varphi_k;\hat{\xi}_{k|k},\hat{\eta}_{k|k}^2,(0,+\infty)) \tag{8-121}$$

式中，

$$\hat{\xi}_{k|k}=\frac{\hat{\xi}_{k|k-1}+\varDelta_k(\overline{\boldsymbol{z}}_k-\boldsymbol{H}_k\hat{\boldsymbol{x}}_{k|k})}{\varDelta_k+1} \tag{8-122}$$

$$\hat{\eta}_{k|k}^2=\frac{\hat{\eta}_{k|k-1}^2}{\varDelta_k+1} \tag{8-123}$$

且 $\varDelta_k=n_k\hat{\eta}_{k|k-1}^2\boldsymbol{\beta}_k^{\mathrm{T}}(\boldsymbol{B}_k\hat{\boldsymbol{X}}_{k|k}\boldsymbol{B}_k^{\mathrm{T}})^{-1}\boldsymbol{\beta}_k$。

φ_k 的均值和方差计算如下：

$$\hat{\varphi}_{k|k}=\hat{\xi}_{k|k}+\hat{\eta}_{k|k}\tau_k\text{，}\quad\hat{\boldsymbol{V}}_{k|k}=\eta_{k|k}^2(1-\tau_k\,\hat{\xi}_{k|k}\big/\hat{\eta}_{k|k}-\tau_k^2) \tag{8-124}$$

$$\tau_k=\frac{\varPhi(-\hat{\xi}_{k|k}\big/\hat{\eta}_{k|k})}{1-\varPhi(-\hat{\xi}_{k|k}\big/\hat{\eta}_{k|k})} \tag{8-125}$$

详细推导过程见文献[7]。

3．实验结果及分析

应用 nuScenes 数据集，使用安装在平台前部的毫米波雷达收集的数据来跟踪单个车辆。在该场景中比较了多种算法，包括 EOT-FELDMANN、乘性误差模型扩展卡尔曼滤波器（Multiplicative Error Model-Extended Kalman Filter，MEM-EKF*）和基于偏正态分布的扩展目标跟踪变分贝叶斯方法（Variational Bayesian Approach to Extended Object Tracking based on the Skew Normal，VB-EOT-SN）。

在该场景中，平台跟踪正在弯道上行驶的汽车。由于目标比较小（长度为 4.4m，宽度为 2m），量测数量很少。大多数帧只在汽车尾部有 1～2 个量测。量测偏斜、数据集体积小、目标机动，使对汽车的精确跟踪变得非常困难。

算法的过程噪声 $\boldsymbol{Q}=\mathrm{diag}(1\,\mathrm{m}^2,0.01\mathrm{m}^2/\mathrm{s}^2,1\mathrm{m}^2,0.01\mathrm{m}^2/\mathrm{s}^2)$，量测噪声 $\boldsymbol{R}=\mathrm{diag}(0.08^2\,\mathrm{m}^2,0.08^2\,\mathrm{m}^2)$。所有方法的运动状态均由两点差分法初始化。

对于 EOT-FELDMANN 和 VB-EOT-SN，扩展形态 $\hat{\boldsymbol{X}}_{0|0}$ 描述的椭形的轴长与真实值一致，朝向与初速度方向一致，设 $\hat{\alpha}_{0|0}$ 为 50，$\lambda=1/4$。在 EOT-FELDMANN 中将 τ 设置为 10；VB-EOT-SN 中的 δ 为 20。VB-EOT-SN 的矩阵 $\boldsymbol{A}_k$ 为

$$\frac{1}{\sqrt{\delta}}\boldsymbol{I}_2 \qquad \text{(S1)}$$

以及

$$\frac{1}{\sqrt{\delta}}\begin{bmatrix}\cos\omega T & -\sin\omega T\\ \sin\omega T & \cos\omega T\end{bmatrix} \qquad \text{(S2)}$$

式中，角速度 $\omega=-\pi/30\ \mathrm{rad/s}$；采样间隔 $T=0.5\mathrm{s}$。对于与 φ_0 有关的参数，设置 $\hat{\xi}_{0|0}=0,\hat{\eta}_{0|0}=1,\kappa^2=0.01$。对于 MEM-EKF* 的参数，设 $\boldsymbol{C}^h=\mathrm{diag}(1/4,1/4)$，$\boldsymbol{C}^\omega=\mathrm{diag}(0.01,0.01,0.01)$，$\boldsymbol{C}^p=\mathrm{diag}(0.01,0.01,0.01)$。

图 8-21 显示了汽车每 3 次扫描（每 1.5s）的轨迹及其在选定帧的估计值。一开始，由于前两帧的量测太少，无法准确初始化方向，所有算法都给出了不准确的形态估计。此外，由于所有这些量测都位于底部，因此最初的运动估计是不准确的。

随着量测次数的增加，算法性能得到提升。从选定帧的结果来看，VB-EOT-SN 显示出优于其他算法的优势。图 8-22 所示的 GWD 也验证了这一点。这个例子表明，即使在恶劣的条件下，VB-EOT-SN 仍然可以有效地估计扩展目标的状态。

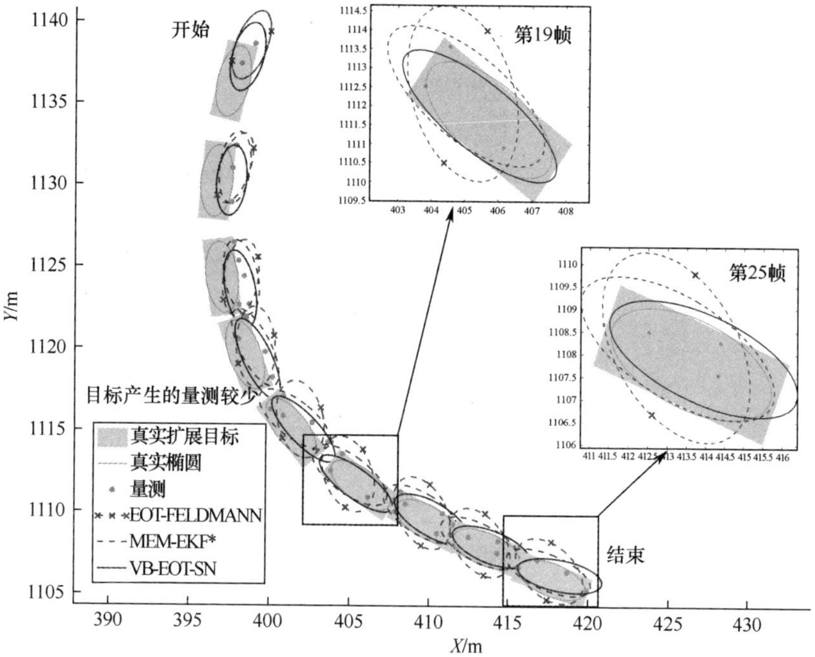

图 8-21　使用实验数据的算法结果（子图为选定帧的结果）

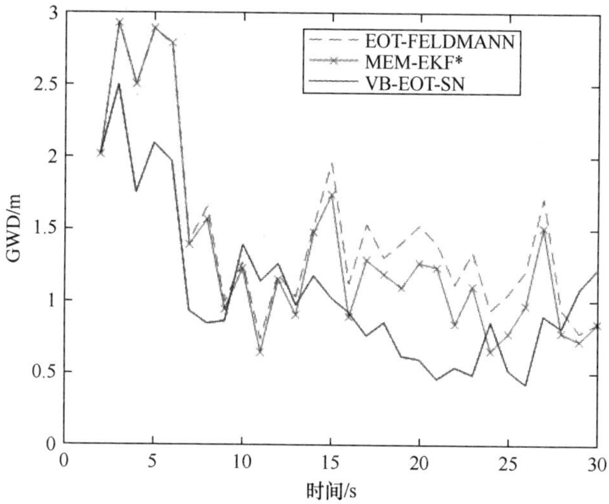

图 8-22　各算法的 GWD

8.3.2　基于非均匀分布的扩展目标跟踪

以基于车载雷达的道路目标跟踪为例，散射中心在目标上分布不均匀，并且量测在某些部分密集分布。如图 8-23 所示，量测主要分布在目标离传感器较近的一侧，而远处的量测很少。对于激光雷达，也可以观察到类似的现象。

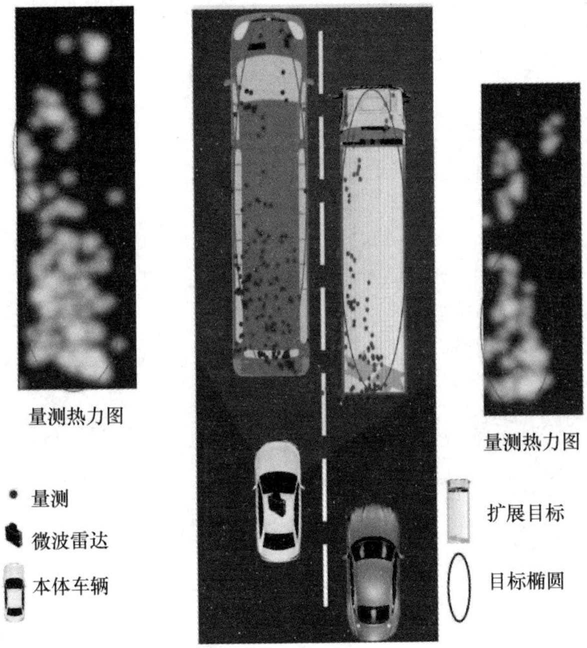

图 8-23　基于车载雷达的道路目标跟踪示例

基于上述分析和实验数据，量测密集分布在目标形态的几个部分上，而不分布在整个目标上。这些部分有的是未知的、难以确定的，并且可能随时间变化。受这些问题的启发，我们在文献[8]中提出了相关模型和滤波方法。

本节将介绍文献[8]所提的条件高斯混合量测模型。该模型使用多个分量，每个分量都描述了一个目标的量测密集分布的一部分。作为目标的一部分，这些部分的形状和朝向与目标的扩展形态密切相关。由于目标扩展形态通过随机矩阵 $\boldsymbol{X}_k$ 建模为椭形，因此量测密集分布部分通过椭形的缩放和移动来建模。椭形由 $\boldsymbol{X}_k$ 的变形定义，其中缩放因子由伽马变量描述，高斯变量用来描述移动。这种建模比现有的随机矩阵模型更准确地描述了非均匀分布的散射中心，并继承了随机矩阵模型的简单性。本节还推导出了变分贝叶斯方法。此方法可以解析地递归估计目标的运动状态和扩展形态。

1. 基于非均匀分布的扩展目标跟踪模型

动态模型与 8.2.1 节所述一致，下面介绍新的条件高斯混合模型。考虑以下量测模型：

$$\boldsymbol{z}_k^r = \boldsymbol{H}_k \boldsymbol{x}_k + \boldsymbol{v}_k^r \tag{8-126}$$

式中，$\boldsymbol{H}_k$ 是量测矩阵；$\boldsymbol{v}_k^r$ 是量测噪声。$\boldsymbol{v}_k^r$ 的条件概率密度函数为

$$p(\boldsymbol{v}_k^r|\boldsymbol{X}_k,\boldsymbol{u}_k,\tau_k,\pi_k)=\sum_{t=1}^{T}\pi_k^t\mathcal{N}\left(\boldsymbol{v}_k^r;\boldsymbol{u}_k^t,\frac{\boldsymbol{X}_k}{\tau_k^t}+\boldsymbol{R}_k\right) \tag{8-127}$$

式中，T 是分量数；$\boldsymbol{u}_k=\{\boldsymbol{u}_k^t\}_{t=1}^T$；$\tau_k=\{\tau_k^t\}_{t=1}^T$；$\pi_k=\{\pi_k^t\}_{t=1}^T$；随机变量 π_k^t、$\boldsymbol{u}_k^t$、τ_k^t 会在下文解释；真实的量测噪声协方差 $\boldsymbol{R}_k$ 假设已知。式（8-127）表示条件高斯混——当 $\boldsymbol{X}_k$、$\boldsymbol{u}_k$、τ_k、π_k 给定时，$\boldsymbol{v}_k^r$ 是混合高斯的。

随机变量 π_k^t 表示第 t 个分量的权重并服从狄利克雷分布，其概率密度函数为

$$p(\pi_k^t)=D(\pi_k^t;m_k^t)=\frac{1}{B(m_k)}\prod_{t=1}^{T}(\pi_k^t)^{m_k^t-1} \tag{8-128}$$

式中，$\pi_k^t\in(0,1)$，$\sum_{t=1}^{T}\pi_k^t=1$；$B(m_k)=\prod_{t=1}^{T}\Gamma(m_k^t)\Big/\Gamma\left(\sum_{t=1}^{T}m_k^t\right)$ 且 $m_k=\{m_k^t\}_{t=1}^T$，$\Gamma(\cdot)$ 表示伽马函数。在本节，令 $\boldsymbol{c}^{\mathrm{T}}\boldsymbol{G}^{-1}(\cdot)$ 表示 $\boldsymbol{c}^{\mathrm{T}}\boldsymbol{G}^{-1}\boldsymbol{c}$，式中 $\boldsymbol{c}$ 是向量，$\boldsymbol{G}$ 是矩阵。

位移随机变量 $\boldsymbol{u}_k^t$ 用于描述距离质心的位移，缩放变量 τ_k^t 用于描述第 t 个分量的尺度不确定性。假设 $\boldsymbol{u}_k^t$ 和 τ_k^t 的联合概率密度函数为

$$p(\boldsymbol{u}_k^t,\tau_k^t)=\mathcal{N}(\boldsymbol{u}_k^t;\boldsymbol{\mu}_k^t,\boldsymbol{\Lambda}_k^t/\tau_k^t)\mathcal{G}(\tau_k^t;a_k^t,b_k^t) \tag{8-129}$$

式中，$\boldsymbol{\mu}_k^t$ 表示均值；$\boldsymbol{\Lambda}_k^t$ 表示 $\boldsymbol{\mu}_k^t$ 的尺度矩阵；$\mathcal{G}(\cdot)$ 表示 $a_k^t>1$、$b_k^t>0$、$0<\tau_k^t<+\infty$ 时的伽马分布，形状参数是 a_k^t，尺度参数是 b_k^t。

$\boldsymbol{u}_k^t$ 的时间更新假设为

$$\boldsymbol{u}_k^t=\boldsymbol{\Phi}_k^t\boldsymbol{u}_{k-1}^t+\boldsymbol{\varepsilon}_k^t \tag{8-130}$$

式中，$\boldsymbol{\Phi}_k^t$ 是转移矩阵，可设为单位矩阵；$\boldsymbol{\varepsilon}_k^t$ 是过程噪声，假设为高斯分布 $\boldsymbol{\varepsilon}_k^t\sim\mathcal{N}(\boldsymbol{\varepsilon}_k^t;\boldsymbol{0},\boldsymbol{D}_k^t)$；协方差 $\boldsymbol{D}_k^t$ 描述了演化的不确定性。

2. 基于非均匀分布量测的 EOT 变分贝叶斯方法

与 8.3.1 节类似，可运用变分贝叶斯方法处理难以计算的后验分布。这种方法是有效的，因为它通常在几次迭代后收敛。此方法可以解析地估计量测模型中每个分量的缩放变量和移动变量，并得到目标的运动状态和扩展形态。具体推导过程见文献[8]。

8.4 空间卫星多轨道跟踪

空间目标（人造卫星、空间站、太空垃圾等）的数量日益增多，实时、有效、正确地监测空间目标是空间安全的保障。人造卫星在固定的轨道上运行，且空间目标因体积较大，每帧会产生多个量测数据。故可利用联合决策与估计理论思想，基于雷达散点量测，结合空间目标的轨道信息，实现空间目标的联

合识别和跟踪。

目标的识别和跟踪问题往往是耦合在一起的。对于基于散射中心的多个量测的扩展目标跟踪，知道目标的类别（如大小和形状）能在很大程度上提高扩展形态的估计性能。对扩展目标分类来说，扩展形态估计能直接促进目标的分类。因此，由于这层紧密的关系，联合识别与跟踪方法可以同时提高识别和跟踪的性能。

扩展目标联合识别与跟踪的最终目的是得到运动状态和扩展形态在一个类别中的概率密度函数及目标分类的概率质量函数的联合贝叶斯框架。为了实现这个目的，应在贝叶斯框架下有效地利用一个类别中的扩展目标关于大小和形态的先验信息。通常来说，一个扩展目标关于大小和形状的先验信息可作为目标扩展形态估计的约束条件，有效地利用这个约束条件能够极大地提高扩展形态估计的性能。同时，扩展形态估计精度的提高能够使状态估计的精度提高。利用这个约束条件的一个有效方法是将它作为伪量测。通过把这个伪量测模型扩维到量测模型中，能够得到扩展目标的一个类别的完整模型。基于这个完整模型的几何中心，可以推导出运动状态和扩展形态后验概率密度。由于一个目标可能处于任何朝向，因此用极大似然法来估计未知的方向矩阵，得到的旋转矩阵是解析形式的，并且能根据目标的物理意义进行调整。

下面逐步介绍目标识别先验模板建立方法、联合识别与跟踪的状态估计和全局优化方法、轨道信息与量测数据的融合处理方法，以及目标形态估计与识别方法。

8.4.1 基于轨道信息的空间卫星跟踪

1. 目标识别先验模板建立方法

在实际应用中，目标识别先验模板是固定的，由于目标的朝向相对于先验模板库中的模型存在一定的旋转，因此通常需要对无朝向信息条件下的扩展目标进行建模，并将其作为目标识别先验模板，通过极大似然法来估计未知的方向矩阵，从而得到目标的扩展形态相对于模板的旋转方向。

在无朝向信息条件下，以椭形的 3 个半长轴作为参数对扩展目标先验模板建模。$\boldsymbol{C}_i \triangleq \{\boldsymbol{C}=c_i\}$，$i=1,2,\cdots,n$。式中，$c_i \triangleq \{a_{o_i}, b_{o_i}, c_{o_i}\}$ 为半长轴，分别是 a_{o_i}、b_{o_i} 和 c_{o_i} 的第 i 类目标，则模板的扩展形态的集合描述为

$$(\boldsymbol{y}-\tilde{\boldsymbol{H}}_k\boldsymbol{x}_k)^{\mathrm{T}}(\boldsymbol{X}_k^{0,i})^{-1}(\boldsymbol{y}-\tilde{\boldsymbol{H}}_k\boldsymbol{x}_k)=1 \tag{8-131}$$

式中，$\boldsymbol{X}_k^{0,i}=\mathrm{diag}(a_{o_i}^2, b_{o_i}^2, c_{o_i}^2)$ 是第 i 类目标的 SPD 随机矩阵，其与 $\boldsymbol{X}_k$ 的关系为

$$\boldsymbol{X}_k=(\boldsymbol{E}_k)^{-1}\boldsymbol{X}_k^{o,i}(\boldsymbol{E}_k)^{-\mathrm{T}} \tag{8-132}$$

式中，$\boldsymbol{E}_k$ 是目标相对于模板库模型的旋转矩阵。

2. 联合识别与跟踪的状态估计和全局优化方法

1）系统动态模型

系统动态模型与 8.2.1 节中的一致，具体对于第 i 类目标，有

$$\begin{cases} \boldsymbol{x}_k = \boldsymbol{\Phi}_k^i \boldsymbol{x}_{k-1} + \boldsymbol{w}_k^i, & \boldsymbol{w}_k^i \sim \mathcal{N}(\boldsymbol{0}, \boldsymbol{D}_k^i \otimes \boldsymbol{X}_k) \\ \boldsymbol{z}_k^r = \tilde{\boldsymbol{H}}_k^i \boldsymbol{x}_k + \boldsymbol{v}_k^r, & \boldsymbol{v}_k^r \sim \mathcal{N}(\boldsymbol{0}, \boldsymbol{B}_k^i \boldsymbol{X}_k (\boldsymbol{B}_k^i)^{\mathrm{T}}) \\ p[\boldsymbol{X}_k | \boldsymbol{C}_i, \boldsymbol{X}_{k-1}] = \mathcal{W}(\boldsymbol{X}_k; \delta_k^i, \boldsymbol{A}_k^i \boldsymbol{X}_{k-1} (\boldsymbol{A}_k^i)^{\mathrm{T}}) \\ p[\boldsymbol{Z}^{p,i} | \boldsymbol{C}_i, \boldsymbol{X}_k] = \mathcal{W}(\boldsymbol{Z}^{p,i}; \delta_k^{p,i}, \boldsymbol{E}_k^i \boldsymbol{X}_k (\boldsymbol{E}_k^i)^{\mathrm{T}} / \delta_k^{p,i}) \end{cases} \tag{8-133}$$

式中，$\boldsymbol{Z}^{p,i}$ 为已知类型 $\boldsymbol{C}_i$ 的情况下构成的伪量测，其服从 $\mathcal{W}$ 分布，则 k 时刻的量测包括真实量测和伪量测两部分，有

$$\breve{\boldsymbol{Z}}_k \triangleq \{\boldsymbol{Z}_k, \{\boldsymbol{Z}^{p,i}\}_{i=1}^{n_c}\} \tag{8-134}$$

基于 $\breve{\boldsymbol{Z}}_k$，扩展目标联合识别与跟踪的状态估计的概率密度质量函数为

$$p[\boldsymbol{x}_k, \boldsymbol{X}_k, \boldsymbol{C} | \breve{\boldsymbol{Z}}^k] = p[\boldsymbol{x}_k, \boldsymbol{X}_k | \boldsymbol{C}, \breve{\boldsymbol{Z}}^k] p[\boldsymbol{C} | \breve{\boldsymbol{Z}}^k] \tag{8-135}$$

式中，$\breve{\boldsymbol{Z}}^k \triangleq \{\breve{\boldsymbol{Z}}_\kappa\}_{\kappa=1}^k$；$p[\boldsymbol{C} | \breve{\boldsymbol{Z}}^k] = \{P\{\boldsymbol{C}_i | \breve{\boldsymbol{Z}}^k\}, i = 1, 2, \cdots, n_c\}$ 是类型 $\boldsymbol{C}$ 的概率质量函数。因此，计算 $p[\boldsymbol{x}_k, \boldsymbol{X}_k | \boldsymbol{C}_i, \breve{\boldsymbol{Z}}^k]$ 和 $P\{\boldsymbol{C}_i | \breve{\boldsymbol{Z}}^k\}$ 即可获得联合识别与跟踪的状态估计结果。

2）状态估计与全局优化方法

（1）跟踪方法。跟踪方法与 8.2.1 节中的基本一致。

（2）识别概率。识别概率和似然 Λ_k^i 分别为

$$\begin{aligned} \boldsymbol{\mu}_k^i &\triangleq P\{\boldsymbol{C}_i | \breve{\boldsymbol{Z}}^k\} = (\boldsymbol{c}_1^i)^{-1} p[\breve{\boldsymbol{Z}}_k | \boldsymbol{C}_i, \breve{\boldsymbol{Z}}^{k-1}] P\{\boldsymbol{C}_i | \breve{\boldsymbol{Z}}^{k-1}\} \\ &= (\boldsymbol{c}_1^i)^{-1} \Lambda_k^i \boldsymbol{\mu}_{k-1}^i \end{aligned} \tag{8-136}$$

$$\begin{aligned} \Lambda_k^i &\triangleq p[\breve{\boldsymbol{Z}}_k | \boldsymbol{C}_i, \breve{\boldsymbol{Z}}^{k-1}] \\ &= \pi^{-\frac{1}{2}n_k d} n_k^{-\frac{d}{2}} (\delta_k^{p,i})^{\frac{1}{2}\delta_k^{p,i}} \left|\boldsymbol{B}_k^i\right|^{-(n_k-1)} \times \left|\hat{\boldsymbol{X}}_{k|k-1}^i\right|^{\frac{1}{2}(\hat{v}_{k|k-1}^i - d - 1)} \left|\boldsymbol{S}_k^i\right|^{-\frac{1}{2}} \left|\hat{\boldsymbol{X}}_k^i\right|^{\frac{1}{2}(\hat{v}_k^i - d - 1)} \times \\ &\quad \left|\boldsymbol{Z}^{p,i}\right|^{\frac{1}{2}(\delta_k^{p,i} - d - 1)} \Gamma_d^{-1}[(\hat{v}_{k|k-1}^i - d - 1)/2] \times \Gamma_d[(\hat{v}_k^i - d - 1)/2] \times \\ &\quad \Gamma_d^{-1}[\delta_k^{p,i}/2] \left|\boldsymbol{E}_k^i\right|^{-\delta_k^{p,i}} \end{aligned} \tag{8-137}$$

式中，$\boldsymbol{E}_k^i$ 未知，可由 $\hat{\boldsymbol{E}}_k^i = \underset{E_k^i \in M_r}{\arg\max}\, p[\breve{\boldsymbol{Z}}_k | \boldsymbol{C}_i, \breve{\boldsymbol{Z}}^{k-1}]$ 代替。

通过计算即可得到联合识别与跟踪的状态估计结果，则运动状态估计和扩展形态估计的条件均值为

$$\begin{cases} \hat{\boldsymbol{x}}_k \triangleq E[\boldsymbol{x}_k | \boldsymbol{Z}^k] = \sum_{i=1}^{n_c} \hat{\boldsymbol{x}}_k^i \boldsymbol{\mu}_k^i \\ \bar{\boldsymbol{X}}_k \triangleq E[\boldsymbol{X}_k | \boldsymbol{Z}^k] = \sum_{i=1}^{n_c} \boldsymbol{\mu}_k^i \hat{\boldsymbol{X}}_k^i / (\hat{v}_k^i - 2d - 2) \end{cases} \tag{8-138}$$

3．轨道信息与量测数据的融合处理方法

针对目标跟踪问题，目标所处轨道信息是已知的，因此将轨道信息作为目标识别与跟踪的先验信息可以有效提高估计性能。利用开普勒第三定律，将轨道参数与目标状态联系起来，进行带约束的估计，从而使轨道参数信息与量测数据进行融合。

轨道参数包括轨道的长半径 a_s、轨道椭形偏心率 e_s、目标的真近点角 f_s、升交点赤经 Ω、轨道平面倾角 ϑ 和近地点角距 ω_s。在已知轨道参数时，通过对估计结果进行等式约束，达到融合的目的。用 i 表示惯性坐标系，h 表示原点在近地点的焦点处，x 轴指向近地点，y 轴在轨道平面上垂直于 x 轴构成右手系，z 轴垂直于轨道平面的轨道坐标系。由于在实际观测时，观测数据为雷达与目标之间的距离 r、俯仰角 θ 及方位角 φ，则在惯性坐标系下，新的系统动态模型可描述为

$$\begin{cases} \boldsymbol{x}_k = \boldsymbol{\Phi}_k^i \boldsymbol{x}_{k-1} + \boldsymbol{G}_k^i \boldsymbol{a}_{k-1}^i, & \boldsymbol{a}_k^i \sim \mathcal{N}(\boldsymbol{0}, \boldsymbol{D}_k^i \otimes \boldsymbol{X}_k) \\ \boldsymbol{z}_k^r = \boldsymbol{h}_k^{i,1}(\boldsymbol{x}_k, \boldsymbol{v}_k^r), & \boldsymbol{v}_k^r \sim \mathcal{N}(\boldsymbol{0}, \boldsymbol{B}_k^i \boldsymbol{X}_k (\boldsymbol{B}_k^i)^{\mathrm{T}}) \\ p[\boldsymbol{X}_k | \boldsymbol{C}_i, \boldsymbol{X}_{k-1}] = \mathcal{W}(\boldsymbol{X}_k; \delta_k^i, \boldsymbol{A}_k^i \boldsymbol{X}_{k-1} (\boldsymbol{A}_k^i)^{\mathrm{T}}) \\ p[\boldsymbol{Z}^{p,i} | \boldsymbol{C}_i, \boldsymbol{X}_k] = \mathcal{W}(\boldsymbol{Z}^{p,i}; \delta_k^{p,i}, \boldsymbol{E}_k^i \boldsymbol{X}_k (\boldsymbol{E}_k^i)^{\mathrm{T}} / \delta_k^{p,i}) \\ \boldsymbol{C}_k(\boldsymbol{x}_k) = \boldsymbol{d}_k \end{cases} \tag{8-139}$$

式中，$\boldsymbol{x}_k = [\boldsymbol{x}_{p,k}, \boldsymbol{y}_{p,k}, \boldsymbol{z}_{p,k}, \boldsymbol{x}_{v,k}, \boldsymbol{y}_{v,k}, \boldsymbol{z}_{v,k}]^{\mathrm{T}}$，$\boldsymbol{x}_{p,k} = [x_{p,k}, y_{p,k}, z_{p,k}]^{\mathrm{T}}$ 表示惯性坐标系下 3 个方向的位置，$\dot{\boldsymbol{x}}_{p,k} = [\dot{x}_{p,k}, \dot{y}_{p,k}, \dot{z}_{p,k}]^{\mathrm{T}}$ 表示惯性坐标系下 3 个方向的速度；$\boldsymbol{\Phi}_k^i = \boldsymbol{F}_k^i \otimes \boldsymbol{I}_3, \boldsymbol{F}_k^i = [1, T; 0, 1]$，$T$ 为采样周期；$\boldsymbol{G}_k^i = \boldsymbol{g}_k^i \otimes \boldsymbol{I}_3$，$\boldsymbol{g}_k^i = [T^2/2, 1]^{\mathrm{T}}$；$\boldsymbol{a}_{k-1}^i = -GM / \left|\tilde{\boldsymbol{H}}_{1,k} \boldsymbol{x}_{k-1}\right|^3 \tilde{\boldsymbol{H}}_{1,k} \boldsymbol{x}_{k-1}$ 为 $k-1$ 时刻的加速度，G 为万有引力常数，M 为地球质量；$\boldsymbol{z}_k^r$ 为非线性量测，其具体可表示为

$$\boldsymbol{z}_k^r = \begin{bmatrix} r \\ \theta \\ \varphi \end{bmatrix}_k = \begin{bmatrix} \sqrt{(x_{p,k}^r)^2 + (y_{p,k}^r)^2 + (z_{p,k}^r)^2} \\ \arcsin\left(z_{p,k}^r \Big/ \sqrt{(x_{p,k}^r)^2 + (y_{p,k}^r)^2 + (z_{p,k}^r)^2}\right) \\ \arctan(y_{p,k}^r / x_{p,k}^r) \end{bmatrix}^i + \boldsymbol{v}_k^r \tag{8-140}$$

$\boldsymbol{C}_k(\boldsymbol{x}_k) = \boldsymbol{d}_k$ 是等式约束条件，与轨道参数相关，具体为

$$\begin{cases} (\tilde{\boldsymbol{H}}_{1,k} \boldsymbol{x}_k - \boldsymbol{C}_{\mathrm{h}}^{\mathrm{i}} \boldsymbol{x}^0)^{\mathrm{T}} \boldsymbol{C}_{\mathrm{h}}^{\mathrm{i}} \boldsymbol{A} \boldsymbol{C}_{\mathrm{i}}^{\mathrm{h}} (\tilde{\boldsymbol{H}}_{1,k} \boldsymbol{x}_k - \boldsymbol{C}_{\mathrm{h}}^{\mathrm{i}} \boldsymbol{x}^0) = 1 \\ \boldsymbol{\alpha}_1 \tilde{\boldsymbol{H}}_{1,k} \boldsymbol{x}_k = 0 \\ \left|\boldsymbol{H}_{3,k} \boldsymbol{C}_{\mathrm{i}}^{\mathrm{h}} \tilde{\boldsymbol{H}}_{2,k} \boldsymbol{x}_k\right|^2 \left|\boldsymbol{H}_{3,k} \boldsymbol{C}_{\mathrm{i}}^{\mathrm{h}} \tilde{\boldsymbol{H}}_{1,k} \boldsymbol{x}_k\right|^2 \left|\boldsymbol{H}_{4,k} \boldsymbol{C}_{\mathrm{i}}^{\mathrm{h}} \tilde{\boldsymbol{H}}_{1,k} \boldsymbol{x}_k\right|^{-3} = GMa_s^2 \sqrt{1 - e_s^2} \\ \boldsymbol{\alpha}_2 \boldsymbol{C}_{\mathrm{i}}^{\mathrm{h}} \tilde{\boldsymbol{H}}_{1,k} \boldsymbol{x}_k = 0 \\ \boldsymbol{\alpha}_2 \boldsymbol{C}_{\mathrm{i}}^{\mathrm{h}} \tilde{\boldsymbol{H}}_{2,k} \boldsymbol{x}_k = 0 \end{cases} \tag{8-141}$$

式中，$\boldsymbol{x}^0=[-a_s e_s,0,0]^{\mathrm{T}}$；$\boldsymbol{A}$ 为矩阵，描述轨道平面所在椭形，这里按如下形式给出：

$$\boldsymbol{A}=\mathrm{diag}(1/a_s^2,1/(a_s^2(1-e_s^2)),1/(a_s^2e_s^2)) \tag{8-142}$$

$\tilde{\boldsymbol{H}}_{1,k}$ 是将状态向量转化成位置向量的量测矩阵；$\tilde{\boldsymbol{H}}_{2,k}$ 是将状态向量转换成速度向量的量测矩阵；$\boldsymbol{\alpha}_2$、$\boldsymbol{H}_{3,k}$、$\boldsymbol{H}_{4,k}$ 可分别表示为

$$\begin{aligned}
\boldsymbol{\alpha}_2&=[0,0,1]\\
\boldsymbol{H}_{3,k}&=\begin{bmatrix}1&0&0\\0&1&0\end{bmatrix}\\
\boldsymbol{H}_{4,k}&=\begin{bmatrix}(1-e_s^2)^{-1/2}&0&0\\0&(1-e_s^2)^{1/2}&0\end{bmatrix}
\end{aligned} \tag{8-143}$$

式中，$\boldsymbol{\alpha}_1$ 是与 $\boldsymbol{C}_{\mathrm{h}}^{\mathrm{i}}$ 元素有关的向量；$\boldsymbol{C}_{\mathrm{h}}^{\mathrm{i}}$ 是轨道平面坐标系到惯性坐标系的旋转矩阵，且 $(\boldsymbol{C}_{\mathrm{h}}^{\mathrm{i}})^{\mathrm{T}}=\boldsymbol{C}_{\mathrm{i}}^{\mathrm{h}}$，可写为

$$\boldsymbol{C}_{\mathrm{h}}^{\mathrm{i}}=\begin{bmatrix}\cos\Omega\cos\omega_s-\sin\Omega\cos\vartheta\sin\omega_s & -\cos\Omega\sin\omega_s-\sin\Omega\cos\vartheta\cos\omega_s & \sin\Omega\sin\vartheta\\ \sin\Omega\cos\omega_s+\cos\Omega\cos\vartheta\sin\omega_s & -\sin\Omega\sin\omega_s-\cos\Omega\cos\vartheta\cos\omega_s & -\cos\Omega\sin\vartheta\\ \sin\vartheta\sin\omega_s & \sin\vartheta\cos\omega_s & \cos\vartheta\end{bmatrix} \tag{8-144}$$

记 $\boldsymbol{C}_{\mathrm{h}}^{\mathrm{i}}=[\boldsymbol{T}_{mn}],m,n=1,2,3$，则

$$\boldsymbol{\alpha}_1=[\boldsymbol{T}_{32}\boldsymbol{T}_{21}-\boldsymbol{T}_{22}\boldsymbol{T}_{31}\quad \boldsymbol{T}_{12}\boldsymbol{T}_{31}-\boldsymbol{T}_{32}\boldsymbol{T}_{11}\quad \boldsymbol{T}_{22}\boldsymbol{T}_{11}-\boldsymbol{T}_{12}\boldsymbol{T}_{21}] \tag{8-145}$$

对系统动态模型进行带等式约束的估计，从而使轨道参数融合在估计中。

4. 目标形态估计与识别方法

1）量测方程线性化

根据联合识别与跟踪算法的要求，量测为目标的位置向量，是线性方程，因此需要将量测转换成位置

$$\boldsymbol{z}_k^r=\begin{bmatrix}z_1\\z_2\\z_3\end{bmatrix}=\begin{bmatrix}r\cos\theta\cos\varphi\\r\cos\theta\sin\varphi\\r\sin\theta\end{bmatrix}=\boldsymbol{h}_k^{i,2}(\boldsymbol{x}_{pk}+\boldsymbol{x}_{vk},\boldsymbol{v}_k^r) \tag{8-146}$$

式中，$\boldsymbol{x}_{vk}$ 表示散射点相对质心的位置，由于需要量测为线性方程，将式（8-146）在状态的一步预测处展开，可以得到

$$\boldsymbol{z}_k^r=\boldsymbol{h}_k^{i,2}(\hat{\boldsymbol{x}}_{pk|k-1}+0,0)+\frac{\partial\boldsymbol{h}_k^{i,2}}{\partial\boldsymbol{x}_{pk}}(\boldsymbol{x}_{pk}-\hat{\boldsymbol{x}}_{pk|k-1})+\frac{\partial\boldsymbol{h}_k^{i,2}}{\partial\boldsymbol{x}_{vk}^l}(\boldsymbol{x}_{vk}^r-0)+\frac{\partial\boldsymbol{h}_k^{i,2}}{\partial\boldsymbol{v}_k^l}(\boldsymbol{v}_k^r-0) \tag{8-147}$$

式中，$\boldsymbol{x}_{pk}=\hat{\boldsymbol{x}}_{pk|k-1}$；$\boldsymbol{x}_{vk}=[0,0,0]^{\mathrm{T}}$；$\boldsymbol{v}_k^r=[0,0,0]^{\mathrm{T}}$。

令

$$\overline{\boldsymbol{h}}_{0,k}^{i}=\boldsymbol{h}_{k}^{i,2}(\hat{\boldsymbol{x}}_{pk|k-1}+0,0)$$

$$\boldsymbol{H}_{0,k}^{i}=\frac{\partial\boldsymbol{h}_{k}^{i,2}}{\partial\boldsymbol{x}_{pk}},\boldsymbol{H}_{1,k}^{i}=\frac{\partial\boldsymbol{h}_{k}^{i,2}}{\partial\boldsymbol{x}_{vk}^{r}},\boldsymbol{H}_{2,k}^{i}=\frac{\partial\boldsymbol{h}_{k}^{i,2}}{\partial\boldsymbol{v}_{k}^{r}}$$

那么式（8-147）可简化为

$$\boldsymbol{z}_{k}^{r}=\overline{\boldsymbol{h}}_{0,k}^{i}+\boldsymbol{H}_{0,k}^{i}(\boldsymbol{x}_{pk}-\hat{\boldsymbol{x}}_{pk|k-1})+\boldsymbol{H}_{1,k}^{i}\boldsymbol{x}_{vk}^{r}+\boldsymbol{H}_{2,k}^{i}\boldsymbol{v}_{k}^{r} \tag{8-148}$$

整理得

$$\begin{aligned}\boldsymbol{z}_{k}^{r,\text{new}}&=(\boldsymbol{H}_{0,k}^{i})^{-1}(\boldsymbol{z}_{k}^{r}-\overline{\boldsymbol{h}}_{0,k}^{i})+\hat{\boldsymbol{x}}_{pk|k-1}\\&=\boldsymbol{x}_{pk}+(\boldsymbol{H}_{0,k}^{i})^{-1}\boldsymbol{H}_{1,k}^{i}s_{vk}^{r}+(\boldsymbol{H}_{0,k}^{i})^{-1}\boldsymbol{H}_{2,k}^{i}\boldsymbol{v}_{k}^{r}\end{aligned} \tag{8-149}$$

式中的$(\boldsymbol{H}_{0,k}^{i})^{-1}\boldsymbol{H}_{1,k}^{i}s_{vk}^{r}+(\boldsymbol{H}_{0,k}^{i})^{-1}\boldsymbol{H}_{2,k}^{i}\boldsymbol{v}_{k}^{r}$可视为新的噪声，则

$$\begin{cases}\boldsymbol{z}_{k}^{r,\text{new}}=\tilde{\boldsymbol{H}}_{1,k}^{i}\boldsymbol{x}_{k}+\boldsymbol{v}_{k}^{r,\text{new}}\\\boldsymbol{v}_{k}^{r,\text{new}}\sim\mathcal{N}(\boldsymbol{0},\lambda\boldsymbol{G}_{1}\boldsymbol{X}_{k}\boldsymbol{G}_{1}^{\mathrm{T}}+\boldsymbol{G}_{2}\boldsymbol{R}\boldsymbol{G}_{2}^{\mathrm{T}})\end{cases} \tag{8-150}$$

式中，$\tilde{\boldsymbol{H}}_{1,k}^{i}=\tilde{\boldsymbol{H}}_{1,k}$；$\boldsymbol{G}_{1}=(\boldsymbol{H}_{0,k}^{i})^{-1}\boldsymbol{H}_{1,k}^{i}$；$\boldsymbol{G}_{2}=(\boldsymbol{H}_{0,k}^{i})^{-1}\boldsymbol{H}_{2,k}^{i}$。

2）约束方程线性化

由于约束方程中有两个等式方程为非线性的，因此需要将其线性化。设$\boldsymbol{C}_{i,k}(\boldsymbol{x}_{k})=\boldsymbol{d}_{i,k}$表示约束条件的第$i$个等式，则在$\boldsymbol{x}_{k}=\hat{\boldsymbol{x}}_{k|k-1}$处进行泰勒展开后，约束方程可表示为

$$\begin{cases}(\tilde{\boldsymbol{H}}_{1,k}\hat{\boldsymbol{x}}_{k|k-1}-\boldsymbol{C}_{\text{h}}^{\text{i}}\boldsymbol{x}^{0})^{\mathrm{T}}\boldsymbol{C}_{\text{h}}^{\text{i}}\boldsymbol{A}\boldsymbol{C}_{\text{i}}^{\text{h}}\tilde{\boldsymbol{H}}_{1,k}\boldsymbol{x}_{k}=(\tilde{\boldsymbol{H}}_{1,k}\hat{\boldsymbol{x}}_{k|k-1}-\boldsymbol{C}_{\text{h}}^{\text{i}}\boldsymbol{x}^{0})^{\mathrm{T}}\boldsymbol{C}_{\text{h}}^{\text{i}}\boldsymbol{A}\boldsymbol{C}_{\text{i}}^{\text{h}}\tilde{\boldsymbol{H}}_{1,k}\hat{\boldsymbol{x}}_{k|k-1}+\\\qquad\dfrac{1}{2}-\dfrac{1}{2}\boldsymbol{C}_{1,k|k-1}\\\boldsymbol{\alpha}_{1}\tilde{\boldsymbol{H}}_{1,k}\boldsymbol{x}_{k}=0\\\dot{\boldsymbol{C}}_{3,k|k-1}\boldsymbol{x}_{k}=\boldsymbol{d}_{3,k}-\boldsymbol{C}_{3,k|k-1}+\dot{\boldsymbol{C}}_{3,k|k-1}\boldsymbol{x}_{k|k-1}\\\boldsymbol{\alpha}_{2}\boldsymbol{C}_{\text{i}}^{\text{h}}\tilde{\boldsymbol{H}}_{1,k}\boldsymbol{x}_{k}=0\\\boldsymbol{\alpha}_{2}\boldsymbol{C}_{\text{i}}^{\text{h}}\tilde{\boldsymbol{H}}_{2,k}\boldsymbol{x}_{k}=0\end{cases} \tag{8-151}$$

式中，$\boldsymbol{C}_{1,k|k-1}=\boldsymbol{C}_{1,k}(\boldsymbol{x}_{k|k-1})$；$\dot{\boldsymbol{C}}_{3,k|k-1}=\left.\dfrac{\partial\boldsymbol{C}_{3,k}(\boldsymbol{x}_{k})}{\partial\boldsymbol{x}_{k}}\right|_{\boldsymbol{x}_{k}=\boldsymbol{x}_{k|k-1}}$。新的约束方程可以统一写为$\boldsymbol{C}_{k}^{\text{new}}\boldsymbol{x}_{k}=\boldsymbol{d}_{k}^{\text{new}}$。

3）目标状态估计与识别方法

状态估计如下：

$$
\begin{aligned}
\hat{\boldsymbol{x}}_{k|k-1}^{i} &= (\boldsymbol{F}_k^i \otimes \boldsymbol{I}_d)\hat{\boldsymbol{x}}_{k-1}^{i,\mathrm{c}} + (\boldsymbol{g}_k^i \otimes \boldsymbol{I}_d)\boldsymbol{a}_{k-1}^i \\
\boldsymbol{P}_{k|k-1}^{i} &= \boldsymbol{F}_k^i \boldsymbol{P}_{k-1}^i (\boldsymbol{F}_k^i)^{\mathrm{T}} + \boldsymbol{D}_k^i \\
\boldsymbol{x}_k^i &= \boldsymbol{x}_{k|k-1}^i + (\boldsymbol{K}_k^i \otimes \boldsymbol{I}_3)\boldsymbol{G}_k^i \\
\boldsymbol{P}_k^i &= \boldsymbol{P}_{k|k-1}^i - \boldsymbol{K}_k^i \boldsymbol{S}_k^i (\boldsymbol{K}_k^i)^{\mathrm{T}} \\
\boldsymbol{a}_{k-1}^i &= -GM / \left|\tilde{\boldsymbol{H}}_{1,k}\boldsymbol{x}_{k-1}\right|^3 \tilde{\boldsymbol{H}}_{1,k}\boldsymbol{x}_{k-1} \\
\boldsymbol{S}_k^i &= \boldsymbol{H}_{1,k}^i \boldsymbol{P}_{k|k-1}^i (\boldsymbol{H}_{1,k}^i)^{\mathrm{T}} + \left|\boldsymbol{B}_k^{i,\mathrm{new}}\right|^{2/d} / n_k \\
\boldsymbol{K}_k^i &= \boldsymbol{P}_{k|k-1}^i (\boldsymbol{H}_{1,k}^i)^{\mathrm{T}} (\boldsymbol{S}_k^i)^{-1} \\
\boldsymbol{G}_k^i &= \overline{\boldsymbol{z}}_k - (\boldsymbol{H}_{1,k}^i \otimes \boldsymbol{I}_d)\hat{\boldsymbol{x}}_{k|k-1}^i \\
\overline{\boldsymbol{z}}_k &= \frac{1}{n_k}\sum_{r=1}^{n_k} \boldsymbol{z}_k^r
\end{aligned}
$$

形态估计如下：

$$
\begin{aligned}
\hat{\boldsymbol{X}}_{k|k-1}^i &= \frac{\delta_k^i}{\lambda_{k-1}^i}(v_{k|k-1}^i - 2d - 2)\boldsymbol{A}_k^i \hat{\boldsymbol{X}}_{k-1}^i (\boldsymbol{A}_k^i)^{\mathrm{T}} \\
\lambda_{k-1}^i &= \hat{v}_{k-1}^i - 2d - 2 \\
\hat{v}_{k|k-1}^i &= \frac{2\delta_k^i(\lambda_{k-1}^i + 1)(\lambda_{k-1}^i - 1)(\lambda_{k-1}^i - 2)}{(\lambda_{k-1}^i)^2(\lambda_{k-1}^i + \delta_k^i)} + 2d + 4 \\
\hat{\boldsymbol{X}}_k^i &= \hat{\boldsymbol{X}}_k^{o,i} + \delta_k^{p,i}(\hat{\boldsymbol{E}}_k)^{-1}\boldsymbol{Z}^{p,i}(\hat{\boldsymbol{E}}_k)^{-\mathrm{T}} \\
\hat{\boldsymbol{X}}_k^{o,i} &= \hat{\boldsymbol{X}}_{k|k-1}^i + \boldsymbol{N}_k^i + (\boldsymbol{B}_k^i)^{-1}\overline{\boldsymbol{Z}}_k(\boldsymbol{B}_k^i)^{-\mathrm{T}} \\
\boldsymbol{N}_k^i &= (\boldsymbol{S}_k^i)^{-1}\boldsymbol{G}_k^i(\boldsymbol{G}_k^i)^{\mathrm{T}} \\
\overline{\boldsymbol{Z}}_k &= \sum_{l=1}^{n_k}(\boldsymbol{z}_k^r - \overline{\boldsymbol{z}}_k)(\boldsymbol{z}_k^r - \overline{\boldsymbol{z}}_k)^{\mathrm{T}} \\
\hat{\boldsymbol{X}}_k^{o,i} &= \boldsymbol{U}_k^{o,i}\boldsymbol{\Sigma}_k^{o,i}(\boldsymbol{U}_k^{o,i})^{\mathrm{T}} \\
\delta_k^{p,i}\boldsymbol{Z}^{p,i} &= \boldsymbol{U}_k^{p,i}\boldsymbol{\Sigma}_k^{p,i}(\boldsymbol{U}_k^{p,i})^{\mathrm{T}} \\
\hat{\boldsymbol{E}}_k^i &= \boldsymbol{U}_k^{p,i}(\boldsymbol{U}_k^{o,i})^{-1}
\end{aligned}
$$

类别概率更新如下：

$$
\boldsymbol{\mu}_k^i = (\boldsymbol{c}_1^i)^{-1}\Lambda_k^i\boldsymbol{\mu}_{k-1}^i, \boldsymbol{c}_1^i = \sum\nolimits_{i=1}^{n_c}\Lambda_k^i\boldsymbol{\mu}_{k-1}^i
$$

$$
\begin{aligned}
\Lambda_k^i = \pi^{-\frac{1}{2}n_k d} n_k^{-\frac{d}{2}}(\delta_k^{p,i})^{\frac{1}{2}\delta_k^{p,i}}\left|\boldsymbol{B}_k^i\right|^{-(n_k-1)} \times \left|\hat{\boldsymbol{X}}_{k|k-1}^i\right|^{\frac{1}{2}(\hat{v}_{k|k-1}^i-d-1)}\left|\boldsymbol{S}_k^i\right|^{-\frac{1}{2}}\left|\hat{\boldsymbol{X}}_k^i\right|^{\frac{1}{2}(\hat{v}_k^i-d-1)} \times \\
\left|\boldsymbol{Z}^{p,i}\right|^{\frac{1}{2}(\delta_k^{p,i}-d-1)}\Gamma_d^{-1}[(\hat{v}_{k|k-1}^i - d - 1)/2] \times \Gamma_d[(\hat{v}_k^i - d - 1)/2] \times \\
\Gamma_d^{-1}[\delta_k^{p,i}/2]\left|\boldsymbol{E}_k^i\right|^{-\delta_k^{p,i}}
\end{aligned}
$$

约束估计如下：

$$\hat{\boldsymbol{x}}_k^{i,\mathrm{c}} = \hat{\boldsymbol{x}}_k^i - \boldsymbol{P}_k^{i,\mathrm{a}}(\boldsymbol{C}_k^{\mathrm{new}})^{\mathrm{T}}(\boldsymbol{C}_k^{\mathrm{new}}\boldsymbol{P}_k^{i,\mathrm{a}}(\boldsymbol{C}_k^{\mathrm{new}})^{\mathrm{T}})^{-1}(\boldsymbol{C}_k^{\mathrm{new}}\hat{\boldsymbol{x}}_k^i - \boldsymbol{b}_k^{\mathrm{new}})$$

$$\boldsymbol{P}_k^{i,\mathrm{a}} = \boldsymbol{P}_k^i \otimes \hat{\boldsymbol{X}}_k^i / (v_k^i + b_k^{\mathrm{MSE}})$$

$$b_k^{\mathrm{MSE}} = s - d - sd - 3$$

估计融合如下：

$$\hat{\boldsymbol{x}}_k \triangleq E[\boldsymbol{x}_k | \breve{\boldsymbol{Z}}^k] = \sum_{i=1}^{n_c} \hat{\boldsymbol{x}}_k^{i,\mathrm{c}} \boldsymbol{\mu}_k^i$$

$$\bar{\boldsymbol{X}}_k \triangleq E[\boldsymbol{X}_k | \breve{\boldsymbol{Z}}^k] = \sum_{i=1}^{n_c} \boldsymbol{\mu}_k^i \hat{\boldsymbol{X}}_k^i / (\hat{v}_k^i - 2d - 2)$$

8.4.2 仿真实验

1. 仿真环境

1）目标参数

目标为椭形，半长轴分别为 55m、44m、30m。

2）传感器参数

采样周期：$T = 1\mathrm{s}$。

量测噪声：$\boldsymbol{R}_k = \mathrm{diag}(10^2\,\mathrm{m}^2, 10^{-10}\,\mathrm{rad}^2, 10^{-10}\,\mathrm{rad}^2)$。

3）轨道参数

轨道参数如表 8-1 所示。

表 8-1 轨道参数

轨 道	轨道长半径/m	轨道椭形偏心率	升交点赤经/（°）	轨道面倾角/（°）	近地点角距/（°）
低轨道	7.493×10^6	0.1	35	20	70

图 8-24 为空间卫星的轨道示意。

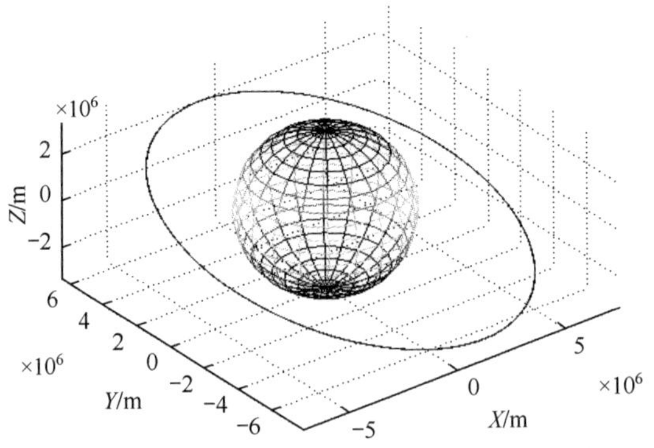

图 8-24 空间卫星的轨道示意

4）先验参数

系统噪声：$\sigma_k^2 = 1\times 10^{-6}\text{m}^2/\text{s}^4$。

先验模板：$\boldsymbol{C}_i \triangleq \{\boldsymbol{C} = c_i\}$，$i=1,2,3$ 分别对应大、中、小目标。

先验模板参数如表 8-2 所示。

表 8-2　先验模板参数

模　　板	椭形半长轴 a	椭形半长轴 b	椭形半长轴 c
$\boldsymbol{C}_1$	55m	44m	30m
$\boldsymbol{C}_2$	22.5m	15m	10m
$\boldsymbol{C}_3$	2.5m	5m	1m

初始概率：$\boldsymbol{\mu}_0 = [1/3, 1/3, 1/3]^{\text{T}}$。

2．仿真实验结果

接下来分别使用 EOT-LAN 算法、我们在文献[9]中提出的基于随机矩阵法的扩展目标联合跟踪与分类算法（Joint Tracking and Classification，JTC_LAN）及带约束的 JTC 算法（Joint Tracking and Classification with Constraint，JTC-con-LAN）对空间卫星多轨道跟踪问题进行仿真，仿真结果如图 8-25 所示。

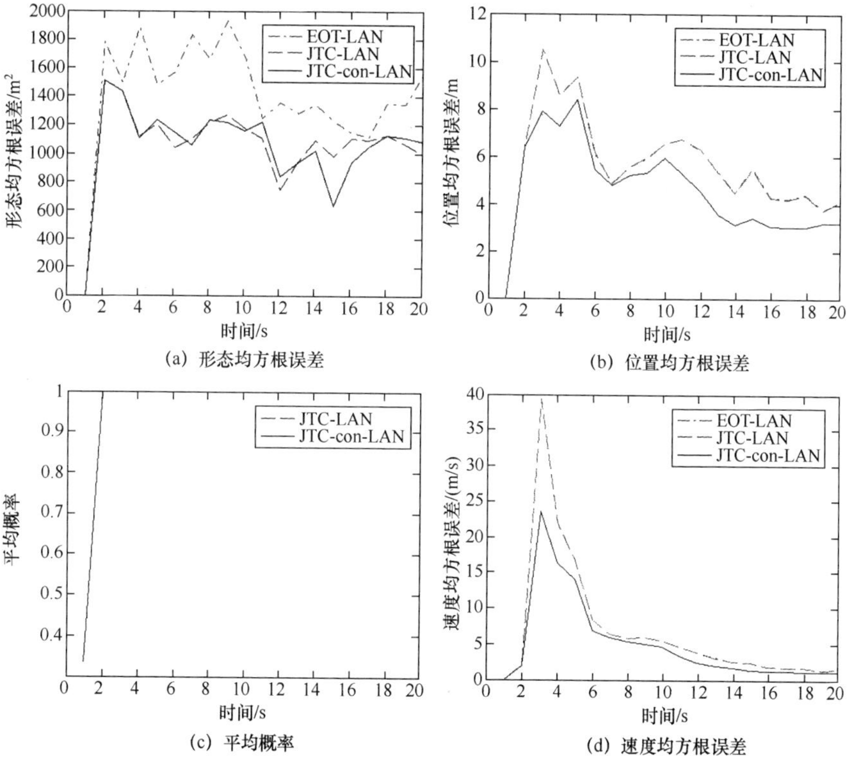

(a) 形态均方根误差　(b) 位置均方根误差

(c) 平均概率　(d) 速度均方根误差

图 8-25　仿真结果

仿真实验将 EOT-LAN 算法、无约束的 JTC-LAN 算法及带约束的 JTC-con-LAN 算法进行对比。EOT-LAN 算法验证了空间扩展目标在非线性量测模型下的有效性。从结果来看，JTC-LAN 算法的效果优于 EOT-LAN 算法，说明先验形态类别也能提升扩展目标跟踪的估计精度。带约束的 JTC-con-LAN 算法相比无约束的 JTC-LAN 算法在状态估计和形态估计上有更小的均方根误差，说明约束对估计精度有提升效果。

本章小结

本章介绍了多散射点量测下基于随机矩阵法的扩展目标建模、状态估计的相关理论与技术，包括以下几个方面。

首先，介绍了基于随机矩阵法的目标演化及量测模型，并在此基础上考虑了量测个数信息，提出了贝叶斯框架内简单而有效的扩展目标运动状态及其形态的联合最优估计器。进一步介绍了将非椭形复杂形态目标分解成多个简单子目标的空间组合来建模，其中每个子目标的扩展形态都可以被 SPD 随机矩阵充分描述。基于此，复杂扩展目标跟踪问题得以大大简化并可实时应用于实际系统。

其次，介绍了量测偏斜分布、非均匀分布背景下基于随机矩阵法的扩展目标跟踪新模型与方法，针对不同的分布问题分别引入了偏正态分布的量测模型和条件高斯混合量测模型。这两个模型继承了随机矩阵法的简单性，并可在变分贝叶斯框架下得到目标状态估计和形态估计的解析形式，有利于在实际场景中应用和处理。

最后，介绍了基于随机矩阵法的扩展目标跟踪方法在空间卫星多轨道跟踪中的应用。利用雷达散点量测、空间目标的形态先验信息和轨道信息，可实现空间目标的联合识别与跟踪。

参考文献

[1] DRUMMOND O E, BLACKMAN S S, PRETRISOR G C. Tracking clusters and extended objects with multiple sensors[C]. Proceedings of the 1990 SPIE Conference on Signal and Data Processing of Small Targets, 1990: 362-375.

[2] KOCH J W. Bayesian approach to extended object and cluster tracking using random matrices[J]. IEEE Transactions on Aerospace and Electronic Systems, 2008, 44(3): 1042-1359.

[3] FELDMANN M, FRANKEN D. Tracking of extended objects and group targets using random matrices—a new approach[C]. Proceedings of the 11th International Conference on Information Fusion, 2008: 1-8.

[4] LAN J, LI X R. Tracking of extended object or target group using random matrix: new model and approach[J]. IEEE Transactions on Aerospace and Electronic Systems, 2016, 52(6): 2973-2989.
[5] LAN J. Extended object tracking using random matrix with extension-dependent measurement numbers[J]. IEEE Transactions on Aerospace and Electronic Systems, 2023, 59(4): 4464-4477.
[6] LAN J, LI X R. Tracking of maneuvering non-ellipsoidal extended object or target group using random matrix[J]. IEEE Transactions on Signal Processing, 2014, 62(9): 2450-2463.
[7] ZHANG L, LAN J. Extended object tracking using random matrix with skewness[J]. IEEE Transactions on Signal Processing, 2020, 68: 5107-5121.
[8] ZHANG L, LAN J. Tracking of extended object using random matrix with non-uniformly distributed measurements[J]. IEEE Transactions on Signal Processing, 2021, 69: 3812-3825.
[9] LAN J, LI X R. Joint tracking and classification of extended object using random matrix[C]. Proceedings of the 16th International Conference on Information Fusion, 2013: 1550-1557.

第 9 章

多源信息复杂扩展目标跟踪

9.1 概述

第 8 章介绍了基于随机矩阵法的扩展目标跟踪理论和技术。随机矩阵法是目前研究椭形扩展目标跟踪的主流方法，基于此框架可推导出一种递推式的贝叶斯估计算法，不但为解决椭形扩展目标跟踪问题提供了全新的视角，而且得到了国内外许多学者的广泛关注。

虽然基于随机矩阵法的理论框架具有模型描述简洁与计算复杂度较低的优点，但由于随机矩阵仅能描述椭形，所以该方法只能解决某些具有简单形态的扩展目标跟踪问题。不同于随机矩阵法，Baum 等构建了一种随机超曲面的建模方法，并提出了一种星凸形扩展目标建模方法来描述具有复杂形态的扩展目标。考虑到此方法中的非线性不等式约束的非线性状态估计问题，Sun 等提出了多散射点量测背景下的星凸形扩展目标的改进模型，并基于此得到带非线性不等式约束的状态估计算法。这部分研究工作为星凸形扩展目标跟踪方法的实际应用指明了方向。

针对多散射点量测下的扩展目标跟踪问题，我们提出了一个基于控制点的形态变形方法。其将计算机图形学中通过改变图形上控制点的位置来改变图形形状的方法整合到扩展目标跟踪中，这样复杂的图形便可以由这些控制点充分刻画，由此简化了对扩展目标形态的描述。此方法不仅可以描述很多复杂的目标形态，而且推导得出的量测模型是关于状态的线性方程。此方法非常简便，可以有效地描述和估计很多种类的扩展目标形态，并为复杂扩展目标的建模和跟踪提供了一种十分灵活的基础框架。

现代高精度传感器除了能对径向上的运动目标的多个强散射点产生多个量

测，还能提供目标的形状特征等信息。例如，在足够大的信噪比条件下，高距离分辨率雷达与先进的远距离红外成像雷达可分别提供纵向距离像和横向距离像，可有效提高目标跟踪精度与识别性能。

对于距离像量测下的扩展目标跟踪问题，现有的方法主要集中在对目标的扩展形态建模上。依据不同的轮廓特征，Salmond 等首先提出了一种椭形目标的扩展形态建模方法。基于此，国内 Zhong 等将 R-B 无迹滤波器（Rao-Blackwellised Unscented Filter，RBUF）与 IMM 估计方法结合在一起来解决机动扩展目标跟踪问题。基于支撑函数和扩展高斯映射方法，我们对光滑目标和非光滑目标的形态进行有效建模，揭示并验证了支撑函数与目标纵向距离像和横向距离像之间所具有的天然而又紧密的联系，为顺利解决距离像量测下扩展目标的建模和估计问题提供了理论支撑。在此基础上，我们利用闵可夫斯基和首次提出了一种复杂扩展目标建模和相应的跟踪算法。此方法能在统一建模的框架内推导出精确且高效的状态估计算法。

总体来说，基于多散射点量测和距离像量测的多源信息复杂扩展目标跟踪研究在国内外备受关注，且已取得了不少阶段性成果。下面详细介绍基于星凸形随机超曲面的扩展目标跟踪、基于形态变形法的扩展目标跟踪和基于距离像量测的扩展目标跟踪。

9.2 基于星凸形随机超曲面的扩展目标跟踪

针对多散射点集量测下的扩展目标建模和估计问题，Baum 等在文献[1]中建立了随机超曲面模型，提出了一种基于星凸形（Star-Convex）的新型建模方法来描述复杂的扩展目标形态，如图 9-1 所示。这种方法的核心思想是将形态轮廓线沿中心旋转展开得到一维曲线，用来描述扩展形态，然后将该一维曲线与质心运动状态扩维成随机向量，继而通过所建立起的状态空间模型来估计目标运动状态和扩展形态。相比已有的扩展目标模型，该模型能够利用更多的细节信息，从而可以对包括椭形在内的多种扩展目标形态进行精确的描述。

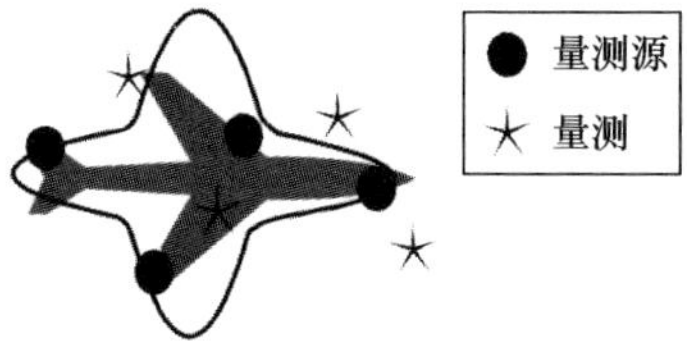

图 9-1　星凸形扩展目标模型

虽然星凸形扩展目标模型具有上述优点，但是存在亟待解决的现实约束问题，即在实际的状态估计过程中需要对扩展目标状态进行约束，否则估计结果可能不可预测。因此，在实际的目标跟踪场景中，星凸形扩展目标模型也应该满足某种约束，使之符合现实。考虑到目标状态估计中直接施加约束条件比较困难，文献[2]提出了两种近似的非线性不等式约束（采样约束与保守约束）以改进原始的星凸形扩展目标模型。首先，借助角度均匀采样的思想，通过选择恰当的采样数，可以取得较好的状态估计效果，然而由此可能增加相应的运算负担。其次，为了进一步降低计算复杂度，提出了一种保守约束，使用此约束可以在估计性能下降不明显的同时显著减少计算时间，从而在估计准确性和计算复杂度之间达到良好的平衡。基于此改进星凸形扩展目标模型，本节提出了相应的扩展目标状态估计算法。最后，通过两种不同约束条件下的仿真实验来对比分析和讨论估计性能。

9.2.1 星凸形扩展目标模型

不同于传统的点目标，基于星凸形扩展目标模型（几何描述见图 9-2）的扩展目标的整个状态向量 $\boldsymbol{x}_k$ 由两部分构成：

$$\boldsymbol{x}_k = [(\boldsymbol{x}_k^{\mathrm{s}})^{\mathrm{T}}, (\boldsymbol{x}_k^{\mathrm{c}})^{\mathrm{T}}]^{\mathrm{T}} \tag{9-1}$$

式中，扩展目标的运动状态与扩展形态分别用随机向量 $\boldsymbol{x}_k^{\mathrm{c}}$ 和 $\boldsymbol{x}_k^{\mathrm{s}}$ 表示。扩展形态 $\boldsymbol{S}(\boldsymbol{x}_k)$ 通过一维径向函数 $r(\boldsymbol{x}_k^{\mathrm{s}},\theta_k)$ 来表述，其中径向函数是定义在欧几里得空间 $\mathbb{R}^N$ 上表示计算任一点与质心之间径向距离的一种函数。通过该函数，可以得到星凸形扩展目标模型轮廓线沿中心旋转展开的一维曲线（见图 9-3）。径向函数 $r(\boldsymbol{x}_k^{\mathrm{s}},\theta_k)$ 可以展开成如下傅里叶级数形式：

$$r(\boldsymbol{x}_k^{\mathrm{s}},\theta_k) = \boldsymbol{R}(\theta_k)\boldsymbol{x}_k^{\mathrm{s}} = a_k^0 + \sum_{j=1,2,\cdots,N} (a_k^{(j)}\cos(j\theta_k) + b_k^{(j)}\sin(j\theta_k)) \tag{9-2}$$

式中，$\theta_k \in [0, 2\pi)$。$2N+1$ 维的傅里叶系数为

$$\boldsymbol{R}(\theta_k) = [1, \cos(\theta_k), \sin(\theta_k), \cdots, \cos(N\theta_k), \sin(N\theta_k)] \tag{9-3}$$

那么星凸形扩展目标的扩展状态参数为 $\boldsymbol{x}_k^{\mathrm{s}} = [a_k^0, a_k^1, b_k^1, \cdots, a_k^N, b_k^N]^{\mathrm{T}}$。

在此情况下，星凸形扩展目标的形态 $\boldsymbol{S}(\boldsymbol{x}_k)$ 可以改写为

$$\boldsymbol{S}(\boldsymbol{x}_k) = \boldsymbol{S}(\boldsymbol{x}_k^{\mathrm{s}}, \boldsymbol{x}_k^{\mathrm{cp}}) = \{r(\boldsymbol{x}_k^{\mathrm{s}},\theta_k)\boldsymbol{e}(\theta_k) + \boldsymbol{x}_k^{\mathrm{cp}} \mid \theta_k \in [0, 2\pi)\} \tag{9-4}$$

式中，$\boldsymbol{e}(\theta_k) = [\cos(\theta_k)\ \sin(\theta_k)]^{\mathrm{T}}$ 是关于某一角度 θ_k 的单位向量；$\boldsymbol{x}_k^{\mathrm{cp}}$ 表示目标的中心位置。

对于扩展目标，同一时刻能在目标体表面的不同位置产生多个量测，且各个时刻所获得的量测个数不是固定不变的。星凸形扩展目标模型假设各个量测是由散布在扩展目标表面上不同的量测源产生的。对于给定的量测源，基于星凸形扩展目标模型的量测产生机制可用公式表示为

$$z_k^r = z_k^{r*} + v_k^r \tag{9-5}$$

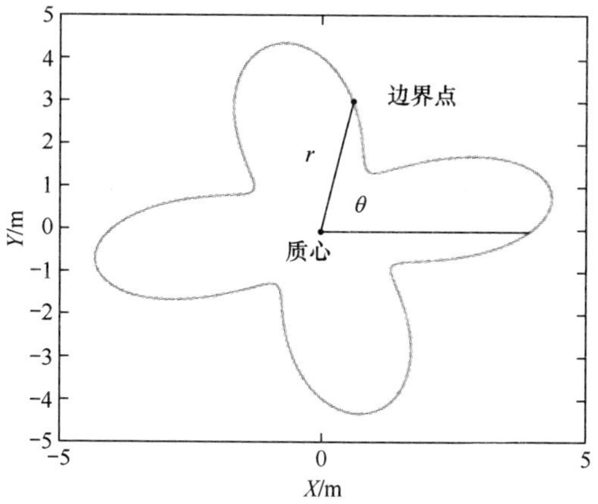

图 9-2　星凸形扩展目标模型的几何描述

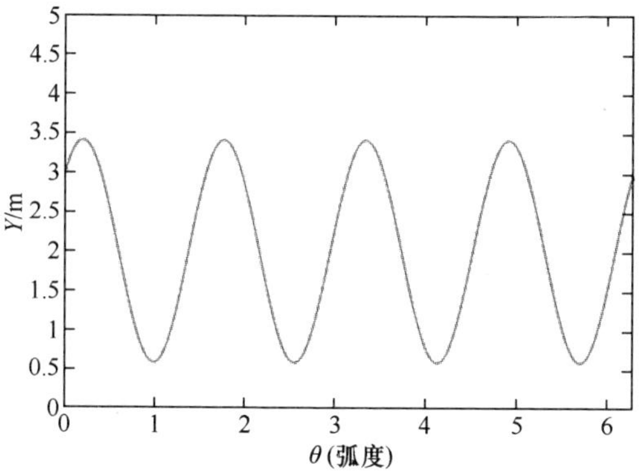

图 9-3　展开后的星凸形扩展目标模型轮廓线

式中，z_k^r 表示 k 时刻的第 r 个量测；z_k^{r*} 表示相应的量测源；v_k^r 为高斯白噪声。量测源 z_k^{r*} 的空间分布可通过星凸形扩展目标的形态 $S(x_k)$ 来描述，用公式表示为

$$z_k^{r*} = x_k^{\text{cp}} + \lambda_k^r(\overline{S}(x_k^{\text{s}}, x_k^{\text{cp}}) - x_k^{\text{cp}}) \tag{9-6}$$

式中，$\overline{S}(x_k^{\text{s}}, x_k^{\text{cp}})$ 表示 $S(x_k)$ 的边界上所有点形成的集合；λ_k^r 为缩放因子。当 $\lambda_k^r = 1$ 时，量测源点位于目标体边界上；当 $\lambda_k^r = 0$ 时，量测源点位于目标体质心。因此，λ_k^r 的取值范围为 $[0,1]$。相应地，量测方程可写成如下形式：

$$\begin{aligned} z_k^r &= z_k^{r*} + v_k^r \\ &= h(x_k^{\text{s}}, x_k^{\text{cp}}, v_k^r, \lambda_k^r) \\ &= x_k^{\text{cp}} + \lambda_k^r(\overline{S}(x_k^{\text{s}}, x_k^{\text{cp}}) - x_k^{\text{cp}}) + v_k^r \\ &= x_k^{\text{cp}} + \lambda_k^r R(\theta_k^r) x_k^{\text{s}} e(\theta_k^r) + v_k^r \end{aligned} \tag{9-7}$$

式中，θ_k^r 表示量测源点 z_k^{r*} 与质心 x_k^{cp} 之间的夹角。基于星凸形扩展目标模型的量测生成过程如图 9-4 所示。

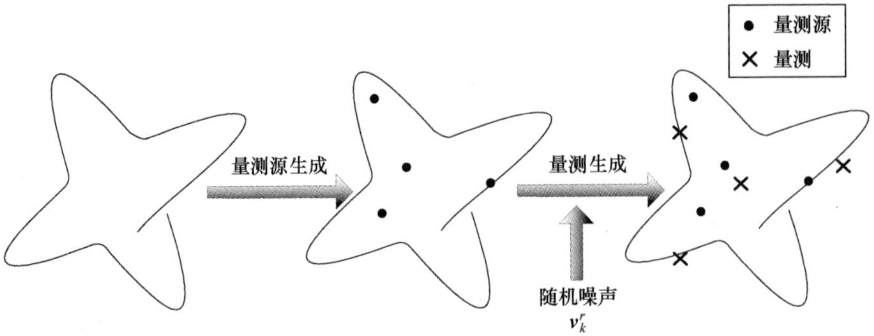

图 9-4 基于星凸形扩展目标模型的量测生成过程

9.2.2 带约束的星凸形扩展目标模型

如前所述，星凸形扩展目标的形态 $\boldsymbol{S}(\boldsymbol{x}_k)$ 由一维径向函数 $r(\boldsymbol{x}_k^{\mathrm{s}},\theta_k)$ 来表述，即通过选定不同的形态参数 $\boldsymbol{x}_k^{\mathrm{s}}$，可对各种不同的目标形态进行描述。虽然星凸形扩展目标模型具有很强的目标扩展形态描述能力，但是在实际的形态估计过程中需要对扩展目标形态进行约束，否则估计结果将不可预测，如图 9-5 所示。出现这种结果的主要原因是某个角度下的边界点与质心之间的径向距离小于零，在此情况下所估计的显然不是星凸形扩展目标的形态。

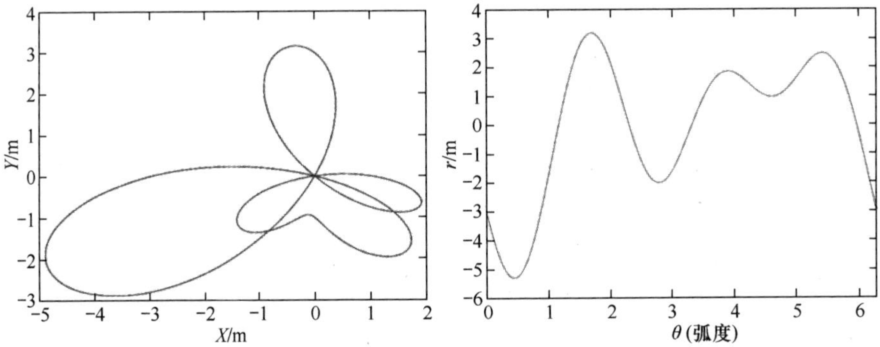

(a) 估计的星凸形扩展目标的形态　　(b) 展开的星凸形扩展目标形态轮廓线

图 9-5 不加约束的估计结果

为解决此问题，我们在文献[2]中通过增加以下非线性不等式约束来改进原始的星凸形扩展目标模型，有

$$r(\boldsymbol{x}_k^{\mathrm{s}},\theta_k) > 0, \quad \forall \theta_k \in [0,2\pi) \tag{9-8}$$

然而，使用式（9-8）中的约束来进行形态估计显然与实际情况不符，这是因为 $[0,2\pi)$ 是一个连续集，无法直接使用。因此，本节给出了两种简化的约束

来近似式（9-8）中的原始约束。

1．采样约束

首先借助角度均匀采样的思想，通过采用离散集$\left\{i\cdot\frac{2\pi}{N_{\mathrm{s}}},i=1,2,\cdots,N_{\mathrm{s}}\right\}$替代原有的连续集$[0,2\pi)$，这里$N_{\mathrm{s}}$表示采样数目。式（9-8）可以重写为

$$r(\boldsymbol{x}_k^{\mathrm{s}},\theta_k)>0,\quad \forall\theta_k\in\left\{i\cdot\frac{2\pi}{N_{\mathrm{s}}},i=1,2,\cdots,N_{\mathrm{s}}\right\} \tag{9-9}$$

则采样约束定义如下：

$$\boldsymbol{c}_k^{(1)}(\boldsymbol{x}_k^{\mathrm{s}})\triangleq\begin{cases}\boldsymbol{R}\left(1\times\dfrac{2\pi}{N_{\mathrm{s}}}\right)\cdot\boldsymbol{x}_k^{\mathrm{s}}>0\\ \boldsymbol{R}\left(2\times\dfrac{2\pi}{N_{\mathrm{s}}}\right)\cdot\boldsymbol{x}_k^{\mathrm{s}}>0\\ \vdots\\ \boldsymbol{R}\left(N_{\mathrm{s}}\times\dfrac{2\pi}{N_{\mathrm{s}}}\right)\cdot\boldsymbol{x}_k^{\mathrm{s}}>0\end{cases} \tag{9-10}$$

2．保守约束

由式（9-10）可知，采样数越多，近似效果越好，但是计算量也会大大增加。因此，为了减少运算负担，考虑使用径向函数$\boldsymbol{r}(\boldsymbol{x}_k^{\mathrm{s}},\theta_k)$的下界来满足式（9-8）。首先由

$$-1\leqslant\cos(j\theta_k)\leqslant1,\forall\theta_k\in[0,2\pi),\quad j=1,2,\cdots,N \tag{9-11}$$

$$-1\leqslant\sin(j\theta_k)\leqslant1,\forall\theta_k\in[0,2\pi),\quad j=1,2,\cdots,N \tag{9-12}$$

可知

$$-\left|a_k^{(j)}\right|\leqslant a_k^{(j)}\cos(j\theta_k) \tag{9-13}$$

$$-\left|b_k^{(j)}\right|\leqslant b_k^{(j)}\cos(j\theta_k) \tag{9-14}$$

那么

$$\begin{aligned}&-\sum_j\left(\left|a_k^{(j)}\right|+\left|b_k^{(j)}\right|\right)<\sum_j\left(a_k^{(j)}\cos(j\theta_k)+b_k^{(j)}\sin(j\theta_k)\right)\\ \Rightarrow\ & a_k^{(0)}-\sum_j\left(\left|a_k^{(j)}\right|+\left|b_k^{(j)}\right|\right)<a_k^{(0)}+\sum_j\left(a_k^{(j)}\cos(j\theta_k)+b_k^{(j)}\sin(j\theta_k)\right)\\ \Rightarrow\ & a_k^{(0)}-\sum_j\left(\left|a_k^{(j)}\right|+\left|b_k^{(j)}\right|\right)<\boldsymbol{r}(\boldsymbol{x}_k^{\mathrm{s}},\theta_k)\end{aligned} \tag{9-15}$$

相应地，式（9-15）的左边可视为$\boldsymbol{r}(\boldsymbol{x}_k^{\mathrm{s}},\theta_k)$的下界。如果

$$a_k^{(0)}-\sum_j\left(\left|a_k^{(j)}\right|+\left|b_k^{(j)}\right|\right)>0 \tag{9-16}$$

可推出

$$a_k^{(0)}+\sum_j(a_k^{(j)}\cos(j\theta_k)+b_k^{(j)}\sin(j\theta_k))>0 \tag{9-17}$$

即

$$r(\boldsymbol{x}_k^{\mathrm{s}},\theta_k)>0 \tag{9-18}$$

从而保证式（9-8）得到满足。由于

$$\boldsymbol{x}_k^{\mathrm{s}}=[\boldsymbol{x}_k^{\mathrm{s}(1)},\boldsymbol{x}_k^{\mathrm{s}(2)},\cdots,\boldsymbol{x}_k^{\mathrm{s}(2N+1)}]^{\mathrm{T}} \tag{9-19}$$

因此，保守约束定义如下：

$$\boldsymbol{c}_k^{(2)}(\boldsymbol{x}_k^{\mathrm{s}})\triangleq\boldsymbol{x}_k^{\mathrm{s}(1)}>\left|\boldsymbol{x}_k^{\mathrm{s}(2)}\right|+\left|\boldsymbol{x}_k^{\mathrm{s}(3)}\right|+\cdots+\left|\boldsymbol{x}_k^{\mathrm{s}(2N)}\right|+\left|\boldsymbol{x}_k^{\mathrm{s}(2N+1)}\right| \tag{9-20}$$

又因为$[\boldsymbol{x}_k^{\mathrm{s}(1)},\boldsymbol{x}_k^{\mathrm{s}(2)},\cdots,\boldsymbol{x}_k^{\mathrm{s}(2N+1)}]^{\mathrm{T}}=[a_k^0,a_k^1,b_k^1,\cdots,a_k^N,b_k^N]^{\mathrm{T}}$，式（9-20）可改写为

$$\boldsymbol{c}_k^{(2)}(\boldsymbol{x}_k^{\mathrm{s}})=a_k^{(0)}>\left|a_k^{(1)}\right|+\left|b_k^{(1)}\right|+\left|a_k^{(2)}\right|+\left|b_k^{(2)}\right|+\cdots+\left|a_k^{(N)}\right|+\left|b_k^{(N)}\right| \tag{9-21}$$

相比采样约束，保守约束能够有效地减少计算时间，但是有可能导致估计性能下降，因为在估计过程中忽略了目标的某些形态信息。除此之外，缩放因子λ_k^l还应该满足下述约束：

$$0\leqslant\lambda_k^l\leqslant 1 \tag{9-22}$$

9.2.3 基于改进的星凸形扩展目标模型的扩展目标状态估计算法

1. 带非线性不等式约束的改进星凸形扩展目标模型

扩展目标估计与跟踪的目的是估计出目标形态参数$\boldsymbol{x}_k^{\mathrm{s}}$和运动状态$\boldsymbol{x}_k^{\mathrm{c}}$。针对扩展目标系统，考虑如下改进星凸形扩展目标模型：

$$\begin{cases}\boldsymbol{x}_k=\boldsymbol{f}(\boldsymbol{x}_{k-1},\boldsymbol{w}_{k-1})\\ \boldsymbol{z}_k=\boldsymbol{h}(\boldsymbol{x}_k^{\mathrm{s}},\boldsymbol{x}_k^{\mathrm{c}},\boldsymbol{v}_k^r,\lambda_k^r)\\ \boldsymbol{L}_k<\boldsymbol{c}_k(\boldsymbol{x}_k^{\mathrm{s}})\end{cases} \tag{9-23}$$

式中，$\boldsymbol{c}_k(\boldsymbol{x}_k^{\mathrm{s}})$是约束函数；$\boldsymbol{L}_k$是其下界；$\boldsymbol{w}_{k-1}$是过程噪声。由于量测方程高度非线性，本节采用无迹滤波解决此状态估计问题。

2. 算法实现

因为θ_k^r完全未知，所以使用量测$\boldsymbol{z}_k^r$与当前形状质心的预测$\boldsymbol{\mu}_k^{r-1,\mathrm{c}}$之间的夹角$\hat{\theta}_k^r$来近似，即

$$\hat{\theta}_k^r=\angle(\boldsymbol{z}_k^r-\boldsymbol{\mu}_k^{r-1,\mathrm{c}}) \tag{9-24}$$

那么量测方程变为

$$\boldsymbol{z}_k^r=\boldsymbol{x}_k^{\mathrm{c}}+\lambda_k^r\boldsymbol{R}(\hat{\theta}_k^r)\boldsymbol{x}_k^{\mathrm{s}}\boldsymbol{e}(\hat{\theta}_k^r)+\boldsymbol{v}_k^r \tag{9-25}$$

然而，λ_k^r和$\boldsymbol{v}_k^r$仍旧未知，因此状态变量$\boldsymbol{x}_k$被扩维为

$$\boldsymbol{x}_k^{\mathrm{A}}=[(\boldsymbol{x}_k)^{\mathrm{T}},\lambda_k^r,\boldsymbol{v}_k^r]^{\mathrm{T}} \tag{9-26}$$

式中，$\lambda_k^r\sim U(0,1)$；$\boldsymbol{v}_k^r\sim\mathcal{N}(0,1)$。假设式（9-23）中的动态方程是线性的，那么

$$\boldsymbol{x}_k^{\mathrm{A}} = \boldsymbol{F}_{k-1}\boldsymbol{x}_{k-1}^{\mathrm{A}} + \boldsymbol{w}_{k-1} \tag{9-27}$$

式中，$\boldsymbol{F}_{k-1}$ 为系统状态转移矩阵，那么状态的一步预测及其误差协方差为

$$\hat{\boldsymbol{x}}_{k|k-1}^{\mathrm{A}} = \boldsymbol{F}_{k-1}\hat{\boldsymbol{x}}_{k-1|k-1}^{\mathrm{A}} + \bar{\boldsymbol{w}}_{k-1} \tag{9-28}$$

$$\boldsymbol{P}_{k|k-1}^{\mathrm{A}} = \boldsymbol{F}_{k-1}\boldsymbol{P}_{k-1|k-1}^{\mathrm{A}}\boldsymbol{F}_{k-1}^{\mathrm{T}} + \boldsymbol{Q}_{k-1} \tag{9-29}$$

量测方程是非线性的，因此使用无迹变换来求解式（9-23）中的非线性部分，那么量测预测 $\hat{\boldsymbol{z}}_{k|k-1}$ 及其协方差 $\boldsymbol{S}_k$ 为

$$\begin{aligned}(\hat{\boldsymbol{z}}_{k|k-1}, \boldsymbol{S}_k) &= \mathrm{UT}[\boldsymbol{h}(\boldsymbol{x}_k^{\mathrm{A}}), (\hat{\boldsymbol{x}}_{k|k-1}^{\mathrm{A}})^{\mathrm{T}}, \boldsymbol{P}_{k|k-1}^{\mathrm{A}}] \\ &= \mathrm{UT}[\boldsymbol{h}(\boldsymbol{x}_k, \lambda_k^r, \boldsymbol{v}_k^r), [(\hat{\boldsymbol{x}}_{k,r})^{\mathrm{T}}, \bar{\lambda}_k^r, \bar{\boldsymbol{v}}_k^r]^{\mathrm{T}}, \mathrm{diag}(\boldsymbol{P}_{k|k-1}, \boldsymbol{\Sigma}_k^{\lambda_k^r}, \boldsymbol{R}_k)]\end{aligned} \tag{9-30}$$

式中，$\boldsymbol{\Sigma}_k^{\lambda_k^r}$ 为缩放因子 λ_k^r 的协方差矩阵。

$$\hat{\boldsymbol{z}}_{k|k-1} = \sum_{i=0}^{N} a^i \boldsymbol{z}_k^i \tag{9-31}$$

式中，$\boldsymbol{z}_k^i = \boldsymbol{h}(\boldsymbol{x}_k^{\mathrm{A},i})$，$\boldsymbol{x}_k^{\mathrm{A},i}$ 为根据 $(\hat{\boldsymbol{x}}_{k|k-1}^{\mathrm{A}}, \boldsymbol{P}_{k|k-1}^{\mathrm{A}})$ 设计的一组固定数量的采样点，那么

$$\boldsymbol{S}_k = \sum_{i}^{n} \alpha^i (\boldsymbol{z}_k^i - \hat{\boldsymbol{z}}_{k|k-1})(\boldsymbol{z}_k^i - \hat{\boldsymbol{z}}_{k|k-1})^{\mathrm{T}} \tag{9-32}$$

式中，$\boldsymbol{S}_k$ 为量测预测的误差协方差，那么量测更新为

$$\boldsymbol{C}_{\tilde{x}_{k|k-1}\tilde{z}_k} = \sum_{i=0}^{N} \alpha^i (\boldsymbol{x}_k^{\mathrm{A},i} - \hat{\boldsymbol{x}}_{k|k-1}^{\mathrm{A}})(\boldsymbol{z}_k^i - \hat{\boldsymbol{z}}_{k|k-1})^{\mathrm{T}} \tag{9-33}$$

$$\boldsymbol{K}_k = \boldsymbol{C}_{\tilde{x}_{k|k-1}\tilde{z}_k}\boldsymbol{S}_k^{-1} \tag{9-34}$$

$$\hat{\boldsymbol{x}}_{k|k}^{\mathrm{A}} = \hat{\boldsymbol{x}}_{k|k-1}^{\mathrm{A}} + \boldsymbol{K}_k(\boldsymbol{z}_k - \hat{\boldsymbol{z}}_{k|k-1}) \tag{9-35}$$

$$\boldsymbol{P}_{k|k}^{\mathrm{A}} = \boldsymbol{P}_{k|k-1}^{\mathrm{A}} - \boldsymbol{K}_k\boldsymbol{S}_k\boldsymbol{K}_k^{\mathrm{T}} \tag{9-36}$$

式中，$\hat{\boldsymbol{x}}_{k|k}^{\mathrm{A}}$ 和 $\boldsymbol{P}_{k|k}^{\mathrm{A}}$ 分别为滤波更新及其误差协方差。然而，由于改进星凸形扩展目标模型带有约束，并且需要施加约束的扩展形态参数 $\boldsymbol{x}_k^{\mathrm{s}}$ 的一、二阶矩 $\hat{\boldsymbol{x}}_{k|k}^{\mathrm{s}}$ 和 $\boldsymbol{P}_{k|k}^{\mathrm{s}}$ 为已知，因此可用以下投影方式：

$$\begin{cases}\hat{\boldsymbol{x}}_{k|k}^{\mathrm{s,P}} = \underset{\boldsymbol{x}_k^{\mathrm{s}^*}}{\arg\min}(\boldsymbol{x}_k^{\mathrm{s}^*} - \hat{\boldsymbol{x}}_{k|k}^{\mathrm{s}})(\boldsymbol{x}_k^{\mathrm{s}^*} - \hat{\boldsymbol{x}}_{k|k}^{\mathrm{s}})^{\mathrm{T}} \\ \text{s.t. } \boldsymbol{L}_k < \boldsymbol{c}_k(\boldsymbol{x}_k^{\mathrm{s}^*})\end{cases} \tag{9-37}$$

式中，$\boldsymbol{x}_k^{\mathrm{s}^*}$ 表示在 k 时刻满足约束的可行解；$\boldsymbol{c}_k$ 与 $\boldsymbol{L}_k$ 分别为约束函数及其下界。式（9-37）的主要思想是利用约束优化技术将无约束的扩展目标形态估计投影到约束空间，进而找到一个与 $\hat{\boldsymbol{x}}_{k|k}^{\mathrm{s}}$ 最近的约束估计 $\hat{\boldsymbol{x}}_{k|k}^{\mathrm{s,P}}$。在实际应用中，系统状态或参数往往受到界限约束，许多学者对此进行了大量的研究，并取得了丰硕的成果。然而，式（9-37）是将均值 $\hat{\boldsymbol{x}}_{k|k}^{\mathrm{s}}$（不是整个分布）投影到约束范围内，并不能完全保证约束条件得到满足，而且有可能造成后续估计精度下降。

为解决该问题，本节采用文献[3]提出的基于投影的无迹变换法。由于在 k 时刻每个需要施加约束的采样点 $\boldsymbol{s}_k^i$ 都是由 $\boldsymbol{x}_k^{\mathrm{s}}$ 的一、二阶矩 $\hat{\boldsymbol{x}}_{k|k}^{\mathrm{s}}$ 和 $\boldsymbol{P}_{k|k}^{\mathrm{s}}$ 产生的，该方法考虑将 $\boldsymbol{s}_k^i$ 投影到约束范围内。如图 9-6 和图 9-7 所示，将落在约束范围外的 $\boldsymbol{s}_k^i$ 采样点进行投影，落在约束范围内的 $\boldsymbol{s}_k^i$ 采样点保持不变。因此，$\boldsymbol{s}_k^i$ 的投影方程可改写如下：

$$\begin{cases}\boldsymbol{s}_k^{i,\mathrm{P}}=\arg\min\limits_{\boldsymbol{s}^*}(\boldsymbol{s}^*-\boldsymbol{s}_k^i)\boldsymbol{W}_k(\boldsymbol{s}^*-\boldsymbol{s}_k^i)^{\mathrm{T}}\\ \text{s.t. } \boldsymbol{L}_k<\boldsymbol{c}_k(\boldsymbol{s}^*)\end{cases} \tag{9-38}$$

式中，$\boldsymbol{W}_k=(\boldsymbol{P}_{k|k}^{\mathrm{s}})^{-1}$；$\boldsymbol{s}^*$ 表示在 k 时刻满足约束的可行解。因此，通过式（9-38）可在约束范围内取得投影点 $\boldsymbol{s}_k^{i,\mathrm{P}}$，那么施加约束投影后扩展目标形态参数 $\boldsymbol{x}_k^{s,\mathrm{P}}$ 的一、二阶矩分别为

$$\hat{\boldsymbol{x}}_{k|k}^{s,\mathrm{P}}=\sum_{i=1}^{2n+1}\alpha^i\boldsymbol{s}_k^{i,\mathrm{P}} \tag{9-39}$$

$$\begin{aligned}\boldsymbol{P}_{k|k}^{\mathrm{s,P}}&=\sum_{i=1}^{2n+1}\alpha^i(\boldsymbol{s}_k^{i,\mathrm{P}}-\hat{\boldsymbol{x}}_{k|k}^{\mathrm{s,P}})(\boldsymbol{s}_k^{i,\mathrm{P}}-\hat{\boldsymbol{x}}_{k|k}^{\mathrm{s,P}})^{\mathrm{T}}\\&=\boldsymbol{P}_{k|k}^{\mathrm{s}}+\eta(\hat{\boldsymbol{x}}_{k|k}^{\mathrm{s}}-\hat{\boldsymbol{x}}_{k|k}^{\mathrm{s,P}})(\hat{\boldsymbol{x}}_{k|k}^{\mathrm{s}}-\hat{\boldsymbol{x}}_{k|k}^{\mathrm{s,P}})^{\mathrm{T}}\end{aligned} \tag{9-40}$$

式中，$0\leqslant\eta\leqslant1$，特别地，当 $\eta=0$ 时，$\boldsymbol{s}_k^{i,\mathrm{P}}=\boldsymbol{s}_k^i$。在随后的仿真实验中，当 $\eta=0.5$ 时，可以取得较好的估计效果。

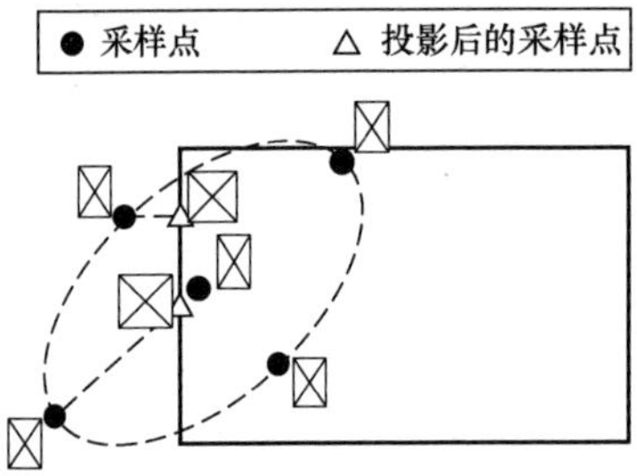

图 9-6 基于无迹变换的采样点投影法（例 1）

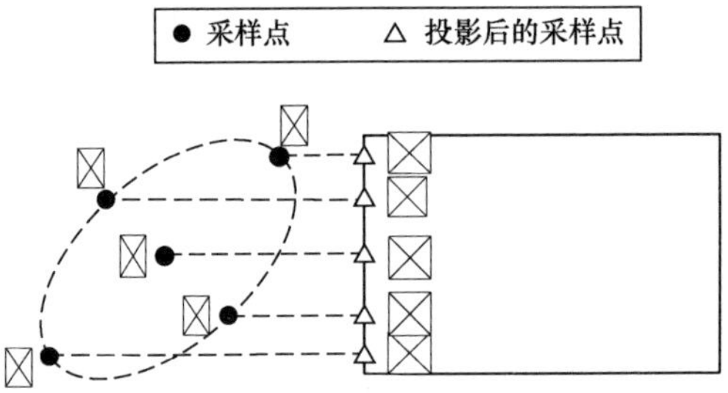

图 9-7 基于无迹变换的采样点投影法（例 2）

9.2.4 仿真示例及结果分析

1. 仿真场景

为了验证带非线性约束的改进星凸形扩展目标模型和状态估计算法的有效性，假设扩展目标在二维平面内做近似匀速直线运动，在仿真中采用如下参数：

$$\begin{cases}\boldsymbol{x}_k=[(\boldsymbol{x}_k^{\mathrm{s}})^{\mathrm{T}},(\boldsymbol{x}_k^{\mathrm{c}})^{\mathrm{T}}]^{\mathrm{T}}\\ \boldsymbol{x}_k^{\mathrm{s}}=[\boldsymbol{x}_k^{\mathrm{s}(1)},\boldsymbol{x}_k^{\mathrm{s}(2)},\cdots,\boldsymbol{x}_k^{\mathrm{s}(9)}]^{\mathrm{T}},\ \boldsymbol{x}_k^{\mathrm{c}}=[x_k,\dot{x}_k,y_k,\dot{y}_k]^{\mathrm{T}}\end{cases} \tag{9-41}$$

$$\boldsymbol{F}_k=\mathrm{diag}(\boldsymbol{I}_9,\boldsymbol{F}_k^{\mathrm{c}}),\ \boldsymbol{F}_k^{\mathrm{c}}=\mathrm{diag}(\boldsymbol{F},\boldsymbol{F}),\ \boldsymbol{F}=\begin{bmatrix}1&T\\0&1\end{bmatrix} \tag{9-42}$$

$$\boldsymbol{Q}=\mathrm{diag}(0.01\boldsymbol{I}_9,\boldsymbol{Q}^{\mathrm{c}}),\ \boldsymbol{Q}^{\mathrm{c}}=\mathrm{diag}(\boldsymbol{Q}_1,\boldsymbol{Q}_1),\ \boldsymbol{Q}_1=q\begin{bmatrix}\frac{T^3}{3} & \frac{T^2}{2}\\ \frac{T^2}{2} & T\end{bmatrix},\ q=0.01 \tag{9-43}$$

$$\boldsymbol{w}_k\sim\mathcal{N}(\boldsymbol{0},\boldsymbol{Q}),\ \boldsymbol{v}_k^r\sim\mathcal{N}(\boldsymbol{0},\boldsymbol{R}),\ \boldsymbol{R}=\mathrm{diag}(0.6^2,0.6^2) \tag{9-44}$$

式中，$\boldsymbol{I}_9$ 为 9×9 维单位矩阵；缩放因子 $\lambda_k^r\sim U(0,1)$ 。扩展目标的初始估计形态被设定为中心位于 $[10,10]^{\mathrm{T}}$ 、半径为 10m 的圆。此外，需要注意的是，接收的扩展目标量测点数一般取决于扩展目标的形态、大小、尺寸及不同传感器的分辨能力等。而在本节的仿真中，假设扩展目标运动过程中每一时刻所接收的量测点数均为 9。

2. 结果分析

没有考虑约束情况下的仿真结果如图 9-8 所示。注意，如果不考虑对扩展形态参数 $\boldsymbol{x}_k^{\mathrm{s}}$ 施加约束，那么估计出来的扩展目标形态就不是星凸形的。

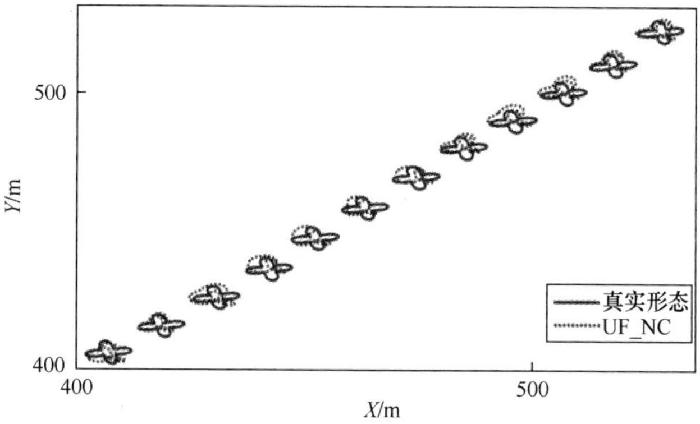

(a) 局部放大图1

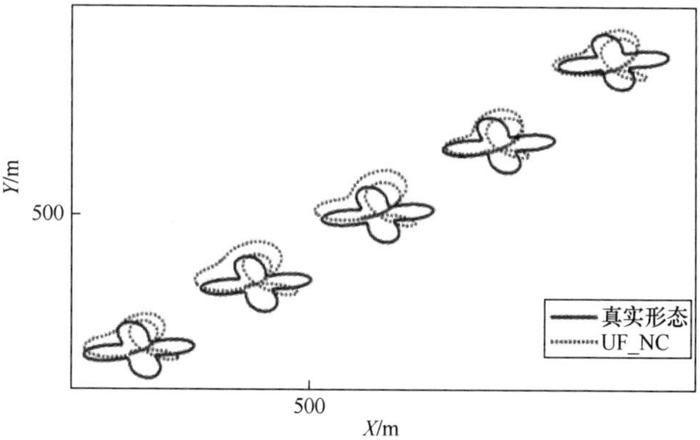

(b) 局部放大图2

图 9-8　没有考虑约束情况下的仿真结果

因此，x_k^s 需要满足本书所述的采样约束条件和保守约束条件。图 9-9 给出了两种不同约束下 20 次蒙特卡罗仿真的对比结果。其中，┈┈UF_SC 与 ━━UF_CC 分别表示采样约束与保守约束下，使用无迹滤波器的估计结果。

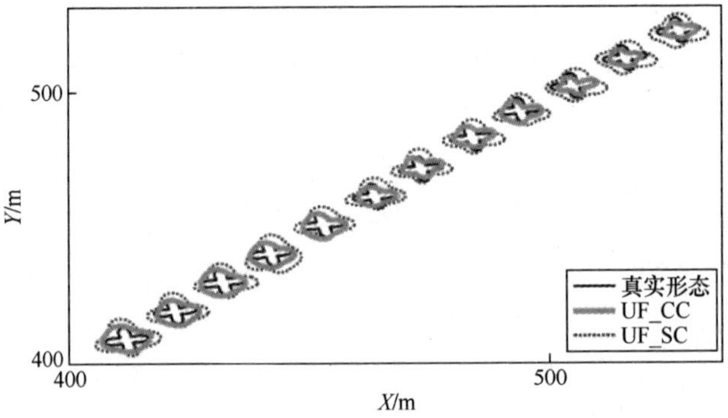

(a) 局部放大图1

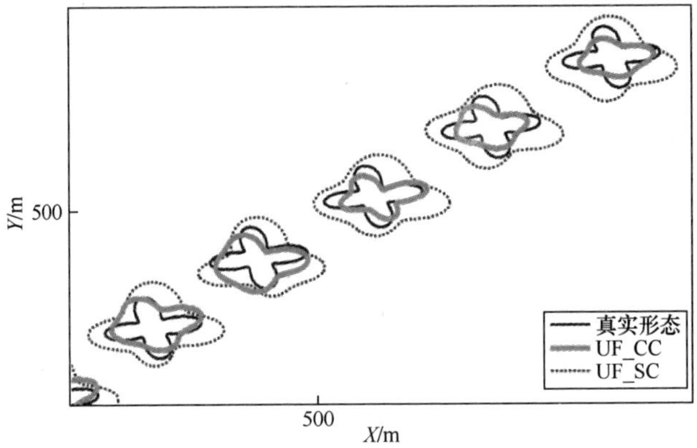

(b) 局部放大图2

图 9-9　采样约束与保守约束条件下的仿真结果

如图 9-9 所示，由于 UF_SC 利用了更多的形态信息，它估计出来的扩展目标形态比 UF_CC 更接近真实形态，因此使用采样约束得到的估计效果要优于采用保守约束。然而，需要注意的是，采样数越多，近似效果越好，但是计算量也会大大增加，即采样约束下的计算时间取决于其选取的角度采样数。在本节的仿真测试中，当采样数 $N=8$ 时，UF_CC 能以较小的计算量取得较满意的估计效果。总体来讲，仿真结果验证了带非线性约束的改进星凸形扩展目标模型及其状态估计算法的有效性。

9.3　基于形态变形法的扩展目标跟踪

针对多散射点集量测下的扩展目标跟踪问题，近几年已有多个方法相继被提出。9.2 节详述了如何使用星凸形随机超曲面方法来描述复杂扩展目标的形态。该方法有一个很大的优势，即它可以描述并利用扩展目标形态的更多细节。但是因为其本身的量测方程是高度非线性的，所以需要用非线性滤波器来解决其估计跟踪问题，这也提高了算法的复杂度。

本节基于文献[4]～文献[6]，针对多散射点集量测下的扩展目标跟踪问题，提出了基于控制点法的形态变形方法。在计算机图形学中，可以使用一个简单且行之有效的方法来对图形进行变形，即改变图形上几个控制点的位置，见文献[7]。文献[5]运用移动最小二乘方法，将一个简单图形上的几个控制点移动到新的位置，生成了一个新的不同于以往的图形。因此，给定未经变形的简单图形后，这些控制点可充分刻画变形后的复杂图形，也简化了对图形的描述。下面对该方法展开介绍。

9.3.1　基于控制点法的扩展目标形态描述

实际目标可以有各种形态。例如，舰船的形态类似椭形，车辆的形态类似矩形，飞机的形态十分复杂，且无法用一个简单的几何形状来描述。在这种情况下，用一个简单的函数很难精确地刻画如此千变万化的物体形态。对扩展目标跟踪而言，用每个时刻少量的雷达数据无法有效、精准地估计一个复杂的函数。虽然可有效描述扩展目标形态的函数很复杂，但用几个点来表征一个函数似乎是一种简单、自然且有效的做法。基于该思路，对一个复杂函数（复杂形状）的建模与估计就自然而然地简化为对这几个点的建模与估计，从而大幅简化了问题。

本书称这些点为控制点，并用它们来表征扩展目标形态的关键特征。控制、改变这些点的位置可以改变描述扩展目标的形态函数，从而详细刻画各种各样的形态。我们在文献[4]、[5]、[6]中进而提出了基于控制点法的扩展目标建模和跟踪方法。

可有效描述光滑目标形态的函数同样应该是光滑的。虽然用几个点刻画一个函数可大幅降低问题的复杂度，但仅用几个点来描述一段光滑的函数会导致形态信息大量丢失，从而无法精准地刻画一个具体的形态。

为解决上述问题，本节充分利用实际扩展目标的一些特殊性质，以实现利用几个点来有效刻画物体形态的目的，包括形态的规则性和连续性。此处的规则性主要指扩展目标形态上的对称性。扩展目标往往还有和自身朝向一致的主体，非主体的其他部分可以看作由主体变形而来，如图 9-10 所示。此处的连续性指扩展目标的形态是随时间连续演化的。

这些性质可用于扩展目标的形态建模。具体而言，一个物体的形态可看作由表征其主体的图形通过改变图形上一些点的位置而变形得到。表征主体的图形称为参考图形。移动前的位置称为参考点，移动后的新位置称为控制点。控制、改变参考点的位置可以改变参考图形，使其成为新的复杂图形，从而描述各种形态。

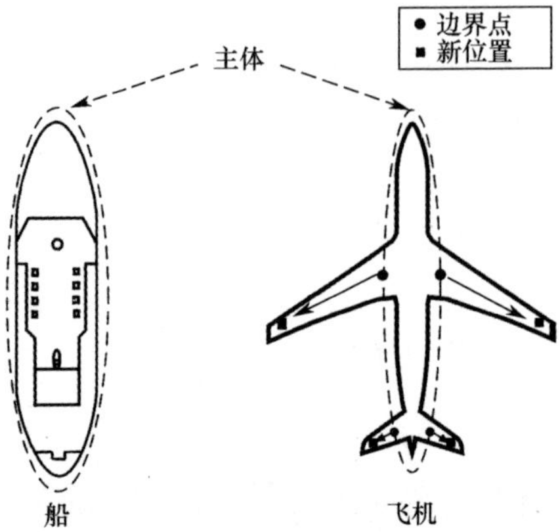

注：船或飞机的主体可由椭形近似，而其他更细小的部分，如机翼，可看作由移动椭形主体的一些边界点到新位置变形得到。

图 9-10 扩展目标的特殊性

如图 9-11 所示，将 N 个参考点 $\boldsymbol{p}$ 移动到新位置 $\boldsymbol{q}$（控制点），参考图形就会变形成为一个新图形，其中

$$\boldsymbol{p}=(p_1,p_2,\cdots,p_N),\quad \boldsymbol{q}=(q_1,q_2,\cdots,q_N) \tag{9-45}$$

式中，$\boldsymbol{p}$ 和 $\boldsymbol{q}$ 分别表示参考点和控制点相对于图形中心的相对位置。

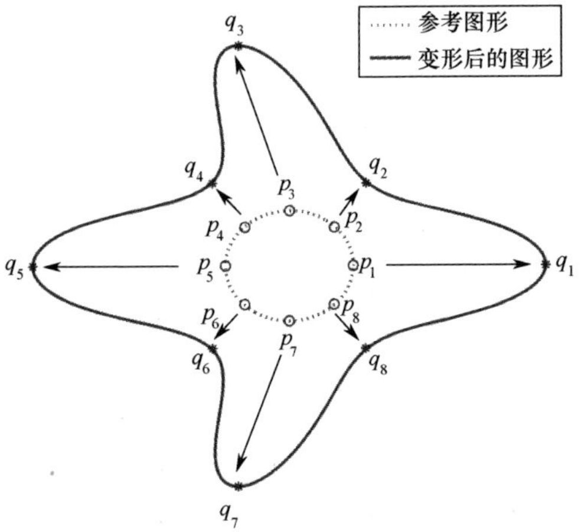

注：当参考点 $\boldsymbol{p}=(p_1,p_2,\cdots,p_8)$（记为“o”）移动到新位置 $\boldsymbol{q}=(q_1,q_2,\cdots,q_8)$（记为“*”）后，参考图形变形成为新图形。

图 9-11 基于 8 个参考点的图形变形

变形后的新图形受 4 个因素的影响：参考图形、参考点 $\boldsymbol{p}$、变形函数 $\boldsymbol{f}$ 和

控制点 $\boldsymbol{q}$。给定前 3 个因素，变形后的图形（目标形态）可由控制点 $\boldsymbol{q}$ 完全刻画，这反映了光滑目标形态与控制点之间的关系。

参考图形可以是简单规则的形状，如椭形，也可以是其他形状。下面介绍基于不同参考图形的目标形态的描述形式。

1．基于参考椭形的描述形式

考虑到大多数实际运动体的主体形态可近似为椭形，可将表征主体的参考图形设为椭形，并简称为参考椭形。在设计参考椭形的大小、朝向时，可以利用目标形态的形状、朝向的先验信息。当先验信息未知时，可用圆形作为参考图形。

为简单起见，将参考点 $\boldsymbol{p}$ 均匀地放置在参考椭圆的边界上。具体而言，可使椭形中心和这些参考点的连线 n 等分 2π，并使其中 4 个参考点刚好在参考椭圆的长轴和短轴上。也就是说

$$\measuredangle \boldsymbol{p}^{i} = \theta + \frac{2\pi}{N}(i-1), \quad i = 1,2,\cdots,N \tag{9-46}$$

式中，

$$\measuredangle \boldsymbol{y} \triangleq \arctan\frac{y_2}{y_1}, \quad \boldsymbol{y} = \begin{bmatrix} y_1 \\ y_2 \end{bmatrix} \tag{9-47}$$

θ 代表参考椭形的朝向，而参考点的个数 N 一般设为 4 的倍数。由此，参考点 $\boldsymbol{p}$ 在参考椭形的边界上呈均匀分布。

过少的控制点难以充分刻画一个复杂的物体形态，且会导致估计性能大幅下降。一般而言，建议用足够多的控制点来描述扩展目标的形态。然而，参数过多又会大幅提高算法的计算复杂度。因此，选择控制点个数 n 时，应平衡目标形态的估计精度与算法的计算复杂度。

下面介绍变形函数 $\boldsymbol{f}$。首先，期望 $\boldsymbol{f}$ 有一个统一的形式。其次，根据前文所述，一个扩展目标的形态可看作由表征其主体的参考图形局部变形得到。因此，可假设 $\boldsymbol{f}$ 是参考图形的局部线性变换函数。注意，这里说的局部指的是变形函数的局部敏感性。用移动最小二乘法得到变形函数 $\boldsymbol{f}(\cdot)$ 如下：

$$\begin{aligned} &\boldsymbol{f}(\boldsymbol{y},\boldsymbol{p},\boldsymbol{q},\boldsymbol{x}_k^{\mathrm{cp}}) \\ &= \sum_{j=1}^{N}\tilde{w}^{j}(\boldsymbol{q}^{j}-\boldsymbol{q}^{*})(\boldsymbol{p}^{j}-\boldsymbol{p}^{*})^{\mathrm{T}}\left(\sum_{i=1}^{N}\tilde{w}^{i}(\boldsymbol{p}^{i}-\boldsymbol{p}^{*})(\boldsymbol{p}^{i}-\boldsymbol{p}^{*})^{\mathrm{T}}\right)^{-1}(\boldsymbol{y}-\boldsymbol{p}^{*})+\boldsymbol{q}^{*}+\boldsymbol{x}_k^{\mathrm{cp}} \\ &= \sum_{j=1}^{N}\boldsymbol{q}^{j}\psi^{j}+\boldsymbol{x}_k^{\mathrm{cp}} \end{aligned} \tag{9-48}$$

式中，

$$\tilde{w}^i = 1/\| \boldsymbol{y} - \boldsymbol{p}^i \|_2^2 \tag{9-49}$$

$$\boldsymbol{p}^* = \sum_{i=1}^{N} \tilde{w}^i \boldsymbol{p}^i \bigg/ \sum_{i=1}^{N} \tilde{w}^i , \quad \boldsymbol{q}^* = \sum_{i=1}^{N} \tilde{w}^i \boldsymbol{q}^i \bigg/ \sum_{i=1}^{N} \tilde{w}^i \tag{9-50}$$

$$\psi^j = A^j + \tilde{w}^j \left(1 - \sum_{i=1}^{N} A^i \right) \bigg/ \sum_{i=1}^{N} \tilde{w}^i \tag{9-51}$$

$$A^j = \tilde{w}^j (\boldsymbol{p}^j - \boldsymbol{p}^*)^{\mathrm{T}} \left(\sum_{i=1}^{N} \tilde{w}^i (\boldsymbol{p}^i - \boldsymbol{p}^*)(\boldsymbol{p}^i - \boldsymbol{p}^*)^{\mathrm{T}} \right)^{-1} (\boldsymbol{y} - \boldsymbol{p}^*) \tag{9-52}$$

式中，$\boldsymbol{y}$ 表示待映射（变形）的点相对于 k 时刻的目标质心 $\boldsymbol{x}_k^{\mathrm{cp}}$ 的相对位置。当参考点 $\boldsymbol{p}$ 移动到控制点 $\boldsymbol{q}$ 后，变形函数 $\boldsymbol{f}$ 将参考图形上的点 $\boldsymbol{y} + \boldsymbol{x}_k^{\mathrm{cp}}$ 映射到变形后的图形中。对参考图形边界上的每个点运用该函数，可得到目标形态（变形后的形状）的光滑边界。

2. 基于复杂参考图形的描述形式

表征主体的参考图形不仅可以设为椭形等简单规则的形状，也可以设为其他复杂图形。这种描述方法突破了参考椭形的限制，因此能够描述更多的扩展目标形态，应用更广泛。

需要注意的是，此处参考点 $\boldsymbol{p}$ 的设置和前文（基于参考椭形的描述形式）类似。将参考点 $\boldsymbol{p}$ 均匀地放置在复杂参考图形的边界上，并使图形中心和这些参考点的连线 N 等分 2π。

综上所述，本节利用实际扩展目标形态的规则性和连续性，结合参考图形，构建了基于控制点的光滑扩展目标的模型框架。

9.3.2 基于控制点法的扩展目标模型

1. 扩展目标的状态向量

k 时刻扩展目标的整体状态向量为

$$\boldsymbol{x}_k = [(\boldsymbol{x}_k^{\mathrm{c}})^{\mathrm{T}}, (\boldsymbol{x}_k^{\mathrm{s}})^{\mathrm{T}}]^{\mathrm{T}} \tag{9-53}$$

式中，k 为时间指标；$\boldsymbol{x}_k^{\mathrm{c}}$ 为目标质心的运动状态；$\boldsymbol{x}_k^{\mathrm{s}}$ 为刻画目标形态的随机向量：

$$\boldsymbol{x}_k^{\mathrm{c}} = [x_k, \dot{x}_k, y_k, \dot{y}_k]^{\mathrm{T}} \tag{9-54}$$

$$\boldsymbol{x}_k^{\mathrm{cp}} = [x_k, y_k]^{\mathrm{T}} \tag{9-55}$$

式中，$\boldsymbol{x}_k^{\mathrm{cp}}$ 和 $[\dot{x}_k, \dot{y}_k]^{\mathrm{T}}$ 分别表示扩展目标的质心在笛卡儿坐标系下的位置和速度。

在 9.3.2 节，统一用控制点 $\boldsymbol{q}$ 来刻画目标形态。因此，k 时刻待估计的形态参数为 $\boldsymbol{q}_k$，且 $\boldsymbol{x}_k^{\mathrm{s}}$ 可写为

$$\boldsymbol{x}_k^{\mathrm{s}}=[(\boldsymbol{q}_k^1)^{\mathrm{T}},(\boldsymbol{q}_k^2)^{\mathrm{T}},\cdots,(\boldsymbol{q}_k^N)^{\mathrm{T}}]^{\mathrm{T}} \tag{9-56}$$

式中，N 为控制点的个数。

2．状态及形态的动态模型

此处扩展目标的动态模型可写为

$$\boldsymbol{x}_k=\begin{bmatrix}\boldsymbol{x}_k^{\mathrm{c}}\\ \boldsymbol{x}_k^{\mathrm{s}}\end{bmatrix}=\boldsymbol{F}_k\boldsymbol{x}_{k-1}+\boldsymbol{G}_k\boldsymbol{w}_{k-1}=\begin{bmatrix}\boldsymbol{F}_k^{\mathrm{c}} & 0\\ 0 & \boldsymbol{F}_k^{\mathrm{s}}\end{bmatrix}\begin{bmatrix}\boldsymbol{x}_{k-1}^{\mathrm{c}}\\ \boldsymbol{x}_{k-1}^{\mathrm{s}}\end{bmatrix}+\begin{bmatrix}\boldsymbol{G}_k^{\mathrm{c}} & 0\\ 0 & \boldsymbol{G}_k^{\mathrm{s}}\end{bmatrix}\begin{bmatrix}\boldsymbol{w}_{k-1}^{\mathrm{c}}\\ \boldsymbol{w}_{k-1}^{\mathrm{s}}\end{bmatrix} \tag{9-57}$$

$$\boldsymbol{w}_{k-1}\sim\mathcal{N}(\boldsymbol{0},\boldsymbol{Q}_{k-1}) \tag{9-58}$$

式中，$\boldsymbol{F}_k^{\mathrm{c}}$ 和 $\boldsymbol{F}_k^{\mathrm{s}}$ 分别是目标的质心运动状态和形态状态的转移矩阵。

对于一个近似匀速直线运动模型，

$$\boldsymbol{F}_k^{\mathrm{c}}=\mathrm{diag}(\boldsymbol{F}^{\mathrm{c}},\boldsymbol{F}^{\mathrm{c}}),\ \boldsymbol{F}^{\mathrm{c}}=\begin{bmatrix}1 & T\\ 0 & 1\end{bmatrix},\ \boldsymbol{F}_k^{\mathrm{s}}=\boldsymbol{I}_{2N} \tag{9-59}$$

$$\boldsymbol{G}_k^{\mathrm{c}}=\mathrm{diag}(\boldsymbol{G}^{\mathrm{c}},\boldsymbol{G}^{\mathrm{c}}),\ \boldsymbol{G}^{\mathrm{c}}=\begin{bmatrix}T^2/2\\ T\end{bmatrix},\ \boldsymbol{G}_k^{\mathrm{s}}=\boldsymbol{I}_{2N} \tag{9-60}$$

式中，T 表示采样间隔；$\boldsymbol{I}_{2N}$ 表示 $2N$ 维单位矩阵。

对于一个近似的角速度 ω_k 未知的匀速圆周运动，可将目标状态扩维以包含角速度 ω_k，然后统一估计。扩维后的目标状态为

$$\boldsymbol{x}_k^{\mathrm{A}}\triangleq[(\boldsymbol{x}_k^{\mathrm{c}})^{\mathrm{T}},(\boldsymbol{x}_k^{\mathrm{s}})^{\mathrm{T}},\omega_k]^{\mathrm{T}} \tag{9-61}$$

式中，ω_k 的演化模型为

$$\omega_k=\omega_{k-1}+w_{k-1}^{\omega} \tag{9-62}$$

式中，$w_{k-1}^{\omega}\sim\mathcal{N}(0,Q_{k-1}^{\omega})$。因此，目标的运动模型可写为

$$\boldsymbol{x}_k^{\mathrm{A}}=\boldsymbol{F}_k^{\mathrm{A}}\boldsymbol{x}_{k-1}^{\mathrm{A}}+\boldsymbol{G}_k^{\mathrm{A}}\boldsymbol{w}_{k-1}^{\mathrm{A}} \tag{9-63}$$

式中（注意，因为 $\boldsymbol{F}_k^{\mathrm{c}}$ 是 ω_{k-1} 的非线性函数，因此 $\boldsymbol{F}_k^{\mathrm{A}}$ 是 $\boldsymbol{x}_{k-1}^{\mathrm{A}}$ 的非线性函数），

$$\boldsymbol{F}_k^{\mathrm{A}}=\mathrm{diag}(\boldsymbol{F}_k^{\mathrm{c}}(\omega_{k-1}),\boldsymbol{F}_k^{\mathrm{s}}(\omega_{k-1}),1) \tag{9-64}$$

$$\boldsymbol{F}_k^{\mathrm{c}}(\omega)=\begin{bmatrix}1 & \dfrac{\sin(\omega T)}{\omega} & 0 & -\dfrac{1-\cos(\omega T)}{\omega}\\ 0 & \cos(\omega T) & 0 & -\sin(\omega T)\\ 0 & \dfrac{1-\cos(\omega T)}{\omega} & 1 & \dfrac{\sin(\omega T)}{\omega}\\ 0 & \sin(\omega T) & 0 & \cos(\omega T)\end{bmatrix} \tag{9-65}$$

$$\boldsymbol{F}_k^{\mathrm{s}}(\omega)=\mathrm{diag}(\boldsymbol{F}^{\mathrm{s}_1}(\omega),\boldsymbol{F}^{\mathrm{s}_2}(\omega),\cdots,\boldsymbol{F}^{\mathrm{s}_N}(\omega)) \tag{9-66}$$

$$\boldsymbol{F}^{\mathrm{s}_i}(\omega)=\begin{bmatrix}\cos(\omega T) & -\sin(\omega T)\\ \sin(\omega T) & \cos(\omega T)\end{bmatrix},\quad i=1,2,\cdots,N \tag{9-67}$$

$$\begin{cases}\boldsymbol{G}_k^{\mathrm{A}}=\mathrm{diag}(\boldsymbol{G}_k^{\mathrm{c}},\boldsymbol{I}_{2N},1)\\ \boldsymbol{w}_{k-1}^{\mathrm{A}}=[(w_{k-1}^{\mathrm{c}})^{\mathrm{T}},(w_{k-1}^{\mathrm{s}})^{\mathrm{T}},(w_{k-1}^{\omega})^{\mathrm{T}}]^{\mathrm{T}}\end{cases} \tag{9-68}$$

式中，$\boldsymbol{G}_k^{\mathrm{c}}$ 与式（9-60）中的一样；$\boldsymbol{w}_{k-1}^{\mathrm{A}} \sim \mathcal{N}(\boldsymbol{0}, \boldsymbol{Q}_{k-1}^{\mathrm{A}})$。

3．扩展目标的量测模型

此前假设物体的形态是由参考图形通过移动参考点的位置变形得到的。设此参考图形为椭形，简称参考椭形。参考点 $\boldsymbol{p}$ 的设置见式（9-46）和式（9-47）。接下来将根据变形函数推导量测模型的具体形式。一般而言，目标的量测模型如下：

$$\boldsymbol{z}_k^r = \boldsymbol{g}(\boldsymbol{x}_k, \boldsymbol{v}_k^r), \quad r = 1, 2, \cdots, n_k \tag{9-69}$$

式中，n_k 表示 k 时刻获得的目标量测总个数；$\boldsymbol{z}_k^r$ 表示第 r 个量测；$\boldsymbol{g}$ 表示量测函数；$\boldsymbol{v}_k \sim \mathcal{N}(\boldsymbol{0}, \boldsymbol{R}_k)$ 表示高斯量测噪声。此外，设

$$\boldsymbol{Z}_k = [(\boldsymbol{z}_k^1)^{\mathrm{T}}, (\boldsymbol{z}_k^2)^{\mathrm{T}}, \cdots, (\boldsymbol{z}_k^{n_k})^{\mathrm{T}}]^{\mathrm{T}} \tag{9-70}$$

通常，量测 $\boldsymbol{z}_k^r$ 源自扩展目标上的无噪声量测 $\boldsymbol{z}_k^{r*}$，因此式（9-69）可以写为

$$\boldsymbol{z}_k^r = \boldsymbol{z}_k^{r*} + \boldsymbol{v}_k^r \tag{9-71}$$

根据式（9-48）中的变形函数推导可得：无噪声量测 $\boldsymbol{z}_k^{r*}$ 是参考椭形上的某个点变形映射的结果。称这个点为量测源，并设 $\boldsymbol{y}_k^r$ 为此点相对于目标质心 $\boldsymbol{x}_k^{\mathrm{cp}}$ 的相对位置。如此可得量测模型如下：

$$\boldsymbol{z}_k^r = \boldsymbol{z}_k^{r*} + \boldsymbol{v}_k^r = \boldsymbol{f}(\boldsymbol{y}_k^r, \boldsymbol{p}, \boldsymbol{q}_k, \boldsymbol{x}_k^{\mathrm{cp}}) + \boldsymbol{v}_k^r \tag{9-72}$$

式中的变量 $\boldsymbol{y}$ 被替换为 $\boldsymbol{y}_k^r$。当参考点 $\boldsymbol{p}$ 被映射为控制点 $\boldsymbol{q}_k$ 时，点 $\boldsymbol{y}_k^r + \boldsymbol{x}_k^{\mathrm{cp}}$ 将由变形函数 $\boldsymbol{f}$ 映射为 $\boldsymbol{z}_k^{r*}$。基于式（9-48），式（9-72）可写为

$$\begin{aligned}\boldsymbol{z}_k^r &= \boldsymbol{f}(\boldsymbol{y}_k^r, \boldsymbol{p}, \boldsymbol{q}_k, \boldsymbol{x}_k^{\mathrm{cp}}) + \boldsymbol{v}_k^r \\ &= \sum_{j=1}^{n} \boldsymbol{q}_k^j \psi_k^{j,r} + \boldsymbol{x}_k^{\mathrm{cp}} + \boldsymbol{v}_k^r \\ &= \boldsymbol{H}_k^r \boldsymbol{x}_k + \boldsymbol{v}_k^r\end{aligned} \tag{9-73}$$

式中，$\boldsymbol{H}_k^r = [\boldsymbol{H}_{k,c}^r, \boldsymbol{H}_{k,\mathrm{s}}^r]$，$\boldsymbol{H}_{k,\mathrm{s}}^r = [\psi_k^{1,r}\boldsymbol{I}_2, \psi_k^{2,r}\boldsymbol{I}_2, \cdots, \psi_k^{N,r}\boldsymbol{I}_2]$。在式（9-48）中，$\psi^j$ 取决于 $\tilde{\boldsymbol{w}}^j$，而 $\tilde{\boldsymbol{w}}^j$ 非线性地依赖 $\boldsymbol{y}$。此处 $\psi_k^{j,r} = \psi^j |_{y:=y_k^r}$，因此 $\psi_k^{j,r}, j = 1, 2, \cdots, N$ 非线性地依赖 $\boldsymbol{y}_k^r$，$\boldsymbol{H}_k^r$ 也非线性地依赖 $\boldsymbol{y}_k^r$。$\boldsymbol{I}_2$ 表示 2×2 维单位矩阵。如果在一维空间中目标的运动状态表示为[位置，速度]^{T}，则 $\boldsymbol{H}_{k,c}^l = \begin{bmatrix} 1 & 0 & 0 & 0 \\ 0 & 0 & 1 & 0 \end{bmatrix}$。基于式（9-73），有

$$\boldsymbol{Z}_k = \begin{bmatrix} \boldsymbol{z}_k^1 \\ \boldsymbol{z}_k^2 \\ \vdots \\ \boldsymbol{z}_k^{n_k} \end{bmatrix} = \begin{bmatrix} \boldsymbol{H}_k^1 \\ \boldsymbol{H}_k^2 \\ \vdots \\ \boldsymbol{H}_k^{n_k} \end{bmatrix} \boldsymbol{x}_k + \begin{bmatrix} \boldsymbol{v}_k^1 \\ \boldsymbol{v}_k^2 \\ \vdots \\ \boldsymbol{v}_k^{n_k} \end{bmatrix} = \breve{\boldsymbol{H}}_k \boldsymbol{x}_k + \boldsymbol{V}_k \tag{9-74}$$

式中，堆叠起来的量测矩阵 $\breve{\boldsymbol{H}}_k$ 是向量 $\boldsymbol{Y}_k = [(\boldsymbol{y}_k^1)^{\mathrm{T}}, (\boldsymbol{y}_k^2)^{\mathrm{T}}, \cdots, (\boldsymbol{y}_k^{n_k})^{\mathrm{T}}]^{\mathrm{T}}$ 的非线性函数；$\boldsymbol{V}_k \sim \mathcal{N}(\boldsymbol{0}, \breve{\boldsymbol{R}}_k)$，$\breve{\boldsymbol{R}}_k = \mathrm{diag}(\boldsymbol{R}_k^1, \boldsymbol{R}_k^2, \cdots, \boldsymbol{R}_k^{n_k})$，$\boldsymbol{R}_k^{n_k} = \boldsymbol{R}_k$。

基于式（9-57）和式（9-74），扩展目标的总体系统模型可总结如下：

$$\boldsymbol{x}_k = \boldsymbol{F}_k \boldsymbol{x}_{k-1} + \boldsymbol{G}_k \boldsymbol{w}_{k-1} \tag{9-75}$$

$$\boldsymbol{Z}_k = \breve{\boldsymbol{H}}_k \boldsymbol{x}_k + \boldsymbol{V}_k \tag{9-76}$$

$$\boldsymbol{w}_{k-1} \sim \mathcal{N}(\boldsymbol{0}, \boldsymbol{Q}_{k-1}),\ \boldsymbol{V}_k \sim \mathcal{N}(\boldsymbol{0}, \breve{\boldsymbol{R}}_k) \tag{9-77}$$

$$\breve{\boldsymbol{R}}_k = \mathrm{diag}(\boldsymbol{R}_k^1, \boldsymbol{R}_k^2, \cdots, \boldsymbol{R}_k^{n_k}),\ \boldsymbol{R}_k^{n_k} = \boldsymbol{R}_k \tag{9-78}$$

9.3.3　基于控制点和参考椭形的光滑扩展目标跟踪多量测源法

由前文可知，给定量测 $\boldsymbol{Z}_k = [(\boldsymbol{z}_k^1)^{\mathrm{T}}, (\boldsymbol{z}_k^2)^{\mathrm{T}}, \cdots, (\boldsymbol{z}_k^{n_k})^{\mathrm{T}}]^{\mathrm{T}}$ 的量测源 $\boldsymbol{Y}_k = [(\boldsymbol{y}_k^1)^{\mathrm{T}}, (\boldsymbol{y}_k^2)^{\mathrm{T}}, \cdots, (\boldsymbol{y}_k^{n_k})^{\mathrm{T}}]^{\mathrm{T}}$ 后，量测模型关于状态 $\boldsymbol{x}_k$ 是线性的。此性质有利于推进并实现简单高效的估计方法。然而，量测 $\boldsymbol{z}_k^r$ 的量测源 $\boldsymbol{y}_k^r$ 的具体信息无法事先知晓。

因此，在其他信息未知的情况下，可合理假设 $\boldsymbol{y}_k^r$ 在参考椭形上呈均匀分布，并与跟踪模型相结合，推导出扩展目标跟踪的新算法。其中目标状态 $\boldsymbol{x}_k$ 的后验分布如下：

$$p(\boldsymbol{x}_k | \boldsymbol{Z}^k) = \frac{1}{c_1} \int p(\boldsymbol{x}_k | \boldsymbol{Y}_k, \boldsymbol{Z}^k) p(\boldsymbol{Y}_k | \boldsymbol{Z}^{k-1}) p(\boldsymbol{Z}_k | \boldsymbol{Y}_k, \boldsymbol{Z}^{k-1}) \mathrm{d}\boldsymbol{Y}_k \tag{9-79}$$

式中，$\boldsymbol{Z}^k \triangleq \{\boldsymbol{Z}_1, \boldsymbol{Z}_2, \cdots, \boldsymbol{Z}_k\}$；$\boldsymbol{Y}_k$ 的定义与式（9-74）中的相同，给定 $\boldsymbol{Y}_k$ 后，可得目标状态 $\boldsymbol{x}_k$ 的线性量测模型；当目标运动模型也为线性的，且过程噪声、量测噪声是独立高斯过程时，可用许多滤波器（包括卡尔曼滤波器）得到 $p(\boldsymbol{x}_k | \boldsymbol{Y}_k, \boldsymbol{Z}^k)$；$c_1$ 为归一化因子；假设 $p(\boldsymbol{Y}_k | \boldsymbol{Z}^{k-1}) = p(\boldsymbol{Y}_k)$ 为参考椭形上的均匀分布。

式（9-79）中 $\boldsymbol{Y}_k$ 的似然函数可推导为

$$p(\boldsymbol{Z}_k | \boldsymbol{Y}_k, \boldsymbol{Z}^{k-1}) = N(\boldsymbol{Z}_k; \breve{\boldsymbol{H}}_k \hat{\boldsymbol{x}}_{k|k-1}, \breve{\boldsymbol{H}}_k \boldsymbol{P}_{k|k-1} \breve{\boldsymbol{H}}_k^{\mathrm{T}} + \breve{\boldsymbol{R}}_k) \tag{9-80}$$

式中，$\breve{\boldsymbol{H}}_k$ 是 $\boldsymbol{Y}_k$ 的非线性函数，详细分析见式（9-73）和式（9-74）；$\hat{\boldsymbol{x}}_{k|k-1}$ 和 $\boldsymbol{P}_{k|k-1}$ 分别是 k 时刻目标状态的一步预测及其均方误差矩阵。

利用量测源 $\{\boldsymbol{y}_k^l\}_{l=1}^{N_k}$ 的先验分布信息，即 $\boldsymbol{y}_k^l$ 在参考椭形上呈均匀分布，可得式（9-79）和式（9-80），并得到目标状态 $\boldsymbol{x}_k$ 的理论后验分布。但因为 $\breve{\boldsymbol{H}}_k$ 与 $\boldsymbol{Y}_k$ 之间的强非线性关系，此后验分布仍然难以计算得到。

1. 多量测源法

为解决上述难题，下面介绍一个较为简单可行的方法，即用一个值域为 $\mathbb{F}$ 的离散随机变量 $\tilde{\boldsymbol{y}}$ 来近似在参考椭形空间 Ω 中连续分布的量测源 $\boldsymbol{y}$。这和多模型估计方法类似，即用一个模型集合覆盖一个连续的模式空间。因为量测源 $\boldsymbol{y}$ 是均匀分布的，所以 $\mathbb{F} = \{\tilde{\boldsymbol{y}}^1, \tilde{\boldsymbol{y}}^2, \cdots, \tilde{\boldsymbol{y}}^m\}$ 中所有的元素 $\tilde{\boldsymbol{y}}^i$ 都应有相同的先验概率。一旦 $\mathbb{F}$ 给定，则 $\boldsymbol{Y}_k$ 有 m^{n_k} 个取值。目标状态 $\boldsymbol{x}_k$ 的后验分布可写为

$$p(\boldsymbol{x}_k|\boldsymbol{Z}^k)=\sum_{j=1}^{m^{n_k}}p(\boldsymbol{x}_k|\varphi_k^j,\boldsymbol{Z}^k)P\{\varphi_k^j|\boldsymbol{Z}^k\} \tag{9-81}$$

式中，φ_k^j表示$\boldsymbol{Y}_k$取第j个值$\boldsymbol{Y}_k^j$这一事件，$\{\boldsymbol{Y}_k^j\}_{j=1}^{m^{n_k}}$为$\boldsymbol{Y}_k$所有取值的集合。

因此，有

$$\hat{\boldsymbol{x}}_{k|k}=E[\boldsymbol{x}_k|\boldsymbol{Z}^k]=\sum_{j=1}^{m^{n_k}}E[\boldsymbol{x}_k|\varphi_k^j,\boldsymbol{Z}_k]P\{\varphi_k^j|\boldsymbol{Z}^k\} \tag{9-82}$$

$$\begin{aligned}\boldsymbol{P}_{k|k}&=\mathrm{MSE}(\hat{\boldsymbol{x}}_{k|k}|\boldsymbol{Z}^k)\\&=E[(\boldsymbol{x}_k-\hat{\boldsymbol{x}}_{k|k})(\boldsymbol{x}_k-\hat{\boldsymbol{x}}_{k|k})^{\mathrm{T}}|\boldsymbol{Z}^k]\\&=\sum_{j=1}^{m^{n_k}}P\{\varphi_k^j|\boldsymbol{Z}^k\}[\boldsymbol{P}_{k|k}^j+(\hat{\boldsymbol{x}}_{k|k}^j-\hat{\boldsymbol{x}}_{k|k})(\hat{\boldsymbol{x}}_{k|k}^j-\hat{\boldsymbol{x}}_{k|k})^{\mathrm{T}}]\end{aligned} \tag{9-83}$$

式中，$\hat{\boldsymbol{x}}_{k|k}^j\triangleq E[\boldsymbol{x}_k|\varphi_k^j,\boldsymbol{Z}^k]$和$\boldsymbol{P}_{k|k}^j$分别表示在事件$\varphi_k^j$下目标状态的估计及其均方误差矩阵；$\hat{\boldsymbol{x}}_{k|k}$和$\boldsymbol{P}_{k|k}$分别表示$k$时刻目标状态估计的最终结果及其均方误差矩阵。

$$P\{\varphi_k^j|\boldsymbol{Z}^k\}=p(\boldsymbol{Z}_k|\varphi_k^j,\boldsymbol{Z}^{k-1})P\{\varphi_k^j|\boldsymbol{Z}^{k-1}\}/c_2 \tag{9-84}$$

似然$p(\boldsymbol{Z}_k|\varphi_k^j,\boldsymbol{Z}^{k-1})$可由式（9-80）得到。具体而言，在事件$\varphi_k^j$中，$\boldsymbol{Y}_k$取$\boldsymbol{Y}_k^j$值，则

$$p(\boldsymbol{Z}_k|\varphi_k^j,\boldsymbol{Z}^{k-1})=N(\boldsymbol{Z}_k;\breve{\boldsymbol{H}}_k^j\hat{\boldsymbol{x}}_{k|k-1},\breve{\boldsymbol{H}}_k^j\boldsymbol{P}_{k|k-1}(\breve{\boldsymbol{H}}_k^j)^{\mathrm{T}}+\breve{\boldsymbol{R}}_k) \tag{9-85}$$

式中，$\breve{\boldsymbol{H}}_k^j=\breve{\boldsymbol{H}}_k|_{Y_k:=Y_k^j}$。在没有其他信息的情况下，可假设

$$\begin{cases}P\{\varphi_k^j|\boldsymbol{Z}^{k-1}\}=(1/m)^{n_k}\\c_2=\sum_{j=1}^{m^{n_k}}p(\boldsymbol{Z}_k|\varphi_k^j,\boldsymbol{Z}^{k-1})P\{\varphi_k^j|\boldsymbol{Z}^{k-1}\}\end{cases} \tag{9-86}$$

以上是基于控制点和参考椭形的光滑扩展目标跟踪多量测源法的基本框架。在事件φ_k^j中，基于线性动态模型（9-57）～线性动态模型（9-60）及量测模型（9-74）（当$\boldsymbol{Y}_k:=\boldsymbol{Y}_k^j$时，$\breve{\boldsymbol{H}}_k:=\breve{\boldsymbol{H}}_k^j$），可用卡尔曼滤波等简单有效的滤波方法得到状态估计的一、二阶矩$\hat{\boldsymbol{x}}_{k|k}^j$和$\boldsymbol{P}_{k|k}^j$。对于非线性动态模型，无迹滤波可用来预测目标的状态。

下面给出一个值域$\mathbb{F}=\{\tilde{\boldsymbol{y}}^1,\tilde{\boldsymbol{y}}^2,\cdots,\tilde{\boldsymbol{y}}^m\}$的简单设计方法。因量测源$\boldsymbol{y}$在参考椭形上呈均匀分布，故离散化的随机变量$\tilde{\boldsymbol{y}}$也应在参考椭形上分布均匀。如式（9-46）所示，为了更好地表征参考椭形，将参考点$\boldsymbol{p}$均匀地放置在其边界上。在这种情况下，为了简单起见，可以基于参考点$\boldsymbol{p}$来设置样本点$\{\tilde{\boldsymbol{y}}^i\}_{i=1}^m$，并令$m=N$（$N$为参考点$\boldsymbol{p}$的个数）：

$$\tilde{\boldsymbol{y}}^i=\lambda\boldsymbol{p}^i,\quad i=1,2,\cdots,N \tag{9-87}$$

式中，$\lambda\in[0,1]$是一个可事先设定的比例因子。例如，当$\boldsymbol{y}_k^l$在一个半径为

$R=\|\boldsymbol{p}^i\|_2$ 的圆上均匀分布时，它到圆心的平均距离为 $\int_0^R r\cdot\frac{2\pi r}{\pi R^2}\mathrm{d}r=\frac{2R}{3}$，故 λ 可设为 $\frac{2}{3}$。对于具体的扩展目标跟踪问题，λ 应根据问题的特殊性及先验信息做相应的调整。

此方法用多个样本点来表征量测源的先验分布信息，有效地规避了扩展目标跟踪固有的量测源的不确定性问题。

此外，多量测源法还具备一个性质，即参考椭形大小的无关性。也就是说，当 $\{\tilde{\boldsymbol{y}}^i\}_{i=1}^m=\{\lambda\boldsymbol{p}^i\}_{i=1}^N$ 时，参考椭形的大小对该方法的估计结果 $(\hat{\boldsymbol{x}}_{k|k},\boldsymbol{P}_{k|k})$ 没有任何影响。

2. 多量测源法的简化

此处介绍多量测源法的一个简化版本。对于多量测源法，当样本点集合 $\{\tilde{\boldsymbol{y}}^i\}_{i=1}^m=\{\lambda\boldsymbol{p}^i\}_{i=1}^N$ 时，量测源 $\boldsymbol{Y}_k=[(\boldsymbol{y}_k^1)^{\mathrm{T}},(\boldsymbol{y}_k^2)^{\mathrm{T}},\cdots,(\boldsymbol{y}_k^{n_k})^{\mathrm{T}}]^{\mathrm{T}}$ 将有 n^{n_k} 个可能的取值。如果考虑所有这些可能的取值，将极大地增加计算量。因此，为了减少计算量，接下来介绍序贯处理量测 $\{\boldsymbol{z}_k^r\}_{r=1}^{n_k}$ 的多量测源法。具体而言，就是把基于旧量测所得的估计结果当成新量测的先验信息。序贯处理量测的多量测源法在随机超曲面方法中也得到了应用。对于 k 时刻的所有量测 $\{\boldsymbol{z}_k^r\}_{r=1}^{n_k}$，批处理法需要考虑 N^{n_k} 个可能的关联。而序贯处理量测的多量测源法每次只处理一个量测，只需要考虑量测源和样本集合 $\{\lambda\boldsymbol{p}^i\}_{i=1}^N$ 的 n 个关联，故总共只需要考虑 $N\times n_k$ 个关联。因此，序贯处理量测的多量测源法可以大幅降低计算量。虽然量测的处理次序可能影响性能，但影响非常小，可忽略不计。

给定 $k-1$ 时刻的估计结果 $(\hat{\boldsymbol{x}}_{k-1|k-1},\boldsymbol{P}_{k-1|k-1})$，序贯处理量测的多量测源法在 k 时刻的处理流程如下。

（1）状态的预测：根据目标动态模型求出 $(\hat{\boldsymbol{x}}_{k|k-1},\boldsymbol{P}_{k|k-1})$。

（2）量测的序贯处理：当 $r>1$ 时，对于输入 $(\boldsymbol{z}_k^r,\hat{\boldsymbol{x}}_{k|k}^{r-1},\boldsymbol{P}_{k|k}^{r-1})$，算法输出的估计结果为 $(\hat{\boldsymbol{x}}_{k|k}^r,\boldsymbol{P}_{k|k}^r)$；当 $r=1$ 时，输入为 $(\boldsymbol{z}_k^r,\hat{\boldsymbol{x}}_{k|k}^0=\hat{\boldsymbol{x}}_{k|k-1},\boldsymbol{P}_{k|k}^0=\boldsymbol{P}_{k|k-1})$。$(\hat{\boldsymbol{x}}_{k|k}=\hat{\boldsymbol{x}}_{k|k}^{n_k},\boldsymbol{P}_{k|k}=\boldsymbol{P}_{k|k}^{n_k})$ 为算法在 k 时刻的最终估计结果。基于式（9-82）和式（9-83），有

$$\hat{\boldsymbol{x}}_{k|k}^r=\sum_{i=1}^n\hat{\boldsymbol{x}}_{k|k}^{r,i}\mu_k^{r,i}\tag{9-88}$$

$$\boldsymbol{P}_{k|k}^r=\sum_{i=1}^n\mu_k^{r,i}[\boldsymbol{P}_{k|k}^{r,i}+(\hat{\boldsymbol{x}}_{k|k}^{r,i}-\hat{\boldsymbol{x}}_{k|k}^r)(\hat{\boldsymbol{x}}_{k|k}^{r,i}-\hat{\boldsymbol{x}}_{k|k}^r)^{\mathrm{T}}]\tag{9-89}$$

式中，$\mu_k^{r,i}$、$\hat{\boldsymbol{x}}_{k|k}^{r,i}$、$\boldsymbol{P}_{k|k}^{r,i}$ 分别表示在 k 时刻第 r 个量测的第 i 个关联［在式（9-73）中 $\boldsymbol{y}_k^r=\lambda\boldsymbol{p}^i$］下的关联概率、状态的估计、均方误差矩阵。当 $\boldsymbol{y}_k^r=\lambda\boldsymbol{p}^i$ 时，量测

模型是关于状态的线性函数，且量测转移矩阵为 $\boldsymbol{H}_k^{r,i}$ 。因此，卡尔曼滤波等许多滤波方法可以用来更新状态的一、二阶矩，有

$$\hat{\boldsymbol{x}}_{k|k}^{r,i} = \hat{\boldsymbol{x}}_{k|k}^{r-1} + \boldsymbol{K}_{k|k}^{r,i}(\boldsymbol{z}_k^r - \boldsymbol{H}_k^{r,i}\hat{\boldsymbol{x}}_{k|k}^{r-1}) \tag{9-90}$$

$$\boldsymbol{P}_{k|k}^{r,i} = (\boldsymbol{I} - \boldsymbol{K}_{k|k}^{r,i}\boldsymbol{H}_k^{r,i})\boldsymbol{P}_{k|k}^{r-1}(\boldsymbol{I} - \boldsymbol{K}_{k|k}^{r,i}\boldsymbol{H}_k^{r,i})^{\mathrm{T}} + \boldsymbol{K}_{k|k}^{r,i}\boldsymbol{R}_k(\boldsymbol{K}_{k|k}^{r,i})^{\mathrm{T}} \tag{9-91}$$

$$\boldsymbol{K}_{k|k}^{r,i} = \boldsymbol{P}_{k|k}^{r-1}(\boldsymbol{H}_k^{r,i})^{\mathrm{T}}(\boldsymbol{H}_k^{r,i}\boldsymbol{P}_{k|k}^{r-1}(\boldsymbol{H}_k^{r,i})^{\mathrm{T}} + \boldsymbol{R}_k)^{-1} \tag{9-92}$$

在式（9-88）和式（9-89）中，

$$\mu_k^{r,i} = \Lambda_k^{r,i} / \sum_{j=1}^{N} \Lambda_k^{r,j} \tag{9-93}$$

式中，似然 $\Lambda_k^{r,i}$ 为

$$\Lambda_k^{r,i} = N(\boldsymbol{z}_k^r; \boldsymbol{H}_k^{r,i}\hat{\boldsymbol{x}}_{k|k}^{r-1}, \boldsymbol{H}_k^{r,i}\boldsymbol{P}_{k|k}^{r-1}(\boldsymbol{H}_k^{r,i})^{\mathrm{T}} + \boldsymbol{R}_k) \tag{9-94}$$

注意，若有足够的时间，原本的多量测源法仍可广泛应用。作为批处理理法的简化版本，序贯处理量测的多量测源法通过减少关联的个数，可以大幅降低计算量。虽然序贯处理可能影响性能，但影响很小。

9.3.4 仿真示例及结果分析

1. 战斗机形扩展目标跟踪

考虑以下仿真场景（场景 1）：一个战斗机形扩展目标在笛卡儿平面内做近似匀速直线运动。如图 9-12(a)所示，目标在运动过程中每个时刻产生 8 个量测。在此仿真中，对比以下两个方法的跟踪性能。

（1）EDA1：动态模型为近似匀速直线运动的多量测源法。

（2）Star-Convex：动态模型为近似匀速直线运动的星凸形随机超曲面法。

近似匀速直线运动模型［式（9-57）和式（9-58）］所用的参数如下：

$$\boldsymbol{Q}_{k-1} = \mathrm{diag}(\boldsymbol{Q}^{\mathrm{c}}, \boldsymbol{Q}^{\mathrm{s}}),\ \boldsymbol{Q}^{\mathrm{c}} = (0.0001)\boldsymbol{I}_2,\ \boldsymbol{Q}^{\mathrm{s}} = (0.001)\boldsymbol{I}_{2N} \tag{9-95}$$

$$\boldsymbol{R}_k = \mathrm{diag}(0.9^2, 0.9^2),\ \boldsymbol{x}_0^{\mathrm{c}} \sim \mathcal{N}(\hat{\boldsymbol{x}}_0^{\mathrm{c}}, \boldsymbol{P}_0^{\mathrm{c}}),\ \hat{\boldsymbol{x}}_0^{\mathrm{c}} = [0, 200, 0, 0]^{\mathrm{T}} \tag{9-96}$$

$$\begin{cases} \boldsymbol{P}_0^{\mathrm{c}} = \mathrm{diag}(0.6, 0.01, 0.6, 0.01),\ \boldsymbol{P}_0^{\mathrm{s}} = (0.01)\boldsymbol{I}_{2N} \\ T = 0.1,\ \hat{\boldsymbol{x}}_0^{\mathrm{s}} = [(\hat{\boldsymbol{q}}_0^1)^{\mathrm{T}}, (\hat{\boldsymbol{q}}_0^2)^{\mathrm{T}}, \cdots, (\hat{\boldsymbol{q}}_0^N)^{\mathrm{T}}]^{\mathrm{T}} \end{cases} \tag{9-97}$$

式中，$\measuredangle \hat{\boldsymbol{q}}_0^i = \dfrac{2\pi}{n}(i-1)$ 且 $\| \hat{\boldsymbol{q}}_0^i \|_2 = 4.5,\ i = 1, 2, \cdots, N$ 。也就是说，采用半径为 4.5m 的圆形作为初始化的目标形态估计结果。在此仿真中，多量测源法采用 12 个控制点，即 $N = 12$，且在式（9-87）中设 $\lambda = 0.6$ 。注意，除了以上所列的 $\boldsymbol{Q}^{\mathrm{s}}$ 和 $\boldsymbol{P}_0^{\mathrm{s}}$ 只用于 EDA1，EDA1 和 Star-Convex 两种方法都采用了式（9-95）～式（9-97）所示的模型参数。Star-Convex 方法使用了 19 个傅里叶系数。

图 9-12(b)给出了平均后的估计结果。由图 9-12 可见，EDA1 的估计结果更

贴近真实形态，尤其是战斗机的尾翼部分，验证了算法的有效性。

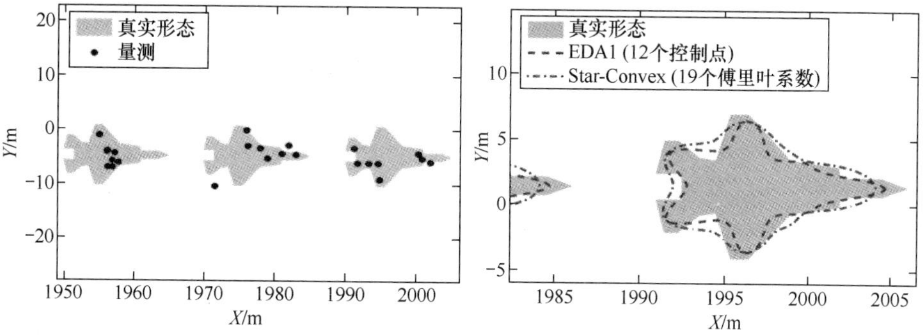

(a) 目标形态及其量测　　(b) 目标形态的估计结果

图 9-12　战斗机形扩展目标跟踪结果

2. 复杂形态的扩展目标跟踪

在此场景中，一个非星凸形复杂形态的扩展目标及其运动轨迹如图 9-13 所示。

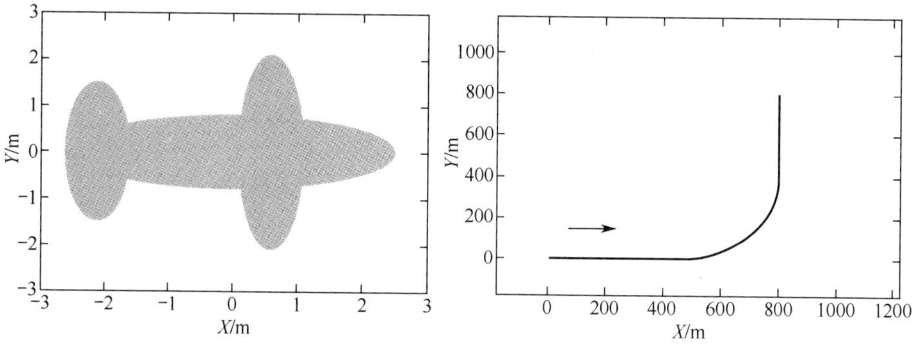

(a) 扩展目标　　(b) 运动轨迹

图 9-13　非星凸形复杂形态的扩展目标及其运动轨迹

在此场景中，对比验证多量测源法在不同运动模型下的估计性能。

（1）EDA1：动态模型为近似匀速直线运动的多量测源法。

（2）EDA2：动态模型为近似匀速圆周运动的多量测源法。

目标在运动过程中，每个时刻可产生 30 个量测，其噪声方差为 $\boldsymbol{R}_k = \mathrm{diag}(0.2^2, 0.2^2)$。控制点个数 $N=12$，$\lambda=0.8$。在 EDA1 中，动态模型所用的参数值和场景 1 的一致。在 EDA2 中，圆周运动模型［式（9-63）］所用的参数值如下：

$$\boldsymbol{Q}_{k-1}^{\mathrm{A}} = \mathrm{diag}(\tilde{\boldsymbol{Q}}^{\mathrm{c}}, \boldsymbol{Q}^{\mathrm{s}}, \boldsymbol{Q}^{\omega}),\ \tilde{\boldsymbol{Q}}^{\mathrm{c}} = (0.0001)\boldsymbol{I}_2,\ \boldsymbol{Q}^{\omega} = 10^{-6} \tag{9-98}$$

图 9-14 展示了该场景下的估计结果，其中图 9-14(c)展示了图 9-14(b)的更多细节。从图中可看出，该算法可以有效刻画复杂形态扩展目标的细节与特征。

图 9-14 同样表明了当目标做转弯运动时，EDA2 的形态估计性能和运动状态估计性能比 EDA1 更好。本节还将星凸形随机超曲面法 Star-Convex 用于该场景下的目标跟踪，发现相比具有复杂形态的扩展目标，Star-Convex 更适用于跟踪简单的或星凸形扩展目标。

运动状态的性能对比结果如图 9-14(e)和图 9-14(f)所示。在跟踪过程中，EDA2 出现两次误差高峰，原因是目标在匀速直线运动模式和匀速圆周运动模式之间的突然切换。

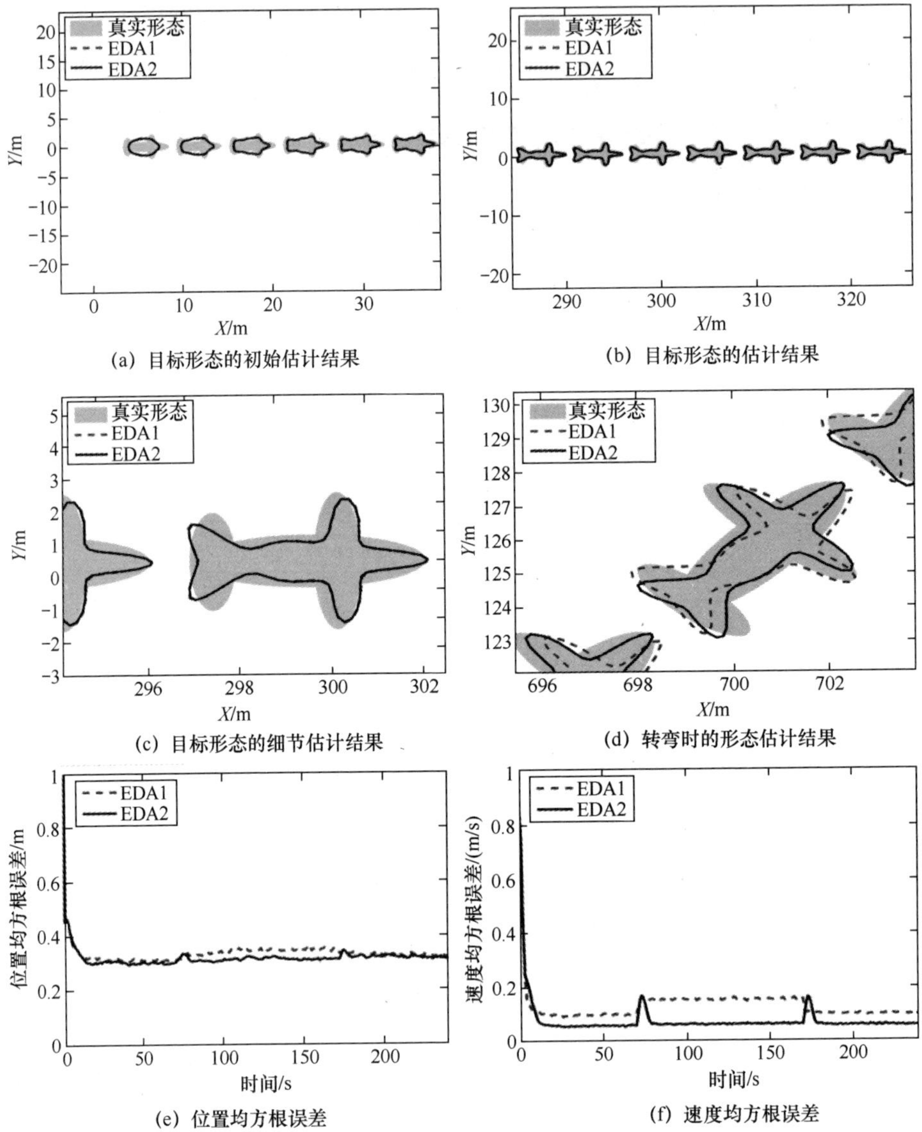

(a) 目标形态的初始估计结果 (b) 目标形态的估计结果

(c) 目标形态的细节估计结果 (d) 转弯时的形态估计结果

(e) 位置均方根误差 (f) 速度均方根误差

图 9-14　复杂形态扩展目标跟踪结果

总体而言，本节提出的基于控制点法的形态变形扩展目标跟踪方法可有效跟踪不同类型的光滑扩展目标，因此应用广泛而灵活。

9.4 基于距离像量测的扩展目标跟踪

现代高精度雷达在对目标进行探测时，可以通过解析高分辨率雷达信号得到目标的特征反射在雷达视线上的一维投影，即纵向距离像。同样，当前先进的远距离红外成像雷达可以提供目标的一维横向距离像。上述这些高精度雷达不但可以通过回波获取目标的径向距离、速度和俯仰角等运动量测信息，而且能得到目标的宽度或大小等形状信息。事实上，利用上述这些信息可以有效地提高目标跟踪性能与识别精度，对此目前已有相当多的研究。在此背景下，明确考虑目标的纵向距离像与横向距离像信息对于推动扩展目标跟踪技术的发展具有非常重要的理论与现实意义。

下面首先介绍在距离像量测背景下，我们在文献[8]中提出的基于支撑函数与扩展高斯映射的扩展目标跟踪模型及其跟踪算法。然后将基于闵可夫斯基和的复杂扩展目标建模。

9.4.1 基于支撑函数的扩展目标跟踪模型

如图 9-15 所示，高精度雷达不但能提供目标径向距离与方位角量测，还能提供沿着雷达观测点 (x^{o}, y^{o}) 视线角方向上的目标距离像量测。其纵向距离像与横向距离像分别度量沿视线角方向上所观测的目标的长度与宽度。在此情况下，可基于支撑函数和扩展高斯映射对扩展目标进行建模。

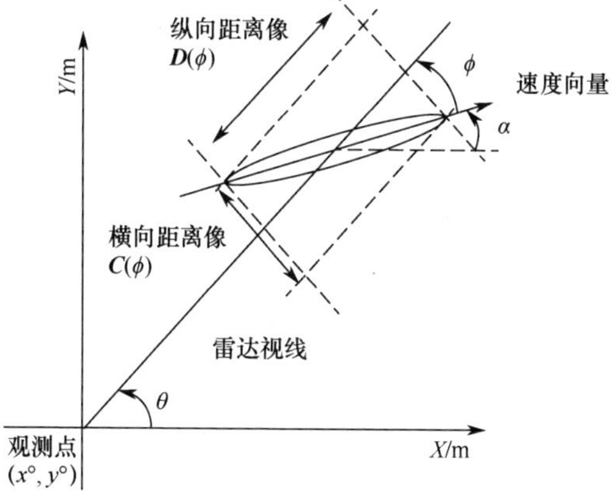

图 9-15　椭形扩展目标模型

1. 支撑函数

数学上，欧几里得空间 $\mathbb{R}^N$ 内的一个非空闭合凸集 $\boldsymbol{K}$ 的支撑函数 $\boldsymbol{H}$ 被定义为 $\boldsymbol{K}$ 的支撑超平面与某一固定参考点（通常为质心）之间的有向距离。特别地，在二维欧几里得空间 $\mathbb{R}^2$ 中，$\boldsymbol{K}$ 的支撑超平面退化为其支撑线，如图 9-16 所示。如果 $\boldsymbol{K}$ 是 $\mathbb{R}^2$ 中的某一凸集，并且 $\boldsymbol{v}=[\cos\theta,\sin\theta]^{\mathrm{T}}$ 表示方向的单位向量，那么凸集 $\boldsymbol{K}$ 的支撑函数 $\boldsymbol{H}_K(\theta)$ 可表示为

$$\boldsymbol{H}_K(\theta)=\sup_{x\in K}\boldsymbol{x}^{\mathrm{T}}\boldsymbol{v} \tag{9-99}$$

式中，$\boldsymbol{H}_K(\theta)$ 表示某一固定参考点 O 与其支撑线之间的有向距离，该支撑线 $\boldsymbol{L}_s(\theta)$ 可表示为

$$\boldsymbol{L}_s(\theta)=\{\boldsymbol{x}\in\mathbb{R}^2 \mid \boldsymbol{x}^{\mathrm{T}}\boldsymbol{v}=\boldsymbol{H}_K(\theta),\ \theta\in[0,2\pi]\} \tag{9-100}$$

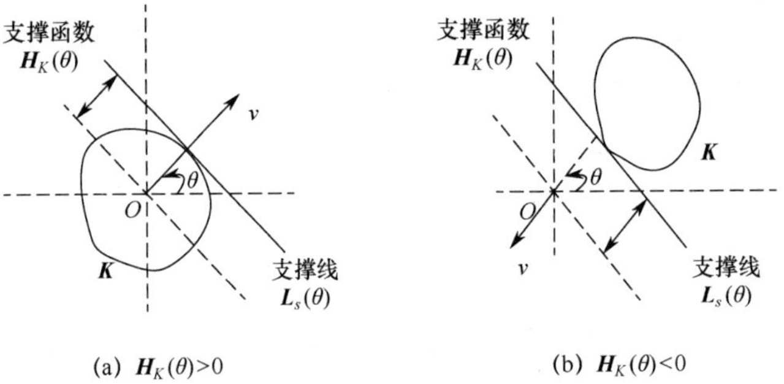

图 9-16　支撑函数

需要特别注意的是，当参考点 O 与 $\boldsymbol{K}$ 处在支撑线 $\boldsymbol{L}_s(\theta)$ 的同一边时，支撑函数 $\boldsymbol{H}_K(\theta)$ 是非负的［见图 9-16(a)］；当参考点 O 与 $\boldsymbol{K}$ 被支撑线 $\boldsymbol{L}_s(\theta)$ 隔开时，支撑函数 $\boldsymbol{H}_K(\theta)$ 是负的［见图 9-16(b)］。一般地，参考点 O 通常被选在凸集 $\boldsymbol{K}$ 的内部，这样可以保证在任意方向的单位向量 $\boldsymbol{v}$ 下的支撑函数 $\boldsymbol{H}_K(\theta)$ 都始终非负。为方便起见，本书选取 $\boldsymbol{K}$ 的质心作为参考点。

2. 目标的纵向距离像和横向距离像

以图 9-17 中的椭形扩展目标为例，纵向距离像 $\boldsymbol{D}(\theta)$ 为与视线角方向垂直的两条支撑线 $\boldsymbol{L}_s(\theta)$ 和 $\boldsymbol{L}_s(\theta+\pi)$ 之间的距离，即支撑函数 $\boldsymbol{H}(\theta)$ 与 $\boldsymbol{H}(\theta+\pi)$ 两者的加和，有

$$\boldsymbol{D}(\theta)=\boldsymbol{H}(\theta)+\boldsymbol{H}(\theta+\pi) \tag{9-101}$$

式中，支撑函数 $\boldsymbol{H}(\theta+\pi)$ 为目标质心与其支撑线 $\boldsymbol{L}_s(\theta+\pi)$ 之间的距离。

图 9-17 中的椭形目标横向距离像 $\boldsymbol{C}(\theta)$ 是与视线方向平行的两条支撑线 $\boldsymbol{L}_s\left(\theta-\dfrac{\pi}{2}\right)$ 与 $\boldsymbol{L}_s\left(\theta+\dfrac{\pi}{2}\right)$ 之间的距离。

$$C(\theta) = H\left(\theta + \frac{\pi}{2}\right) + H\left(\theta - \frac{\pi}{2}\right) \tag{9-102}$$

式中，$H\left(\theta + \frac{\pi}{2}\right)$表示质心与支撑线$L_s\left(\theta + \frac{\pi}{2}\right)$之间的距离；$H\left(\theta - \frac{\pi}{2}\right)$表示质心与支撑线$L_s\left(\theta - \frac{\pi}{2}\right)$之间的距离。

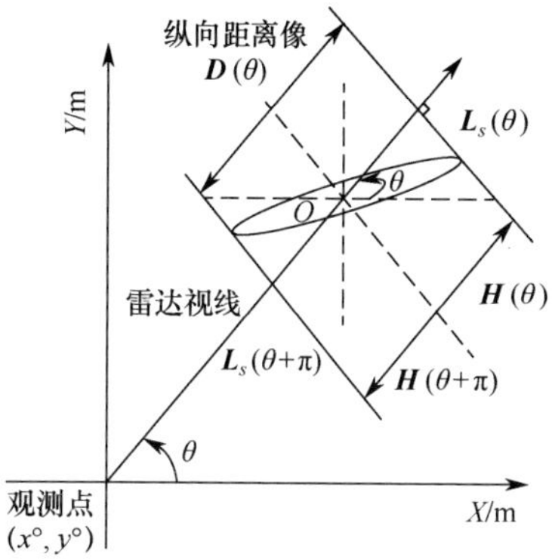

(a) 纵向距离像

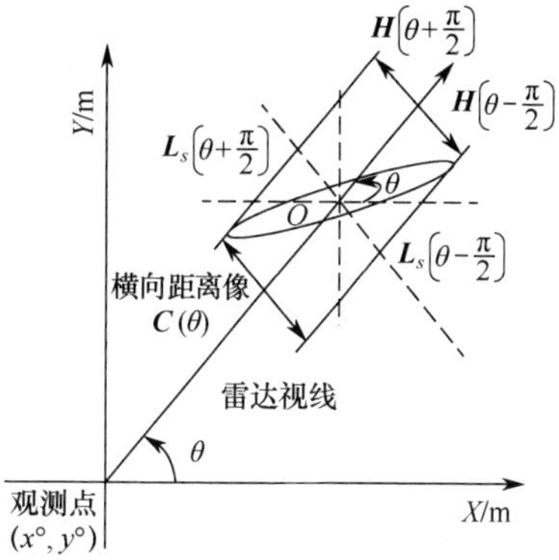

(b) 横向距离像

图 9-17　目标纵向距离像和横向距离像

3. 基于支撑函数的系统模型

不同于点目标跟踪，扩展目标跟踪的目的是同时估计出其运动状态和扩展形态。因此，扩展目标的状态向量由两部分构成，有

$$\boldsymbol{x}_k = [(\boldsymbol{x}_k^m)^{\mathrm{T}}, (\boldsymbol{e}_k)^{\mathrm{T}}]^{\mathrm{T}} \tag{9-103}$$

式中，$\boldsymbol{e}_k$ 表示目标的扩展形态参数向量；$\boldsymbol{x}_k^m = [x_k, \dot{x}_k, y_k, \dot{y}_k]^{\mathrm{T}}$ 表示质心运动状态，(x_k, y_k) 与 $(\dot{x}_k, \dot{y}_k)$ 分别表示目标在笛卡儿坐标平面内的位置和速度。

椭圆的几何特征（大小、形态及朝向等重要信息）可以通过对应矩阵 $\boldsymbol{E}_k$ 的不同代数形式刻画。基于此，沿视线角 θ_k 方向上椭形目标的支撑函数 $\boldsymbol{H}(\theta_k)$ 可通过下式表示：

$$\boldsymbol{H}(\theta_k) = (\boldsymbol{v}_k^{\mathrm{T}} \boldsymbol{E}_k \boldsymbol{v}_k)^{1/2} = ([\cos\theta_k, \sin\theta_k]\boldsymbol{E}_k[\cos\theta_k, \sin\theta_k]^{\mathrm{T}})^{1/2} \tag{9-104}$$

式中，$\boldsymbol{v}_k = [\cos\theta_k, \sin\theta_k]^{\mathrm{T}}$。因为椭形是中心对称图形，所以可知

$$\boldsymbol{H}(\theta_k) = \boldsymbol{H}(\theta_k + \pi) \tag{9-105}$$

$$\boldsymbol{H}\left(\theta_k + \frac{\pi}{2}\right) = \boldsymbol{H}\left(\theta_k - \frac{\pi}{2}\right) \tag{9-106}$$

那么，根据式（9-101）和式（9-102），椭形目标的纵向距离像长度和横向距离像长度可分别通过以下两式求得：

$$\boldsymbol{D}(\theta_k) = 2([\cos\theta_k, \sin\theta_k]\boldsymbol{E}_k[\cos\theta_k, \sin\theta_k]^{\mathrm{T}})^{1/2} \tag{9-107}$$

$$\boldsymbol{C}(\theta_k)=2([-\sin\theta_k,\cos\theta_k]\boldsymbol{E}_k[-\sin\theta_k,\cos\theta_k]^{\mathrm{T}})^{1/2} \tag{9-108}$$

那么，矩阵 $\boldsymbol{E}_k$ 的所有分量 $\boldsymbol{E}_k^{(1)}$、$\boldsymbol{E}_k^{(2)}$ 和 $\boldsymbol{E}_k^{(3)}$ 被认为是椭形目标的扩展形态参数，因此整个目标状态向量为

$$\boldsymbol{x}_k=[(\boldsymbol{x}_k^m)^{\mathrm{T}},(\boldsymbol{e}_k)^{\mathrm{T}}]^{\mathrm{T}}=[x_k,\dot{x}_k,y_k,\dot{y}_k,\boldsymbol{E}_k^{(1)},\boldsymbol{E}_k^{(2)},\boldsymbol{E}_k^{(3)}]^{\mathrm{T}} \tag{9-109}$$

1）动态模型

扩展目标的离散状态方程可以表示为

$$\boldsymbol{x}_k=\boldsymbol{F}_{k-1}\boldsymbol{x}_{k-1}+\boldsymbol{G}_{k-1}\boldsymbol{w}_{k-1} \tag{9-110}$$

式中，过程噪声 $\boldsymbol{w}_{k-1}\sim\mathcal{N}(\boldsymbol{0},\boldsymbol{Q}_{k-1})$；$\boldsymbol{F}_{k-1}$ 为状态转移矩阵。以椭形目标为例，假设它在笛卡儿平面内做近似匀速直线运动，那么矩阵 $\boldsymbol{F}_{k-1}$ 由质心运动状态转移矩阵 $\boldsymbol{F}^{\mathrm{c}}$ 和目标扩展形态转移矩阵 $\boldsymbol{I}_3$ 两部分组成，即

$$\boldsymbol{F}_{k-1}=\mathrm{diag}(\boldsymbol{F}^{\mathrm{c}},\boldsymbol{F}^{\mathrm{c}},\boldsymbol{I}_3),\ \boldsymbol{G}_{k-1}=\mathrm{diag}(\boldsymbol{G}^{\mathrm{c}},\boldsymbol{G}^{\mathrm{c}},\boldsymbol{I}_3) \tag{9-111}$$

$$\boldsymbol{I}_3=\begin{bmatrix}1&0&0\\0&1&0\\0&0&1\end{bmatrix},\ \boldsymbol{F}^{\mathrm{c}}=\begin{bmatrix}1&T\\0&1\end{bmatrix},\ \boldsymbol{G}^{\mathrm{c}}=\begin{bmatrix}T^2/2\\T\end{bmatrix} \tag{9-112}$$

式中，T 为采样周期。

2）量测模型

在此场景下，高分辨率雷达不但能提供 k 时刻的目标运动量测（径向距离 r_k 与方位角 β_k），还能提供目标距离像量测。通过分析目标距离像，可以得到目标在雷达视线角方向上的纵向距离像 $\boldsymbol{D}_k$ 和横向距离像 $\boldsymbol{C}_k$。那么，量测 $\boldsymbol{z}_k=[r_k,\beta_k,\boldsymbol{D}_k,\boldsymbol{C}_k]^{\mathrm{T}}$ 的方程为

$$\boldsymbol{z}_k=\begin{pmatrix}\sqrt{(x_k-x^0)^2+(y_k-y^0)^2}\\ \arctan\dfrac{y_k-y^0}{x_k-x^0}\\ 2([\cos\theta_k,\sin\theta_k]\boldsymbol{E}_k[\cos\theta_k,\sin\theta_k]^{\mathrm{T}})^{1/2}\\ 2([-\sin\theta_k,\cos\theta_k]\boldsymbol{E}_k[-\sin\theta_k,\cos\theta_k]^{\mathrm{T}})^{1/2}\end{pmatrix}+\boldsymbol{v}_k \tag{9-113}$$

由于量测的各个分量来自传感器不同的物理信道，量测噪声通常被假设为互不相关的零均值高斯白噪声，即 $\boldsymbol{v}_k\sim\mathcal{N}(\boldsymbol{0},\boldsymbol{R}_k)$，其协方差矩阵为

$$\mathrm{cov}[\boldsymbol{v}_k]=\boldsymbol{R}_k=\mathrm{diag}[\boldsymbol{R}_k^r,\boldsymbol{R}_k^\beta,\boldsymbol{R}_k^D,\boldsymbol{R}_k^C] \tag{9-114}$$

需要注意的是，该方法并不能直接应用到诸如矩形之类的非光滑目标建模中。因此，9.4.2 节提出了一种基于扩展高斯映射的扩展目标跟踪模型。

9.4.2 基于扩展高斯映射的扩展目标跟踪模型

矩形扩展目标模型如图 9-18 所示。

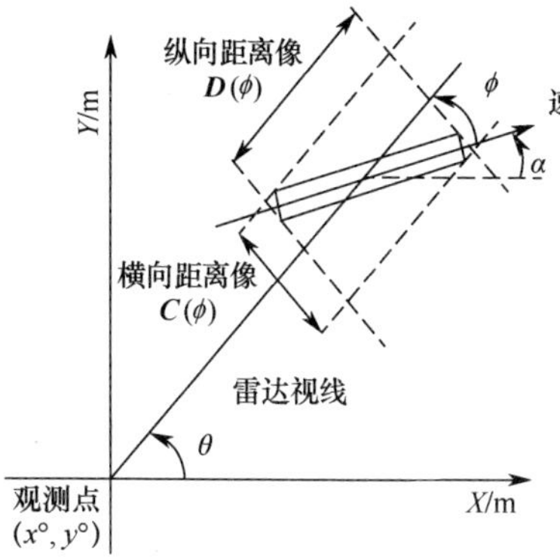

图 9-18　矩形扩展目标模型

1. 扩展高斯映射及其几何解释

任意目标曲线或曲面上任意点的单位法向量都可以被映射到一个高斯球上（在二维情况下是单位圆），这个从曲面到高斯球的映射就是与曲面所对应的高斯映射。在高斯映射的基础上，不仅能够将原始曲面上的任意点映射到高斯球上，还可以扩展这一映射过程，为每个映射到高斯球上点的单位法向量赋予一个权重，这种映射称为扩展高斯映射（Extended Gaussian Image，EGI）。作为一个重要的数学工具，扩展高斯映射可以非常便利地描述凸面体 $\boldsymbol{K}$ 的形态。特别地，当 $\boldsymbol{K}$ 是一个具有 N 条边的凸多边形，每条边的长度为 l_j 且其单位法向量 $\boldsymbol{u}_j = [\cos\alpha_j, \sin\alpha_j]^{\mathrm{T}}$ 时，那么该多边形的扩展高斯映射形式可以用以逆时针排列的 N 个向量 $l_j\boldsymbol{u}_j$ 表示，如图 9-19 所示。其中，$j=1,2,\cdots,N$。在此情况下，$l_1,l_2,\cdots,l_N$ 为每个单位法向量 $\boldsymbol{u}_1,\boldsymbol{u}_2,\cdots,\boldsymbol{u}_N$ 上所赋予的权重，那么 $\{l_1,l_2,\cdots,l_N,\alpha_1,\alpha_2,\cdots,\alpha_N\}$ 就称为扩展高斯映射参数。需要特别指出的是，如果已知一个多边形 $\boldsymbol{K}$ 的扩展高斯映射参数，那么该多边形的形态就被唯一确定。

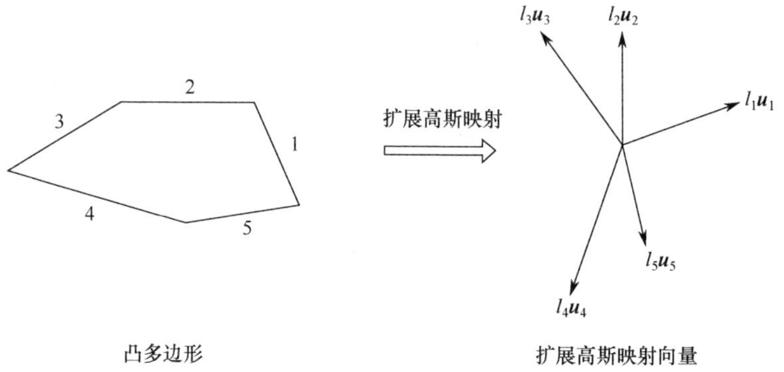

图 9-19　扩展高斯映射

2. 目标纵向距离像与横向距离像

经过推导，目标纵向距离像和横向距离像用公式表示为

$$\boldsymbol{C}(\theta)=\frac{1}{2}\sum_{j=1}^{N}l_j\left|\cos(\theta-\alpha_j)\right| \tag{9-115}$$

$$\boldsymbol{D}(\theta)=\boldsymbol{b}(\theta-\pi/2)=\frac{1}{2}\sum_{j=1}^{N}l_j\left|\sin(\theta-\alpha_j)\right| \tag{9-116}$$

式中，$l_j\left|\sin(\theta-\alpha_j)\right|$是该目标第 j 条边在视线角 θ 上投影所得到的长度；α_j 表示第 j 条边的单位法向量角。

3. 基于扩展高斯映射的系统模型

以矩形目标为例，根据其几何特性可以得到扩展高斯映射参数集：

$$\left\{l_1,l_2,l_1,l_2,\alpha,\alpha+\frac{\pi}{2},\alpha+\pi,\alpha+\frac{3\pi}{2}\right\} \tag{9-117}$$

相应地，形态参数 $\boldsymbol{e}_k=[l_{k,1},l_{k,2},\alpha_k]^{\mathrm{T}}$ 被扩维到 $\boldsymbol{x}_k=[(\boldsymbol{x}_k^m)^{\mathrm{T}},l_{k,1},l_{k,2},\alpha_k]^{\mathrm{T}}$，作为矩形扩展目标的整个状态向量。那么，根据式（9-115）和式（9-116）可以分别得到矩形目标的纵向距离像和横向距离像，有

$$\begin{aligned}\boldsymbol{C}(\theta_k)&=\frac{1}{2}\sum_{j=1}^{4}\left|\cos\left(\theta_k-\alpha_k-\frac{(j-1)\pi}{2}\right)\right|\\&=l_{k,1}\left|\cos(\theta_k-\alpha_k)\right|+l_{k,2}\left|\sin(\theta_k-\alpha_k)\right|\end{aligned} \tag{9-118}$$

$$\begin{aligned}\boldsymbol{D}(\theta_k)&=\frac{1}{2}\sum_{j=1}^{4}\left|\sin\left(\theta_k-\alpha_k-\frac{(j-1)\pi}{2}\right)\right|\\&=l_{k,1}\left|\sin(\theta_k-\alpha_k)\right|+l_{k,2}\left|\cos(\theta_k-\alpha_k)\right|\end{aligned} \tag{9-119}$$

由于量测方程高度非线性，因此可以通过无迹滤波算法来解决此状态估计问题。估计出矩形目标的扩展形态参数后，即可得到相应的扩展高斯映射参数集。之后便可在笛卡儿平面内重建矩形目标的扩展形态，详情见文献[8]。

9.4.3 基于闵可夫斯基和的复杂扩展目标跟踪模型

对于距离像量测下某些复杂形态的扩展目标的建模问题，本节考虑将一个复杂目标建模成多个具有常规扩展形态的简单子目标的闵可夫斯基和形式，见文献[11]。如图 9-20 所示，一个复杂的扩展目标可由两个子目标的闵可夫斯基和的形式建模，每个子目标的扩展形态可用椭形和矩形来表征，并由支撑函数和扩展高斯映射来描述。

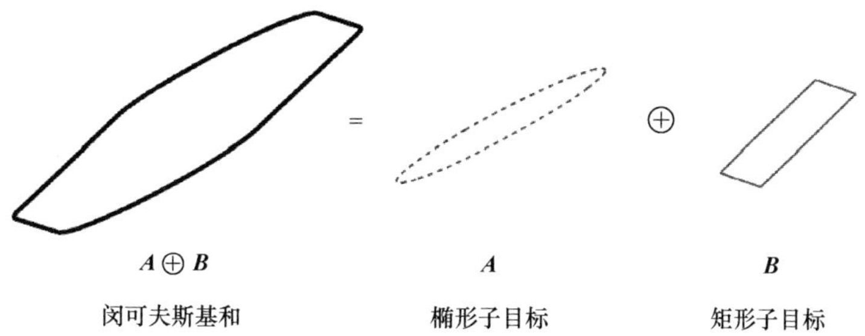

图 9-20 闵可夫斯基和

1．闵可夫斯基和

若 $\boldsymbol{A}$ 和 $\boldsymbol{B}$ 是 n 维欧几里得空间 $\mathbb{R}^n$ 内的两个任意点集，那么它们的闵可夫斯基和 $\boldsymbol{A}\oplus\boldsymbol{B}$ 被定义为

$$\boldsymbol{A}\oplus\boldsymbol{B}=\{\boldsymbol{a}+\boldsymbol{b},\boldsymbol{a}\in\boldsymbol{A},\boldsymbol{b}\in\boldsymbol{B}\} \tag{9-120}$$

式中，“+”表示两个点之间的向量和。闵可夫斯基和被广泛应用于计算几何领域，并在图形图像描述与分析方面起着至关重要的作用。若 $\boldsymbol{K}_i$ 为欧几里得空间 $\mathbb{R}^n$ 内的任意一个紧凸集，并且 $\lambda_i \geqslant 0$，$\forall i=1,2,\cdots,m$，那么它们的向量

$$\lambda_1\boldsymbol{K}_1\oplus\lambda_2\boldsymbol{K}_2\oplus\cdots\oplus\lambda_m\boldsymbol{K}_m=\{\lambda_1\boldsymbol{k}_1+\lambda_2\boldsymbol{k}_2+\cdots+\lambda_m\boldsymbol{k}_m,\boldsymbol{k}_i\in\boldsymbol{K}_i\} \tag{9-121}$$

称为闵可夫斯基线性组合。注意，多个凸集闵可夫斯基和产生的集合仍是凸的。

2．闵可夫斯基和与支撑函数

如果 $\mathbb{R}^n$ 内的凸体 $\boldsymbol{A}$ 和 $\boldsymbol{B}$ 都由支撑函数描述，那么在任意方向 $\boldsymbol{v}=[\cos\theta,\sin\theta]^{\mathrm{T}}$ 上的闵可夫斯基和 $\boldsymbol{A}\oplus\boldsymbol{B}$ 都可被唯一表示为

$$\boldsymbol{H}_{\boldsymbol{A}\oplus\boldsymbol{B}}(\theta)=\boldsymbol{H}_{\boldsymbol{A}}(\theta)+\boldsymbol{H}_{\boldsymbol{B}}(\theta) \tag{9-122}$$

式中，$\boldsymbol{H}_{\boldsymbol{A}}(\theta)+\boldsymbol{H}_{\boldsymbol{B}}(\theta)$ 仍然是一个支撑函数。对于 $\lambda\geqslant 0$，有

$$\boldsymbol{H}_{\lambda\boldsymbol{A}}(\theta)=\lambda\boldsymbol{H}_{\boldsymbol{A}}(\theta) \tag{9-123}$$

若 $\lambda_1,\lambda_2,\cdots,\lambda_m$ 都为正实数，并且 $\boldsymbol{K}_1,\boldsymbol{K}_2,\cdots,\boldsymbol{K}_m$ 都是 $\mathbb{R}^n$ 内的凸体，那么它们的闵可夫斯基线性组合 $\lambda_1\boldsymbol{K}_1\oplus\lambda_2\boldsymbol{K}_2\oplus\cdots\oplus\lambda_m\boldsymbol{K}_m$ 的支撑函数描述形式为

$$\boldsymbol{H}_{\lambda_1\boldsymbol{K}_1\oplus\lambda_2\boldsymbol{K}_2\oplus\cdots\oplus\lambda_m\boldsymbol{K}_m}(\theta)=\lambda_1\boldsymbol{H}_{\boldsymbol{K}_1}(\theta)+\lambda_2\boldsymbol{H}_{\boldsymbol{K}_2}(\theta)+\cdots+\lambda_m\boldsymbol{H}_{\boldsymbol{K}_m}(\theta) \tag{9-124}$$

显然，凸体 $\boldsymbol{K}_1,\boldsymbol{K}_2,\cdots,\boldsymbol{K}_m$ 的闵可夫斯基线性组合 $\lambda_1\boldsymbol{K}_1\oplus\lambda_2\boldsymbol{K}_2\oplus\cdots\oplus\lambda_m\boldsymbol{K}_m$ 可通过式（9-124）转换为它们各自支撑函数的线性组合，即 $\lambda_1\boldsymbol{H}_{\boldsymbol{K}_1}(\theta)+\lambda_2\boldsymbol{H}_{\boldsymbol{K}_2}(\theta)+\cdots+\lambda_m\boldsymbol{H}_{\boldsymbol{K}_m}(\theta)$。

3．利用闵可夫斯基和的复杂目标建模

假设一个复杂形态的扩展目标 $\boldsymbol{K}$ 由多个常规形态的简单子目标 $\boldsymbol{K}_1,\boldsymbol{K}_2\cdots,\boldsymbol{K}_m$ 的闵可夫斯基和建模，即

$$\boldsymbol{K}=\boldsymbol{K}_1\oplus\boldsymbol{K}_2\oplus\cdots\oplus\boldsymbol{K}_m \tag{9-125}$$

那么，该复杂目标的扩展形态描述可通过多个子目标各自支撑函数的简单和来实现，即

$$\boldsymbol{H}_{\boldsymbol{K}}(\theta)=\boldsymbol{H}_{\boldsymbol{K}_1\oplus\boldsymbol{K}_2\oplus\cdots\oplus\boldsymbol{K}_m}(\theta)=\boldsymbol{H}_{\boldsymbol{K}_1}(\theta)+\boldsymbol{H}_{\boldsymbol{K}_2}(\theta)+\cdots+\boldsymbol{H}_{\boldsymbol{K}_m}(\theta) \tag{9-126}$$

扩展目标的纵向距离像和横向距离像能由支撑函数来表征，即

$$\boldsymbol{D}(\theta)=\boldsymbol{H}(\theta)+\boldsymbol{H}(\theta+\pi) \tag{9-127}$$

则目标 $\boldsymbol{K}$（$\boldsymbol{K}=\boldsymbol{K}_1\oplus\boldsymbol{K}_2\oplus\cdots\oplus\boldsymbol{K}_m$）的纵向距离像 $\boldsymbol{D}_{\boldsymbol{K}}(\theta)$、横向距离像 $\boldsymbol{C}_{\boldsymbol{K}}(\theta)$ 分别为

$$\boldsymbol{D}_{\boldsymbol{K}}(\theta)=\boldsymbol{D}_{\boldsymbol{K}_1}(\theta)+\boldsymbol{D}_{\boldsymbol{K}_2}(\theta)+\cdots+\boldsymbol{D}_{\boldsymbol{K}_m}(\theta) \tag{9-128}$$

$$\boldsymbol{C}_{\boldsymbol{K}}(\theta)=\boldsymbol{C}_{\boldsymbol{K}_1}(\theta)+\boldsymbol{C}_{\boldsymbol{K}_2}(\theta)+\cdots+\boldsymbol{C}_{\boldsymbol{K}_m}(\theta) \tag{9-129}$$

式中，

$$\boldsymbol{D}_{\boldsymbol{K}_i}(\theta)=\boldsymbol{H}_{\boldsymbol{K}_i}(\theta)+\boldsymbol{H}_{\boldsymbol{K}_i}(\theta+\pi),\quad i=1,2,\cdots,m \tag{9-130}$$

$$\boldsymbol{C}_{\boldsymbol{K}_i}(\theta)=\boldsymbol{H}_{\boldsymbol{K}_i}\left(\theta-\frac{\pi}{2}\right)+\boldsymbol{H}_{\boldsymbol{K}_i}\left(\theta+\frac{\pi}{2}\right),\quad i=1,2,\cdots,m \tag{9-131}$$

显然，由式（9-130）和式（9-131）可以看出，$\boldsymbol{D}_{\boldsymbol{K}}(\theta)$ 和 $\boldsymbol{C}_{\boldsymbol{K}}(\theta)$ 可由支撑函数表征，并且分别转化为 $\boldsymbol{D}_{\boldsymbol{K}_1}(\theta),\boldsymbol{D}_{\boldsymbol{K}_2}(\theta),\cdots,\boldsymbol{D}_{\boldsymbol{K}_m}(\theta)$ 的简单和与 $\boldsymbol{C}_{\boldsymbol{K}_1}(\theta),\boldsymbol{C}_{\boldsymbol{K}_2}(\theta),\cdots,\boldsymbol{C}_{\boldsymbol{K}_m}(\theta)$ 的简单和。在此情况下，多个子目标的闵可夫斯基和形式的复杂形态扩展目标的建模主要可分为以下 3 种情况。

1）光滑目标的闵可夫斯基和

光滑目标的扩展形态被建模成两个光滑形态子目标的闵可夫斯基和，其中每个椭形子目标的扩展形态由各自的支撑函数来描述。

2）非光滑目标的闵可夫斯基和

非光滑目标，特别是具有多边形扩展形态的目标，可由扩展高斯映射直接描述。在此情况下，假设两个多边形目标 $\boldsymbol{K}_1$ 和 $\boldsymbol{K}_2$ 的扩展高斯映射参数分别为

$$\boldsymbol{K}_1:\{l_1,l_2,\cdots,l_M,\alpha_1,\alpha_2,\cdots,\alpha_M\} \tag{9-132}$$

$$\boldsymbol{K}_2:\{l_{M+1},l_{M+2},\cdots,l_{M+n},\alpha_{M+1},\alpha_{M+2},\cdots,\alpha_{M+n}\} \tag{9-133}$$

则多边形目标的纵向距离像为

$$\boldsymbol{D}_{\boldsymbol{K}_1}(\theta)=\frac{1}{2}\sum_{j=1}^{M}l_j\left|\sin(\theta-\alpha_j)\right| \tag{9-134}$$

$$\boldsymbol{D}_{\boldsymbol{K}_2}(\theta)=\frac{1}{2}\sum_{j=M+1}^{M+n}l_j\left|\sin(\theta-\alpha_j)\right| \tag{9-135}$$

根据式（9-128），可得

$$\boldsymbol{D}_{\boldsymbol{K}_1\oplus\boldsymbol{K}_2}(\theta)=\boldsymbol{D}_{\boldsymbol{K}_1}(\theta)+\boldsymbol{D}_{\boldsymbol{K}_2}(\theta)=\frac{1}{2}\sum_{j=1}^{M+n}\left|\sin(\theta-\alpha_j)\right| \tag{9-136}$$

相似地，多边形目标的横向距离像为

$$\boldsymbol{C}_{\boldsymbol{K}_1}(\theta)=\frac{1}{2}\sum_{j=1}^{M}l_j\left|\cos(\theta-\alpha_j)\right| \tag{9-137}$$

$$C_{K_2}(\theta)=\frac{1}{2}\sum_{j=M+1}^{M+n}l_j\left|\cos(\theta-\alpha_j)\right| \tag{9-138}$$

并且由式（9-129）可得

$$C_{K_1\oplus K_2}(\theta)=C_{K_1}(\theta)+C_{K_2}(\theta)=\frac{1}{2}\sum_{j=1}^{M+n}l_j\left|\cos(\theta-\alpha_j)\right| \tag{9-139}$$

那么由式（9-136）和式（9-139）可知，$K_1\oplus K_2$ 的扩展高斯映射的描述可由它们各自的扩展高斯映射组合来实现，其参数形式为

$$K_1\oplus K_2:\{l_1,l_2,\cdots,l_{M+n},\alpha_1,\alpha_2,\cdots,\alpha_{M+n}\} \tag{9-140}$$

以图 9-21 中的复杂扩展目标为例，其扩展形态被建模成两个非光滑子目标的闵可夫斯基和，其中每个多边形子目标均由各自的扩展高斯映射描述。那么，该复杂扩展目标的形态可由多边形子目标各自的扩展高斯映射组合而成的向量集合描述。

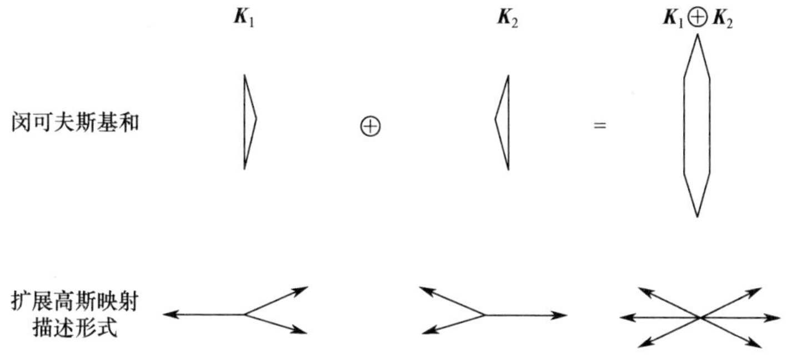

图 9-21　利用闵可夫斯基和的复杂扩展目标建模（例 1）

3）非光滑与光滑目标的闵可夫斯基和

以图 9-22 中的复杂扩展目标为例，其扩展形态可被建模成椭形子目标与矩形子目标的闵可夫斯基和。其中，椭形子目标可直接由支撑函数来描述；矩形子目标既可以由扩展高斯映射来描述，也可以由支撑函数来描述，因为对于某些对称非光滑目标，利用支撑函数与扩展高斯映射之间的关系，也可以间接得到它们的支撑函数描述。基于此，某些复杂目标也可以建模成光滑目标与非光滑目标的闵可夫斯基和，其中每个子目标都可以在支撑函数的框架内进行描述。

4. 复杂目标系统模型

以图 9-23 中的复杂扩展目标为例，它被建模成两个矩形子目标 K_1 和 K_2 的闵可夫斯基和，其中每个矩形子目标的形态可由扩展高斯映射来描述。为简单起见，假设这两个矩形子目标具有相同的尺寸大小，即各自的长轴、短轴的长度分别都为 $l_{k,1}$ 与 $l_{k,2}$，但每个矩形子目标的朝向角不同（K_1 和 K_2 的朝向角分别

为 α_k 与 γ_k ）。根据矩形的几何特性，很容易得到 $\boldsymbol{K}_1$ 与 $\boldsymbol{K}_2$ 的扩展高斯映射参数形式，分别为

$$\boldsymbol{K}_1 \ :\left\{l_{k,1},l_{k,2},l_{k,1},l_{k,2},\alpha_k,\alpha_k+\frac{\pi}{2},\alpha_k+\pi,\alpha_k+\frac{3\pi}{2}\right\} \tag{9-141}$$

$$\boldsymbol{K}_2 :\left\{l_{k,1},l_{k,2},l_{k,1},l_{k,2},\gamma_k,\gamma_k+\frac{\pi}{2},\gamma_k+\pi,\gamma_k+\frac{3\pi}{2}\right\} \tag{9-142}$$

显然，$\boldsymbol{e}_k=[l_{k,1},l_{k,2},\alpha_k,\gamma_k]^{\mathrm{T}}$ 是形态参数向量，那么整个复杂扩展目标的状态向量为

$$\boldsymbol{x}_k=[(\boldsymbol{x}_k^m)^{\mathrm{T}},l_{k,1},l_{k,2},\alpha_k,\gamma_k]^{\mathrm{T}} \tag{9-143}$$

相应地，也很容易推导出纵向距离像 $\boldsymbol{D}_k$ 与横向距离像 $\boldsymbol{C}_k$，分别为

$$\begin{aligned}\boldsymbol{D}(\theta_k)&=\boldsymbol{D}_{\boldsymbol{K}_1}(\theta_k)+\boldsymbol{D}_{\boldsymbol{K}_2}(\theta_k)\\&=l_{k,1}\left|\sin(\theta_k-\alpha_k)\right|+l_{k,2}\left|\cos(\theta_k-\alpha_k)\right|+\\&\quad l_{k,1}\left|\sin(\theta_k-\gamma_k)\right|+l_{k,2}\left|\cos(\theta_k-\gamma_k)\right|\end{aligned} \tag{9-144}$$

$$\begin{aligned}\boldsymbol{C}(\theta_k)&=\boldsymbol{C}_{\boldsymbol{K}_1}(\theta)+\boldsymbol{C}_{\boldsymbol{K}_2}(\theta)\\&=l_{k,1}\left|\cos(\theta_k-\alpha_k)\right|+l_{k,2}\left|\sin(\theta_k-\alpha_k)\right|+\\&\quad l_{k,1}\left|\cos(\theta_k-\gamma_k)\right|+l_{k,2}\left|\sin(\theta_k-\gamma_k)\right|\end{aligned} \tag{9-145}$$

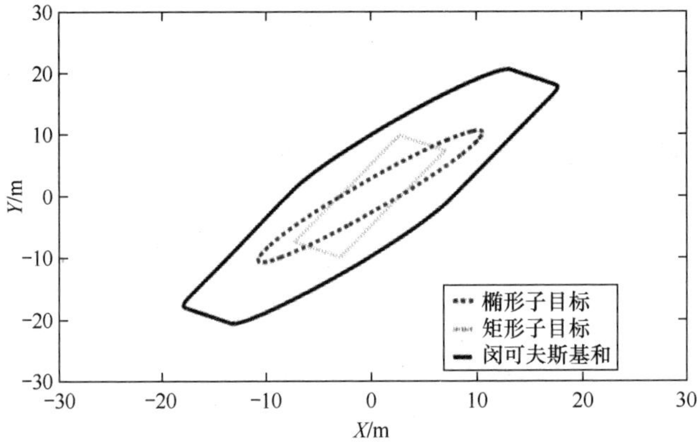

图 9-22 利用闵可夫斯基和的复杂扩展目标建模（例 2）

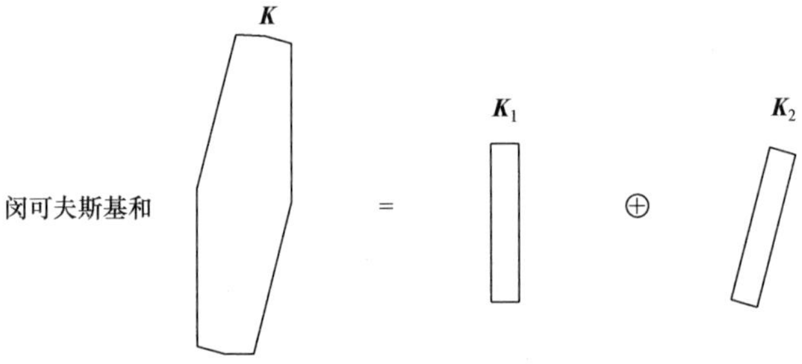

图 9-23 利用闵可夫斯基和的复杂扩展目标建模（例 3）

1）运动模型

运动模型与式（9-110）一致，但式中，

$$\boldsymbol{F}_{k-1}=\text{diag}(\boldsymbol{F}^{\text{c}},\boldsymbol{F}^{\text{c}},\boldsymbol{I}_4),\ \boldsymbol{G}_{k-1}=\text{diag}(\boldsymbol{G}^{\text{c}},\boldsymbol{G}^{\text{c}},\boldsymbol{I}_4) \tag{9-146}$$

$$\boldsymbol{I}_4=\begin{bmatrix}1&0&0&0\\0&1&0&0\\0&0&1&0\\0&0&0&1\end{bmatrix},\ \boldsymbol{F}^{\text{c}}=\begin{bmatrix}1&T\\0&1\end{bmatrix},\ \boldsymbol{G}^{\text{c}}=\begin{bmatrix}T^2/2\\T\end{bmatrix} \tag{9-147}$$

2）量测模型

量测模型与式（9-113）类似，但需要将其中的纵向距离像 $\boldsymbol{D}_k$ 与横向距离像 $\boldsymbol{C}_k$ 分别替换为式（9-144）和式（9-145）。

对于非线性状态估计问题，可采用无迹滤波器来解决。

9.4.4　仿真结果与分析

1. 目标距离像量测下扩展目标跟踪的仿真结果与分析

假设在一个场景中，所跟踪的椭形扩展目标与矩形扩展目标在笛卡儿坐标平面内做近似匀速直线运动，初始运动状态为 $\boldsymbol{x}_0^{\text{m}}=[1000\text{m/s},45\text{m/s},3000\text{m/s},60\text{m/s}]^{\text{T}}$。为公平起见，这里假设椭形扩展目标与矩形扩展目标具有相同的大小及朝向，即目标的长度和宽度分别为 50m 与 10m，朝向角为 $\pi/3$。椭形扩展目标的初始形态参数可由 Cholesky 分解得到，矩形扩展目标的初始形态参数为 $\boldsymbol{e}_0=[10\text{m},50\text{m},\pi/3]^{\text{T}}$，

$$\boldsymbol{L}_k=\text{chol}(\boldsymbol{E}_k)=\begin{bmatrix}13.23&0\\19.64&9.45\end{bmatrix} \tag{9-148}$$

那么形态参数就是矩阵 $\boldsymbol{L}_0$ 的非零项，即

$$\boldsymbol{e}_0=[\boldsymbol{L}_k^{(1)},\boldsymbol{L}_k^{(2)},\boldsymbol{L}_k^{(3)}]^{\text{T}}=[13.23,19.64,9.45]^{\text{T}}$$

高分辨率雷达观测点始终位于笛卡儿坐标平面的原点 $(0,0)$，它提供目标的运动量测（径向距离与方位角），以及纵向距离像和横向距离像量测，其采样周期 T=2s。径向距离、方位角、纵向距离像和横向距离像各个量测的标准差分别为 $\sigma_r=5$，$\sigma_\beta=0.6°$，$\sigma_D=5$，$\sigma_C=5$。

考虑到无迹滤波器能取得比扩展卡尔曼滤波器更精确的估计结果，$N=100$ 次蒙特卡罗仿真被用来比较不同量测情况下本节所提方法的估计性能。

为了验证该方法的有效性与优越性，考虑与以下几种方法的跟踪性能进行对比。

（1）EOT-SF：基于支撑函数的椭形扩展目标跟踪方法。

（2）EOT-EGI：基于扩展高斯映射的矩形扩展目标跟踪方法。

（3）EOT-SALMOND：Salmond 等提出的椭形目标跟踪方法，见文献[9]。

（4）EOT-XU：Xu 等提出的矩形目标跟踪方法，见文献[10]。

针对不同类型的扩展目标，仿真中 EOT-SF 和 EOT-EGI 分别与 EOT-SALMOND 和 EOT-XU 做比较。考虑如下测试场景：扩展目标在笛卡儿坐标平面内做近似匀速直线运动，其朝向与速度方向并不一致，使用与 9.4.3 节场景中相同的扩展目标仿真参数。为公平起见，在初始时刻，4 种方法中的扩展目标都有相同的扩展形态（如圆形或正方形），即不含有任何额外先验形态信息。

如图 9-24～图 9-26 所示，EOT-SF 和 EOT-EGI 能够同时估计出目标的运动状态和扩展形态，取得了比 EOT-SALMOND 和 EOT-XU 更好的跟踪性能。

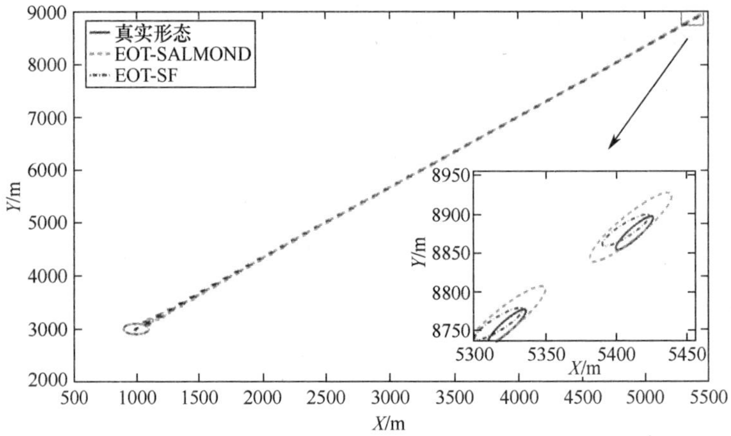

(a) 椭形扩展目标跟踪轨迹

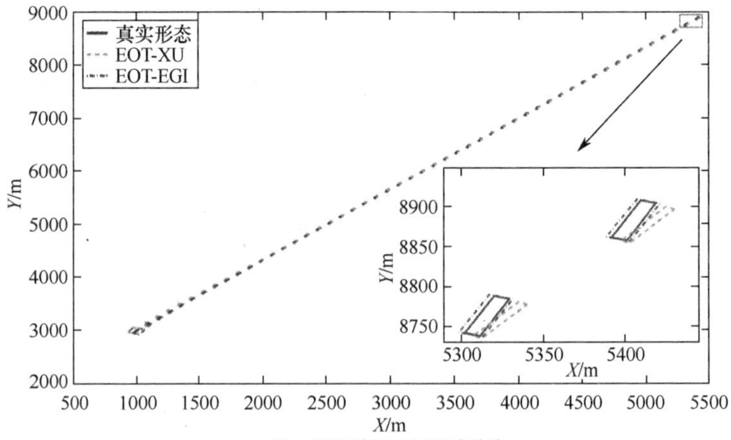

(b) 矩形扩展目标跟踪轨迹

图 9-24　扩展目标的仿真结果

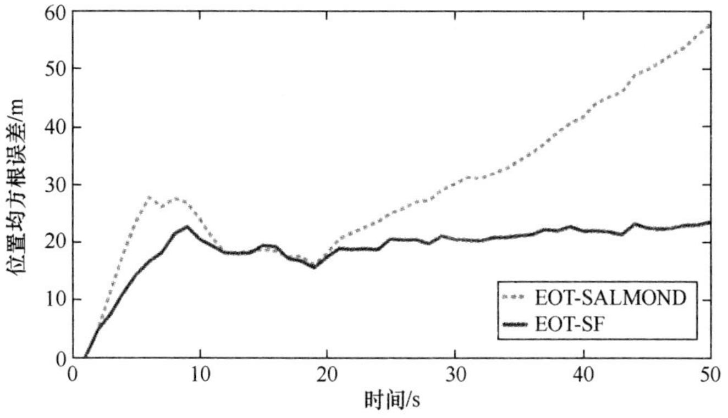

(a) 位置均方根误差

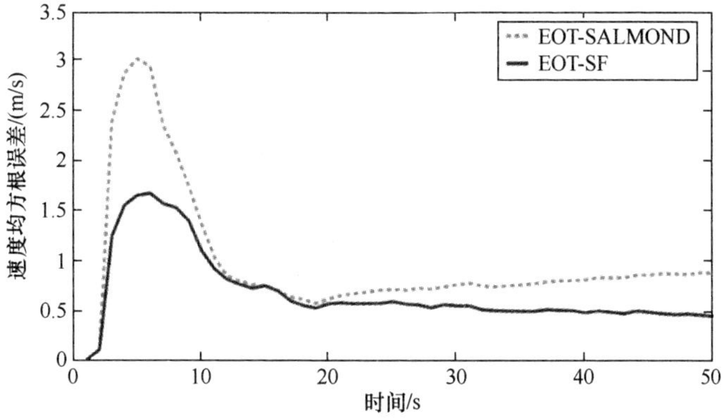

(b) 速度均方根误差

图 9-25　椭形扩展目标的性能对比

图 9-24～图 9-26 中的仿真对比结果也从另一个侧面反映了 EOT-SALMOND 和 EOT-XU 在实际应用中有着很大的局限性，这是因为它们假设目标朝向与速度方向一致，而对于目标朝向与速度方向不一致的情况，它们无法取得较好的跟踪性能。

2．基于闵可夫斯基和的复杂扩展目标跟踪的仿真结果与分析

假设扩展目标在笛卡儿坐标平面内做近似匀速直线运动，其初始运动状态为 $\boldsymbol{x}_0^{\mathrm{m}}=[1000\mathrm{m/s},45\mathrm{m/s},3000\mathrm{m/s},60\mathrm{m/s}]^{\mathrm{T}}$。以图 9-27 中的扩展目标为例，它被建模成两个矩形子目标的闵可夫斯基和，其中每个矩形子目标的形态均由扩展高斯映射描述，那么初始形态参数为 $\boldsymbol{e}_0=[5\mathrm{m},25\mathrm{m},\pi/3,\pi/6]^{\mathrm{T}}$。

高分辨率雷达观测点始终位于笛卡儿坐标平面的原点 $(0,0)$，它提供目标的运动量测（径向距离和方位角），以及纵向距离像和横向距离像量测，采样周期 T=2s。径向距离、方位角、纵向距离像和横向距离像各个量测的标准差分别为 $\sigma_r=10\mathrm{m}$，$\sigma_\beta=0.02\mathrm{rad}$，$\sigma_D=15\mathrm{m}$，$\sigma_C=15\mathrm{m}$。

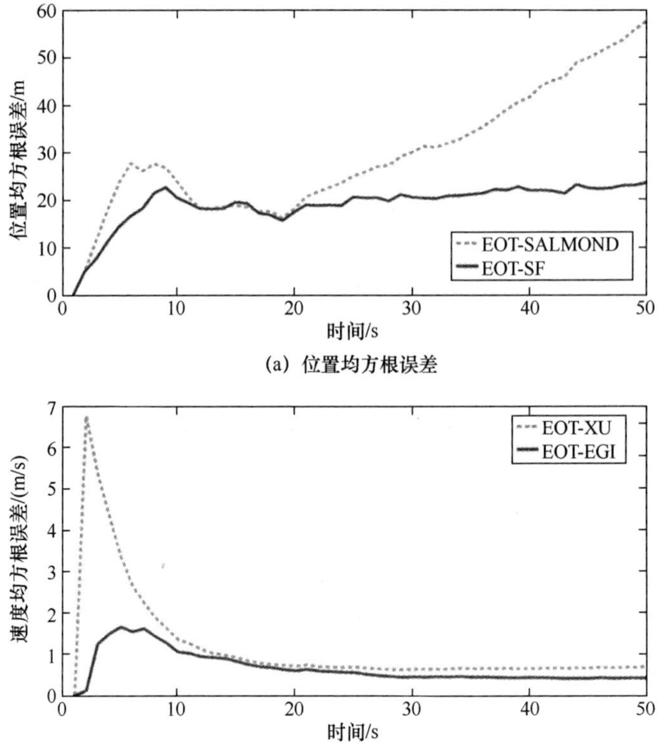

(a) 位置均方根误差

(b) 速度均方根误差

图 9-26　矩形扩展目标的性能对比

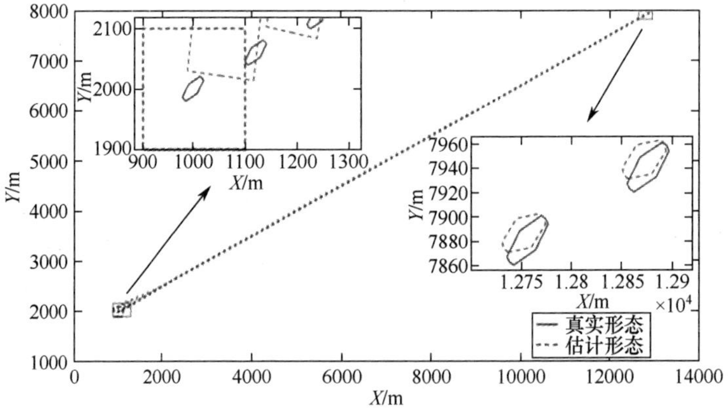

图 9-27　扩展目标的跟踪轨迹

仿真结果表明，本节所介绍的方法可以准确地估计目标的扩展形态，验证了该方法的有效性。

本章小结

本章分别就多散射点量测和目标距离像下扩展目标的建模、状态估计的相关理论与技术展开了研究，具体包括以下几个方面。

首先，详述了在多散射点量测背景下改进星凸形扩展目标的建模和估计方法。从目前星凸形扩展目标的建模方法出发，展开了深入的分析和研究，首次指出了该模型亟待解决的现实约束问题。为改进星凸形扩展目标模型，首先借助角度均匀采样的思想，给出了一种采样约束来简化原始约束。然后充分考虑使用采样约束在某些场景下可能带来的计算负担，给出了一种保守约束。最后基于此改进模型推导出了带非线性不等式约束的状态估计算法。该算法利用基于投影的无迹变换法，进一步提高了扩展目标状态的估计性能，随后的仿真结果验证了该算法的有效性。这部分研究工作为星凸形扩展目标跟踪方法的实际应用指明了方向。

其次，在多散射点量测背景下，针对扩展目标跟踪给出了基于形态变形的模型与方法，其将计算机图形学中通过改变图形上控制点的位置来改变图形形状的方法整合到扩展目标跟踪中。因此，复杂的图形可以由这些控制点充分刻画，由此简化了对扩展目标形态的描述。基于此模型，扩展形态被转化为扩维状态（控制点的位置），继而运用基于状态空间模型的传统点目标估计技术进行估计。此方法不仅可以描述很多复杂的目标形态，而且推导出的量测模型是关于状态的线性方程，从而弥补了其他方法的诸多缺点，如非线性状态估计困难、复杂度较高等。

最后，在目标距离像背景下，详述了基于支撑函数和扩展高斯映射的扩展目标建模与状态估计方法。针对目标的光滑形态或非光滑形态，本章分别基于支撑函数和扩展高斯映射给出了两种新的扩展目标建模方法。之后进一步利用闵可夫斯基和得到复杂扩展目标的跟踪方法。借助闵可夫斯基和优良的数学特性，一个复杂扩展目标很容易被建模成多个简单子目标的闵可夫斯基和，其主要优点是能够精确地描述复杂目标的扩展形态，而不丢失形态的细节信息。更重要的是，利用闵可夫斯基和不仅可以大大简化整个复杂扩展目标的建模过程，还可以非常便利地推导出状态估计算法，继而围绕它们建立复杂扩展目标的统一跟踪框架，以达到联合估计目标运动状态和扩展形态的目的。

参 考 文 献

[1] BAUM M, HANEBECK U D. Extended object tracking with random hypersurface models[J]. IEEE Transactions on Aerospace and Electronic Systems, 2014, 50(1):

149-159.

[2] SUN L F, LAN J, LI X R. Extended target tracking using star-convex model with nonlinear inequality constraints[C]. Proceedings of the 31st Chinese Control Conference, 2012: 3869-3874.

[3] LAN J, LI X R. State estimation with nonlinear inequality constraints based on unscented transformation[C]. Proceedings of the 14th International Conference on Information Fusion, 2011: 1-8.

[4] CAO X M, LAN J, LI X R. Extension-deformation approach to extended object tracking[J]. IEEE Transactions on Aerospace and Electronic Systems, 2021, 57(2): 866-881.

[5] CAO X M, LAN J, LI X R. Extension-deformation approach to extended object tracking[C]. Proceedings of the 19th International Conference on Information Fusion, 2016: 1185-1192.

[6] CAO X M, LAN J, LI X R. Extended object tracking using control-points-based extension deformation[C]. Proceedings of the 20th International Conference on Information Fusion, 2017: 1-8.

[7] SCHAEFER S, MCPHAIL T, WARREN J. Image deformation using moving least squares[C]. Proceedings of ACM SIGGRAPH 2006 Papers, 2006: 553-540.

[8] SUN L F, LI X R, LAN J. Modeling of extended objects based on support functions and extended Gaussian images for target tracking[J]. IEEE Transactions on Aerospace and Electronic Systems, 2014, 50(4): 3021-3035.

[9] SALMOND D, PARR M. Track maintenance using measurements of target extent[J]. IEEE Proceedings—Radar, Sonar and Navigation, 2003, 150(6): 389-395.

[10] XU L F, LI X R. Hybrid Cramer-Rao lower bound on tracking ground moving extended target[C]. Proceedings of the 12th International Conference on Information Fusion, 2009: 1037-1044.

[11] SUN L F, LAN J, LI X R. Modeling for tracking of complex extended object using Minkowski addition[C]. Proceedings of the 17th International Conference on Information Fusion, 2014: 1-8.

第 10 章

被动目标跟踪

10.1 概述

被动目标跟踪指的是通过接收目标信号源发出的各种信号进行滤波跟踪，被动目标跟踪又称目标运动分析（Target Motion Analysis，TMA），其主要研究目标是从含有噪声的角度量测中估计目标的状态（包括位置、速度等）。

近年来，随着体系化对抗日趋激烈，电子对抗、隐身飞机、反辐射导弹及超低空突防等技术不断发展，主动式搜索雷达等系统由于自身隐蔽性差等缺陷，越来越难以适应现代战争的需求。为此，各种新型被动传感器设备，如舰载声呐、地基声传感器网络及红外传感器等得到大量应用，这些传感器被动接收探测目标信号，隐蔽性好，具有更强的战场生存能力。然而，由于被动传感器平台只能获取目标的角度信息，其所导致的能观性问题和强非线性问题为运动目标状态的精确估计带来了巨大的挑战，使多源融合和目标信息处理对被动条件下的非线性滤波技术提出了更高的要求。

二维空间中的纯方位跟踪（Bearings-Only Tracking，BOT）和三维空间中的纯角度跟踪（Angle-Only Tracking，AOT）是典型的被动目标跟踪问题，这些问题在现实世界中广泛存在，如被动声呐水下跟踪、机载被动式雷达空中监视、被动式声呐机器人导航、单星对卫星的被动跟踪及使用光学望远镜的弹道目标跟踪等。被动目标跟踪面临的难题主要分为两大类：一是目标状态在传感器平台机动之前不能观；二是量测函数高度非线性，且仅可以提供角度量测来估计目标的多维状态。本章主要针对上述两类难题讲述被动目标跟踪所涉及的系统能观性分析及一些常用的被动目标跟踪算法。

10.1.1 被动目标跟踪能观性

非线性问题能否得到有效解决依赖目标的能观性，对很多非线性问题而言，能观性分析依旧存在较大的困难。特别是对被动目标跟踪问题而言，文献[1]称在己方平台机动之前，目标状态是不能观的。在这种情况下，能观性分析显得尤为重要，因为只有系统能观时，才能设计合适的滤波器来估计目标状态。也就是说，能观性研究是后续被动目标跟踪等的基础。

卡尔曼在 20 世纪 60 年代提出了能观性概念，用来表征系统状态能否由系统输出唯一确定。在被动目标跟踪问题中，能观性特指仅利用角度量测信息，目标状态估计存在唯一性。

20 世纪 80 年代，Nardone 等分别针对二维纯方位跟踪和三维纯角度跟踪的能观性问题进行了研究，在文献[2]中开创性地提出了目标运动能观性判据，通过建立量测微分矩阵，给出了纯方位跟踪目标状态具有唯一解的充要条件，并将此结论推广至纯角度跟踪问题中。为了避免被动目标跟踪复杂的非线性处理过程，文献[3]利用线性框架构造了伪量测函数，将纯方位跟踪问题重构为一个等价的线性问题，该思想在纯方位跟踪系统的能观性分析中发挥了重要作用。Jauffret 团队对能观性问题进行了大量的研究：针对匀速运动目标，对观测站轨迹由一个或多个运动段组成的场景进行了能观性分析，并在文献[4]中建立了费舍尔信息矩阵（Fisher Information Matrix，FIM）与能观性之间的关系；针对匀速运动目标、弱小机动（匀转弯运动或匀加速运动）观测站构成的场景，也给出了能观性判据。国内学者在被动目标跟踪能观性研究方面成果卓著，代表性研究团队有国防科技大学、西安交通大学、西北工业大学、北京理工大学、南京理工大学、海军工程大学等。

在被动目标跟踪中，能观性分析的一个主要目的是为估计器的设计提供指导，从而提高估计器的可靠性和准确性。然而，现有的大多数研究仅给出了系统能观性判据，并不能直接应用于指导估计器的设计。本章将分析不同滤波器性能优劣的内在原因，基于此对滤波器结构进行设计，提高被动目标状态估计性能。

10.1.2 被动目标跟踪滤波算法

对被动目标跟踪问题而言，很难直接构建一个有限维的最优贝叶斯滤波方法估计目标状态，因此，在实际问题中通常采用次优的非线性滤波方法解决该问题。本书主要考虑递推类型非线性滤波算法（不考虑批处理算法）。

最先被应用于解决纯方位跟踪问题的算法为笛卡儿坐标系 EKF，仿真结果表明，由于在 TMA 中用低维量测估计高维状态，使 EKF 方法在笛卡儿坐标系中状态协方差极易过早崩溃，导致 EKF 方法的性能受到严重制约。为了解决该问题，1983 年，Aidala 等在文献[5]中提出了二维空间的修正极坐标系 EKF，结果表明，该系统可较好地适应纯方位跟踪系统，因为在修正极坐标系中，可直接将能观的状态分量（方位角速率、距离变化率与距离之比、方位角）和不能观的状态分量（距离的倒数）解耦，从而避免了估计过程中的协方差矩阵病态问题，克服了滤波过程中滤波算法不稳定而极易发散的问题，提升了 EKF 的估计性能。文献[1]介绍了一种距离参数化 EKF，其基本思想为：将感兴趣的距离区间划分为多个子区间，每个子区间用一个 EKF 单独处理，多个 EKF 并行计算，最后对各个子区间的估计值进行加权求和，得到系统状态的整体估计。对于先验信息非常匮乏的情况，由于距离参数化 EKF 中的并行 EKF 使用了较小的变异系数，因此该方法的性能优于单个 EKF。此外，Musso 等在 2001 年提出了正则化粒子滤波（Regularized PF，RPF），也被应用于处理纯方位跟踪问题，目前该方法是传统方法中最好的滤波方法之一，可有效改善因为重采样导致的粒子多样性丢失问题，从而有效提升了估计性能。

同样，在三维空间中，状态不能观问题依旧存在，为了解决该问题，在文献[6]提出的修正球坐标系框架下，学者们提出了大量更高效的滤波方法，在文献[7]中有较为详细的介绍，比较有代表性的算法包括修正球坐标系 EKF、修正球坐标系 UF、修正球坐标系 PF 等。

国内学者及研究团队对被动目标跟踪算法也有大量的研究。代表性学者有何友、潘泉等，代表性研究团队有国防科技大学、西安交通大学、西北工业大学、电子科技大学及西安电子科技大学等。

10.2 系统模型和能观性分析

考虑以下非线性系统：

$$\boldsymbol{x}_k = \boldsymbol{f}(\boldsymbol{x}_{k-1}, \boldsymbol{w}_{k-1}) \tag{10-1}$$

$$\boldsymbol{z}_k = \boldsymbol{h}(\boldsymbol{x}_k, \boldsymbol{v}_k) \tag{10-2}$$

式中，$\boldsymbol{x}_k$ 和 $\boldsymbol{z}_k$ 分别为 k 时刻目标状态和量测向量；$\boldsymbol{w}_{k-1}$ 和 $\boldsymbol{v}_k$ 分别为过程噪声和量测噪声，假设为零均值高斯白噪声且协方差分别为 $\boldsymbol{Q}_{k-1}$ 和 $\boldsymbol{R}_k$；$\boldsymbol{f}(\cdot)$ 和 $\boldsymbol{h}(\cdot)$ 为非线性动态方程和量测方程。

为了将判定系统能观性常用的 FIM 扩展到非线性问题中，本节首先介绍统计线性回归（Statistical Linear Regression，SLR）思想，对非线性系统进行处理，得到对应的统计线性化（Statistical Linearization，SL）系统。

SL 的核心思想是：在被估量 $\boldsymbol{x}=\hat{\boldsymbol{x}}$ 附近将一个非线性函数 $\boldsymbol{y}=\boldsymbol{g}(\boldsymbol{x})$ 近似为线性形式，表达式为

$$\begin{aligned}\boldsymbol{y}&=\boldsymbol{g}(\boldsymbol{x})\\&\cong\hat{\boldsymbol{g}}(\boldsymbol{x})+\boldsymbol{e}\\&\approx\hat{\boldsymbol{g}}(\boldsymbol{x})\\&=\boldsymbol{B}(\boldsymbol{x}-\hat{\boldsymbol{x}})+\boldsymbol{a}\\&\triangleq\hat{\boldsymbol{y}}\end{aligned}\tag{10-3}$$

式中，$\boldsymbol{a}$ 和 $\boldsymbol{B}$ 分别为待求的向量和矩阵；误差 $\boldsymbol{e}\triangleq\boldsymbol{y}-\hat{\boldsymbol{y}}$。对应的最小均方误差可表示为

$$\mathrm{MSE}[\hat{\boldsymbol{g}}(\boldsymbol{x})]=E[\boldsymbol{e}^{\mathrm{T}}\boldsymbol{e}]\tag{10-4}$$

通过最小化求解式（10-4），可得到最优的 $\boldsymbol{a}$ 和 $\boldsymbol{B}$。

假设 $E[\tilde{\boldsymbol{x}}]=0\,(\tilde{\boldsymbol{x}}=\boldsymbol{x}-\hat{\boldsymbol{x}})$，$\bar{\boldsymbol{x}}=E[\boldsymbol{x}]=\hat{\boldsymbol{x}}$，式（10-3）对应的最优解可表示为

$$\boldsymbol{a}=E[\boldsymbol{y}],\ \ \boldsymbol{B}=E[(\boldsymbol{y}-E[\boldsymbol{y}])\tilde{\boldsymbol{x}}^{\mathrm{T}}]E[\tilde{\boldsymbol{x}}\tilde{\boldsymbol{x}}^{\mathrm{T}}]^{-1}=\boldsymbol{P}_{yx}\boldsymbol{P}_x^{-1}\tag{10-5}$$

可得到式（10-3）的完整表达式为

$$\begin{aligned}\hat{\boldsymbol{y}}&=\hat{\boldsymbol{g}}(\boldsymbol{x})\\&=\boldsymbol{P}_{yx}\boldsymbol{P}_x^{-1}(\boldsymbol{x}-\hat{\boldsymbol{x}})+E[\boldsymbol{y}]\\&=\boldsymbol{B}\boldsymbol{x}+\bar{\boldsymbol{y}}-\boldsymbol{B}\bar{\boldsymbol{x}}\\&=\boldsymbol{H}\boldsymbol{x}+\boldsymbol{b}\end{aligned}\tag{10-6}$$

为了保持符号一致性，令 $\boldsymbol{H}=\boldsymbol{B}=\boldsymbol{P}_{yx}\boldsymbol{P}_x^{-1}$，$\boldsymbol{b}=\bar{\boldsymbol{y}}-\boldsymbol{B}\bar{\boldsymbol{x}}$。对应的误差协方差可表示为

$$\begin{aligned}\boldsymbol{P}_{ee}&=E[(\boldsymbol{y}-\hat{\boldsymbol{y}})(\cdot)^{\mathrm{T}}]\\&=\boldsymbol{P}_y-\boldsymbol{P}_{yx}\boldsymbol{P}_x^{-1}\boldsymbol{P}_{yx}^{\mathrm{T}}\end{aligned}\tag{10-7}$$

上述期望及对应的协方差可通过确定性采样方法（如 UT、GHQ 等）近似求解，使用样本平均值可得到如下近似结果：

$$\bar{\boldsymbol{x}}\approx\frac{1}{r}\sum_{i=1}^{r}\boldsymbol{x}^i,\bar{\boldsymbol{y}}\approx\frac{1}{r}\sum_{i=1}^{r}\boldsymbol{y}^i\tag{10-8}$$

$$\boldsymbol{P}_x\approx\frac{1}{r}\sum_{i=1}^{r}(\boldsymbol{x}^i-\bar{\boldsymbol{x}})(\boldsymbol{x}^i-\bar{\boldsymbol{x}})^{\mathrm{T}}\tag{10-9}$$

$$\boldsymbol{P}_y\approx\frac{1}{r}\sum_{i=1}^{r}(\boldsymbol{y}^i-\bar{\boldsymbol{y}})(\boldsymbol{y}^i-\bar{\boldsymbol{y}})^{\mathrm{T}}\tag{10-10}$$

$$\boldsymbol{P}_{xy}\approx\frac{1}{r}\sum_{i=1}^{r}(\boldsymbol{x}^i-\bar{\boldsymbol{x}})(\boldsymbol{y}^i-\bar{\boldsymbol{y}})^{\mathrm{T}}\tag{10-11}$$

式中，$\boldsymbol{x}^i$ 是 $\boldsymbol{x}$ 的样本点，且 $\boldsymbol{y}^i=\boldsymbol{y}(\boldsymbol{x}^i)$。

确定 SL 参数后，根据式（10-3）和式（10-6），非线性函数 $\boldsymbol{y}=\boldsymbol{g}(\boldsymbol{x})$ 的近似线性形式可表示为

$$
\begin{aligned}
\boldsymbol{y} &= \boldsymbol{g}(\boldsymbol{x}) \\
&\cong \boldsymbol{L}(\boldsymbol{x}) + \boldsymbol{e} \\
&= \boldsymbol{H}\boldsymbol{x} + \boldsymbol{b} + \boldsymbol{e}
\end{aligned} \tag{10-12}
$$

基于上述 SLR 思想，非线性系统可以转化为统计线性系统，对应的动态方程及量测方程可表示为

$$
\boldsymbol{x}_k = \boldsymbol{F}_{k-1}\boldsymbol{x}_{k-1} + \boldsymbol{b}_k^{\boldsymbol{F}} + \boldsymbol{w}_{k-1}^{\boldsymbol{F}} \tag{10-13}
$$

$$
\boldsymbol{z}_k = \boldsymbol{H}_k\boldsymbol{x}_k + \boldsymbol{b}_k^{\boldsymbol{H}} + \boldsymbol{v}_k^{\boldsymbol{H}} \tag{10-14}
$$

式中，$\boldsymbol{F}_{k-1} = \overline{\boldsymbol{f}(\boldsymbol{x}_{k-1}, \boldsymbol{w}_{k-1})(\boldsymbol{x}_{k-1} - \hat{\boldsymbol{x}}_{k-1})^{\mathrm{T}}}\boldsymbol{P}_{k-1}^{-1}$；$\boldsymbol{H}_k = \overline{\boldsymbol{h}(\boldsymbol{x}_k, \boldsymbol{v}_k)(\boldsymbol{x}_k - \hat{\boldsymbol{x}}_{k|k-1})^{\mathrm{T}}}\boldsymbol{P}_{k|k-1}^{-1}$；$\boldsymbol{b}_k^{\boldsymbol{F}}$、$\boldsymbol{b}_k^{\boldsymbol{H}}$ 可以由式（10-6）中的 $\boldsymbol{b}$ 得到；$\boldsymbol{w}_{k-1}^{\boldsymbol{F}}$、$\boldsymbol{v}_k^{\boldsymbol{H}}$ 可以由式（10-12）中的线性误差 $\boldsymbol{e}$ 得到；$\overline{(\cdot)} \triangleq E[(\cdot) | \boldsymbol{z}^{k-1}]$。

将卡尔曼滤波器用于上述 SL 系统中，等价于基于线性回归的非线性滤波器，如线性回归卡尔曼滤波器。换言之，基于 LMMSE 的估计器可看作线性回归卡尔曼滤波器的特殊形式。

10.2.1　基于费舍尔信息矩阵的能观性分析

文献[4]详细描述了能观性与 FIM 之间的联系：在高斯假设下，当且仅当 FIM 非奇异时，系统是能观的。此外，该性质可推广到非线性问题（如 BOT 问题）中。

为了不失一般性，考虑如下带加性噪声的非线性系统：

$$
\boldsymbol{x}_k = \boldsymbol{f}(\boldsymbol{x}_{k-1}) + \boldsymbol{w}_{k-1} \tag{10-15}
$$

$$
\boldsymbol{z}_k = \boldsymbol{h}(\boldsymbol{x}_k) + \boldsymbol{v}_k \tag{10-16}
$$

在求解估计问题中的后验克拉美罗下界（Posterior Cramer-Rao Lower Bound，PCRLB）时，无偏估计器 $\hat{\boldsymbol{x}}$ 的协方差矩阵以 FIM 的逆 $\boldsymbol{J}^{-1}$ 为下界，有

$$
\boldsymbol{C}_k = E[(\boldsymbol{x}_k - \hat{\boldsymbol{x}}_k)(\cdot)^{\mathrm{T}}] \geqslant \boldsymbol{J}^{-1} \tag{10-17}
$$

$$
\boldsymbol{J}_{\boldsymbol{x},k} = E\{[\nabla_{\boldsymbol{x}} \ln\lambda(\boldsymbol{x}_k)][\nabla_{\boldsymbol{x}} \ln\lambda(\boldsymbol{x}_k)]^{\mathrm{T}}\} \tag{10-18}
$$

在量测函数（10-2）中，k 时刻量测 $\boldsymbol{z}_k$ 的概率密度函数为

$$
p(\boldsymbol{z}_k | \boldsymbol{x}_k) = \frac{1}{(2\pi)^{n/2}|\boldsymbol{R}_k|^{1/2}} \exp\left(-\frac{1}{2}(\boldsymbol{z}_k - \boldsymbol{h}(\boldsymbol{x}_k))^{\mathrm{T}} \boldsymbol{R}_k^{-1}(\boldsymbol{z}_k - \boldsymbol{h}(\boldsymbol{x}_k))\right) \tag{10-19}
$$

式中，n 为量测维数。

对于量测集 $\boldsymbol{Z}^k = \{\boldsymbol{z}_1, \boldsymbol{z}_2, \cdots, \boldsymbol{z}_k\}$，对应的似然函数可表示为

$$
\lambda(\boldsymbol{x}_k) = p(\boldsymbol{Z}^k | \boldsymbol{X}) = c \cdot \exp\left\{-\frac{1}{2}\sum_{i=1}^{k}(\boldsymbol{z}_i - \boldsymbol{h}(\boldsymbol{x}_i))^{\mathrm{T}} \boldsymbol{R}_i^{-1}(\boldsymbol{z}_i - \boldsymbol{h}(\boldsymbol{x}_i))\right\} \tag{10-20}
$$

式中，c 为标准化常数；$\boldsymbol{X} = \{\boldsymbol{x}_1, \boldsymbol{x}_2, \cdots, \boldsymbol{x}_k\}$。

由式（10-18）和式（10-20）可推导出 FIM 形式，表示为

$$J_{x,k}=-E\left[\frac{\partial^2}{\partial x_k^2}\ln\lambda(x_k)\right] \tag{10-21}$$

式中，

$$\frac{\partial}{\partial X}\ln\lambda(x_k)=\sum_{i=1}^{k}H_i^{\mathrm{T}}R_i^{-1}(z_i-h(x_i)) \tag{10-22}$$

且 $H_i=\frac{\partial h(x)}{\partial x}|_{x=x_i}$。

由式（10-21）和式（10-22）可推导出系统的 FIM 形式，表示如下：

$$J_{x,k}=\sum_{i=1}^{k}H_i^{\mathrm{T}}R_i^{-1}H_i \tag{10-23}$$

针对动态系统（10-1），可得到对应线性化之后的状态转移矩阵为

$$F_{i,k}=\frac{\partial f(x_i)}{\partial x_k} \tag{10-24}$$

基于式（10-23）和式（10-24），得到 k 时刻的 FIM 形式为

$$J_{x,k}=\sum_{i=1}^{k}F_{i,k}^{\mathrm{T}}H_i^{\mathrm{T}}R_i^{-1}H_iF_{i,k} \tag{10-25}$$

由于在非线性问题中，直接对 $h(x_k)$ 求偏导很难得到精确的 H_k，因此可以使用 SL 方法对系统进行线性化，然后直接利用 FIM 框架求解系统能观性。

10.2.2 基于线性最小均方误差估计的能观性分析

为了度量一个系统的能观性，人们陆续提出了多种不同的方法。下面主要介绍两种代表性方法。

（1）利用能观性矩阵行列式进行能观性判据，具体形式如下：

$$\mu=[\det(J_k)]^{1/n} \tag{10-26}$$

式中，J_k 为 k 时刻的费舍尔信息矩阵；n 为目标状态维数。当 $J_k=0$ 时，能观性矩阵不满秩。即当 $\mu=0$ 时，对应的系统不能观。同理，矩阵行列式值越大，系统相应的能观性越大。

（2）利用条件数进行能观性判据，具体形式如下：

$$\mathrm{cond}(J_k)=\frac{\sigma_{\max}(J_k)}{\sigma_{\min}(J_k)} \tag{10-27}$$

式中，$\sigma_{\max}(\cdot)$ 和 $\sigma_{\min}(\cdot)$ 分别表示能观性矩阵的最大奇异值和最小奇异值。条件数取值大于或等于 1；条件数越大，矩阵越趋向奇异。通常，使用条件数的逆作为能观性判据，具体形式如下：

$$\delta=\frac{1}{\mathrm{cond}(J_k)}=\frac{\sigma_{\min}(J_k)}{\sigma_{\max}(J_k)} \tag{10-28}$$

注意，$0 \leqslant \delta \leqslant 1$。即当 $\delta = 0$ 时，系统不能观；当 $\delta > 0$ 时，系统局部能观。在条件数判据中，仅利用最大奇异值和最小奇异值求解，这意味着矩阵中其他信息未被考虑，信息利用率低，可能对结果产生负面影响。相比于条件数，利用能观性矩阵行列式可以充分利用矩阵信息，该方法比较符合实际问题的需求。

我们在第 5 章提出的不相关转换滤波（UCF）本质上是一个量测扩维的 LMMSE 估计器。换言之，如果量测的非线性转换 $\boldsymbol{y}(\boldsymbol{z}) = 0$，则 UCF 将退化为原始 LMMSE 估计器。因此，对 UCF 框架的分析可等同于对基于 LMMSE 的估计器的分析。

UCF 方法与原始 LMMSE 估计器之间的主要区别在于将量测进行了非线性转换，并与原始量测组合扩维，从而得到了真正意义上的非线性估计框架。针对非线性系统（10-2），UCF 的扩维量测可表示为

$$\boldsymbol{z}_k^{\mathrm{a}} = \begin{bmatrix} \boldsymbol{z}_k \\ \boldsymbol{y}_k \end{bmatrix} = \begin{bmatrix} \boldsymbol{h}(\boldsymbol{x}_k, \boldsymbol{v}_k) \\ \boldsymbol{g}(\boldsymbol{h}(\boldsymbol{x}_k, \boldsymbol{v}_k)) \end{bmatrix} \tag{10-29}$$

UCF 的线性化量测函数可表示为

$$\boldsymbol{z}_k^{\mathrm{a}} \cong \boldsymbol{L}^{\mathrm{a}}(\boldsymbol{x}_k, \boldsymbol{v}_k) + \boldsymbol{v}_k^{\mathrm{a}} = \boldsymbol{H}_k^{\mathrm{a}} \boldsymbol{x}_k + \boldsymbol{b}_k^{\boldsymbol{H}^{\mathrm{a}}} + \boldsymbol{v}_k^{\mathrm{a}} \tag{10-30}$$

式中，$\boldsymbol{v}_k^{\mathrm{a}} = [\boldsymbol{v}_z \quad \boldsymbol{v}_y]^{\mathrm{T}} = \boldsymbol{z}_k^{\mathrm{a}} - \boldsymbol{L}^{\mathrm{a}}(\boldsymbol{x}_k, \boldsymbol{v}_k)$ 是线性化误差；$\boldsymbol{H}_k^{\mathrm{a}}$ 和 $\boldsymbol{b}_k^{\boldsymbol{H}^{\mathrm{a}}}$ 分别为

$$\boldsymbol{H}_k^{\mathrm{a}} = \begin{bmatrix} \boldsymbol{H}_k^z \\ \boldsymbol{H}_k^y \end{bmatrix} = \begin{bmatrix} \boldsymbol{P}_{\boldsymbol{hx},k} \boldsymbol{P}_{\boldsymbol{x},k}^{-1} \\ \boldsymbol{P}_{\boldsymbol{gx},k} \boldsymbol{P}_{\boldsymbol{x},k}^{-1} \end{bmatrix}, \quad \boldsymbol{b}_k^{\boldsymbol{H}^{\mathrm{a}}} = \begin{bmatrix} \bar{\boldsymbol{h}}_k - \boldsymbol{H}_k^z \bar{\boldsymbol{x}}_k \\ \bar{\boldsymbol{g}}_k - \boldsymbol{H}_k^y \bar{\boldsymbol{x}}_k \end{bmatrix} \tag{10-31}$$

各元素都可利用确定性采样方法（如 UT 或 GHQ 等）求出。

线性化误差 $\boldsymbol{v}_k^{\mathrm{a}}$ 对应的 MSE 可表示为

$$\boldsymbol{P}_k^{\boldsymbol{v}^{\mathrm{a}}} = E[(\boldsymbol{v}_k^{\mathrm{a}} - \bar{\boldsymbol{v}}_k^{\mathrm{a}})(\boldsymbol{v}_k^{\mathrm{a}} - \bar{\boldsymbol{v}}_k^{\mathrm{a}})^{\mathrm{T}}] = \begin{bmatrix} \boldsymbol{P}_{\boldsymbol{v}_z,k} & \boldsymbol{P}_{\boldsymbol{v}_z\boldsymbol{v}_y,k} \\ \boldsymbol{P}_{\boldsymbol{v}_y\boldsymbol{v}_z,k} & \boldsymbol{P}_{\boldsymbol{v}_y,k} \end{bmatrix} \tag{10-32}$$

式中，$\boldsymbol{P}_{\boldsymbol{v}_z,k} \triangleq \mathrm{cov}(\boldsymbol{v}_z)$；$\boldsymbol{P}_{\boldsymbol{v}_y,k} \triangleq \mathrm{cov}(\boldsymbol{v}_y)$；$\boldsymbol{P}_{\boldsymbol{v}_z\boldsymbol{v}_y,k} \triangleq \mathrm{cov}(\boldsymbol{v}_z, \boldsymbol{v}_y)$。

综上所述，基于 LMMSE 的估计器（UCF）的 SL 系统可表示为

$$\boldsymbol{x}_k = \boldsymbol{F}_{k-1} \boldsymbol{x}_{k-1} + \boldsymbol{b}_k^{\boldsymbol{F}} + \boldsymbol{w}_{k-1}^{\boldsymbol{F}} \tag{10-33}$$

$$\boldsymbol{z}_k^{\mathrm{a}} = \boldsymbol{H}_k^{\mathrm{a}} \boldsymbol{x}_k + \boldsymbol{b}_k^{\boldsymbol{H}^{\mathrm{a}}} + \boldsymbol{v}_k^{\mathrm{a}} \tag{10-34}$$

应用于非线性系统（10-1）和非线性系统（10-2）的基于 LMMSE 的估计器可等价为一个线性回归卡尔曼滤波器。基于 SL 方法得到的线性系统（10-33）和线性系统（10-34），由式（10-25）可得，对应 UCF 的 FIM 可表示为

$$\boldsymbol{J}_{\boldsymbol{x},k}^{\mathrm{a}} = \sum_{i=1}^{k} (\boldsymbol{F}_{i,k} \boldsymbol{H}_i^{\mathrm{a}})^{\mathrm{T}} (\boldsymbol{P}_i^{\boldsymbol{v}_i^{\mathrm{a}}})^{-1} \boldsymbol{H}_i^{\mathrm{a}} \boldsymbol{F}_{i,k} \tag{10-35}$$

在 k 时刻，UCF 对应的 FIM 可分解为如下形式：

$$\boldsymbol{J}_{\boldsymbol{x},k}^{\mathrm{a}} = \boldsymbol{J}_{\boldsymbol{x},k} + \tilde{\boldsymbol{J}}_k \tag{10-36}$$

$$\tilde{\boldsymbol{J}}_k \triangleq \sum_{i=1}^{k} \boldsymbol{F}_{i,k}^{\mathrm{T}} \boldsymbol{N}_i^{\mathrm{T}} (\boldsymbol{P}_{\boldsymbol{v}_y} - \boldsymbol{P}_{\boldsymbol{v}_y \boldsymbol{v}_z} \boldsymbol{P}_{\boldsymbol{v}_z}^{-1} \boldsymbol{P}_{\boldsymbol{v}_z \boldsymbol{v}_y})^{-1} \boldsymbol{N}_i \boldsymbol{F}_{i,k} \tag{10-37}$$

式中，$\boldsymbol{J}_{\boldsymbol{x},k}$ 是原始 LMMSE 估计器对应的 FIM；$\boldsymbol{N}_i \triangleq \boldsymbol{H}_i^y - \boldsymbol{P}_{\boldsymbol{v}_y \boldsymbol{v}_z} \boldsymbol{P}_{\boldsymbol{v}_z}^{-1} \boldsymbol{H}_i^z$。

由式（10-26）可知，对应 UCF 的 SL 系统能观性优于原始 LMMSE 估计器的线性系统，即 $\mu_{\mathrm{UCF}} \geqslant \mu_{\mathrm{LMMSE}}$。

很明显，UCF 对应的 FIM 由原始 LMMSE 估计器对应的 FIM 和正半定矩阵 $\tilde{\boldsymbol{J}}_k$ 组成，对应 UCF 的 SL 系统能观性优于对应原始 LMMSE 估计器的 SL 系统，换言之，$\mu(\boldsymbol{J}_{\boldsymbol{x},k}^{\mathrm{a}}) \geqslant \mu(\boldsymbol{J}_{\boldsymbol{x},k}) + \mu(\tilde{\boldsymbol{J}}_k)$。

10.2.3 能观性分析在被动目标跟踪中的应用

纯方位跟踪问题已经成为一个在理论和实际应用中被广泛研究的问题。然而，对于纯方位跟踪问题，只有己方平台运动时，目标状态才能观测，因此很难得到一个状态的解析解。纯方位跟踪问题的能观性研究显得尤为重要。本节利用能观性度量方法和 SL 思想，对用于解决纯方位跟踪问题的各种滤波器的能观性进行分析。

本节仿真验证使用了我们在文献[8]中所述的 UCF 方法，通过对扩维项进行针对性设计，得到不相关转换形式为 $g(z) = \sqrt{(G_1\tilde{z}_k)^2 + (G_2\tilde{z}_k)^2}$，其中，$\tilde{z}_k = z_k - \hat{z}_{k|k-1}$，$G_1$ 和 G_2 的具体形式详见文献[8]。在纯方位跟踪问题中，比较了对应 QKF 和基于 QKF 的 UCF 的 SL 系统的能观性。此外，本节还比较了笛卡儿坐标系下 QKF、UCF 和 PF（粒子数=50000 个）等算法的性能，从估计性能的角度进一步说明了能观性判据的有效性。

本节的仿真场景参考了经典的纯方位跟踪问题，如图 10-1 所示。在笛卡儿坐标系中，目标做近匀速直线运动，速度为 4kts（1kts ≈ 0.514m/s）。己艇开始以固定速度 3kts 做匀速直线运动，在第 13～17min，己艇做匀转弯运动，而后做匀速直线运动，直到仿真结束。

一个非机动目标与己艇相对状态的离散时间动态模型可表示为

$$\begin{aligned}\boldsymbol{x}_k = \boldsymbol{x}_k^{\mathrm{t}} - \boldsymbol{x}_k^{\mathrm{o}} &= \boldsymbol{F}_{k-1}\boldsymbol{x}_{k-1}^{\mathrm{t}} + \boldsymbol{G}_{k-1}\boldsymbol{w}_{k-1} - \boldsymbol{F}_{k-1}^{\mathrm{o}}\boldsymbol{x}_{k-1}^{\mathrm{o}} \\ &= \boldsymbol{F}_{k-1}\boldsymbol{x}_{k-1} + \boldsymbol{G}_{k-1}\boldsymbol{w}_{k-1} - \boldsymbol{U}_{k-1}\end{aligned} \tag{10-38}$$

式中，$\boldsymbol{x}_k^{\mathrm{t}}$ 和 $\boldsymbol{x}_k^{\mathrm{o}}$ 分别为 k 时刻目标的状态向量和己艇的状态向量；$\boldsymbol{F}_{k-1} = \boldsymbol{F} \otimes \boldsymbol{I}_2$，$\boldsymbol{F} = \begin{bmatrix} 1 & T \\ 0 & 1 \end{bmatrix}$；$\boldsymbol{G}_{k-1} = \boldsymbol{G} \otimes \boldsymbol{I}_2$，$\boldsymbol{G} = [T^2/2 \;\; T]^{\mathrm{T}}$，$T$ 为采样间隔；相对状态向量 $\boldsymbol{x}_k = \boldsymbol{x}_k^{\mathrm{t}} - \boldsymbol{x}_k^{\mathrm{o}} = [x_k, y_k, \dot{x}_k, \dot{y}_k]^{\mathrm{T}}$；$\otimes$ 为克罗内克积；$\boldsymbol{F}^{\mathrm{o}}$ 为己艇运动的状态转移矩阵；$\boldsymbol{U}_{k-1} \triangleq (\boldsymbol{F}_{k-1} - \boldsymbol{F}_{k-1}^{\mathrm{o}})\boldsymbol{x}_{k-1}^{\mathrm{o}}$ 表示己艇加速度对相对状态向量的影响；$\boldsymbol{w}_{k-1}$ 为零均值高斯白噪声，噪声协方差为 $\boldsymbol{Q}_{k-1}$。过程噪声标准差 $\sigma_w = 10^{-6}$ m/s^2。参数设置

及初始化方法见文献[1]和文献[8]。

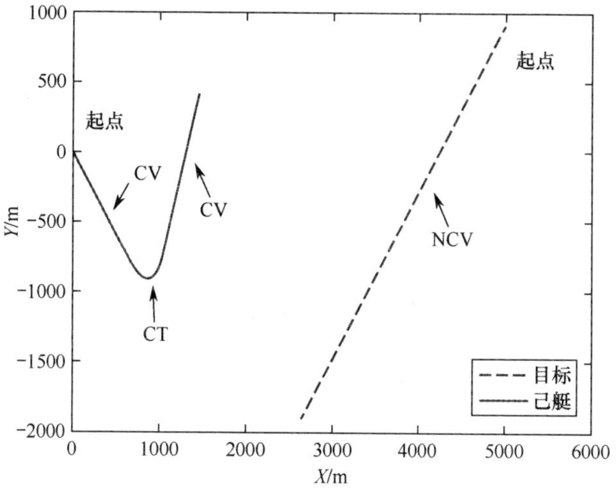

图 10-1　纯方位跟踪问题仿真场景

k 时刻的量测模型表示为

$$z_k = h(\boldsymbol{x}_k) + \boldsymbol{v}_k \triangleq \arctan(x_k, y_k) + \boldsymbol{v}_k \tag{10-39}$$

式中，$h(\boldsymbol{x}_k)$ 为真实方位角量测；$\boldsymbol{v}_k$ 为零均值高斯白噪声，噪声协方差为 σ_θ^2。量测噪声标准差在本场景中设置为 $\sigma_\theta = 3°$。

仿真结果如图 10-2 和图 10-3 所示。图 10-2 展示了对应不同估计器的 SL 系统能观性，图 10-3 展示了各滤波器位置均方根误差及系统 PCRLB。

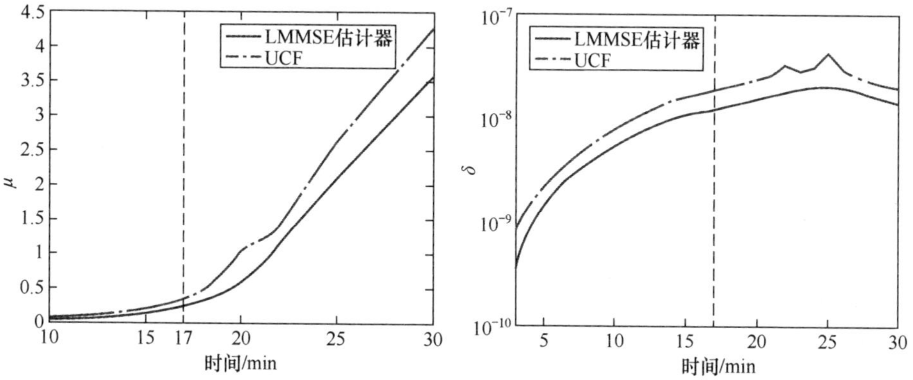

(a) 能观性（行列式）　　(b) 能观性（条件数）

图 10-2　对应不同估计器的 SL 系统能观性

如图 10-2 所示，相比原始 LMMSE 估计器，对应 UCF 的 SL 系统能观性更好，主要原因在于：扩维量测以 UC 的形式提取了更多的量测信息，这些信息对于提升所构造的 SL 系统能观性是有帮助的，进而，能观性可通过 UCF 的量测扩维得到提升。分析图 10-2 可发现，对应 UCF 的 SL 系统能观性在传感器做完机动后（从第 17min 开始）提升明显，该趋势与己艇机动时间保持一致。此外，对应 UCF 的能观性在己艇做完机动后，也明显优于原始 LMMSE 估计器所对应的能观性。这也说明对应 UCF 的 SL 系统能够比对应原始 LMMSE 估计器的 SL 系统更早实现对目标状态的能观响应。

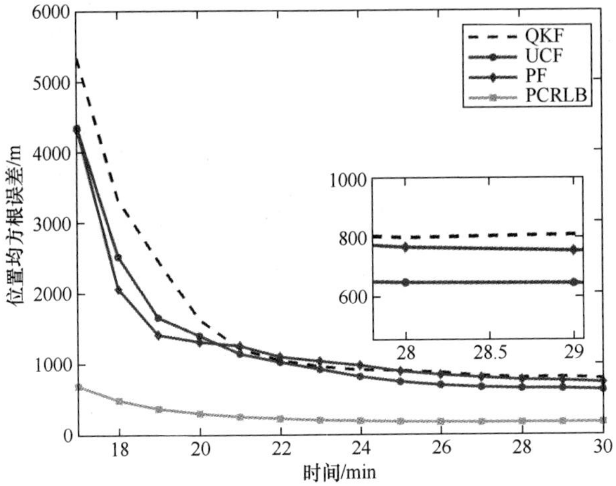

图 10-3　各滤波器位置均方根误差及系统 PCRLB

由图 10-3 可以看出，UCF 方法的性能优于 PF 方法（粒子数=50000 个），主要原因在于：不相关转换可实质性地获取更多的量测有效信息，将该信息用于 LMMSE 估计器，并利用 SL 进行等价转换，可以发现系统能观性得到了有效提升，从而提高了目标估计精度。

本节对被动目标跟踪问题中非线性滤波方法性能做了理论分析，通过对不同滤波器的能观性分析，介绍了滤波器性能优劣的内在原因，可基于此对滤波器的结构进行选择和设计，从而提高估计性能。

10.3 纯方位跟踪方法

10.3.1 纯方位跟踪问题描述

1. 非机动情况

纯方位跟踪的基本问题是如何从传感器获得的带有噪声的目标方位信息中估计目标的状态（如位置和速度）。对单个传感器而言，目标方位信息从单个移动观测站获得。考虑图 10-4 描述的典型的二维目标–观测站的相对运动场景，在数学上可将该问题定义到笛卡儿坐标系中。当前坐标为 $(x^{\mathrm{t}},y^{\mathrm{t}})$ 的目标做近似匀速 $(\dot{x}^{\mathrm{t}},\dot{y}^{\mathrm{t}})$ 直线运动。目标状态向量定义为

$$\boldsymbol{x}^{\mathrm{t}}=[x^{\mathrm{t}}\quad y^{\mathrm{t}}\quad \dot{x}^{\mathrm{t}}\quad \dot{y}^{\mathrm{t}}]^{\mathrm{T}} \tag{10-40}$$

观测站状态定义为

$$\boldsymbol{x}^{\mathrm{o}}=[x^{\mathrm{o}}\quad y^{\mathrm{o}}\quad \dot{x}^{\mathrm{o}}\quad \dot{y}^{\mathrm{o}}]^{\mathrm{T}} \tag{10-41}$$

相对状态向量定义为

$$\boldsymbol{x}=\boldsymbol{x}^{\mathrm{t}}-\boldsymbol{x}^{\mathrm{o}}=[x\quad y\quad \dot{x}\quad \dot{y}]^{\mathrm{T}} \tag{10-42}$$

因此，该问题的相对状态离散方程可写为

$$\boldsymbol{x}_{k+1}=\boldsymbol{F}_k\boldsymbol{x}_k+\boldsymbol{G}_k\boldsymbol{w}_k-\boldsymbol{U}_{k,k+1} \tag{10-43}$$

式中，

$$\boldsymbol{F}_k=\begin{bmatrix}1 & 0 & T & 0\\ 0 & 1 & 0 & T\\ 0 & 0 & 1 & 0\\ 0 & 0 & 0 & 1\end{bmatrix},\quad \boldsymbol{G}_k=\begin{bmatrix}T^2/2 & 0\\ 0 & T^2/2\\ T & 0\\ 0 & T\end{bmatrix} \tag{10-44}$$

T 是采样周期；$\boldsymbol{w}_k\sim\mathcal{N}(\boldsymbol{0},\boldsymbol{Q}_k)$ 是过程噪声向量，$\boldsymbol{Q}_k=\sigma_k\boldsymbol{I}_2$，$\sigma_k$ 表示噪声强度；

$$\boldsymbol{U}_{k,k+1}=\begin{bmatrix}x_{k+1}^{\mathrm{o}}-x_k^{\mathrm{o}}-T\dot{x}_k^{\mathrm{o}}\\ y_{k+1}^{\mathrm{o}}-y_k^{\mathrm{o}}-T\dot{y}_k^{\mathrm{o}}\\ \dot{x}_{k+1}^{\mathrm{o}}-\dot{x}_k^{\mathrm{o}}\\ \dot{y}_{k+1}^{\mathrm{o}}-\dot{y}_k^{\mathrm{o}}\end{bmatrix} \tag{10-45}$$

是一个确定性输入向量，表示观测站加速度对相对状态的影响。因为观测站状态 $\boldsymbol{x}_k^{\mathrm{o}}$ 通常由 GPS 辅助的车载惯性导航系统提供，所以假设向量 $\boldsymbol{U}_{k,k+1}$ 在每个时刻均已知。

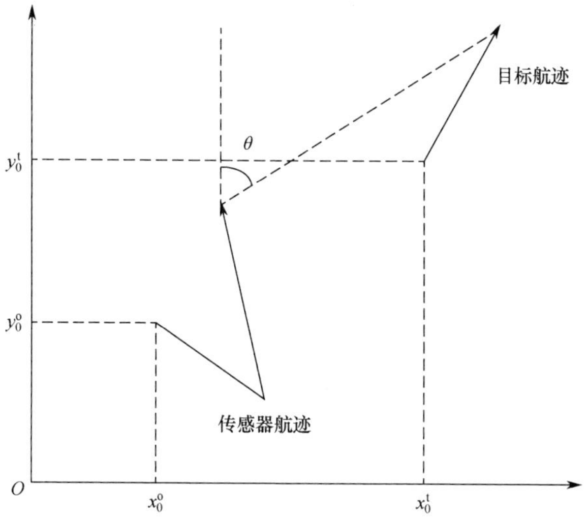

图 10-4　一个典型的二维目标-观测站的相对运动场景

在 k 时刻，可用的量测是由观测站探测到的目标的方位信息，即

$$\boldsymbol{z}_k = h(\boldsymbol{x}_k) + \boldsymbol{v}_k \tag{10-46}$$

式中，$\boldsymbol{v}_k$ 是零均值独立的高斯噪声，方差为 $R_k = \sigma_\theta^2$，且

$$h(\boldsymbol{x}_k) = \arctan\left(\frac{\boldsymbol{x}_k}{\boldsymbol{y}_k}\right) \tag{10-47}$$

是真实的目标方位。

因此，纯角度跟踪问题可描述为：目标以式（10-43）～式（10-45）所示的运动模型进行机动，通过由（10-46）定义的量测 $\boldsymbol{z}_k(k=1,2,\cdots)$ 获取状态向量 $\boldsymbol{x}_k$ 的估计。

关于本节描述的跟踪问题，有两点需要注意。首先，因为式（10-43）～式（10-45）中的量测相对于状态向量是非线性的，所以这是一个非线性问题。其次，在由目标和观测站构成的某些几何关系下，状态是不能观的。某些观测站的机动可减少估计误差，优化跟踪性能，观测站轨迹的优化问题不在本书讨论。

2．机动情况

利用多转换机制（也称马尔可夫跳变系统）描述一个机动目标的动态方程。假设在观测期间的任何时刻，目标运动遵循以下 3 种行为模式之一。

（1）CV 运动模型。

（2）顺时针 CT 模型。

（3）逆时针 CT 模型。

令 $\boldsymbol{S} \triangleq \{1,2,3\}$ 表示利用目标的 3 种运动模型构造的模型集合，令 s_k 表示时间区间 $(k-1,k]$ 内的真实模式变量，则目标动态方程为

$$\boldsymbol{x}_{k+1} = \boldsymbol{f}(\boldsymbol{x}_k, \boldsymbol{x}_k^{\text{o}}, \boldsymbol{x}_{k+1}^{\text{o}}, s_{k+1}) + \boldsymbol{G}_k \boldsymbol{w}_k \tag{10-48}$$

式中，$s_{k+1} \in \boldsymbol{S}$；$\boldsymbol{G}_k$ 和 $\boldsymbol{w}_k$ 如式（10-43）中的定义；$\boldsymbol{f}(\cdot,\cdot,\cdot,s_{k+1})$ 是状态条件转移函数。

$$\boldsymbol{f}(\boldsymbol{x}_k, \boldsymbol{x}_k^{\text{o}}, \boldsymbol{x}_{k+1}^{\text{o}}, s_{k+1}) = \boldsymbol{F}^{s_{k+1}}(\boldsymbol{x}_k + \boldsymbol{x}_k^{\text{o}}) - \boldsymbol{x}_{k+1}^{\text{o}} \tag{10-49}$$

式中，$\boldsymbol{F}^{s_{k+1}}$ 为对应模式 s_{k+1} 的转移矩阵。对于实际问题，因为 $\boldsymbol{F}^1$ 对应 CV 运动，则 CV 运动的转移矩阵可以表示为

$$\boldsymbol{F}^1 = \begin{bmatrix} 1 & 0 & T & 0 \\ 0 & 1 & 0 & T \\ 0 & 0 & 1 & 0 \\ 0 & 0 & 0 & 1 \end{bmatrix} \tag{10-50}$$

转弯运动的转移矩阵可以表示为

$$\boldsymbol{F}^j=\begin{bmatrix}1 & 0 & \dfrac{\sin\omega_k^j T}{\omega_k^j} & -\dfrac{1-\cos\omega_k^j T}{\omega_k^j}\\ 0 & 1 & \dfrac{1-\cos\omega_k^j T}{\omega_k^j} & \dfrac{\sin\omega_k^j T}{\omega_k^j}\\ 0 & 0 & \cos\omega_k^j T & -\sin\omega_k^j T\\ 0 & 0 & \sin\omega_k^j T & \cos\omega_k^j T\end{bmatrix},\quad j=2,3 \tag{10-51}$$

式中，

$$\omega_k^2=\frac{a_m}{\sqrt{(\dot{x}_k+\dot{x}_k^{\mathrm{o}})^2+(\dot{y}_k+\dot{y}_k^{\mathrm{o}})^2}},\quad \omega_k^3=\frac{-a_m}{\sqrt{(\dot{x}_k+\dot{x}_k^{\mathrm{o}})^2+(\dot{y}_k+\dot{y}_k^{\mathrm{o}})^2}} \tag{10-52}$$

分别表示顺时针转弯角速度和逆时针转弯角速度，$a_m>0$ 是机动加速度。因为转弯速度表示为目标速度的函数（状态向量 $\boldsymbol{x}_k$ 的一个非线性函数），因此行为模式 2 和行为模式 3 是非线性的。

10.3.2 纯方位跟踪滤波算法

许多非线性滤波器，如笛卡儿坐标系 EKF、修正极坐标系 EKF、伪线性估计器、极大似然估计器、修正增益 EKF 及 PF 都被用于解决非机动目标的纯方位跟踪问题。本节着重关注两个具体算法：修正极坐标系 EKF 和距离参数化 EKF。大多数算法已经在前文进行了详细讨论，因此，下面仅针对纯方位跟踪问题，设计以上算法应用的细节。

1. 修正极坐标系 EKF

笛卡儿坐标系 EKF 是解决纯方位跟踪问题最早的算法之一。然而，仿真研究表明，笛卡儿坐标系 EKF 性能不稳定。为了解决这一难题，文献[5]提出了一个新的在修正极坐标系下描述的 EKF，即修正极坐标系 EKF（Modified Polar EKF，MP-EKF）。

该坐标系对纯方位目标运动的分析表现优异，因为它直接将被估状态向量中能观和不能观的分量进行了解耦。这样的解耦阻止了协方差矩阵的病态，而协方差矩阵病态往往是滤波器不稳定和发散的主要原因。

修正极坐标系的状态向量由 4 个分量组成：方位角速率、距离率比距离、方位角及距离的倒数。理论上，前 3 个分量可以在观测站无须机动的情况下从单传感器测角数据中估计得到，而第 4 个分量在己方平台机动之前一直处于不能观状态。

通过在这些坐标系中考虑状态方程和量测方程，可得 MP-EKF。因此，有必要写出与笛卡儿坐标系下系统方程（10-43）和系统方程（10-46）类似的修正极坐标系表示形式。修正极坐标系状态向量 $\boldsymbol{y}_k$ 定义为

$$\boldsymbol{y}_k=\begin{bmatrix}\dot{\theta}_k & \dfrac{\dot{r}_k}{r_k} & \theta_k & \dfrac{1}{r_k}\end{bmatrix}^{\mathrm{T}} \tag{10-53}$$

则等价的状态方程可表示为

$$\boldsymbol{y}_{k+1}=\boldsymbol{f}^{\mathrm{mpc}}(\boldsymbol{y}_k)=\begin{bmatrix}\dfrac{\alpha_2\alpha_3-\alpha_1\alpha_4}{\alpha_1^2+\alpha_2^2}\\ \dfrac{\alpha_1\alpha_3+\alpha_2\alpha_4}{\alpha_1^2+\alpha_2^2}\\ \boldsymbol{y}_k(3)+\arctan\dfrac{\alpha_1}{\alpha_2}\\ \dfrac{\boldsymbol{y}_k(4)}{\sqrt{\alpha_1^2+\alpha_2^2}}\end{bmatrix} \tag{10-54}$$

式中，$\alpha_i(i=1,2,\cdots,4)$ 是 $\boldsymbol{y}_k$ 和 $\boldsymbol{U}_{k,k+1}$ 的函数，表示如下：

$$\alpha_1=T\dot{\theta}_k-\frac{1}{r_k}[\boldsymbol{U}_{k,k+1}(1)\cos\theta_k-\boldsymbol{U}_{k,k+1}(2)\sin\theta_k] \tag{10-55}$$

$$\alpha_2=1+T\frac{\dot{r}_k}{r_k}-\frac{1}{r_k}[\boldsymbol{U}_{k,k+1}(1)\sin\theta_k+\boldsymbol{U}_{k,k+1}(2)\cos\theta_k] \tag{10-56}$$

$$\alpha_3=\dot{\theta}_k-\frac{1}{r_k}[\boldsymbol{U}_{k,k+1}(3)\cos\theta_k-\boldsymbol{U}_{k,k+1}(4)\sin\theta_k] \tag{10-57}$$

$$\alpha_4=\frac{\dot{r}_k}{r_k}-\frac{1}{r_k}[\boldsymbol{U}_{k,k+1}(3)\sin\theta_k+\boldsymbol{U}_{k,k+1}(4)\cos\theta_k] \tag{10-58}$$

类似地，量测方程在修正极坐标系中可表示为

$$\boldsymbol{z}_k=\boldsymbol{H}_y\boldsymbol{y}_k+\boldsymbol{v}_k \tag{10-59}$$

式中，$\boldsymbol{H}_y=[0\quad 0\quad 1\quad 0]$。式（10-54）和式（10-59）分别是式（10-43）与式（10-46）的精确类比。在修正极坐标系中，量测方程是线性的，状态方程是非线性的，而在笛卡儿坐标系中恰恰相反。雅可比矩阵（线性化转移矩阵）表示为

$$\boldsymbol{F}_{k,y}^{\mathrm{mpc}}=\left.\frac{\partial\boldsymbol{f}^{\mathrm{mpc}}(\boldsymbol{y})}{\partial\boldsymbol{y}}\right|_{\boldsymbol{y}=\hat{\boldsymbol{y}}_{k|k}} \tag{10-60}$$

将 EKF 递推方程直接应用到式（10-54）和式（10-59）中，可以推导出 MP-EKF 的步骤，如下所示：

$$\boldsymbol{y}_{k+1|k}=\boldsymbol{f}^{\mathrm{mpc}}(\hat{\boldsymbol{y}}_{k|k}) \tag{10-61}$$

$$\boldsymbol{P}_{k+1|k}=\boldsymbol{F}_{k,y}^{\mathrm{mpc}}\boldsymbol{P}_{k|k}(\boldsymbol{F}_{k,y}^{\mathrm{mpc}})^{\mathrm{T}} \tag{10-62}$$

$$\boldsymbol{K}_{k+1}=\boldsymbol{P}_{k+1}\boldsymbol{H}_y^{\mathrm{T}}(\boldsymbol{H}_y\boldsymbol{P}_{k+1|k}\boldsymbol{H}_y^{\mathrm{T}}+R_{k+1})^{-1} \tag{10-63}$$

$$\hat{\boldsymbol{y}}_{k+1|k+1}=\hat{\boldsymbol{y}}_{k+1|k}+\boldsymbol{K}_{k+1}(z_{k+1}-\boldsymbol{H}_y\hat{\boldsymbol{y}}_{k+1|k}) \tag{10-64}$$

$$\boldsymbol{P}_{k+1|k+1}=(\boldsymbol{I}-\boldsymbol{K}_{k+1}\boldsymbol{H}_y)\boldsymbol{P}_{k+1|k} \tag{10-65}$$

在修正极坐标系中计算出状态估计量后，有必要将其转换到笛卡儿坐标系

中，用于和其他滤波器进行效果比较。从修正极坐标系到笛卡儿坐标系的转换如下：

$$\boldsymbol{x}_k=\frac{1}{\boldsymbol{y}_k(4)}\begin{bmatrix}\sin\boldsymbol{y}_k(3)\\ \cos\boldsymbol{y}_k(3)\\ \boldsymbol{y}_k(2)\sin\boldsymbol{y}_k(3)+\boldsymbol{y}_k(1)\cos\boldsymbol{y}_k(3)\\ \boldsymbol{y}_k(2)\cos\boldsymbol{y}_k(3)-\boldsymbol{y}_k(1)\sin\boldsymbol{y}_k(3)\end{bmatrix} \tag{10-66}$$

为了公平地比较所有滤波器的性能，各个滤波器应具有相同（或等价）的初始化条件。首先在笛卡儿坐标系中表示滤波初始化条件，然后以该初始化条件作为所有滤波器的基准，根据该基准推导出 MP-EKF 的等价初始化条件。

状态向量的位置分量 $\boldsymbol{x}_{\text{pos}}=[x,y]^{\text{T}}$ 基于首次探测到的目标方位信息 θ_1 和目标初始距离的先验信息进行初始化。假设初始距离 $r\sim\mathcal{N}(\bar{r},\sigma_r^2)$，即 $(r-\bar{r})\sim\mathcal{N}(0,\sigma_r^2)$，由于方位角量测噪声是零均值高斯的，所以有 $(\theta-\bar{\theta})\sim\mathcal{N}(0,\sigma_\theta^2)$，其中 θ 和 $\bar{\theta}$ 分别是 $k=1$ 时的真实方位与测量方位。笛卡儿状态向量 $\boldsymbol{x}$ 和 $\boldsymbol{y}$ 与 r 及 θ 有关，有

$$\begin{cases}\boldsymbol{x}=r\sin\theta\\ \boldsymbol{y}=r\cos\theta\end{cases} \tag{10-67}$$

由 $r-\bar{r}$ 和 $\theta-\bar{\theta}$ 的分布和式（10-67）可得 $\boldsymbol{x}_{\text{pos}}$ 的近似均值和协方差，即

$$\bar{\boldsymbol{x}}_{\text{pos}}=\begin{bmatrix}\bar{x}\\ \bar{y}\end{bmatrix}=\begin{bmatrix}\bar{r}\sin\theta_1\\ \bar{r}\cos\theta_1\end{bmatrix} \tag{10-68}$$

$$\boldsymbol{P}_{\text{pos}}=E[(\boldsymbol{x}_{\text{pos}}-\bar{\boldsymbol{x}}_{\text{pos}})(\boldsymbol{x}_{\text{pos}}-\bar{\boldsymbol{x}}_{\text{pos}})^{\text{T}}]=\begin{bmatrix}P_{xx} & P_{xy}\\ P_{yx} & P_{yy}\end{bmatrix} \tag{10-69}$$

式中，

$$P_{xx}=\bar{r}^2\sigma_\theta^2\cos^2\theta_1+\sigma_r^2\sin^2\theta_1 \tag{10-70}$$

$$P_{yy}=\bar{r}^2\sigma_\theta^2\sin^2\theta_1+\sigma_r^2\cos^2\theta_1 \tag{10-71}$$

$$P_{xy}=P_{yx}=(\sigma_r^2-\bar{r}^2\sigma_\theta^2)\sin\theta_1\cos\theta_1 \tag{10-72}$$

相似地，假设有目标速度 s 和航向 c 的先验信息，分别表示为 $s\sim\mathcal{N}(\bar{s},\sigma_s^2)$ 和 $c\sim\mathcal{N}(\bar{c},\sigma_c^2)$。状态向量的速度分量 $\boldsymbol{x}_{\text{vel}}=[\dot{x},\dot{y}]^{\text{T}}$ 表示为

$$\boldsymbol{x}_{\text{vel}}=\begin{bmatrix}\dot{x}\\ \dot{y}\end{bmatrix}=\begin{bmatrix}\dot{x}^{\text{t}}-\dot{x}^{\text{o}}\\ \dot{y}^{\text{t}}-\dot{y}^{\text{o}}\end{bmatrix}=\begin{bmatrix}s\sin c-\dot{x}^{\text{o}}\\ s\cos c-\dot{y}^{\text{o}}\end{bmatrix} \tag{10-73}$$

使用与计算 $\bar{\boldsymbol{x}}_{\text{pos}}$ 和 $\boldsymbol{P}_{\text{pos}}$ 相似的方法，可计算得到对应的速度分量为

$$\bar{\boldsymbol{x}}_{\text{vel}}=\begin{bmatrix}\bar{\dot{x}}\\ \bar{\dot{y}}\end{bmatrix}=\begin{bmatrix}\bar{s}\sin\bar{c}-\dot{x}^{\text{o}}\\ \bar{s}\cos\bar{c}-\dot{y}^{\text{o}}\end{bmatrix} \tag{10-74}$$

$$\boldsymbol{P}_{\text{vel}}=E[(\boldsymbol{x}_{\text{vel}}-\bar{\boldsymbol{x}}_{\text{vel}})(\boldsymbol{x}_{\text{vel}}-\bar{\boldsymbol{x}}_{\text{vel}})^{\text{T}}]=\begin{bmatrix}P_{\dot{x}\dot{x}} & P_{\dot{x}\dot{y}}\\ P_{\dot{y}\dot{x}} & P_{\dot{y}\dot{y}}\end{bmatrix} \tag{10-75}$$

式中，

$$P_{\dot{x}\dot{x}} = \bar{s}^2\sigma_c^2\cos^2\bar{c} + \sigma_s^2\sin^2\bar{c} \tag{10-76}$$

$$P_{\dot{y}\dot{y}} = \bar{s}^2\sigma_c^2\sin^2\bar{c} + \sigma_s^2\cos^2\bar{c} \tag{10-77}$$

$$P_{\dot{x}\dot{y}} = P_{\dot{y}\dot{x}} = (\sigma_s^2 - \bar{s}^2\sigma_s^2)\sin\bar{c}\cos\bar{c} \tag{10-78}$$

结合 $\boldsymbol{x}_{\text{pos}}$ 和 $\boldsymbol{x}_{\text{vel}}$ 的结果，笛卡儿坐标系下的状态向量和协方差初始化为

$$\bar{\boldsymbol{x}}_1 = \begin{bmatrix} \bar{x} \\ \bar{y} \\ \bar{\dot{x}} \\ \bar{\dot{y}} \end{bmatrix} = \begin{bmatrix} \bar{r}\sin\theta_1 \\ \bar{r}\cos\theta_1 \\ \bar{s}\sin\bar{c} - \dot{x}^{\text{o}} \\ \bar{s}\cos\bar{c} - \dot{y}^{\text{o}} \end{bmatrix} \tag{10-79}$$

$$\boldsymbol{P}_1 = \begin{bmatrix} P_{xx} & P_{xy} & 0 & 0 \\ P_{yx} & P_{yy} & 0 & 0 \\ 0 & 0 & P_{\dot{x}\dot{x}} & P_{\dot{x}\dot{y}} \\ 0 & 0 & P_{\dot{y}\dot{x}} & P_{\dot{y}\dot{y}} \end{bmatrix} \tag{10-80}$$

式中，$\boldsymbol{P}_1$ 中的元素由式（10-70）～式（10-72）和式（10-76）～式（10-78）给定。

2. 距离参数化 EKF

距离参数化 EKF（Range Parameterized EKF，RP-EKF）是基于静态多模型滤波器得到的，主要思想是并行使用大量独立的 EKF，每个 EKF 都有不同的初始距离先验估计。这样，感兴趣的距离区间将被分成多个子区间，且每个子区间都用一个独立的 EKF 处理。假设感兴趣的距离区间为 $(r_{\min}, r_{\max})$，希望使用 N_F 个 EKF 来跟踪。对于一个具体的 EKF，其跟踪性能高度依赖距离估计的变异系数 C_r，该系数由 $\sigma_{\hat{r}}/\hat{r}$ 给出，其中 $\hat{r}$ 和 $\sigma_{\hat{r}}$ 分别是距离估计和标准差。为了使 N_F 个 EKF 的估计性能可比，需要将距离区间 $(r_{\min}, r_{\max})$ 细分，且对于每个子区间，C_r 相同。注意，对于每个子区间，C_r 可以近似求解为 σ_{r_i}/r_i，其中 r_i 为子区间 i 的均值，σ_{r_i} 为该子区间的标准差。假设距离误差在每个子区间均匀分布。如果将子区间的边界选为等比级数，则可以获得期望的细分。若 ρ 是公比，则可得到如下关系：

$$r_{\max} = r_{\min}\rho^{N_F} \tag{10-81}$$

式中，

$$\rho = \left(\frac{r_{\max}}{r_{\min}}\right)^{1/N_F} \tag{10-82}$$

文献[1]给出了上述距离区间的划分方法，并定义变异系数如下：

$$C_r = \frac{\sigma_{r_i}}{r_i} = \frac{2(\rho-1)}{\sqrt{12}(\rho+1)} \tag{10-83}$$

为了利用并行滤波器的状态估计进行融合估计，需要计算每个 EKF 的权值。

滤波器 i 在 k 时刻的权值表示为

$$w_k^i = \frac{p(z_k|i)w_{k-1}^i}{\sum_{j=1}^{N_F} p(z_k|j)w_{k-1}^j} \tag{10-84}$$

式中，$p(z_k|i)$ 是在给定子区间 i 后量测 z_k 的似然。在没有真实目标距离先验信息的情况下，若使用 N_F 个 EKF，则所有初始权值 w_1^i 都应设为 $1/N_F$。以笛卡儿坐标系下的 RP-EKF 为例，在高斯假设下，似然 $p(z_k|i)$ 计算如下：

$$p(z_k|i) = \frac{1}{\sqrt{2\pi S_k^i}}\exp\left[-\frac{1}{2}\frac{(z_k - \hat{z}_{k|k-1}^i)^2}{S_k^i}\right] \tag{10-85}$$

式中，$\hat{z}_{k|k-1}^i$ 是滤波器 i 在 k 时刻的预测方位；S_k^i 是滤波器 i 的新息方差，有

$$S_k^i = \boldsymbol{H}_{k,\boldsymbol{x}}^i \boldsymbol{P}_{k|k-1}^i (\boldsymbol{H}_{k,\boldsymbol{x}}^i)^{\mathrm{T}} + \sigma_\theta^2 \tag{10-86}$$

式中，$\boldsymbol{H}_{k,\boldsymbol{x}}^i$ 是在滤波器 i 的预测状态向量（如 $\hat{\boldsymbol{x}}_{k|k-1}^i$）处求解的非线性量测函数 $\boldsymbol{h}(\cdot)$ 的雅可比矩阵，即

$$\boldsymbol{H}_{k,\boldsymbol{x}}^i = \begin{bmatrix} \dfrac{\hat{y}_{k|k-1}^i}{(\hat{x}_{k|k-1}^i)^2 + (\hat{y}_{k|k-1}^i)^2} & \dfrac{-\hat{x}_{k|k-1}^i}{(\hat{x}_{k|k-1}^i)^2 + (\hat{y}_{k|k-1}^i)^2} & 0 & 0 \end{bmatrix} \tag{10-87}$$

相似地，式（10-86）中的 $\boldsymbol{P}_{k|k-1}^i$ 是滤波器 i 的预测协方差。

如果将来自滤波器 i 的状态估计表示为 $\hat{\boldsymbol{x}}_{k|k}$，对应的协方差表示为 $\boldsymbol{P}_{k|k}^i$，则 RP-EKF 的融合估计可由高斯混合公式计算。

特别地，RP-EKF 的滤波器 i 根据式（10-79）和式（10-80）进行初始化，其中 $\overline{r}$ 和 σ_r 在子区间 i 中，由 $\overline{r_i}$ 和 σ_{r_i} 替代。对于 $(r_{\min}, r_{\max})$，假设在子区间 i 中距离误差均匀分布，适用于子区间 $i = 1, 2, \cdots, N_F$ 的距离先验的均值和方差可分别表示为

$$\overline{r_i} = r_{\min}\frac{\rho^{i-1} + \rho^i}{2} \tag{10-88}$$

$$\sigma_{r_i} = r_{\min}\frac{\rho^i - \rho^{i-1}}{\sqrt{12}} \tag{10-89}$$

对于目标距离先验非常模糊的情况，RP-EKF 的误差性能优于单个 EKF，主要因为在并行滤波器中使用了大量较小的变异系数。在处理整个距离子区间的过程中，滤波器性能的提高是以牺牲 N_F 倍的计算量为代价的。然而，在大量的目标–观测站场景中，当观测站机动后，和真实滤波器不匹配的子滤波器权值将很快收敛到零，因此对应的滤波器可以在不损失精度的情况下从跟踪过程中去除。

如果目标速度先验分布未知，距离参数化的思想可以推广到速度参数化。特别地，如果关于目标速度的先验只是说在某个区间 $(s_{\min}, s_{\max})$ 内，则可将该区间分为 N_F^* 个子区间，且为每个子区间分配一个滤波器。因此，该合成滤波器将由 $N_F \times N_F^*$ 个 EKF 构成。

10.3.3 仿真验证及分析

本节主要对 RP-EKF、UF、QKF 和 PF 等非线性滤波算法进行纯方位跟踪性能比较。其中，RP-EKF 为修正极坐标系下的，其余为笛卡儿坐标系下的。此外，仿真给出了 CRLB，用于表示期望得到的最好的性能。本节使用的性能度量为均方根误差。

令 (x_k^i, y_k^i) 和 $(\hat{x}_k^i, \hat{y}_k^i)$ 分别表示在第 i 次蒙特卡罗试验中 k 时刻目标的真实位置与目标的被估计位置，令 M 表示总的独立蒙特卡罗运行次数，则 k 时刻的位置均方根误差为

$$\text{RMSE}_k = \sqrt{\frac{1}{M}\sum_{i=1}^{M}(\hat{x}_k^i - x_k^i)^2 + (\hat{y}_k^i - y_k^i)^2} \tag{10-90}$$

对应的 CRLB 可表示为

$$\text{CRLB}(\text{RMSE}_k) = \sqrt{\boldsymbol{J}_k^{-1}(1,1) + \boldsymbol{J}_k^{-1}(2,2)} \tag{10-91}$$

对于非机动情况，研究的场景与 10.2.3 节基本一致，为己艇对一个非机动目标的纯方位跟踪，如图 10-5 所示。离己艇 5km 的目标以 4kts 的恒定速度和 $-140°$ 的恒定角度运动。目标运动具有非常小的过程噪声，$\sigma_{\text{a}} = 10^{-6}\,\text{km/s}^2$。观测站以 5kts 的恒定速度和 $140°$ 的恒定角度运动，在第 13～17min 执行匀转弯运动，角度变为 $20°$，保持该角度至最终时刻第 30min。采样间隔为 $T = 1\ \text{min}$。仿真场景中分别对量测噪声标准差 $\sigma_\theta = 1.5°$ 和 $\sigma_\theta = 3°$ 的情况进行比较。

该仿真使用的滤波器参数如下：初始距离和速度分别设为 $\sigma_r = 2\ \text{km}$，$\sigma_s = 2\text{kts}$，初始方位角和标准差分别设为 $\bar{c} = \theta_1 + \pi$，$\sigma_c = \pi/\sqrt{12}$，其中 θ_1 为初始方位角量测。所有基于笛卡儿坐标系的滤波器都有一个小的过程噪声 $\sigma_{\text{a}} = 1.6\times 10^{-6}\ \text{km/s}^2$。粒子滤波器的粒子数 $N = 5000$，当 $\hat{N}_{\text{eff}} < N_{\text{thr}}$ 时进行重采样，其中阈值设置为 $N_{\text{thr}} = N/3$。此外，如果采用了重采样步骤，则对粒子进行正则化处理。对于 RP-EKF，将距离区间 $(r_{\min} = 1, r_{\max} = 25)$ km 分为 $N_F = 5$ 个子区间，且每个子区间对应一个 EKF，将速度区间 $(s_{\min} = 2, s_{\max} = 15)$ knots 分为 $N_F^* = 5$ 个子区间，且将第 i 个速度区间和第 i 个距离区间对应。

设场景 1 中的量测噪声标准差 $\sigma_\theta = 1.5°$，比较的算法包括 PF、UF、RP-EKF 和 QKF，且和 PCRLB 进行比较，结果如图 10-6～图 10-8 所示。图 10-6 给出了真实航迹和估计航迹。由图 10-7 和图 10-8 可以看出，PF 有最好的性能，位置均方根误差非常接近 PCRLB。

设场景 2 中的量测噪声标准差为 $\sigma_\theta = 3°$，各算法的比较结果如图 10-9 和图 10-10 所示，依然是 PF 的性能最好。且随着噪声的增大，各滤波器的估计性能逐渐降低。

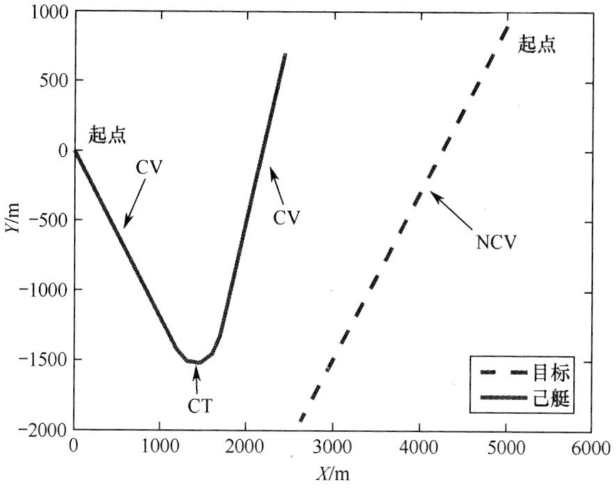

图 10-5　典型的纯方位角跟踪场景

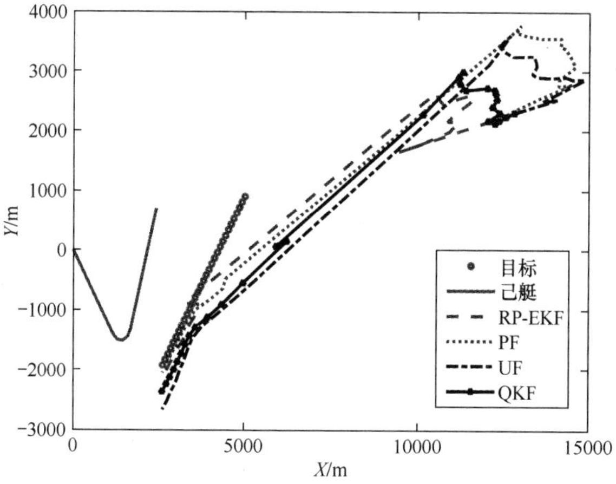

图 10-6　真实航迹和估计航迹

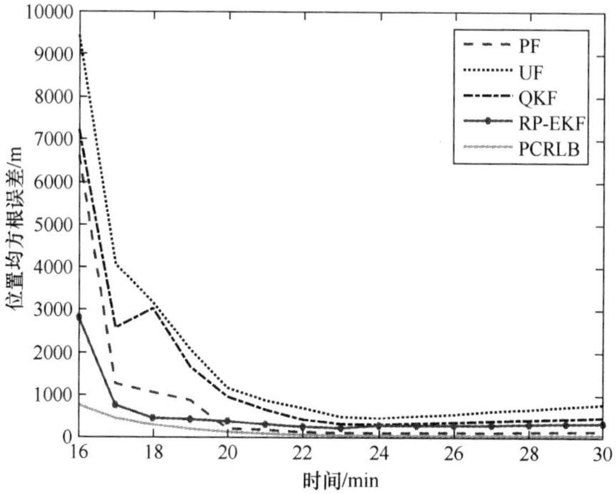

图 10-7　场景 1 中的位置均方根误差和对应的 PCRLB

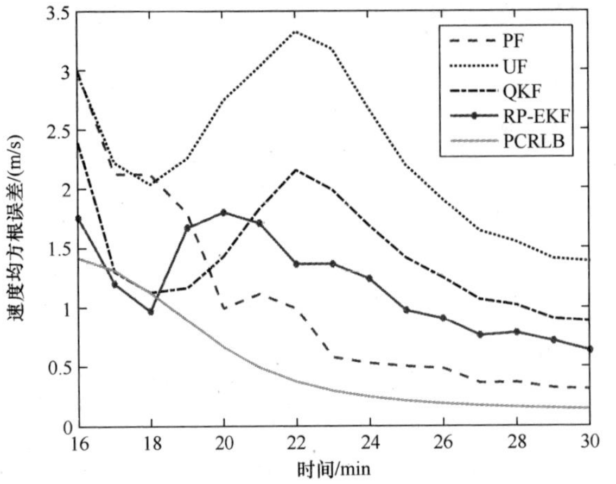

图 10-8　场景 1 中的速度均方根误差和对应的 PCRLB

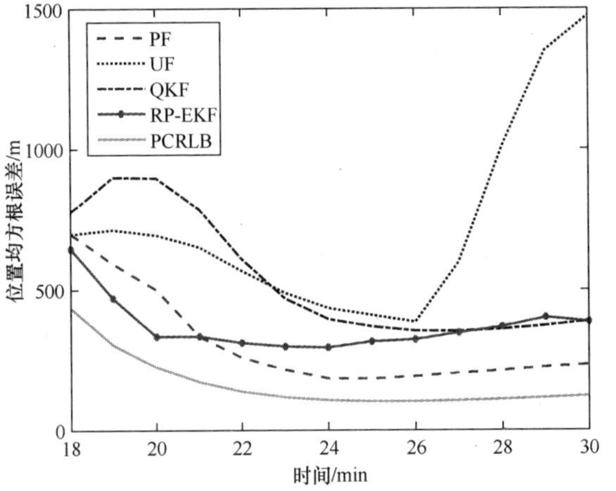

图 10-9　场景 2 中的位置均方根误差和对应的 PCRLB

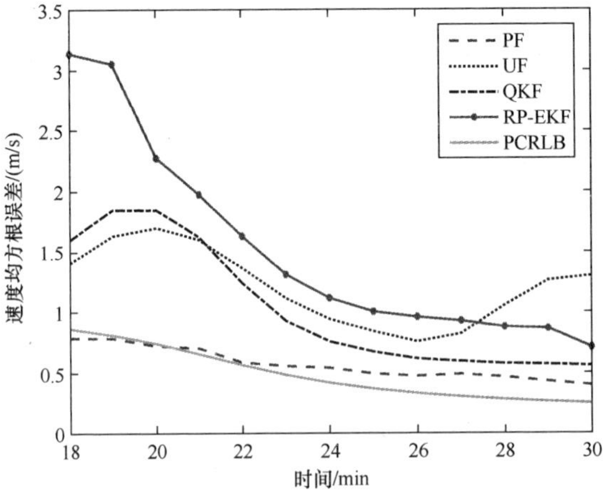

图 10-10　场景 2 中的速度均方根误差和对应的 PCRLB

10.4 纯角度跟踪方法

10.3 节讨论的纯方位跟踪问题，已经有很多文献对其进行了深入研究。在纯方位跟踪问题中，假设目标和己方传感器在同一平面内运动。然而，在实际问题中，为了更有利于跟踪目标，通常传感器平台和目标并不在同一平面内。因此，三维空间的纯角度跟踪问题中有两个量测，分别为方位角和俯仰角。

纯角度跟踪方法通过带噪声的角度量测对目标状态（如位置、速度等）进行估计。作为二维空间纯方位跟踪问题的扩展，三维空间的纯角度跟踪问题同样具有重要的研究意义，因为在大量的实际应用中都涉及该问题，如使用红外搜索和跟踪被动测距、被动声呐等。然而，相比纯方位跟踪问题，纯角度跟踪问题的研究文献相对较少。

本节详细介绍修正球坐标系下的纯角度跟踪方法。

10.4.1 纯角度跟踪问题描述

1. 坐标系及状态定义

基于下面的假设考虑三维纯角度跟踪问题。

（1）使用方位角量测 β 和俯仰角量测 ε 估计非机动目标的三维状态。

（2）目标进行三维 NCV 运动。

（3）己方观测站的运动是确定且已知的，是非随机的，目标的状态定义在己方平台的跟踪器坐标系中，称为 T 系。

（4）己方观测站进行机动使目标状态能观。

T 系原点为大地经度 λ_0、大地纬度 ϕ_0、大地高度 h_0，T 系的 X、Y、Z 轴分别沿当地东北天方向，如图 10-11 所示。对于当前的问题，在 T 系中定义方位角 β 和俯仰角 ε，方位角 $\beta\in[0,2\pi]$，俯仰角 $\varepsilon\in[-\pi/2,\pi/2]$。

对于给定的目标，定义传感器坐标系（S 系），S 系的 Z 轴沿距离向量方向正方向指向目标；S 系的 X 轴在当地东北天坐标系（T 系）的 Z 轴与目标位置所构成的平面内，且垂直于 Z 轴，向下为正；S 系的 Y 轴可由右手定则获得。

根据目标的方位角和俯仰角，分别利用欧拉角 $\phi=\pi/2-\beta$ 和 $\theta=\pi/2-\varepsilon$，求得 T 系到 S 系的旋转矩阵 $\boldsymbol{T}_{\mathrm{T}}^{\mathrm{S}}$ 为

$$\boldsymbol{T}_{\mathrm{T}}^{\mathrm{S}}=\begin{bmatrix}\sin\varepsilon\sin\beta & \sin\varepsilon\cos\beta & -\cos\varepsilon\\ -\cos\varepsilon & \sin\beta & 0\\ \cos\varepsilon\sin\beta & \cos\varepsilon\cos\beta & \sin\varepsilon\end{bmatrix} \tag{10-92}$$

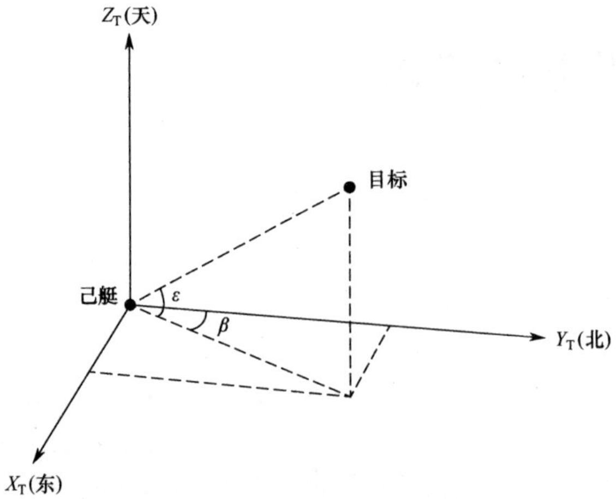

图 10-11　跟踪坐标系（T 系）的定义

目标和观测站在笛卡儿坐标系下的状态分别定义为

$$\boldsymbol{x}^{\mathrm{t}}=[x^{\mathrm{t}}\quad y^{\mathrm{t}}\quad z^{\mathrm{t}}\quad \dot{x}^{\mathrm{t}}\quad \dot{y}^{\mathrm{t}}\quad \dot{z}^{\mathrm{t}}]^{\mathrm{T}} \tag{10-93}$$

$$\boldsymbol{x}^{\mathrm{o}}=[x^{\mathrm{o}}\quad y^{\mathrm{o}}\quad z^{\mathrm{o}}\quad \dot{x}^{\mathrm{o}}\quad \dot{y}^{\mathrm{o}}\quad \dot{z}^{\mathrm{o}}]^{\mathrm{T}} \tag{10-94}$$

则相对运动状态向量定义为

$$\boldsymbol{x}=\boldsymbol{x}^{\mathrm{t}}-\boldsymbol{x}^{\mathrm{o}} \tag{10-95}$$

令 $\boldsymbol{x}\triangleq[x\quad y\quad z\quad \dot{x}\quad \dot{y}\quad \dot{z}]^{\mathrm{T}}$ 表示相对状态向量，则相对状态向量可写作

$$\begin{aligned}\boldsymbol{x}&=[x\quad y\quad z\quad \dot{x}\quad \dot{y}\quad \dot{z}]^{\mathrm{T}}\\&=[x^{\mathrm{t}}-x^{\mathrm{o}}\quad y^{\mathrm{t}}-y^{\mathrm{o}}\quad z^{\mathrm{t}}-z^{\mathrm{o}}\quad \dot{x}^{\mathrm{t}}-\dot{x}^{\mathrm{o}}\quad \dot{y}^{\mathrm{t}}-\dot{y}^{\mathrm{o}}\quad \dot{z}^{\mathrm{t}}-\dot{z}^{\mathrm{o}}]^{\mathrm{T}}\end{aligned} \tag{10-96}$$

令 $\boldsymbol{r}$ 表示从目标到传感器的距离向量，$\boldsymbol{r}$ 定义为

$$\boldsymbol{r}\triangleq[x\quad y\quad z]^{\mathrm{T}}=[x^{\mathrm{t}}-x^{\mathrm{o}}\quad y^{\mathrm{t}}-y^{\mathrm{o}}\quad z^{\mathrm{t}}-z^{\mathrm{o}}]^{\mathrm{T}} \tag{10-97}$$

斜距定义为

$$r\triangleq\|\boldsymbol{r}\|=\sqrt{x^2+y^2+z^2},\quad r>0 \tag{10-98}$$

距离向量也可以用斜距、方位角和俯仰角表示为

$$\boldsymbol{r}=r\begin{bmatrix}\cos\varepsilon\sin\beta\\ \cos\varepsilon\cos\beta\\ \sin\varepsilon\end{bmatrix},\quad \beta\in[0,2\pi],\quad \varepsilon\in\left[-\frac{\pi}{2},\frac{\pi}{2}\right] \tag{10-99}$$

地面距离定义为

$$\rho\triangleq\sqrt{x^2+y^2}=r\cos\varepsilon,\quad \rho>0 \tag{10-100}$$

相对状态向量在修正球坐标系中表示为

$$\boldsymbol{\xi}(t)=\left[\omega(t)\quad \dot{\varepsilon}(t)\quad \dot{\zeta}(t)\quad \beta(t)\quad \varepsilon(t)\quad \frac{1}{r(t)}\right]^{\mathrm{T}} \tag{10-101}$$

式中，

$$\omega(t) = \dot{\beta}(t)\cos\varepsilon(t) \tag{10-102}$$

令 $\zeta(t)$ 表示距离 $r(t)$ 的对数，即

$$\zeta(t) = \ln r(t) \tag{10-103}$$

则

$$r(t) = \exp[\zeta(t)] \tag{10-104}$$

对式（10-103）关于时间 t 求导，可得

$$\dot{\zeta}(t) = \frac{\dot{r}(t)}{r(t)} \tag{10-105}$$

2. 动态模型

本节介绍每个坐标系中目标状态随时间演化的连续时间模型和离散时间模型。

1）笛卡儿坐标系相对状态向量的动态模型

假设目标进行三维 NCV 运动。根据这个运动模型，每一维的目标速度受高斯分布随机扰动的影响，则在 T 系中的目标笛卡儿状态满足以下随机微分方程：

$$\frac{\mathrm{d}\boldsymbol{x}^{\mathrm{t}}(t)}{\mathrm{d}t} = \boldsymbol{A}\boldsymbol{x}^{\mathrm{t}}(t) + \boldsymbol{B}\boldsymbol{w}^{\mathrm{t}}(t) \tag{10-106}$$

式中，$\boldsymbol{w}^{\mathrm{t}}(t)$ 是具有功率谱密度 $\boldsymbol{Q}^{\mathrm{t}}(t) = \mathrm{diag}(q_x, q_y, q_z)$ 的零均值连续时间高斯白噪声，且

$$\boldsymbol{B} = \begin{bmatrix} \boldsymbol{0}_3 \\ \boldsymbol{I}_3 \end{bmatrix} \tag{10-107}$$

$$\boldsymbol{A} = \begin{bmatrix} \boldsymbol{0}_3 & \boldsymbol{I}_3 \\ \boldsymbol{0}_3 & \boldsymbol{0}_3 \end{bmatrix} \tag{10-108}$$

令 $\boldsymbol{x}^{\mathrm{o}}(t)$ 表示非随机的观测站状态，满足

$$\frac{\mathrm{d}\boldsymbol{x}^{\mathrm{o}}(t)}{\mathrm{d}t} = \boldsymbol{A}\boldsymbol{x}^{\mathrm{o}}(t) + \boldsymbol{B}\boldsymbol{a}_{\mathrm{o}}^{\mathrm{T}}(t) \tag{10-109}$$

式中，$\boldsymbol{a}_{\mathrm{o}}^{\mathrm{T}}(t)$ 是 T 系中的观测站加速度。考虑观测站的两种运动：CV 运动和 T 系中平行于 XOY 平面的 CT 运动。

则目标在 T 系中的相对状态向量的随机微分方程为

$$\frac{\mathrm{d}\boldsymbol{x}(t)}{\mathrm{d}t} = \boldsymbol{A}\boldsymbol{x}(t) + \boldsymbol{B}\boldsymbol{w}(t) \tag{10-110}$$

式中，

$$\boldsymbol{w}(t) = \boldsymbol{w}^{\mathrm{t}}(t) - \boldsymbol{a}_{\mathrm{o}}^{\mathrm{T}}(t) \tag{10-111}$$

量测是在离散时间获取的，因此连续时间动态模型需要进行相应的时间离散化，需要利用 t_{k-1} 时刻的状态、观测站的输入和随机过程噪声得到的随机差分方程，用以描述 t_k 时刻的状态。

令 $\boldsymbol{x}_k=\boldsymbol{x}(t_k)$ 表示 t_k 时刻笛卡儿坐标系下的相对状态向量。控制 $\boldsymbol{x}(t)$ 演化的随机微分方程（10-110）对应如下随机差分方程：

$$\boldsymbol{x}_k=\boldsymbol{F}(\varDelta_k)\boldsymbol{x}_{k-1}+\int_{t_{k-1}}^{t_k}\boldsymbol{F}(t_k-t)\boldsymbol{B}\boldsymbol{w}(t)\mathrm{d}t \tag{10-112}$$

式中，$\varDelta_k=t_k-t_{k-1}$ 是量测采样间隔；$\boldsymbol{F}(\varDelta)$ 是时间间隔为 $\varDelta$ 的状态转移矩阵。

$$\boldsymbol{F}(\varDelta)=\begin{bmatrix}1 & \varDelta\\ 0 & 1\end{bmatrix}\otimes\boldsymbol{I}_3 \tag{10-113}$$

式中，$\otimes$ 表示克罗内克积。由式（10-112）可得

$$\boldsymbol{x}_k=\boldsymbol{F}(\varDelta_k)\boldsymbol{x}_{k-1}+\boldsymbol{w}_{k-1}-\boldsymbol{U}_{k-1} \tag{10-114}$$

式中，

$$\boldsymbol{w}_{k-1}=\int_{t_{k-1}}^{t_k}\boldsymbol{F}(t_k-t)\boldsymbol{B}\boldsymbol{w}^{\mathrm{t}}(t)\mathrm{d}t \tag{10-115}$$

$$\boldsymbol{U}_{k-1}=\int_{t_{k-1}}^{t_k}\boldsymbol{F}(t_k-t)\boldsymbol{B}\boldsymbol{a}_{\mathrm{o}}^{\mathrm{T}}(t)\mathrm{d}t \tag{10-116}$$

由 $\boldsymbol{w}^{\mathrm{t}}(t)$ 的特性，以及式（10-113）中状态转移矩阵 $\boldsymbol{F}$ 和式（10-115）中 $\boldsymbol{w}_{k-1}$ 的定义，可知 $\boldsymbol{w}_{k-1}$ 是协方差为 $\boldsymbol{Q}(\varDelta_k)$ 的零均值高斯白噪声积分过程噪声，即

$$\boldsymbol{w}_{k-1}\sim\mathcal{N}(\boldsymbol{0},\boldsymbol{Q}(\varDelta_k)) \tag{10-117}$$

式中，

$$\boldsymbol{Q}(\varDelta)=\begin{bmatrix}\varDelta^3/3 & \varDelta^2/2\\ \varDelta^2/2 & \varDelta\end{bmatrix}\otimes\mathrm{diag}(q_x,q_y,q_z) \tag{10-118}$$

式中，q_x、q_y、q_z 分别为笛卡儿坐标系 3 个方向上的噪声强度。

观测站在 $[t_{k-1},t_k]$ 时间段内的转弯速率表示为 ω_k^{o}。当 $\omega_k^{\mathrm{o}}=0$ 时，表示 CV 运动，当 $\omega_k^{\mathrm{o}}\neq 0$ 时，表示 CT 运动。对于观测站的一般运动（如 CV 运动、CT 运动或任何其他确定性运动），输入向量 $\boldsymbol{U}_{k-1}$ 表示为

$$\boldsymbol{U}_{k-1}=\boldsymbol{x}_k^{\mathrm{o}}-\boldsymbol{F}(\varDelta_k)\boldsymbol{x}_{k-1}^{\mathrm{o}} \tag{10-119}$$

对于当前的问题，考虑观测站两种类型的确定性运动：CV 运动和 CT 运动。由于观测站的运动假设为确定的而非随机的，因此观测站的动态模型中可以不加过程噪声。CT 运动的状态转移矩阵如下所示：

$$\boldsymbol{F}^{\mathrm{CT}}(\varDelta,\omega)=\begin{bmatrix}1 & 0 & 0 & \dfrac{\sin\omega\varDelta}{\omega} & -\dfrac{1-\cos\omega\varDelta}{\omega} & 0\\ 0 & 1 & 0 & \dfrac{1-\cos\omega\varDelta}{\omega} & \dfrac{\sin\omega\varDelta}{\omega} & 0\\ 0 & 0 & 1 & 0 & 0 & \varDelta\\ 0 & 0 & 0 & \cos\omega\varDelta & -\sin\omega\varDelta & 0\\ 0 & 0 & 0 & \sin\omega\varDelta & \cos\omega\varDelta & 0\\ 0 & 0 & 0 & 0 & 0 & 1\end{bmatrix} \tag{10-120}$$

注意，当 ω_k^{o} 趋于零时，$\boldsymbol{F}^{\mathrm{CT}}(\Delta,\omega_k^{\mathrm{o}})$ 退化为 $\boldsymbol{F}(\Delta_k)$，且 $\boldsymbol{U}_{k-1}$ 变为零。

2）修正球坐标系相对状态向量的动态模型

本章尝试构建修正球坐标系（Modified Spherical Coordinates，MSC）下的相对状态向量的动态模型，并且其等同于在笛卡儿坐标系中获得的如式（10-114）所述的相对状态向量模型。考虑两种方法，第一种是离散化等效于式（10-110）的连续时间模型；第二种是使用在笛卡儿坐标系下获得的相对状态向量的离散时间模型，以及 MSC 和笛卡儿坐标系之间的转换关系。

首先考虑 MSC 下的连续时间动态模型的离散化，按照文献[7]所给方法推导 MSC 下相对目标状态的随机微分方程，关键步骤如下。

（1）定义如 10.4.1 节所述的 T 系和 S 系。

（2）导出相对速度 $(\dot{x},\dot{y},\dot{z})$ 和相对加速度 $(\ddot{x},\ddot{y},\ddot{z})$ 关于距离、方位角和俯仰角及它们在 T 系中衍生变量的函数。

（3）使用方位角和俯仰角，计算从 T 系到 S 系的旋转变换矩阵 $\boldsymbol{T}_{\mathrm{T}}^{\mathrm{S}}$。

（4）将 T 系中的相对加速度 $\ddot{\boldsymbol{r}}^{\mathrm{T}}$ 转移到 S 系，得到 $\ddot{\boldsymbol{r}}^{\mathrm{S}}$。

（5）将 $\ddot{\boldsymbol{r}}^{\mathrm{S}}$ 等价为 S 系中的目标加速度（白噪声加速度）和观测站加速度之差，得到 MSC 下的随机微分方程。

于是，基于该方法得到的 MSC 下相对目标状态的随机微分方程表示为

$$\frac{\mathrm{d}\boldsymbol{\xi}(t)}{\mathrm{d}t}=\boldsymbol{f}(\boldsymbol{\xi}(t),t)+\boldsymbol{G}(\boldsymbol{\xi}(t))\boldsymbol{w}^{\mathrm{t}}(t) \tag{10-121}$$

式中，

$$\boldsymbol{f}(\boldsymbol{\xi},t)=\boldsymbol{s}(\boldsymbol{\xi})-\boldsymbol{G}(\boldsymbol{\xi})\boldsymbol{a}_{\mathrm{o}}^{\mathrm{T}}(t) \tag{10-122}$$

$$\boldsymbol{G}(\boldsymbol{\xi})=\xi_6\left[\begin{array}{ccc}\cos\xi_4 & -\sin\xi_4 & 0\\ -\sin\xi_4\cos\xi_5 & -\cos\xi_4\sin\xi_5 & \cos\xi_5\\ \sin\xi_4\cos\xi_5 & \cos\xi_4\cos\xi_5 & \sin\xi_5\\ \hline \multicolumn{3}{c}{\boldsymbol{0}_3}\end{array}\right] \tag{10-123}$$

$$\boldsymbol{s}(\boldsymbol{\xi})=\begin{bmatrix}\xi_1(\xi_2\tan\xi_5-2\xi_3)\\ -2\xi_2\xi_3-\xi_1^2\tan\xi_5\\ \xi_1^2+\xi_2^2-\xi_3^2\\ \xi_1/\cos\xi_5\\ \xi_2\\ -\xi_3\xi_6\end{bmatrix} \tag{10-124}$$

利用截断随机泰勒级数展开可得到式（10-121）的近似离散化。随机泰勒级数展开是通过重复应用 Itô 引理得到的。

令 $\boldsymbol{\xi}_k=\boldsymbol{\xi}(t_k)$ 表示 t_k 时刻 MSC 下的相对状态向量。利用一阶随机泰勒级数

近似（也称欧拉近似）可得到以下 MSC 下目标状态的时间演化随机差分方程：

$$\boldsymbol{\xi}_k \approx \boldsymbol{a}_1(\boldsymbol{\xi}_{k-1}, t_{k-1}; \Delta_k) + \boldsymbol{w}_k \tag{10-125}$$

式中，

$$\boldsymbol{w}_k \sim \mathcal{N}(\boldsymbol{0}, \boldsymbol{C}_1(\boldsymbol{\xi}_{k-1}; \Delta_k)) \tag{10-126}$$

$$\boldsymbol{a}_1(\boldsymbol{\xi}, t; \Delta) = \boldsymbol{\xi} + \Delta \boldsymbol{f}(\boldsymbol{\xi}, t) \tag{10-127}$$

$$\boldsymbol{C}_1(\boldsymbol{\xi}, \Delta) = \Delta \boldsymbol{G}(\boldsymbol{\xi}) \mathrm{diag}(q_x, q_y, q_z) \boldsymbol{G}(\boldsymbol{\xi})^{\mathrm{T}} \tag{10-128}$$

使用二阶随机泰勒级数展开可以获得更准确的近似。定义矩阵函数 $\boldsymbol{A}$ 相对于矩阵参数 $\boldsymbol{B}$ 的导数为

$$D_{\boldsymbol{B}} \boldsymbol{A} = \boldsymbol{A} \otimes \nabla_{\boldsymbol{B}} \tag{10-129}$$

式中，$\nabla_{\boldsymbol{B}} = [\partial / \partial b_{i,j}]$；$\boldsymbol{B}=[b_{i,j}]$。$\boldsymbol{G}$ 的第 m 列表示为 $\boldsymbol{g}_m$。随机微分方程（10-121）的二阶随机泰勒级数近似为

$$\boldsymbol{\xi}_k \approx \boldsymbol{a}_2(\boldsymbol{\xi}_{k-1}, t_{k-1}; \Delta_k) + \boldsymbol{w}_k \tag{10-130}$$

式中，

$$\boldsymbol{w}_k \sim \mathcal{N}(\boldsymbol{0}, \boldsymbol{C}_2(\boldsymbol{\xi}_{k-1}, t_{k-1}; \Delta_k)) \tag{10-131}$$

$$\boldsymbol{a}_2(\boldsymbol{\xi}, t; \Delta) = \boldsymbol{\xi} + \Delta \boldsymbol{f}(\boldsymbol{\xi}, t) + \Delta^2 \boldsymbol{j}(\boldsymbol{\xi}, t) / 2 \tag{10-132}$$

$$\boldsymbol{C}_2(\boldsymbol{\xi}, t; \Delta) = [\boldsymbol{M}(\boldsymbol{\xi}, t) - \boldsymbol{N}(\boldsymbol{\xi}, t)\boldsymbol{G}(\boldsymbol{\xi}) + \Delta \boldsymbol{N}(\boldsymbol{\xi}, t)] \boldsymbol{Q}(\Delta) \begin{bmatrix} \boldsymbol{M}(\boldsymbol{\xi}, t)^{\mathrm{T}} - \boldsymbol{N}(\boldsymbol{\xi}, t)^{\mathrm{T}} \\ \boldsymbol{G}(\boldsymbol{\xi})^{\mathrm{T}} + \Delta \boldsymbol{N}(\boldsymbol{\xi}, t)^{\mathrm{T}} \end{bmatrix} \tag{10-133}$$

$$\boldsymbol{j}(\boldsymbol{\xi}, t) = D_{\boldsymbol{\xi}^{\mathrm{T}}} \boldsymbol{f}(\boldsymbol{\xi}, t) + \sum_{m=1}^{3} (\boldsymbol{I}_6 \otimes \boldsymbol{g}_m(\boldsymbol{\xi})^{\mathrm{T}}) D_{\boldsymbol{\xi}} D_{\boldsymbol{\xi}^{\mathrm{T}}} \boldsymbol{f}(\boldsymbol{\xi}, t) \tag{10-134}$$

$$\boldsymbol{M}(\boldsymbol{\xi}, t) = D_{\boldsymbol{\xi}^{\mathrm{T}}} \boldsymbol{f}(\boldsymbol{\xi}, t) \boldsymbol{G}(\boldsymbol{\xi}) \tag{10-135}$$

$$\boldsymbol{N}(\boldsymbol{\xi}, t) = D_{\boldsymbol{\xi}^{\mathrm{T}}} \boldsymbol{G}(\boldsymbol{\xi})(\boldsymbol{I}_3 \otimes \boldsymbol{f}(\boldsymbol{\xi}, t)) + \sum_{m=1}^{3} (\boldsymbol{I}_6 \otimes \boldsymbol{g}_m(\boldsymbol{\xi})^{\mathrm{T}}) D_{\boldsymbol{\xi}} D_{\boldsymbol{\xi}^{\mathrm{T}}} \boldsymbol{G}(\boldsymbol{\xi})(\boldsymbol{I}_3 \otimes \boldsymbol{g}_m(\boldsymbol{\xi})) \tag{10-136}$$

协方差矩阵 $\boldsymbol{Q}(\Delta)$ 如式（10-118）所示。

式（10-125）和式（10-130）是近似得到的，可以通过降低它们的离散时间间隔来使它们更精确。因此，为了提高离散准确度，采样周期 Δ_k 可以分割为连续的子区间，在这些子区间利用式（10-125）和式（10-130）进行离散化近似。二阶近似（10-130）比一阶近似（10-125）需要更少的子区间来达到给定的准确度水平，但这是由更高的计算代价换取的。因此，在给定计算代价的情况下，可以通过采取多个采样间距小的一阶近似而非相对较少的采样间距大的二阶近似达到更高的精度。

现在考虑通过笛卡儿坐标系下的离散时间动态模型（10-114）及 MSC 和笛卡儿坐标系之间的转换关系得到一个 MSC 下的动态模型。

令 $\boldsymbol{f}_{\mathrm{C}}^{\mathrm{MSC}}$ 表示从相对笛卡儿坐标系到 MSC 的转换。相似地，令 $\boldsymbol{f}_{\mathrm{MSC}}^{\mathrm{C}}$ 表示从

MSC 到相对笛卡儿坐标系的转换，则

$$\boldsymbol{\xi}_k = \boldsymbol{f}_{\mathrm{C}}^{\mathrm{MSC}}(\boldsymbol{x}_k) \tag{10-137}$$

$$\boldsymbol{x}_k = \boldsymbol{f}_{\mathrm{MSC}}^{\mathrm{C}}(\boldsymbol{\xi}_k) \tag{10-138}$$

所以，MSC 下相对状态向量的时间演化方程可表示为

$$\begin{aligned}\boldsymbol{\xi}_k &= \boldsymbol{f}_{\mathrm{C}}^{\mathrm{MSC}}(\boldsymbol{F}(\Delta_k)\boldsymbol{f}_{\mathrm{MSC}}^{\mathrm{C}}(\boldsymbol{\xi}_{k-1}) + \boldsymbol{w}_{k-1} - \boldsymbol{U}_{k-1}) \\ &= \boldsymbol{b}(\boldsymbol{\xi}_{k-1}, \boldsymbol{U}_{k-1}, \boldsymbol{w}_{k-1})\end{aligned} \tag{10-139}$$

式（10-139）是精确动态模型，与式（10-121）的离散化近似值不同。注意，非线性函数 $\boldsymbol{b}$ 的封闭形式解析表达式很难获得。然而，通过给定 $\hat{\boldsymbol{\xi}}_{k-1|k-1}$，可以直接利用式（10-139）中的嵌套函数来计算状态预测近似估计 $\hat{\boldsymbol{\xi}}_{k|k-1}$。与泰勒级数近似相比，精确动态模型有一个缺点，即过程噪声 $\boldsymbol{w}_{k-1}$ 是非线性变换的。

3. 量测模型

1）笛卡儿坐标系的量测模型

利用笛卡儿坐标系下的相对状态向量 $\boldsymbol{x}_k$，可得方位角和俯仰角量测模型为

$$\boldsymbol{z}_k = \boldsymbol{h}(\boldsymbol{x}_k) + \boldsymbol{v}_k \tag{10-140}$$

式中，

$$\boldsymbol{h}(\boldsymbol{x}_k)=\begin{bmatrix}\beta_k \\ \varepsilon_k\end{bmatrix}=\begin{bmatrix}\arctan(x_k, y_k) \\ \arctan(z_k, \rho_k)\end{bmatrix},\quad \beta_k \in [0, 2\pi], \varepsilon_k \in \left[-\frac{\pi}{2}, \frac{\pi}{2}\right] \tag{10-141}$$

且

$$\boldsymbol{v}_k \sim \mathcal{N}(\boldsymbol{0}, \boldsymbol{R}) \tag{10-142}$$

是协方差 $\boldsymbol{R} = \mathrm{diag}(\sigma_\beta^2, \sigma_\varepsilon^2)$ 的高斯白噪声，σ_β 和 σ_ε 分别为方位角的标准差和俯仰角的标准差。

2）修正球坐标系的量测模型

MSC 系下的状态向量 $\boldsymbol{\xi}_k$、方位角 β_k 和俯仰角 ε_k 量测模型为

$$\boldsymbol{z}_k = \boldsymbol{H}\boldsymbol{\xi}_k + \boldsymbol{v}_k \tag{10-143}$$

$$\boldsymbol{H} = \begin{bmatrix}0 & 0 & 0 & 1 & 0 & 0 \\ 0 & 0 & 0 & 0 & 1 & 0\end{bmatrix} \tag{10-144}$$

4. 滤波初始化

在 t_1 时刻，运用测量 $\boldsymbol{z}_1$ 和先验信息对目标的速度与距离进行初始化。目标在 t_1 时刻的状态可以定义为 $\boldsymbol{\phi} = [\beta, \varepsilon, r, s, \alpha, \gamma]^{\mathrm{T}}$。其中，$\beta$ 是方位角；ε 是俯仰角；r 是相对距离；s 是速度；α 是航向的方位分量；γ 是航向的仰角分量。

由量测 $\boldsymbol{z}_1$ 和先验信息得到 $\boldsymbol{\phi}$ 的分布为

$$\boldsymbol{\phi} \mid \boldsymbol{z}_1 \sim \mathcal{N}(\hat{\boldsymbol{\phi}}_1, \boldsymbol{\Sigma}_1) \tag{10-145}$$

式中，

$$\hat{\boldsymbol{\phi}}_1=[\boldsymbol{z}_1^{\mathrm{T}} \quad \bar{r} \quad \bar{s} \quad \bar{\alpha} \quad \bar{\gamma}]^{\mathrm{T}} \tag{10-146}$$

$$\boldsymbol{\Sigma}_1=\mathrm{diag}(\sigma_\beta^2,\sigma_\varepsilon^2,\sigma_r^2,\sigma_s^2,\sigma_\alpha^2,\sigma_\gamma^2) \tag{10-147}$$

式（10-145）所表示的分布是笛卡儿坐标系和修正球坐标系下跟踪算法初始化的基础。

1）笛卡儿坐标系初始化

扩展卡尔曼滤波和无迹卡尔曼滤波的初始化需要均值与协方差矩阵。根据式（10-145）给定的向量分布 $\boldsymbol{\phi}$，目标相对状态在笛卡儿坐标系中的均值和协方差矩阵分别表示为

$$\hat{\boldsymbol{x}}_1=\int \boldsymbol{c}(\boldsymbol{\phi})\mathcal{N}(\boldsymbol{\phi};\hat{\boldsymbol{\phi}}_1,\boldsymbol{\Sigma}_1)\mathrm{d}\boldsymbol{\phi} \tag{10-148}$$

$$\boldsymbol{P}_1=\int [\boldsymbol{c}(\boldsymbol{\phi})-\hat{\boldsymbol{x}}_1][\boldsymbol{c}(\boldsymbol{\phi})-\hat{\boldsymbol{x}}_1]^{\mathrm{T}}\mathcal{N}(\boldsymbol{\phi};\hat{\boldsymbol{\phi}}_1,\boldsymbol{\Sigma}_1)\mathrm{d}\boldsymbol{\phi} \tag{10-149}$$

式中，

$$\boldsymbol{c}(\boldsymbol{\phi})=\begin{bmatrix} r\cos\varepsilon\sin\beta \\ r\cos\varepsilon\cos\beta \\ r\sin\varepsilon \\ s\cos\gamma\sin\alpha-\dot{x}_1^{\mathrm{o}} \\ s\cos\gamma\cos\alpha-\dot{y}_1^{\mathrm{o}} \\ s\sin\gamma-\dot{z}_1^{\mathrm{o}} \end{bmatrix} \tag{10-150}$$

注意，大多数纯角度跟踪方法都对式（10-148）和式（10-149）的积分使用了线性近似求解。文献[7]给出了精确的计算公式和详细的推导过程。

粒子滤波的初始化是由 $\boldsymbol{x}_1^i=\boldsymbol{c}(\boldsymbol{\phi}^i)$ 得到的一组采样粒子。对于 $i=1,2,\cdots,n$，有 $\boldsymbol{\phi}^i\sim\mathcal{N}(\hat{\boldsymbol{\phi}}_1,\boldsymbol{\Sigma}_1)$。采样粒子的权值为 $1/n$。

2）修正球坐标系初始化

由式（10-145）给定的向量分布 $\boldsymbol{\phi}$ 可知，目标相对状态在修正球坐标系中的均值和协方差矩阵分别为

$$\hat{\xi}_1=\int \boldsymbol{q}(\boldsymbol{\phi})\mathcal{N}(\boldsymbol{\phi};\hat{\boldsymbol{\phi}}_1,\boldsymbol{\Sigma}_1)\mathrm{d}\boldsymbol{\phi} \tag{10-151}$$

$$\boldsymbol{P}_1=\int [\boldsymbol{q}(\boldsymbol{\phi})-\hat{\xi}_1][\boldsymbol{q}(\boldsymbol{\phi})-\hat{\xi}_1]^{\mathrm{T}}\mathcal{N}(\boldsymbol{\phi};\hat{\boldsymbol{\phi}}_1,\boldsymbol{\Sigma}_1)\mathrm{d}\boldsymbol{\phi} \tag{10-152}$$

式中，

$$\boldsymbol{q}(\boldsymbol{\phi})=\begin{bmatrix} 0 \\ 0 \\ 0 \\ \beta \\ \varepsilon \\ 1/r \end{bmatrix}+\frac{1}{r}\begin{bmatrix} \cos\beta & -\sin\beta & 0 \\ -\sin\beta\sin\varepsilon & -\cos\beta\sin\varepsilon & \cos\varepsilon \\ \sin\beta\cos\varepsilon & \cos\beta\cos\varepsilon & \sin\varepsilon \\ \hline & \boldsymbol{0}_3 & \end{bmatrix}\begin{bmatrix} s\cos\gamma\sin\alpha-\dot{x}_1^{\mathrm{o}} \\ s\cos\gamma\cos\alpha-\dot{y}_1^{\mathrm{o}} \\ s\sin\gamma-\dot{z}_1^{\mathrm{o}} \end{bmatrix} \tag{10-153}$$

关于r的积分可以利用蒙特卡罗近似数值计算得到。

10.4.2　纯角度跟踪滤波算法

1. 修正球坐标系 EKF

EKF 建立在对非线性动态模型或测量模型的线性近似的基础上。本节介绍 EKF 在修正球坐标系下状态向量的递推形式。

进行初始化后，对于$k=2,3,\cdots$时刻，可得 EKF 在笛卡儿坐标系下的递推形式。在这种情况下，动态模型（10-114）是线性的，而量测模型（10-140）是非线性的，因此只对量测更新步骤进行线性近似。这种滤波算法记作 CEKF，该方法与本书前述的 EKF 并无区别，因此不再赘述其流程。

在修正球坐标系中，情况刚好相反，动态模型是非线性的，而量测模型是线性的。在算法 10-1 中，利用给定的精确动态模型（10-139）和量测模型（10-143），可以得到修正球坐标系下精确动态模型的 EKF 算法，即 MSC-EKF。

算法 10-1　MSC-EKF

输入：$k-1$时刻后验均值$\hat{\boldsymbol{\xi}}_{k-1|k-1}$和协方差矩阵$\boldsymbol{P}_{k-1|k-1}$，以及$k$时刻的量测$\boldsymbol{z}_k$。

输出：k时刻后验均值$\hat{\boldsymbol{\xi}}_{k|k}$和协方差矩阵$\boldsymbol{P}_{k|k}$。

步骤 1。令$\hat{\boldsymbol{\xi}}_{k-1}=\hat{\boldsymbol{\xi}}_{k-1|k-1}$，$\boldsymbol{P}_{k-1}=\boldsymbol{P}_{k-1|k-1}$。

1）预测

步骤 2。计算状态方程的雅可比矩阵：

$$\boldsymbol{B}=[D_{\boldsymbol{\xi}^{\mathrm{T}}}\boldsymbol{b}(\boldsymbol{\xi},\boldsymbol{u}_{k-1},\boldsymbol{w}),\quad D_{\boldsymbol{w}^{\mathrm{T}}}\boldsymbol{b}(\boldsymbol{\xi},\boldsymbol{u}_{k-1},\boldsymbol{w})]\big|_{\boldsymbol{\xi}=\hat{\boldsymbol{\xi}}_{k-1},\ \boldsymbol{w}=0} \tag{10-154}$$

步骤 3。计算k时刻的状态预测$\hat{\boldsymbol{\xi}}_{k|k-1}$和状态预测误差协方差矩阵$\boldsymbol{P}_{k|k-1}$。

$$\hat{\boldsymbol{\xi}}_{k|k-1}=\boldsymbol{b}(\hat{\boldsymbol{\xi}}_{k-1},\boldsymbol{u}_{k-1},0) \tag{10-155}$$

$$\boldsymbol{P}_{k|k-1}=\boldsymbol{B}\,\mathrm{diag}(\boldsymbol{P}_{k-1},\boldsymbol{Q}(\varDelta_k))\boldsymbol{B}^{\mathrm{T}} \tag{10-156}$$

2）更新

步骤 4。计算新息协方差$\boldsymbol{S}_k$和卡尔曼增益矩阵$\boldsymbol{K}_k$：

$$\boldsymbol{S}_k=\boldsymbol{H}\boldsymbol{P}_{k|k-1}\boldsymbol{H}^{\mathrm{T}}+\boldsymbol{R} \tag{10-157}$$

$$\boldsymbol{K}_k=\boldsymbol{P}_{k|k-1}\boldsymbol{H}^{\mathrm{T}}\boldsymbol{S}_k^{-1} \tag{10-158}$$

步骤 5。计算k时刻后验均值$\hat{\boldsymbol{\xi}}_{k|k}$和协方差矩阵$\boldsymbol{P}_{k|k}$：

$$\hat{\boldsymbol{\xi}}_{k|k}=\hat{\boldsymbol{\xi}}_{k|k-1}+\boldsymbol{K}_k(\boldsymbol{z}_k-\boldsymbol{H}\hat{\boldsymbol{\xi}}_{k|k-1}) \tag{10-159}$$

$$\boldsymbol{P}_{k|k}=\boldsymbol{P}_{k|k-1}-\boldsymbol{K}_k\boldsymbol{S}_k\boldsymbol{K}_k^{\mathrm{T}} \tag{10-160}$$

循环步骤 1～步骤 5。

也可直接利用式（10-125）或式（10-130）的泰勒级数展开形式进行 EKF 计算。

2．修正球坐标系 UF

UF 是一种矩逼近估计方法，其本质是基于 LMMSE 框架的估计器，利用无迹变换进行采点的非线性传递。这种方法与线性化方法相比，避免了求取雅可比矩阵，提供了更加精确的近似。

对于纯角度跟踪的 UF，算法 10-2 给出了 $k=2,3,\cdots$ 时刻修正球坐标系下精确动态模型的 UF 算法，即 MSC-UF。

算法 10-2　MSC-UF

输入：$k-1$ 时刻后验均值 $\hat{\boldsymbol{\xi}}_{k-1|k-1}$ 和协方差矩阵 $\boldsymbol{P}_{k-1|k-1}$，以及 k 时刻的量测 $\boldsymbol{z}_k$。

输出：k 时刻后验均值 $\hat{\boldsymbol{\xi}}_{k|k}$ 和协方差矩阵 $\boldsymbol{P}_{k|k}$。

步骤 1。令 $\hat{\boldsymbol{\xi}}_{k-1}=\hat{\boldsymbol{\xi}}_{k-1|k-1}$，$\boldsymbol{P}_{k-1}=\boldsymbol{P}_{k-1|k-1}$。

1）预测

步骤 2。构造矩阵，计算变换采样点：

$$\boldsymbol{\Sigma}=\left[\boldsymbol{0}_{6,1}\quad \sqrt{(12+\kappa)\boldsymbol{P}_{k-1}}\quad \boldsymbol{0}_{6,6}\quad -\sqrt{(12+\kappa)\boldsymbol{P}_{k-1}}\quad \boldsymbol{0}_{6,6}\right] \tag{10-161}$$

$$\boldsymbol{\Omega}=\left[\boldsymbol{0}_{6,1}\quad \boldsymbol{0}_{6,6}\quad \sqrt{(12+\kappa)\boldsymbol{Q}(\Delta_k)}\quad \boldsymbol{0}_{6,6}\quad -\sqrt{(12+\kappa)\boldsymbol{Q}(\Delta_k)}\right] \tag{10-162}$$

计算采样点 $\boldsymbol{\Xi}_{k,i}=\hat{\boldsymbol{\xi}}_{k-1}+\boldsymbol{\sigma}_i$，$\boldsymbol{W}_{k,i}=\boldsymbol{\omega}_i$，$i=0,1,\cdots,24$，$\boldsymbol{\sigma}_i$ 和 $\boldsymbol{\omega}_i$ 分别是 $\boldsymbol{\Sigma}$ 和 $\boldsymbol{\Omega}$ 的第 $i+1$ 列。计算变换采样点，有

$$\boldsymbol{E}_{k,i}=\boldsymbol{b}(\boldsymbol{\Xi}_{k,i},\boldsymbol{u}_{k-1},\boldsymbol{W}_{k,i}) \tag{10-163}$$

步骤 3。计算 k 时刻的状态预测 $\hat{\boldsymbol{\xi}}_{k|k-1}$ 和状态预测误差协方差矩阵 $\boldsymbol{P}_{k|k-1}$：

$$\hat{\boldsymbol{\xi}}_{k|k-1}=\sum_{i=0}^{24}w_i^{\mathrm{m}}\boldsymbol{E}_{k,i} \tag{10-164}$$

$$\boldsymbol{P}_{k|k-1}=\sum_{i=0}^{24}w_i^{\mathrm{m}}(\boldsymbol{E}_{k,i}-\hat{\boldsymbol{\xi}}_{k|k-1})(\boldsymbol{E}_{k,i}-\hat{\boldsymbol{\xi}}_{k|k-1})^{\mathrm{T}} \tag{10-165}$$

$$w_i^{\mathrm{m}}=\begin{cases}\kappa/(6+\kappa), & i=0\\ 1/[2(6+\kappa)], & i=1,2,\cdots,24\end{cases} \tag{10-166}$$

2）更新

步骤 4。计算新息协方差 $\boldsymbol{S}_k$ 和卡尔曼增益矩阵 $\boldsymbol{K}_k$：

$$\boldsymbol{S}_k=\boldsymbol{H}\boldsymbol{P}_{k|k-1}\boldsymbol{H}^{\mathrm{T}}+\boldsymbol{R} \tag{10-167}$$

$$\boldsymbol{K}_k=\boldsymbol{P}_{k|k-1}\boldsymbol{H}^{\mathrm{T}}\boldsymbol{S}_k^{-1} \tag{10-168}$$

步骤 5。计算 k 时刻的后验状态估计均值 $\hat{\boldsymbol{\xi}}_{k|k}$ 和估计误差协方差矩阵 $\boldsymbol{P}_{k|k}$：

$$\hat{\boldsymbol{\xi}}_{k|k}=\hat{\boldsymbol{\xi}}_{k|k-1}+\boldsymbol{K}_k(\boldsymbol{z}_k-\boldsymbol{H}\hat{\boldsymbol{\xi}}_{k|k-1}) \tag{10-169}$$

$$\boldsymbol{P}_{k|k} = \boldsymbol{P}_{k|k-1} - \boldsymbol{K}_k \boldsymbol{S}_k \boldsymbol{K}_k^{\mathrm{T}} \tag{10-170}$$

循环步骤 1～步骤 5。

3. 修正球坐标系 PF

粒子滤波（Particle Filter，PF）是用来近似目标状态后验概率密度的一类序贯蒙特卡罗方法。PF 最常见的形式采用了序贯重要性采样方法，这种方法从重要性概率密度中得到目标状态样本，并且在每获得一个量测时对样本进行适当的加权。与 EKF 和 UF 相比，PF 尽管计算复杂度很高，但是在样本数量上为渐进最优贝叶斯推断提供了可能性。本节简要描述 PF 在笛卡儿坐标系和 MSC 纯角度跟踪中的特殊应用。

算法 10-3 给出了修正球坐标系下精确动态模型的 PF 算法，即 MSC-PF。

算法 10-3　MSC-PF

输入：从 $k-1$ 时刻的后验密度中获得的加权样本 $\{w_{k-1}^i, \xi_{k-1}^i\}$，以及 k 时刻的量测 $\boldsymbol{z}_k$。

输出：k 时刻的后验状态估计 $\hat{\boldsymbol{\xi}}_k$。

步骤 1。根据 $p(\boldsymbol{x}_0)$ 采样得到 n 个粒子 $\{\xi_0^i\}_{i=1}^n$。

步骤 2。根据状态转移函数产生新的粒子：

$$\xi_k^i \sim p(\xi_k \left| \xi_{k-1}^i \right.) \tag{10-171}$$

步骤 3。计算非归一化权重：

$$\tilde{w}_k^i = \mathcal{N}(\boldsymbol{z}_k; \boldsymbol{H}\xi_k^i, \boldsymbol{R}) \tag{10-172}$$

对权值进行归一化：

$$w_k^i = \tilde{w}_k^i \Big/ \sum_{j=1}^{n} \tilde{w}_k^j, \quad i = 1, 2, \cdots, n \tag{10-173}$$

步骤 4。计算 k 时刻的状态估计 $\hat{\xi}_k$：

$$\hat{\boldsymbol{\xi}}_k = \sum_{i=1}^{n} w_k^i \hat{\xi}_k^i \tag{10-174}$$

循环步骤 2～步骤 4。

10.4.3　仿真验证及分析

本节对前述算法的性能进行了仿真验证。所使用的仿真场景与文献[7]相同。目标的初始地面距离 ρ_1、方位角 β_1、目标高度 z_1^{t}、速度 s_1、XOY 平面上的航线 c_1 及 Z 轴上目标速度分量 $\dot{z}_1^{\mathrm{t}}$ 的设置如表 10-1 所示。在表 10-1 中，笛卡儿坐标系下的目标地面距离和速度分别为 $[138/\sqrt{2}, 138/\sqrt{2}, 9]\,\mathrm{km}$、$297/\sqrt{2} \times [-1, -1, 0]\,\mathrm{m/s}$。

设置完这些初始参数后，目标进行 NCV 运动，过程噪声功率谱密度为 $q_x = q_y = 0.01\,\mathrm{m}^2/\mathrm{s}^3$， $q_z = 10^{-4}\ \mathrm{m}^2/\mathrm{s}^3$。受过程噪声的影响，目标几乎在一个与 XOY 平面平行的平面上运动，高度几乎恒定为 9km。观测站的运动是确定已知的。观测站在一个与 XOY 平面平行的平面上运动，高度为 10km，运动模式包含 CV 运动和 CT 运动两种。观测站运动轨迹设计如表 10-2 所示。在表 10-2 中，Δt 表示持续时间，$\Delta\phi$ 表示时间区间总的角度改变量。图 10-12 显示了目标和观测站航迹。

表 10-1　目标初始参数设置

参　数	取　值	参　数	取　值
ρ_1 /km	138	s_1 / (m/s)	297
β_1 / (°)	45	c_1 / (°)	−135
z_1^{t} /km	9.0	$\dot{z}_1^{\mathrm{t}}$ / (m/s)	0.0

表 10-2　观测站运动轨迹设计

区间（s）	Δt /s	$\Delta\phi$ /rad	运 动 模 式	角速度/（rad/s）
[0,15]	15	0	CV	0
[15,31]	16	$-\pi/4$	CT	$-\pi/64$
[31,43]	12	0	CV	0
[43,75]	32	$\pi/2$	CT	$\pi/64$
[75,86]	11	0	CV	0
[86,102]	16	$-\pi/4$	CT	$-\pi/64$
[102,210]	108	0	CV	0

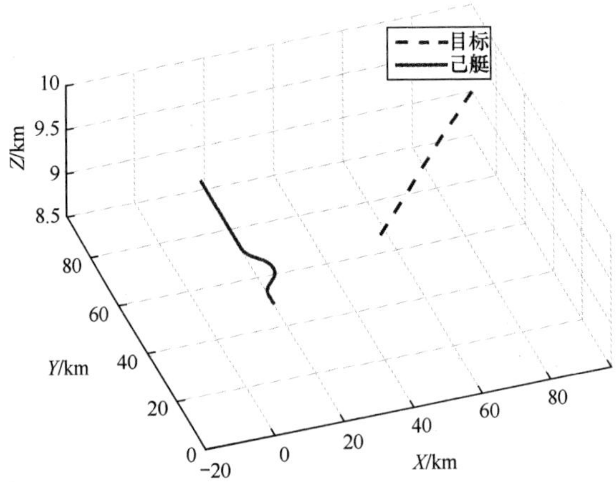

图 10-12　目标和观测站航迹

先验分布参数如表 10-3 所示。PF 的样本大小为 5000 个粒子。方位角和俯仰角的量测噪声标准差在场景 1 中为 15mrad，在场景 2 中为 35mrad。比较的算法包括 EKF、UF、MSC-UF、QKF 和 PF（5000 个粒子）。

表 10-3　先验分布参数

参　数	均　值	标 准 差
距离/km	150	13.6
速度/（m/s）	258	41.6
方位航向/（rad/s）	$\beta_1+\pi$	$\pi/\sqrt{12}$
俯仰航向/（rad/s）	0	$\pi/60$

场景 1：量测噪声标准差设置为 15mrad。各滤波器的位置均方根误差与速度均方根误差分别如图 10-13 和图 10-14 所示。

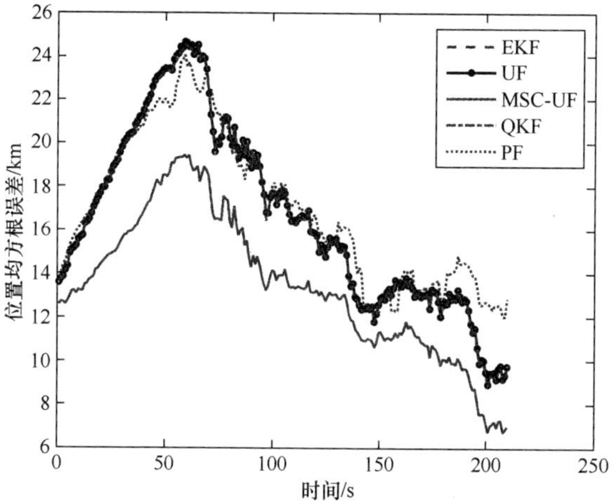

图 10-13　位置均方根误差（场景 1）

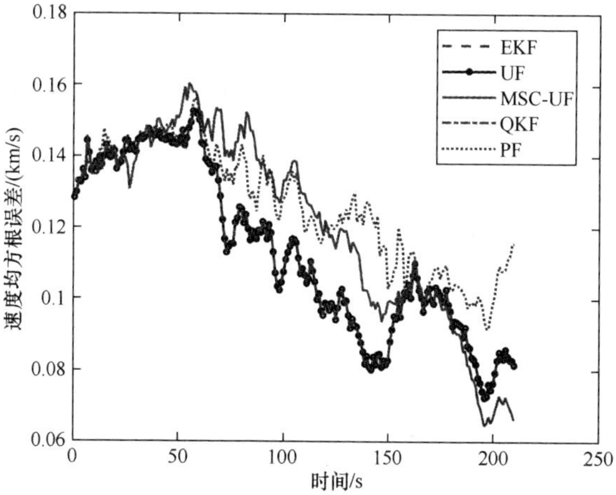

图 10-14　速度均方根误差（场景 1）

由图 10-13 和图 10-14 可知，针对纯角度跟踪问题，在低量测噪声的情况下，MSC-UF 具有最好的跟踪性能，表明 MSC 可以有效地提高估计性能。PF 算法仿真性能较差，并不适合该仿真场景。

场景 2：量测噪声标准差设置为 35mrad。各滤波器的位置均方根误差和速度均方根误差分别如图 10-15 和图 10-16 所示。

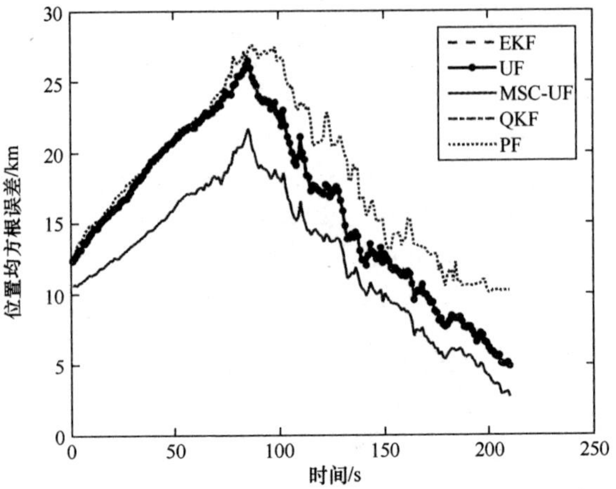

图 10-15　位置均方根误差（场景 2）

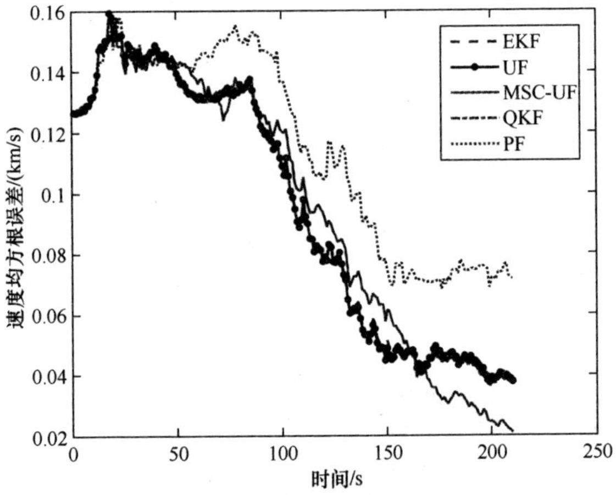

图 10-16　速度均方根误差（场景 2）

由图 10-15 和图 10-16 可知，MSC-UF 实现了最佳估计性能。MSC-UF 优于其他算法的程度取决于量测噪声的高低。对于低量测噪声，MSC 中的 UF 稍好于相对笛卡儿坐标系中的 UF。对于高量测噪声，MSC-UF 的性能改善更加明显。与笛卡儿坐标系相比，使用 MSC 的计算成本要大得多。然而，即便如此，MSC-UF 并没有造成严重的计算负担。特别是相比 PF，MSC-UF 的计算复杂度更低。除了具有更大的计算成本，PF 在 MSC 中的性能也比 EKF 和 UF 差，在某些情况下更糟糕。PF 较差的性能可以通过使用较大的样本量改进，但这显然会增加它原本就很高的计算成本。

本章小结

本章主要介绍了被动目标跟踪中至关重要的目标运动能观性分析和针对强非线性问题的常用被动目标跟踪技术。首先介绍了非线性系统模型下目标的能观性判别方法，并从能观性的角度给出了滤波器性能优劣的内在原因，从而指引被动目标跟踪问题中滤波器的选择。然后针对二维纯方位跟踪和三维纯角度跟踪问题，分别介绍了 MSC 下两者的状态描述和相应的滤波方法设计，并通过仿真验证了 MSC 下滤波器的优点。

参考文献

[1] RISTIC B, ARULAMPALAM S, GORDON N. Beyond the Kalman filter: particle filters for tracking applications[M]. London: Artech House, 2003.

[2] NARDONE S C, AIDALA V J. Observability criteria for bearings-only target motion analysis[J]. IEEE Transactions on Aerospace and Electronic Systems, 1981(2): 162-166.

[3] LE CADRE J, JAUFFRET C. Discrete-time observability and estimability analysis for bearings-only target motion analysis[J]. IEEE Transactions on Aerospace and Electronic Systems, 1997, 33(1): 178-201.

[4] PILLON D, PEREZ-PIGNOL A-C, JAUFFRET C. Observability: range-only vs. bearings-only target motion analysis for a leg-by-leg observer's trajectory[J]. IEEE Transactions on Aerospace and Electronic Systems, 2016, 52(4): 1667-1678.

[5] AIDALA V, HAMMEL S. Utilization of modified polar coordinates for bearings-only tracking[J]. IEEE Transactions on Automatic Control, 1983, 28(3): 283-294.

[6] STALLARD D V. Angle-only tracking filter in modified spherical coordinates[J]. Journal of Guidance, Control, and Dynamics, 1991, 14(3): 694-696.

[7] MALLICK M, KRISHNAMURTHY V, VO B-N. Integrated tracking, classification, and sensor management[M]. New York: Wiley, 2012.

[8] ZHANG Y J, LAN J, MALLICK M, et al. Bearings-only filtering using uncorrelated conversion based filters[J]. IEEE Transactions on Aerospace and Electronic Systems, 2021, 57(2): 882-896.

第 11 章

性能评估

11.1 概述

针对目标定位与跟踪等经典问题，学术界与工业界提出、发展并完善了许多解决方法，本书称为求解算法。这些求解算法，有的解决共性问题，具有较好的普适性；有的解决某一特定问题，充分利用了问题特性。得到求解算法后，需要对其性能进行评估，只有经过性能评估，才能验证其理论是否正确、假设是否合理适用。此外，性能评估的结果可以用来改进求解算法，比较不同求解算法的优劣。

针对具体问题，可以从多个方面进行性能评估，这要根据具体需求确定。例如，对于跟踪问题，可以评估跟踪结果的准确性，即跟踪结果与真实情况的差距；对于分类问题，可以评估分类结果的正确率，即分类结果与真实类别相同的概率；针对同一问题，通常存在多种求解算法，同时有多个指标可用于评估，如何在多个指标下对多个求解算法进行评估并排序，是本章关注的问题；针对多目标跟踪问题，需要评估所得结果是否与目标真实个数及状态一致或接近，如果真实情况未知，则如何评估成为一大难题。

求解算法和性能评估的研究同等重要，但目前大多数研究集中于求解算法，而性能评估的研究进度严重滞后。本章将从性能评估通用知识讲起，首先介绍常用的定位与跟踪性能评估非综合指标和综合指标。然后针对两类特殊问题——联合跟踪与分类问题性能评估、跟踪性能评估与排序，介绍最新研究进展。

11.2 定位与跟踪性能评估非综合指标

11.2.1　真值已知情况下的性能评估指标

真值是指被估计量的真实值，在定位中通常指目标的位置坐标，在跟踪中通常指目标的状态量，如真实的位置、速度等。当真值已知时，性能评估指标通常是将估计值与真值做比较，并在不同的准则下计算两者的差别或距离。

以下介绍几种常用的性能评估指标，包括 RMSE、平均欧氏距离误差（Average Euclidean Error，AEE）、几何均值误差（Geometric Average Error，GAE）和中值误差（Median Error，Med）。基于估计误差集合 $\{\tilde{\boldsymbol{x}}_i\}_{i=1}^N$，文献[1]给出这几个性能评估指标的定义如下。

（1）RMSE 是当下应用最广泛的估计评估指标之一，是标准差最自然的有限样本近似之一：

$$\text{RMSE}(\hat{\boldsymbol{x}})=\left(\frac{1}{N}\sum_{i=1}^{N}\|\tilde{\boldsymbol{x}}_i\|^2\right)^{1/2} \tag{11-1}$$

式中，$\|\tilde{\boldsymbol{x}}_i\|$是估计误差的范数，$\tilde{\boldsymbol{x}}_i=\boldsymbol{x}-\hat{\boldsymbol{x}}_i$是估计误差；$N$是评估中可用的误差样本个数（如蒙特卡罗实验的次数）；$\hat{\boldsymbol{x}}_i$是关于状态$\boldsymbol{x}$的第i个估计。RMSE 具有许多优良的性质且与 MSE 联系密切，但易受大数主导。

（2）AEE 是估计误差范数的样本平均值：

$$\text{AEE}(\hat{\boldsymbol{x}})=\frac{1}{N}\sum_{i=1}^{N}\|\tilde{\boldsymbol{x}}_i\| \tag{11-2}$$

该指标在一定程度上克服了 RMSE 易受大数主导的缺陷，且具有明确的物理意义。

（3）GAE 是一个平衡的指标，具有优良的特性：

$$\ln[\text{GAE}]=\frac{1}{N}\sum_{i=1}^{N}\ln\|\tilde{x}_i\| \tag{11-3}$$

该指标对极端值鲁棒。

（4）Med 是将误差序列$\|\tilde{\boldsymbol{x}}_1\|,\|\tilde{\boldsymbol{x}}_2\|,\cdots,\|\tilde{\boldsymbol{x}}_N\|$排序后取中间值得到的指标，不受极端值的影响。

以上各性能评估指标之间相互关联，因为它们都是基于相同的估计误差计算得到的，但侧重于性能的不同方面。表 11-1 对各种性能评估指标的优缺点和适用范围进行了总结。

表 11-1　常用性能评估指标对比

指　标	优　点	缺　点	适 用 范 围
RMSE	流行，有一些优良性质，与 MSE 和标准差联系紧密	大数主导，无明确的物理意义	可用于概率分析
AEE	有清晰的物理意义，有一些优良性质	大误差占优势地位	可用于度量一般误差
GAE	对极端误差稳健，有一些优良性质	不流行	可用于度量平均比率
Med	不受极端值影响	计算较为困难	可用于度量典型误差

11.2.2　真值未知情况下的性能评估方法

1. 似真数据法

似真数据法度量的是真实量测 $\boldsymbol{Z}_k$ 和似真数据 $\hat{\boldsymbol{Z}}_k$ 之间的差别，其中 $\hat{\boldsymbol{Z}}_k$ 是基于 $\hat{\boldsymbol{X}}_k$ 产生的。如果 $\hat{\boldsymbol{X}}_k$ 足够接近 $\boldsymbol{X}_k$，那么 $\hat{\boldsymbol{Z}}_k$ 也应足够接近 $\boldsymbol{Z}_k$，反之亦然。

在图 11-1 中，$\hat{\boldsymbol{X}}_k$ 与 $\boldsymbol{Z}_k$ 通过量测方程 $h(\boldsymbol{X},\boldsymbol{v})$ 相关联，$\hat{\boldsymbol{X}}_k$ 与 $\hat{\boldsymbol{Z}}_k$ 通过 $\hat{h}(\hat{\boldsymbol{X}},\boldsymbol{v})$ 相关联。即使 $\boldsymbol{X}_k$ [及 $h(\boldsymbol{X},\boldsymbol{v})$] 是未知的，仍然可以知道 $\hat{\boldsymbol{X}}_k$ 和 $h(\boldsymbol{X},\boldsymbol{v})$ 的近似 $\hat{h}(\hat{\boldsymbol{X}},\boldsymbol{v})$。基于 $\hat{\boldsymbol{X}}_k$ 和 $\hat{h}(\hat{\boldsymbol{X}},\boldsymbol{v})$，可以产生 $\hat{\boldsymbol{Z}}_k$，并将之与 $\boldsymbol{Z}_k$ 相比。在图 11-1 中，状态空间的圆圈和方块分别表示 $\boldsymbol{X}_k$ 与 $\hat{\boldsymbol{X}}_k$；量测空间的圆圈和方块分别表示 $\boldsymbol{Z}_k$ 与 $\hat{\boldsymbol{Z}}_k$。真实情况是，$\hat{\boldsymbol{X}}_1$ 接近 $\boldsymbol{X}_1$，$\hat{\boldsymbol{X}}_2$ 离 $\boldsymbol{X}_2$ 很远，但在评估中无法获知这一情况。我们能知道的是，在量测空间中，$\{\hat{\boldsymbol{Z}}_{11},\hat{\boldsymbol{Z}}_{12},\hat{\boldsymbol{Z}}_{13},\hat{\boldsymbol{Z}}_{14}\}$ 离 $\{\boldsymbol{Z}_{11},\boldsymbol{Z}_{12},\boldsymbol{Z}_{13}\}$ 很近，但 $\{\hat{\boldsymbol{Z}}_{21},\hat{\boldsymbol{Z}}_{22},\hat{\boldsymbol{Z}}_{23}\}$ 离 $\{\boldsymbol{Z}_{11},\boldsymbol{Z}_{12},\boldsymbol{Z}_{13}\}$ 很远。因此，似真数据集和真实数据集的远近可以反映 $\hat{\boldsymbol{X}}_k$ 距离 $\boldsymbol{X}_k$ 的远近。

2. 基于似真数据法的多目标态势评估

应用似真数据法可以解决未知真实情况下多目标跟踪的性能评估问题。具体操作中至少有以下两种策略。

第一种策略是，$\hat{\boldsymbol{X}}_k=\{\hat{\boldsymbol{X}}_{k,1},\hat{\boldsymbol{X}}_{k,2},\cdots,\hat{\boldsymbol{X}}_{k,m_k}\}$ 由多假设跟踪算法给出。基于 $\hat{\boldsymbol{X}}_k$ 和量测方程 $\hat{\boldsymbol{Z}}_k^{\mathrm{t}}=h(\hat{\boldsymbol{X}}_k,\boldsymbol{v}_k)$，可以产生关于目标的似真数据 $\hat{\boldsymbol{Z}}_k^{\mathrm{c}}$。同时，利用先验已知的杂波分布，可以产生关于杂波的似真数据 $\hat{\boldsymbol{Z}}_k^{\mathrm{c}}$。然后将似真数据集 $\hat{\boldsymbol{Z}}_k=\{\hat{\boldsymbol{Z}}_k^{\mathrm{t}},\hat{\boldsymbol{Z}}_k^{\mathrm{c}}\}$ 与 $\boldsymbol{Z}_k$ 做比较。然而，这种方法的效果并不好，因为杂波通常远多于目标量测，关于目标的似真数据和目标量测的差别可能被关于杂波的似真数据与杂波间的差别所湮没。因此，评估结果对目标的似真数据的质量并不敏感。这种方法无法满足实际需求。

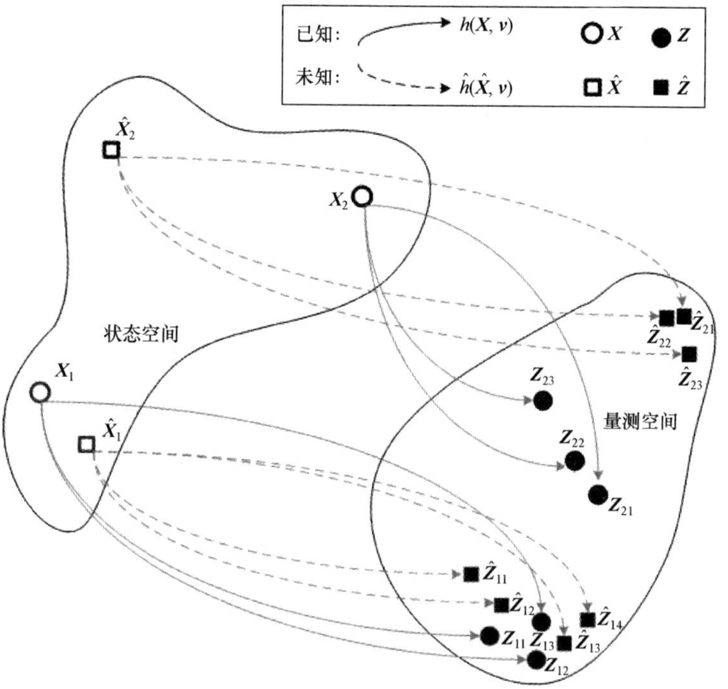

图 11-1　似真数据法示意

第二种策略是，只产生关于目标的似真数据 $\hat{\boldsymbol{Z}}_k = \hat{\boldsymbol{Z}}_k^{\mathrm{t}}$，然后将 $\hat{\boldsymbol{Z}}_k$ 与 $\boldsymbol{Z}_k$ 做比较。这种方法也有严重的缺陷。例如，较差的估计产生的似真数据可能离某些杂波很近。例如，在图 11-2 中，○$(\boldsymbol{Z}^1,\boldsymbol{Z}^2)$ 表示真实量测，▭$(\hat{\boldsymbol{Z}}^{1|1},\hat{\boldsymbol{Z}}^{2|1})$ 表示由估计 $\hat{\boldsymbol{X}}^1$ 产生的似真数据，▫$\hat{\boldsymbol{Z}}^{1|2}$、$\hat{\boldsymbol{Z}}^{2|2}$、$\hat{\boldsymbol{Z}}^{3|2}$ 表示由估计 $\hat{\boldsymbol{X}}^2$ 产生的似真数据。$\hat{\boldsymbol{Z}}^{1|1}$ 和 $\hat{\boldsymbol{Z}}^{2|1}$ 分别与 $\boldsymbol{Z}^1$ 和 $\boldsymbol{Z}^2$ 匹配，而 $\hat{\boldsymbol{Z}}^{1|2}$、$\hat{\boldsymbol{Z}}^{2|2}$、$\hat{\boldsymbol{Z}}^{3|2}$ 与某些杂波匹配得较好。直观地说，$\hat{\boldsymbol{X}}^1$ 比 $\hat{\boldsymbol{X}}^2$ 更精确，因为其似真数据离真实数据更近，且目标个数估计正确。然而，我们并不知道哪个点是真实数据，也不知道有多少个点是真实数据。如果用这种策略，$\hat{\boldsymbol{X}}^2$ 的性能反而更好，因为虽然其似真数据与真实数据匹配到的是杂波，但匹配得很好。

实际上，这些缺陷都源于杂波，只会带来干扰而不提供有用信息。我们的目的是双重的：首先，减少量测的数量，以避免上面提到的一些缺陷；其次，得到关于目标个数更准确的估计，因为目标个数比估计精度更重要。

本书提出了一种能够克服以上缺陷的方法，可简要分为 3 个步骤：选点、定个数和最终评估。

（1）选点。将某些准则下数据集中那些被认为是杂波的点移除，可得到一个更小的集合，记作 $\boldsymbol{Z}^S$。

（2）定个数。给出关于目标个数更准确的估计，可进一步降低杂波的干扰。

其主要思想是将 $\boldsymbol{Z}^S$ 分为两个子集，即 $\boldsymbol{S}$ 和 $\bar{\boldsymbol{S}}$，其中 $\boldsymbol{S}$ 是属于且仅属于某一航迹的所有可能点的集合，$\bar{\boldsymbol{S}}$ 是其补集。令 $\boldsymbol{Y}^p$ 表示一条可能的航迹 p，$\boldsymbol{Y}^p$ 的最短长度为 $L_{\min}$ 并且需要满足所有约束 $c_j, j=1,2,\cdots,J$，J 表示约束的个数。这些约束可由先验知识得到，稍后将详细讨论。注意，一般存在多种可能的划分 $(\boldsymbol{S}_l, \bar{\boldsymbol{S}}_l), l=1,2,\cdots,N_l$，其中 N_l 是可能划分的个数。因为两条相接的航迹可以视作一个航迹，用 $\hat{N}=\max|\boldsymbol{S}_l|(l=1,2,\cdots,N_l)$ 作为个数估计，这个估计通常比直接用集合 $\boldsymbol{Z}^S$ 的估计准确些。

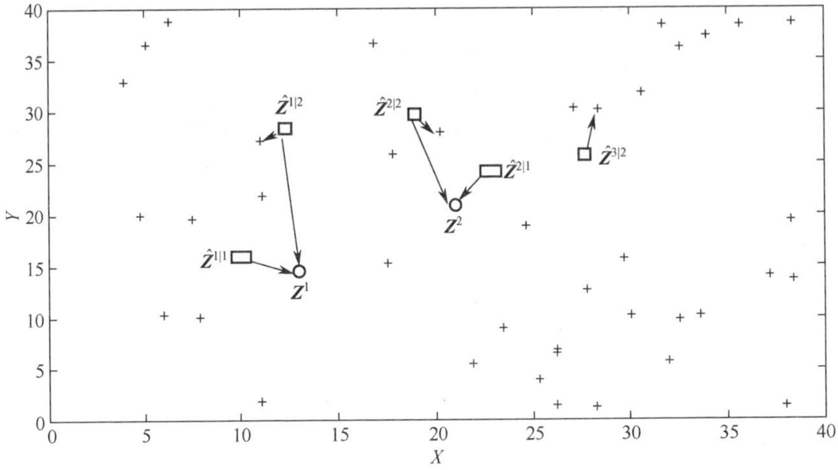

图 11-2　似真数据法可能的实现方法

（3）最终评估。基于 $\boldsymbol{Z}^S$、$\hat{N}$ 和似真数据，就能应用现有的关于 MTT 性能评估的方法。

11.3 定位与跟踪性能评估综合指标

非综合性能评估指标（如 RMSE、AEE 等）只能反映算法性能的一个侧面，无法全面表征性能，具有相当大的局限性（如 RMSE 易受大数主导，有明显的倾向性）。本节介绍的误差谱评估方法具备一定的综合性，能够较为全面地反映算法的性能。

11.3.1 误差谱评估方法

误差谱可以提供一条估计性能曲线，这条曲线包括调和平均误差（Harmonic Average Error，HAE）、GAE、AEE 及广泛使用的 RMSE。在此基础上，针对动态系统，将多条曲线组合得到一个二维图。误差谱评估方法示意如图 11-3 所示。

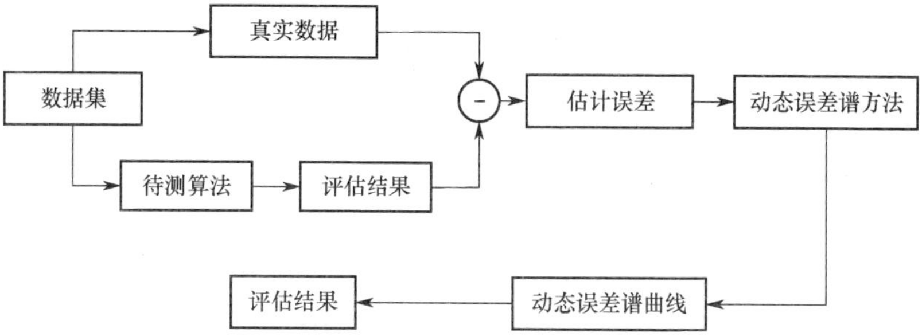

图 11-3　误差谱评估方法示意

误差谱的建立方法如下。

$\tilde{\boldsymbol{x}}$ 、$\hat{\boldsymbol{x}}$ 分别代表待估量和估计值，给定一个算法在 k 时刻的估计误差 $\tilde{\boldsymbol{x}}=\hat{\boldsymbol{x}}-\boldsymbol{x}$ ，$\boldsymbol{e}=\|\tilde{\boldsymbol{x}}\|$ 或 $\boldsymbol{e}=\|\tilde{\boldsymbol{x}}\|/\|\boldsymbol{x}\|$ 代表绝对的或相对的估计误差，$\|\cdot\|$ 可以是 1–范数或 2–范数。k 和 r 分别代表时刻值与误差谱曲线的自变量。定义误差谱为

$$\mathrm{ES}_{k,r}=S_k(r)=[E(\boldsymbol{e}_k^r)]^{\frac{1}{r}}=(\int \boldsymbol{e}_k^r \mathrm{d}F(\boldsymbol{e}_k))^{\frac{1}{r}}=\begin{cases}(\int \boldsymbol{e}_k^r \mathrm{d}F(\boldsymbol{e}_k))^{\frac{1}{r}}, & \text{连续}\boldsymbol{e}\\ (\sum \boldsymbol{e}_{k,i}^r p_i)^{\frac{1}{r}}, & \text{离散}\boldsymbol{e}\end{cases} \tag{11-4}$$

式中，$r\in\mathbb{R}^+=(-\infty,+\infty)$ ；$F(\boldsymbol{e}_k)$ 和 p_i 分别是误差 $\boldsymbol{e}_k$ 的累积分布函数与分布律。由于 r 的取值范围为 $(-\infty,+\infty)$ ，所以 $S(r)$ 可以绘出整个 r 轴的二维图，并且可以解释算法取所有不同 r 值的估计性能。显然，误差谱曲线越低，相应的估计误差越小，算法的性能就越好。

11.3.2　动态误差谱评估方法

传统的 RMSE 度量的仅是误差谱曲线上 $r=2$ 时的一个点。误差谱度量可以综合考虑大估计误差和小估计误差，而传统的 RMSE 度量只关注大估计误差，所以很容易受大误差值主导。如果希望对算法性能有一个公正、综合的评估，即希望评估结果既不受小误差值主导，又不受大误差值主导，可以采用误差谱这一综合性度量。

动态误差谱的建立方法如下。

记集合 $\{r_i\}_{i=1}^n$ 为评估时关心的 r 的集合，如果有先验信息设计对应每个 r_i 的权值 $\{\omega_i\}_{i=1}^n$ ，这里 $\sum_{i=1}^n \omega_i=1$ ，加权形式的动态误差谱可以简单定义为

$$\mathrm{DES}_k^{\mathrm{W}}=\sum_{i=1}^n S_k(r_i)\omega_i \tag{11-5}$$

但是如果没有任何先验信息，则很难合理地设计这些权值，解决方法是利用误差谱曲线下的面积，定义如下。

$$\mathrm{DES}_k^{\mathrm{AM}} = \frac{1}{r_n - r_1}\int_{r_1}^{r_n} S_k(r)\mathrm{d}r \approx \frac{1}{n}\sum_{i=1}^{n} S_k \tag{11-6}$$

11.4 联合跟踪与分类性能评估

11.4.1 研究背景

目标跟踪与目标分类是实际应用中的重要问题。通常，这两个问题独立求解，国内外学者提出了许多跟踪算法和分类算法。在某些情况下，这两个问题是密切相关的，好的分类算法有助于跟踪，反之亦然。最近，联合跟踪与分类（Joint Tracking and Classification，JTC）问题日益受到人们的关注。这些算法考虑到跟踪与分类问题的耦合关系，联合处理这两类问题，以期获得更好的联合性能。举例来说，一个经典问题是联合跟踪与分类战斗机或客机。

对于联合跟踪与分类，考虑两者之间的耦合关系十分重要——不考虑此关系，联合跟踪与分类将无法称为“联合”。考虑图 11-4 所示的例子，我们希望分类并跟踪一个目标，若此目标是坦克，则摧毁它；若此目标是直升机，则否。这两项任务（跟踪与分类）是联合的——跟踪精确但分类错误将造成灾难，正确分类但跟踪不精确将无法击中目标。如果忽视它们之间的耦合关系，算法可能输出一个“飞行的坦克”。然而，给出这种荒唐结果的算法在各指标下，其评估性能却很好，甚至是最优的，因为此算法输出的跟踪与分类结果在 RMSE 和正确分类概率指标下均是最优的。这种本质上的错误主要源于，在分别使用

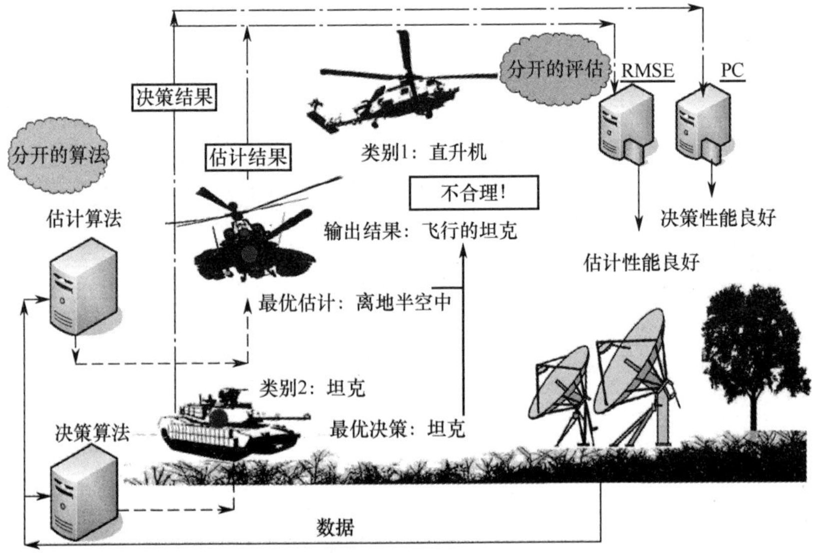

图 11-4　解决联合跟踪与分类问题时使用联合指标的必要性

RMSE 和正确分类概率指标时，忽略了跟踪与分类之间的耦合关系。即使估计与分类结果都很好，联合性能也不一定好。换言之，各指标意义下均好的结果并不一定相互对应。这个例子解释了使用联合指标评估联合性能的必要性。

本节将介绍两类联合指标。一类基于前文所述的似真数据法，另一类在概率空间统一评估跟踪与分类性能。

11.4.2　基于似真数据的联合跟踪与分类问题的性能评估

1. 静态问题的性能评估

大多数联合跟踪与分类问题都可以这样描述：真实值是量测 $\boldsymbol{z}$ 的分布，即 $\boldsymbol{z} \sim F(\boldsymbol{z}|s,\boldsymbol{x})$，这里，$\boldsymbol{x}$ 是被估计量，s 是未知的离散值。JTC 算法的目标是决策 s 的值，并且估计 $\boldsymbol{x}$ 的状态。联合跟踪与分类算法的解是 $\hat{\xi}=\{d,\hat{\boldsymbol{x}}\}$，其中 $\hat{\boldsymbol{x}}$ 是 $\boldsymbol{x}$ 的估计值，$d\in\{1,2,\cdots,N\}$ 是决策结果。

这种评估方法的基本思想是度量真实分布 $F(\boldsymbol{z}|\xi)$ 和联合跟踪与分类算法产生的分布 $F_d(\boldsymbol{z}|\hat{\boldsymbol{x}})$ 之间的距离。如果分布 $F_d(\boldsymbol{z}|\hat{\boldsymbol{x}})$ 可以得到，如在仿真中，则直接比较 $F(\boldsymbol{z}|\xi)$ 和 $F_d(\boldsymbol{z}|\hat{\boldsymbol{x}})$ 两个分布之间的距离；如果分布 $F_d(\boldsymbol{z}|\hat{\boldsymbol{x}})$ 不能得到，则比较原始数据 $\boldsymbol{z}$ 和由联合跟踪与分类算法产生的似真数据 $\hat{\boldsymbol{z}}$ 之间的距离。这里，似真数据 $\hat{\boldsymbol{z}}$ 是基于联合跟踪与分类算法的结果 $\{d,\hat{\boldsymbol{x}}\}$，再通过分布 $F_d(\boldsymbol{z}|\hat{\boldsymbol{x}})$ 或数据模型，把联合跟踪与分类算法的结果转换成数据。

具体而言，令

$$\rho(\boldsymbol{z},\hat{\boldsymbol{z}})=\iint \varDelta[f(\boldsymbol{z}|\xi),f_d(\boldsymbol{z}|\hat{\boldsymbol{x}})]\mathrm{d}(\boldsymbol{z},\xi) \tag{11-7}$$

式中，$\varDelta[f(\boldsymbol{z}|\xi),f_d(\boldsymbol{z}|\hat{\boldsymbol{x}})]$ 是 $f(\boldsymbol{z}|\xi)$ 和 $f_d(\boldsymbol{z}|\hat{\boldsymbol{x}})$ 之间的距离。

如果 s 和 $\boldsymbol{x}$ 都是随机量，产生 $\xi_i \sim f(\boldsymbol{z}|\xi)$，$i=1,2,\cdots,N$。这里 $f(\xi)$ 是在做性能评估时，由评估器产生的关于 ξ 的先验分布，它可以不同于联合跟踪与分类算法中用到的先验分布。联合跟踪与分类算法性能评估的步骤如下。

（1）对每组 $\xi_i=(s_i,\boldsymbol{x}_i)$，产生似真量 $\boldsymbol{z}_{ij}\sim f(\boldsymbol{z}|\xi_i), j=1,2,\cdots,N$，其中每个 $\boldsymbol{z}_{ij}$ 都可能是由多个数据点组成的向量。

（2）对每个 $\boldsymbol{z}_{ij}$，由联合跟踪与分类算法得到待评估 $\hat{\xi}_{ij}=(d_{ij},\hat{\boldsymbol{x}}_{ij})=g(\boldsymbol{z}_{ij})$。

（3）令 $\rho(\boldsymbol{z}_i,\hat{\boldsymbol{z}}_{ij})=\varDelta[f(\boldsymbol{z}|\xi_i),f_{d_{ij}}(\boldsymbol{z}|\xi_i)]$ 作为 $f(\boldsymbol{z}|\xi_i)$ 和 $f_d(\boldsymbol{z}|\hat{\boldsymbol{x}}_{ij})$ 之间的距离，计算最终的性能度量，有

$$\begin{aligned}\rho(\boldsymbol{z},\hat{\boldsymbol{z}})&=\iint \varDelta[f(\boldsymbol{z}|\xi),f_d(\boldsymbol{z}|\hat{\boldsymbol{x}})]\mathrm{d}(\boldsymbol{z},\xi)\\&\approx\frac{1}{N_iN_j}\sum_{i=1}^{N_i}\sum_{j=1}^{N_j}\rho(\boldsymbol{z}_j,\hat{\boldsymbol{z}}_{ij})\end{aligned} \tag{11-8}$$

这里采用全变差距离，有

$$\begin{aligned}\Delta_{tv}(F_t,F_d)&=\frac{1}{2}\int\left|f_t(z)-f_d(z)\right|\mathrm{d}z\\&=\frac{1}{2}\sum_t\left|p_t(z_i)-p_d(z_i)\right|\end{aligned}\tag{11-9}$$

式中，p_t 和 p_d 是概率质量函数（Probability Mass Functions，PMF）。当包含 PMF 时，$\rho(z,\hat{z})$ 可以写成如下简单形式：

$$\rho_{tv}(z,\hat{z})\approx\frac{1}{2N_iN_j}\sum_{i=1}^{N_i}\sum_{j=1}^{N_j}\sum\nolimits_k\left|p(z_{ik})-\hat{p}(\hat{z}_{ijk})\right|\tag{11-10}$$

2．动态问题的性能评估

根据上文批量联合跟踪与分类算法性能评估的思想，给出一种适用于动态问题的联合评价指标（Joint Performance Metric，JPM），即平均预测–量测距离 γ_k，定义如下：

$$\gamma_k=\int\mathrm{dist}(z_k,\hat{z}_{k|k-1})\mathrm{d}F(\hat{z}_{k|k-1}\mid\hat{\boldsymbol{x}}_{k-1},D_{k-1})\times\mathrm{d}F(z_k,\boldsymbol{x}_k,H^j)\tag{11-11}$$

式中，$\mathrm{dist}(z_1,z_2)$ 是 z_1 和 z_2 之间的距离，由用户选择；z_k 是 k 时刻的真实数据；$\hat{z}_{k|k-1}$ 是一步预测的量测。

在实际的离散场景中，γ_k 可以用样本平均值 ε_k 来代替，有

$$\gamma_k\approx\varepsilon_k=\frac{1}{I}\sum_{i=1}^{I}\varepsilon_k^{[i]}\tag{11-12}$$

式中，$\varepsilon_k^{[i]}=\sum_{i=1}^{J}\mathrm{d}(z_k^{[i]},z_{k|k-1}^{[i]})$，$\hat{z}_{k|k-1,j}^{[i]}\sim f(\hat{z}_k\mid\hat{z}_{k|k-1}^{[i]},\hat{D}_{k-1}^{[i]})$ 是 i 次蒙特卡罗仿真中第 j 个一步预测量测值，$\hat{z}_k^{[i]}$ 是第 i 次蒙特卡罗中 k 时刻的真实数据。这里，I 是总的蒙特卡罗次数；J 表示在一次蒙特卡罗中，在每个时刻产生的一步预测值的总数。

11.4.3 联合概率散度性能评估指标

可以在概率空间评估 JTC。通常的概率方法主要采用概率密度函数（Probability Density Function，PDF），但在本问题中使用 PDF 有诸多缺点。在理想情况下，估计误差的范数 $e=\|\boldsymbol{x}-\hat{\boldsymbol{x}}\|$ 的 PDF 是狄利克雷函数，而狄利克雷函数是一个广义函数，仅在 0 点处函数值非零，在整个积分区间的积分值为 1。显然，将 e 的 PDF 与狄利克雷函数相比较是很困难的。还可以对这两个 PDF 的差积分。然而，这种方法实际上仅比较了两者在 0 点处的差别，结果十分片面。

利用累积分布函数（Cumulative Density Function，CDF）可以避免以上缺点。理想情况下的 CDF 是一个阶跃函数，便于将真实估计误差的 CDF 与之相比较。更重要的是，真实 CDF 中的每个点都与理想情况做了比较。此外，估计误差常

以离散样本的形式出现，用离散样本近似 CDF 比近似 PDF 更容易，因此 CDF 更适用于评估。

实际上，CDF $F(\eta)=P\{e\leqslant\eta\}$ 是事件“估计误差范数 e 不大于一个门限 η”的概率。对于 JTC 的 JCDF，$P\{e\leqslant\eta,D_t|H_t\}$ 是联合事件“ $e\leqslant\eta$ 且分类结果为 D_t（其中真实类别为 H_t ）”的概率。

显然，对于给定的 η ，$P\{e\leqslant\eta,D_t|H_t\}$ 越大，JTC 的性能越好（正确分类概率大且估计误差小）。

本书提出以下联合概率散度（Joint Probability Density，JPD）来评估 JTC：

$$\text{JPD}=\sum_{t=1}^{M}w_t\int_0^c(1-P\{e\leqslant\eta,D_t|H_t\})^r\text{d}\eta \tag{11-13}$$

式中，$w_t=P(H_t)$ 是真实类别 t 的先验概率；r 可以取 1 或 2；c 是积分上限，稍后将讨论其选取方法；$(1-P\{e\leqslant\eta,D_t|H_t\})^r$ 度量的是任意 η 下 JTC 的性能。将 η 从 0 到 c 积分就能考虑到 CDF 上大多数的点。

实际上，$1-P\{e\leqslant\eta,D_t|H_t\}$ 是被评估算法的 CDF 与理想算法（$e\equiv0$ 且分类总是正确的）的 CDF 之间的差值。当 $r=1$ 时，它是这两个 CDF 之间的绝对差；当 $r=2$ 时，$(1-P\{e\leqslant\eta,D_t|H_t\})^2$ 是著名的布瑞尔评分。布瑞尔评分是最古老的概率评价指标之一，可以看作 RMSE 在概率下的推广。

也可以直接将 c 选为 ∞ ，这种做法有时是合理的，因为可以考虑 e 的所有取值，但在更多情况下是不合理的。如果不是所有分类结果都正确，当 η 大于某一特定值时，CDF 变化不大且趋于一个稳态值，而 $(1-P\{e\leqslant\eta,D_t|H_t\})^r$ 的值恒为非零的 $(1-P\{D_t|H_t\})^r$ 。如果积分上限为 ∞ ，那么积分值无穷大，这将导致一旦分类错误（无论发生这种错误的概率有多小），JPD 将无穷大，JTC 的性能将完全被分类性能主导。此时无论估计误差怎样变化，积分值都无法反映这种变化，这显然是不合理的。相反，若对不同问题选取不同的 c，则能灵活地平衡跟踪与分类。此外，在许多实际问题中，如果已经知道误差非常大，那么对于误差到底有多大，人们可能并不关心。例如，在道路目标跟踪中，偏离道路太远的位置估计将被舍弃；如果汽车的行驶速度估计太快，如 500km/h，也将被舍弃。

式（11-13）中的 JPD 是一个绝对指标，因为它不含有任何参照对象。绝对指标易受场景的影响。例如，被估计量的大小和数据的准确性都可能影响评估结果。通常用相对指标来评估性能更合适。

相对指标含有参照对象，往往能比绝对指标更好地反映估计性能。例如，估计的相对误差比绝对误差受被估计量尺度变化的影响更小。而且，使用绝对指标比较两个处理不同问题的估计器通常很困难。基于以上考虑，一般应采用相对指标评估估计性能。

设计相对指标时需要选定参照对象，这里将理论上最不理想的情况作为参照对象。若给定 c，则最不理想的情况是算法总将目标分错类或估计误差的范数总大于 c，此时 JPD 的被积函数总等于 1，因而 JPD 等于 c。相对联合概率散度（Relative JPD，RJPD）可以定义为

$$\mathrm{RJPD}=\frac{\mathrm{JPD}}{c} \tag{11-14}$$

在理想的情况下，RJPD = 0；在最不理想的情况下，RJPD = 1。因此，RJPD 是一个在 0 和 1 之间取值的指标。

实际中得到的通常是估计误差的样本及分类结果，可以利用这些样本构建经验 CDF 来近似真实的 CDF。

首先需要将分类结果为 D_t 的样本排序。为了简便起见，用以下记号表示有序的估计误差范数：

$$e_{t|t}^{(j)}\leqslant e_{t|t}^{(l)},\quad j<l,l=1,2,\cdots,N_t^c \tag{11-15}$$

式中，上标 (j) 代表第 j 次蒙特卡罗；下标 $t|t$ 代表 H_t 为真时，分类结果为 D_t；$N_t^c=\max\{n:e_{t|t}^{(n)}\leqslant c\}$。

如果分类结果是软决策，那么每个估计误差对应的分类结果可能不止一个：每个类别都被赋予概率 $\{p_{i|t}^{(n)}\}_{i=1}^{M}$，其中 $p_{i|t}^{(n)}$ 是在 H_t 为真的条件下赋予第 t 个类别的概率。

如果分类结果是硬决策，那么每个估计误差对应的分类结果有且仅有一个 $p_{i|t}^{(n)}=1$，即 $p_{i|t}^{(n)}$ 为 0 或 1。

正确分类下的经验 CDF 为

$$F\{e\leqslant\eta,D_t|H_t\}=\frac{1}{N}\sum_{l=1}^{n}p_{t|t}^{(l)},\quad e_{t|t}^{(n)}<\eta<e_{t|t}^{(n+1)} \tag{11-16}$$

式中，$p_{t|t}^{(l)}$ 是第 n 次蒙特卡罗中分类结果与真实类别相同的概率，这个概率在每次实验中可能都不同。

得到经验 CDF 之后，JPD 可用下式计算：

$$\mathrm{JPD}=\sum_{t=1}^{M}w_t\sum_{n=1}^{N_t^c}\alpha_{t|t}^{(n)}d_{t|t}^{(n)} \tag{11-17}$$

式中，$\alpha_{t|t}^{(n)}$ 和 $d_{t|t}^{(n)}$ 由表 11-2 给出。

表 11-2　参数计算公式

n 的取值	0	$1,2,\cdots,N_t^c-1$	N_t^c
$\alpha_{t|t}^{(n)}$	$e_{t|t}^{(1)}$	$e_{t|t}^{(n+1)}-e_{t|t}^{(n)}$	$c-e_{t|t}^{(N_t^c)}$
$d_{t|t}^{(n)}$	1	$\left(1-\sum_{l=1}^{n}p_{t|t}^{(l)}/N\right)^r$	$\left(1-\sum_{l=1}^{N_t^c}p_{t|t}^{(l)}/N\right)^r$

11.4.4　仿真实验

考虑如下场景：假设目标是强机动的（类别 C_1，如战斗机）或弱机动的（类别 C_2，如民航客机）。任务是，若目标为战斗机，则摧毁它；若目标为客机，则听其自便。此问题包括两个子问题：基于 X 波段的雷达数据来跟踪未知目标并判断其类别。目标状态 $\boldsymbol{x}_k=[x_k \quad \dot{x}_k \quad y_k \quad \dot{y}_k]^{\mathrm{T}}$ 包括位置分量和速度分量，有

$$\boldsymbol{x}_{k+1}=\boldsymbol{\Phi}_1\boldsymbol{x}_k+\boldsymbol{w}_k^i \tag{11-18}$$

式中，$\boldsymbol{w}_k^i \sim \mathcal{N}(\boldsymbol{0},\boldsymbol{Q}_1)$；状态转移矩阵为

$$\boldsymbol{\Phi}_1=\begin{bmatrix}1 & T & 0 & 0\\0 & 1 & 0 & 0\\0 & 0 & 1 & T\\0 & 0 & 0 & 1\end{bmatrix}$$

采样间隔 $T=1\,\mathrm{s}$；系统噪声方差 $\boldsymbol{Q}_1=\mathrm{diag}[90^2\,\mathrm{m}^2,50^2(\mathrm{m/s})^2,90^2\,\mathrm{m}^2,50^2(\mathrm{m/s})^2]$，$\boldsymbol{Q}_2=\mathrm{diag}[30^2\,\mathrm{m}^2,10^2(\mathrm{m/s})^2,30^2\,\mathrm{m}^2,10^2(\mathrm{m/s})^2]$。类别间的差别体现为过程噪声 $\boldsymbol{w}_k^i$ 不同：不同的噪声表示不同的机动能力。

以 X 波段雷达所在位置为原点，建立笛卡儿坐标系。假设目标进入监测区域的位置为 (x_0,y_0)，速度为 $(\dot{x}_0,\dot{y}_0)$，即初始状态为 $\boldsymbol{x}_0=[x_0 \quad \dot{x}_0 \quad y_0 \quad \dot{y}_0]^{\mathrm{T}}$。

两个类别的先验概率为 $\omega_1=\omega_2=0.5$，真实类别依照此概率随机产生。真实初始状态依高斯分布随机产生 $\boldsymbol{x}_0 \sim \mathcal{N}(\bar{\boldsymbol{x}}_0,\bar{\boldsymbol{\Sigma}}_0)$，其中 $\bar{\boldsymbol{x}}_0=[\bar{x}_0 \quad \bar{\dot{x}}_0 \quad \bar{y}_0 \quad \bar{\dot{y}}_0]^{\mathrm{T}}$，$\bar{\boldsymbol{\Sigma}}_0=\mathrm{diag}(100^2,10^2,100^2,10^2)$。平均初始位置 $[\bar{x}_0 \quad \bar{y}_0]=[30\mathrm{km} \quad 30\mathrm{km}]$；平均初始速度由目标的巡航速率确定，朝向为 209.8°（北为 0，顺时针为正）。对于类别 C_1，采用 F-22 战斗机的巡航速率，即 1.5mach（约 511.45m/s）；对于类别 C_2，采用空客 A320 的巡航速率，即 0.82mach（约 279.046m/s）。算法初始化参数设置为 $\bar{\boldsymbol{X}}_0=[30000\mathrm{m} \quad -170.15\mathrm{m/s} \quad 30000\mathrm{m} \quad -294.72\mathrm{m/s}]^{\mathrm{T}}$（速率为 1mach，朝向为 210°），$\hat{\Sigma}_0=\bar{\Sigma}_0$。

图 11-5 显示了类别 C_1 和类别 C_2 航迹的一次实现。航迹中各片段的深浅代表目标的速率。战斗机的机动性更强，故其速率变化更大。

非线性量测方程为

$$\boldsymbol{z}_k^i=\begin{bmatrix}\sqrt{x_k^2+y_k^2}\\ \arctan(y_k/x_k)\end{bmatrix}+\boldsymbol{v}_k^j \tag{11-19}$$

式中，$\boldsymbol{v}_k^j \sim \mathcal{N}(\boldsymbol{0},\boldsymbol{R}_j)$，$\boldsymbol{R}_1=\mathrm{diag}[60^2\,\mathrm{m}^2,10^{-8}(\mathrm{rad/s})^2]$，$\boldsymbol{R}_2=\mathrm{diag}[100^2\mathrm{m}^2,\quad 0.03^2(\mathrm{rad/s})^2]$。

实验 11-1　比较同一算法在使用小误差数据（小方差 $\boldsymbol{R}_1$，相应的算法记作 A_1）和大误差数据（大方差 $\boldsymbol{R}_2$，相应的算法记作 A_2）时的性能。注意 A_1 和 A_2

的模型都与真实数据相匹配。$\boldsymbol{R}_1$ 和 $\boldsymbol{R}_2$ 的取值在式（11-19）下给出。理论上，使用小误差数据的算法应当给出好的结果，即 A_1 优于 A_2。

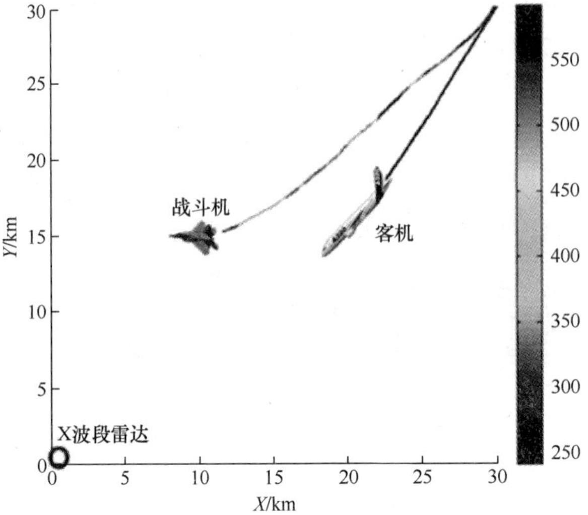

图 11-5　联合跟踪与分类性能评估仿真实验场景

图 11-6 给出了基于 5000 次蒙特卡罗的 RJPD 仿真结果。由图可知，A_1 总是优于 A_2，且随着时间的推移，优势越来越明显。所得结果与理论分析一致。

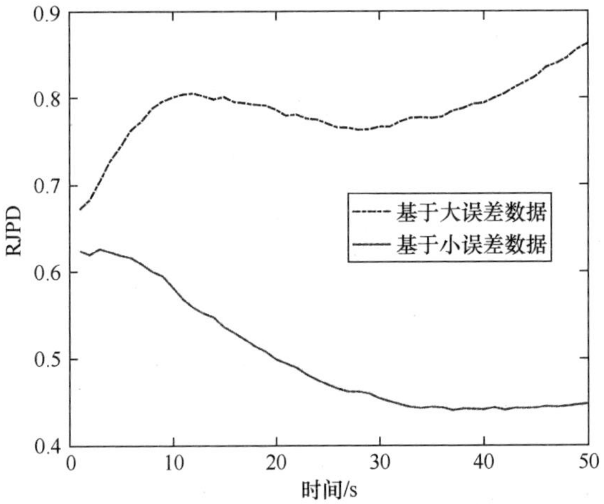

图 11-6　实验 11-1 的 RJPD 仿真结果

实验 11-2　比较 3 种常用方法。

（1）分别决策与估计（Separate Decision and Estimation，D&E）。这是 JTC 问题的传统解决方法。跟踪与分类被当作两个独立的问题，求解时不考虑两者的相关性，分别在各自意义下求最优结果。估计结果由 IMM 估计方法给出，决策结果由最大后验概率方法得到。注意，此方法并非联合意义下的最优方法。

（2）先决策后估计（Decision-then-estimation，DTE）。这类方法先由最大后验概率方法得到最优决策，然后假定决策是正确的，利用 EKF 得到最优估计。这种方法在一定意义上考虑了估计对决策的依赖，但是没有考虑可能的决策错误，且决策时未考虑估计的性能。

（3）条件联合决策与估计（Conditional Joint Decision and Estimation，CJDE）。这是我们在文献[2]中提出的一种基于改进贝叶斯风险的联合估计与决策方法，此方法基于统一的估计风险与决策风险，并考虑两者之间的耦合，有可能在联合意义下取得最优结果，且运算效率高。

通过比较这 3 种方法，我们希望检验 JPD 和 RJPD 能否恰当地反映不同算法的性能。理论上，因为本问题是联合问题，耦合关系十分重要，所以考虑跟踪与分类之间关系的算法应当具有较好的性能。基于此，CJDE 考虑了此关系，所以其性能应比 D&E 和 DTE 更好。

为进一步说明 JPD 能够如实评价各算法实现最终目标的能力，引入摧毁率（Destroy Rate，DR）作为参照，它是基于成功率的指标。如图 11-7 所示，任务是摧毁战斗机。为完成任务，分类结果必须正确，且对应的估计应充分接近被估计量，即图中 C_1 所示的结果；而 C_2、C_3、C_4 均失败了。DR 可粗略地反映不同算法实现最终目标的能力，虽然不一定对其他 JTC 问题有效，但适用于本问题。DR 越大，联合性能越好。

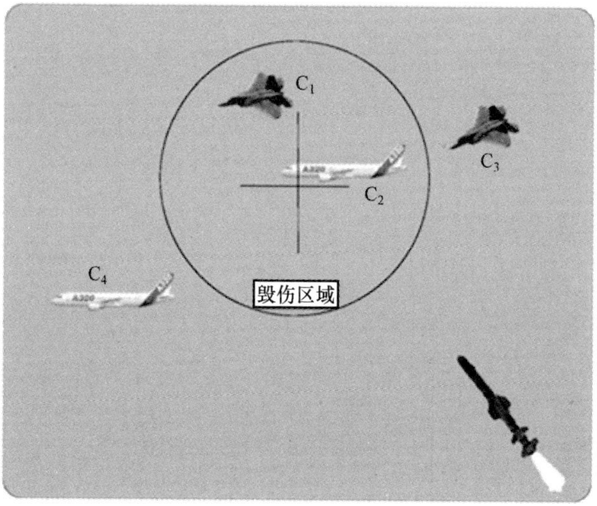

图 11-7　摧毁率示意

基于 5000 次蒙特卡罗的仿真结果如图 11-8 所示。对于分类，DTE、D&E

和 CJDE 的性能几乎一致。注意，正确分类概率（Probability of Correct Classification，PC）随时间迅速变大。由图 11-8 可知，D&E 在 AEE 下的性能优于 DTE 和 CJDE，因为其估计是最优的。然而，不能因此确定 D&E 的联合性能更好。

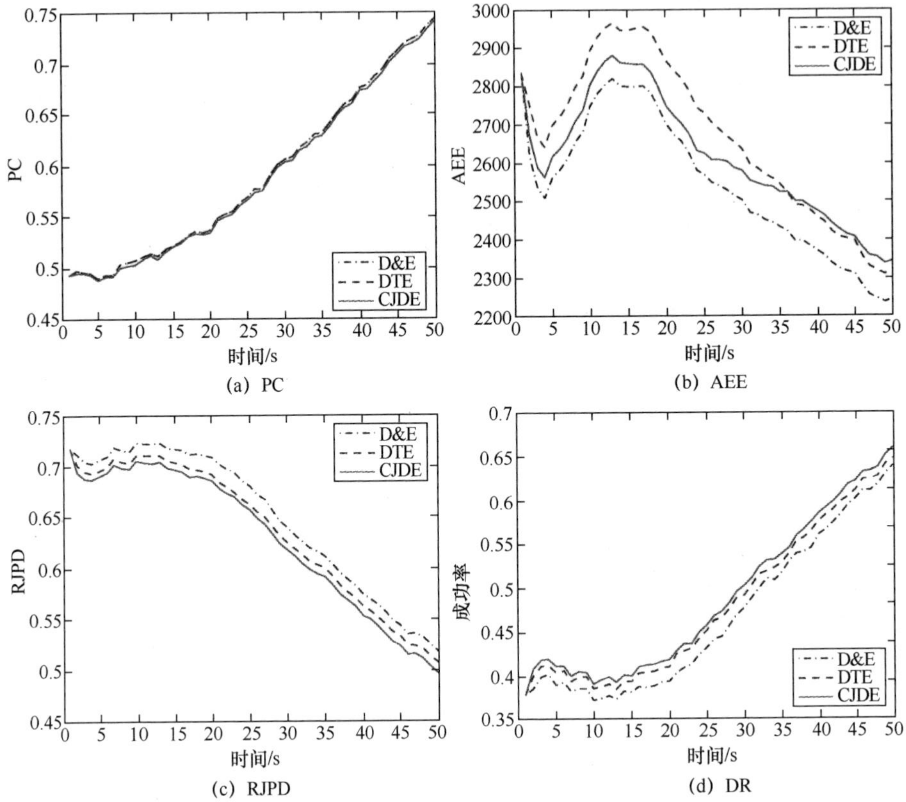

图 11-8　实验 11-2 的仿真结果

实际上，DTE 的性能应比 D&E 更优，因为它考虑了估计对分类的依赖，而 D&E 没有。类似地，CJDE 的联合性能应比 DTE 和 D&E 更优，因为 CJDE 最优地考虑了跟踪与分类之间的耦合关系。然而，如果用 PC 和 AEE 来比较这些算法，却得到了表 11-3 所示的结果。

表 11-3　实验 11-2 的实验结果

子　图	指　标	关　系
图 11-8(a)	PC	D&E=DTE=CJDE
图 11-8(b)	AEE	D&E>CJDE>DTE
图 11-8(c)	RJPD	CJDE>DTE> D&E
图 11-8(d)	DR	CJDE>DTE> D&E

在表 11-3 中，“=”表示性能相同；“A>B”表示 A 优于 B。基于此，用户可能得出 D&E 性能最好的结论。实际上，D&E 只是分别在跟踪和分类两方面最优。如果跟踪和分类是不相关的，该算法确实可用。但如果跟踪和分类是相关的，且目的是联合跟踪与分类，则 D&E 并不是最优的。

为避免得出这种误导性的结论并有效反映联合性能，使用联合指标是必要的。图 11-8(c)显示，DTE 的性能优于 D&E，而 CJDE 性能是最好的。这一结果与图 11-8(d)的结果吻合，与理论分析结果也吻合。这说明 JPD 考虑了跟踪与分类之间的依赖性。

11.5 跟踪性能评估与排序

对于同一问题的多个求解算法，通常需要对它们进行评估和排序。对一个算法做评估是为了知道其性能有多好，而对不同算法进行排序是为了知道哪个算法性能更好。评估和排序通常靠评价指标来完成，这些指标能在不同方面反映算法的性能。实践中，因为多个指标相比单个指标能提供关于性能更综合的信息，常有基于多个指标在统一的框架下完成评估和排序的需求。基于以下两点考虑，提出一个融合指标，可同时满足评估和排序的需求。

其一，这些指标具有共性。举例来说，在估计性能评估中，尽管 RMSE 和 AEE 的定义不同，但两者都是基于同一估计误差计算得到的。如果估计器的 AEE 较大，其 RMSE 也较大。因此，这一共性十分自然且携带重要信息，在设计融合指标时应当将此因素考虑在内，然而，绝大多数方法往往忽略了这一点。

其二，同时适用于评估和排序的方法，不但应当告知用户每个算法有多好（评估的目的），而且需要满足一系列有关排序的准则。投票理论已经给出了这类准则，可作为方法设计的指导。例如，文献[3]指出合意的排序方法应满足的一系列条件和要求。这里将每个指标视作一个投票者，将求解算法视作候选者。

投票的思想多见于各工程领域（如信息融合、图像处理、分类及计算机技术等领域）以融合或组合不同来源的结果。基于投票理论，目前已有很多算法，但在评估中较少应用。

投票者可以给出两类信息：偏好信息（所有候选者的排序，也称作序信息）和数值信息（描述投票者对各候选者的支持程度，也称作量化信息）。举例来说，投票者将 3 个候选者 A、B、C 排列为 $B \succ C \succ A$（B 优于 C 和 A），此即偏好信息；同时，投票者还能给每个候选者打分，如 B:8，C:6，A:4，此即数值信息。相应地，排序方法可分为两类：主要考虑偏好信息的方法和主要考虑数值信息的方法。例如，基于皮特曼接近度的方法，主要采用两两比较的结果，是基于偏好信息的方法；排序复选制方法主要考虑候选者之间的偏好关系，通过不断排除最不受青睐的候选者逐步选出胜者。评分投票法依赖数值信息，对投票者赋予每个候选者的数值求平均。此外，在一些应用中，排序结果由评估结果直接得到，但这些方法并未考虑排序准则。

这两类方法在实践中均有其合理性。下面通过举例来介绍不同的投票（实为计票）方法。假设给每个投票者两张选票：选票 1 要求投票者依照其喜好给 3 个候选者 A、B、C 排序，选票 2 要求投票者给每个候选者按 0 分到 10 分打分。投票结果为：80 个投票者认为 A 优于 B，并给 A 打 10 分，给 B 打 9 分；剩下的 20 个投票者认为 B 优于且显著优于 A。投票结果如表 11-4 所示。

表 11-4　投票结果

投票者人数	选　票　1	选　票　2
80	$A \succ B \succ C$	A:10，B:9，C:0
20	$B \succ A \succ C$	A:1，B:10，C:0

在这种情况下，候选者 A 可能获胜，因为大多数投票者选择 A；B 也有可能获胜，因为 B 共得到 $80\times9+20\times10=920$ 分，而 A 只有 820 分。尽管这两种结果均有其合理性，但两者显然是矛盾的，因为绝大多数现有方法仅侧重偏好信息或数值信息，而忽略了两种信息之间的和合性。基于偏好信息的方法通常满足投票理论中的“过半准则”（多数投票者选中的候选者应获胜），但忽略了数值信息；基于数值信息的方法（如评分投票法）有许多优良性质，但很难满足“过半准则”。

研究动机可总结如下：其一，应当充分考虑多指标之间的共性，多数现有方法都忽视了这一非常重要的共性；其二，评估主要依赖数值信息，排序主要依赖偏好信息，这是评估与排序的主要区别，若想得到一个既适合评估又适合排序的方法，则应当考虑这两种信息之间的和合性，较好的做法是找到一个指标，使它既有基于数值信息方法的性质，又考虑了“过半准则”。

本书提出了一种新的评估方法，称作性能综合评分（Comprehensive Score of Performance，CSP），充分考虑各指标之间的共性和两类信息之间的共性，把所有指标对每个候选者所赋的值视作一个多维向量。所提方法的主要思想是，比较待评估算法多维向量的联合分布函数与理想算法多维向量的联合分布函数之间的差别。理想算法是指算法在各指标下有理想的性能。在概率框架下，偏好信息与数值信息自然地统一了起来。

CSP 的基本思想与 JPD 相似，但两者解决的问题完全不同。CSP 考虑在给定多个数值指标时，对算法同时进行评估和排序，而 JPD 处理同时存在离散变量（如目标类别）和连续变量（如目标位置）时的性能评估。

CSP 有许多优良性质。本书提出了不敏感性的概念来描述最终结果在多大程度上受极端值的影响，并给出了比较实验。实验结果显示，CSP 的不敏感性介于评分投票法和多数判决之间：既不像评分投票法那样敏感，最终结果易受少数极端值的影响而反转，也不像多数判决那样不敏感，几乎不受数值变化的影响。由于使用了综合信息，CSP 可以全面反映统计特性，进而反映指标的稳定性。它具有传递性（排序方法必须满足的性质，定义为由 $A \succ B$ 及 $B \succ C$ 总能推出 $A \succ C$ ），还是单调的、一致的（表示获胜者如果从支持者那里得到更高的分数或得到更多投票者的支持，获胜者仍保持获胜）。尽管这些准则十分直观，但仍有许多方法并不满足。

11.5.1　研究动机与问题描述

考虑如下问题。

需要在 I 个指标 $\boldsymbol{B}=\{B_1,B_2,\cdots,B_I\}$ 下对 J 个算法 $\boldsymbol{A}=\{A_1,A_2,\cdots,A_J\}$ 进行评估和排序。随机变量 v_{ij} 是第 i 个指标赋予第 j 个算法的值，其均值与方差分别记作 $\overline{v}_{ij}$ 和 δ_{ij}^2 。令 $\boldsymbol{v}_j=[v_{1j},v_{2j},\cdots,v_{Ij}]$，则 $\boldsymbol{v}_j$ 可视作一个 I 维的随机向量。在评估和排序中，可以得到 $\boldsymbol{v}_j$ 的 N 个实现，记作 $\boldsymbol{V}_j^N$ ，其中 $\boldsymbol{V}_j^N=\{\boldsymbol{v}_j^1,\boldsymbol{v}_j^2,\cdots,\boldsymbol{v}_j^N\}$ 且 $\boldsymbol{v}_j^n=[v_{1j}^n,v_{2j}^n,\cdots,v_{Mj}^n]^{\mathrm{T}},n=1,2,\cdots,N$ 。

令 $\boldsymbol{L}$ 是被评估和排序者所有可能排序的集合，D 是每个指标的值域。本节所研究的目标是寻找一个指标 S，使

$$S:(\boldsymbol{L}^I,D^I)\rightarrow(\boldsymbol{L},D) \tag{11-20}$$

式中，S 是 $v_j(j=1,2,\cdots,J)$ 的函数；I 是指标个数；各指标的 $\boldsymbol{L}$ 都相同，各指标的 D 也相同。

11.5.2　综合性能评分指标

因为不同指标的量程差异很大，数据首先应当归一化。如果不进行归一化，取值范围较大的指标将对最终结果影响更大。不同的归一化方法优势不同，并影响最终结果，用户可根据具体问题选用适当的归一化方法。

举例来说，对于估计的性能评估，有以下 3 种类型的指标。

（1）许多指标（如个数估计的正确率）的取值范围是有限的，有最大值和最小值。在这种情况下，很容易确定指标的最优值 β 和最差值 ρ 。

（2）一些指标（如基于估计误差的指标 RMSE、AEE 等）的取值范围为

$[0,+\infty)$，但在大多数实际应用中可以确定一个上限 u。这样最优值可设定为 $\beta=0$，最差值可设定为 $\rho=u$。

（3）对于其他指标，理论上量程是无限的，实际应用中也无法确定其上下限，没有关于 β 和 ρ 的任何知识。在这种情况下，将 β 设定为数据集中的最小值，将 ρ 设定选为数据集中的最大值（在指标的数值越小、性能越好的情况下）。

为使所有指标有相同的量程，采用简单的最大最小归一化方法，定义为

$$\gamma_{ij}^{n}=\frac{v_{ij}^{n}-\min\{V_i^N\}}{\max\{V_i^N\}-\min\{V_i^N\}}\times 100 \tag{11-21}$$

式中，$v_{ij}^{n}\in \boldsymbol{V}_j^N$，$\boldsymbol{V}_j^N$ 是算法 A_j 的原始数据集；β_i 和 ρ_i 分别是第 i 个指标的最优值和最差值；γ_{ij}^{n} 是 v_{ij}^{n} 归一化后的值。归一化后数据的取值范围为 $[0,100]$。

为分析简便，将归一化后的变量 v_{ij} 记作 γ_{ij}，其均值为 $\bar{\gamma}_{ij}^{n}$，方差为 σ_{ij}^{2}，v_{ij} 归一化后的随机向量 $\boldsymbol{r}_j=[\gamma_{1j},\gamma_{2j},\cdots,\gamma_{Ij}]^{\mathrm{T}}$，第 j 个算法归一化后数据集记作 $\mathbb{R}_j^N$。

算法 A_j 对应的向量 $\boldsymbol{r}_j$ 已归一化，其量程为 $[0,100]$。在最优情况下，$\boldsymbol{r}_j$ 应为零向量，即算法 A_j 在所有指标下都是最优的。对于任意给定的门限 $\boldsymbol{s}=[\varepsilon_1,\varepsilon_2,\cdots,\varepsilon_M]^{\mathrm{T}}$，其中 $0\leqslant\varepsilon_i\leqslant 100$，$P(\boldsymbol{r}_j\leqslant\boldsymbol{s})=P(\gamma_{1j}\leqslant\varepsilon_1,\gamma_{2j}\leqslant\varepsilon_2,\cdots,\gamma_{Ij}\leqslant\varepsilon_I)$ 是事件“$\boldsymbol{r}_j\leqslant\boldsymbol{s}$ 对每个分量都成立”的概率。显然，$P(\boldsymbol{r}_j\leqslant\boldsymbol{s})$ 越大，A_j 的性能越好。这里的 $\boldsymbol{s}$ 从 $[0,0,\cdots,0]$ 变化到 $[100,100,\cdots,100]$。

A_j 的性能可用如下 CSP 来评估：

$$\mathrm{CSP}=100-\left(\int_0^{100}\int_0^{100}\cdots\int_0^{100}[1-P(\boldsymbol{r}_j\leqslant\boldsymbol{s})]\mathrm{d}\varepsilon_1\mathrm{d}\varepsilon_2\cdots\mathrm{d}\varepsilon_I\right)^{\frac{1}{I}} \tag{11-22}$$

对于任意给定的阈值 $\boldsymbol{s}$，理想情况下 $P(\boldsymbol{r}_j\leqslant\boldsymbol{s})$ 应等于1。将 $P(\boldsymbol{r}_j\leqslant\boldsymbol{s})$ 的真实值与理想情况下的取值做比较，可得 $1-P(\boldsymbol{r}_j\leqslant\boldsymbol{s})$，其中 $\boldsymbol{s}$ 从 $[0,0,\cdots,0]$ 变化到 $[100,100,\cdots,100]$。对评分而言，数值越大，性能越好。因此，用积分的最大值 100 减去该积分。

命题 11-1 当用式（11-22）比较两个算法（A_1 和 A_2）时，A_1 优于 A_2，当且仅当

$$\int_0^{100}\int_0^{100}\cdots\int_0^{100}[P(\boldsymbol{r}_1\leqslant\boldsymbol{s})-P(\boldsymbol{r}_2\leqslant\boldsymbol{s})]\mathrm{d}\varepsilon_1\mathrm{d}\varepsilon_2\cdots\mathrm{d}\varepsilon_I>0 \tag{11-23}$$

可以从投票角度解释 $P(\boldsymbol{r}_1\leqslant\boldsymbol{s})>P(\boldsymbol{r}_2\leqslant\boldsymbol{s})$。对给定的 s，定义区域 $\Theta=[0,\varepsilon_1]\times[0,\varepsilon_2]\times\cdots\times[0,\varepsilon_I]$。在 Θ 中，更多的指标认为 A_1 优于 A_2，故 $P(\boldsymbol{r}_1\leqslant\boldsymbol{s})>P(\boldsymbol{r}_2\leqslant\boldsymbol{s})$。这意味着对给定的 $\boldsymbol{s}$，CSP 考虑了多数投票者给出的序。通过改变 $\boldsymbol{s}$，也考虑了量化信息。CSP 在序信息和量化信息上做了良好的平衡，满足了评估和排序两方面的需求。值得注意的是，门限 $\boldsymbol{s}$ 从 $[0,0,\cdots,0]$ 变化到 $[100,100,\cdots,100]$，因此指标考虑了 $\boldsymbol{s}$ 所有可能的取值。

在多指标评估与排序中，常出现各指标结果互相冲突的情况。CSP 能够主要考虑多数指标的结果，即各指标之间的共性。给定门限 $\boldsymbol{s}$，支持候选者 A_1 的指标越多，其概率 $P(\boldsymbol{r}_1 \leqslant \boldsymbol{s})$ 越大，相应的 CSP 值也越大。同时，CSP 并没有完全忽略非多数的、冲突的指标的结果，通过积分（ $\boldsymbol{s}$ 从 $[0,0,\cdots,0]$ 变化到 $[100,100,\cdots,100]$ ），这些指标的结果也被考虑进来，只是其权重更小（概率更小）。

11.5.3 性质与讨论

1. 不敏感度

不敏感度量化的是在多数指标选择某一算法的情况下，少数指标通过改变其评价结果而使最终排序结果逆转的难易程度。最终排序结果越难被少数极端值逆转，指标越不敏感。此概念类似但不等同于投票理论中的策略性投票。

定义 11-1 不敏感度为一个少数指标需要在多大程度上改变其数值可使排序结果逆转。

这里给出一种比较不同排序法不敏感度的方法。

（1）对多个评分 $M_\lambda, \lambda=1,2,\cdots,\Lambda$，设计参数 $(\overline{\gamma}_{ij},\sigma_{ij}^2), i=1,2,\cdots,I, j=1,2,\cdots,J$，使所有 $M_\lambda(\lambda=1,2,\cdots,\Lambda)$ 都给出同样的排序，即 $l_\lambda = l$，其中 $l_\lambda, l \in L$。

（2）将这些均值记为 $\overline{\gamma}_{ij}^0$。

（3）增大 $\overline{\gamma}_{i'j'}$ 的取值，其中 $i' \in \{1,2,\cdots,I\}, j' \in \{1,2,\cdots,J\}$，并将改变 M_λ 所给出排序的取值记录为 $\overline{\gamma}_{i'j'}^0$。

（4）定义 $\overline{\gamma}_{ij}^0$ 与 $\overline{\gamma}_{i'j'}^0$ 的差值为 $\Delta_\lambda = \overline{\gamma}_{i'j'}^\lambda - \overline{\gamma}_{i'j'}^0$，$\Delta_\lambda$ 越大，说明此指标越不敏感。

投票理论中定义了一系列准则，它们侧重多数投票者给出的序信息。例如，过半原则要求若某一候选者得到过半数投票者的支持，则该候选者一定胜选。

然而，基于数值信息的排序方法很难满足这些准则，因为这些方法大多侧重投票者喜好候选者的程度，而不是支持候选者的投票者人数的多寡。考虑如下情况：多数投票者认为 A_1 优于 A_2 且前者略好于后者；但少数投票者认为 A_2 远胜 A_1。此时，数值投票的方法可能认为 A_2 较好，但这一结果违背了人们的常识，因为过半准则如此深入人心，以至于大众时常惊讶还有其他投票体系。

针对多指标排序问题，即使不能完全满足过半准则，也需要重点考虑多数指标给出的序信息。不同指标的侧重点不同，某些指标可能会被极端值主导（如 RMSE 就会被大数主导），这些指标确实反映了性能的某些特性，但最终结果不应被它们主导。

CSP 在偏好信息和数值信息之间做了很好的平衡。在式（11-22）中，概率可视作偏好信息，即投票者中支持者的比例；通过移动门限 s，也考虑到了数值信息。两者在概率框架下得到了统一。

如果一个方法满足过半准则，那么它将对少数投票者的数值变化完全不敏感，因为它只关注多数投票者的偏好。因此，排序复选制方法和排序向量法完全不敏感。为展示评分投票法、多数判决和 CSP 的不敏感性，下面给出了一个例子。

实验 11-3 考虑 3 个算法 A_1、A_2 和 A_3 及其在 4 个指标下的性能评估结果。假设所有结果都是均匀分布的，如表 11-5 所示。在指标 B_1、B_2 和 B_3 下，A_1 优于 A_2，A_2 的 B_4 评分服从 $U(10,20)$ 的均匀分布，A_1 的 B_4 评分服从 $U(\kappa,\kappa+10)$ 的均匀分布。令 κ 从 1 变到 90，随着 κ 的变化，在 B_4 下的偏好也发生变化：当 $\kappa\in[1,10]$ 时，在 B_4 下的偏好与其他 3 个指标相同；当 κ 大于 10 时，在 B_4 下的偏好异于其他指标。

表 11-5 实验 11-3 的参数设置

指　标	A_1	A_2	A_3
B_1	$U(10,20)$	$U(40,50)$	$U(90,100)$
B_2	$U(20,30)$	$U(50,60)$	$U(90,100)$
B_3	$U(30,40)$	$U(60,70)$	$U(90,100)$
B_4	$U(\kappa,\kappa+10)$	$U(10,20)$	$U(90,100)$

图 11-9 为评分投票、多数判决和 CSP 在不同 κ 下的结果。在图 11-9(a) 中，A_1 的评分几乎呈直线快速下降，且当 $\kappa>42$ 时，A_1 的评分小于 A_2 的评分，这意味着即使按其他 3 个指标，A_1 优于 A_2，但在评分投票法下，最终结果仍是 A_2 最优。图 11-9(b)是多数判决给出的结果，可以看到，当 $\kappa>20$ 时，多数判决给出的结果几乎不再变化，因此，它在此场景下极其不敏感，排序结果也不会反转。但是，对于同时排序与评估的问题，这种方法并不合适，因为它完全忽略了少数指标所提供的数值信息，这种情况被称为“多数人暴政”。相反，图 11-9(c)中 CSP 给出的评分下降速度舒缓，且当 $\kappa>80$ 时，排序结果反转。随着 κ 取值的增大，A_1 相对 A_2 的优势逐渐丧失，这一趋势可由 CSP 很好地反映，因此，CSP 在偏好信息与数值信息之间做了很好的平衡。

2. 指标一致性

此性质关注的是某一指标对同一算法的评价是否稳定。投票者对某一特定候选者的评价应保持一致（稳定且无太大变化）；否则，候选者会被认为是多变的。类似地，在评估和排序中，算法性能的变化也应在结果中反映出来。

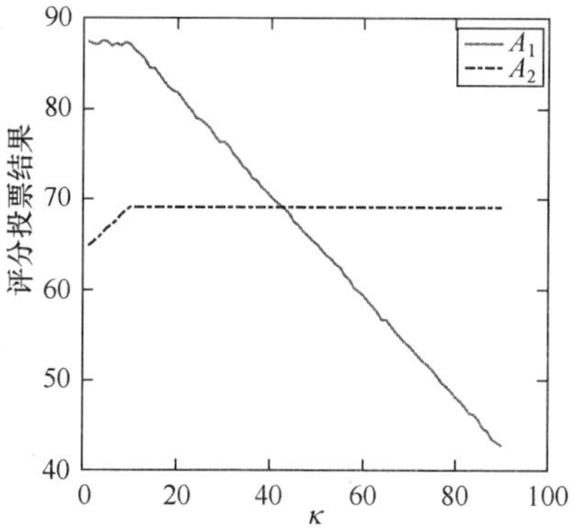

(a) 评分投票结果随κ的变化

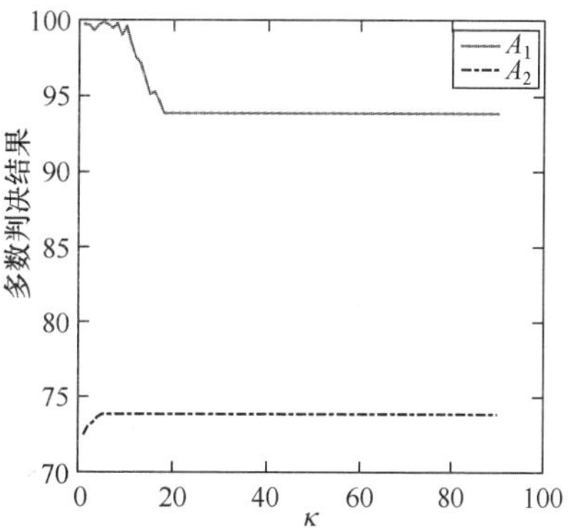

(b) 多数判决结果随κ的变化

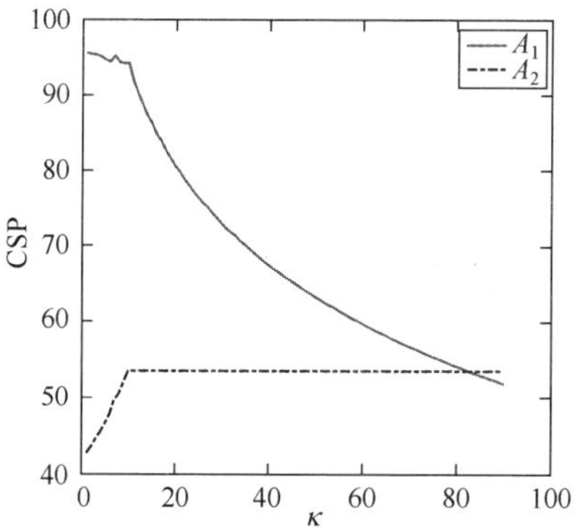

(c) CSP随κ的变化

图 11-9　实验 11-3 的结果

定义 11-2　统一性

如果 $\{B_1,B_2\}\in\boldsymbol{B}$，$\forall\overline{\gamma}_{1j}=\overline{\gamma}_{2j},\sigma_{1j}^2\leqslant\sigma_{2j}^2,\exists j'\in\{1,2,\cdots,M\}\ \sigma_{1j'}^2\leqslant\sigma_{2j'}^2\Rightarrow A_1\succ A_2$，那么此方法有指标统一性。

受到指标一致好评的算法是优良的算法，可用如下实验来说明。

实验 11-4　考虑 3 个算法 A_1、A_2 和 A_3 及其在 4 个指标下的性能评估结果，如表 11-6 所示。注意，每个指标下对 3 个算法的评估结果有相同的均值，如指标 B_1 对所有算法的评估结果均值都为 5，但范围不同。CSP、评分投票和多数判决的评估结果如表 11-7 所示。

表 11-6　实验 11-4 的参数设置

指　标	A_1	A_2	A_3
B_1	$U(3,7)$	$U(2,8)$	$U(1,9)$
B_2	$U(6,14)$	$U(4,16)$	$U(2,18)$
B_3	$U(6,30)$	$U(5,31)$	$U(3,33)$
B_4	$U(20,60)$	$U(23,57)$	$U(25,55)$

表 11-7　实验 11-4 的结果

算　法	CSP	评分投票	多数判决
A_1	46.55	0.5001	0.5003
A_2	31.32	0.4995	0.4975
A_3	11.44	0.5010	0.5003

在表 11-7 中，CSP 可以给出正确的序：A_1 优于 A_2 且 A_2 优于 A_3，此结果与参数设置一致。在参数设置中，多数指标对 A_1 的评分数值方差最小。CSP 所用评价向量的 CDF 包含所有统计信息，因此它不仅能反映均值和方差，还能反映其他统计特性。它是一个综合评分，而不像其他评分那样仅关注性能的少数几个方面。

3．传递性

给定任意 3 个算法 A_1、A_2 和 A_3，传递性定义为由 $A_1 \succ A_2$ 和 $A_2 \succ A_3$ 一定能得到 $A_1 \succ A_3$。对排序来说，传递性是基本的、重要的性质，因为如果没有传递性，可能出现如下情形：A_1 优于 A_2，A_2 优于 A_3，但 A_3 又优于 A_1。如果一种方法不满足传递性，那么它就不能给出有意义的排序结果。

可以证明，CSP 满足传递性。

4．单调性、不变性、一致性及帕累托条件

单调性、不变性、一致性及帕累托条件的定义分别如下。

定义 11-3　在投票理论中，单调性指如果获胜者 W 的支持者将 W 排得更靠前，除此之外无其他操作，那么 W 将继续获胜。

定义 11-4　假设 W 获得了一些选票，如果能获得更多选票，W 依然获胜。即对于 $A_1, A_2 \in \boldsymbol{A}, A_1 \succ_{\boldsymbol{B}_1} A_2$，如果另一指标 $\boldsymbol{B} \notin \boldsymbol{B}_1$,且$A_1 \succ_{\boldsymbol{B}} A_2 \Rightarrow A_1 \succ_{\boldsymbol{B}_2} A_2$，其中 $\boldsymbol{B}_2 = \boldsymbol{B}_1 \cup \boldsymbol{B}$ 表示指标集 $\boldsymbol{B}_1$ 与指标 $\boldsymbol{B}$ 组成的新集合，那么此方法具有不变性。

定义 11-5　一致性表示将投票者分为两组，如果 W 被第一组投票者选为获胜者，也被第二组投票者选为获胜者，那么将两组投票者放在一起投票时，W 仍获胜。即对于 $A_1, A_2 \in \boldsymbol{A}, A_1 \succ_{\boldsymbol{B}_1} A_2$，若 $\boldsymbol{B}_1 \subseteq \boldsymbol{B}, \boldsymbol{B}_2 = \boldsymbol{B} \setminus \boldsymbol{B}_1, A_1 \succ_{\boldsymbol{B}_2} A_2$，则 $A_1 \succ_{\boldsymbol{B}} A_2$。

定义 11-6　帕累托条件是指如果候选者 A_1 在每个指标下都优于 A_2，那么最终结果也应是 A_1 优于 A_2。即如果 $A_1, A_2 \in \boldsymbol{A}, \forall \boldsymbol{B}_i \in \boldsymbol{B}, A_1 \succ_{\boldsymbol{B}_i} A_2,\ \forall i \Rightarrow A_1 \succ_{\boldsymbol{B}} A_2$，则评分 S 满足帕累托条件。

以上定义都与人们的直觉相符，但许多知名方法并不具有这些必要的性质。例如，多数判决不满足一致性，排序复选制方法既不满足单调性，也不满足一

致性。然而，CSP 满足单调性、不变性、一致性和帕累托条件。

5．综合指标

CSP 是一个综合指标，它考虑了所有给定的指标及其和合性。

考虑给定指标之间的和合性十分必要，但现有方法忽视了这一点，这也是本章提出 CSP 的动机。以联合跟踪与分类为例，这类算法的目的在于解决跟踪与分类的联合问题，因为好的跟踪结果有助于分类，反之亦然。许多指标能够在不同方面反映联合跟踪与分类算法的性能。例如，RMSE 可反映跟踪性能，正确分类概率可反映分类性能，JPD 可反映联合性能，等等。当给定这些指标时，需要考虑其和合性，因为即使算法以很大的正确概率给出了目标的分类，同时给出了优良的跟踪结果，但是好的跟踪结果并不一定对应正确的分类。如果忽视和合性（联合部分），就像评分投票法和多数判决那样，那么评估结果可能相当好。但是这种结果是有误导性的，因为实际上联合性能很差。

注意，CSP 也满足非独裁的要求，这是一个投票方法所必需的性质。非独裁表示最终结果不由某个投票者完全决定（完全决定的意思是如果此投票者选中了某个候选者，则此候选者必定获胜），可定义如下。

定义 11-7　如果 $\exists \boldsymbol{B}_i \in \boldsymbol{B}, \forall A_1, A_2 \in \boldsymbol{A}, A_1 \succ_{\boldsymbol{B}_i} A_2 \Rightarrow A_1 \succ_S A_2$,则评分 S 是独裁的；反之，评分 S 是非独裁的。

采用联合概率分布函数是联合考虑所有给定指标的自然之路。仅当算法在所有给定指标下都表现得完美时，CSP 才等于 100。若指标确实彼此独立，则联合概率分布函数退化为边缘分布函数之积，这符合联合信息与边缘信息的内涵。

11.5.4　仿真实验

本节通过 3 个实验展示 CSP 在滤波和多目标跟踪性能评估中的有效性。

1．滤波性能比较实验

实验 11-5　假设真实状态模型由以下两个式子给出：

$$\boldsymbol{x}_{k+1} = \boldsymbol{F}\boldsymbol{x}_k + \boldsymbol{w}_k \tag{11-24}$$

$$\boldsymbol{z}_k = \boldsymbol{H}\boldsymbol{x}_k + \boldsymbol{v}_k \tag{11-25}$$

式中，

$$\boldsymbol{F} = \begin{bmatrix} 1 & T & 0 & 0 \\ 0 & 1 & 0 & 0 \\ 0 & 0 & 1 & T \\ 0 & 0 & 0 & 1 \end{bmatrix}, \quad \boldsymbol{H} = \begin{bmatrix} 1 & 0 & 0 & 0 \\ 0 & 0 & 1 & 0 \end{bmatrix}$$

$T = 1\text{s}$ 是采样间隔；$\boldsymbol{w}_k \sim \mathcal{N}(\boldsymbol{0},\boldsymbol{Q})$；$\boldsymbol{v}_k \sim \mathcal{N}(\boldsymbol{0},\boldsymbol{R})$。现在比较 3 个滤波器，其参数设置如表 11-8 所示。

表 11-8　实验 11-5 的参数设置

算法编号	$\boldsymbol{Q}$	$\boldsymbol{R}$
1	diag(20,10,20,10)	diag(30,30)
2	diag(30,20,30,20)	diag(30,30)
3	diag(40,30,40,30)	diag(30,30)

算法 1 使用匹配的模型，从理论上讲，它应当比使用失配模型的算法（算法 2 和算法 3）有更好的性能。并且，模型失配越严重，性能越差。

图 11-10 是 3 个卡尔曼滤波器的 CSP 结果。算法 1 优于算法 2，而算法 2 又优于算法 3，这是因为算法 1 用的是匹配的模型，而算法 3 用的是最失配的模型。实验结果与理论结果相同。

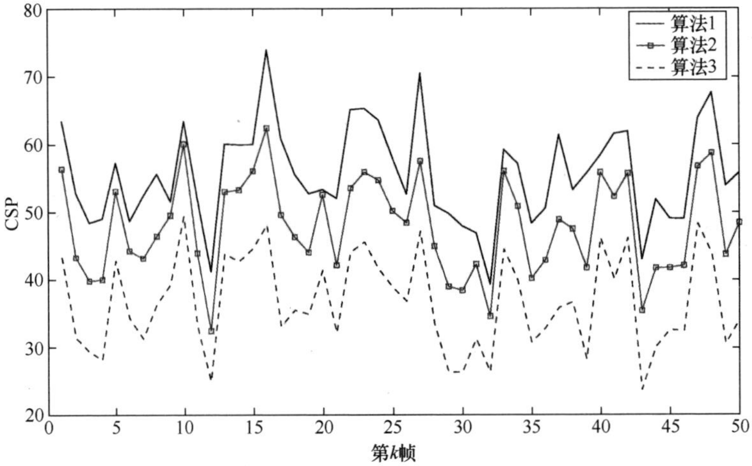

图 11-10　实验 11-5 的 CSP 结果

实验 11-6　考虑纯角度量测下的跟踪问题，目标和观测站同时运动，如图 11-11 所示。已知目标沿 x 轴方向运动，状态方程为

$$\boldsymbol{x}_{k+1} = \boldsymbol{F}\boldsymbol{x}_k + \boldsymbol{w}_k \tag{11-26}$$

$$\boldsymbol{x}_k = \begin{bmatrix} p_k \\ \dot{p}_k \end{bmatrix}, \boldsymbol{F} = \begin{bmatrix} 1 & T \\ 0 & 1 \end{bmatrix}, \boldsymbol{G} = \begin{bmatrix} T^2/2 \\ T \end{bmatrix}$$

式中，$\boldsymbol{w}_k$ 是高斯白噪声序列，均值为 0，方差为 $q = (0.1\text{m}/\text{s}^2)^2$；$p_k$ 是目标位置；$\dot{p}_k$ 是目标速度；初始状态 $\boldsymbol{x}_0 = [80\text{m}, 1\text{m}]^{\text{T}}$。噪声协方差可计算如下：

$$Q_K = E(G_k w_k w_k^{\text{T}} G_k^{\text{T}}) = \begin{bmatrix} T^4/4 & T^3/2 \\ T^3/2 & T^2 \end{bmatrix} q$$

观测站的运动由下式给出：

$$\begin{cases} x_{p,k} = \bar{x}_{p,k} + \Delta x_{p,k} \\ y_{p,k} = \bar{y}_{p,k} + \Delta y_{p,k} \end{cases} \tag{11-27}$$

式中，$\bar{x}_{p,k}=4kT$ 和 $\bar{y}_{p,k}=20$ 是观测站在 x 轴和 y 轴上的平均位置，$\Delta x_{p,k}$ 和 $\Delta y_{p,k}$ 是高斯白噪声序列，均值为 0，方差分别是 $r_x = 1\text{m}^2$ 和 $r_y = 1\text{m}^2$ 。

量测模型为

$$\begin{cases} z_{m,k} = z_k + v_{s,k} \\ z_k = h[x_{p,k}, y_{p,k}, p_k] = \arctan\dfrac{y_{p,k}}{p_k - x_{p,k}} \end{cases} \tag{11-28}$$

式中，$v_{s,k}$ 是高斯白噪声序列，均值为 0，方差 $r_s = (3°)^2$ 。然而，由于观测站是移动的，引入了新的噪声，量测方程可近似为

$$z_{m,k} = h[x_{p,k}, y_{p,k}, p_k] + v_{s,k} \approx h[\bar{x}_{p,k}, \bar{y}_{p,k}, p_k] + v_k \tag{11-29}$$

式中，v_k 是等价噪声，v_k 及其方差 R_k 为

$$v_k \approx \frac{\bar{y}_{p,k}^2 r_x + (p_k - \bar{x}_{p,k})^2 \Delta y_{p,k}}{[(p_k - \bar{x}_{p,k}) + \bar{y}_{p,k}^2]^2} + r_s, \quad R_k = E(v_k^2) = \frac{\bar{y}_{p,k}^2 r_x + (p_k - \bar{x}_{p,k})^2 r_y}{[(p_k - \bar{x}_{p,k}) + \bar{y}_{p,k}^2]^2} + r_s$$

滤波器的初始化为

$$p_{11,0} = r_x + \frac{r_y}{\tan^2 z} + \frac{\bar{y}_{p,0}}{\sin^4 z} r_s \tag{11-30}$$

$$p_{22,0} = 1, p_{12,0} = p_{21,0} = 0, x_0 = [80, 0] \tag{11-31}$$

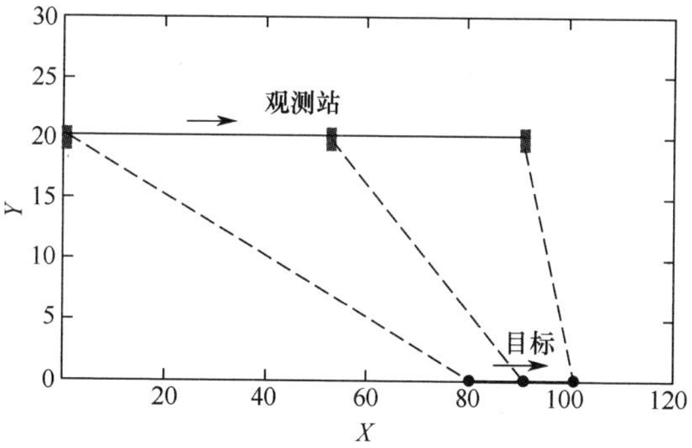

图 11-11 实验 11-6 的场景

比较以下几种非线性滤波器在 $k = 20$ 时刻的性能：EKF、二阶截断卡尔曼滤波器（TEKF），UF、三/五点高斯−厄米特滤波器（3-Points/5-Points Gaussian−Hermite Filters，GHF-3, GHF-5）、一/二阶差值滤波器（First/Second Order Stirling Interpolation Based Filters，DD1 和 DD2）等。采用以下 4 个指标：位置 RMSE、速度 AEE、位置 Med 和跟踪丢失率。跟踪丢失率定义为 $|x_{20} - \hat{x}_{20}| > \chi_{20}$，其中

$\chi_{20}=15\text{m}$， p是状态向量中的位置分量， $\hat{p}$是其估计。本实验的结果如表 11-9 所示。

表 11-9　实验 11-6 的结果

算　法	情　形　Ⅰ				情　形　Ⅱ			
	CSP	排序	RVM	排序	CSP	排序	RVM	排序
EKF	10.01	7	0.1136	7	10.01	5	0.1456	5
TEKF	69.52	4	0.3545	5	69.52	3	0.4586	2
UF	59.67	6	0.2330	6	59.67	4	0.3123	4
GHF-3	69.86	3	0.3616	4	69.86	2	0.4480	3
GHF-5	83.35	1	0.5716	1	83.35	1	0.6858	1
DD1	73.01	2	0.4247	2				
DD2	68.10	5	0.4114	3				

情形Ⅰ比较了所有滤波器。可以看到，EKF 的性能最差。这意味着 EKF 在多数指标下的表现都很差，符合文献[4]的结论。GHF-3、GHF-5、DD1 和 DD2 在所有滤波器中排名靠前，其中 GHF-5 的性能最好，与文献[5]的结论一致。CSP 给出的结果与随机向量法（Random Vector Method，RVM）给出的结果略有不同，因为两种方法的侧重点不同：CSP 侧重所有算法之间的共性，RVM 侧重算法两两之间的关系。

情形Ⅱ去掉了 DD1 和 DD2 滤波器。CSP 给出的排序结果与情形Ⅰ相同；然而，RVM 给出的结果不同，并且对于同一算法，排序向量中对应元素的数值也发生了变化。因此，RVM 给出的结果随比较对象集合的变化而变化，排序向量中的元素数值不一定能恰当地反映算法性能的好坏。

2. 多目标跟踪性能实验

实验 11-7　本实验考虑以下场景，并比较概率假设密度法（Probability Hypothesis Density，PHD）和势概率假设密度法（Cardinalized PHD，CPHD），在此列出关键模型和主要参数。

目标个数是未知的、时变的，并且最多有 10 个。目标状态为 $\boldsymbol{x}_k=[\breve{\boldsymbol{x}}_k^{\mathrm{T}},\boldsymbol{\omega}_k]^{\mathrm{T}}$，其中 $\breve{\boldsymbol{x}}_k^{\mathrm{T}}=[p_{x,k}\quad \dot{p}_{x,k}\quad p_{y,k}\quad \dot{p}_{y,k}]$是位置–速度向量，$\omega_k$ 是转弯率。每个目标的模型为

$$\begin{cases} f_{k|k-1}(\boldsymbol{x}\mid\boldsymbol{x}_k)=\mathcal{N}(\boldsymbol{x};m(\boldsymbol{x}_k),\boldsymbol{Q}) \\ f_k(\boldsymbol{z}\mid\boldsymbol{x}_k)=\mathcal{N}(\boldsymbol{z};\mu(\boldsymbol{x}_k),\boldsymbol{R}) \end{cases} \tag{11-32}$$

式中，

$$m(\boldsymbol{x}_k)=[[\boldsymbol{F}(\omega)\breve{\boldsymbol{x}}_k]^{\mathrm{T}},\omega_k]^{\mathrm{T}}$$
$$\boldsymbol{Q}=\operatorname{diag}(\sigma_w^2\boldsymbol{G}\boldsymbol{G}^{\mathrm{T}},\sigma_u^2)$$
$$\mu(\boldsymbol{x}_k)=\left[\arctan(p_{x,k}/p_{y,k}),\sqrt{p_{x,k}^2+p_{y,k}^2}\right]$$
$$\boldsymbol{R}=\operatorname{diag}(\sigma_\theta^2,\sigma_r^2)$$

且有 σ_w=15m/s^2，$\sigma_u=\pi/180\mathrm{rad}$，$\sigma_r=5\mathrm{m}$，

$$\boldsymbol{F}(\omega)=\begin{bmatrix}1 & \dfrac{\sin\omega}{\omega} & 0 & -\dfrac{1-\cos\omega}{\omega}\\ 0 & \cos\omega & 0 & -\sin\omega\\ 0 & \dfrac{1-\cos\omega}{\omega} & 1 & \dfrac{\sin\omega}{\omega}\\ 0 & \sin\omega & 0 & \cos\omega\end{bmatrix},\quad \boldsymbol{G}=\begin{bmatrix}\dfrac{1}{2} & 0\\ 1 & 0\\ 0 & \dfrac{1}{2}\\ 0 & 1\end{bmatrix}$$

检测到各目标的概率是 $p_{D,k}(\boldsymbol{x})=p_{D,\max}\exp([p_{x,k},p_{y,k}]^{\mathrm{T}}\boldsymbol{\Sigma}_D^{-1}[p_{x,k},p_{y,k}]),\boldsymbol{\Sigma}_D=6000^2\boldsymbol{I}_2$。

图 11-12 为实验 11-7 的场景。

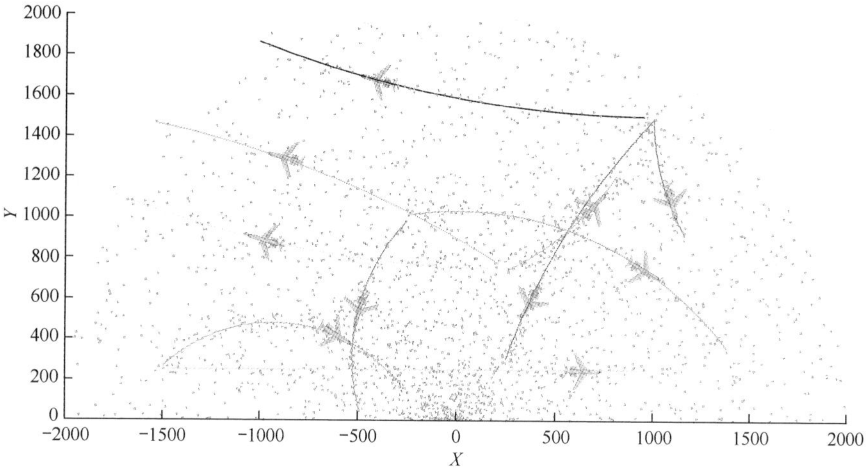

图 11-12 实验 11-7 的场景

实验结果如图 11-13 和图 11-14 所示。图 11-13 是 CSP 结果，可以看到，绝大多数时刻 CPHD 的性能优于 PHD。$k=11$，21，41，61，81 时刻，目标个数发生变化，CPHD 的性能变差，与 PHD 差不多。图 11-14 是 OSPA 结果，可以看到，多数时刻 CPHD 的性能比 PHD 略好，而当目标变化时，CPHD 的性能略差于 PHD。

如文献[6]和文献[7]所述，以下事实与观察有助于验证 CSP 的正确性。

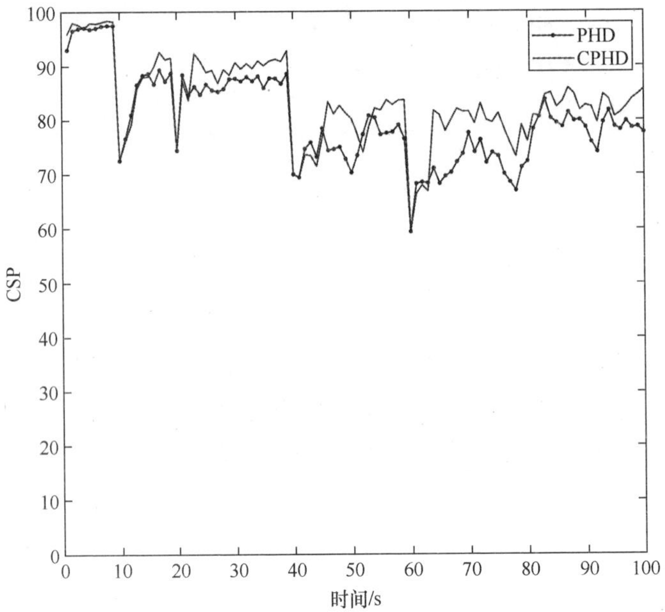

图 11-13　实验 11-7 的 CSP 结果

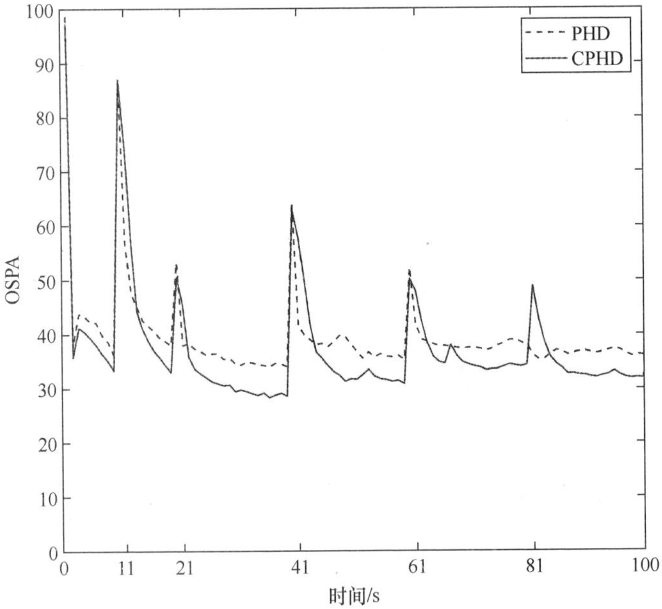

图 11-14　实验 11-7 的 OSPA 结果

（1）CPHD 的估计结果方差比 PHD 小，但对目标个数变化的反应速度慢，即除了目标个数发生变化的时刻，CPHD 在其他时刻的估计结果较好。

（2）CPHD 与 PHD 的状态估计结果好坏依赖场景，在一些场景中，CPHD 的状态估计结果好于 PHD，在另一些场景中则相反。

由图 11-13 可知，CSP 能够正确而明显地反映以上特征。此外，随着时间的推移，目标个数增多，目标个数误差和总的估计误差增大，导致整体性能变差。与 OSPA 相比，CSP 能更清晰地反映这一趋势。同时，使用 CSP 省去了选择合适的截断误差 c 的麻烦。

本节通过 3 种途径来检验 CSP 的有效性。首先，构造使用失配模型的算法。从理论上说，这些算法应当比使用匹配模型的算法性能差，实验结果验证了这一点。其次，检验 CSP 是否满足无关选项不变性，实验结果显示 CSP 是无关选项不变的。再次，基于已有的算法性能结果，检验 CSP 能否正确地反映这些特性，实验结果显示，CSP 明显能正确地反映这些特性。这 3 条途径及对应的实验充分验证了 CSP 的正确性。

本章小结

本章介绍了估计性能评估的一些典型方法和最新进展。性能评估在实际应用中十分重要，然而专门针对性能评估的理论研究较少。本章总结归纳了常用的典型评估指标，并针对两个具体问题介绍了研究前沿。

参考文献

[1] LI X R, ZHAO Z. Evaluation of estimation algorithms. Part 1: incomprehensive measures of performance[J]. IEEE Transactions on Aerospace and Electronic Systems, 2006, 42 (4): 1340-1358.

[2] CAO W, LAN J, LI X R. Conditional joint decision and estimation with application to joint tracking and classification[J]. IEEE Transactions on System, Man and Cybernetics-Systems, 2016, 46 (4): 459-471.

[3] ARROW K. Social choice and individual values[M]. New Haven: Yale University Press, 2012.

[4] LIN X, KIRUBARAJAN T, BAR-SHALOM Y, et al. Comparison of EKF, pseudomeasurement and particle filters for a bearing-only target tracking problem[C]. Proceedings of SPIE—The International Society for Optical Engineering, 2007, 4728: 240-250.

[5] CHALASANI G , BHAUMIK S. Bearing only tracking using Gauss-Hermite filter[C]. Industrial Electronics and Applications, 2012: 1549-1554.

[6] VO B T, VO B N, CANTONI A. Analytic implementations of the cardinalized probability hypothesis density filter[J]. IEEE Transactions on Signal Processing, 2007, 55 (7): 3553-3567.

[7] VO B N, MA W K. The Gaussian mixture probability hypothesis density filter[J]. IEEE Transactions on Signal Processing, 2006, 54 (11): 4091-4104.

反侵权盗版声明

举报电话：（010）88254396；（010）88258888

传　　真：（010）88254397

E-mail：　dbqq@phei.com.cn

通信地址：北京市万寿路 173 信箱

电子工业出版社总编办公室

邮　　编：100036